高 等 数 学

主　编　廖　辉

副主编　吴元清　张青山　李晓华

参　编　赵凤鸣　汪　婧　唐纪芳

　　　　张隆辉　张子卫　石化国

主　审　谭光全　肖福积

科学出版社

北　京

内 容 简 介

本书依据教育部制定的《高职高专教育专业人才培养目标及规格》和《高职高专教育数学课程教学基本要求》,并结合高职教育特点、发展趋势及作者多年的教学实践经验编写.主要内容有极限与连续、一元函数微分学、一元积分学、行列式与矩阵、线性方程组、微分方程、无穷级数、向量代数与空间解析几何、多元函数微分学和重积分,全书共10章,每章末安排了用Matlab大型数学计算软件编写的数学实验,书末附了简易积分公式表和Matlab简介.

本书可作为高职高专理工、经管类专业及其"专升本"考试使用的数学课程教材.

图书在版编目(CIP)数据

高等数学/廖辉主编.—北京:科学出版社,2010.6

ISBN 978-7-03-027892-0

Ⅰ.①高… Ⅱ.①廖… Ⅲ.①高等数学-高等学校:技术学校-教材 Ⅳ.①O13

中国版本图书馆CIP数据核字(2010)第107661号

责任编辑:胡云志 杨 然 / 责任校对:陈玉凤

责任印制:张 伟 / 封面设计:耕者设计工作室

科学出版社 出版

北京东黄城根北街16号

邮政编码:100717

http://www.sciencep.com

北京虎彩文化传播有限公司 印刷

科学出版社发行 各地新华书店经销

*

2010年8月第 一 版 开本:B5(720×1000)

2023年8月第二十一次印刷 印张:25 1/2

字数:510 000

定价:69.00元

(如有印装质量问题,我社负责调换)

前　　言

本书依据教育部制定的《高职高专教育专业人才培养目标及规格》和《高职高专教育数学课程教学基本要求》，并结合高职教育特点、发展趋势及我们多年的教学实践经验编写，力求发挥高等数学的文化育人、知识基础和技术应用这三大功能，在选择教学内容和要求时坚持“必需、够用和适用”的原则. 突出用数学建模的方法，培养学生提出问题、分析问题和解决问题的能力. 本书可作为高职高专理工、经管类专业及其“专升本”考试使用的数学课程教材.

本书由《高等数学》教材及其配套的《高等数学练习册》组成. 教材主要内容包括极限与连续、一元函数微分学、一元积分学、行列式与矩阵、线性方程组、微分方程、无穷级数、向量代数与空间解析几何、多元函数微分学和重积分，这些内容分别设为章，全书共 10 章，每章末安排了用 Matlab 大型数学计算软件编写的数学实验，书末附了简易积分公式表和 Matlab 简介. 练习册按教材章节给出配套练习题和答案. 我们还开发了配合该教材教学的网上课程资源，网址是 http://www.sczyxy.cn/jpck/jpkc.htm，其中包含电子课件、习题详解、单元综合测试题等内容，使教和学更为便捷.

本书教学分必修的高等数学 I 和选修的高等数学 II 两部分. 必修学时为 120～140学时，第 1 章至第 3 章为所有专业的必学内容，经管类专业还必修第 4 章、第 5 章和第 6 章的一阶微分方程部分；理工类专业还必修第 6 章和第 7 章. 选修学时在 48 学时左右，选修内容为第 8 章至第 10 章. 所有选修内容在章节等处标有“ * ”号，各学校可根据自己的实际情况和学生的不同需要选择内容组织教学.

本书有以下特点：

(1) 注意与普高和中职新教材内容紧密衔接，在学生已有知识经验的基础上提供专业学习必须的数学基础知识、数学方法和计算工具.

(2) 对概念、命题多作描述性说明，适当降低数学学习难度和严谨性要求. 例如，一般从几何意义、物理意义和生活背景等实际问题引入数学概念. 对部分难以理解的概念不严格定义，只作定性描述. 对部分较难的定理，只从实例中抽象概括出来，而不给严谨的证明.

(3) 本书逻辑清晰、叙述详细、通俗浅显、例题较多，有相应配套练习册和网上课程资源，便于自学.

(4) 本书扩大了适用面，在保证教学基本要求的前提下，视专业差异给教学内容选择留有一定的弹性. 例如，泰勒公式、导数在经济中的应用、方程的近似解、曲线的曲率、积分在经济中的应用、行列式与矩阵、线性方程组、傅里叶级数、第一类曲线积分、第二类曲线积分、第一类曲面积分、第二类曲面积分等内容，可针对不同的专业需要选学.

(5) 突出会用会算的技能，使学生通过各专题的学习形成数学观念，养成数学的应用意识，学会应用数学解决实际问题的一些基本方法.

(6) 本书在解决数学问题时，比较突出数学软件的工具作用，尽量训练学生使用数学软件和数学工具书，为日后利用数学知识解决实际问题培养一些基本素养.

(7) 坚守为党育人、为国育才的初心和使命，落实“三全育人”，实现知识传授、能力培养、价值塑造三位一体的教学目标，落实立德树人根本任务，培养德智体美劳全面发展的社会主义建设者和接班人.

本书主编为廖辉，副主编为吴元清、张青山、李晓华，具体负责各章编写的人员有：赵凤鸣(第1章)、汪婧(第2章)、唐纪芳(第3章)、李晓华(第4章)、张隆辉(第5章)、张子卫(第6章)、廖辉(第7章)、石化国(第8章)、吴元清(第9章和各章数学实验)、张青山(第10章)，谭晓康为本书作了统稿和服务工作，李凤清作了校对工作，谭光全和肖福积分别对本书进行了主审. 由于编审人员水平有限，不足之处在所难免，恳请有关专家和同仁使用本书时进行批评和指正，并将在使用教材过程中遇到的问题、改进意见及时反馈给我们，以利于我们再版此书时作改进.

编　者

2010年3月

目　　录

第 1 章　极限与连续

初等数学又称常量数学，其研究对象基本上是不变量. 高等数学的主要内容是微积分，它是以变量为研究对象、用极限作为工具来研究函数. 因此，极限是学习微积分的理论基础，连续函数是微积分研究的主要对象. 本章讨论函数的极限与函数的连续性.

1.1　初 等 函 数

1.1.1　基本初等函数

在科学发展过程中，有一类为数不多的函数在各种问题中经常出现，我们把这些函数挑选出来，作为最基本的函数加以研究，并称之为基本初等函数. 其他常见的函数都是由这些基本初等函数构成的.

幂函数、指数函数、对数函数、三角函数和反三角函数这 5 类函数统称为基本初等函数. 现将它们的定义域、值域、图像和主要性质列表如下，作为今后进一步讨论的基础.

函　数	幂　函　数　$y=x^{\alpha}$			
	$\alpha=1,3$	$\alpha=2$	$\alpha=\frac{1}{2}$	$\alpha=-1$
图　像	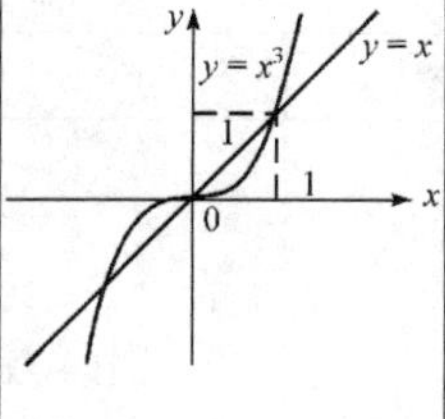	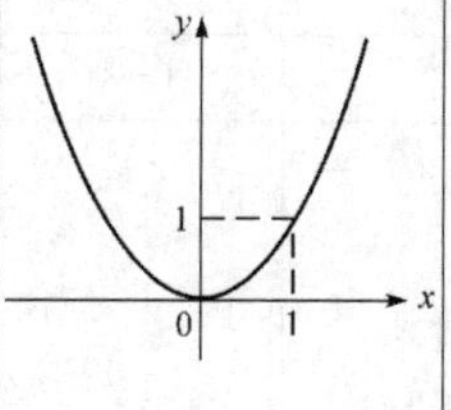	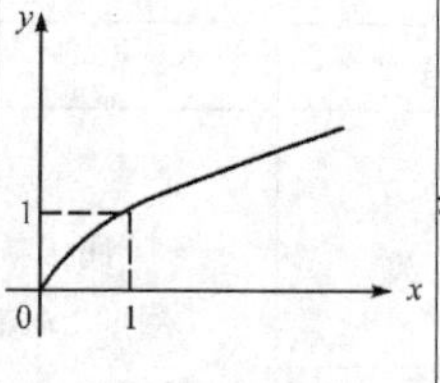	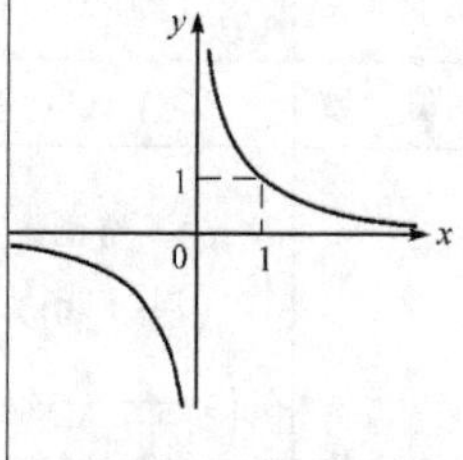
定义域	$(-\infty,+\infty)$	$(-\infty,+\infty)$	$[0,+\infty)$	$(-\infty,0)\cup(0,+\infty)$
值　域	$(-\infty,+\infty)$	$[0,+\infty)$	$[0,+\infty)$	$(-\infty,0)\cup(0,+\infty)$
性　质	奇函数 单调增	偶函数 在$(-\infty,0]$内单调减 在$[0,+\infty)$内单调增	单调增	奇函数 单调减

续表

函数	指数函数 $y=a^x$ $(a>0,a\neq1)$		对数函数 $y=\log_a x$ $(a>0,a\neq1)$	
	$a>1$	$0<a<1$	$a>1$	$0<a<1$
图像	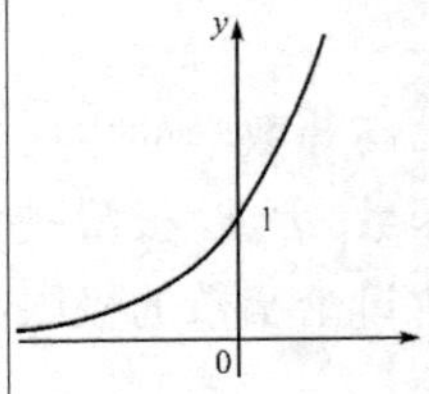	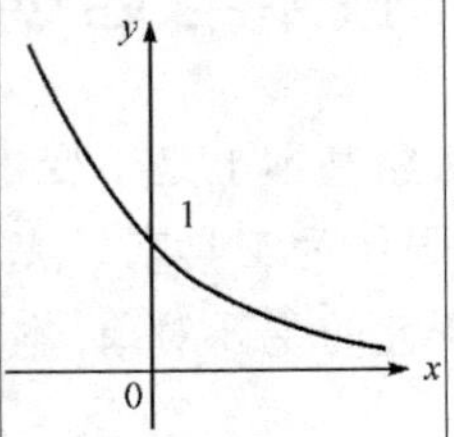	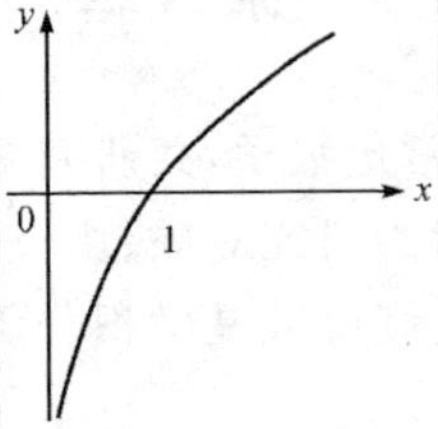	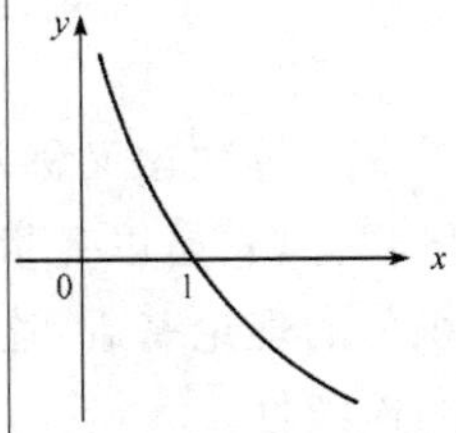
定义域	$(-\infty,+\infty)$	$(-\infty,+\infty)$	$(0,+\infty)$	$(0,+\infty)$
值域	$(0,+\infty)$	$(0,+\infty)$	$(-\infty,+\infty)$	$(-\infty,+\infty)$
性质	单调增	单调减	单调增	单调减
函数	$y=\sin x$ (正弦函数)	$y=\cos x$ (余弦函数)	$y=\tan x$ (正切函数)	$y=\cot x$ (余切函数)
图像	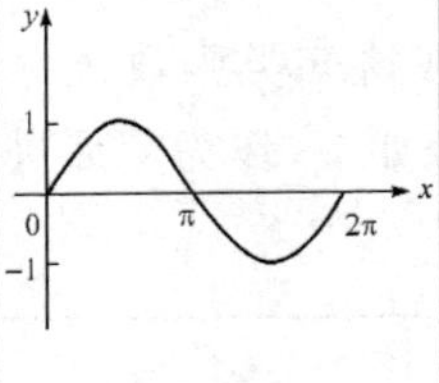	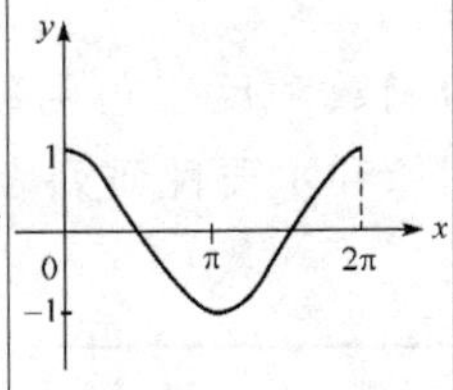	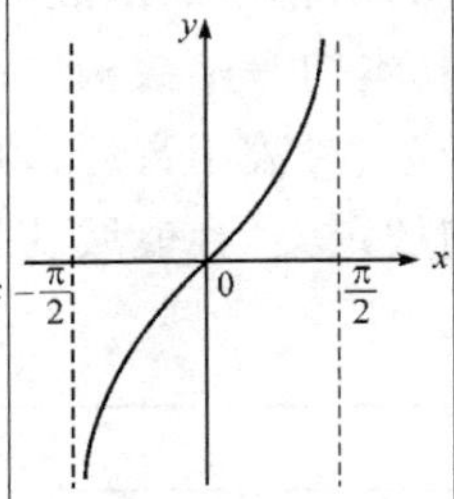	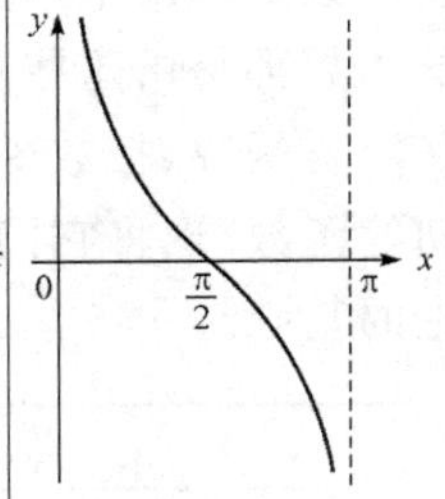
定义域	$(-\infty,+\infty)$	$(-\infty,+\infty)$	$\left(k\pi-\frac{\pi}{2},k\pi+\frac{\pi}{2}\right)$ $(k\in z)$	$(k\pi,(k+1)\pi)$ $(k\in z)$
值域	$[-1,1]$	$[-1,1]$	$(-\infty,+\infty)$	$(-\infty,+\infty)$
性质	奇函数 周期 2π,有界 在$\left(2k\pi-\frac{\pi}{2},2k\pi+\frac{\pi}{2}\right)$ 内单调增 在$\left(2k\pi+\frac{\pi}{2},2k\pi+\frac{3\pi}{2}\right)$ 内单调减	偶函数 周期 2π,有界 在$(2k\pi,2k\pi+\pi)$ 内单调减 在$(2k\pi+\pi,2k\pi+2\pi)$ 内单调增	奇函数 周期 π 在$\left(k\pi-\frac{\pi}{2},k\pi+\frac{\pi}{2}\right)$ 内单调增	奇函数 周期 π 在$(k\pi,k\pi+\pi)$内单调减

续表

函　数	$y=\arcsin x$（反正弦函数）	$y=\arccos x$（反余弦函数）	$y=\arctan x$（反正切函数）	$y=\text{arccot}\, x$（反余切函数）
图　像	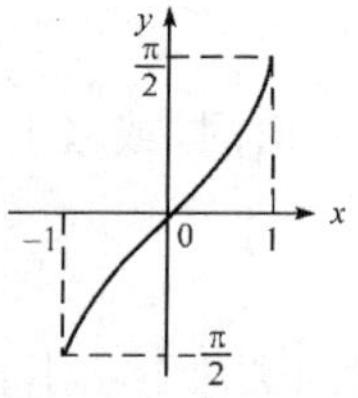	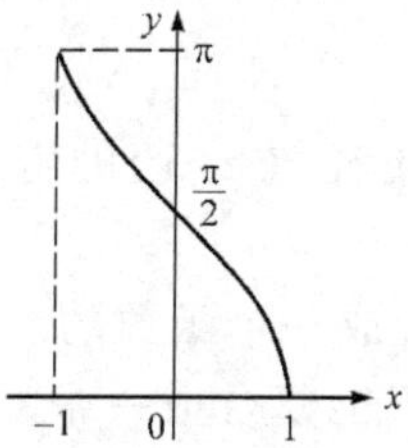	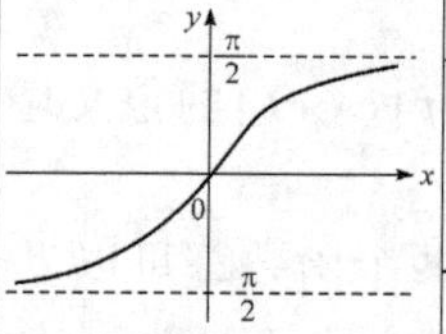	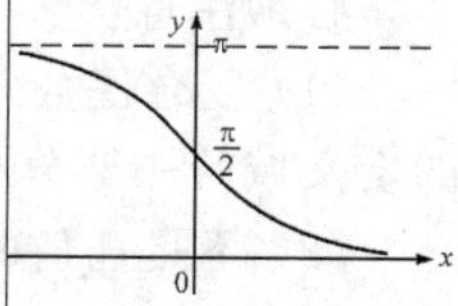
定义域	$[-1,1]$	$[-1,1]$	$(-\infty,+\infty)$	$(-\infty,+\infty)$
值　域	$\left[-\frac{\pi}{2},\frac{\pi}{2}\right]$	$[0,\pi]$	$\left(-\frac{\pi}{2},\frac{\pi}{2}\right)$	$(0,\pi)$
性　质	奇函数，单调增，有界	单调减，有界	奇函数，单调增，有界	单调减，有界

1.1.2　复合函数

在实际问题中，我们常常遇到一个函数可以跟另一个函数发生联系.

例如，质量为 m 的物体做自由落体运动，物体的动能 E 是速度 v 的函数

$$E=\frac{1}{2}mv^2,\quad E=f(v),$$

而速度 v 又是时间 t 的函数

$$v=gt,\quad v=\varphi(t),$$

其中，g 是重力加速度. 这样一来，动能 E 通过中间变量 v 的联系而成为时间 t 的函数，即

$$E=\frac{1}{2}mg^2t^2,\quad E=f[\varphi(t)].$$

又如，设 $y=\sin u$，而 $u=2x-1$，那么 y 通过 u 也是 x 的函数

$$y=\sin(2x-1).$$

这样“叠合”起来构成的函数，称为复合函数.

定义 1.1.1　设 y 是 u 的函数：$y=f(u)$，而 u 又是 x 的函数：$u=\varphi(x)$，且当 x 在某一数集 I 取值时，所对应的 u 值使 y 有定义，那么 y 通过 u 也是 x 的函数. 这个函数叫做数集 I 上由函数 $y=f(u)$ 与 $u=\varphi(x)$ 复合而成的函数，简称复合函数，记为

$$y=f[\varphi(x)],$$

其中，u 叫做中间变量，$y=f(u)$ 叫做外层函数，$u=\varphi(x)$ 叫做内层函数.

根据定义，易知：

$y=\sin(2x-1)$是由 $y=\sin u$ 与 $u=2x-1$ 复合而成的复合函数.

$E=\frac{1}{2}mg^2t^2$ 是由 $E=\frac{1}{2}mv^2$ 与 $v=gt$ 复合而成的复合函数.

必须注意：

(1) 复合函数 $f[\varphi(x)]$的定义域或者与 $\varphi(x)$的定义域相同，或者只是 $\varphi(x)$的定义域的一部分.

(2) 不是任何两个函数都可以复合成一个函数的.

例如，$y=\arcsin u$ 与 $u=2+x^2$ 就不能复合成一个复合函数. 因为对于 $u=2+x^2$ 可取的每一个值 $u\in[2,+\infty)$，都使 $y=\arcsin u$ 无定义.

我们不仅要掌握把几个函数复合成一个函数的方法，而且反过来，还要掌握把一个复合函数分解成几个简单的函数的方法. 这样做将有利于今后微积分的计算. 下面举例说明函数复合与分解的方法.

例 1.1　将 y 表为 x 的函数：

(1) $y=\ln u$, $u=\sin x$；　　(2) $y=e^u$, $u=\sqrt{v}$, $v=1-x^2$.

解　(1) $y=\ln u=\ln\sin x$.

(2) $y=e^u=e^{\sqrt{v}}=e^{\sqrt{1-x^2}}$.

例 1.2　指出函数的复合过程，并求其定义域：

(1) $y=\sqrt{x^2-3x+2}$；　　(2) $y=\cos 3x$；

(3) $y=\ln^2 x$；　　(4) $y=\sin\sqrt{1-x^2}$；

(5) $y=\left(\arcsin\frac{1}{x}\right)^2$；　　(6) $y=\sqrt[3]{\frac{1}{1+x^2}}$.

解　(1) $y=\sqrt{x^2-3x+2}$是由 $y=\sqrt{u}$，$u=x^2-3x+2$ 两个函数复合而成. 解不等式 $x^2-3x+2\geqslant 0$，得函数 $y=\sqrt{x^2-3x+2}$ 的定义域 $D=(-\infty,1]\cup[2,+\infty)$.

(2) $y=\cos 3x$ 是由 $y=\cos u$，$u=3x$ 两个函数复合而成. 函数 $y=\cos 3x$ 的定义域 $D=(-\infty,+\infty)$.

(3) $y=\ln^2 x$ 是由 $y=u^2$，$u=\ln x$ 两个函数复合而成. 函数 $y=\ln^2 x$ 的定义域 $D=(0,+\infty)$.

(4) $y=\sin\sqrt{1-x^2}$是由 $y=\sin u$，$u=\sqrt{v}$，$v=1-x^2$ 三个函数复合而成. 解不等式 $1-x^2\geqslant 0$，得函数 $y=\sin\sqrt{1-x^2}$ 的定义域 $D=[-1,1]$.

(5) $y=\left(\arcsin\frac{1}{x}\right)^2$是由 $y=u^2$，$u=\arcsin v$，$v=\frac{1}{x}$三个函数复合而成. 要使函数 $y=\left(\arcsin\frac{1}{x}\right)^2$ 有意义，则须 $\arcsin\frac{1}{x}$有意义，应$\left|\frac{1}{x}\right|\leqslant 1$，即$|x|\geqslant 1$，因此 $y=$

$\left(\arcsin\dfrac{1}{x}\right)^2$ 的定义域 $D=(-\infty,-1]\cup[1,+\infty)$.

(6) $y=\sqrt[3]{\dfrac{1}{1+x^2}}$ 是由 $y=u^{-\frac{1}{3}}$，$u=(1+x^2)$ 两个函数复合而成. 因为 $1+x^2\neq 0$，因此，$y=\sqrt[3]{\dfrac{1}{1+x^2}}$ 的定义域 $D=(-\infty,+\infty)$.

由例 1.2 可见，分解一个复合函数，是指把该复合函数分解成基本初等函数或常数与基本初等函数的四则运算式(称为简单函数)，这时就不能再分解了.

1.1.3 初等函数

定义 1.1.2 由基本初等函数和常数经过有限次四则运算或有限次复合步骤所构成且能用一个解析式表示的函数叫做初等函数.

例如，函数 $y=\sqrt{x^2-3x+2}$，$y=\arcsin\dfrac{1}{x}$，$y=x+\dfrac{1}{x}+1$，$y=\dfrac{\sin x}{x^2}$ 等都是初等函数. 初等函数是微积分研究的主要对象.

分段函数 $y=\begin{cases}x, & x\geqslant 0\\ -x, & x<0\end{cases}$，能化为 $y=\sqrt{x^2}=|x|$，它是由 $y=\sqrt{u}$ 与 $u=x^2$ 复合而成的，因此它是一个初等函数.

而分段函数 $y=\begin{cases}2x+1, & x<0,\\ 0, & x=0,\\ 1-x^3, & x>0\end{cases}$ 不能用一个式子表出，因此它不是初等函数.

一般地，分段函数不是初等函数，因为它是由两个或两个以上的解析式表出的一个函数.

1.1.4 建立函数关系举例

运用数学工具解决实际问题时，常常需要找出问题中变量之间的函数关系式，然后进行分析和计算. 下面举例说明建立函数关系的过程，为以后运用微积分方法解决实际问题打下一些基础.

例 1.3 曲柄连杆机构(图 1.1)是利用曲柄 OA 的旋转运动，通过连杆 AB 使滑块 B 做往复直线运动；反过来说，利用滑块 B 的往复直线运动，通过连杆使曲柄做旋转运动. 设曲柄 OA 的长度为 r，连杆 AB 的长度为 l，曲柄以等角速度 ω 绕 O 旋转，求滑块 B

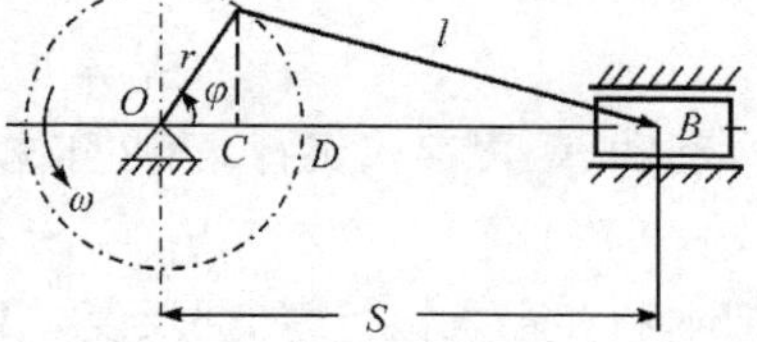

图 1.1

的运动规律.

解　假定曲柄 OA 开始做旋转运动时，A 在 D 处. 设滑块 B 的运动规律为 $S=S(t)$.

由图 1.1 可知，$S=OC+CB$，因为

$$OC = r\cos\varphi,\quad CA = r\sin\varphi,\quad \varphi = \omega t,$$

所以

$$OC = r\cos\omega t,\quad CA = r\sin\omega t.$$

在 $\mathrm{Rt}\Delta ACB$ 中，$CB=\sqrt{l^2-r^2\sin^2\omega t}$，从而可得滑块 B 的运动规律为

$$S = r\cos\omega t + \sqrt{l^2 - r^2\sin^2\omega t},\quad t\in[0,+\infty).$$

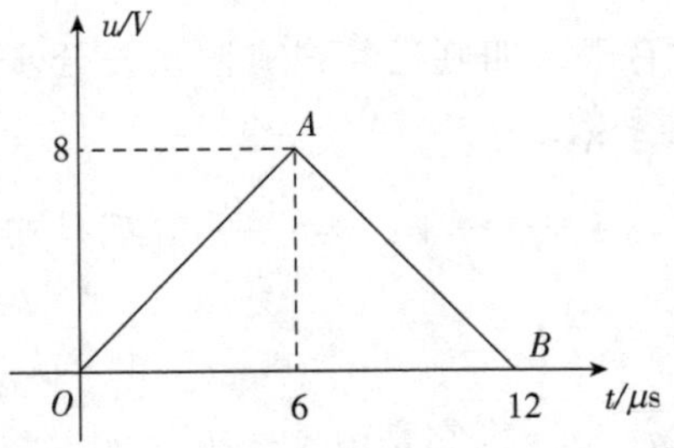

图 1.2

例 1.4　电脉冲发生器产生一个三角脉冲，其波形如图 1.2 所示，写出电压 $u(V)$ 和时间 $t(\mu s)$ 之间的函数关系式.

解　当 $0\leqslant t<6$ 时，电压 u 由 0V 直线上升到 8V，直线段 OA 的方程是

$$u = \frac{8}{6}t = \frac{4}{3}t,$$

它就是 0～6μs 这段时间内电压 u 与时间 t 的函数关系式.

当 $6\leqslant t\leqslant 12$ 时，电压 u 由 8V 均匀下降到 0V，直线段 AB 的方程是

$$u = -\frac{8}{6}t + 16 = -\frac{4}{3}t + 16,$$

它就是 6～12μs 这段时间内电压 u 与时间 t 的函数关系式. 归纳之，可得

$$u = \begin{cases} \dfrac{4}{3}t, & 0\leqslant t < 6, \\ -\dfrac{4}{3}t + 16, & 6\leqslant t\leqslant 12. \end{cases}$$

这里，u 与 t 的函数关系是用分段函数表示的，函数的定义域是 $[0,12]$.

例 1.5　试建立复利计算公式.

解　设初始本金(现值)为 P(元)，年利率为 R，第 1 年末得利息 PR. 用 S_1 表示本利和，即

$$S_1 = P + PR = P(1+R);$$

将本利和 S_1 再存入银行，第 2 年末的本利和为

$$S_2 = S_1 + S_1R = P(1+R)^2;$$

再把本利和存入银行，如此反复，第 n 年末得本利和 S_n 为

$$S_n = P(1+R)^n.$$

这就是以年为期的复利计算公式,用解析法表示变量 n(年)和本利和 S_n 的函数关系式.

实际问题的函数关系就是该实际问题的一个数学模型,建立实际问题的函数关系就是为了用函数方法解决实际问题.一般地,用数学方法解决实际问题,首先要对实际问题的背景进行深入了解,摸清问题的规律,并用数字、图表、公式等表示出来,就得到了数学模型.数学模型只是对现实事物的某种属性的一种模拟,需不断验证修改,才能使其与实际情况拟合得更好.根据数学模型,就可对所论问题进行分析讨论.数学模型是多种多样的,函数关系只是数学模型的一种.

用数学的方法解决实际问题,在很多情况下要把实际问题化成数学问题,也就是建立数学模型.找函数关系,建立起描述经济现象的数学模型,是研究经济问题的重要方法.

经济活动中涉及的数量关系很多,如供求、成本、利润、价格、收入等,这些量之间有密切联系.下面介绍几个常用的经济函数.

*1.1.5 常用经济函数简介

1. 需求函数

经济活动的目的是需求的满足.消费者对某种商品的需求量,与人口数、商品价格、相关商品价格、预期价格、家庭收入、时间变化等诸多因素有关.现在我们假定其他条件不变,着重研究商品价格对需求量的影响,则需求量 Q 可视为商品价格 P 的函数,即

$$Q = Q(P).$$

该函数称为需求函数.其中,P 和 Q 取非负值.

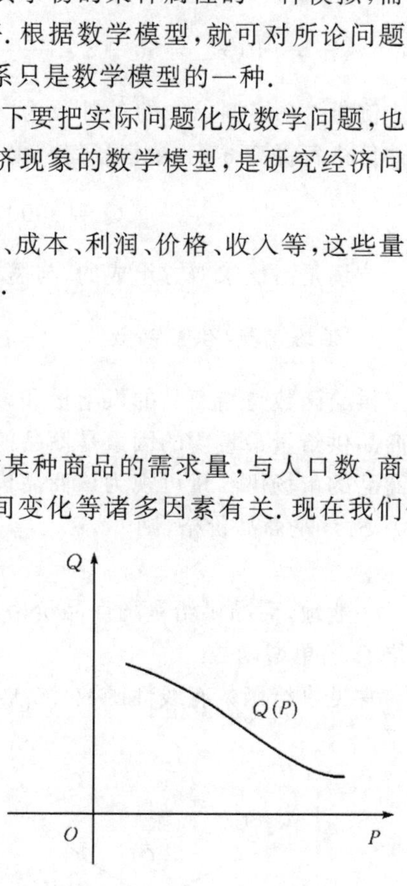

图 1.3

一般地,需求量随价格上涨而减少.因此,通常需求函数是价格的单减函数,需求函数的图像称为需求曲线.由于价格和需求量都不能取负值,因此,需求函数的图像在第一象限.如图 1.3 所示.

需求函数 $Q=Q(P)$ 的反函数,就是价格函数,记作

$$P = P(Q).$$

价格函数也反映商品的需求与价格的关系.

例 1.6 设某批发站批发 10000 件元器件给零售商,目前该元器件定价为 50 元/件,若批发站每次多批发 2000 件该元器件,市面上这种器件的价格就相应地降

低 3 元,现批发站最多只能批发 25000 件给零售商,最少批发 10000 件,求价格函数.

解　设该器件的销售量为 x 件,则 x 只能在 $[10000,25000]$ 取值. 按多销售 2000 件,价格减少 3 元的比例,多销售 $(x-10000)$ 件,价格相应减少 $\left(3\cdot\frac{x-10000}{2000}\right)$ 元,故价格函数为

$$P(x)=50-3\cdot\frac{x-10000}{2000},\quad x\in[10000,25000].$$

例 1.7　将例 1.6 的条件改为"价格为 50 元/件时,销售量是 10000 件,若该器件价格每提高 3 元,销售量就减少 2000 件",可得需求函数为

$$Q=10000-\frac{P-50}{3}\cdot 2000.$$

市场是由供求双方组成的,与需求函数有密切关系的是供给函数.

2. 供给函数(供应函数)

供给函数是指商品的供给量和影响这些供给量的各种因素间的数量关系. 影响商品供给量最重要的因素是商品的价格,为了简单起见,略去价格以外的因素,则商品的市场供给量可视为该商品价格的函数,称为商品的供给函数,记商品供给量为 S,P 是商品价格,则

$$S=S(P).$$

一般地,商品供给量随商品价格的上涨而增多. 因此,商品供给函数 S 是商品价格 P 的单增函数.

常见供给函数有线性函数、二次函数、幂函数、指数函数等.

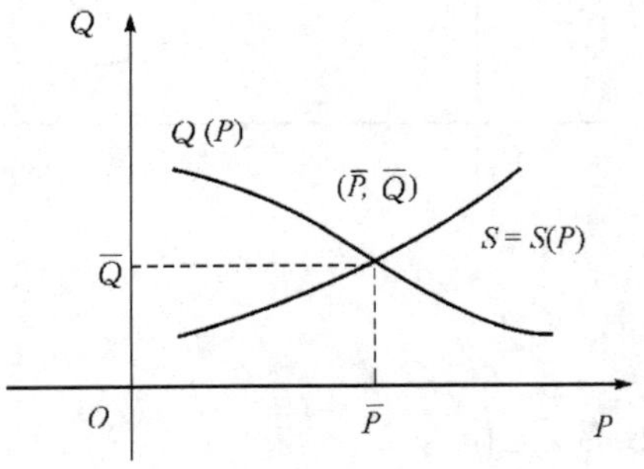

图 1.4

需求函数与供给函数分别表示消费者与生产者的行为. 只有当供求相等时,市场才处于相对均衡. 于是,两个行为方程再加上均衡条件就构成所谓的局部均衡市场模型. 把需求曲线和供给曲线(供给函数的图形)画在同一坐标系中,如图 1.4 所示,由于需求函数 Q 是减少函数,供给函数 S 是增加函数,它们相交于点 $(\overline{P},\overline{Q})$ 处,就是供、需平衡的价格,叫均衡价格. $\overline{Q}$ 就是均衡数量.

这个模型只孤立地考察一种商品的价格与其供求关系的联系,而不考虑其他经济要素的影响,因此是一种"局部"的分析.

例 1.8 某商品的供求规律为 $Q^2-30Q-P=-240$,需求规律为 $2Q^2+P=465$,试求市场平衡的价格和数量.

解 求均衡价格和数量,即解方程组

$$\begin{cases} Q^2-30Q-P=-240, \\ 2Q^2+P=465, \end{cases}$$

得

$$\overline{Q_1}=15,\overline{P_1}=15;\overline{Q_2}=-5.$$

显然 $\overline{Q_2}=-5$ 无意义,故所求均衡价格为 15 个单位,均衡数量为 15 个单位.

例 1.9 设元器件价格为 50 元/件时,器件厂就提供 10000 件,当价格每增加 3 元时,器件厂可多提供 300 件,求供给函数.

解 设器件的价格为 P 元/件,S 代表供给量,则根据题意得

$$S=10000+300\cdot\frac{P-50}{3}=100(50+P).$$

3. 总成本函数

从事生产,就需要有投入,也就是成本,即生产某种一定数量的产品所需要的费用,如需要有场地(厂房)、机器设备、劳动力、能源和原材料等. 以 q 表示产量,所需的全部生产费用是 q 的函数,记作 $c(q)$,通常称为总成本函数. 总成本包括固定成本和可变成本,固定成本是不随产量发生变化或变化很小的成本,如厂房,设备等,称为固定成本,常用 C_0 表示;可变成本是随产量的变化而变化的成本,如原材料、能源、人工费等,常用 C_1 表示,它是产品数量 q 的函数,即

$$C_1=C_1(q).$$

总成本 $C=C(q)$ 等于生产 q 个单位时某种商品的可变成本 C_1 与固定成本 C_0 之和,即

$$C=C(q)=C_0+C_1(q).$$

例如,总成本函数有线性函数

$$C(q)=C_0+cq.$$

其中,$C_0=C(0)$ 是固定成本; $C_1=cq$ 是可变成本,c 是单位产品的可变成本. 称

$$\overline{C}(q)=\frac{C(q)}{q}=\frac{\text{固定成本}+\text{可变成本}}{\text{产量}},\quad q>0$$

为单位成本函数或平均成本函数.

在生产技术水平和生产要素的价格固定不变的条件下,总成本、平均成本都是产量的函数.

例 1.10 已知某种产品的总成本函数为

$$C(q)=300+2.5q,$$

求当生产 100 件该产品时的总成本和平均成本.

解　由题意,求产量为 100 时的总成本为

$$C(100)=300+2.5\cdot 100=550(\text{元}),$$

所求平均成本为

$$A(100)=\left.\frac{C(q)}{q}\right|_{q=100}=\frac{550}{100}=5.5.(\text{元}/\text{件})$$

4. 收入函数

收入是指商品售出后的收入,又可分为总收入和平均收入.

总收入是销售者售出一定数量商品所得的全部收入,常用 R 表示.

平均收入是售出一定数量的商品时,平均每售出一个单位商品的收入,也就是单位商品平均售价,常用$\overline{R}$表示.

总收入、平均收入都是售出商品数量的函数.

设 P 为商品价格,q 为商品量(显然,这个 q 对销售者来说就是销售的商品量,对消费者来说,就是需求量). 于是,有

$$R=R(q)=qP(q),$$

$$\overline{R}=\frac{R(q)}{q}=P(q),$$

其中,$P(q)$是商品的价格函数.

5. 利润函数

生产一定数量的产品的总收入与总成本之差就是它的总利润,记作 L,即

$$L=L(q)=R(q)-C(q),$$

其中,q 是产品数量,它的平均利润记作$\overline{L}$,即

$$\overline{L}=\overline{L}(q)=\frac{L(q)}{q}.$$

总利润 L 和平均利润$\overline{L}$都是产量 q 的函数.

例 1.11　某厂生产一种元器件,每日的固定成本为 4000 元,每生产一件产品成本增加 200 元. 已知总收入 R 与年产量 x 的函数关系为

$$R(x)=\begin{cases}500x-\dfrac{1}{2}x^2, & 0\leqslant x\leqslant 500,\\ 125000, & x>500,\end{cases}$$

求总成本函数 $c(x)$和总利润 $L(x)$.

解　固定成本为 4000 元,根据题意知,生产 x 件产品总成本为

$$C(x)=4000+200x,$$

所以

$$L(x)=R(x)-C(x)$$
$$=500x-\frac{x^2}{2}-4000-200x=300x-\frac{x^2}{2}-4000,$$

或

$$L(x)=R(x)-C(x)=125000-(4000+200x)=121000-200x.$$

即

$$L(x)=\begin{cases}300x-\dfrac{x^2}{2}-4000, & 0\leqslant x\leqslant 500,\\ 121000-200x, & x>500.\end{cases}$$

生产产品的总成本总是产量 q 的增加函数.但是,对产品的需求量 q 由于受到价格及社会诸多因素的影响往往不总是增加的.也就是说,对某种商品而言,销售的总收入 $R(q)$ 有时增加显著,有时增长很缓慢,可能达到顶点,继续销售,收入反而下降.因此,利润函数 $L(q)$ 出现了三种情况:

(1) $L(q)=R(q)-C(q)>0$,表示生产处于有利润状态;

(2) $L(q)=R(q)-C(q)<0$,表示生产处于亏损状态;

(3) $L(q)=0$,表示无盈亏生产.我们把无盈亏生产时的产量记为 q_0,称为无盈亏点.

无盈亏分析常用于企业(经营)管理和经济学中分析各种定价和生产决策.

例 1.12 某厂生产一种产品,需求函数为 $Q=-90p+4500$,其中 Q 为需求量,p 为价格.该产品的固定成本是 27000 元,单位产品的变动成本为 10 元.为获得最大利润,该产品出厂价格应为多少?在此价格下,销售量应为多少?

解 根据题意得,成本函数为

$$C(Q)=27000+10q,$$

又因为需求函数为 $Q=-90p+4500$,代入 $C(Q)$ 中,得

$$C(p)=-900p+72000.$$

收入函数为

$$R(p)=p(-90p+4500)=-90p^2+4500p.$$

于是,利润函数为

$$L(p)=R(p)-C(p)=-90(p^2-60p+800)=-90(p-30)^2+9000.$$

所以,当价格 $p=30$ 元时,利润 $L=9000$ 元为最大利润.

在此价格下,销售量应为 $Q=-90\times30+4500=1800$(单位).

1.2 极限的概念

为便于研究变量的变化规律，本节讨论函数随**自变量变化而变化的趋势**，即函数的极限问题.

1.2.1 数列的极限

数列(整标函数)$x_n=f(n)$，$n\in\mathbf{Z}^+$是函数的一种特殊情形.

考察下面几个数列，当n无限增大时，x_n值的变化趋势：

(1) 我国战国时代哲学著作《庄子》里有一句话："一尺之棰，日取其半，万世不竭."意思是说，一根一尺长的木棒，每天将它截去一半，第二天剩下$\frac{1}{2}$尺，第三天剩下$\frac{1}{4}$尺，……将永远截取不完. 写出这个数列就是：$1,\frac{1}{2},\frac{1}{4},\frac{1}{8},\cdots,\frac{1}{2^{n-1}},\cdots$.

(2) $\frac{1}{2},\frac{2}{3},\frac{3}{4},\frac{4}{5},\cdots,\frac{n}{n+1},\cdots$.

(3) $1,-1,1,-1,\cdots,(-1)^{n+1},\cdots$.

(4) $2,4,6,8,\cdots,2n,\cdots$.

当n无限增大时，记为$n\to\infty$. 观察可知，数列(1)无限地接近于0，数列(2)无限地接近于1，数列(3)在1和-1来回跳动，数列(4)的数值则无限增大. 这时，我们就说当$n\to\infty$时，数列(1)的极限是0，数列(2)的极限是1，数列(3)和数列(4)的极限不存在.

定义 1.2.1 当n无限增大时，如果数列x_n无限接近于一个确定的常数A，则称A为数列x_n的极限，记为

$$\lim_{n\to\infty}x_n=A \quad 或 \quad x_n\to A(n\to\infty).$$

由定义1.2.1上述4个数列的极限可分别记为

(1) $\lim\limits_{n\to\infty}\frac{1}{2^{n-1}}=0$；　　(2) $\lim\limits_{n\to\infty}\frac{n}{n+1}=1$；

(3) $\lim\limits_{n\to\infty}(-1)^{n+1}$不存在；　　(4) $\lim\limits_{n\to\infty}2n$不存在或$\lim\limits_{n\to\infty}2n=\infty$.

例 1.13 考察数列当$n\to\infty$时的变化趋势，写出数列的极限：

(1) $x_n=\frac{1}{n}$；　　(2) $x_n=-2$；　　(3) $x_n=\left(-\frac{1}{2}\right)^n$；

(4) $x_n=2^n$；　　(5) $x_n=\frac{1+(-1)^n}{2}$.

解 各数列当$n\to\infty$时的变化趋势见下表：

$x_n=\frac{1}{n}$	$1,\frac{1}{2},\frac{1}{3},\frac{1}{4},\cdots\to 0$
$x_n=-2$	$-2,-2,-2,-2,\cdots\to -2$
$x_n=\left(-\frac{1}{2}\right)^n$	$-\frac{1}{2},\frac{1}{4},-\frac{1}{8},\frac{1}{16},\cdots\to 0$
$x_n=2^n$	$2,4,8,16,\cdots\to +\infty$
$x_n=\frac{1+(-1)^n}{2}$	$0,1,0,1,\cdots$

由上表可知(1) $\lim\limits_{n\to\infty}\frac{1}{n}=0$;(2) $\lim\limits_{n\to\infty}(-2)=-2$,一般地 $\lim\limits_{n\to\infty}c=c$(常数);(3) $\lim\limits_{n\to\infty}\left(-\frac{1}{2}\right)^n=0$;(4) $\lim\limits_{n\to\infty}2^n=+\infty$;(5) $\lim\limits_{n\to\infty}\frac{1+(-1)^n}{2}$不存在.

例 1.14 计算复利年金现值和永续年金.

解 复利年金现值是指复利计息时每期发生的年金现值之和.普通复利年金现值计算如下,设每期期末发生年金现值为 A,利率为 R,则

第一期末年金 A 的现值为$\frac{A}{1+R}$;

第二期末年金 A 的现值为$\frac{A}{(1+R)^2}$;

……

第 n 期末年金 A 的现值为$\frac{A}{(1+R)^n}$.

每期期末年金 A 的现值是一个公比为$\frac{1}{1+R}$的等比数列,用 P 表示普通年金现值,则有

$$P=\frac{A}{1+R}+\frac{A}{(1+R)^2}+\cdots+\frac{A}{(1+R)^n}$$

$$=\frac{A}{1+R}\,\frac{1-\frac{1}{(1+R)^n}}{1-\frac{1}{1+R}}=\frac{A}{R}\left[1-\frac{1}{(1+R)^n}\right].$$

当年金的期数无限增大时($n\to\infty$),称为永续年金.永续年金的现值计算公式为

$$P=\lim_{n\to\infty}\frac{A}{R}\left[1-\frac{1}{(1+R)^n}\right]=\frac{A}{R}.$$

1.2.2　函数 $y=f(x)$ 的极限

上面讨论了数列的极限，因为数列是整标函数，所以讨论数列的极限也就是讨论函数 $x_n=f(n)$ 当自变量 n 取正整数而无限增大时的函数极限. 而函数 $y=f(x)$ 的极限比较复杂，但可以分为自变量趋于无限及有限数两种. 下面分别进行讨论.

1. 自变量无限增大时，函数 $y=f(x)$ 的极限

自变量 x 无限增大，包括三种情形：

(1) x 取正值无限增大，记作 $x\to+\infty$；

(2) x 取负值而 $|x|$ 无限增大，记作 $x\to-\infty$；

(3) x 可取正值，也可取负值而 $|x|$ 无限增大，记作 $x\to\infty$.

例如，考察下列函数当 $x\to\infty$ 时的变化趋势：

(1) $f(x)=\dfrac{1}{x}$；　　(2) $f(x)=\arctan x$.

作出函数 $f(x)=\dfrac{1}{x}$ 的图像(图 1.5). 可以看出，当 $x\to\infty$ 时，$f(x)=\dfrac{1}{x}$ 与数 0 无限接近.

作出函数 $f(x)=\arctan x$ 的图像(图 1.6). 可以看出，当 $x\to+\infty$ 时，$f(x)=\arctan x$ 与数 $\dfrac{\pi}{2}$ 无限接近；当 $x\to-\infty$ 时，$f(x)=\arctan x$ 与数 $-\dfrac{\pi}{2}$ 无限接近；当 $x\to\infty$ 时，$f(x)=\arctan x$ 不与任何数无限接近.

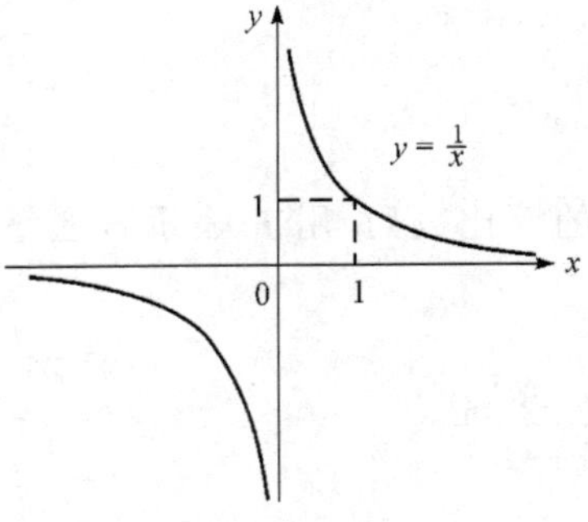

图 1.5

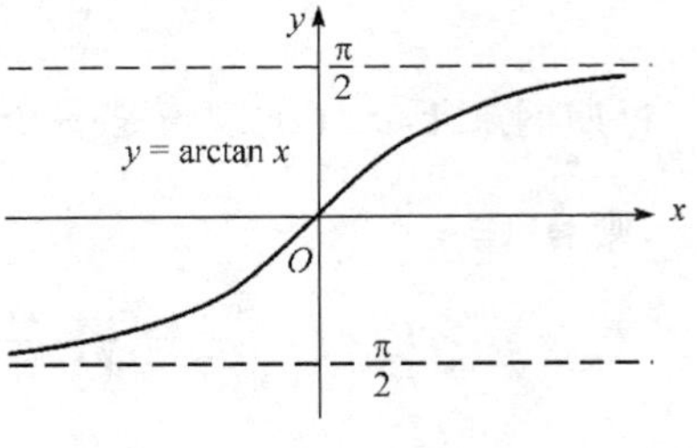

图 1.6

仿照数列极限定义的描述，我们有以下定义成立.

定义 1.2.2　(1) 当 $x\to\infty$ 时，如果函数 $y=f(x)$ 无限地接近于一个确定的常数 A，则称 A 为函数 $f(x)$ 当 $x\to\infty$ 时的极限，记为

$$\lim_{x\to\infty}f(x)=A \quad 或 \quad f(x)\to A(x\to\infty).$$

(2) 当 $x\to+\infty$(或 $x\to-\infty$)时,如果函数 $y=f(x)$ 无限地接近于一个确定的常数 A,则称 A 为函数 $f(x)$ 当 $x\to+\infty$(或 $x\to-\infty$)时的极限,记为

$$\lim_{\substack{x\to+\infty\\(x\to-\infty)}} f(x)=A \quad 或 \quad f(x)\to A\begin{pmatrix}x\to+\infty\\x\to-\infty\end{pmatrix}.$$

由定义易知,$\lim\limits_{x\to\infty}\dfrac{1}{x}=0$;$\lim\limits_{x\to+\infty}\arctan x=\dfrac{\pi}{2}$;$\lim\limits_{x\to-\infty}\arctan x=-\dfrac{\pi}{2}$;$\lim\limits_{x\to\infty}\arctan x$ 不存在.

自变量趋于无穷时,函数极限三种情形间的关系是:

$$\lim_{x\to\infty}f(x)=A \Leftrightarrow \lim_{x\to+\infty}f(x)=A \text{ 且 } \lim_{x\to-\infty}f(x)=A.$$

例 1.15 考察函数的变化趋势,写出函数的极限:

(1) $\lim\limits_{x\to-\infty}e^x$; (2) $\lim\limits_{x\to+\infty}e^x$; (3) $\lim\limits_{x\to\infty}\dfrac{x+1}{x}$.

解 (1) 观察图 1.7 知,当 $x\to-\infty$ 时,函数 $y=e^x$ 的图像趋于直线 $y=0$,即函数 $y=e^x$ 的值趋于数 0. 所以,$\lim\limits_{x\to-\infty}e^x=0$.

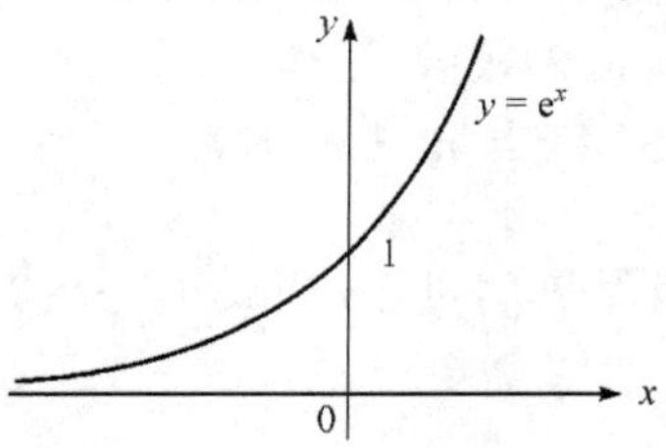

图 1.7

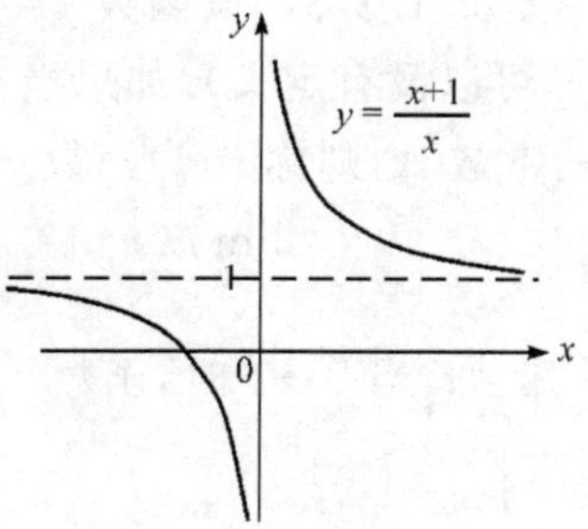

图 1.8

(2) 观察图 1.7 知,当 $x\to+\infty$ 时,函数 $y=e^x$ 的值无限增大. 所以,$\lim\limits_{x\to+\infty}e^x$ 不存在 或 $\lim\limits_{x\to+\infty}e^x=+\infty$.

(3) 观察图 1.8 知,当 $x\to\infty$ 时,函数 $y=\dfrac{x+1}{x}=1+\dfrac{1}{x}$ 的图像趋于直线 $y=1$,即函数 $y=\dfrac{x+1}{x}$ 的值趋于数 1. 所以,$\lim\limits_{x\to\infty}\dfrac{x+1}{x}=1$.

2. 自变量趋于有限值时,函数 y=f(x)的极限

自变量 x 趋于有限值 x_0,也包括三种情形(图 1.9):

(1) x 从 x_0 右侧趋于 x_0,记作 $x\to x_0^+$;

(2) x 从 x_0 左侧趋于 x_0,记作 $x\to x_0^-$;

(3) x 从 x_0 两侧趋于 x_0,记作 $x\to x_0$.

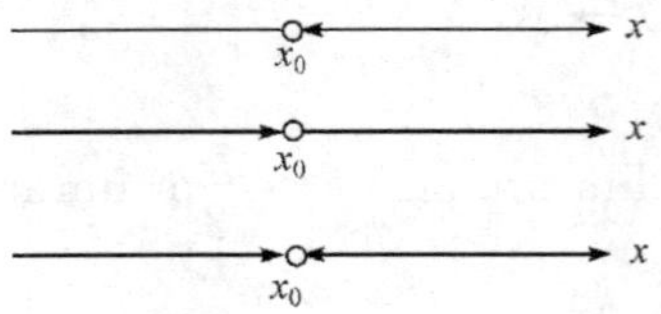

图 1.9

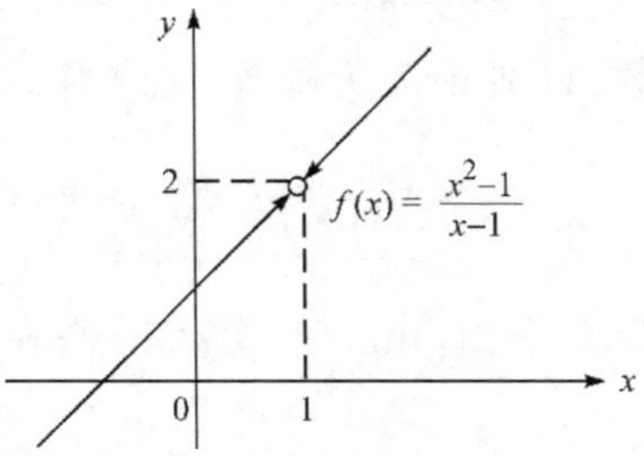

图 1.10

例如，考察当 $x\to1$ 时，函数 $f(x)=\dfrac{x^2-1}{x-1}$ 的变化趋势.

作出函数 $f(x)=\dfrac{x^2-1}{x-1}$ 的图像. 由图 1.10 可以看出，当 $x\to1$ 时，函数 $f(x)$ 的图像上对应点趋于点(1,2). 也就是说，当 $x\to1$ 时，函数 $f(x)$ 的值与数 2 无限接近. 这时，我们把数 2 叫做 $f(x)$ 当 $x\to1$ 时的极限.

定义 1.2.3　设函数 $y=f(x)$ 在点 x_0 的左、右近旁有定义(在点 x_0 处，函数 $f(x)$ 可以没有定义). 如果当 x 趋于 x_0 时，函数 $y=f(x)$ 的值无限接近于一个确定的常数 A，则称 A 为函数 $y=f(x)$ 当 $x\to x_0$ 时的极限，记作

$$\lim_{x\to x_0}f(x)=A \quad 或 \quad f(x)\to A(当\ x\to x_0\ 时).$$

例如，当 $x\to1$ 时，函数 $f(x)=\dfrac{x^2-1}{x-1}$ 的极限是 2，可记作 $\lim\limits_{x\to1}\dfrac{x^2-1}{x-1}=2$ 或 $\dfrac{x^2-1}{x-1}\to2$(当 $x\to1$ 时).

注意　函数 $f(x)=\dfrac{x^2-1}{x-1}$ 在点 $x=1$ 没有定义，但函数在点 $x=1$ 有极限. 这就是说，函数在点 $x\to x_0$ 是否有极限与函数在点 $x=x_0$ 是否有定义是无关的.

例 1.16　考察并写出极限：

(1) $\lim\limits_{x\to x_0}x$，$\lim\limits_{x\to x_0}c$ (c 为常数)；

(2) $\lim\limits_{x\to0}\sin x$，$\lim\limits_{x\to0}\cos x$.

解　(1) 观察图 1.11：

可知，当 $x\to x_0$ 时，函数 $f(x)=x$ 的值与数 x_0 无限接近，函数 $f(x)=c$ 的值与数 c 无限接近，所以

$$\lim_{x\to x_0}x=x_0,\ \lim_{x\to x_0}c=c.$$

(2) 观察图 1.12：

可知，当 $x\to0$ 时，函数 $f(x)=\sin x$ 的值与数 0 无限接近，函数 $f(x)=\cos x$ 的值与数 1 无限接近，所以

$$\lim_{x\to 0}\sin x = 0, \ \lim_{x\to 0}\cos x = 1.$$

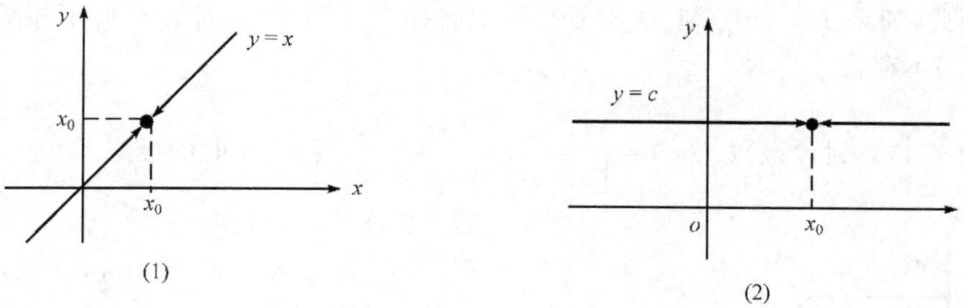

图 1.11

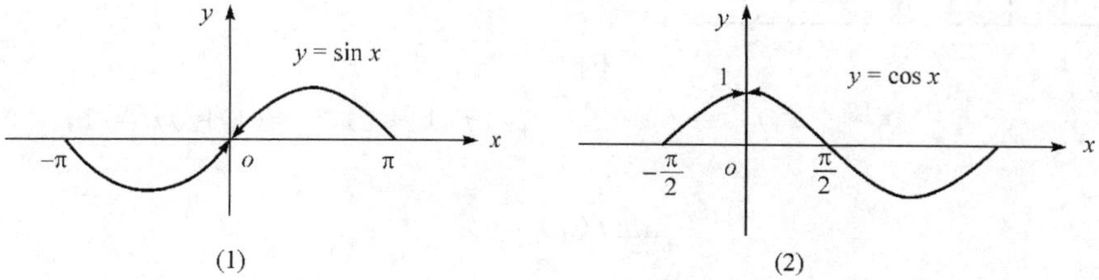

图 1.12

在 $x\to x_0$，$f(x)\to A$ 的极限定义中，x 可从 x_0 的左右两侧趋于 x_0，但有时需要考虑 x 从 x_0 的一侧趋于 x_0 时，函数 $f(x)$ 的变化趋势. 把 $x\to x_0$ 时函数极限定义作适当修改，可得 $x\to x_0^+$ 及 $x\to x_0^-$ 时函数极限的定义.

定义 1.2.4 如果当 $x\to x_0^-$ $(x\to x_0^+)$ 时，函数 $f(x)$ 的值无限接近于一个确定的常数 A，则称 A 为函数 $f(x)$ 当 $x\to x_0$ 时的左(右)极限，记作

$$\lim_{x\to x_0^-} f(x) = A \quad 或 \quad f(x_0-0) = A$$

$$\left(\lim_{x\to x_0^+} f(x) = A \quad 或 \quad f(x_0+0) = A\right).$$

左极限或右极限统称为单侧极限.

例如，由图 1.12(2)知

$$\lim_{x\to 0^-}\cos x = 1, \quad \lim_{x\to 0^+}\cos x = 1.$$

这两个极限值与 $\lim\limits_{x\to 0}\cos x = 1$ 相等，都是 1.

如果当 $x\to x_0$ 时，函数 $f(x)$ 的左、右极限存在且相等，即 $f(x_0-0) = f(x_0+0) = A$，则 $\lim\limits_{x\to x_0} f(x)$ 也存在且也等于 A；反之，结论也成立. 由此可得以下定理成立.

定理 1.2.1 当 $x\to x_0$ 时，函数 $f(x)$ 极限存在的充分必要条件是左、右极限存在且相等，即

$$\lim_{x\to x_0} f(x) = A \Leftrightarrow \lim_{x\to x_0^-} f(x) = \lim_{x\to x_0^+} f(x) = A.$$

因此，如果 $f(x_0-0)$ 和 $f(x_0+0)$ 至少有一个不存在，或都存在但不相等，则 $\lim\limits_{x\to x_0} f(x)$ 不存在.

例 1.17　讨论函数 $f(x)=\begin{cases} x, & 0\leqslant x<1, \\ 2-x, & 1\leqslant x\leqslant 2 \end{cases}$ 当 $x\to 1$ 时的极限.

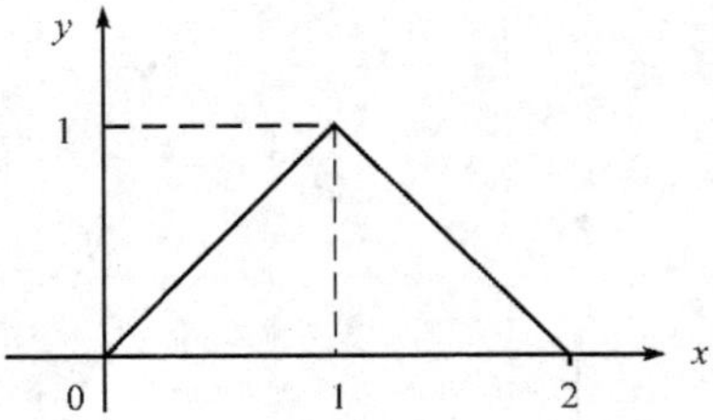

图 1.13

解　由图 1.13 可知：

$$f(1-0) = \lim_{x\to 1^-} f(x) = \lim_{x\to 1^-} x = 1,$$

$$f(1+0) = \lim_{x\to 1^+} f(x) = \lim_{x\to 1^+} (2-x) = 1.$$

因为

$$f(1-0) = f(1+0) = 1,$$

所以

$$\lim_{x\to 1} f(x) = 1.$$

例 1.18　研究函数 $f(x)=\begin{cases} 0, & x\leqslant 0, \\ \sin\dfrac{1}{x}, & x>0 \end{cases}$ 在 $x\to 0$ 时的极限.

解　$f(x)$ 是分段函数，由图 1.14 易知

$$\lim_{x\to 0^-} f(x) = \lim_{x\to 0^-} 0 = 0.$$

当 $x>0$ 时，$f(x)=\sin\dfrac{1}{x}$，又 $x\to 0^+$ 时，$\dfrac{1}{x}\to+\infty$，$\sin\dfrac{1}{x}$ 总在 -1 和 1 之间无限地振荡下去，不趋近于任何一个常数，故 $\lim\limits_{x\to 0^+} f(x)$ 不存在，这样，$\lim\limits_{x\to 0} f(x)$ 也不存在.

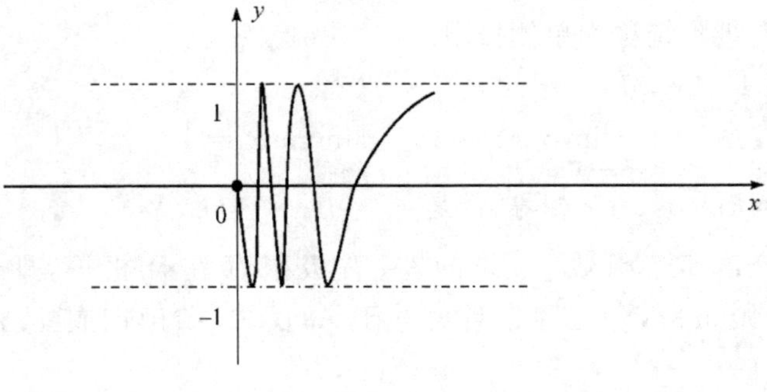

图 1.14

1.3 极限的运算

极限的定义并没有给出极限的求法，本节讨论极限的运算方法.

1.3.1 无穷小与无穷大

1. 无穷小量

在具有极限的函数中，有一种比较简单但又十分重要的情形——极限为 0，即在自变量的一定趋势下，函数 $f(x)$ 的绝对值无限变小，我们自然地称它为无穷小量.

定义 1.3.1 极限是 0 的量，称为无穷小量，简称无穷小.

例如，$\lim\limits_{n\to\infty}\frac{1}{n}=0$，所以$\frac{1}{n}$是当 $n\to\infty$ 时的无穷小；$\lim\limits_{x\to 0}\sin x=0$，所以 $\sin x$ 是当 $x\to 0$ 时的无穷小；$\lim\limits_{x\to 0}x=0$，所以 x 是当 $x\to 0$ 时的无穷小.

注意 (1) 无穷小量是以零为极限的量. “无穷小”一词不表示量的大小，而是描述变量的绝对值的变化趋势是 0. 常用 $\alpha,\beta,\gamma,\cdots$ 表示无穷小量.

(2) 说一个函数 $f(x)$ 是无穷小量，必须指明自变量的变化趋势. 例如，x 是当 $x\to 0$ 时的无穷小，但当 $x\to 1$ 时，x 就不是无穷小.

(3) 常量中只有数 0 是无穷小量，因为 $\lim\limits_{x\to x_0}0=0$.

2. 无穷小量的运算

无穷小量之所以在变量的研究中被广泛地应用，是因为它有一些很好的运算性质.

定理 1.3.1 在自变量的一定趋势下，有：

(1) 有限个无穷小的代数和仍是无穷小；

(2) 有限个无穷小的乘积仍是无穷小；

(3) 无穷小与有界函数的乘积仍是无穷小.

因为常数可以看作有界函数，所以有

推论 1.3.1 常数与无穷小的乘积是无穷小.

例 1.19 求下列极限：

(1) $\lim\limits_{x\to\infty}\frac{1}{x^2}$； (2) $\lim\limits_{x\to\infty}\left(\frac{1}{x}+\frac{1}{x^2}\right)$； (3) $\lim\limits_{x\to\infty}\frac{2}{x}$； (4) $\lim\limits_{x\to 0}x^2\sin\frac{1}{x}$.

解 (1) 因为$\lim\limits_{x\to\infty}\frac{1}{x}=0$，所以$\lim\limits_{x\to\infty}\frac{1}{x^2}=\lim\limits_{x\to\infty}\left(\frac{1}{x}\cdot\frac{1}{x}\right)=0$.

一般地,无穷小量的正整数幂仍是无穷小量.

(2) 由定理及(1)得 $\lim\limits_{x\to\infty}\left(\dfrac{1}{x}+\dfrac{1}{x^2}\right)=0$.

(3) 由定理的推论得 $\lim\limits_{x\to\infty}\left(\dfrac{2}{x}\right)=0$.

(4) 因为 $\lim\limits_{x\to 0}x^2=0$, $\left|\sin\dfrac{1}{x}\right|\leqslant 1$, 所以 $\lim\limits_{x\to 0}x^2\sin\dfrac{1}{x}=0$.

注意　定理 1.3.1 中"有限个"是不可少的条件,否则结论不一定成立.

例如,将长度为 1 的线段 n 等分,每一份的长度都等于 $\dfrac{1}{n}$,无论怎样等分,n 等份的和总等于 1,即 $\underbrace{\dfrac{1}{n}+\dfrac{1}{n}\cdots+\dfrac{1}{n}}_{n\text{个}}=\dfrac{n}{n}=1$. 当等分数 n 无限增大时($n\to\infty$),等于全长 $\dfrac{1}{n}$ 的每一份都是无穷小 $\left(\dfrac{1}{n}\to 0\right)$,但其和等于 1 不变,所以,这里无限个无穷小的和仍是等于 1,而不是无穷小.

因为无穷小是极限为 0 的函数,所以无穷小与函数的极限之间有下述的密切关系:

$$\lim_{\substack{x\to x_0\\(x\to\infty)}} f(x)=A \Leftrightarrow f(x)=A+\alpha,\quad \alpha \text{ 是 } x\to x_0\,(x\to\infty) \text{ 时的无穷小.}$$

3. 无穷大量

在极限不存在的函数中,也有一种重要的情形——函数的绝对值无限增大.

例如,$f(x)=\dfrac{1}{x}$,当 $x\to 0$ 时,$\left|\dfrac{1}{x}\right|$ 无限增大(图 1.15). $f(x)=e^x$,当 $x\to+\infty$ 时,$|e^x|$ 无限增大(图 1.16).

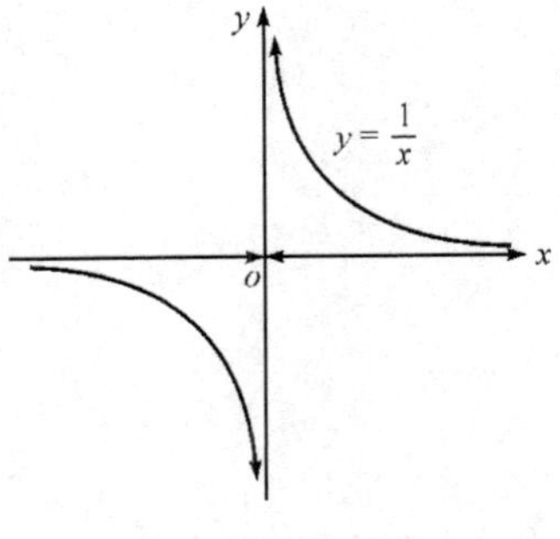

图 1.15

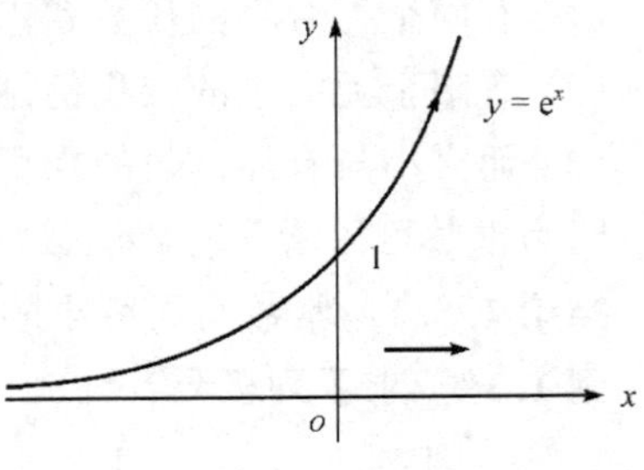

图 1.16

具有上述特征的函数,称为无穷大量.

定义 1.3.2 如果当 $x\to x_0(x\to\infty)$时,函数 $f(x)$的绝对值无限增大,则称函数 $f(x)$为当 $x\to x_0(x\to\infty)$时的无穷大量,简称无穷大.

如果函数 $f(x)$当 $x\to x_0(x\to\infty)$时是无穷大,则它的极限是不存在的,但为了便于描述函数的这种变化趋势,也说"函数的极限是无穷大",并记作

$$\lim_{x\to x_0}f(x)=\infty \quad 或\lim_{x\to\infty}f(x)=\infty.$$

例如,$f(x)=\ln x$ 是当 $x\to 0^+$ 时的无穷大,记作

$$\lim_{x\to 0^+}\ln x=-\infty.$$

$f(x)=e^x$ 是当 $x\to+\infty$时的无穷大,记作

$$\lim_{x\to+\infty}e^x=+\infty.$$

记号 $\lim\limits_{\substack{x\to x_0\\(x\to\infty)}}f(x)=+\infty$表示当 $x\to x_0(x\to\infty)$时,$f(x)$取正值无限增大;

记号 $\lim\limits_{\substack{x\to x_0\\(x\to\infty)}}f(x)=-\infty$表示当 $x\to x_0(x\to\infty)$时,$f(x)$取负值而绝对值无限增大.

例如,$\lim\limits_{x\to 0^+}\dfrac{1}{x}=+\infty$, $\lim\limits_{x\to 0^-}\dfrac{1}{x}=-\infty$, $\lim\limits_{x\to+\infty}e^x=+\infty$.

也应当注意:无穷大量是变量,"无穷大"一词是描述变量的绝对值的趋势是无限增大;说一个函数是无穷大时,必须指明自变量的变化趋势;无论绝对值多大的常数都不是无穷大.

4. 无穷小与无穷大的关系

我们知道,当 $x\to 0$ 时,$\dfrac{1}{x^3}\to\infty$,$x^3\to 0$. 一般地,有

定理 1.3.2 在自变量的同一变化过程中,如果 $f(x)$是无穷大,则$\dfrac{1}{f(x)}$是无穷小;反之,如果 $f(x)$是无穷小,且 $f(x)\neq 0$,则$\dfrac{1}{f(x)}$是无穷大.

*5. 无穷小的比较

由无穷小的运算性质知道,两个无穷小的和、差、积仍是无穷小. 但两个无穷小的商,其结果就不一定是无穷小. 例如,当 $x\to 0$ 时,x,$2x$,x^2 都是无穷小,然而

$$\lim_{x\to 0}\frac{x}{2x}=\frac{1}{2},\quad \lim_{x\to 0}\frac{x^2}{2x}=0\quad \lim_{x\to 0}\frac{x}{x^2}=\infty.$$

所以两个无穷小的商,可以是无穷小,可以是无穷大,也可以是一个有极限的

常量. 分析这种情况的产生，原因在于各个无穷小趋于零的快慢不一样，见下表：

x	0.1	0.01	0.001	0.0001	…	→0
$2x$	0.2	0.02	0.002	0.0002	…	→0
x^2	0.01	0.0001	0.000001	0.00000001	…	→0

可以看出，当 $x\to 0$ 时，x^2 比 x 和 $2x$ 趋于 0 的速度快，x 与 $2x$ 趋于 0 的速度大致差不多. 两个无穷小商的极限从数量关系上刻画出了各个无穷小趋于 0 的快慢差别，由此产生了无穷小量的阶的概念.

定义 1.3.3　设 α 和 β 都是当 $x\to x_0$（$x\to\infty$）时的无穷小，且 $\alpha\neq 0$，

(1) 若 $\lim\dfrac{\beta}{\alpha}=0$，则称 β 是比 α 高阶的无穷小；

(2) 若 $\lim\dfrac{\beta}{\alpha}=\infty$，则称 β 是比 α 低阶的无穷小；

(3) 若 $\lim\dfrac{\beta}{\alpha}=c$（$c\neq 0$，常数），则称 β 与 α 是同阶无穷小，特别若 $\lim\dfrac{\beta}{\alpha}=1$，则称 β 与 α 又是等价无穷小，记作 $\alpha\sim\beta$.

说明：定义 1.3.3 中的记号 lim 是 $\lim\limits_{x\to x_0}$ 或 $\lim\limits_{x\to\infty}$ 等的略写，表示自变量同一趋势下的极限. 这个记号不能滥用，一般应用完整记号.

由定义知，当 $x\to 0$ 时，x^2 是比 x 高阶的无穷小，$2x$ 是比 x^2 低阶的无穷小，而 x 与 $2x$ 是同阶无穷小.

1.3.2　函数极限的四则运算法则

在求极限的运算中，通常总是通过一些简单的已知函数的极限去求比较复杂的函数的极限. 下面介绍极限的四则运算法则.

定理 1.3.3　如果 $\lim f(x)=A$，$\lim g(x)=B$，那么

(1) $\lim\,[f(x)\pm g(x)]=\lim f(x)\pm\lim g(x)=A\pm B$；

(2) $\lim\,[f(x)\cdot g(x)]=\lim f(x)\cdot\lim g(x)=A\cdot B$；

(3) $\lim\dfrac{f(x)}{g(x)}=\dfrac{\lim f(x)}{\lim g(x)}=\dfrac{A}{B}(B\neq 0)$.

该定理可推广到有限个函数的情形.

推论 1.3.2　$\lim cf(x)=c\lim f(x)$，因为 $\lim c=c$.

推论 1.3.3　$\lim\,[f(x)]^n=[\lim f(x)]^n$（$n\in\mathbf{Z}^+$），因为 $\lim\,[f(x)]^n=[\lim f(x)]^n=A^n$.

定理 1.3.3 告诉我们函数和、差、积、商的极限等于极限的和、差、积、商，条件是每个参与运算的函数的极限必须存在，在使用商的极限法则时，分母的极限不等

于 0.

为了在求极限时便于查阅，我们把一些常用到的极限汇列于下：

$\lim\limits_{\substack{x\to x_0\\(x\to\infty)}} c=c$； $\lim\limits_{x\to x_0}x=x_0$； $\lim\limits_{x\to 0}\frac{1}{x}=\infty$； $\lim\limits_{x\to\infty}\frac{1}{x}=0$； $\lim\limits_{x\to 0}\sin x=0$；

$\lim\limits_{x\to 0}\cos x=1$.

例 1.20 求下列极限：

(1) $\lim\limits_{x\to 2}(2x^2-3x+1)$； (2) $\lim\limits_{x\to -1}\frac{2x-1}{x+3}$.

解 (1) 原式 $=\lim\limits_{x\to 2}2x^2-\lim\limits_{x\to 2}3x+\lim\limits_{x\to 2}1=2\lim\limits_{x\to 2}x^2-3\lim\limits_{x\to 2}x+1$

$$=2(\lim_{x\to 2}x)^2-3\times 2+1=2\times 2^2-3\times 2+1=3.$$

(2) 原式 $=\dfrac{\lim\limits_{x\to -1}(2x-1)}{\lim\limits_{x\to -1}(x+3)}=\dfrac{2\lim\limits_{x\to -1}x-\lim\limits_{x\to -1}1}{\lim\limits_{x\to -1}x+\lim\limits_{x\to -1}3}=\dfrac{2(-1)-1}{(-1)+3}=-\dfrac{3}{2}$.

由例 1.20，可得出求**有理函数的极限**的简单方法：

(1) 若 $f(x)=a_0x^n+a_1x^{n-1}+\cdots+a_n$，则

$$\lim_{x\to x_0}f(x)=a_0x_0{}^n+a_1x_0{}^{n-1}+\cdots+a_n=f(x_0).$$

(2) 若 $F(x)=\dfrac{P(x)}{Q(x)}=\dfrac{a_0x_n+a_1x^{n-1}+\cdots+a_n}{b_0x^m+b_1x^{m-1}+\cdots+b_m}$，且 $\lim\limits_{x\to x_0}Q(x)=Q(x_0)\neq 0$，则

$$\lim_{x\to x_0}F(x)=\lim_{x\to x_0}\frac{P(x)}{Q(x)}=\frac{P(x_0)}{Q(x_0)}=F(x_0).$$

这就是说，在上面的情形下，有理函数的极限值，就是把自变量 x 的极限值直接代入函数式计算函数值.

于是，例 1.20 的解题过程可简写为

(1) $\lim\limits_{x\to 2}(2x^2-3x+1)=2\times 2^2-3\times 2+1=3$.

(2) $\lim\limits_{x\to -1}\dfrac{2x-1}{x+3}=\dfrac{2(-1)-1}{(-1)+3}=-\dfrac{3}{2}$.

例 1.21 求 $\lim\limits_{x\to 3}\dfrac{x-3}{x^2-9}$.

解 当 $x\to 3$ 时，分子、分母的极限都是 0，此时，不能直接运用商的极限运算法则，但可以经过适当变形后再求它的极限.

因 $x\to 3$，但 $x\neq 3$，即 $x-3\neq 0$，所以可以先约去分式中不为零的因式，再求极限. 于是 $\lim\limits_{x\to 3}\dfrac{x-3}{x^2-9}=\lim\limits_{x\to 3}\dfrac{1}{x+3}=\dfrac{1}{3+3}=\dfrac{1}{6}$.

例 1.22 求 $\lim\limits_{x\to 2}\dfrac{2x-3}{x^2-3x+2}$.

解　当 $x\to 2$ 时，分母的极限是 0，故不能直接运用商的极限运算法则. 但分子的极限不是 0，于是，分式可以写成

$$\frac{2x-3}{x^2-3x+2}=\frac{1}{\dfrac{x^2-3x+2}{2x-3}}.$$

因当 $x\to 2$ 时，$\dfrac{x^2-3x+2}{2x-3}\to 0$，从而 $\dfrac{1}{\dfrac{x^2-3x+2}{2x-3}}\to\infty$. 所以

$$\lim_{x\to 2}\frac{2x-3}{x^2-3x+2}=\infty.$$

由例 1.21、例 1.22 可知，有理函数 $F(x)=\dfrac{P(x)}{Q(x)}$ 在求 $x\to x_0$ 的极限时，若 $P(x_0)=0,Q(x_0)=0$，则可以通过**分解因式约分**后再求极限；若 $Q(x_0)=0$，而 $P(x_0)\neq 0$，则 $\lim\limits_{x\to x_0}f(x)=\infty$（或 $+\infty$，$-\infty$）.

例 1.23　求下列极限：

(1) $\lim\limits_{x\to\infty}\dfrac{3x^3+5x^2+1}{5x^3-2x^2+4}$；　(2) $\lim\limits_{x\to\infty}\dfrac{2x^2-x}{3x^4-x^2+1}$；　(3) $\lim\limits_{x\to\infty}\dfrac{2x^3+5}{3x^2+2x+1}$.

解　(1) 当 $x\to\infty$ 时，分子、分母的极限都不存在，所以，不能直接用商的极限运算法则. 但因 $x\to\infty$，故可视 $x\neq 0$，因而可用分式中的最高次幂 x^3 同除分子、分母，得

$$\lim_{x\to\infty}\frac{3x^3+5x^2+1}{5x^3-2x^2+4}=\lim_{x\to\infty}\frac{3+\dfrac{5}{x}+\dfrac{1}{x^3}}{5-\dfrac{2}{x}+\dfrac{4}{x^3}}=\frac{3+0+0}{5-0+0}=\frac{3}{5}.$$

此例所用的方法，叫做无穷小分出法.

(2) 用 x^4 同除分子、分母，再求极限，得

$$\lim_{x\to\infty}\frac{2x^2-x}{3x^4-x^2+1}=\lim_{x\to\infty}\frac{\dfrac{2}{x^2}-\dfrac{1}{x^3}}{3-\dfrac{1}{x^2}+\dfrac{1}{x^4}}=0.$$

(3)
$$\lim_{x\to\infty}\frac{2x^3+5}{3x^2+2x+1}=\lim_{x\to\infty}\frac{2+\dfrac{5}{x^3}}{\dfrac{3}{x}+\dfrac{2}{x^2}+\dfrac{1}{x^3}}=\infty.$$

一般地，有理函数求 $x\to\infty$ 时的极限，当 $a_0\neq 0,b_0\neq 0$ 时，结论是

$$\lim_{x\to\infty}\frac{a_0x^n+a_1x^{n-1}+\cdots+a_n}{b_0x^m+b_1x^{m-1}+\cdots+b_m}=\begin{cases}0, & m>n,\\ \dfrac{a_0}{b_0}, & m=n,\\ \infty, & m<n.\end{cases}$$

上述结论对数列极限同样适用.

例 1.24 求$\lim\limits_{n\to\infty}\dfrac{1+2+3+\cdots+n}{n^2+1}$.

解 因为$1+2+3+\cdots+n=\dfrac{n(n+1)}{2}$,所以

$$原式=\lim_{n\to\infty}\frac{\frac{n(n+1)}{2}}{n^2+1}=\frac{1}{2}\lim_{n\to\infty}\frac{n^2+n}{n^2+1}=\frac{1}{2}.$$

例 1.25 求等比数列$\dfrac{1}{2},\dfrac{1}{4},\dfrac{1}{8},\cdots,\dfrac{1}{2^n},\cdots$前 n 项的和 s_n,并求当 $n\to\infty$ 时 s_n 的极限.

解 公比 $q=\dfrac{1}{2}$,$s_n=\dfrac{\frac{1}{2}\left[1-\left(\frac{1}{2}\right)^n\right]}{1-\frac{1}{2}}=1-\dfrac{1}{2^n}$,所以

$$\lim_{n\to\infty}s_n=\lim_{n\to\infty}\left(1-\frac{1}{2^n}\right)=1.$$

一般地,若$|q|<1$,则$\lim\limits_{n\to\infty}q^n=0$,我们把公比 q 满足条件$|q|<1$ 的无穷等比数列 $a_1,a_1q,a_1q^2,\cdots,a_1q^{n-1},\cdots$叫做无穷递缩等比数列. 设无穷递缩等比数列$\{a_n\}$的前 n 项和为 s_n,s 为 s_n 当 $n\to\infty$时的极限,则

$$s=\lim_{n\to\infty}s_n=\lim_{n\to\infty}\frac{a_1(1-q^n)}{1-q}=\frac{a_1}{1-q}\lim_{n\to\infty}(1-q^n)=\frac{a_1}{1-q},即$$

$$s=a_1+a_1q+a_1q^2+\cdots=\frac{a_1}{1-q}.$$

例如,$\dfrac{1}{2}+\dfrac{1}{4}+\dfrac{1}{8}+\cdots+\dfrac{1}{2^n}\cdots=\dfrac{\frac{1}{2}}{1-\frac{1}{2}}=1$;

$$\frac{1}{2}-\frac{1}{4}+\frac{1}{8}-\cdots+(-1)^{n-1}\frac{1}{2^n}+\cdots=\frac{\frac{1}{2}}{1-\left(-\frac{1}{2}\right)}=\frac{1}{3}.$$

例 1.26　将循环小数 $0.\dot{3}$ 化为分数.

解　$$0.\dot{3}=0.3333\cdots$$
$$=0.3+0.03+0.003+0.0003+\cdots$$
$$=\frac{3}{10}+\frac{3}{100}+\frac{3}{1000}+\frac{3}{10000}+\cdots$$
$$=\frac{\frac{3}{10}}{1-\frac{1}{10}}=\frac{3}{9}=\frac{1}{3}.$$

1.3.3　两个重要极限

1. 极限 $\lim\limits_{x\to0}\frac{\sin x}{x}=1$.

用 Matlab 软件作出函数 $y=\frac{\sin x}{x}$ 在 $x\in[-10,0)\cup(0,10]$ 的图像,如图 1.17 所示,当 $x\to0$ 时,函数 $\frac{\sin x}{x}\to1$,即

$$\lim_{x\to0}\frac{\sin x}{x}=1.$$

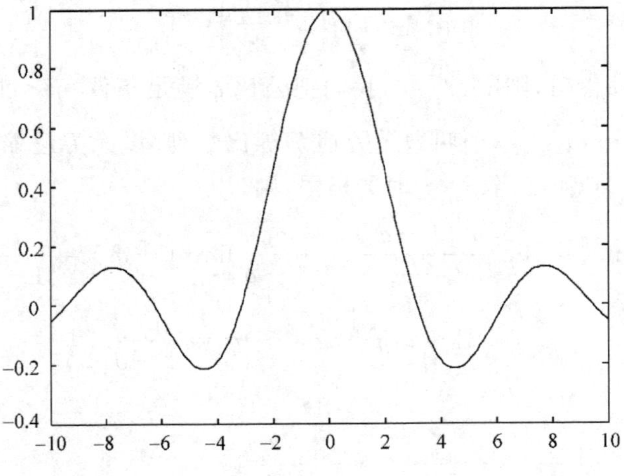

图 1.17

注意　该极限的类型是 $\frac{0}{0}$ 型,$x\to0$ 的条件很重要. 若 $x\to\infty$,则

$$\lim_{x\to\infty}\frac{\sin x}{x}=\lim_{x\to\infty}\frac{1}{x}\sin x=0.$$

例 1.27 求$\lim\limits_{x\to 0}\dfrac{\sin 3x}{x}$.

解 因为$\dfrac{\sin 3x}{x}=\dfrac{3\sin 3x}{3x}$. 令 $3x=t$,当 $x\to 0$ 时,显然 $t\to 0$. 所以

$$\lim_{x\to 0}\frac{\sin 3x}{x}=\lim_{x\to 0}\frac{3\sin 3x}{3x}=3\lim_{t\to 0}\frac{\sin t}{t}=3\times 1=3.$$

这种求极限的方法叫做变量代换法. 上面解题的过程可简写为

$$\lim_{x\to 0}\frac{\sin 3x}{x}=3\lim_{x\to 0}\frac{\sin 3x}{3x}=3\times 1=3.$$

一般地,有$\lim\limits_{x\to 0}\dfrac{\sin kx}{x}=k$ (k 为常数).

例 1.28 求 $\lim\limits_{x\to 0}\dfrac{\sin 2x}{\sin 5x}$.

解 应用例 1.27 的结论,得

$$\lim_{x\to 0}\frac{\sin 2x}{\sin 5x}=\lim_{x\to 0}\frac{\dfrac{\sin 2x}{x}}{\dfrac{\sin 5x}{x}}=\frac{2}{5}.$$

例 1.29 求$\lim\limits_{x\to 0}\dfrac{\tan x}{x}$.

解 $\lim\limits_{x\to 0}\dfrac{\tan x}{x}=\lim\limits_{x\to 0}\left(\dfrac{\sin x}{x}\cdot\dfrac{1}{\cos x}\right)=\lim\limits_{x\to 0}\dfrac{\sin x}{x}\cdot\lim\limits_{x\to 0}\dfrac{1}{\cos x}=1\times 1=1.$

例 1.30 求$\lim\limits_{x\to 0}\dfrac{1-\cos x}{x^2}$.

解 $\lim\limits_{x\to 0}\dfrac{1-\cos x}{x^2}=\lim\limits_{x\to 0}\dfrac{2\sin^2\dfrac{x}{2}}{x^2}=2\lim\limits_{x\to 0}\left[\dfrac{\sin\dfrac{x}{2}}{x}\right]^2=2\times\left(\dfrac{1}{2}\right)^2=\dfrac{1}{2}.$

由于$\lim\limits_{x\to 0}\dfrac{\sin x}{x}=1,\lim\limits_{x\to 0}\dfrac{\tan x}{x}=1,\lim\limits_{x\to 0}\dfrac{1-\cos x}{\dfrac{x^2}{2}}=1$,因此, 当 $x\to 0$ 时,有

$$\sin x\sim x,\tan x\sim x,(1-\cos x)\sim\frac{x^2}{2}.$$

亦有

$$\sin ax\sim ax,\tan ax\sim ax,(1-\cos ax)\sim\frac{(ax)^2}{2}\quad(a\neq 0).$$

等价无穷小在极限计算中的意义表现在下面的定理中.

定理 1.3.4　若 $\alpha\sim\alpha_1$，$\beta\sim\beta_1$，且 $\lim\frac{\beta_1}{\alpha_1}$ 存在，那么 $\lim\frac{\beta}{\alpha}$ 也存在，且 $\lim\frac{\beta}{\alpha}=\lim\frac{\beta_1}{\alpha_1}$.

该定理告诉我们，在求两个无穷小之比的极限时，把每一个(或其中一个)无穷小换成它的等价无穷小，不会改变极限值. 利用等价无穷小代换求极限，将使解题过程更为简便. 例如，

$$\lim_{x\to 0}\frac{\sin x}{x}=\lim_{x\to 0}\frac{x}{x}=1,\quad \lim_{x\to 0}\frac{1-\cos x}{x^2}=\lim_{x\to 0}\frac{\frac{1}{2}x^2}{x^2}=\frac{1}{2}.$$

例 1.31　求 $\lim\limits_{x\to 0}\frac{\tan x-\sin x}{x^3}$.

解　$\lim\limits_{x\to 0}\frac{\tan x-\sin x}{x^3}=\lim\limits_{x\to 0}\frac{\tan x(1-\cos x)}{x^3}=\lim\limits_{x\to 0}\frac{x\cdot\frac{1}{2}x^2}{x^3}=\frac{1}{2}$.

注意　必须指出，在求极限时，如果不是乘除的情形，不能用等价无穷小代替. 例如，

$$\lim_{x\to 0}\frac{\tan x-\sin x}{x^3}\neq\lim_{x\to 0}\frac{x-x}{x^3}=0.$$

2. 极限 $\lim\limits_{x\to\infty}\left(1+\frac{1}{x}\right)^x=e$　(数 $e=2.718281828459\cdots$ 是一个无理数)

我们用列表观察当 $x\to\infty$ 时，函数 $\left(1+\frac{1}{x}\right)^x$ 的变化趋势.

x	2	5	10	10^2	10^3	10^4	10^6	$\cdots\to+\infty$
$\left(1+\frac{1}{x}\right)^x$	2.25	2.48	2.59	2.70	2.71692	2.71815	2.71828	$\cdots\to$ e
x	-2	-5	-10	-10^2	-10^3	-10^4	-10^6	$\cdots\to-\infty$
$\left(1+\frac{1}{x}\right)^x$	4	3.05	2.86	2.70	2.71964	2.71842	2.71828	$\cdots\to$ e

从表中可以看出，当 $x\to\infty$ 时，函数 $\left(1+\frac{1}{x}\right)^x\to$ e，即

$$\lim_{x\to\infty}\left(1+\frac{1}{x}\right)^x=\mathrm{e}.$$

若令 $\frac{1}{x}=t$，当 $x\to\infty$ 时，$t\to 0$，可得这个重要极限的另一种形式

$$\lim_{t\to 0}(1+t)^{\frac{1}{t}}=\mathrm{e}.$$

注意 该极限的类型是 1^{∞} 型,这个重要极限在形式上有如下特征:

(1) 指数→∞;

(2) 底数由两项组成,第一项是 1,第二项是括号外指数的倒数.

例 1.32 求 $\lim\limits_{x\to\infty}\left(1+\dfrac{2}{x}\right)^{x}$.

解 令 $\dfrac{2}{x}=t$,则 $x=\dfrac{2}{t}$,当 $x\to\infty$ 时,$t\to 0$.

于是

$$\lim_{x\to\infty}\left(1+\frac{2}{x}\right)^{x}=\lim_{t\to 0}(1+t)^{\frac{2}{t}}=\lim_{t\to 0}[(1+t)^{\frac{1}{t}}]^{2}=[\lim_{t\to 0}(1+t)^{\frac{1}{t}}]^{2}=\mathrm{e}^{2}.$$

上面的解题过程可简写为

$$\lim_{x\to\infty}\left(1+\frac{2}{x}\right)^{x}=\lim_{x\to\infty}\left[\left(1+\frac{2}{x}\right)^{\frac{x}{2}}\right]^{2}=\mathrm{e}^{2}.$$

例 1.33 求 $\lim\limits_{x\to 0}(1-x)^{\frac{1}{x}}$.

解 $\lim\limits_{x\to 0}(1-x)^{\frac{1}{x}}=\lim\limits_{x\to 0}[(1-x)^{\frac{1}{-x}}]^{-1}=\mathrm{e}^{-1}=\dfrac{1}{\mathrm{e}}$.

例 1.34 求 $\lim\limits_{x\to 0}(1+\tan x)^{\cot x}$.

解 令 $\tan x=t$,则 $\cot x=\dfrac{1}{t}$. 当 $x\to 0$ 时,$t\to 0$.

$$\lim_{x\to 0}(1+\tan x)^{\cot x}=\lim_{t\to 0}(1+t)^{\frac{1}{t}}=\mathrm{e}.$$

例 1.35 求 $\lim\limits_{x\to\infty}\left(\dfrac{2x-1}{2x+1}\right)^{x+\frac{3}{2}}$.

解 因为 $\left(\dfrac{2x-1}{2x+1}\right)^{x+\frac{3}{2}}=\left(1-\dfrac{2}{2x+1}\right)^{x+\frac{3}{2}}$,令 $-\dfrac{2}{2x+1}=t$,则 $x=-\dfrac{1}{t}-\dfrac{1}{2}$.

当 $x\to\infty$ 时,$t\to 0$,则

$$\begin{aligned}\lim_{x\to\infty}\left(\frac{2x-1}{2x+1}\right)^{x+\frac{3}{2}}&=\lim_{t\to 0}(1+t)^{-\frac{1}{t}+1}=\lim_{t\to 0}[(1+t)^{-\frac{1}{t}}\cdot(1+t)]\\&=\lim_{t\to 0}[(1+t)^{\frac{1}{t}}]^{-1}\cdot\lim_{t\to 0}(1+t)=\mathrm{e}^{-1}\times 1=\frac{1}{\mathrm{e}}.\end{aligned}$$

例 1.36 连续计算复利息的复利公式.

由例 1.5 知,第 n 年末的本利和公式为

$$S_n=P(1+R)^{n}.$$

如果按月计算，月利率为$\frac{R}{12}$. 假如一年均分 m 期计算利息，则每期的利率就是 $\frac{R}{m}$. 第 n 年末就有 mn 期，此时(第 mn 期末)本利和为

$$S_n = P\left(1+\frac{R}{m}\right)^{mn}.$$

若将利息期间无限缩短，期数 m 就无限增大，即 $m\to\infty$，于是得到连续计算复利息的复利公式为

$$\begin{aligned} S_n &= \lim_{m\to\infty} P\left(1+\frac{R}{m}\right)^{mn} = P\lim_{m\to\infty}\left(1+\frac{R}{m}\right)^{\frac{m}{R}\cdot Rn} \\ &= P\left[\lim_{t\to\infty}\left(1+\frac{1}{t}\right)^{t}\right]^{Rn} \left(t=\frac{m}{R}\right) = P\mathrm{e}^{Rn}, \end{aligned}$$

其中，P 是初始本金(现值)；S_n 是第 n 年末本利和.

1.4　函数的连续性

我们知道，函数是物质世界中各种变量之间的依存关系的具体反映. 许多事物的运动与变化过程都是连续的，如水的流动、动植物的生长、气温的变化等都是随着时间在连续不断的变化，当时间变化很微小时，它们的变化也很微小，这种特点就是所谓连续性.

为了研究函数的连续性，我们先引进函数增量的概念.

1.4.1　函数的增量

设函数 $f(x)=x^2$，当自变量 x 由 1 变到 1.2 时，对应的函数值由 $f(1)$变到 $f(1.2)$，自变量值的差(终值－初值)

$$1.2-1=0.2,$$

叫做自变量 x 在点 $x_0=1$ 处的增量，记为 $\Delta x=0.2$. 对应的函数值的差(终值—初值)

$$f(1.2)-f(1)=1.44-1=0.44,$$

叫做函数 $f(x)$在点 $x_0=1$ 处的增量，记为 $\Delta y=0.44$.

定义 1.4.1　设函数 $y=f(x)$在 x_0 及其左、右近旁有定义，当自变量 x 由 x_0 变到 x_1 时，对应的函数值由 $f(x_0)$变到 $f(x_1)$.

(1) 差 $x_1-x_0=\Delta x$ 叫做自变量 x 在点 $x=x_0$ 处的增量(或改变量)；

(2) 差 $f(x_1)-f(x_0)=\Delta y$ 叫做函数 $y=f(x)$在点 $x=x_0$ 处的增量(或改变量).

由 $x_1 - x_0 = \Delta x$ 可得 $x_1 = x_0 + \Delta x$，所以函数增量也常写为

$$\Delta y = f(x_0 + \Delta x) - f(x_0).$$

自变量及函数的增量的几何意义如图 1.18 所示.

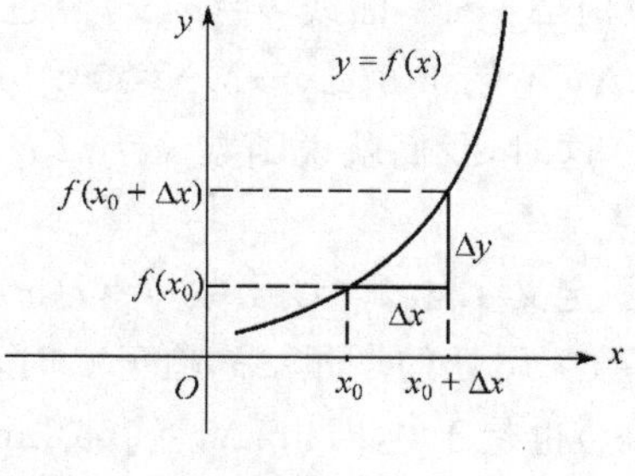

图 1.18

注意 Δy 是一个整体记号，不能看作是 Δ 与 y 的乘积，同理 Δx 也是一个整体记号.

例 1.37 设 $y = f(x) = 3x^2 - 1$，求适合下列条件的 Δx 与 Δy：

(1) x 由 1 变到 1.5；

(2) x 由 1 变到 -0.5；

(3) x 由 x_0 变到 $x_0 + \Delta x$.

解 (1) $\Delta x = 1.5 - 1 = 0.5$，

$$\Delta y = f(1.5) - f(1) = (3 \times 1.5^2 - 1) - (3 \times 1^2 - 1) = 3.75.$$

(2) $\Delta x = (-0.5) - 1 = -1.5$，

$$\Delta y = f(-0.5) - f(1) = [(3 \times (-0.5)^2 - 1)] - (3 \times 1^2 - 1) = -2.25.$$

(3) $\Delta x = (x_0 + \Delta x) - x_0 = \Delta x$，

$$\Delta y = f(x_0 + \Delta x) - f(x_0) = [3(x_0 + \Delta x)^2 - 1] - (3x_0{}^2 - 1)$$
$$= 6x_0 \Delta x + 3(\Delta x)^2.$$

由例 1.37 可知，增量 Δx 与 Δy 可正可负，不一定是“增加的”量.

1.4.2 函数连续的概念

1. 函数 $y = f(x)$ 在点 x_0 的连续性

观察如图 1.19 所示的两个函数的图像.

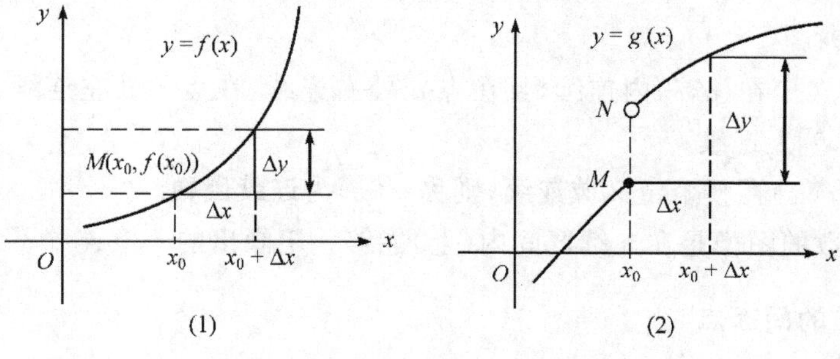

图 1.19

由图 1.19 直观可见，曲线 $y = f(x)$ 经过点 $M(x_0, f(x_0))$ 时能够一笔画出，当 Δx

$\to 0$ 时 $\Delta y \to 0$. 曲线 $y=g(x)$ 经过点 $M(x_0, g(x_0))$ 时不能够一笔画出，当 $\Delta x \to 0$ 时，Δy 不趋于 $0(\Delta y \to MN \neq 0)$.

这时，我们就说函数 $y=f(x)$ 在点 x_0 处连续，而函数 $y=g(x)$ 在点 x_0 处不连续.

定义 1.4.2　设函数 $y=f(x)$ 在点 x_0 及其左、右近旁有定义. 如果当自变量 x 在点 x_0 处的增量 Δx 趋于 0 时，函数 $y=f(x)$ 对应的增量 $\Delta y=f(x_0+\Delta x)-f(x_0)$ 也趋于 0，即 $\lim\limits_{\Delta x \to 0} \Delta y=0$ 或 $\lim\limits_{\Delta x \to 0}[(f(x_0+\Delta x)-f(x_0)]=0$，则称函数 $y=f(x)$ 在点 x_0 处连续.

在定义 1.4.2 中，若令 $x_0+\Delta x=x$，则 $\Delta y=f(x)-f(x_0)$. 于是

$$x = x_0 + \Delta x,$$

$$f(x) = f(x_0) + \Delta y.$$

因为 $\Delta x \to 0 \Leftrightarrow x \to x_0$，$\Delta y \to 0 \Leftrightarrow f(x) \to f(x_0)$，即

$$\lim_{\Delta x \to 0} \Delta y = 0 \Leftrightarrow \lim_{x \to x_0} f(x) = f(x_0).$$

所以，函数 $y=f(x)$ 在点 x_0 处连续的定义又可叙述为

定义 1.4.3　设函数 $y=f(x)$ 在点 x_0 及其左、右近旁有定义，如果当自变量 $x \to x_0$ 时，函数 $y=f(x)$ 的极限存在，且等于它在点 x_0 处的函数值 $f(x_0)$，即

$$\lim_{x \to x_0} f(x) = f(x_0),$$

则称函数 $y=f(x)$ 在点 x_0 处连续.

2. *左、右连续与区间连续*

定义 1.4.4　(1)若 $\lim\limits_{x \to x_0^-} f(x)=f(x_0)$，则称 $f(x)$ 在点 x_0 处**左连续**；

(2) 若 $\lim\limits_{x \to x_0^+} f(x)=f(x_0)$，则称 $f(x)$ 在点 x_0 处**右连续**.

定义 1.4.5　(1) 若 $f(x)$ 在开区间 (a,b) 内每一点连续，则称 $f(x)$ 在开区间 (a,b) **内连续**；

(2) 若 $f(x)$ 在 (a,b) 内连续，且在点 a 处右连续，在点 b 处左连续，则称 $f(x)$ 在闭区间 $[a,b]$ **上连续**；

(3) 若 $f(x)$ 在整个定义域连续，则称 $f(x)$ 为**连续函数**.

连续函数的图像是在连续区间内(上)能够一笔画出的一条连绵不断的曲线.

1.4.3　函数的间断点

间断和连续是一对矛盾，间断就是不连续.

由定义 1.4.3 可知，函数 $y=f(x)$ 在点 x_0 处连续必须同时满足以下三个条件：

(1) 函数值 $f(x_0)$存在；

(2) 极限$\lim\limits_{x\to x_0}f(x)$存在；

(3) 二者相等，即$\lim\limits_{x\to x_0}f(x)=f(x_0)$.

当以上三个条件中至少有一个不成立时，就称函数 $f(x)$在点 x_0 处不连续，而点 x_0 叫做 $f(x)$的间断点或不连续点.

例 1.38 讨论下列函数在指定点处的连续性：

(1) $f(x)=\dfrac{x^2-1}{x-1}$，在 $x=1$ 处；

(2) $f(x)=\begin{cases}x^2, & x\neq 0,\\ 1, & x=0,\end{cases}$ 在 $x=0$ 处；

(3) $f(x)=\begin{cases}x+1, & x>1,\\ 0, & x=1,\\ x-1, & x<1,\end{cases}$ 在 $x=1$ 处.

解 (1) 因 $f(1)$不存在，所以 $f(x)$在点 $x=1$ 处不连续(图 1.20).

(2) $f(0)=1$，$\lim\limits_{x\to 0}f(x)=\lim\limits_{x\to 0}x^2=0$，但 $\lim\limits_{x\to 0}f(x)\neq f(0)$，所以 $f(x)$在点 $x=0$ 处不连续(图 1.21).

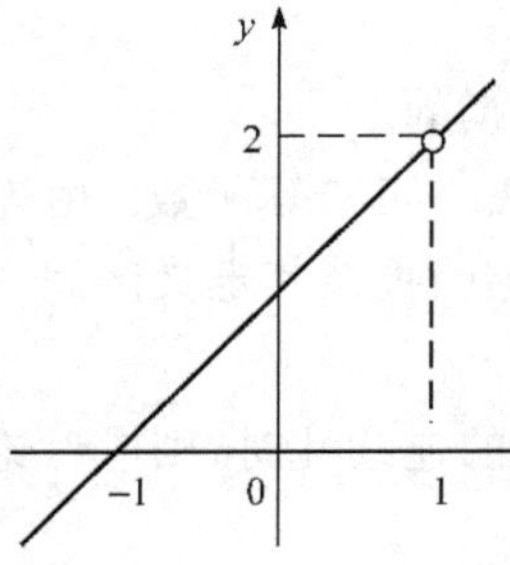

图 1.20

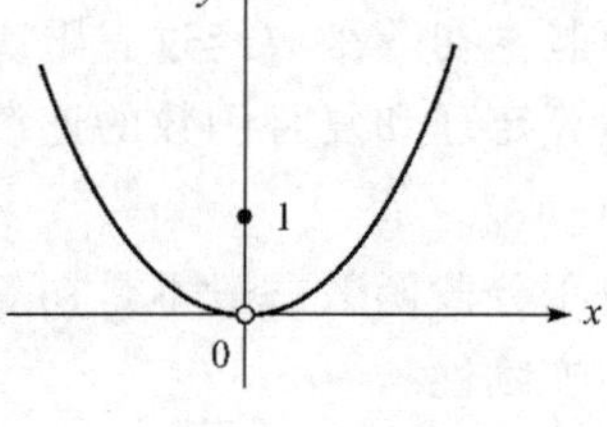

图 1.21

(3) $f(1)=0$，

左极限 $f(1-0)=\lim\limits_{x\to 1^-}f(x)=\lim\limits_{x\to 1^-}(x-1)=0$，

右极限 $f(1+0)=\lim\limits_{x\to 1^+}f(x)=\lim\limits_{x\to 1^+}(x+1)=2$，

因左、右极限不相等，即$\lim\limits_{x\to 1}f(x)$不存在，所以 $f(x)$在点 $x=1$ 处不连续(图 1.22).

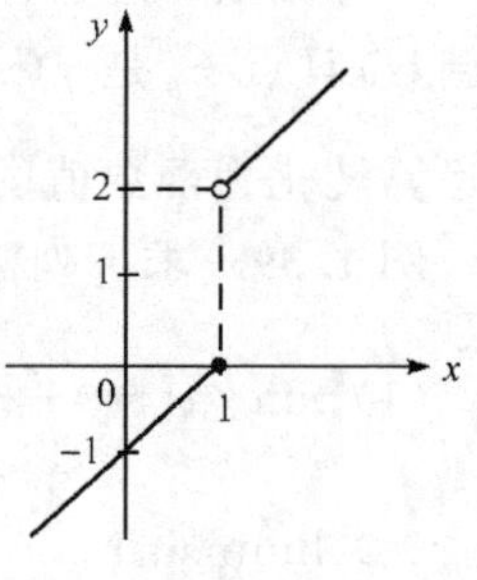

图 1.22

1.4.4 初等函数的连续性

根据极限运算法则，可直接推得关于连续函数的运算法则.

定理 1.4.1　如果函数 $f(x)$ 和 $g(x)$ 都在点 x_0 处连续，则

(1) $f(x)\pm g(x)$；

(2) $f(x)\cdot g(x)$；

(3) $\dfrac{f(x)}{g(x)}(g(x_0)\neq 0)$，

也都在点 x_0 连续.

由上面定理可知，连续函数的和、差、积、商仍为连续函数.

关于复合函数的连续性有下面的结论.

定理 1.4.2　如果函数 $u=\varphi(x)$ 在点 x_0 连续，且 $u_0=\varphi(x_0)$，函数 $y=f(u)$ 在对应点 u_0 连续，则复合函数 $y=f[\varphi(x)]$ 也在点 x_0 连续.

该定理的结论可以写成

$$\lim_{x\to x_0} f[\varphi(x)]=f[\varphi(x_0)]=f\ [\lim_{x\to x_0}\varphi(x)].$$

也就是说，如果 $f(u)$，$\varphi(x)$ 连续，那么求复合函数的极限时，极限符号 $\lim\limits_{x\to x_0}$ 与函数符号 f 可以互换顺序，先求内层函数的极限，再求函数值. 这是求复合函数极限的一个重要方法. 需要指出的是：只要 $\lim\limits_{x\to x_0}\varphi(x)$ 存在，不论 $\varphi(x)$ 是否连续，$\lim\limits_{x\to x_0} f[\varphi(x)]=f\ [\lim\limits_{x\to x_0}\varphi(x)]$ 也成立.

应当指出，基本初等函数在它们的定义域内都是连续的.

而基本初等函数经过有限次四则运算或复合而构成一切初等函数. 由连续函数的运算定理和复合函数的连续性，可以证明：一切初等函数在其定义区间内都是连续的.

由于分段函数一般不是初等函数，在讨论分段函数的连续性时，则应讨论分段点处的连续性.

1.4.5　连续函数的极限求法

初等函数的连续性为我们提供了求初等函数极限的简便方法：如果 $f(x)$ 是初等函数，且点 x_0 是 $f(x)$ 定义域内的一点，那么必有 $\lim\limits_{x\to x_0} f(x)=f(x_0)$，于是可将极限运算转化为函数值的计算.

例 1.39　求下列极限：

(1) $\lim\limits_{x\to 1}\sqrt{x^2-4x+4}$；　　(2) $\lim\limits_{x\to 4}\dfrac{\sqrt{x+5}-3}{x-4}$；　　(3) $\lim\limits_{x\to \pi}\dfrac{\tan x}{\sin 2x}$；

(4) $\lim\limits_{x\to \frac{\pi}{2}}\ln\sin x$；　　(5) $\lim\limits_{x\to 0}\ln(1+x)^{\frac{1}{x}}$；　　(6) $\lim\limits_{x\to\infty} e^{\frac{1}{x^2}}$.

解 (1) $\lim\limits_{x\to1}\sqrt{x^2-4x+4}=\sqrt{1^2-4\times1+4}=1$.

(2) $f(x)=\dfrac{\sqrt{x+5}-3}{x-4}$在点 $x=4$ 处不连续,且为$\dfrac{0}{0}$型极限,可对分子作有理化运算,约去极限为 0 的因式后再求极限.

$$\lim_{x\to4}\frac{\sqrt{x+5}-3}{x-4}=\lim_{x\to4}\frac{(\sqrt{x+5}-3)(\sqrt{x+5}+3)}{(x-4)(\sqrt{x+5}+3)}$$
$$=\lim_{x\to4}\frac{1}{\sqrt{x+5}+3}=\frac{1}{\sqrt{4+5}+3}=\frac{1}{6}.$$

(3) $f(x)=\dfrac{\tan x}{\sin2x}$在点 $x=\pi$ 处不连续,且为$\dfrac{0}{0}$型极限,可对函数进行恒等变形,约去极限为 0 的因式后再求极限.

$$\lim_{x\to\pi}\frac{\tan x}{\sin2x}=\lim_{x\to\pi}\left(\frac{\sin x}{\cos x}\cdot\frac{1}{2\sin x\cos x}\right)$$
$$=\lim_{x\to\pi}\frac{1}{2\cos^2x}=\frac{1}{2\cos^2\pi}=\frac{1}{2}.$$

(4) $\lim\limits_{x\to\frac{\pi}{2}}\ln\sin x=\ln\sin\dfrac{\pi}{2}=\ln1=0$.

(5) $\lim\limits_{x\to0}\ln(1+x)^{\frac{1}{x}}=\ln\left[\lim\limits_{x\to0}(1+x)^{\frac{1}{x}}\right]=\ln e=1$.

(6) $\lim\limits_{x\to\infty}e^{\frac{1}{x^2}}=e^{\lim\limits_{x\to\infty}\frac{1}{x^2}}=e^0=1$.

1.4.6 闭区间上连续函数的性质

下面介绍闭区间上连续函数的两个基本性质.从几何意义的直观性容易理解它们的真实性.

定理 1.4.3 (最大值和最小值定理)在闭区间$[a,b]$上的连续函数 $f(x)$一定有最大值和最小值(图 1.23).

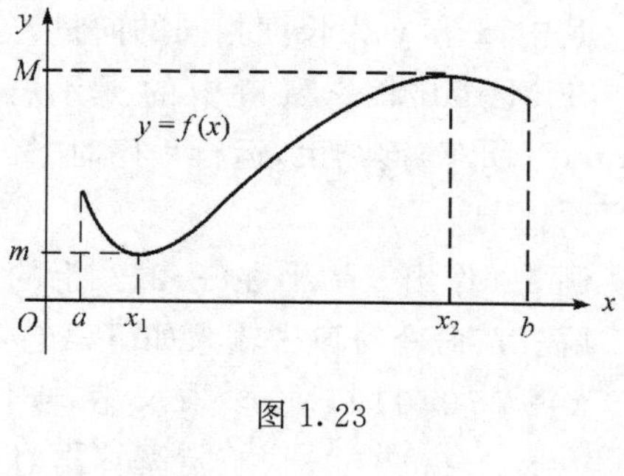

图 1.23

例如,函数 $y=\sin x$ 在$[0,\pi]$连续,它在该区间上有最大值 $f\left(\dfrac{\pi}{2}\right)=1$ 和最小值 $f(0)=f(\pi)=0$.

注意 定理中的两个条件:①闭区间;②函数连续缺一不可,否则定理的结论不一定正确.

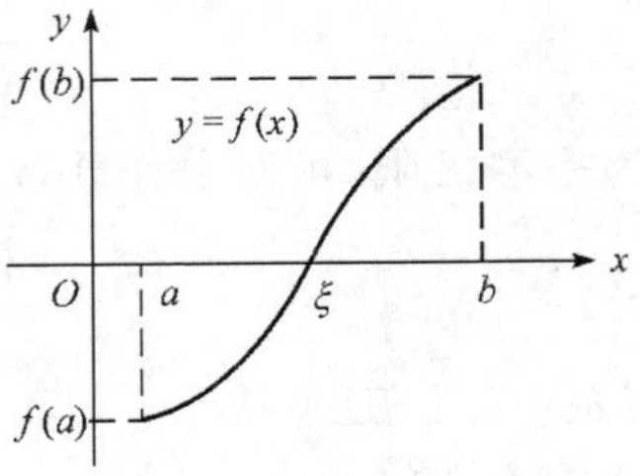

图 1.24

定理 1.4.4（根的存在定理）　如果函数 $f(x)$ 在闭区间 $[a,b]$ 上连续，且 $f(a)$ 与 $f(b)$ 异号，那么在区间 (a,b) 内至少存在一点 ξ，使得 $f(\xi)=0$（图 1.24）.

该定理的结论："在 (a,b) 内至少存在一点 ξ，使得 $f(\xi)=0$"，也可叙述为"方程 $f(x)=0$ 在 (a,b) 内至少有一个实根 ξ"，因此，定理 1.4.4 又叫做根的存在定理. 利用它可以帮助我们确定方程实数根的位置.

例 1.40　证明方程 $x^5+3x-1=0$ 在区间 $(0,1)$ 内至少有一个实根.

解　设 $f(x)=x^5+3x-1$. 因为 $f(x)$ 是初等函数，它在 $[0,1]$ 上连续，又因为

$$f(0)=-1<0,\quad f(1)=1+3-1=3>0,$$

所以，根据定理 1.4.4，在区间 $(0,1)$ 内至少有一点 ξ，使

$$f(\xi)=0(0<\xi<1)，就是\ \xi^5+3\xi-1=0.$$

即方程 $x^5+3x-1=0$ 在区间 $(0,1)$ 内至少有一个实根.

数学实验一　用 *Matlab* 软件作一元函数的图像和求极限

在开始进行实验之前，请先阅读附录二 Matlab 简介后，再运行 Matlab 软件.

一、一元函数的作图

1. 在直角坐标系中作图

1) 绘制单根二维曲线

调用格式为：

```
plot(x,y)
```

其中，$\boldsymbol{x}$ 和 $\boldsymbol{y}$ 为长度相同的向量，分别用于存储 x 坐标和 y 坐标数据.

在 Matlab 命令窗口中的提示符"≫"后输入语句，每输入完一行后要按"Enter"（回车）键结束，运行程序时"%"号后的注释语句也可以不输入. 以后同，不再说明.

例 1　作出 $y=x^2$ 在 $[-2,2]$ 上的图像.

解　在命令窗口中输入如下语句：

```
x=-2:0.01:2;   % 取 x 值,步长为 0.01
y=x.^2;        % 点幂算出对应的 y 值
plot(x,y);     % 作图
```

程序运行结果如图 1.25 所示.

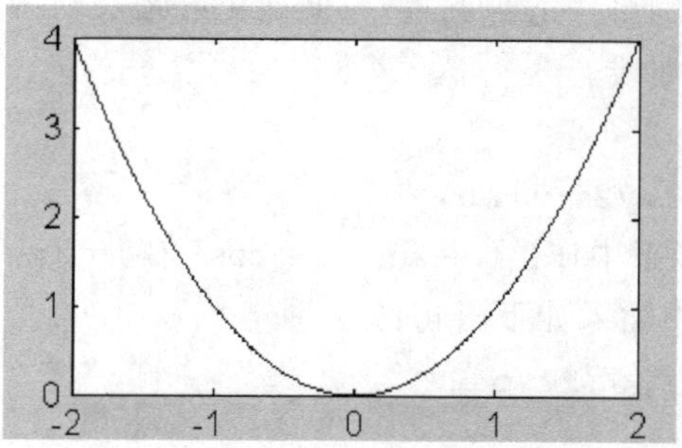

图 1.25

例 2　作出 $y=x\sin\dfrac{1}{x}$ 在(0,0.1]内的图像.

解　单击主窗口的"file"菜单,选"new"再选"m-file"命令单击,打开 M 文件编辑窗口,输入下面语句:

```
x=0:0.001:0.1;
y=x.* sin(1./(x+eps)); % 加 eps 避免 0 作分母
plot(x,y);
title('y=xsin(1/x)');    % 加标题
xlabel('x 轴');          % 给 x 坐标轴加标注
ylabel('y 轴');          % 给 y 坐标轴加标注
grid on                  % 添加网格
```

上面内容输完后,单击"保存"命令,给 M 文件取名(如 exa2),单击"保存"按钮.

在命令行中输入文件名(如 exa2),按回车键,程序运行结果如图 1.26 所示.

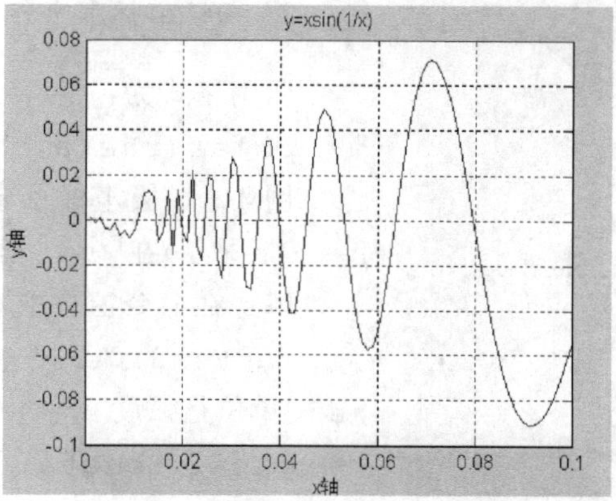

图 1.26

说明：x 的取值范围可作适当调整，以便能更好地反映函数的特征.

2）绘制多根二维曲线

调用格式为：

```
plot(x1,y1,x2,y2,…,xn,yn)
```

例 3　在同一坐标系中作出 $y=\sin x, y=\cos x$ 在 $[-2\pi, 2\pi]$ 上的图像.

解　在命令窗口中输入如下语句：

```
x=-2* pi:pi/100:2* pi;
y1=sin(x);
y2=cos(x);
plot(x,y1,x,y2);
legend('y=sinx','y=cosx'); % 图例标注
```

程序运行结果如图 1.27 所示.

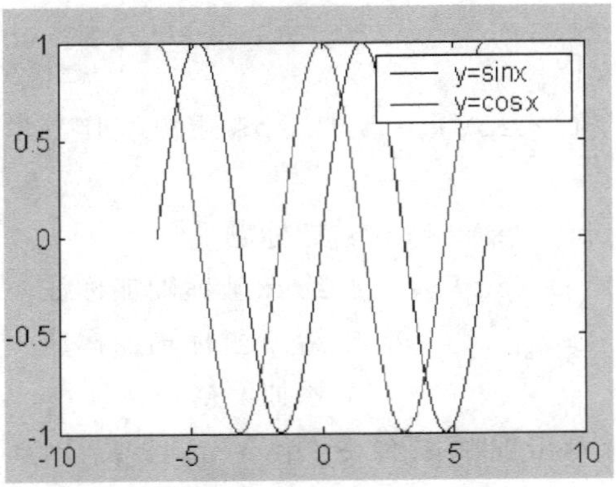

图 1.27

2. 在极坐标系中作图

调用格式为：

```
polar(theta,rho)
```

例 4　在极坐标系中作出阿基米德螺线 $\rho=a\theta$（a 取 2）在 $[0,4\pi]$ 上的图像.

解　在命令窗口中输入如下语句：

```
theta=0:0.01* pi:4* pi;  %theta的单位是弧度
rho=2* theta;
polar(theta,rho);
```

程序运行结果如图 1.28 所示.

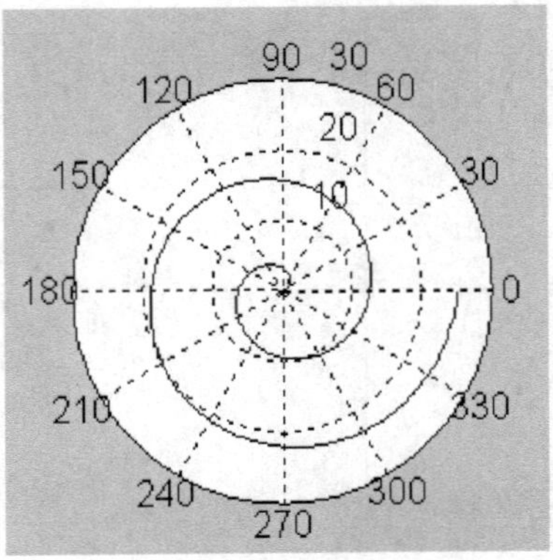

图 1.28

二、求一元函数的极限和单侧极限

1. 求极限

调用格式为：

```
syms x          % 设置变量
limit(f(x),x,a)
```

例 5　求 $\lim\limits_{x\to-\infty}\arctan x$.

解　在命令行中输入：

```
syms x;
limit(atan(x),x,-inf)
```

程序运行结果如下，其中“ans”是内部变量.

```
ans=
-1/2*pi
```

即

$$\lim_{x\to-\infty}\arctan x=-\frac{\pi}{2}.$$

例 6　求 $\lim\limits_{x\to+\infty}\left(1-\frac{2}{x}\right)^x$.

解　在命令行中输入：

```
syms x;
limit((1-2/x)^x,x,inf)
```

输出结果如下：

```
ans=
exp(-2)
```

即

$$\lim_{x\to+\infty}\left(1-\frac{2}{x}\right)^x=e^{-2}.$$

例 7　求 $\lim\limits_{x\to1}\frac{x-1}{|x-1|}$.

解　在命令行中输入：

```
syms x;
limit((x- 1)/abs(x- 1),x,1)
```

输出结果为：

```
ans=
NaN
```

即

$$\lim_{x \to 1} \frac{x-1}{|x-1|} \text{不存在.}$$

2. 求单侧极限

调用格式为:

左极限

```
syms x
limit(f(x),x,a,'left')
```

右极限

```
syms x
limit(f(x),x,a,'right')
```

例 8　求$\lim\limits_{x \to 1} \frac{x-1}{|x-1|}$在单侧极限.

解　在命令行中输入

```
syms x;
limit((x-1)/abs(x-1),x,1,'left')
```

输出结果是:

```
ans=
-1
```

再在命令行中输入:

```
limit((x-1)/abs(x-1),x,1,'right')
```

其结果为:

```
ans=
1
```

即

$$\lim_{x \to 1^-} \frac{x-1}{|x-1|} = -1, \quad \lim_{x \to 1^+} \frac{x-1}{|x-1|} = 1.$$

三、上机实验

(1) 用 help 命令查看函数 plot,limit 等的用法.

(2) 上机验证上面各例.

(3) 作相关小节练习中函数的图像和求函数的极限或单侧极限.

第 2 章　一元函数微分学

导数是微分学中最基本的概念. 导数反映了函数相对于自变量变化而变化的快慢程度,即函数的变化率,它使得人们能够用数学工具描述事物变化的快慢及解决一系列与之相关的问题. 例如,物体运动的速度,国民经济的发展速度,成本变化率以及利润变化率等. 微分学中另一个基本概念是微分. 微分反映了当自变量有微小改变时,函数变化的线性近似. 本章将介绍导数与微分的概念、计算方法及其应用.

2.1　导数的概念

在许多实际问题中,需要讨论函数相对于自变量的变化而变化的快慢程度,这类问题通常就叫做变化率问题.

2.1.1　两个实例

1. 变速直线运动的瞬时速度

当物体做匀速直线运动时,在 Δt 时间内经过的位移为 Δs,那么速度 $v=\dfrac{\Delta s}{\Delta t}$.

若物体做变速直线运动,则其速度是随时间而变化的,上式中的速度只能反映物体在 Δt 时间段内的平均速度,而不能刻画运动过程中任一时刻的瞬时速度(简称速度). 我们先讨论一种较为熟知的运动.

例如,自由落体运动,它的运动方程为

$$s=\frac{1}{2}gt^2,$$

其中,t 表示经过的时间;s 表示这段时间内物体下落的距离;g 是重力加速度. 现在,我们研究如何求物体在时刻 t_0 的速度 $v(t_0)$.

由于物体下落时速度是连续变化的,从整体来看是变速的,但从局部来看,如从 2s 到 2.01s 这段很短的时间内,速度变化不大,可以近似地看成匀速的. 因而,可用这段时间内的平均速度来近似地代替 $t=2\text{s}$ 时的速度.

设物体从 0 点开始下落,经过时间 t_0 到达点 M_0(图 2.1),所发生的位移为

$$s(t_0)=OM_0=\frac{1}{2}gt_0^2.$$

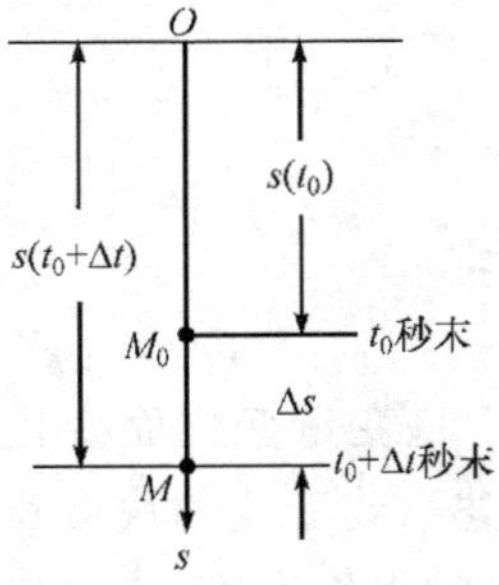

图 2.1

当时间 t 在时刻 t_0 有一增量 Δt，物体在时刻 $t_0+\Delta t$ 到达点 M，所发生的位移为

$$s(t_0+\Delta t)=\frac{1}{2}g(t_0+\Delta t)^2.$$

物体在 Δt 时间内的位移为

$$\begin{aligned}\Delta s&=s(t_0+\Delta t)-s(t_0)\\&=\frac{1}{2}g(t_0+\Delta t)^2-\frac{1}{2}gt_0^2=gt_0\Delta t+\frac{1}{2}g(\Delta t)^2.\end{aligned}$$

上式两端同除以 Δt，得物体在 Δt 这段时间内的平均速度为

$$\bar{v}=\frac{\Delta s}{\Delta t}=gt_0+\frac{1}{2}g\Delta t.$$

显然，平均速度 $\bar{v}$ 是随 Δt 而变化的. 当 $|\Delta t|$ 很小时，所算得的 $\bar{v}$ 值可作为物体在 t_0 时刻的速度的近似值，$|\Delta t|$ 越小，平均速度 $\bar{v}$ 越接近于 t_0 时刻的速度. 为了从近似值过渡到精确值，令 $\Delta t\to 0$，极限 $\lim\limits_{\Delta t\to 0}\bar{v}$（显然此极限存在）就是该物体在 t_0 时刻的速度 $v(t_0)$，即

$$v(t_0)=\lim_{\Delta t\to 0}\frac{\Delta s}{\Delta t}=\lim_{\Delta t\to 0}\left(gt_0+\frac{1}{2}g\Delta t\right)=gt_0.$$

上述计算过程简单说来就是：在很短的时间内以匀速代替变速，以平均速度代替瞬时速度，然后取极限，把瞬时速度的近似值过渡到它的精确值.

现在我们把上述方法推广到一般变速直线运动上.

设物体做变速直线运动，它的运动方程为

$$s=s(t).$$

第一步：在时刻 t_0 给时间 t 以增量 Δt，求出相应的位移增量为

$$\Delta s=s(t_0+\Delta t)-s(t_0).$$

第二步：求位移增量与时间增量的比值，得 Δt 这段时间内的平均速度为

$$\bar{v}=\frac{\Delta s}{\Delta t}=\frac{s(t_0+\Delta t)-s(t_0)}{\Delta t}.$$

第三步：令 $\Delta t\to 0$，求平均速度 $\bar{v}$ 的极限，便得物体在时刻 t_0 的速度为

$$v(t_0)=\lim_{\Delta t\to 0}\frac{\Delta s}{\Delta t}=\lim_{\Delta t\to 0}\frac{s(t_0+\Delta t)-s(t_0)}{\Delta t}.$$

2. 曲线的切线斜率

设 P_0 为曲线 L 上一点，在其邻近的任一侧取点 P，并作割线 P_0P（图 2.2）. 当点 P 沿曲线趋于点 P_0 时，割线 P_0P 绕点 P_0 转动并趋于极限位置 P_0T，则直线

P_0T 叫做曲线 L 在点 P_0 处的切线.

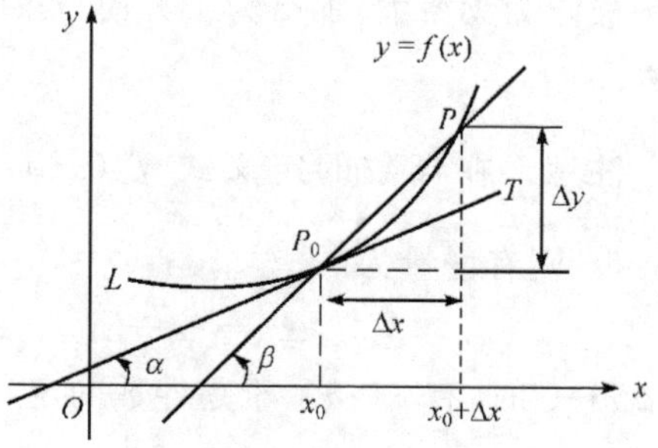

图 2.2

设曲线 L 的方程为 $y=f(x)$，当 x 从 x_0 变到 $x_0+\Delta x$ 时，与之对应的 y 从 $f(x_0)$变到 $f(x_0+\Delta x)$. P_0，P 两点的坐标分别为 $P_0(x_0,f(x_0))$、$P(x_0+\Delta x,f(x_0+\Delta x))$，割线 P_0P 的斜率为

$$\tan\beta=\frac{\Delta y}{\Delta x}=\frac{f(x_0+\Delta x)-f(x_0)}{\Delta x},$$

其中，β 是割线 P_0P 的倾斜角.

当 $\Delta x\to 0$ 时，点 P 沿着曲线无限趋于点 P_0，而割线 P_0P 就无限趋于它的极限位置 P_0T. 因此，切线的倾斜角 α 是割线倾斜角 β 的极限，切线的斜率 $\tan\alpha$ 是割线斜率 $\tan\beta=\dfrac{\Delta y}{\Delta x}$的极限，即曲线上点 P_0 处的切线斜率为

$$k=\tan\alpha=\lim_{\beta\to\alpha}\tan\beta=\lim_{\Delta x\to 0}\frac{\Delta y}{\Delta x}=\lim_{\Delta x\to 0}\frac{f(x_0+\Delta x)-f(x_0)}{\Delta x}.$$

2.1.2 导数的定义

以上两例，虽然实际意义不同，但数量关系都是相同的：都是求函数的增量与自变量增量之比当自变量增量趋于 0 时的极限. 很多非均匀变化的实际问题，例如，非恒定电流的电流强度，质量非均匀分布的细棒的线密度，非匀速转动物体的角速度等，都需要研究一个变量随另一个变量变化的快慢程度问题，从而都可归结为上述形式的极限. 对这种极限进行研究，就产生了函数的导数概念.

定义 2.1.1 设函数 $y=f(x)$在点 x_0 处及其左右近旁有定义. 当自变量 x 在点 x_0 处有增量 Δx 时，函数有相应的增量

$$\Delta y=f(x_0+\Delta x)-f(x_0).$$

如果当 $\Delta x\to 0$ 时，两个增量之比的极限

$$\lim_{\Delta x\to 0}\frac{\Delta y}{\Delta x}=\lim_{\Delta x\to 0}\frac{f(x_0+\Delta x)-f(x_0)}{\Delta x}$$

存在，则称这个极限值为函数 $y=f(x)$在点 x_0 处的导数，并称函数 $y=f(x)$在点 x_0 处可导，记为 $f'(x_0)$，即

$$f'(x_0)=\lim_{\Delta x\to 0}\frac{\Delta y}{\Delta x}=\lim_{\Delta x\to 0}\frac{f(x_0+\Delta x)-f(x_0)}{\Delta x},$$

也可记为 $y'|_{x=x_0}$，$\dfrac{\mathrm{d}y}{\mathrm{d}x}\Big|_{x=x_0}$或$\dfrac{\mathrm{d}f(x)}{\mathrm{d}x}\Big|_{x=x_0}$.

如果上述极限不存在，则称函数 $y=f(x)$在点 x_0 处不可导. 如果不可导的原

因是极限为无穷大，那么为了方便，也往往称函数 $y=f(x)$ 在点 x_0 处的导数为无穷大.

注意　在导数的定义式 $f'(x_0)=\lim\limits_{\Delta x\to 0}\dfrac{f(x_0+\Delta x)-f(x_0)}{\Delta x}$ 中，如果令 $x_0+\Delta x=x$，则有增量为

$$\Delta x = x - x_0,\quad \Delta y = f(x) - f(x_0),$$

当 $\Delta x\to 0$ 时，有 $x\to x_0$，于是导数的定义式又可写成

$$f'(x_0) = \lim_{x\to x_0}\frac{f(x)-f(x_0)}{x-x_0}.$$

因为上式右端的分母与分子分别是在 x 与 x_0 处自变量值的差与函数值的差，所以

$$\frac{\Delta y}{\Delta x} = \frac{f(x)-f(x_0)}{x-x_0},$$

又叫做差商. 因此，也可以说，导数是差商的极限. 在探讨有些问题时，把差商的极限作为导数的定义式往往感到更方便.

在导数的定义中，比值 $\dfrac{\Delta y}{\Delta x}=\dfrac{f(x_0+\Delta x)-f(x_0)}{\Delta x}$ 是函数 $y=f(x)$ 在以 x_0 和 $x_0+\Delta x$ 为端点的区间上的平均变化率，而导数 $f'(x_0)=\lim\limits_{\Delta x\to 0}\dfrac{\Delta y}{\Delta x}$ 则是函数 $y=f(x)$ 在点 x_0 处的**变化率**，它反映了函数 $y=f(x)$ 在点 x_0 处变化的快慢程度. 所以函数的**导数**又叫做函数的**变化率**.

定义 2.1.2　如果函数 $y=f(x)$ 在区间 (a,b) 内任一点处都可导，则称函数 $y=f(x)$ 在区间 (a,b) 内可导. 这时，对于每一个 $x\in(a,b)$，都有一个导数值 $f'(x)$ 与之对应，所以 $f'(x)$ 也是 x 的函数，称为函数 $y=f(x)$ 的导函数，记为 $f'(x)$，即

$$f'(x) = \lim_{\Delta x\to 0}\frac{\Delta y}{\Delta x} = \lim_{\Delta x\to 0}\frac{f(x+\Delta x)-f(x)}{\Delta x},$$

也可记为 y'，$\dfrac{\mathrm{d}y}{\mathrm{d}x}$ 或 $\dfrac{\mathrm{d}f(x)}{\mathrm{d}x}$.

应当注意，导函数 $f'(x)$ 是 x 的函数，而导数 $f'(x_0)$ 是一个数值，即

$$f'(x_0) = f'(x)\big|_{x=x_0}.$$

为了方便，习惯上也将导函数简称为导数.

2.1.3　导数的几何意义

有了导数概念，前面讨论的两个实例可叙述为：

(1) 变速直线运动的速度 $v(t_0)$ 是位移 $s=s(t)$ 在 t_0 时刻的导数，即

$$v(t_0)=s'(t_0)=\left.\frac{\mathrm{d}s}{\mathrm{d}t}\right|_{t=t_0},$$

它是**导数的物理意义**之一.

(2) 曲线在点 $P_0(x_0,f(x_0))$ 处的切线斜率是曲线 $y=f(x)$ 在点 x_0 处的导数，即

$$k_{切}=\tan\alpha=f'(x_0),$$

它就是**导数的几何意义**.

应用直线的点斜式方程，可写出曲线 $y=f(x)$ 在点 $(x_0,f(x_0))$ 处的切线方程为

$$y-f(x_0)=f'(x_0)(x-x_0).$$

很明显，如果 $f'(x_0)=0$，则切线方程为 $y=f(x_0)$，此时切线平行于 x 轴；如果 $f'(x_0)$ 为无穷大，即切线的斜率是无穷大，此时切线的倾斜角 $\alpha=\frac{\pi}{2}$，切线垂直于 x 轴，切线方程为 $x=x_0$.

过切点 $P_0(x_0,f(x_0)$ 且与切线垂直的直线叫做曲线 $y=f(x)$ 在点 P_0 处的法线. 如果 $f'(x_0)\neq0$，则法线的斜率为 $-\frac{1}{f'(x_0)}$，从而法线方程为

$$y-f(x_0)=-\frac{1}{f'(x_0)}(x-x_0).$$

例 2.1 求曲线 $y=x^2$ 在点 $(1,1)$ 处的切线方程和法线方程.

解 曲线在点 $(1,1)$ 处的切线的斜率

$$k=f'(1)=\lim_{x\to1}\frac{f(x)-f(1)}{x-1}=\lim_{x\to1}\frac{x^2-1}{x-1}=\lim_{x\to1}(x+1)=2.$$

所求切线方程为

$$y-1=2(x-1)，即\ 2x-y-1=0.$$

法线方程为

$$y-1=-\frac{1}{2}(x-1)，即\ x+2y-3=0.$$

2.1.4 可导与连续的关系

函数的可导性与函数的连续性的关系可叙述为下面的定理.

定理 2.1.1 如果函数 $y=f(x)$ 在点 x_0 处可导，则它必定在点 x_0 处连续.

证 因为 $\lim\limits_{\Delta x\to0}\frac{\Delta y}{\Delta x}=f'(x_0)$，所以

$$\lim_{\Delta x\to 0}\Delta y=\lim_{\Delta x\to 0}\left(\frac{\Delta y}{\Delta x}\cdot\Delta x\right)=\lim_{\Delta x\to 0}\frac{\Delta y}{\Delta x}\cdot\lim_{\Delta x\to 0}\Delta x=f'(x_0)\cdot 0=0.$$

由函数在一点处连续的定义知，函数 $y=f(x)$ 在点 x_0 处连续.

应当注意，定理 2.1.1 的逆定理是不成立的，即如果函数 $y=f(x)$ 在点 x_0 处连续，则它在该点处不一定可导.

例 2.2　证明函数 $f(x)=\begin{cases}x, & x\geqslant 0,\\ -x, & x<0\end{cases}$ 在 $x=0$ 处连续但不可导.

证　(1) 连续性.

因为 $f(0)=0$，又因为

$$f(0-0)=\lim_{x\to 0^-}f(x)=\lim_{x\to 0^-}(-x)=0,\quad f(0+0)=\lim_{x\to 0^+}f(x)=\lim_{x\to 0^+}x=0,$$

所以 $\lim\limits_{x\to 0}f(x)=0=f(0)$，即函数 $f(x)$ 在点 $x=0$ 处连续.

(2) 可导性.

因为导数是差商的极限

$$f'(0)=\lim_{x\to 0}\frac{f(x)-f(0)}{x-0},$$

但

$$\lim_{x\to 0^-}\frac{f(x)-f(0)}{x-0}=\lim_{x\to 0^-}\frac{-x}{x}=-1,\quad \lim_{x\to 0^+}\frac{f(x)-f(0)}{x-0}=\lim_{x\to 0^+}\frac{x}{x}=1,$$

所以 $\lim\limits_{x\to 0}\dfrac{f(x)-f(0)}{x-0}$ 不存在，即函数 $f(x)$ 在点 $x=0$ 处不可导.

例 2.3　讨论函数 $f(x)=\begin{cases}\sin x, & x\geqslant 0,\\ x, & x<0\end{cases}$ 在点 $x=0$ 处的连续性与可导性.

解　先讨论可导性. 因为

$$f(0)=\sin 0=0,$$

又因为

$$\lim_{x\to 0^-}\frac{f(x)-f(0)}{x-0}=\lim_{x\to 0^-}\frac{x}{x}=1,\ \lim_{x\to 0^+}\frac{f(x)-f(0)}{x-0}=\lim_{x\to 0^+}\frac{\sin x}{x}=1,$$

所以 $\lim\limits_{x\to 0}\dfrac{f(x)-f(0)}{x-0}=f'(0)=1$，由定理 2.1.1 知，函数 $f(x)$ 在点 $x=0$ 处可导且连续.

2.2　导数的求法

为了解决初等函数的求导问题，本节介绍导数的基本公式和运算法则.

2.2.1 求导的一般法则

由导数定义，可得出求导的一般法则，即"求增量；算比值；取极限，得导数"的三步求导法．运用这个法则可以求一些简单函数的导数．

例 2.4 求函数 $y=c$ (c 是常数)的导数．

解 (1) 求增量：因为 $y=f(x)=c$，所以

$$\Delta y=f(x+\Delta x)-f(x)=c-c=0;$$

(2) 算比值：$\dfrac{\Delta y}{\Delta x}=\dfrac{0}{\Delta x}=0$；

(3) 取极限：$\lim\limits_{\Delta x\to 0}\dfrac{\Delta y}{\Delta x}=\lim\limits_{\Delta x\to 0}0=0$，即 $c'=0$．

于是可知，常数的导数等于 0，即$(c)'=0$．

例 2.5 (1) 求函数 $y=x$ 的导数；(2) 求函数 $y=x^3$ 的导数．

解 (1) 因为 $y=f(x)=x$，所以

$$\Delta y=f(x+\Delta x)-f(x)=(x+\Delta x)-x=\Delta x;$$

$$\frac{\Delta y}{\Delta x}=\frac{\Delta x}{\Delta x}=1;$$

$$\lim_{\Delta x\to 0}\frac{\Delta y}{\Delta x}=\lim_{\Delta x\to 0}1=1，即\ (x)'=1.$$

于是可知，自变量的导数等于 1．

(2) 因为 $y=f(x)=x^3$，所以

$$\Delta y=f(x+\Delta x)-f(x)=(x+\Delta x)^3-x^3=3x^2\Delta x+3x(\Delta x)^2+(\Delta x)^3;$$

$$\frac{\Delta y}{\Delta x}=\frac{1}{\Delta x}[3x^2\Delta x+3x(\Delta x)^2+(\Delta x)^3]=3x^2+3x(\Delta x)+(\Delta x)^2;$$

$$\lim_{\Delta x\to 0}\frac{\Delta y}{\Delta x}=\lim_{\Delta x\to 0}[3x^2+3x(\Delta x)+(\Delta x)^2]=3x^2,\quad 即(x^3)'=3x^2.$$

一般地，幂函数的导数公式为：

(1) $(x^\alpha)'=\alpha x^{\alpha-1}$ $\left(特例\left(\dfrac{1}{x}\right)'=-\dfrac{1}{x^2},(\sqrt{x})'=\dfrac{1}{2\sqrt{x}}\right)$．

运用"三步求导法"，我们还可以求得一些基本初等函数的导数公式：

(2) 指数函数．$(a^x)'=a^x\ln a$ （特例$(e^x)'=e^x$）．

(3) 对数函数．$(\log_a x)'=\dfrac{1}{x\ln a}$ $\left(特例\ (\ln x)'=\dfrac{1}{x}\right)$．

(4) 正弦函数．$(\sin x)'=\cos x$．

(5) 余弦函数．$(\cos x)'=-\sin x$．

例如，指数函数 $y=a^x(a>0,a\neq 1)$的导数公式：$(a^x)'=a^x\ln a$．

因为(1) $\Delta y=a^{x+\Delta x}-a^x=a^x(a^{\Delta x}-1)$；

(2) $\dfrac{\Delta y}{\Delta x}=a^x\cdot\dfrac{a^{\Delta x}-1}{\Delta x}$；

(3) $\lim\limits_{\Delta x\to 0}\dfrac{\Delta y}{\Delta x}=\lim\limits_{\Delta x\to 0}\left[a^x\cdot\dfrac{a^{\Delta x}-1}{\Delta x}\right]=a^x\lim\limits_{\Delta x\to 0}\dfrac{a^{\Delta x}-1}{\Delta x}$，

令 $a^{\Delta x}-1=t$，则 $\Delta x=\log_a(1+t)$，当 $\Delta x\to 0$ 时，$t\to 0$，于是

$$\lim_{\Delta x\to 0}\frac{\Delta y}{\Delta x}=a^x\lim_{t\to 0}\frac{t}{\log_a(1+t)}=a^x\lim_{t\to 0}\frac{1}{\dfrac{1}{t}\log_a(1+t)}=a^x\lim_{t\to 0}\frac{1}{\log_a(1+t)^{\frac{1}{t}}}$$

$$=a^x\cdot\frac{1}{\log_a \mathrm{e}}=a^x\ln a,$$

所以

$$(a^x)'=a^x\ln a.$$

又如，正弦函数 $y=\sin x$ 的导数公式：$(\sin x)'=\cos x$.

因为(1) $\Delta y=\sin(x+\Delta x)-\sin x=2\cos\left(x+\dfrac{\Delta x}{2}\right)\sin\dfrac{\Delta x}{2}$；

(2) $\dfrac{\Delta y}{\Delta x}=\dfrac{\cos\left(x+\dfrac{\Delta x}{2}\right)\sin\dfrac{\Delta x}{2}}{\dfrac{\Delta x}{2}}$；

(3) $\lim\limits_{\Delta x\to 0}\dfrac{\Delta y}{\Delta x}=\lim\limits_{\Delta x\to 0}\dfrac{\cos\left(x+\dfrac{\Delta x}{2}\right)\sin\dfrac{\Delta x}{2}}{\dfrac{\Delta x}{2}}=\lim\limits_{\Delta x\to 0}\cos\left(x+\dfrac{\Delta x}{2}\right)\lim\limits_{\Delta x\to 0}\dfrac{\sin\dfrac{\Delta x}{2}}{\dfrac{\Delta x}{2}}=\cos x$，

所以

$$(\sin x)'=\cos x.$$

例 2.6　求下列函数的导数：

(1) $y=x\sqrt{x}$；　(2) $y=\dfrac{x^2\cdot\sqrt[3]{x^2}}{\sqrt{x^5}}$.

解　(1) $y=x\sqrt{x}=x^{\frac{3}{2}}$，所以

$$y'=\left(x^{\frac{3}{2}}\right)'=\frac{3}{2}x^{\frac{3}{2}-1}=\frac{3}{2}x^{\frac{1}{2}}=\frac{3}{2}\sqrt{x}.$$

(2) $y=\dfrac{x^2\cdot\sqrt[3]{x^2}}{\sqrt{x^5}}=x^{2+\frac{2}{3}-\frac{5}{2}}=x^{\frac{1}{6}}$，所以

$$y'=\left(x^{\frac{1}{6}}\right)'=\frac{1}{6}x^{-\frac{5}{6}}=\frac{1}{6\sqrt[6]{x^5}}.$$

例 2.7 求下列函数的导数：

(1) $y=2^x$； (2) $y=2^x\cdot e^x$.

解 (1) $y'=(2^x)'=2^x\ln 2$.

(2) $y'=(2^x\cdot e^x)'=[(2e)^x]'=(2e)^x\ln(2e)=2^x\cdot e^x(\ln 2+1)$.

例 2.8 (1) $y=\ln x$,求 $y'|_{x=2}$； (2) $f(x)=\sin x$,求 $f'\left(\dfrac{\pi}{2}\right)$；

(3) $(\cos x)'|_{x=\frac{3\pi}{4}}$.

解 (1) $y'=(\ln x)'=\dfrac{1}{x}$,所以 $y'|_{x=2}=\dfrac{1}{2}$.

(2) $f'(x)=(\sin x)'=\cos x$,所以 $f'\left(\dfrac{\pi}{2}\right)=\cos\dfrac{\pi}{2}=0$.

(3) $(\cos x)'|_{x=\frac{3\pi}{4}}=(-\sin x)|_{x=\frac{3\pi}{4}}=-\sin\dfrac{3\pi}{4}=-\dfrac{\sqrt{2}}{2}$.

2.2.2 函数的和、差、积、商的求导法则

为了将复杂函数的求导简化为一些简单函数的求导,下面介绍函数的和、差、积、商的求导法则.

定理 2.2.1 设函数 $u=u(x)$,$v=v(x)$均在点 x 可导,则

(1) 函数 $u\pm v$ 在点 x 可导,且

$$(u\pm v)'=u'\pm v'；$$

(2) 函数 $u\cdot v$ 在点 x 也可导,且

$$(u\cdot v)'=u'v+u\cdot v'；$$

推论 2.2.1

$$(c\cdot u)'=c\cdot u',\quad c\text{ 为常数}.$$

(3) 函数 $\dfrac{u}{v}$ 在点 x 也可导,且

$$\left(\frac{u}{v}\right)'=\frac{u'v-uv'}{v^2},\quad v\neq 0.$$

证 (1) 给自变量 x 以增量 Δx,则函数 $u=u(x)$,$v=v(x)$及 $y=u(x)\pm v(x)$的对应增量分别为

$$\Delta u=u(x+\Delta x)-u(x),$$

$$\Delta v=v(x+\Delta x)-v(x),$$

$$\begin{aligned}\Delta y&=[u(x+\Delta x)\pm v(x+\Delta x)]-[u(x)\pm v(x)]\\&=[u(x+\Delta x)-u(x)]\pm[v(x+\Delta x)-v(x)]=\Delta u\pm\Delta v;\end{aligned}$$

$$\frac{\Delta y}{\Delta x}=\frac{\Delta u}{\Delta x}\pm\frac{\Delta v}{\Delta x};$$

因为 $u=u(x)$，$v=v(x)$均在点 x 可导，即

$$\lim_{\Delta x\to 0}\frac{\Delta u}{\Delta x}=u',\quad \lim_{\Delta x\to 0}\frac{\Delta v}{\Delta x}=v',$$

所以

$$\lim_{\Delta x\to 0}\frac{\Delta y}{\Delta x}=\lim_{\Delta x\to 0}\left(\frac{\Delta u}{\Delta x}\pm\frac{\Delta v}{\Delta x}\right)=\lim_{\Delta x\to 0}\frac{\Delta u}{\Delta x}\pm\lim_{\Delta x\to 0}\frac{\Delta v}{\Delta x}=u'\pm v',$$

即 $y=u(x)\pm v(x)$在点 x 可导，且

$$(u\pm v)'=u'\pm v'.$$

(2) 给自变量 x 以增量 Δx，则函数 $u=u(x)$，$v=v(x)$及 $y=u(x)\cdot v(x)$的对应增量分别为 Δu，Δv 及 Δy，易知

$$\begin{aligned}\Delta y&=[u(x+\Delta x)v(x+\Delta x)]-[u(x)v(x)]\\&=(u+\Delta u)(v+\Delta v)-uv=u\Delta v+v\Delta u+\Delta u\Delta v;\end{aligned}$$

$$\frac{\Delta y}{\Delta x}=u\frac{\Delta v}{\Delta x}+v\frac{\Delta u}{\Delta x}+\frac{\Delta u}{\Delta x}\Delta v;$$

因为 $u=u(x)$，$v=v(x)$均在点 x 可导，且在点 x 可导的函数 $v(x)$连续，即

$$\lim_{\Delta x\to 0}\frac{\Delta u}{\Delta x}=u',\quad \lim_{\Delta x\to 0}\frac{\Delta v}{\Delta x}=v',\quad \lim_{\Delta x\to 0}\Delta v=0,$$

所以

$$\begin{aligned}\lim_{\Delta x\to 0}\frac{\Delta y}{\Delta x}&=\lim_{\Delta x\to 0}\left[u\frac{\Delta v}{\Delta x}+v\frac{\Delta u}{\Delta x}+\frac{\Delta u}{\Delta x}\Delta v\right]\\&=u\lim_{\Delta x\to 0}\frac{\Delta v}{\Delta x}+v\lim_{\Delta x\to 0}\frac{\Delta u}{\Delta x}+\lim_{\Delta x\to 0}\frac{\Delta u}{\Delta x}\lim_{\Delta x\to 0}\Delta v\\&=uv'+vu'+u'\cdot 0=u'v+uv',\end{aligned}$$

即 $y=u(x)v(x)$在点 x 可导，且

$$(u\cdot v)'=u'v+uv'.$$

类似地，可证明法则(3).

这个法则的(1)可以推广到有限多个可导函数的代数和求导数的情形，即

$$(u_1\pm u_2\pm\cdots\pm u_n)'=u'_1\pm u'_2\pm\cdots\pm u'_n.$$

积的求导法则(2)也可以推广到有限多个可导函数之积求导数的情形，如

$$(uvw)'=u'vw+uv'w+uvw'.$$

例 2.9　求导数：

(1) $y=x^2-\sqrt{x}+\ln 2$；　(2) $y=\cos x-\dfrac{1}{x}$.

解　(1) $y'=(x^2-\sqrt{x}+\ln 2)'=(x^2)'-(\sqrt{x})'+(\ln 2)'=2x-\dfrac{1}{2\sqrt{x}}$.

(2) $y'=\left(\cos x-\dfrac{1}{x}\right)'=(\cos x)'-\left(\dfrac{1}{x}\right)'=-\sin x-\left(-\dfrac{1}{x^2}\right)=\dfrac{1}{x^2}-\sin x.$

例 2.10 设 $f(x)=(1+x^2)\left(3-\dfrac{1}{x^3}\right)$,求 $f'(1)$和 $f'(-1)$.

解 $f'(x)=(1+x^2)'(3-x^{-3})+(1+x^2)(3-x^{-3})'$

$=2x(3-x^{-3})+(1+x^2)3x^{-4}$

$=6x-2x^{-2}+3x^{-4}+3x^{-2}=6x+\dfrac{1}{x^2}+\dfrac{3}{x^4},$

所以

$$f'(1)=10,\quad f'(-1)=-2.$$

例 2.11 求导数:

(1) $y=\dfrac{2-3x}{2+x}$; (2) $y=\dfrac{1}{x^2+1}$.

解 (1) $y'=\left(\dfrac{2-3x}{2+x}\right)'=\dfrac{(2-3x)'(2+x)-(2-3x)(2+x)'}{(2+x)^2}$

$=\dfrac{-3(2+x)-(2-3x)}{(2+x)^2}=-\dfrac{8}{(2+x)^2}.$

(2) $y'=\left(\dfrac{1}{x^2+1}\right)'=\dfrac{(1)'(x^2+1)-(x^2+1)'\cdot 1}{(x^2+1)^2}=-\dfrac{2x}{(x^2+1)^2}.$

例 2.12 已知 $y=\dfrac{1}{2+\sqrt{x}}+\dfrac{1}{2-\sqrt{x}}$, 求$\left.\dfrac{\mathrm{d}y}{\mathrm{d}x}\right|_{x=2}$.

解 因为

$$y=\frac{1}{2+\sqrt{x}}+\frac{1}{2-\sqrt{x}}=\frac{2-\sqrt{x}+2+\sqrt{x}}{4-x}=\frac{4}{4-x},$$

$$\frac{\mathrm{d}y}{\mathrm{d}x}=\frac{(4)'(4-x)-4(4-x)'}{(4-x)^2}=\frac{4}{(4-x)^2},$$

所以

$$\frac{\mathrm{d}y}{\mathrm{d}x}\Big|_{x=2}=\frac{4}{(4-2)^2}=1.$$

例 2.13 求 $y=\tan x$ 的导数 y'.

解 $y'=(\tan x)'==\left(\dfrac{\sin x}{\cos x}\right)'=\dfrac{(\sin x)'\cos x-\sin x(\cos x)'}{(\cos x)^2}$

$=\dfrac{\cos^2 x+\sin^2 x}{\cos^2 x}=\dfrac{1}{\cos^2 x}=\sec^2 x.$

即正切函数的导数

$$(\tan x)'=\sec^2 x.$$

同理,可得余切函数的导数

$$(\cot x)' = -\csc^2 x.$$

正割函数的导数

$$(\sec x)' = \sec x \cdot \tan x.$$

余割函数的导数

$$(\csc x)' = -\csc x \cdot \cot x.$$

例 2.14　$y=x\tan x$,求 $y'|_{x=0}$.

解　$y'=x'\tan x+x(\tan x)'=\tan x+\dfrac{x}{\cos^2 x}$, 因此

$$y'|_{x=0} = 0.$$

例 2.15　求曲线 $y=\dfrac{x^2-3x+1}{x^2}$ 在点(1,−1)处的切线方程和法线方程.

解　因为 $y=\dfrac{x^2-3x+1}{x^2}=1-\dfrac{3}{x}+\dfrac{1}{x^2}$,所以

$$y' = \left(1-\frac{3}{x}+\frac{1}{x^2}\right)' = 0-3\left(\frac{1}{x}\right)'+(x^{-2})' = \frac{3}{x^2}-\frac{2}{x^3},\quad y'|_{x=1} = 1.$$

于是,曲线在点(1,−1)处的切线方程为

$$y-(-1) = 1\cdot(x-1),\quad 即\ x-y-2 = 0;$$

法线方程为

$$y-(-1) = (-1)(x-1),\quad 即\ x+y = 0.$$

例 2.16　曲线 $y=x^{\frac{3}{2}}$ 上哪些点处的切线与直线 $3x-y-1=0$ 平行?

解　由导数的几何意义可知,曲线 $y=x^{\frac{3}{2}}$ 在点 $M(x,y)$ 处的切线斜率为

$$y' = \left(x^{\frac{3}{2}}\right)' = \frac{3}{2}x^{\frac{1}{2}} = \frac{3}{2}\sqrt{x},$$

而直线 $3x-y-1=0$ 的斜率 $k=3$.

根据两直线平行的条件有

$$\frac{3}{2}\sqrt{x} = 3,$$

解此方程,得 $x=4$. 将 $x=4$ 代入曲线方程 $y=x^{\frac{3}{2}}$ 中,得 $y=8$,所以曲线 $y=x^{\frac{3}{2}}$ 上点 $M(4,8)$ 处的切线与直线 $3x-y-1=0$ 平行.

例 2.17　设质点沿直线运动,它的运动方程为 $s=\cos t+2\sin t$(m),求当 $t=\dfrac{\pi}{4}$s 时质点的速度.

解　质点在时刻 t 的速度为

$$v(t) = s'(t) = (\cos t+2\sin t)' = -\sin t+2\cos t,$$

所以，当 $t=\frac{\pi}{4}$s 时，质点的速度为

$$v\left(\frac{\pi}{4}\right)=s'\left(\frac{\pi}{4}\right)=-\sin\frac{\pi}{4}+2\cos\frac{\pi}{4}=-\frac{\sqrt{2}}{2}+\frac{2\sqrt{2}}{2}=\frac{\sqrt{2}}{2}(\mathrm{m/s}).$$

2.2.3 反函数的导数

定理 2.2.2 如果单调函数 $x=\varphi(y)$ 在 (a,b) 内可导，且 $\varphi'(y)\neq 0$，则它的反函数 $y=f(x)$ 在对应区间内也可导，且

$$f'(x)=\frac{1}{\varphi'(y)} \text{ 或 } y'_x=\frac{1}{x'_y} \text{ 或} \frac{\mathrm{d}y}{\mathrm{d}x}=\frac{1}{\frac{\mathrm{d}x}{\mathrm{d}y}},$$

其中，记号 y'_x 表示函数 $y=f(x)$ 对 x 的导数；记号 x'_y 表示函数 $x=\varphi(y)$ 对 y 的导数.

例 2.18 求 $y=\arcsin x(-1<x<1)$ 的导数.

解 因为 $y=\arcsin x$ 的反函数是 $x=\sin y\left(-\frac{\pi}{2}<y<\frac{\pi}{2}\right)$，且

$$\frac{\mathrm{d}x}{\mathrm{d}y}=(\sin y)'=\cos y>0,$$

所以

$$\frac{\mathrm{d}y}{\mathrm{d}x}=\frac{1}{\frac{\mathrm{d}x}{\mathrm{d}y}}=\frac{1}{\cos y}=\frac{1}{\sqrt{1-\sin^2 y}}=\frac{1}{\sqrt{1-x^2}}.$$

即反正弦函数的导数

$$(\arcsin x)'=\frac{1}{\sqrt{1-x^2}}.$$

同理可得，反余弦函数的导数

$$(\arccos x)'=-\frac{1}{\sqrt{1-x^2}};$$

反正切函数的导数

$$(\arctan x)'=\frac{1}{1+x^2};$$

反余切函数的导数

$$(\operatorname{arccot} x)'=-\frac{1}{1+x^2}.$$

2.2.4 复合函数的导数

为了能求一切初等函数的导数，我们还需要建立复合函数的求导法则.

例如，设函数 $y=\sin 2x$，能不能由导数公式 $(\sin x)'=\cos x$ 得出 $(\sin 2x)'=\cos 2x$ 呢？事实上，可用乘积的求导法则算出它的导数为

$$\begin{aligned} y' &= (\sin 2x)' = (2\sin x\cos x)' \\ &= 2\left[(\sin x)'\cos x + \sin x(\cos x)'\right] \\ &= 2(\cos^2 x - \sin^2 x) = 2\cos 2x. \end{aligned}$$

由此可知，$(\sin 2x)' \neq \cos 2x$. 其原因在于 $y=\sin 2x$ 不是基本初等函数，而是 x 的复合函数，即函数 $y=\sin 2x$ 是由函数 $y=\sin u$ 和 $u=2x$ 复合而成的.

由 $\frac{\mathrm{d}y}{\mathrm{d}u}=(\sin u)'=\cos u$，$\frac{\mathrm{d}u}{\mathrm{d}x}=(2x)'=2$，得

$$\frac{\mathrm{d}y}{\mathrm{d}u}\cdot\frac{\mathrm{d}u}{\mathrm{d}x} = \cos u\cdot 2 = 2\cos 2x = (\sin 2x)',$$

即

$$\frac{\mathrm{d}y}{\mathrm{d}x} = \frac{\mathrm{d}y}{\mathrm{d}u}\cdot\frac{\mathrm{d}u}{\mathrm{d}x}.$$

于是，我们总结出复合函数的求导法则：

定理 2.2.3　如果函数 $u=\varphi(x)$ 在点 x 处可导，而函数 $y=f(u)$ 在对应点 $u=\varphi(x)$ 处可导，则复合函数 $y=f[\varphi(x)]$ 在点 x 处也可导，且其导数为

$$\frac{\mathrm{d}y}{\mathrm{d}x} = \frac{\mathrm{d}y}{\mathrm{d}u}\cdot\frac{\mathrm{d}u}{\mathrm{d}x}.$$

通常也可写成

$$y'_x = y'_u\cdot u'_x,$$

其中，记号 y'_x 表示函数 $y=f[\varphi(x)]$ 对 x 的导数；记号 y'_u 表示函数 $y=f(u)$ 对 u 的导数；记号 u'_x 表示函数 $u=\varphi(x)$ 对 x 的导数.

重复应用这个法则，可以把它推广到多次复合函数的情形. 例如，设 $y=f(u)$，$u=\varphi(v)$，$v=\psi(x)$，则有

$$y'_x = y'_u\cdot u'_v\cdot v'_x.$$

形式上，这个公式是按复合函数复合过程的各个层次把它们各自的导数一个连一个地乘起来，所以复合函数的求导法则又叫做“链导法”或“锁链法则”.

由于函数关系往往是复合的，因此，复合函数的求导法则在实用上很重要.

例 2.19　求函数 $y=\ln\cos x$ 的导数.

解　$y=\ln\cos x$ 是由 $y=\ln u$，$u=\cos x$ 复合而成，因为

$$y'_u = (\ln u)' = \frac{1}{u},\quad u'_x = (\cos x)' = -\sin x,$$

所以

$$y'_x = y'_u\cdot u'_x = \frac{1}{u}\cdot(-\sin x) = -\frac{\sin x}{\cos x} = -\tan x.$$

例 2.20 求函数 $y=\sin 3x^2$ 的导数.

解 $y=\sin 3x^2$ 是由 $y=\sin u, u=3x^2$ 复合而成的，因为

$$y'_u=(\sin u)'=\cos u,\quad u'_x=(3x^2)'=6x,$$

所以

$$y'_x=y'_u\cdot u'_x=\cos u\cdot 6x=6x\cos 3x^2.$$

运用复合函数求导法则的关键在于把复合函数正确地分解为几个简单的函数，因此，在对复合函数的分解比较熟练后，中间变量可以不写出来，从外到内逐层求导，一直求到对自变量的导数为止.

例 2.21 求下列函数的导数：

(1) $y=(3x-5)^{10}$； (2) $y=\sin^3(2x+1)$；

(3) $y=\ln\left(x+\sqrt{a^2+x^2}\right)$； (4) $y=\ln|x|$.

解 (1) $y'=[(3x-5)^{10}]'=10(3x-5)^9\cdot(3x-5)'$
$=10(3x-5)^9\cdot 3=30(3x-5)^9$.

(2) $y'=[\sin^3(2x+1)]'=3\sin^2(2x+1)\cdot[\sin(2x+1)]'$
$=3\sin^2(2x+1)\cos(2x+1)(2x+1)'=6\sin^2(2x+1)\cos(2x+1)$
$=3\sin(2x+1)\sin(4x+2)$.

(3) $$y'=\left[\ln\left(x+\sqrt{a^2+x^2}\right)\right]'=\frac{1}{x+\sqrt{a^2+x^2}}\left(x+\sqrt{a^2+x^2}\right)'$$

$$=\frac{1}{x+\sqrt{a^2+x^2}}\left(1+\frac{1}{2\sqrt{a^2+x^2}}\cdot 2x\right)=\frac{1}{\sqrt{a^2+x^2}}.$$

(4) $y=\ln|x|=\ln\sqrt{x^2}$，所以

$$y'=(\ln|x|)'=\left(\ln\sqrt{x^2}\right)'=\frac{1}{\sqrt{x^2}}\cdot\left(\sqrt{x^2}\right)'=\frac{1}{\sqrt{x^2}}\cdot\frac{1}{2\sqrt{x^2}}\cdot(x^2)'$$

$$=\frac{1}{2x^2}\cdot 2x=\frac{1}{x}.$$

一般地，有公式 $(\ln|f(x)|)'=\frac{1}{f(x)}\cdot f'(x)$. 例如

$$(\ln|x|)'=\frac{1}{x}\cdot x'=\frac{1}{x};$$

$$(\ln|(\cos x)|)'=\frac{1}{\cos x}\cdot(\cos x)'=\frac{1}{\cos x}\cdot(-\sin x)=-\tan x.$$

例 2.22 求下列函数的导数：

(1) $y=\frac{1}{x+\sqrt{x^2+1}}$； (2) $y=\frac{1-\tan^4 x}{\sec^2 x}$.

解　(1) 先有理化分母，得

$$y=\frac{x-\sqrt{x^2+1}}{(x+\sqrt{x^2+1})(x-\sqrt{x^2+1})}=\sqrt{x^2+1}-x,$$

然后求导数，得

$$y'=(\sqrt{x^2+1}-x)'=\frac{2x}{2\sqrt{x^2+1}}-1=\frac{x}{\sqrt{x^2+1}}-1.$$

(2) 先化简，得

$$y=\frac{(1+\tan^2 x)(1-\tan^2 x)}{1+\tan^2 x}=1-\tan^2 x,$$

然后求导数，得

$$y'=(1-\tan^2 x)'=-2\tan x(\tan x)'=-2\tan x\sec^2 x.$$

例 2.22 提示我们，求导时，可先观察函数是否可以化简后再求导，以便降低解题的难度和提高解题的速度.

例 2.23　求下列函数的导数：

(1) $y=\arcsin\frac{x}{a}\ (a>0)$；　(2) $y=\arctan\sqrt{1-x}$.

解　(1) $y'=\left(\arcsin\frac{x}{a}\right)'=\frac{1}{\sqrt{1-\left(\frac{x}{a}\right)^2}}\cdot\left(\frac{x}{a}\right)'=\frac{a}{\sqrt{a^2-x^2}}\cdot\frac{1}{a}=\frac{1}{\sqrt{a^2-x^2}}$.

(2) $y'=(\arctan\sqrt{1-x})'=\frac{1}{1+(1-x)}(\sqrt{1-x})'$

$$=\frac{1}{2-x}\cdot\frac{1}{2\sqrt{1-x}}(1-x)'=\frac{1}{2-x}\cdot\frac{1}{2\sqrt{1-x}}(-1)=\frac{1}{2(x-2)\sqrt{1-x}}.$$

2.2.5　求导法小结

求导方法不外两种，一是利用定义直接求导，二是利用基本初等函数求导公式及函数的和差积商的求导法则、反函数的求导法则、复合函数的求导法则求导. 实际解题时通常用第二种求导的方法. 这些公式和法则都是微积分计算的基础，特别是和差积商求导法则和复合函数的求导法则须熟练掌握. 为便于查阅，我们把基本初等函数的导数公式和求导法则归纳如下.

1. 导数的基本公式

(1) $c'=0$；

(2) $(x^\alpha)'=\alpha x^{\alpha-1}$，$\left(\frac{1}{x}\right)'=-\frac{1}{x^2}$，$(\sqrt{x})'=\frac{1}{2\sqrt{x}}$；

(3) $(a^x)'=a^x\ln a,(\mathrm{e}^x)'=\mathrm{e}^x$;

(4) $(\log_a x)'=\dfrac{1}{x\ln a},(\ln x)'=\dfrac{1}{x}$;

(5) $(\sin x)'=\cos x$;

(6) $(\cos x)'=-\sin x$;

(7) $(\tan x)'=\sec^2 x$;

(8) $(\cot x)'=-\csc^2 x$;

(9) $(\sec x)'=\sec x\tan x$;

(10) $(\csc x)'=-\csc x\cot x$;

(11) $(\arcsin x)'=\dfrac{1}{\sqrt{1-x^2}}$;

(12) $(\arccos x)'=-\dfrac{1}{\sqrt{1-x^2}}$;

(13) $(\arctan x)'=\dfrac{1}{1+x^2}$;

(14) $(\mathrm{arccot}\, x)'=-\dfrac{1}{1+x^2}$.

2. 函数和、差、积、商的求导法则

设 $u=u(x),v=v(x)$都是可导函数,则

(1) $(u\pm v)'=u'\pm v'$;

(2) $(uv)'=u'v+uv'$;

(3) $(c\cdot u)'=cu'$ (c 是常数);

(4) $\left(\dfrac{u}{v}\right)'=\dfrac{u'v-uv'}{v^2}(v\neq 0)$.

3. 复合函数的求导法则

设 $y=f(u),u=\varphi(x)$都是可导函数,则复合函数 $y=f[\varphi(x)]$的导数为

$$y'_x=y'_u\cdot u'_x \quad 或 \quad \frac{\mathrm{d}y}{\mathrm{d}x}=\frac{\mathrm{d}y}{\mathrm{d}u}\cdot\frac{\mathrm{d}u}{\mathrm{d}x}.$$

初等函数是由基本初等函数经过有限次的四则运算及有限次复合而得的函数. 显然,有了上述法则与基本初等函数的求导公式,一切初等函数的求导问题都解决了. 并且还可以得出一切初等函数的导数仍是初等函数的结论.

2.2.6 隐函数的导数

在用式子表示函数关系时,我们常用 $y=f(x)$这种明显的表达式,如 $y=x+\sin x$ 等,这种函数叫做显函数.

其实,如果变量 x,y 满足下列式子:

$$x+y^3-10=0,$$

那么,当 x 取一个确定的数值时,y 有唯一确定的值与之对应.

例如,$x=1$ 时,可得 $y=\sqrt[3]{9}$;$x=2$ 时,可得 $y=2$. 所以,y 是 x 的函数,这种函数关系不很明显,隐含在方程 $f(x,y)=0$ 中,叫做隐函数. 我们把由方程 $f(x,y)=0$ 所确定的函数叫做隐函数.

有的隐函数可以化为显函数,如对隐函数 $x+y^3-10=0$,解出 y,得显函数 $y=\sqrt[3]{10-x}$.

有的隐函数是很难化为显函数的,甚至根本不能化为显函数. 如 $e^{xy}-xy=0$.

在实际问题中(如求曲线的切线斜率),有时需要计算隐函数的导数. 因此,我们希望找到一种能够由方程 $f(x,y)=0$ 直接求出它所确定的隐函数导数的方法. 下面举例说明这种方法.

例 2.24　求由方程 $x+y^3-10=0$ 所确定的隐函数的导数 y'_x.

解　在方程中,将 y 看作 x 的函数,则 y^3 是 x 的复合函数. 因此,运用复合函数的求导法则,方程两端同时对 x 求导数,得

$$(x+y^3-10)'_x=0',$$

$$1+3y^2\cdot y'=0,$$

从上式中解出 y',得

$$y'=-\frac{1}{3y^2}.$$

在这个结果中的 y 仍然是由方程 $x+y^3-10=0$ 所确定的 x 的函数.

例 2.24 表明,求隐函数的导数时,只需在方程 $f(x,y)=0$ 中,将 y 看作是 x 的函数,y 的表达式看作是 x 的复合函数,运用复合函数的求导法则,方程两端同时对 x 求导,得到一个关于 x,y 和 y' 的方程,从中解出 y',即得所求隐函数的导数.

例 2.25　求方程 $xy=e^{x+y}$ 所确定的隐函数的导数.

解　方程两端对 x 求导,得

$$y+xy'=e^{x+y}(x+y)'_x=e^{x+y}(1+y'),$$

从中解出 y',得

$$y'=\frac{y-e^{x+y}}{e^{x+y}-x}=\frac{y-xy}{xy-x}.$$

例 2.26　求椭圆 $\frac{x^2}{4}+\frac{y^2}{9}=1$ 在点 $A\left(\sqrt{2},\frac{3\sqrt{2}}{2}\right)$,$B(2,0)$ 处的切线方程.

解　方程两端对 x 求导,得

$$\frac{x}{2}+\frac{2}{9}y\cdot y'=0,$$

解出 y',得

$$y'=-\frac{9x}{4y}.$$

在点 $A\left(\sqrt{2},\frac{3\sqrt{2}}{2}\right)$处,$y'\big|_{\left(\sqrt{2},\frac{3\sqrt{2}}{2}\right)}=-\frac{3}{2}$. 因此,所求切线方程为

$$y-\frac{3\sqrt{2}}{2}=-\frac{3}{2}(x-\sqrt{2}),\text{即 } 3x+2y-6\sqrt{2}=0.$$

在点 $B(2,0)$处, $y'\big|_{(2,0)}$不存在,但切线存在,其方程为 $x=2$.

例 2.27 求函数 $y=x^x(x>0)$的导数.

解 两边取对数,得

$$\ln y=x\ln x,$$

两边同时对 x 求导,得

$$\frac{1}{y}y'=\ln x+x\cdot\frac{1}{x},$$

解出 y',得

$$y'=y(\ln x+1)=x^x(\ln x+1).$$

上题中,先取对数,再运用隐函数求导法求导,这种求导的方法叫做对数求导法.

一般地,称 $y=f(x)^{g(x)}$ 这类底数与指数都是 x 的函数为幂指函数. 常用对数求导法求幂指函数的导数,也可以将幂指函数写成 $y=e^{g(x)\ln f(x)}$,再运用复合函数求导法求导.

对由较多个函数的积、商、幂、方根构成的函数,运用对数求导法常常也较为方便.

例 2.28 求函数 $y=\sqrt[3]{\frac{x(x-1)}{(x-2)(x+3)}}$的导数.

解 两边取对数,得

$$\ln y=\frac{1}{3}[\ln x+\ln(x-1)-\ln(x-2)-\ln(x+3)],$$

两边同时对 x 求导,得

$$\frac{1}{y}y'=\frac{1}{3}\left(\frac{1}{x}+\frac{1}{x-1}-\frac{1}{x-2}-\frac{1}{x+3}\right),$$

所以

$$y'=\frac{y}{3}\left(\frac{1}{x}+\frac{1}{x-1}-\frac{1}{x-2}-\frac{1}{x+3}\right)$$

$$=\frac{1}{3}\left(\frac{1}{x}+\frac{1}{x-1}-\frac{1}{x-2}-\frac{1}{x+3}\right)\sqrt[3]{\frac{x(x-1)}{(x-2)(x+3)}}.$$

2.2.7　由参数方程所确定的函数的导数

一般说来,参数方程

$$\begin{cases}x=x(t),\\y=y(t)\end{cases}$$

确定了 y 是 x 的函数. 如果能消去参数,就可以得到 x,y 间的函数关系式,但要消去参数通常是很困难的. 如摆线 $\begin{cases}x=r(t-\sin t),\\y=r(1-\cos t).\end{cases}$ 因此,需要找出一种方法,不管能否消去参数,都能直接由参数方程求出它所确定的函数的导数 $\frac{\mathrm{d}y}{\mathrm{d}x}$.

定理 2.2.4　若 $x=x(t)$,$y=y(t)$ 都在 t 可导,且 $x'(t)\neq 0$,则由参数方程 $x=x(t)$,$y=y(t)$ 所确定的函数 y 在对应点 x 的导数为

$$\frac{\mathrm{d}y}{\mathrm{d}x}=\frac{y'(t)}{x'(t)}.$$

例 2.29　摆线的参数方程为 $\begin{cases}x=r(t-\sin t),\\y=r(1-\cos t)\end{cases}$ (t 为参数),求 $\frac{\mathrm{d}y}{\mathrm{d}x}$.

解　$\frac{\mathrm{d}y}{\mathrm{d}x}=\frac{r(1-\cos t)'}{r(t-\sin t)'}=\frac{\sin t}{1-\cos t}$.

例 2.30　求椭圆 $\begin{cases}x=a\cos t,\\y=b\sin t\end{cases}$ 在 $t=\frac{\pi}{4}$ 的对应点处的切线方程.

解　当 $t=\frac{\pi}{4}$ 时,$x=a\cos\frac{\pi}{4}=\frac{\sqrt{2}}{2}a$,$y=b\sin\frac{\pi}{4}=\frac{\sqrt{2}}{2}b$,所以椭圆上对应点的坐标为 $M_0\left(\frac{\sqrt{2}}{2}a,\frac{\sqrt{2}}{2}b\right)$.

又

$$\frac{\mathrm{d}y}{\mathrm{d}x}=\frac{(b\sin t)'}{(a\cos t)'}=\frac{b\cos t}{a\sin t}=-\frac{b}{a}\cot t,\quad \left.\frac{\mathrm{d}y}{\mathrm{d}x}\right|_{t=\frac{\pi}{4}}=-\frac{b}{a}\cot\frac{\pi}{4}=-\frac{b}{a}.$$

由点斜式,所求切线方程为

$$y-\frac{\sqrt{2}}{2}b=-\frac{b}{a}\left(x-\frac{\sqrt{2}}{2}a\right),\text{即 } bx+ay-\sqrt{2}ab=0.$$

例 2.31　求曲线 $\begin{cases}x=1-t^2,\\y=t-t^3\end{cases}$ 上点 $(-3,-6)$ 处的切线方程.

解 解方程组$\begin{cases}1-t^2=-3,\\ t-t^3=-6,\end{cases}$得 $t=2$.

因为

$$\frac{\mathrm{d}y}{\mathrm{d}x}=\frac{(t-t^3)'}{(1-t^2)'}=\frac{1-3t^2}{-2t}=\frac{3t^2-1}{2t},\quad \left.\frac{\mathrm{d}y}{\mathrm{d}x}\right|_{t=2}=\frac{11}{4},$$

因此,所求切线方程为

$$y-(-6)=\frac{11}{4}[x-(-3)],\quad 即\ 11x-4y+9=0.$$

*2.2.8 导数的经济意义

在各种经济活动和生产实践中,往往会遇到求平均变化率、相对变化率的问题,解决这类问题是导数的重要应用之一.为此我们将讨论导数在经济学中的两个重要的应用——边际分析和弹性.

1. 边际分析

由导数的概念知道,函数在某点的导数就是函数在该点的变化率.在经济学中,讨论某个经济函数 $y=f(x)$时,常常用它在某点 x_0 处的变化率 $f'(x_0)$去分析数量 y 对数量 x 在点 x_0 处"边际"上的变化,并把"变化率"称为"边际".在对经济活动的分析中,涉及"边际"的量是很多的,如边际成本、边际收入、边际利润等.应当注意的是,经济函数中自变量的取值一般是不连续的(即离散的)量.例如,产量的单位一般为整件或台,不会出现 0.3 件产品,0.7 台机床等.在应用导数去分析认识问题时,须将"离散"的量看作"连续"的量(可导必连续),但是在对求导的结果进行经济解释时,又须将"连续"的量作为"离散"的量来看待,而且它们的最小变化是一个单位.下面就成本、收入、利润等进行边际分析.

1) 边际成本

设 $C=C(x)$为生产某种产品 x 单位时所需要的总成本函数,如果当产量 x 取得一个改变量 Δx 时,总成本函数 $C(x)$取得相应改变量

$$\Delta C=C(x+\Delta x)-C(x),$$

那么,总成本函数 $C(x)$的平均变化率为

$$\frac{\Delta C}{\Delta x}=\frac{C(x+\Delta x)-C(x)}{\Delta x},$$

它表示产量由 x 变到 $x+\Delta x$ 时,总成本改变量的平均成本.当 $\Delta x\to 0$ 时,其成本的变化率

$$\lim_{\Delta x\to 0}\frac{\Delta C}{\Delta x}=\lim_{\Delta x\to 0}\frac{C(x+\Delta x)-C(x)}{\Delta x}=C'(x),$$

称作产量为 x 时的边际成本. 即边际成本是总成本函数 $C(x)$ 关于产量 x 的导数，它表示当产量为 x 时，再生产一个单位产品所增加的总成本.

边际成本有时用 MC 表示，即 $MC=C'(x)$.

例 2.32　某产品生产 x(t)的总成本 C(元)为产量 x 的函数

$$C(x)=x^2+15x+100.$$

求：(1)当产量为 100t 时的总成本；

(2)当产量为 100t 时的平均成本；

(3)当产量从 100t 增加到 225t 时，总成本的平均变化率；

(4)当产量为 100t 时，总成本的变化率(边际成本).

解　(1) $C(100)=100^2+15\times100+100=11600$(元).

(2) $\bar{C}\big|_{x=100}=\dfrac{C}{x}\Big|_{x=100}=\dfrac{11600}{100}=116$(元/t).

(3) $$\frac{\Delta C}{\Delta x}=\frac{C(x+\Delta x)-C(x)}{\Delta x}=\frac{C(225)-C(100)}{225-100}=\frac{28225-11600}{125}=133(\text{元/t}).$$

(4) $$C'(100)=(x^2+15x+100)'\big|_{x=100}=(2x+15)\big|_{x=100}=215(\text{元/t}).$$

上式中的 $C'(100)=215$ 元/t 表示当产量为 100t 时，再多生产 1t，所增加的成本为 215 元，215 元为边际成本.

类似地可以描述边际收入和边际利润的概念.

2) 边际收入

设 $R=R(x)$为生产某种产品 x 单位时所需要的总收入函数，如果当销售量 x 取得一个改变量 Δx 时，总收入函数 $R(x)$取得相应改变量

$$\Delta R=R(x+\Delta x)-R(x),$$

那么，总收入函数 $R(x)$的平均变化率为

$$\frac{\Delta R}{\Delta x}=\frac{R(x+\Delta x)-R(x)}{\Delta x},$$

当 $\Delta x\to0$ 时，其收入的变化率

$$\lim_{\Delta x\to0}\frac{\Delta R}{\Delta x}=\lim_{\Delta x\to0}\frac{R(x+\Delta x)-R(x)}{\Delta x}=R'(x),$$

称为产量为 x 时的边际收入. 即边际收入是总收入函数 $R(x)$关于销售量 x 的导数，它表示当产量为 x 时，再生产(销售)一个单位产品所增加的收入.

边际成本有时用 MR 表示，即 $MR=R'(x)$.

3) 边际利润

设 $L=L(x)$ 为销售某种产品 x 单位时的利润函数，则当 $L(x)$ 可导时，称 $L'(x)$ 为当销售量为 x 单位时的边际利润，且有

$$L'(x)=R'(x)-C'(x).$$

边际利润的经济意义是，在产量 x 的水平上，再生产一个单位产品所增加的利润.

例 2.33 设生产某产品 q(t)的总成本 C(千元)为产量 q 的函数

$$C(q)=q^2-10q+20.$$

如果每吨产品销售价格为 2 万元，求边际利润.

解 由已知得

$$R(q)=20q(\text{千元}),$$

因此

$$\begin{aligned}L(q)=R(q)-C(q)&=20q-(q^2-10q+20)\\&=-q^2+30q-20(\text{千元}),\end{aligned}$$

于是

$$L'(q)=(-q^2+30q-20)'=-2q+30(\text{千元}/\text{t}).$$

2. 函数的弹性

在经济理论中，常常应用弹性这一基本概念来定量分析某些经济变量之间的数量关系，所谓弹性问题是指相对改变量与相对变化率的问题. 下面简要介绍函数弹性的概念、计算方法及其应用.

设函数 $y=f(x)$ 可导，函数 $f(x)$ 的改变量 $\Delta y=f(x+\Delta x)-f(x)$ 称为函数在点 x 处的绝对改变量，Δx 称为自变量 x 在点 x 处的绝对改变量，比值 $\dfrac{\Delta y}{y}$ 与 $\dfrac{\Delta x}{x}$ 分别称为在点 x 处函数 y 的相对改变量及自变量 x 的相对改变量，它们分别反映了 y 与 x 的相对变化大小. 当 $\Delta x\to 0$ 时，两个相对改变量之比的极限如果存在，即

$$\lim_{\Delta x\to 0}\frac{\dfrac{\Delta y}{y}}{\dfrac{\Delta x}{x}}=\lim_{\Delta x\to 0}\frac{\dfrac{f(x+\Delta x)-f(x)}{f(x)}}{\dfrac{\Delta x}{x}}$$

存在，此极限是函数 $y=f(x)$ 在点 x 处的相对变化率，称为函数 $y=f(x)$ 在点 x 处的弹性，记作 η，且

$$\eta=\lim_{\Delta x\to 0}\frac{\dfrac{\Delta y}{y}}{\dfrac{\Delta x}{x}}=\frac{x}{y}\lim_{\Delta x\to 0}\frac{\Delta y}{\Delta x}=\frac{x}{f(x)}f'(x)=\frac{x}{y}\frac{\mathrm{d}y}{\mathrm{d}x}.$$

函数 $y=f(x)$在点 x 处的弹性 η 是一个数量，这个数量反映了函数 $f(x)$在点 x 处的相对变化率，即当自变量变化 1%时，函数变化的百分数$|\eta|$%. 当$|\eta|=1$时，称为单位弹性，表示函数的相对变化等于自变量的相对变化；当$|\eta|>1$时，称为富有弹性，表示函数的相对变化大于自变量的相对变化；当$|\eta|<1$时，称为缺乏弹性，表示函数的相对变化小于自变量的相对变化.

例 2.34　某种商品的需求 Q 与价格 P 的关系为

$$Q=200\cdot\left(\frac{1}{3}\right)^P.$$

求：当价格为 10 元时的需求弹性(需求量 $Q=Q(P)$对价格 P 的相对变化率称为需求弹性. 需求弹性为 $\eta_P=\frac{P}{Q}\cdot Q'(P)$，它表示在价格 P 的水平上，价格变化 1%时，需求量变化的百分数. 它反映了需求对价格变动反应的强弱程度.

解

$$\eta_P=Q'(P)\frac{P}{Q}=\frac{P}{200\cdot\left(\frac{1}{3}\right)^P}\left[200\cdot\left(\frac{1}{3}\right)^P\right]'$$

$$=P\ln\frac{1}{3}=-P\ln 3\approx-1.1P,$$

当 $P=10$ 时，代入上式得

$$\eta_P\big|_{P=10}=-11,$$

即为所求需求弹性.

因为$|\eta_P|=11>1$，所以是富有弹性. 即此时价格变动 1%时，将会引起需求量的较大变化. 由于 $\eta=-11<0$，所以在价格 $P=10$ 时，价格增加 1%，需求量将减少 11%；反之，若将价格减少 1%，需求量将增加 11%.

例 2.35　设某商品的需求函数为 $Q(P)=150-2P^2(0<P<8)$，

(1) 求需求弹性；

(2) 讨论当价格为多少时，弹性分别为缺乏弹性、单位弹性、富有弹性.

解　(1) $\eta_P=\frac{P}{Q(P)}Q'(P)=\frac{P}{150-2P^2}(150-2P^2)'=\frac{-2P^2}{75-P^2}$.

(2) 当$|\eta_P|=1$，解得 $P=5$，即当价格 $P=5$ 时，$|\eta_P|=1$ 为单位弹性；

令$|\eta_P|<1$，解得 $0<P<5$，即当价格 $0<P<5$ 时，$|\eta_P|<1$ 为缺乏弹性；

令$|\eta_P|>1$，解得 $5<P<8$，即当价格 $5<P<8$ 时，$|\eta_P|>1$ 为富有弹性.

2.3　高阶导数

2.3.1　高阶导数的概念

看下面的例子：

函数 $y=4x^3-2x+3$ 的导数是

$$y'=12x^2-2,$$

它仍然是 x 的函数，且可导. 我们对它再求导数，得

$$(y')'=(12x^2-2)'=24x.$$

它是函数 $y=4x^3-2x+3$ 的导数的导数，叫做函数 $y=4x^3-2x+3$ 的二阶导数.

一般地，如果函数 $y=f(x)$ 的导数 $y'=f'(x)$ 仍然可导，则 $y'=f'(x)$ 的导数 $(y')'=[f'(x)]'$ 叫做函数 $y=f(x)$ 的二阶导数，记作 y''，$f''(x)$ 或 $\frac{\mathrm{d}^2y}{\mathrm{d}x^2}$，即

$$y''=(y')',\quad f''(x)=[f'(x)]',\quad \frac{\mathrm{d}^2y}{\mathrm{d}x^2}=\frac{\mathrm{d}}{\mathrm{d}x}\left(\frac{\mathrm{d}y}{\mathrm{d}x}\right).$$

相应地，把 $y'=f'(x)$ 叫做函数 $y=f(x)$ 的一阶导数.

类似地，函数 $y=f(x)$ 的二阶导数的导数叫做 $y=f(x)$ 的三阶导数，三阶导数的导数叫做四阶导数，……. 一般地，$y=f(x)$ 的 $(n-1)$ 阶导数的导数叫做 $y=f(x)$ 的 n 阶导数，分别记作

$$y''',y^{(4)}\cdots,y^{(n)},$$

或

$$f'''(x),f^{(4)}(x)\cdots,f^{(n)}(x),$$

或

$$\frac{\mathrm{d}^3y}{\mathrm{d}x^3},\frac{\mathrm{d}^4y}{\mathrm{d}x^4},\cdots,\frac{\mathrm{d}^ny}{\mathrm{d}x^n}.$$

二阶及二阶以上的导数统称为高阶导数. 求高阶导数只需进行一连串通常的求导数运算，不需要什么另外的方法.

例 2.36 求下列函数的二阶导数：

(1) $y=\mathrm{e}^x+\ln x+2$；(2) $y=\mathrm{e}^{-x}\cos x$.

解 (1) $y'=(\mathrm{e}^x+\ln x+2)'=\mathrm{e}^x+\frac{1}{x}$，

$$y''=\left(\mathrm{e}^x+\frac{1}{x}\right)'=\mathrm{e}^x-\frac{1}{x^2}.$$

(2) $y'=(\mathrm{e}^{-x}\cos x)'=\mathrm{e}^{-x}(-x)'\cos x-\mathrm{e}^{-x}\sin x=-\mathrm{e}^{-x}(\cos x+\sin x)$，

$$\begin{aligned}y''&=[-\mathrm{e}^{-x}(\cos x+\sin x)]'\\&=\mathrm{e}^{-x}(\cos x+\sin x)-\mathrm{e}^{-x}(-\sin x+\cos x)=2\mathrm{e}^{-x}\sin x.\end{aligned}$$

例 2.37 求由方程所确定的隐函数 y 的二阶导数：

(1) $x^2+y^2=a^2$；(2) $y=\tan(x+y)$.

解 (1)方程两边对 x 求导，并注意到 y 是 x 的函数，得

$$2x+2y\cdot y'=0,\quad y'=-\frac{x}{y},$$

所以

$$y''=(y')'=\left(-\frac{x}{y}\right)'=-\frac{y-xy'}{y^2}=-\frac{y-x\left(-\frac{x}{y}\right)}{y^2}$$

$$=-\frac{y^2+x^2}{y^3}=-\frac{a^2}{y^3}.$$

(2) 两边对 x 求导,得

$$y'=[\tan(x+y)]'_x=\sec^2(x+y)\cdot(1+y')=(1+y^2)(1+y'),$$

从中解出 y',得

$$y'=-\left(\frac{1}{y^2}+1\right),$$

所以

$$y''=-\left(\frac{1}{y^2}+1\right)'_x=-(-2)y^{-3}\cdot y'=\frac{2y'}{y^3}=-\frac{2(1+y^2)}{y^5}.$$

例 2.38 摆线的参数方程为 $\begin{cases}x=r(t-\sin t),\\ y=r(1-\cos t),\end{cases}$ 求 $\dfrac{\mathrm{d}^2y}{\mathrm{d}x^2}$.

解 因为 $\dfrac{\mathrm{d}y}{\mathrm{d}x}=\dfrac{\sin t}{1-\cos t}$ (参阅 2.2 节例 2.29),运用复合函数的求导法则及反函数的求导法则,得

$$\frac{\mathrm{d}^2y}{\mathrm{d}x^2}=\left(\frac{\sin t}{1-\cos t}\right)'_t\cdot t'_x=\left(\frac{\sin t}{1-\cos t}\right)'_t\cdot\frac{1}{x'_t}$$

$$=\frac{\cos t(1-\cos t)-\sin^2 t}{(1-\cos t)^2}\cdot\frac{1}{r(t-\sin t)'}$$

$$=\frac{\cos t-1}{(1-\cos t)^2}\cdot\frac{1}{r(1-\cos t)}=-\frac{1}{r(1-\cos t)^2}.$$

例 2.39 求下列函数的 n 阶导数:

(1) $y=\dfrac{1}{x}$; (2) $y=\sin x$; (3) $y=a^x$.

解 (1) $y=\dfrac{1}{x}=x^{-1}$,

$y'=(-1)x^{-2}$,

$y''=(-1)(-2)x^{-3}=(-1)^2\cdot 1\cdot 2x^{-3}$,

$y'''=(-1)(-2)(-3)x^{-4}=(-1)^3\cdot 1\cdot 2\cdot 3x^{-4}$,

……

以此类推,得

$$y^{(n)} = (-1)^n \cdot 1 \cdot 2 \cdot 3 \cdot \cdots \cdot n x^{-(n+1)} = (-1)^n \frac{n!}{x^{n+1}}.$$

从这个例子可知，求 n 阶导数时，常常要将各阶导数保持一定的形式，如

$$y'' = (-1)^2 \cdot 1 \cdot 2x^{-3},$$

$$y''' = (-1)^3 \cdot 1 \cdot 2 \cdot 3x^{-4},$$

而不急于化简成

$$y'' = 2x^{-3},$$

$$y''' = -6x^{-4}.$$

这样便于发现规律，写出 n 阶导数的一般公式，如果前 n 阶导数不易发现规律，那么应该多求几阶.

(2) $y=\sin x$，

$$y'=\cos x=\sin\left(x+\frac{\pi}{2}\right),$$

$$y''=\cos\left(x+\frac{\pi}{2}\right)=\sin\left(x+2\cdot\frac{\pi}{2}\right),$$

$$y'''=\cos\left(x+2\cdot\frac{\pi}{2}\right)=\sin\left(x+3\cdot\frac{\pi}{2}\right),$$

$$y^{(4)}=\cos\left(x+3\cdot\frac{\pi}{2}\right)=\sin\left(x+4\cdot\frac{\pi}{2}\right),$$

以此类推，得

$$y^{(n)} = (\sin x)^{(n)} = \sin\left(x + n \cdot \frac{\pi}{2}\right).$$

(3) $y=a^x$，

$y'=a^x\ln a$，

$y''=a^x(\ln a)^2$，

$y'''=a^x(\ln a)^3$，

……

以此类推，得

$$y^{(n)} = (a^x)^{(n)} = a^x(\ln a)^n.$$

2.3.2 二阶导数的力学意义

设物体做变速直线运动，它的运动方程为

$$s = s(t),$$

那么，它在时刻 t 的速度为

$$v(t) = s'(t),$$

此时,速度 $v(t)$仍是时间 t 的函数. 因此我们可以研究速度 $v(t)$对时间 t 的变化率

$$v'(t)=[s'(t)]'=s''(t),$$

在力学中,把它叫做物体在时刻 t 的加速度,记作 $a(t)$. 也就是说,运动物体的加速度 $a(t)$是位移 $s(t)$对时间 t 的二阶导数,即

$$a(t)=v'(t)=s''(t),$$

这就是二阶导数的力学意义.

例 2.40 已知物体做简谐运动的方程为 $s=A\sin\omega t$(A,ω 是常数),求物体运动的加速动.

解 $s'=(A\sin\omega t)'=A\omega\cos\omega t$,

$s''=-A\omega\sin\omega t(\omega t)'=-A\omega^2\sin\omega t$,

所以,物体运动的加速度为

$$a=-A\omega^2\sin\omega t.$$

例 2.41 已知质点沿直线运动的方程为 $s=6t^2-2t^3$,求当 $t=1$ 时的速度与加速度.

解

$$v(t)=s'(t)=(6t^2-2t^3)'=12t-6t^2,$$

$$a(t)=s''(t)=(12t-6t^2)'=12-12t,$$

所以,当 $t=1$ 时,物体运动的速度为

$$v(1)=12-6=6,$$

加速度为

$$a(1)=12-12=0.$$

2.4 微分中值定理和泰勒公式

2.4.1 微分中值定理

我们知道,导数

$$f'(x_0)=\lim_{\Delta x\to 0}\frac{f(x_0+\Delta x)-f(x_0)}{\Delta x}=\lim_{x\to x_0}\frac{f(x)-f(x_0)}{x-x_0}$$

是差商的极限,它刻画了函数在一点处的变化率. 因此,我们可以利用导数来研究函数的某些性质,但想要从差商的极限式去推出函数的性质是很不方便的,为了便于研究,我们需要去寻找差商与导数之间的直接关系,而不是它们之间的极限关系. 这个直接关系就是所谓的微分中值定理,它是用导数来研究函数本身性质的重要工具,也是解决实际问题的理论基础.

定理 2.4.1(拉格朗日中值定理) 如果函数 $f(x)$满足:

在闭区间$[a,b]$上连续,在开区间(a,b)内可导, 则在(a,b)内至少存在一点 ξ,使得

$$\frac{f(b)-f(a)}{b-a}=f'(\xi).$$

拉格朗日定理的几何意义如图 2.3 所示. 可导函数 $y=f(x)$ 的图像是一条光滑的曲线，$\frac{f(b)-f(a)}{b-a}$ 就是端点弦线 AB 的斜率，而 $f'(\xi)$ 就是曲线 $y=f(x)$ 上点 $P(\xi,f(\xi))$ 处切线的斜率. 不难知道，定理的几何意义是：在一段连续曲线 AB 上，如果它内部每一点都有不垂直于 x 轴的切线，则必存在点 $P(\xi,f(\xi))$，使过 P 点的切线与端点弦线 AB 平行.

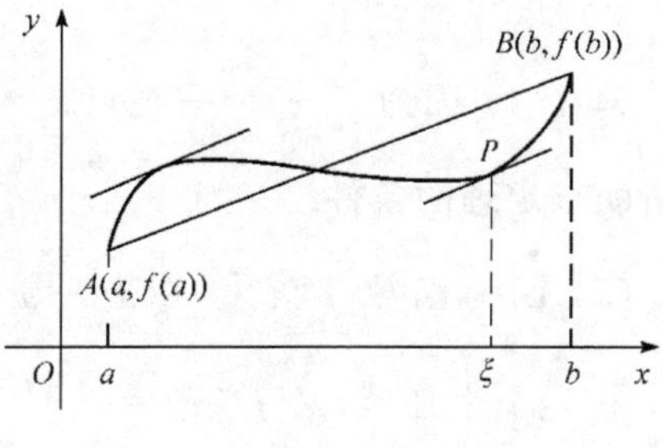

图 2.3

拉格朗日定理中的 ξ，我们只知道它是区间 (a,b) 内的某一值，究竟位置在哪里，定理本身没作任何说明，因此这个定理又称为微分中值定理. 该定理的重要性在于建立了差商与导数之间的直接关系，这种关系在微分学应用的研究上具有重要意义.

拉格朗日定理中的等式

$$\frac{f(b)-f(a)}{b-a}=f'(\xi),\quad a<\xi<b$$

称为拉格朗日公式. 它还可以写成

$$f(b)-f(a)=f'(\xi)(b-a),\quad a<\xi<b.$$

如果我们在 x 和 $x+\Delta x$ 为端点的区间上运用拉格朗日定理，那么拉格朗日公式又可写成

$$f(x+\Delta x)-f(x)=f'(\xi)\Delta x,\quad \xi \text{ 在 } x \text{ 与 } x+\Delta x \text{ 之间},$$

或

$$f(x+\Delta x)-f(x)=f'(x+\theta\Delta x)\Delta x,\quad 0<\theta<1,$$

或

$$\Delta y=f'(x+\theta\Delta x)\Delta x,\quad 0<\theta<1.$$

推论 2.4.1 若函数 $f(x)$ 在 (a,b) 内 $f'(x)\equiv 0$，则 $f(x)$ 在 (a,b) 内是一个常数.

事实上，在 (a,b) 内任取两点 $x_1,x_2(x_1<x_2)$. 由拉格朗日公式，得

$$\frac{f(x_2)-f(x_1)}{x_2-x_1}=f'(\xi)=0,\quad x_1<\xi<x_2.$$

可知 $f(x_1)=f(x_2)$，即 $f(x)=c$ (c 为常数).

例 2.42 验证函数是否满足拉格朗日定理的条件，如果满足，求出符合定理

的 ξ 值：

(1) $f(x)=\dfrac{1}{x}, x\in[-1,2]$；　(2) $f(x)=\dfrac{1}{3}x^3-x, x\in[-\sqrt{3},\sqrt{3}]$.

解　(1) 因为 $f(x)=\dfrac{1}{x}$ 在点 $x=0$ 间断，所以 $f(x)=\dfrac{1}{x}$ 在 $[-1,2]$ 上不满足拉格朗日定理的条件.

(2) 因为函数 $f(x)=\dfrac{1}{3}x^3-x$ 在区间 $[-\sqrt{3},\sqrt{3}]$ 上有定义，所以在区间 $[-\sqrt{3},\sqrt{3}]$ 上连续；又 $f'(x)=x^2-1$ 在区间 $(-\sqrt{3},\sqrt{3})$ 内存在，所以函数 $f(x)=\dfrac{1}{3}x^3-x$ 在区间 $[-\sqrt{3},\sqrt{3}]$ 上满足拉格朗日定理条件. 由

$$\frac{f(\sqrt{3})-f(-\sqrt{3})}{\sqrt{3}-(-\sqrt{3})}=f'(\xi),$$

得

$$\frac{0-0}{2\sqrt{3}}=\xi^2-1, \quad 即\ \xi^2-1=0,$$

解此方程，得

$$\xi=\pm 1\in(-\sqrt{3},\sqrt{3}).$$

例 2.43　用拉格朗日定理证明不等式：$|\sin b-\sin a|\leqslant|b-a|$.

证　令 $f(x)=\sin x$，它在 $(-\infty,+\infty)$ 内处处连续，又 $f'(x)=(\sin x)'=\cos x$ 在 $(-\infty,+\infty)$ 内存在.

在以 a,b 为端点的区间上应用拉格朗日定理，得

$$f(b)-f(a)=f'(\xi)(b-a),\quad \xi\ 在\ a\ 与\ b\ 之间,$$

将 $f(a)=\sin a, f(b)=\sin b, f'(\xi)=\cos\xi$ 代入，得

$$\sin b-\sin a=\cos\xi\cdot(b-a).$$

因为 $|\cos\xi|\leqslant 1$，所以有

$$|\sin b-\sin a|=|\cos\xi|\cdot|b-a|\leqslant|b-a|.$$

*2.4.2　泰勒公式

我们知道，函数在数量关系上刻画了自然界的运动规律. 虽然很多函数是常用的，却往往很难直接计算它们的值. 例如，$\ln x$，$\sin x$，e^x 等就是这样. 而实际又需要计算它们的值，因此，我们希望能用一个简单函数来近似地表示它们，而且又能估计由计算所得的近似值的误差.

众所周知，多项式

$$P(x)=a_0+a_1x+a_2x^2+\cdots+a_nx^n$$

是初等函数中结构最简单的一种函数,因为它只有加、减、乘三种运算,连除法都没有,十分有利于在计算机上操作. 因此,研究如何用多项式近似地表示一个给定的函数问题具有重要意义.

1. 多项式的泰勒公式

设 $P(x)$ 是 n 次多项式

$$P(x) = a_0 + a_1x + a_2x^2 + \cdots + a_nx^n.$$

现在我们考虑把它展成关于$(x-x_0)$的多项式

$$P(x) = A_0 + A_1(x - x_0) + A_2(x - x_0)^2 + \cdots + A_n(x - x_0)^n \quad (2.4.1)$$

为了求得系数 $A_0, A_1, A_2, \cdots, A_n$,对式(2.4.1)两边 x 逐次求导,就得到

$$P'(x) = A_1 + 2A_2(x - x_0) + \cdots + nA_n(x - x_0)^{n-1},$$

$$P''(x) = 2!A_2 + 3 \cdot 2A_3(x - x_0) + \cdots + n(n-1)A_n(x - x_0)^{n-2},$$

……

$$P^{(n)}(x) = n!A_n.$$

将 $x=x_0$ 代入以上各式,便有

$$P(x_0) = A_0, P'(x_0) = 1!A_1, P''(x_0) = 2!A_2, \cdots, P^{(n)}(x_0) = n!A_n,$$

即式(2.4.1)的系数为

$$A_0 = P(x_0), A_1 = \frac{P'(x_0)}{1!}, A_2 = \frac{P''(x_0)}{2!}, \cdots, A_n = \frac{P^{(n)}(x_0)}{n!}.$$

把这些系数代入式(2.4.1),便得到

$$P(x) = P(x_0) + \frac{P'(x_0)}{1!}(x - x_0) + \frac{P''(x_0)}{2!}(x - x_0)^2 + \cdots + \frac{P^{(n)}(x_0)}{n!}(x - x_0)^n. \quad (2.4.2)$$

这就是说,当我们把多项式展成$(x-x_0)$幂的多项式时,其系数可用多项式及其各阶导数在点 x_0 处的值表示出来.

式(2.4.2)叫做多项式 $P(x)$ 在点 x_0 处的泰勒公式. 特别地,当 $x_0=0$ 时,式(2.4.2)成为

$$P(x) = P(0) + \frac{P'(0)}{1!}x + \frac{P''(0)}{2!}x^2 + \cdots + \frac{P^{(n)}(0)}{n!}x^n, \quad (2.4.3)$$

式(2.4.3)也叫做多项式 $P(x)$ 的麦克劳林公式.

例 2.44 把 $P(x)=x^3-x^2+3$ 展成$(x-1)$的三次多项式.

解 $P(x)=x^3-x^2+3$, $P(1)=3$;

$P'(x)=3x^2-2x$, $P'(1)=1$;

$P''(x)=6x-2$, $P''(1)=4$;

$$P'''(x)=6, \qquad P'''(1)=6.$$

所以

$$\begin{aligned}P(x) &= P(1)+P'(1)(x-1)+\frac{P''(1)}{2!}(x-1)^2+\frac{P'''(1)}{3!}(x-1)^3\\ &=3+(x-1)+2(x-1)^2+(x-1)^3.\end{aligned}$$

2. 函数 y=f(x)的泰勒公式

一般地，函数 $y=f(x)$（如 $y=\sin x$ 等）并不能用多项式表示，但实际上常常需要计算它们的函数值，研究它们的性质. 因此，我们也希望能找出一个关于 $(x-x_0)$ 的多项式来近似地表示函数 $f(x)$.

定理 2.4.2（泰勒定理）　如果函数 $f(x)$ 在含有 x_0 的某个区间 (a,b) 内具有直到 $(n+1)$ 阶导数，则 $f(x)$ 可以表示为 $(x-x_0)$ 的一个 n 次多项式与一个余项 $R_n(x)$ 的和，即

$$\begin{aligned}f(x) &= f(x_0)+f'(x_0)(x-x_0)+\frac{f''(x_0)}{2!}(x-x_0)^2+\cdots\\ &\quad+\frac{f^{(n)}(x_0)}{n!}(x-x_0)^n+R_n(x),\end{aligned} \tag{2.4.4}$$

其中，

$$R_n(x)=\frac{f^{(n+1)}(\xi)}{(n+1)!}(x-x_0)^{n+1}, \quad \xi \text{ 在 } x \text{ 与 } x_0 \text{ 之间}. \tag{2.4.5}$$

式(2.4.4)称为 $f(x)$ 按 $(x-x_0)$ 的幂展开到 n 阶的泰勒公式. 式(2.4.5)称为拉格朗日型余项.

当 $n=0$ 时，泰勒公式变成

$$f(x)=f(x_0)+f'(\xi)(x-x_0), \quad \xi \text{ 在 } x \text{ 及 } x_0 \text{ 之间},$$

这就是拉格朗日中值公式，所以泰勒定理是拉格朗日中值定理的推广.

在式(2.4.4)中，当 $x_0=0$，则 ξ 在 0 与 x 之间，令 $\xi=\theta x\ (0<\theta<1)$，则式(2.4.4)成为较简单的形式

$$\begin{aligned}f(x) &= f(0)+f'(0)x+\frac{f''(0)}{2!}x^2+\cdots+\frac{f^{(n)}(0)}{n!}x^n\\ &\quad+\frac{f^{(n+1)}(\theta x)}{(n+1)!}x^{n+1}, \quad \xi \text{ 在 } 0 \text{ 及 } x \text{ 之间}\end{aligned} \tag{2.4.6}$$

式(2.4.6)称为麦克劳林公式.

于是，由式(2.4.4)可得近似公式

$$f(x) \approx f(x_0)+f'(x_0)(x-x_0)+\frac{f''(x_0)}{2!}(x-x_0)^2+\cdots$$

$$+\frac{f^{(n)}(x_0)}{n!}(x-x_0)^n. \tag{2.4.7}$$

由此产生的误差

$$|R_n(x)|=\left|\frac{f^{(n+1)}(\xi)}{(n+1)!}(x-x_0)^{n+1}\right| \tag{2.4.8}$$

是比$(x-x_0)^n$高阶的一个无穷小.

当用多项式逼近函数$f(x)$时,如果$f(x)$在(a,b)内的$n+1$阶导数有界,即

$$|f^{(n+1)}(x)|\leqslant M,$$

由式(2.4.8),则有

$$|R_n(x)|\leqslant\frac{M}{(n+1)!}|x-x_0|^{n+1}.$$

若$x_0=0$,则可得近似公式

$$f(x)\approx f(0)+f'(0)x+\frac{f''(0)}{2!}x^2+\cdots+\frac{f^{(n)}(0)}{n!}x^n. \tag{2.4.9}$$

估计误差的公式为

$$|R_n(x)|=\left|\frac{f^{(n+1)}(\theta x)}{(n+1)!}x^{n+1}\right|\leqslant\frac{M}{(n+1)!}|x|^{n+1}. \tag{2.4.10}$$

下面是几个初等函数的麦克劳林展开式:

(1) $e^x=1+\frac{x}{1!}+\frac{x^2}{2!}+\cdots+\frac{x^n}{n!}+R_n(x)$;

(2) $\ln(1+x)=x-\frac{x^2}{2}+\frac{x^3}{3}-\cdots+(-1)^{n-1}\frac{x^n}{n}+R_n(x)$;

(3) $(1+x)^\alpha=1+\alpha x+\frac{\alpha(\alpha-1)}{2!}x^2+\frac{\alpha(\alpha-1)(\alpha-2)}{3!}x^3+\cdots$

$$+\frac{\alpha(\alpha-1)\cdots(\alpha-n+1)}{n!}x^n+R_n(x);$$

(4) $\sin x=x-\frac{x^3}{3!}+\frac{x^5}{5!}-\cdots+(-1)^{n-1}\frac{x^{2n-1}}{(2n-1)!}+R_n(x)$;

(5) $\cos x=1-\frac{x^2}{2!}+\frac{x^4}{4!}-\cdots+(-1)^n\frac{x^{2n}}{(2n)!}+R_n(x)$.

例 2.45 求$f(x)=xe^x$的n阶麦克劳林公式.

解 因为$e^x=1+\frac{x}{1!}+\frac{x^2}{2!}+\cdots+\frac{x^n}{n!}+R_n(x)$,其中$R_n(x)=\frac{e^{\theta x}}{(n+1)!}x^{n+1}$,所以

$$f(x)=xe^x=x+\frac{x^2}{1!}+\frac{x^3}{2!}+\cdots+\frac{x^{n+1}}{n!}+\frac{e^{\theta x}}{(n+1)!}x^{n+2}.$$

例 2.46 计算 e 的近似值,使得误差不超过 0.0001.

解　在 e^x 的麦克劳林公式中取 $x=1$，得

$$e \approx 1+\frac{1}{1!}+\frac{1}{2!}+\frac{1}{3!}+\cdots+\frac{1}{n!},$$

误差

$$|R_n|=\frac{e^{\theta}}{(n+1)!}<\frac{e}{(n+1)!}<\frac{3}{(n+1)!},\quad 0<\theta<1.$$

取 $n=7$，得 $e\approx 2.7183$，误差 $|R_n|<\frac{3}{8!}<0.0001$.

例 2.47　写出 $\sin x$ 的近似公式，并估计误差.

解　在 $\sin x$ 麦克劳林公式中取 $n=1$，得到它的一次近似式

$$\sin x \approx x,\ 误差\ |R_1|\leqslant \frac{|x|^3}{6},$$

只要 $|x|<0.0843$，就可保证误差 $|R_1|<0.0001$.

取 $n=3$，得 $\sin x$ 的三次近似式

$$\sin x \approx x-\frac{x^3}{6},\ 误差\ |R_3|<\frac{|x|^5}{120},$$

只要 $|x|<0.4129(\approx 23.7°)$，就可使误差 $|R_3|<0.0001$.

由此可见，利用泰勒公式近似计算函数值时，项数取得越多，近似程度越好.

2.5　洛必达法则

2.5.1　不定式问题

导数在研究函数中的一个重要应用是不定式的确定问题. 考察下列极限：

$$(1)\ \lim_{x\to 0}\frac{\sin x}{x};\quad (2)\ \lim_{x\to 0}\frac{x\sin\frac{1}{x}}{x};\quad (3)\ \lim_{x\to+\infty}\frac{\frac{\pi}{2}-\arctan x}{\frac{1}{x}};\quad (4)\ \lim_{x\to+\infty}\frac{\ln x}{x}.$$

我们注意到，当 $x\to x_0$（或 $x\to\infty$）时，这些极限式中函数的分子与分母都趋于零或趋于无穷大，这时，不能运用商的极限法则，但它们的极限有的存在（如极限(1)），有的不存在（如极限(2)）. 这种商式求极限的问题就是所谓不定式的确定问题. 我们把分子与分母都趋于零的商式的极限称为 $\frac{0}{0}$ 型不定式，（如极限(1)、(2)、(3)）；分子分母都趋于无穷大的商的极限称为 $\frac{\infty}{\infty}$ 型不定式（如极限(4)）. 其他常见的不定式还有 $0\cdot\infty$ 型，$\infty-\infty$ 型，1^{∞} 型，0^0 型，∞^0 型等.

应当注意：$\frac{0}{0}$，$\frac{\infty}{\infty}$，$0\cdot\infty$ 等仅是一个记号，并没有运算意义. 例如，下面的写

法都是错误的：

$$\lim_{x\to 0}\frac{\sin x}{x}=\frac{0}{0};\quad \lim_{x\to +\infty}\frac{\ln x}{x}=\frac{\infty}{\infty}.$$

一般地，不定式的确定是比较困难的(如极限(1)(4))，但是利用导数求这类极限却有一种简捷的方法，称为洛必达法则.

2.5.2 洛必达法则

1. $\frac{0}{0}$型不定式

定理 2.5.1(洛必达法则 1) 如果函数 $f(x)$ 与 $g(x)$ 满足：

(1) $\lim\limits_{x\to x_0}f(x)=\lim\limits_{x\to x_0}g(x)=0$；

(2) $f(x),g(x)$ 在点 x_0 的左右近旁可导，且 $g'(x)\neq 0$；

(3) $\lim\limits_{x\to x_0}\frac{f'(x)}{g'(x)}=A$($A$ 为常数或∞)，则 $\lim\limits_{x\to x_0}\frac{f(x)}{g(x)}=\lim\limits_{x\to x_0}\frac{f'(x)}{g'(x)}=A$.

该定理中 $x\to x_0$ 换为 $x\to\infty$ 时，结论也成立.

例 2.48 求 $\lim\limits_{x\to 0}\frac{\sin x}{x}$.

解 这是重要极限(1)，是$\frac{0}{0}$型不定式.现在可用洛必达法则计算这个极限

$$\lim_{x\to 0}\frac{\sin x}{x}\overset{\left(\frac{0}{0}\right)}{=}\lim_{x\to 0}\frac{(\sin x)'}{x'}=\lim_{x\to 0}\cos x=1.$$

例 2.49 求 $\lim\limits_{x\to 0}\frac{(1+x)^{\alpha}-1}{x}$ (α 为实数).

解 $\lim\limits_{x\to 0}\frac{(1+x)^{\alpha}-1}{x}\overset{\left(\frac{0}{0}\right)}{=}\lim\limits_{x\to 0}\frac{[1+x)^{\alpha}-1]'}{x'}=\lim\limits_{x\to 0}\alpha(1+x)^{\alpha-1}=\alpha$.

例 2.50 求 $\lim\limits_{x\to 0}\frac{x-\sin x}{x^3}$.

解 $\lim\limits_{x\to 0}\frac{x-\sin x}{x^3}\overset{\left(\frac{0}{0}\right)}{=}\lim\limits_{x\to 0}\frac{1-\cos x}{3x^2}\overset{\left(\frac{0}{0}\right)}{=}\lim\limits_{x\to 0}\frac{\sin x}{6x}=\frac{1}{6}$.

可以看到，例 2.50 中使用了两次洛必达法则. 该例告诉我们，应用洛必达法则求不定式极限时，如果一阶导数之比仍是$\frac{0}{0}$型不定式，只要它们满足法则条件，则可继续使用洛必达法则，且可依此类推. 但必须注意，每次使用前一定要检验是否符合条件，如果所求极限已不是不定式时，则不能再使用这个法则，否则将得出错误的结果.

例如，$\lim\limits_{x\to 1}\dfrac{3x^2-2x-1}{x^2-x}\overset{\left(\frac{0}{0}\right)}{=}\lim\limits_{x\to 1}\dfrac{6x-2}{2x-1}=\lim\limits_{x\to 1}\dfrac{6}{2}=3$. 这里第一步是对的，但第二步是错的，因为$\lim\limits_{x\to 1}\dfrac{6x-2}{2x-1}$已不是不定式. 根据函数的连续性，把 $x=1$ 代入$\dfrac{6x-2}{2x}$，可得所求极限等于 4.

例 2.51　求 $\lim\limits_{x\to+\infty}\dfrac{\dfrac{\pi}{2}-\arctan x}{\dfrac{1}{x}}$.

解　$\lim\limits_{x\to+\infty}\dfrac{\dfrac{\pi}{2}-\arctan x}{\dfrac{1}{x}}\overset{\left(\frac{0}{0}\right)}{=}\lim\limits_{x\to+\infty}\dfrac{-\dfrac{1}{1+x^2}}{-\dfrac{1}{x^2}}=\lim\limits_{x\to+\infty}\dfrac{x^2}{1+x^2}=1$.

容易看出，例 2.51 使用一次洛必达法则后，极限 $\lim\limits_{x\to+\infty}\dfrac{-\dfrac{1}{1+x^2}}{-\dfrac{1}{x^2}}$仍是$\dfrac{0}{0}$型不定式，可以继续使用洛必达法则

$$\lim_{x\to+\infty}\frac{\left(-\dfrac{1}{1+x^2}\right)'}{\left(-\dfrac{1}{x^2}\right)'}=\lim_{x\to+\infty}\frac{\dfrac{2x}{(1+x^2)^2}}{\dfrac{2}{x^3}},$$

这个结果反而较前复杂. 该例告诉我们，在每次使用洛必达法则后都应当先把计算结果尽可能化简，这样可以缩短计算过程，减少计算错误.

在反复使用法则时，如果有极限值(不等于零)立即可以确定的因式，应先把这因式的极限值确定，并把它提到极限记号之外，然后再使用法则，如下例.

例 2.52　求$\lim\limits_{x\to 0}\dfrac{xe^{2x}+xe^x-2e^{2x}+2e^x}{(e^x-1)^3}$.

解　分子中的各项有公因式 e^x. 当 $x\to 0$ 时，$e^x\to 1$，所以

$$\text{原式}=\lim_{x\to 0}\frac{xe^x+x-2e^x+2}{(e^x-1)^3}\overset{\left(\frac{0}{0}\right)}{=}\lim_{x\to 0}\frac{xe^x-e^x+1}{3(e^x-1)^2e^x}\left(\text{当 } x\to 0 \text{ 时，}\frac{1}{3e^x}\to\frac{1}{3}\right)$$

$$=\frac{1}{3}\lim_{x\to 0}\frac{xe^x-e^x+1}{(e^x-1)^2}\overset{\left(\frac{0}{0}\right)}{=}\frac{1}{6}\lim_{x\to 0}\frac{x}{e^x-1}=\frac{1}{6}.$$

2. $\frac{\infty}{\infty}$型不定式

定理 2.5.2(洛必达法则 2) 如果函数 $f(x)$与 $g(x)$满足:

(1) $\lim\limits_{x\to x_0}f(x)=\infty,\lim\limits_{x\to x_0}g(x)=\infty$;

(2) $f(x),g(x)$在点 x_0 的左右近旁可导,且 $g(x)\neq 0$;

(3) $\lim\limits_{x\to x_0}\frac{f'(x)}{g'(x)}=A$ (A 为常数或为∞),则

$$\lim_{x\to x_0}\frac{f(x)}{g(x)}=\lim_{x\to x_0}\frac{f'(x)}{g'(x)}=A.$$

该定理中的 $x\to x_0$,换为 $x\to\infty$时,结论也成立.

例 2.53 求 $\lim\limits_{x\to+\infty}\frac{\ln x}{x}$.

解 $\lim\limits_{x\to+\infty}\frac{\ln x}{x}\overset{\left(\frac{\infty}{\infty}\right)}{=}\lim\limits_{x\to+\infty}\frac{(\ln x)'}{x'}=\lim\limits_{x\to+\infty}\frac{1}{x}=0.$

例 2.54 求 $\lim\limits_{x\to 0^+}\frac{\ln\sin x}{\ln x}$.

解
$$\lim_{x\to 0^+}\frac{\ln\sin x}{\ln x}\overset{\left(\frac{\infty}{\infty}\right)}{=}\lim_{x\to 0^+}\frac{\frac{1}{\sin x}\cdot\cos x}{\frac{1}{x}}=\lim_{x\to 0^+}\frac{x\cos x}{\sin x}$$
$$=\lim_{x\to 0^+}\cos x\cdot\lim_{x\to 0^+}\frac{x}{\sin x}=1.$$

例 2.55 求$\lim\limits_{x\to\frac{\pi}{2}}\frac{\tan x}{\tan 3x}$.

解
$$\lim_{x\to\frac{\pi}{2}}\frac{\tan x}{\tan 3x}\overset{\left(\frac{\infty}{\infty}\right)}{=}\lim_{x\to\frac{\pi}{2}}\frac{\sec^2 x}{3\sec^2 3x}=\lim_{x\to\frac{\pi}{2}}\frac{\cos^2 3x}{3\cos^2 x}$$
$$\overset{\left(\frac{0}{0}\right)}{=}\lim_{x\to\frac{\pi}{2}}\frac{2\cos 3x(-3\sin 3x)}{3\cdot 2\cos x(-\sin x)}=\lim_{x\to\frac{\pi}{2}}\frac{\sin 6x}{\sin 2x}$$
$$\overset{\left(\frac{0}{0}\right)}{=}\lim_{x\to\frac{\pi}{2}}\frac{6\cos 6x}{2\cos 2x}=3.$$

3. 其他类型的不定式

除$\frac{0}{0}$型及$\frac{\infty}{\infty}$型不定式外,还有 $0\cdot\infty,\infty-\infty,1^{\infty},\infty^0$ 和 0^0 型等不定式. 这些

类型的不定式通过变形总可化为$\frac{0}{0}$或$\frac{\infty}{\infty}$型不定式，再用洛必达法则求极限.

1）$0\cdot\infty$型不定式

如果 $x\to x_0(x\to\infty)$时，$f(x)\to 0$，$g(x)\to\infty$，则 $\lim f(x)g(x)$呈 $0\cdot\infty$型. 此时将 $f(x)g(x)$改写如下：

$$f(x)g(x)=\frac{f(x)}{\frac{1}{g(x)}}=\frac{g(x)}{\frac{1}{f(x)}},$$

使之变成为$\frac{0}{0}$型或$\frac{\infty}{\infty}$型，然后再用洛必达法则.

例 2.56　求 $\lim\limits_{x\to 0^+}x\ln x$.

解　$\lim\limits_{x\to 0^+}x\ln x\overset{(0\cdot\infty)}{=}\lim\limits_{x\to 0^+}\frac{\ln x}{\frac{1}{x}}\overset{\left(\frac{\infty}{\infty}\right)}{=}\lim\limits_{x\to 0^+}\frac{\frac{1}{x}}{-\frac{1}{x^2}}=-\lim\limits_{x\to 0^+}x=0.$

2）$\infty-\infty$型不定式

如果 $x\to x_0(x\to\infty)$时，$f(x)\to+\infty(-\infty$或$\infty)$，$g(x)\to+\infty(-\infty$或$\infty)$，则 $\lim\,[f(x)-g(x)]$呈$\infty-\infty$型. 此时，可把 $f(x)-g(x)$改写成

$$f(x)-g(x)=\frac{\frac{1}{g(x)}-\frac{1}{f(x)}}{\frac{1}{f(x)}\cdot\frac{1}{g(x)}},$$

使之变为$\frac{0}{0}$型，然后再用洛必达法则.

例 2.57　求$\lim\limits_{x\to 0}\left(\frac{1}{\sin x}-\frac{1}{x}\right)$.

解　$\lim\limits_{x\to 0}\left(\frac{1}{\sin x}-\frac{1}{x}\right)\overset{(\infty-\infty)}{=}\lim\limits_{x\to 0}\frac{x-\sin x}{x\cdot\sin x}\overset{\left(\frac{0}{0}\right)}{=}\lim\limits_{x\to 0}\frac{1-\cos x}{\sin x+x\cos x}$

$$\overset{\left(\frac{0}{0}\right)}{=}\lim_{x\to 0}\frac{\sin x}{2\cos x-x\sin x}=\frac{0}{2}=0.$$

3）0^0，∞^0，1^∞型不定式

如果 $x\to x_0(x\to\infty)$时，有

$$f(x)\to 0,\ g(x)\to 0;$$
$$f(x)\to\infty,g(x)\to 0;$$
$$f(x)\to 1,\ g(x)\to\infty.$$

那么 $\lim f(x)^{g(x)}$ 分别为 0^0，∞^0，1^∞ 型不定式(假定 $f(x)>0$). 因为

$$\lim f(x)^{g(x)}=\lim e^{\ln f(x)^{g(x)}}=\lim e^{g(x)\ln f(x)}=e^{\lim g(x)\ln f(x)},$$

所以，这三种类型都归结为 $0\cdot\infty$ 型，然后再化为 $\frac{0}{0}$ 或 $\frac{\infty}{\infty}$ 型后使用洛必达法则.

例 2.58 求 $\lim\limits_{x\to0^+}x^{\sin x}$.

解 $\lim\limits_{x\to0^+}x^{\sin x}\overset{(0^0)}{=}\lim\limits_{x\to0^+}e^{\sin x\ln x}=e^{\lim\limits_{x\to0^+}\sin x\ln x}$,

因为

$$\lim_{x\to0^+}\sin x\ln x\overset{(0\cdot\infty)}{=}\lim_{x\to0^+}\frac{\ln x}{\csc x}\overset{(\frac{\infty}{\infty})}{=}\lim_{x\to0^+}\frac{\frac{1}{x}}{-\csc x\cot x}=-\lim_{x\to0^+}\frac{\sin x}{x}\cdot\tan x$$
$$=(-1)\cdot0=0,$$

所以

$$\lim_{x\to0^+}x^{\sin x}=e^0=1.$$

在使用洛必达法则时，须注意下列各点：

(1) 洛必达法则不能盲目使用，只有是 $\frac{0}{0}$，$\frac{\infty}{\infty}$ 型不定式可直接使用，其他不定式应先化为 $\frac{0}{0}$ 或 $\frac{\infty}{\infty}$ 型才可使用.

(2) 当 $\lim\frac{f'(x)}{g'(x)}$ 不存在时，不能断定 $\lim\frac{f(x)}{g(x)}$ 也不存在，只能说明此时不能应用洛必达法则.

(3) 应用洛必达法则一次未成，可继续使用之，直到成功为止，倘若始终是不定式，就不能应用洛必达法则.

另外，在每次使用洛必达法则后，都应当先尽可能化简，然后考虑是否继续使用法则，有时发现用其他方法计算极限很方便，就不必用洛必达法则了.

例 2.59 求 $\lim\limits_{x\to\infty}\frac{x-\cos x}{x+\cos x}$.

解 这是 $\frac{\infty}{\infty}$ 型不定式，但因 $\lim\limits_{x\to\infty}\frac{(x-\cos x)'}{(x+\cos x)'}=\lim\limits_{x\to\infty}\frac{1+\sin x}{1-\sin x}$ 不存在，故不能用洛必达法则求这极限. 但此极限是存在的. 事实上

$$\lim_{x\to\infty}\frac{x-\cos x}{x+\cos x}=\lim_{x\to\infty}\frac{1-\frac{\cos x}{x}}{1+\frac{\cos x}{x}}=1.$$

例 2.60　求 $\lim\limits_{x\to+\infty}\dfrac{\sqrt{1+x^2}}{x}$.

解　这是$\dfrac{\infty}{\infty}$型不定式,但因

$$\lim_{x\to+\infty}\frac{\sqrt{1+x^2}}{x}\overset{\left(\frac{\infty}{\infty}\right)}{=}\lim_{x\to+\infty}\frac{x}{\sqrt{1+x^2}}\overset{\left(\frac{\infty}{\infty}\right)}{=}\lim_{x\to+\infty}\frac{\sqrt{1+x^2}}{x},$$

即原式循环出现,故不能用洛必达法则求这极限. 然而,此极限是存在的,事实上

$$\lim_{x\to+\infty}\frac{\sqrt{1+x^2}}{x}=\lim_{x\to+\infty}\sqrt{\frac{1}{x^2}+1}=1.$$

可见,洛必达法则是求不定式极限的一个有效方法,但不是“万能”的,并不是都能用洛必达法则求出不定式极限,要善于根据具体问题采取不同的方法.

2.6　函数单调性的判定、函数的极值

2.6.1　函数单调性的判定

现在,我们应用导数来判断函数的单调性. 如图 2.4 所示,我们知道,单调增函数的图像是一条沿 x 轴正向上升的曲线;单调减函数的图像是一条沿 x 轴正向下降的曲线.

观察图 2.4(1)可见,上升曲线上每一点处切线的倾角都是锐角,切线的斜率 $\tan\alpha>0$,即 $f'(x)>0$;观察图 2.4(2)可见,下降曲线上每一点处曲线的倾角都是钝角,切线的斜率 $\tan\alpha<0$,即 $f'(x)<0$.

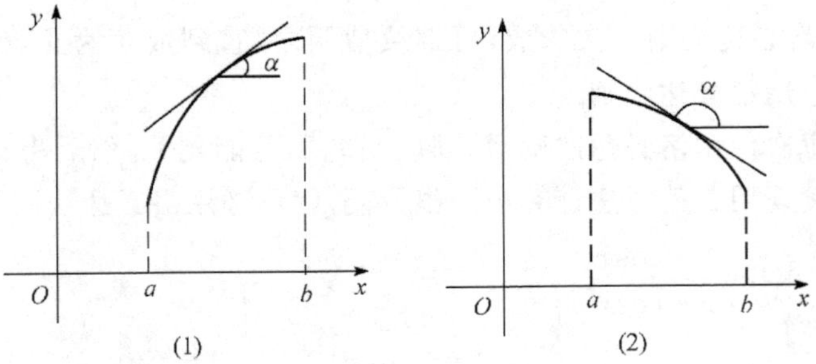

图 2.4

由此启示我们,可以用导数的符号来判定函数的单调性,这就是函数单调性的判定定理.

定理 2.6.1　设函数 $y=f(x)$在区间$[a,b]$上连续,在区间(a,b)内可导.

(1) 如果在(a,b)内 $f'(x)>0$,那么 $f(x)$在$[a,b]$上单调增加;

(2) 如果在(a,b)内 $f'(x)<0$,那么 $f(x)$在$[a,b]$上单调减少.

证 设 $x_1,x_2\in[a,b]$,且 $x_1<x_2$,因为 $f(x)$在$[a,b]$上满足拉格朗日中值定理条件,于是得

$$f(x_2)-f(x_1)=f'(\xi)(x_2-x_1),\quad x_1<\xi<x_2.$$

若 $f'(x)>0$,则 $f'(\xi)>0$,且 $x_2-x_1>0$,可推得 $f(x_1)<f(x_2)$,所以 $f(x)$在区间$[a,b]$上单调增加;

若 $f'(x)<0$,则 $f'(\xi)<0$,且 $x_2-x_1>0$,可推得 $f(x_1)>f(x_2)$,所以 $f(x)$在区间$[a,b]$上单调减少.

定理中的区间$[a,b]$换成其他各种区间,结论也成立.

例 2.61 讨论函数 $y=\dfrac{1}{x}$的单调性.

解 函数 $y=\dfrac{1}{x}$的定义域 $D=(-\infty,0)\cup(0,+\infty)$.

因为 $y'=\left(\dfrac{1}{x}\right)'=-\dfrac{1}{x^2}<0$,所以函数 $y=\dfrac{1}{x}$在$(-\infty,0)$和$(0,+\infty)$两个段内均单调减少.

例 2.62 讨论函数 $f(x)=x^2$ 的单调性.

解 函数的定义域 $D=(-\infty,+\infty)$.

求导数 $f'(x)=(x^2)'=2x$. 当 $x=0$ 时,$f'(x)=0$.

点 $x=0$ 把定义域分成两个区间$(-\infty,0)$和$(0,+\infty)$. 下面列表讨论函数 $f(x)$在这两个区间的单调性(表中"↗"表示单调增加,"↘"表示单调减少):

x	$(-\infty,0)$	0	$(0,+\infty)$
$f'(x)$的符号	−	0	+
$f(x)$的单调性	↘		↗

由表可知,函数 $f(x)$在区间$(-\infty,0)$单调减少;在区间$(0,+\infty)$单调增加.

例 2.62 表明,当函数在它的定义域内不具有单调性时,可用 $f'(x)=0$ 的根把定义区间进行划分,单调区间的分界点刚好就是方程 $f'(x)=0$ 的根,讨论函数的单调性时,先求分界点,然后列表讨论各区间导数的符号,即可判定函数的单调区间.

例 2.63 求函数 $f(x)=3\sqrt[3]{(x-1)^2}$ 的单调区间.

解 $f(x)$的定义域 $D=(-\infty,+\infty)$.

求导数 $f'(x)=2(x-1)^{-\frac{1}{3}}=\dfrac{2}{\sqrt[3]{x-1}}$.

没有导数为零的点,但当 $x=1$ 时,$f'(x)$不存在. 点 $x=1$ 将区间$(-\infty,+\infty)$分两个区间,列表讨论:

x	$(-\infty,1)$	1	$(1,+\infty)$
$f'(x)$	$-$	不存在	$+$
$f(x)$	↘		↗

由表可知，函数的单减区间为$(-\infty,1)$，单增区间为$(1,+\infty)$.

例 2.63 表明，导数 $f'(x)$不存在的点，也可能是单调区间的分界点.

综合以上几例，可得求函数 $f(x)$单调区间的步骤是：

(1) 确定函数的定义域；

(2) 求导数 $f'(x)$；

(3) 求 $f'(x)=0$ 的根或 $f'(x)$不存在的点，并把它们按由小到大的顺序插入定义区间；

(4) 列表讨论在每一区间内 $f'(x)$的符号，判定函数 $f(x)$在相应区间的单调性.

例 2.64　求函数 $f(x)=2x^3-9x^2+12x-3$ 的单调区间.

解　$f(x)$的定义域 $D=(-\infty,+\infty)$.

求导数 $f'(x)=6x^2-18x+12=6(x-1)(x-2)$.

这里作出因式分解，是为了便于看出导数的正负符号以及方程 $f'(x)=0$ 根，以便应用定理 2.6.1 判定函数的单调区间.

令 $f'(x)=0$，得 $x=1$ 或 $x=2$. 列表讨论如下：

x	$(-\infty,1)$	1	$(1,2)$	2	$(2,+\infty)$
$f'(x)$	$+$	0	$-$	0	$+$
$f(x)$	↗		↘		↗

由表可知，函数 $f(x)$的单增区间为$(-\infty,1)$及$(2,+\infty)$，单减区间为$(1,2)$.

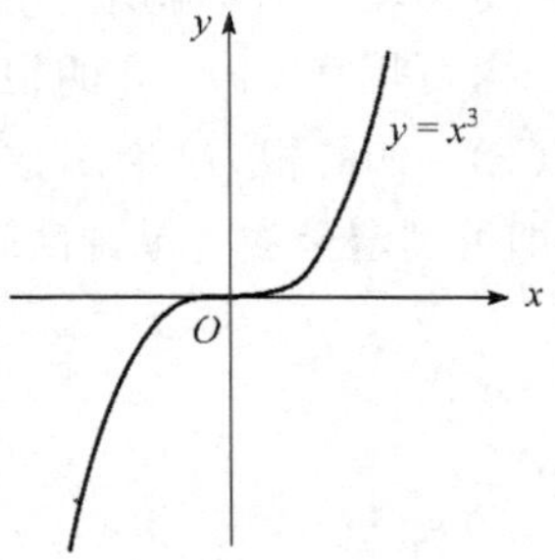

图 2.5

应当指出，如果函数 $f(x)$在区间$[a,b]$上连续，在(a,b)内除个别的点上一阶导数为 0 或不存在外，在其余的点上都有 $f'(x)>0$(或 $f'(x)<0$)，那么由于连续性，$f(x)$在$[a,b]$上仍然是单调增加(或单调减少)的.

例如，函数 $y=x^3$，它的一阶导数 $y'=3x^2$ 除 $x=0$点外都大于 0，函数在整个区间$(-\infty,+\infty)$内单调增加(图 2.5).

利用函数的单调性，可以证明一些不等式.

例 2.65　证明：当 $x>0$ 时，$\sin x<x$.

证　令 $f(x)=x-\sin x$，则 $f(0)=0$.

因为 $f'(x)=1-\cos x\geqslant 0$，所以 $f(x)=x-\sin x$ 在 $[0,+\infty)$ 上单调增加，于是当 $x>0$ 时，便有 $f(x)>f(0)$，即 $x-\sin x>0$.

这就证明了，当 $x>0$ 时，$\sin x<x$.

2.6.2　函数的极值

1. 函数极值的定义

观察图 2.6，可以看出，函数 $y=f(x)$在点 x_1,x_3 处的函数值 $f(x_1),f(x_3)$，比它们左右近旁的各点处的函数值都大；在点 x_2,x_4 处的函数值 $f(x_2),f(x_4)$，比它们左右近旁的各点处的函数值都小，像这种局部的最大与最小值我们称为函数的极大值与极小值.

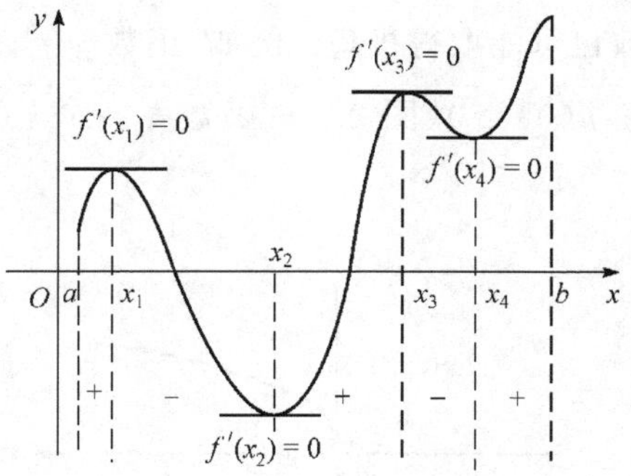

图 2.6

定义 2.6.1　设函数 $y=f(x)$在点 x_0 及其左右近旁有定义，对于 x_0 近旁的任一点 $x(x\neq x_0)$，均有：

(1) 若 $f(x)<f(x_0)$，则称 $f(x_0)$为 $f(x)$的极大值，称点 x_0 为 $f(x)$的极大点；

(2) 若 $f(x)>f(x_0)$，则称 $f(x_0)$为 $f(x)$的极小值，称点 x_0 为 $f(x)$的极小点.

函数的极大值与极小值统称为函数的极值，极大点与极小点统称为函数的极值点.

应当注意：

(1) 极值是指函数值，而极值点是使函数取得极值的自变量的值，两者不应混淆.

(2) 函数的极值是局部性的，就是说，函数的极值是极值点左右近旁函数的最大值或最小值. 如图 2.6 所示，x_1,x_4 分别是函数的极大点和极小点，但相应的函数值 $f(x_1)$和 $f(x_4)$并不是整个区间上的最大值或最小值.

(3) 函数的极值一定出现在区间的内部，闭区间$[a,b]$端点处的函数值不是极值.

2. 函数极值的判定和求法

从图 2.6 可以看出，在曲线上与极值点 x_1,x_2,x_3,x_4 相应的点处的切线都是水平的，即在极值点处函数的导数为零.事实上，这种直觉是正确的.

定理 2.6.2(极值的必要条件)　设函数 $f(x)$在点 x_0 可导，且在点 x_0 取得极值，则

$$f'(x_0) = 0.$$

上述定理虽然没提供极值的求法，却把寻求可导函数的极值范围缩小了.也就是说，可导函数的极值点只须从方程 $f'(x)=0$ 的根中去寻求.

方程 $f'(x)=0$ 的根，叫做函数 $f(x)$的驻点(或稳定点).因为当 x 通过这种点时，$f(x)$的变化速度为 0.

定理 2.6.2 指出，可导函数的极值点一定是驻点，但是反过来却不一定.

例如，$x=0$ 是函数 $y=x^3$ 的驻点，然而它并不是极值点，因为 $y=x^3$ 是一个单调增函数，所以定理 2.6.2 是极值存在的必要条件.

还应当指出，在导数不存在的点处，函数也可能取得极值. 例如，函数 $y=|x|$ 在点 $x=0$ 处不可导，但在该点处有极小值 $f(0)=0$(图 2.7)；函数 $y=x^{\frac{1}{3}}$ 在点 $x=0$处不可导，在该点处没有极值(图 2.8).

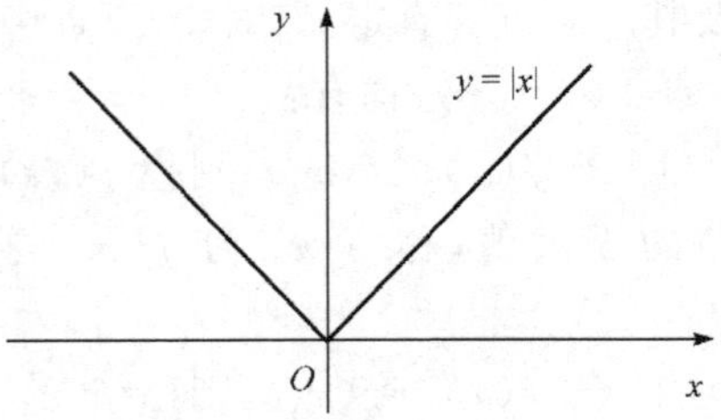

图 2.7

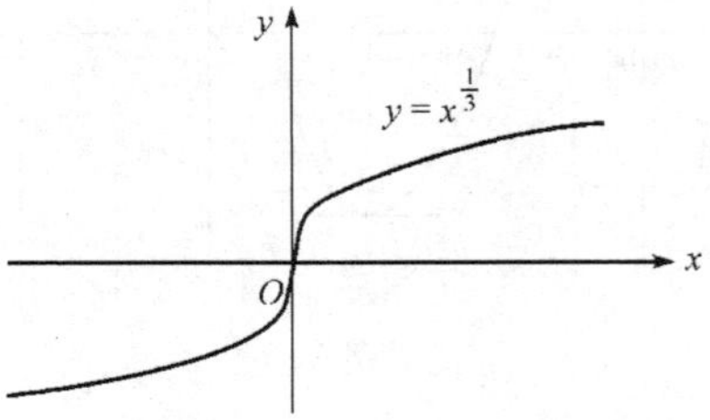

图 2.8

综上所述，要寻找函数的极值时，只要从驻点和导数不存在的点当中去找，但这些点不一定是函数的极值点.

下面我们进一步介绍判定函数取得极值的方法.

由图 2.6 知，当 x 渐增地经过点 x_1 时，曲线是先上升后下降，一阶导数值由正变负，函数在点 x_1 处取得极大值；当 x 渐增地经过点 x_2 时，曲线是先下降后上升，一阶导数值由负变正，函数在点 x_2 处取得极小值.所以有下面的极值判别法.

定理 2.6.3(第一充分条件)　设函数 $y=f(x)$在 x_0 处连续，且在点 x_0 的近旁可导.

(1) 当 $x<x_0$ 时，$f'(x)>0$，而 $x>x_0$ 时 $f'(x)<0$，则 $f(x_0)$是函数 $f(x)$的极大值；

(2) 当 $x<x_0$ 时，$f'(x)<0$，而 $x>x_0$ 时 $f'(x)>0$，则 $f(x_0)$是函数 $f(x)$的极小值；

(3) 当 $x<x_0$ 和 $x>x_0$ 时，$f'(x)$不变号，则 $f(x_0)$不是函数 $f(x)$的极值.

综合上面两个定理，可得出求函数极值的步骤如下：

(1) 确定函数的定义域；

(2) 求导数 $f'(x)$；

(3) 求 $f(x)$的驻点或导数不存在的点，并把它们按由小到大的顺序插入定义区间；

(4) 列表讨论在每一区间内 $f'(x)$的符号，判定极值点；

(5) 把极值点代入 $f(x)$，求出极值并指明极大值还是极小值.

例 2.66 求函数 $f(x)=x^3+3x^2-1$ 的极值.

解 $f(x)$的定义域 $D=(-\infty,+\infty)$.

求导数 $f'(x)=3x^2+6x=3x(x+2)$.

令 $f'(x)=0$，得驻点 $x=0$ 及 $x=-2$.

列表讨论：

x	$(-\infty,-2)$	-2	$(-2,0)$	0	$(0,+\infty)$
$f'(x)$	$+$	0	$-$	0	$+$
$f(x)$	↗	极大值 3	↘	极小值 -1	↗

由表可知，函数的极大值为 $f(-2)=3$，极小值为 $f(0)=-1$.

例 2.67 求函数 $f(x)=(x^2-1)^3+1$ 的极值.

解 $f(x)$的定义域 $D=(-\infty,+\infty)$.

求导数 $f'(x)=3(x^2-1)^2\cdot 2x=6x(x+1)^2(x-1)^2$.

令 $f'(x)=0$，得驻点 $x_1=-1,x_2=0,x_3=1$.

列表讨论：

x	$(-\infty,-1)$	-1	$(-1,0)$	0	$(0,1)$	1	$(1,+\infty)$
$f'(x)$	$-$	0	$-$	0	$+$	0	$+$
$f(x)$	↘		↘	极小值 0	↗		↗

由表可知，函数的极小值为 $f(0)=0$. 驻点 $x_1=-1$ 及 $x_3=1$ 不是极值点.

例 2.68 求函数 $f(x)=x-\dfrac{3}{2}\sqrt[3]{x^2}$ 的单调区间和极值.

解 $f(x)$的定义域 $D=(-\infty,+\infty)$.

求导数 $f'(x)=1-x^{-\frac{1}{3}}=\dfrac{\sqrt[3]{x}-1}{\sqrt[3]{x}}$.

令 $f'(x)=0$，得驻点 $x=1$，不可导点 $x=0$.

列表讨论：

x	$(-\infty,0)$	0	$(0,1)$	1	$(1,+\infty)$
$f'(x)$	+	不存在	−	0	+
$f(x)$	↗	极大值 0	↘	极小值$-\frac{1}{2}$	↗

由表可知，函数 $f(x)$的单调增区间是$(-\infty,0)$及$(1,+\infty)$，单调减区间是$(0,1)$；极大值 $f(0)=0$，极小值为 $f(1)=-\dfrac{1}{2}$.

例 2.69 求 $f(x)=2x+\cos x$ 的极值.

解 $f(x)$的定义域 $D=(-\infty,+\infty)$.

求导数 $f'(x)=2-\sin x>0$.

所以，函数 $f(x)$在定义域内单调增加，无极值.

* 如果函数 $f(x)$在驻点处的二阶导数存在且不等于零时，也可利用下面的定理来判定极值.

定理 2.6.4（第二充分条件） 设函数 $f(x)$在点 x_0 处具有二阶导数且 $f'(x_0)=0$，$f''(x_0)\neq 0$，则

(1) 当 $f''(x_0)<0$ 时，则 $f(x_0)$是函数 $f(x)$的极大值；

(2) 当 $f''(x_0)>0$ 时，则 $f(x_0)$是函数 $f(x)$的极小值.

例 2.70 求函数 $f(x)=x^2e^x$ 的极值.

解 (1) $f(x)$的定义域 $D=(-\infty,+\infty)$，

(2) $f'(x)=2xe^x+x^2e^x=e^x(x^2+2x)=x(x+2)e^x$，

$f''(x)=e^x(x^2+2x)+e^x(2x+2)=e^x(x^2+4x+2)$；

(3) 令 $f'(x)=0$，得驻点 $x_1=-2$，$x_2=0$.

因为 $f''(-2)=e^{-2}(4-8+2)=-\dfrac{2}{e^2}<0$，所以 $f(-2)=\dfrac{4}{e^2}$为极大值；

因为 $f''(0)=2>0$，所以 $f(0)=0$ 为极小值.

应当指出，当 $f'(x_0)=0$ 且 $f''(x_0)=0$ 时，定理 2.6.4 失效，这时只能用第一充分条件去判定.

例 2.71 某公司的一个项目获得利润有两个方案供选择，这两个方案的利润 L 和时间 t 的函数关系分别是 $L_1(t)=\dfrac{3t}{t+1}$和 $L_2(t)=\dfrac{t^2}{t+1}+1$. 问 $t=1$ 时，两个方案哪个最优？

解 方案的优劣可按如下方法来比较.

(1) 比较利润的大小：$L_1(1)=L_2(1)=\dfrac{3}{2}$；

(2) 利润相同时,比较利润增长率的大小:$L_1'(1)=L_2'(1)=\frac{3}{4}$;

(3) 利润增长率相同时,比较利润增长率的变化率:$L_1''(1)=-\frac{3}{4}<0$,$L_2''(1)=\frac{1}{4}>0$.

第一方案利润增长率呈下降趋势,第二方案利润增长率呈上升趋势,故第二方案较优.

在决策分析中,我们不但要考虑利润和利润增长率,而且还要考虑利润增长率的变化率,这也是我们常说的企业发展的"后劲"问题.

2.7 函数的最大值和最小值

在 2.6 节中,我们已经提到极大值与极小值是函数在某一个区间内部小范围的最大值和最小值.在这一节里,我们来讨论一个函数在某一个区间的最大值和最小值的求法.

2.7.1 函数的最值

根据 1.4 节所讨论的闭区间上连续函数的性质,在闭区间$[a,b]$上的连续函数$f(x)$必定存在最大值与最小值. 观察 2.6 节图 2.6,容易看出,在区间$[a,b]$上,函数 $f(x)$的最大值是 $f(b)$,最小值是 $f(x_2)$.很明显,函数 $f(x)$的最大值和最小值只可能在闭区间$[a,b]$的端点或者在开区间(a,b)内部的极值点取得,而极值点只可能在驻点和导数不存在的点处得到. 因此,求函数 $f(x)$在闭区间$[a,b]$上的最值时,可略去对极值的判定,按如下步骤进行:

(1) 求导数 $f'(x)$并求出所有的驻点和导数不存在的点;

(2) 计算各驻点、导数不存在的点及闭区间端点的函数值;

(3) 比较上述各函数值的大小,这些数值中的最大与最小的一个就分别是所求的最大值与最小值.

例 2.72 求函数 $f(x)=x^3-3x^2-9x+5$ 在$[-2,6]$上的最大值与最小值.

解 $f'(x)=3x^2-6x-9=3(x+1)(x-3)$.

令 $f'(x)=0$,得驻点 $x_1=-1,x_2=3$.

计算驻点及闭区间端点的函数值,并列成表:

x	-2	-1	3	6
$f(x)$	3	10	-22	59

可知，在$[-2,6]$上，函数 $f(x)$的最大值为 $f(6)=59$，最小值为 $f(3)=-22$.

有一种特殊情形是，如果连续函数 $f(x)$在$[a,b]$单调，则区间$[a,b]$端点的函数值 $f(a)$与 $f(b)$就分别是最大值和最小值(图 2.9).

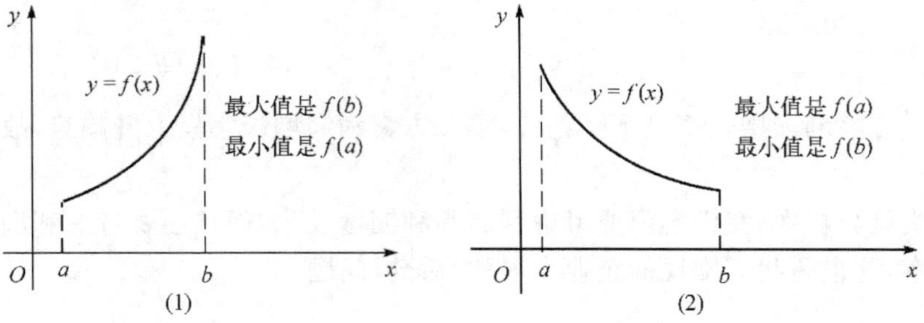

图 2.9

例 2.73 求函数 $f(x)=e^{-x^2}$ 在 $[1,\sqrt{2}]$ 上的最值.

解 $f'(x)=(e^{-x^2})'=-2xe^{-x^2}<0$，因此 $f(x)$在 $[1,\sqrt{2}]$ 上单调减少. 所以在 $[1,\sqrt{2}]$ 上，函数 $f(x)$的最大值为 $f(1)=\frac{1}{e}$，最小值为 $f(\sqrt{2})=\frac{1}{e^2}$.

2.7.2 函数最值应用举例

在实际问题中，常常要求解决在一定条件下怎样使“材料最省”、“成本最低”、“投资最少”、“效益最高”等方面和问题. 这些问题的数学模型，就是需要求函数在已知区间上的最大值和最小值. 然而在许多情况下，这些函数在该区间的内部只有一个极值点，这时，这个极值就是函数的最值(最大值或最小值)，如图 2.10 所示.

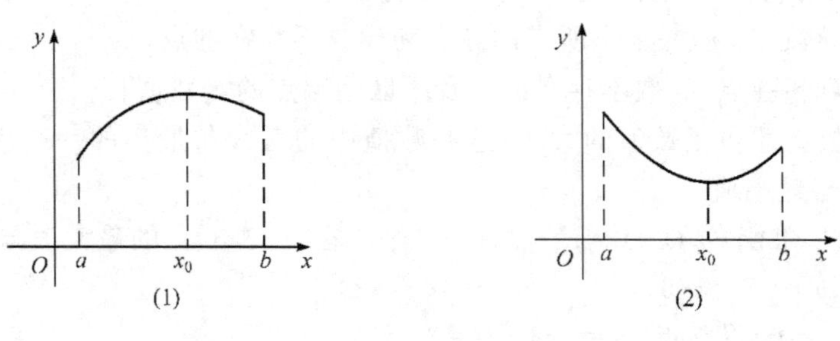

图 2.10

如果所建立的函数 $f(x)$在一个区间(有限或无限)内可导且只有一个驻点 x_0，又根据实际问题本身可断定 $f(x)$在该区间内必有最大(小)值，则 $f(x_0)$就是所要求的最大值(最小值)，而不必再讨论 x_0 是否为极值点.

例 2.74 有一块边长为 a 的正方形铁片，从四角截去相同的小正方形后，剩

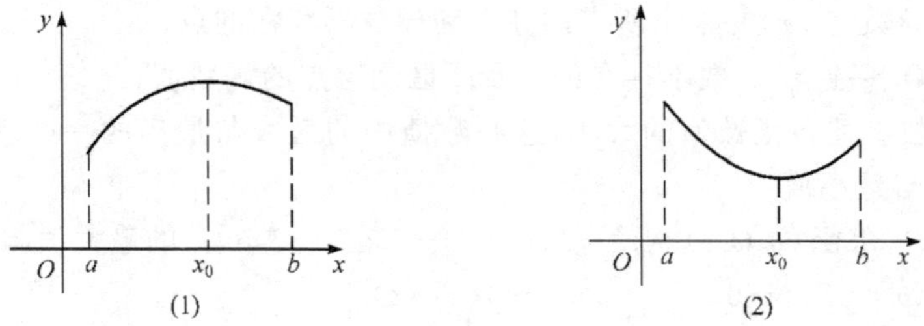

下的部分做成一个无盖的盒子(图 2.11),问被截去的小正方形边长为多少时,才能使盒子的容积最大?

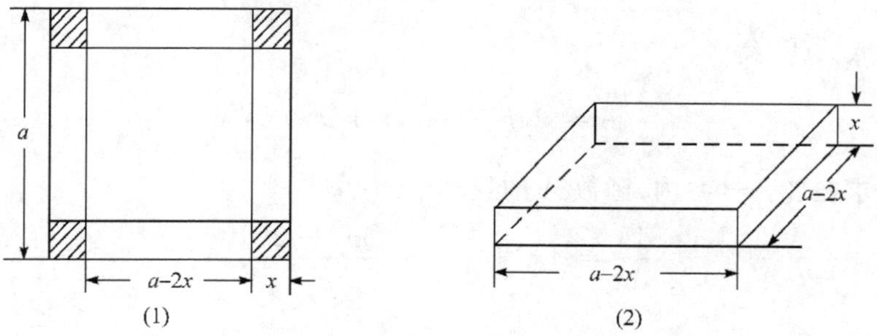

图 2.11

解　设截去的小正方形的边长为 x,做成的盒子容积为 V. 由题意,得

$$V=x(a-2x)^2,\quad 0<x<\frac{a}{2}.$$

于是,问题转化为数学问题:求 x 为何值时,函数 V 在区间 $\left(0,\frac{a}{2}\right)$ 内取得最大值.

求导数,得

$$V'=(a-2x)^2+x\cdot 2(a-2x)(-2)=(a-2x)(a-6x).$$

令 $V'=0$,得 $x_1=\frac{a}{2}$,$x_2=\frac{a}{6}$. $x_1=\frac{a}{2}$不在 V 的定义区间内,应舍去. 因此在区间 $\left(0,\frac{a}{2}\right)$内只有一个驻点 $x=\frac{a}{6}$. 盒子的最大容积在$\left(0,\frac{a}{2}\right)$内一定存在,所以当 $x=\frac{a}{6}$时,V 取得最大值. 即当截去的小正方形的边长为原正方形边长的$\frac{1}{6}$时,做成盒子的容积最大.

例 2.75　某厂要生产一批带盖的容积为 V 的圆柱形容器,怎样设计,才能使材料最省?

解　材料最省,就是要求表面积最小,首先应建立在容积为 V 的条件下,容器表面积与底半径之间的函数关系式.

设圆柱形容器的底面半径为 r,高为 h,表面积为 A(图 2.12). 由题意,得

$$A=2A_{底}+A_{侧}=2\pi r^2+2\pi rh.\qquad ①$$

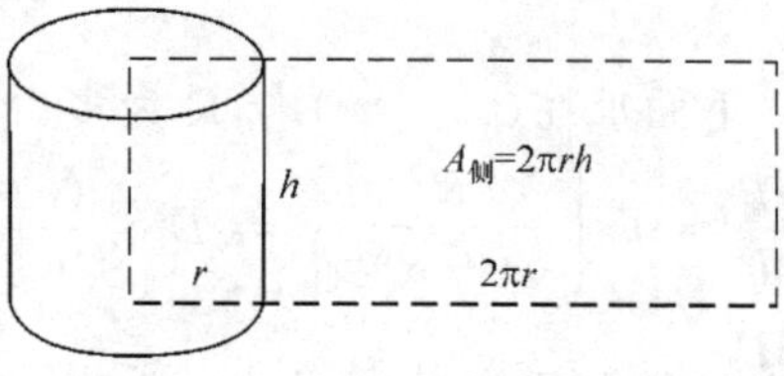

图 2.12

因容器的容积为定值 V,即

$$\pi r^2h=V,$$

所以有

$$h=\frac{V}{\pi r^2}. \qquad ②$$

将式②代入式①，得

$$A=2\pi r^2+\frac{2V}{r},\quad r>0.$$

下面求在$(0,+\infty)$内，函数 A 的最小值.

$$\frac{\mathrm{d}A}{\mathrm{d}r}=4\pi r-\frac{2V}{r^2}=\frac{4\pi r^3-2V}{r^2}.$$

令$\frac{\mathrm{d}A}{\mathrm{d}r}=0$，得

$$4\pi r^3-2V=0,\ r=\sqrt[3]{\frac{V}{2\pi}}.$$

因为在$(0,+\infty)$内，函数 A 只有一个驻点 $r=\sqrt[3]{\frac{V}{2\pi}}$，而容积为 V 的容器表面积存在最小值，所以当 $r=\sqrt[3]{\frac{V}{2\pi}}$ 时，A 的值最小. 这时，容器的高由式②得

$$h=\frac{V}{\pi r^2}=\frac{Vr}{\pi r^3}=\frac{Vr}{\pi\cdot\frac{V}{2\pi}}=2r.$$

即容积为定值 V 的圆柱形容器，当容器的高等于底面直径时，最省料.

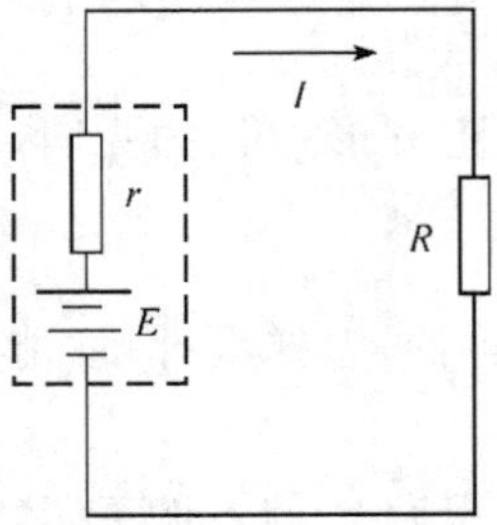

图 2.13

例 2.76(电阻匹配问题)　如图 2.13 所示. 已知电源电压为 E，内电阻为 r，问负载电阻 R 多大时，输出功率最大？

解　从电学知道，消耗在负载电阻上的功率 $P=I^2R$，其中，I 为回路中的电流. 又由欧姆定律 $I=\frac{E}{r+R}$，代入功率 P，得

$$P=\left(\frac{E}{r+R}\right)^2R=\frac{E^2R}{(r+R)^2},\quad R>0.$$

下面求在$(0,+\infty)$内，R 为多少时功率 P 有最大值.

$$\frac{\mathrm{d}P}{\mathrm{d}R}=E^2\left[\frac{R}{(r+R)^2}\right]'=E^2\cdot\frac{(r+R)^2-R\cdot 2(r+R)\cdot 1}{(r+R)^4}=E^2\cdot\frac{r-R}{(r+R)^3},$$

令$\frac{\mathrm{d}P}{\mathrm{d}R}=0$，得唯一驻点 $R=r$. 所以，当 $R=r$ 时，输出功率最大.

例 2.77(联运问题)　铁路线上 AB 段的距离为 100km，工厂 C 距离 A 处

20km,AC 垂直于 AB(图 2.14). 为了运输需要,要在 AB 线上选定一点 D 向工厂修筑一条公路. 已知铁路上每千米货运的费用与公路上每千米货运的费用之比为 3∶5. 为了使货物从供应站 B 运到工厂 C 的总运费最省,问 D 应选在何处?

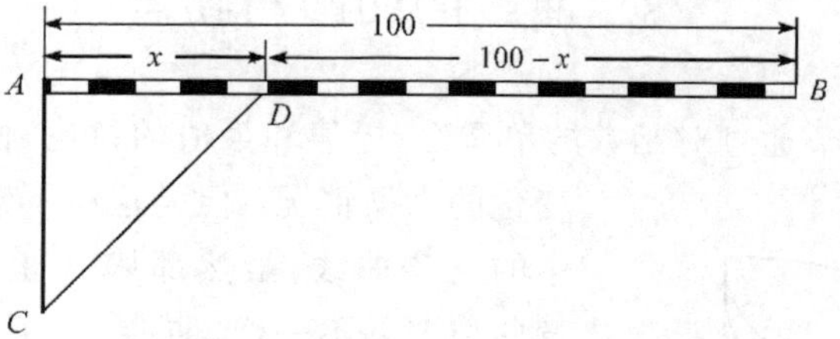

图 2.14

解 先建立总运费与转运站 D 的位置的函数关系. 设 D 应选在距 A 处 x km,则 $BD=100-x$(km),$CD=\sqrt{20^2+x^2}=\sqrt{400+x^2}$(km),又设铁路每千米货运费用为 $3k$,公路每千米货运费用为 $5k$,总费用为 y,由题意,得

$$\begin{aligned} y &= 5k\cdot CD+3k\cdot BD \\ &=5k\sqrt{400+x^2}+3k(100-x),\quad 0\leqslant x\leqslant 100. \end{aligned}$$

下面求 $[0,100]$ 上,y 的最小值.

$$y'=\frac{5kx}{\sqrt{400+x^2}}-3k=\frac{5kx-3k\sqrt{400+x^2}}{400+x^2},$$

令 $y'=0$,得 $5kx-3k\sqrt{400+x^2}=0$, 解得 $x=15$.

$$y\,|_{x=0}=400k,$$
$$y\,|_{x=15}=380k,$$
$$y\,|_{x=100}>500k.$$

所以,转运站 D 应选在距 A 15km 处,总运费最省.

***例 2.78** 某企业每月生产 q 吨产品的成本为

$$C(q)=\frac{1}{100}q^2+30q+900(\text{元}),\quad q>0,$$

求其最低平均成本.

解 平均成本函数为

$$\overline{C}(q)=\frac{C(q)}{q}=\frac{1}{100}q+30+\frac{900}{q}.$$

现在问题归结为求函数 $\overline{C}(q)$的最小值. 求导得

$$\overline{C}'(q)=\frac{1}{100}-\frac{900}{q^2},$$

令 $\overline{C}'(q)=0$,解得 $q=\pm 300$,因此 $\overline{C}(q)$在$(0,+\infty)$内仅有一个驻点 $q=300$.

又由实际问题本身可以知道 $\overline{C}(q)$ 有最小值，则 $\overline{C}(300)=36$ 为最小值，即该企业每月生产 300t 产品时，平均成本最低，为 36 元/t.

2.8　曲线的凹凸与拐点

2.6 节和 2.7 节通过对函数的单调性、极值和最值的讨论，使我们知道了函数变化的大概情况. 但是这还不够，如图 2.15 所示中的三条曲线，虽然都从 A 上升到 B，但它们的弯曲情况并不一样，曲线 L_1 下弯，曲线 L_2 上弯，曲线 L_3 既有下弯部分，又有上弯部分. 因此，为了进一步研究函数的特性和正确地作出函数的图像，还需要研究曲线的弯曲方向，以及曲线在哪些点改变了弯曲方向等问题.

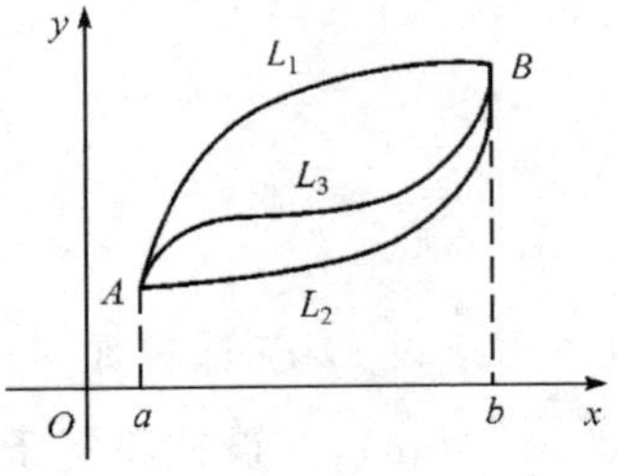

图 2.15

我们在图 2.16 中的曲线上各点作切线. 从图 2.16(1) 中，可以看出上弯曲线总在切线的上方；而在图 2.16(2) 中，下弯曲线总在切线的下方. 曲线的这种“曲”的特性，叫做曲线的凹凸性.

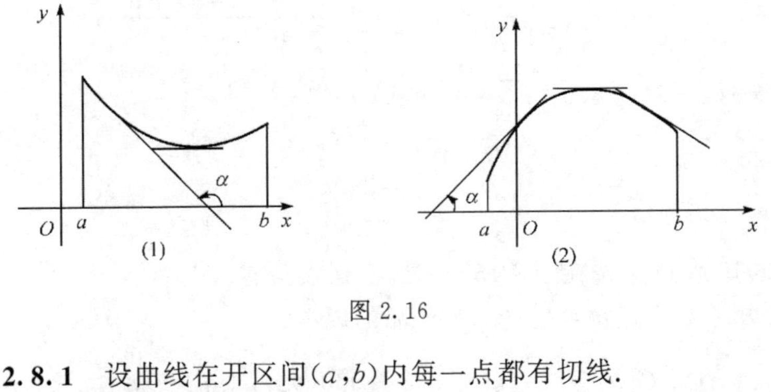

图 2.16

定义 2.8.1　设曲线在开区间 (a,b) 内每一点都有切线.

(1) 若曲线都在其切线的上方，则称该曲线在区间 (a,b) 内是凹的，区间 (a,b) 为凹区间.

(2) 若曲线都在其切线的下方，则称该曲线在区间 (a,b) 内是凸的，区间 (a,b) 为凸区间.

(3) 曲线上凹与凸(或凸与凹)的分界点，称为该曲线的拐点.

如何判定曲线的凹凸呢?

从图 2.16 可以看出，凹曲线的斜率 $k=\tan\alpha=f'(x)$（α 为切线的倾角）随着 x 的增大而增大，即函数 $f'(x)$ 为单调增，凸曲线的斜率 $f'(x)$ 随着 x 的增大而减小，

即函数 $f'(x)$为单调减. 也就是说,曲线 $y=f(x)$的凹凸性可以用导数 $y'=f'(x)$的单调性来判定,但 $f'(x)$的单调性可由二阶导数 $f''(x)$的正负来判定,这样便得到曲线凹凸性的判定定理.

定理 2.8.1 设函数 $f(x)$在(a,b)内有二阶导数.

(1) 如果在(a,b)内 $f''(x)>0$,那么曲线在(a,b)内是凹的;

(2) 如果在(a,b)内 $f''(x)<0$,那么曲线在(a,b)内是凸的;

(3) 如果 $f''(x_0)=0\ (x_0\in(a,b))$,当 x 经过 x_0 时,$f''(x)$变号,那么点$(x_0 f(x_0))$是曲线的拐点;若 $f''(x)$不变号,则点$(x_0 f(x_0))$不是曲线的拐点.

例 2.79 判定曲线 $f(x)=e^x$ 的凹凸性.

解 $f(x)$的定义域 $D=(-\infty,+\infty)$.

$$f'(x)=e^x,\ f''(x)=e^x>0,$$

所以,在$(-\infty,+\infty)$内,曲线 $f(x)=e^x$ 是凹的(图 2.17).

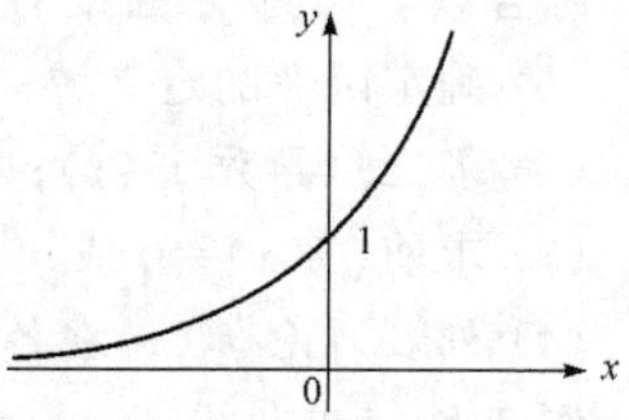

图 2.17

例 2.80 判定曲线 $y=\sin x$ 在$(0,2\pi)$内的凹凸性及拐点.

解 函数的定义域 $D=(0,2\pi)$.

$$y'=\cos x,\quad y''=-\sin x.$$

令 $y''=0$,得 $x=\pi$. π 把定义域分成两个区间:$(0,\pi)\cup(\pi,2\pi)$. 列表讨论如下(表中"∩"表示曲线是凸的,"∪"表示曲线是凹的):

x	$(0,\pi)$	π	$(\pi,2\pi)$
y''	$-$	0	$+$
曲线 $y=f(x)$	∩	拐点 $(\pi,0)$	∪

由上表可知,在$(0,\pi)$内,曲线凸;在$(\pi,2\pi)$内,曲线凹. 曲线的拐点为$(\pi,0)$.

例 2.81 判定曲线 $y=\sqrt[3]{x}$的凹凸性及拐点.

解 函数的定义域 $D=(-\infty,+\infty)$. 当 $x\neq0$ 时,

$$y'=\frac{1}{3\sqrt[3]{x^2}},\quad y''=-\frac{2}{9x\sqrt[3]{x^2}}.$$

易见,当 $x=0$ 时,y',y''都不存在. 故二阶导数在$(-\infty,+\infty)$内不连续,且没有零点,但 $x=0$ 是 y''不存在的点,它把定义域分成两个区间:$(-\infty,0)$,$(0,+\infty)$. 列表讨论如下:

x	$(-\infty,0)$	0	$(0,+\infty)$
y''	$+$	不存在	$-$
曲线 $y=f(x)$	$\cup$	拐点 $(0,0)$	$\cap$

由表可知，在$(-\infty,0)$内，曲线凹；在$(0,+\infty)$内，曲线凸，曲线的拐点为$(0,0)$.

例 2.81 说明 $f''(x)$不存在的点也可能是拐点.

综合以上几例，求曲线的凹凸区间和拐点的步骤如下：

(1) 确定函数的定义域；

(2) 求二阶导数 $f''(x)$；

(3) 求使 $f''(x)=0$ 或 $f''(x)$不存在的点，得到各凹凸区间的分界点；

(4) 列表讨论 $f''(x)$在各区间内的符号，判定 $f(x)$的凹凸性及拐点.

例 2.82　求曲线 $f(x)=e^{-x^2}$ 的凹凸区间及拐点.

解　$f(x)$的定义域 $D=(-\infty,+\infty)$.

$$f'(x)=-2xe^{-x^2},\quad f''(x)=-2e^{-x^2}+4x^2e^{-x^2}=2(2x^2-1)e^{-x^2},$$

令 $f''(x)=0$，得 $x_1=-\dfrac{1}{\sqrt{2}}$，$x_2=\dfrac{1}{\sqrt{2}}$. 列表讨论：

x	$\left(-\infty,-\frac{1}{\sqrt{2}}\right)$	$-\frac{1}{\sqrt{2}}$	$\left(-\frac{1}{\sqrt{2}},\frac{1}{\sqrt{2}}\right)$	$\frac{1}{\sqrt{2}}$	$\left(\frac{1}{\sqrt{2}},+\infty\right)$
$f''(x)$	$+$	0	$-$	0	$+$
$f(x)$	$\cup$	拐点 $\left(-\frac{1}{\sqrt{2}},e^{-\frac{1}{2}}\right)$	$\cap$	拐点 $\left(\frac{1}{\sqrt{2}},e^{-\frac{1}{2}}\right)$	$\cup$

由表可知，在区间$\left(-\infty,-\dfrac{1}{\sqrt{2}}\right)$及$\left(\dfrac{1}{\sqrt{2}},+\infty\right)$内，曲线凹；在区间$\left(-\dfrac{1}{\sqrt{2}},\dfrac{1}{\sqrt{2}}\right)$内，曲线凸，点$\left(-\dfrac{1}{\sqrt{2}},e^{-\frac{1}{2}}\right)$和$\left(\dfrac{1}{\sqrt{2}},e^{-\frac{1}{2}}\right)$为曲线的拐点.

例 2.83　讨论曲线 $y=(2x-1)^4+1$ 的凹凸性及拐点.

解　函数的定义域 $D=(-\infty,+\infty)$.

$$y'=4(2x-1)^3\cdot 2=8(2x-1)^3,\quad y''=48(2x-1)^2.$$

令 $y''=0$，得 $x=\dfrac{1}{2}$. 但因当 $x\neq\dfrac{1}{2}$时，恒有 $y''>0$，即在点 $x=\dfrac{1}{2}$的左右近旁，

y''的符号相同,因此点$\left(\frac{1}{2},1\right)$不是曲线的拐点. 所以,在定义域$(-\infty,+\infty)$内曲线凹,无拐点.

例 2.84 试确定 a,b,c 的值,使三次曲线 $y=ax^3+bx^2+cx$ 有拐点(1,2),并且在该点处的切线斜率为 1.

解 $y'=3ax^2+2bx+c$, $y''=6ax+2b$. 由条件

$$y|_{x=1}=2,\quad y'|_{x=1}=1,\quad y''|_{x=1}=0,$$

得方程组

$$\begin{cases}a+b+c=2,\\ 3a+2b+c=1,\\ 6a+2b=0,\end{cases}$$

解之,得

$$a=1,\quad b=-3,\quad c=4,$$

于是 $y''=6x-6=6(x-1)$. 易见,$(-\infty,1]$为凸区间,$[1,+\infty)$为凹区间,因此,所求 a,b,c 的值分别为

$$a=1,\quad b=-3,\quad c=4.$$

2.9 函数图像的描绘

函数的图像能直观地反映函数的性态,看出函数的变化情况. 前面已经看出,可利用函数的一、二阶导数讨论函数的单调性、凹凸性、极值、拐点,从而可以定性地描出函数的性态. 由于有些函数图像存在渐近线,我们先讨论曲线的渐近线.

2.9.1 曲线的水平渐近线与垂直渐近线

如果一条曲线在它无限延伸的过程中,无限接近于一条直线,则称这条直线为该曲线的渐近线.

看下面的例子:

(1) 当 $x\to+\infty$ 时,曲线 $y=\arctan x$ 无限接近于直线 $y=\frac{\pi}{2}\left(\lim\limits_{x\to+\infty}\arctan x=\frac{\pi}{2}\right)$,因此直线 $y=\frac{\pi}{2}$是曲线的一条水平渐近线(图 2.18);

(2) 当 $x\to\frac{\pi}{2}$时,曲线 $y=\tan x$ 趋于无穷大$\left(\lim\limits_{x\to\frac{\pi}{2}}\tan x=\infty\right)$,因此,直线 $x=\frac{\pi}{2}$是曲线 $y=\tan x$ 的一条垂直渐近线(图 2.19).

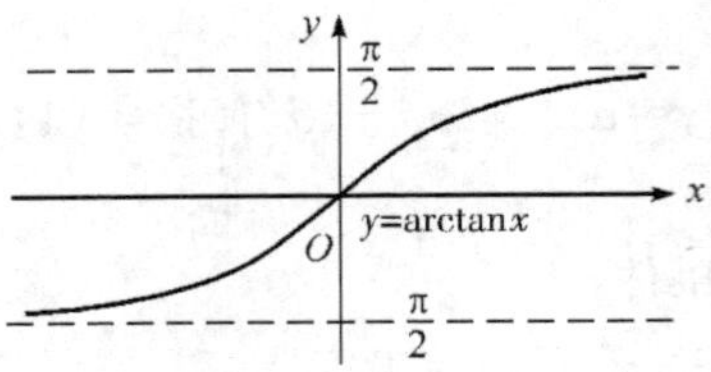

图 2.18

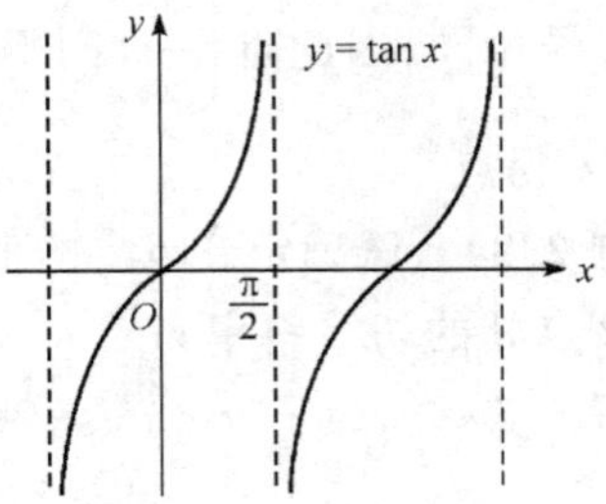

图 2.19

由图 2.18 与图 2.19 可以得出渐近线的概念.

定义 2.9.1　(1) 如果当自变量 $x\to\infty$(或 $x\to+\infty$,或 $x\to-\infty$)时,函数 $f(x)$的极限为 A,即

$$\lim_{x\to\infty}f(x)=A,$$

则直线 $y=A$ 叫做曲线 $y=f(x)$的水平渐近线.

(2) 如果当自变量 $x\to x_0$(或 $x\to x_0^+$,或 $x\to x_0^-$)时,函数 $f(x)$的极限为无穷大,即

$$\lim_{x\to x_0}f(x)=\infty(\text{或}+\infty,\text{或}-\infty),$$

则直线 $x=x_0$ 叫做曲线 $y=f(x)$的垂直渐近线.

例 2.85　求曲线的渐近线:

(1) $y=e^{-x^2}$;　(2) $y=\dfrac{4(x+1)}{x^2}-2$.

解　(1) 因为

$$\lim_{x\to\infty}e^{-x^2}=\lim_{x\to\infty}\frac{1}{e^{x^2}}=0,$$

所以,直线 $y=0$(x 轴)是曲线 $y=e^{-x^2}$的水平渐近线.

(2) 因为

$$\lim_{x\to0}\left[\frac{4(x+1)}{x^2}-2\right]=\lim_{x\to0}\frac{4(x+1)-2x^2}{x^2}=+\infty,\quad \lim_{x\to\infty}\left[\frac{4(x+1)}{x^2}-2\right]=-2,$$

所以,直线 $x=0$ (y 轴)是曲线的垂直渐近线,直线 $y=-2$ 是曲线的水平渐近线.

2.9.2　函数图像的描绘

作函数图像的基本方法是描点法. 用描点法作图时,由于选取的点不可能很多,如何才能得到图像上一些关键性的点(如极值点和拐点)呢? 现在我们可以利用导数先讨论函数变化的主要性态,然后再作函数的图像. 这样,就能够较为准确地将函数图像描绘出来.

利用导数描绘函数图像的一般步骤是：

(1) 确定函数的定义域，并讨论函数的一些基本性质，如对称性和奇偶性等；

(2) 求 $f'(x)$与 $f''(x)$；

(3) 求使 $f'(x)=0$ 与 $f''(x)=0$ 的点以及使 $f'(x)$与 $f''(x)$不存在的点，确定函数单调区间与凹凸区间的分界点；

(4) 列表讨论函数 $f(x)$在各区间内的性态（单调性与极值、凹凸性与拐点等）；

(5) 确定曲线的渐近线；

(6) 描点作图，并视具体情况补充必要的辅助点，如曲线与坐标轴的交点、曲线延伸的控制点等.

例 2.86 作函数 $y=\frac{1}{3}x^3-x$ 的图像.

解 (1) 函数的定义域为$(-\infty,+\infty)$，函数是奇函数，它的图像关于原点对称.

(2) $y'=x^2-1, y''=2x$.

(3) 令 $y'=0$ 得驻点 $x_1=-1, x_2=1$，令 $y''=0$，得 $x=0$.

(4) 列表讨论：

x	$(-\infty,-1)$	-1	$(-1,0)$	0	$(0,1)$	1	$(1,+\infty)$
y'	+	0	−	−	−	0	+
y''	−	−	−	0	+	+	+
y	↗（凸）	$\frac{2}{3}$ 极大值	↘（凸）	$(0,0)$ 拐点	↘（凹）	$-\frac{2}{3}$ 极小值	↗（凹）

(5) 辅助点：$\left(-2,-\frac{2}{3}\right)$，$\left(2,\frac{2}{3}\right)$.

根据以上讨论作出函数的图像（图 2.20）.

点$\left(-2,-\frac{2}{3}\right)$与$\left(2,\frac{2}{3}\right)$就是控制曲线向左下，向右上伸展的控制点.

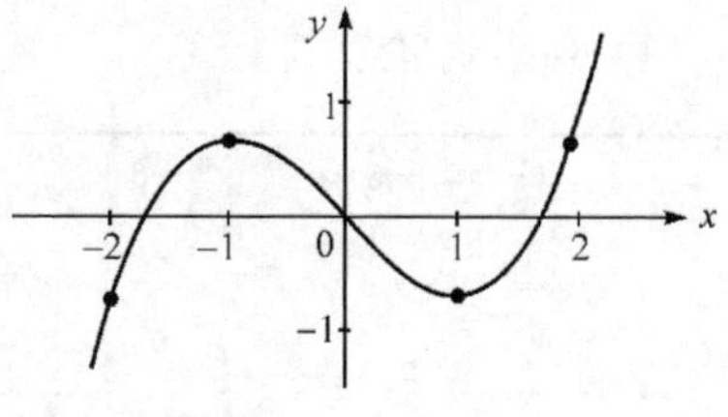

图 2.20

例 2.87 作函数 $y=\mathrm{e}^{-x^2}$ 的图像.

解 (1) 函数的定义域为$(-\infty,+\infty)$，$f(x)$是偶函数，它的图像关于 y 轴对称.

(2) $y'=-2xe^{-x^2}, y''=2e^{-x^2}(2x^2-1)$.

(3) 令 $y'=0$,得驻点 $x=0$;令 $y''=0$;得 $x=\pm\dfrac{\sqrt{2}}{2}$.

(4) 列表讨论:

x	$\left(-\infty,-\frac{\sqrt{2}}{2}\right)$	$-\frac{\sqrt{2}}{2}$	$\left(-\frac{\sqrt{2}}{2},0\right)$	0	$\left(0,\frac{\sqrt{2}}{2}\right)$	$\frac{\sqrt{2}}{2}$	$\left(\frac{\sqrt{2}}{2},+\infty\right)$
y'	+	+	+	0	−	−	−
y''	+	0	−	−	−	0	+
y	↗(凹)	$\left(-\frac{\sqrt{2}}{2},e^{-\frac{1}{2}}\right)$ 拐点	↗(凸)	1 极大值	↘(凸)	$\left(\frac{\sqrt{2}}{2},e^{-\frac{1}{2}}\right)$	↘(凹)

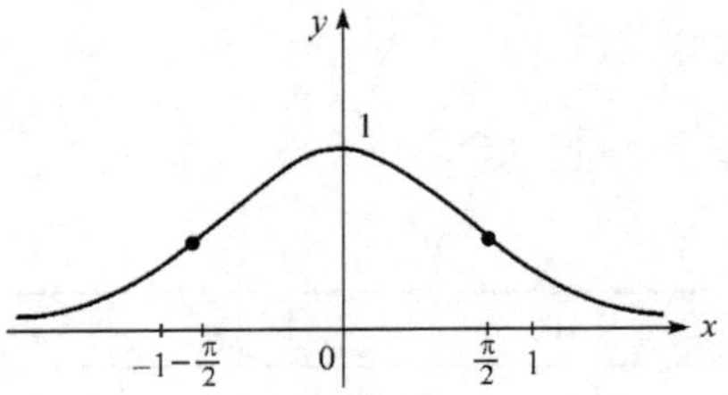

图 2.21

(5) 由例 2.85(1)知,$y=0$(即 x 轴)为曲线的水平渐近线,且曲线在 x 轴上方.

根据以上讨论作函数的图像(图 2.21).

例 2.88　作函数 $y=\dfrac{4(x+1)}{x^2}-2$ 的图像.

解　(1) 函数定义域为 $(-\infty,0)\cup(0,+\infty)$.

(2) $y'=-\dfrac{4(x+2)}{x^3}, y''=\dfrac{8(x+3)}{x^4}$.

(3) 令 $y'=0$ 得驻点 $x=-2$, 令 $y''=0$ 得 $x=-3$.

(4) 列表讨论:

x	$(-\infty,-3)$	-3	$(-3,-2)$	-2	$(-2,0)$	$(0,+\infty)$
y'	−	−	−	0	+	−
y''	−	0	+	+	+	+
y	↘(凸)	拐点 $\left(-3,-\frac{26}{9}\right)$	↘(凹)	极小值 −3	↗(凹)	↘(凹)

(5) 由例 2.85(2)知,$y=-2$ 为水平渐近线,$x=0$ 为垂直渐近线.

(6) 取辅助点:$M_1(1-\sqrt{3},0)$,$M_2(1+\sqrt{3},0)$,$M_3(1,6)$,$M_4\left(4,-\frac{3}{4}\right)$.

综合以上讨论,作出函数图像(图 2.22).

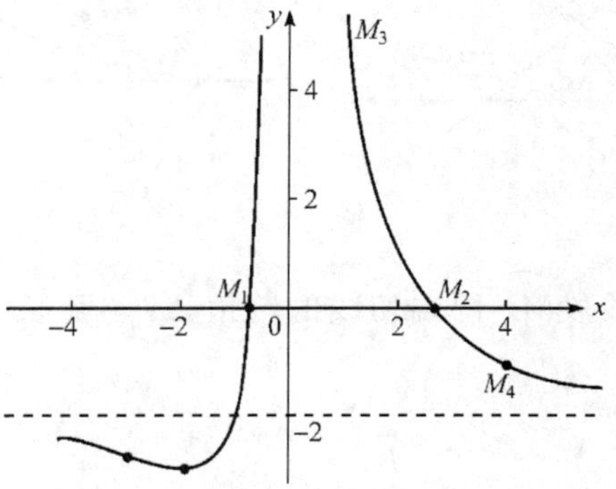

图 2.22

*2.10 曲线的曲率

本节讨论曲线的弯曲程度问题.这个问题在日常生活和许多实际问题中会经常遇到.例如,骑自行车时,急转弯比大转弯身体的倾斜度大,易摔倒,这是因为急转弯比大转弯的路线更"弯曲",需要的向心力较大的缘故;又如,设计一条铁路时,弯道处铁轨的弯曲程度不合适,容易造成火车出轨等事故;再如,车床的主轴由于所受的负载和自身的重量总会产生弯曲变形,如果弯曲程度过大,就会影响车床的正常运转和精度.因此,需要对曲线的弯曲程度问题进行研究.

2.10.1 曲率概念

我们先来讨论如何比较两条曲线的弯曲程度(简称弯度).

当动点沿曲线由点 M 移动到点 N 时,动点处的切线也相应地跟着转动,切线转过的角度 $\Delta\alpha$ 称为切线的转角.

(1) 如果两曲线段相等:$\overset{\frown}{MN}=\overset{\frown}{MN_1}$,切线的转角 $\Delta\alpha>\Delta\alpha_1$,这时,我们看到曲线段$\overset{\frown}{MN}$比$\overset{\frown}{MN_1}$ 的弯度大(图 2.23(1)),即曲线的弯度与转角成正比.

(2) 如果两曲线段的切线转角相等: $\Delta\alpha=\Delta\alpha_1$,曲线段$\overset{\frown}{MN}>\overset{\frown}{MN_1}$,这时,我们看到曲线段$\overset{\frown}{MN}$比$\overset{\frown}{MN_1}$ 的弯度小(图 2.23(2)), 即曲线的弯度与弧长成反比.

可见,衡量曲线的弯曲程度有两个因素:①切线的转角;②曲线段的弧长. 因此,一段曲线的弯曲程度就可以用比值$\dfrac{\Delta\alpha}{\overset{\frown}{MN}}$来描述.

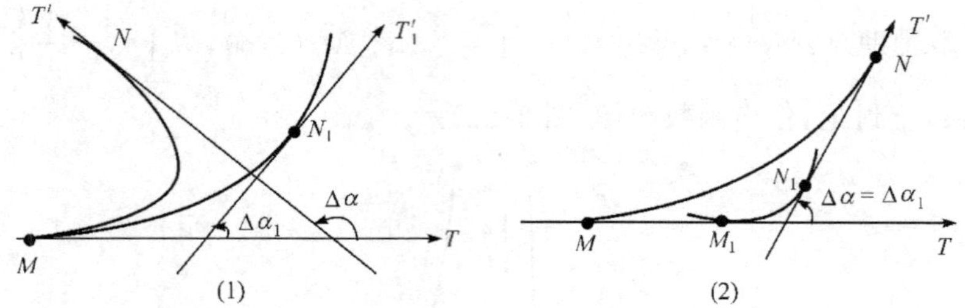

图 2.23

定义 2.10.1　曲线段$\overset{\frown}{MN}$两端切线的转角 $\Delta\alpha$ 与弧长之比，称为这段曲线的平均曲率，记为$\bar{K}$，即

$$\bar{K}=\frac{\Delta\alpha}{\overset{\frown}{MN}}.$$

曲线段$\overset{\frown}{MN}$的平均曲率描述了整段曲线弧的平均弯曲程度，但还不足以精确地刻画出曲线在点 M 处的弯曲程度，正如直线运动的平均速度不能精确地刻画某一时刻的速度一样. 但是，我们可以用曲线段$\overset{\frown}{MN}$的平均曲率近似地描述曲线在点 M 处的弯度. 显然，当曲线段越小时，平均曲率$\bar{K}$就越能描述曲线在点 M 的弯度，当点 N 沿曲线趋于点 M 时，$\overset{\frown}{MN}$的平均曲率$\bar{K}$ 的极限，叫做曲线在点 M 的曲率.

定义 2.10.2　当点 N 沿曲线趋于点 M 时，曲线段$\overset{\frown}{MN}$的平均曲率的极限，叫做曲线在点 M 的曲率，记为 K，即

$$K=\lim_{\overset{\frown}{MN}\to 0}\bar{K}=\lim_{\overset{\frown}{MN}\to 0}\frac{\Delta\alpha}{\overset{\frown}{MN}}.$$

其中，$\Delta\alpha$ 用弧度表示，平均曲率和曲率的单位是“rad/单位长”. 不难看出，曲率越大，曲线在该点附近弯曲得越厉害.

例 2.89　设圆 O 的半径为 R，求：(1) 圆上任一段弧的平均曲率；(2) 圆上任一点的曲率.

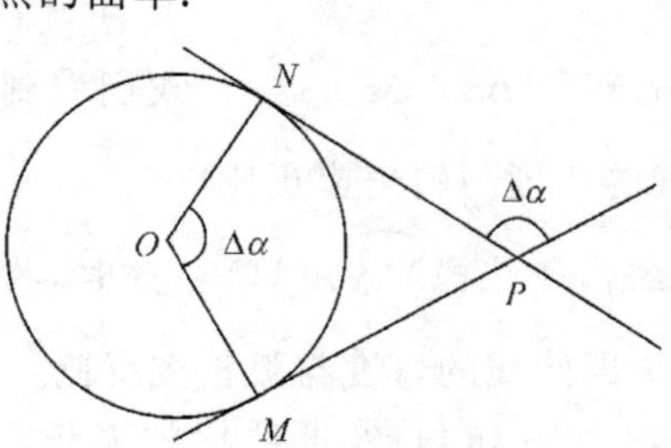

图 2.24

解　(1) 如图 2.24 所示. 在圆上任取一段弧$\overset{\frown}{MN}$，由平面几何知道，弧段两端切线 MP 与 NP 的转角 $\Delta\alpha$ 等于圆心角$\angle MON$，即$\angle MON=\Delta\alpha$，于是$\overset{\frown}{MN}=R\Delta\alpha$. 因此，$\overset{\frown}{MN}$的平均曲率为

$$\overline{K}=\frac{\Delta\alpha}{\overset{\frown}{MN}}=\frac{\Delta\alpha}{R\Delta\alpha}=\frac{1}{R}.$$

(2) 圆上任一点 M 的曲率为

$$K=\lim_{\widehat{MN}\to 0}\frac{\Delta\alpha}{\widehat{MN}}=\lim_{\widehat{MN}\to 0}\frac{1}{R}=\frac{1}{R}.$$

例 2.89 结论表明,圆上任一段弧的平均曲率及圆上任一点的曲率相等,且等于半径 R 的倒数$\frac{1}{R}$. 即圆的弯曲程度处处一样,半径越小,曲率越大,弯曲越厉害.

例 2.90 求直线 l 上任一点的曲率.

解 在直线 l 上任取一段$\overline{MN}$(图 2.25),因为直线段$\overline{MN}$上每一点的切线就是直线本身,所以切线的转角 $\Delta\alpha=0$,于是平均曲率

$$\overline{K}=\frac{\Delta\alpha}{\widehat{MN}}=0.$$

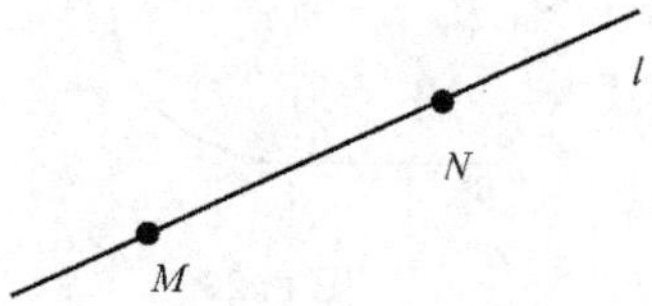

图 2.25

直线上任一点 M 的曲率为

$$K=\lim_{\widehat{MN}\to 0}\frac{\Delta\alpha}{\widehat{MN}}=\lim_{\widehat{MN}\to 0}0=0.$$

例 2.90 的结论表明,直线上每一点处的弯曲程度也是一样的,又因为 $K=0$,说明在各种曲线中,直线的弯曲程度最小. 直线可看作是处处不弯曲的曲线.

2.10.2 曲率的计算公式

由定义计算曲率是很困难的,下面我们给出求曲线 $y=f(x)$ 上任意点处的曲率的计算公式.

设函数 $y=f(x)$ 具有二阶导数,则曲线 $y=f(x)$ 在其上任意点 $M(x,y)$ 的曲率为

$$K=\frac{|y''|}{(1+y'^2)^{\frac{3}{2}}}.$$

这就是曲率的计算公式.

因为只考虑曲线弯曲程度的大小,曲率 K 只取正值,所以公式右端取绝对值.

由曲率计算公式可以知道,如果一阶导数 y' 和二阶导数 y'' 连续,那么曲率 K 也是连续的. 若火车行驶在曲率不连续的点处,如图 2.26 所示的曲线 BAM(其中$\widehat{AM}$是一段圆弧和直线 BA,以及直线 BA 和$\widehat{AM}$相切于 A 点),在 A 点处的曲率是不连续的(因为直线上每点处的曲率为 0,而圆弧上每点的曲率为$\frac{1}{R}$),这时就会产生一个冲动. 所以在铺设铁轨时应该设法使路线各点处的曲率是连续变化的. 通常当火车由直线上行驶转入曲线上行驶时,用一条过渡曲线来连接,使曲率连续. 这种过渡曲线的曲率,在与直线轨道连接处应等于 0,在与曲线轨道连接处,曲率应

等于曲线轨道在该点处的曲率. 通常都用三次立方抛物线作为过渡曲线(图 2.27).

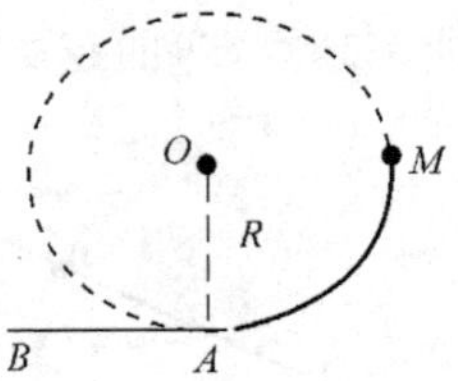

图 2.26

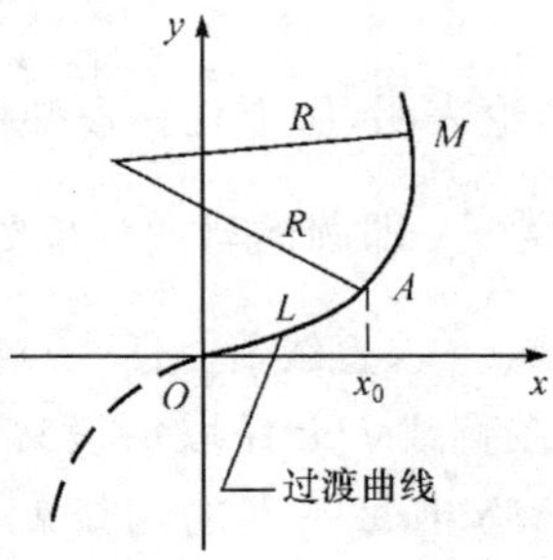

图 2.27

例 2.91　铁轨的过渡曲线,常见有三次抛物线 $y=\frac{1}{3}x^3$ 的弧线的形状,长度单位是 km. 求该曲线在下列各点处的曲率:

(1) (0,0);　(2) $\left(1,\frac{1}{3}\right)$;　(3) (3,9).

解　由 $y=\frac{1}{3}x^3$,得

$$y'=\left(\frac{1}{3}x^3\right)'=x^2,\quad y''=(x^2)'=2x.$$

(1) $y'|_{x=0}=0, y''|_{x=0}=0$,代入曲率公式,得在点(0,0)处的曲率为

$$K_{(0,0)}=\frac{|0|}{(1+0)^{\frac{3}{2}}}=0\quad(\text{rad/km}).$$

(2) $y'|_{x=1}=1, y''|_{x=1}=2$,代入曲率公式,得在点$\left(1,\frac{1}{3}\right)$处的曲率为

$$K_{\left(1,\frac{1}{3}\right)}=\frac{|2|}{(1+1)^{\frac{3}{2}}}=\frac{\sqrt{2}}{2}(\text{rad/km}),$$

即约为 $40°31'$/km.

(3) $y'|_{x=3}=9, y''|_{x=3}=6$,代入曲率公式,得在点(3,9)处的曲率为

$$K_{(3,9)}=\frac{|6|}{(1+81)^{\frac{3}{2}}}=\frac{3}{41\sqrt{82}}(\text{rad/km}),$$

即约为 $28'$/km.

例 2.92　求抛物线 $y=x^2$ 上曲率最大的点及最大曲率.

解　由 $y=x^2$,得

$$y'=2x,\quad y''=2,$$

代入曲率公式,得

$$K=\frac{|2|}{[1+(2x)^2]^{\frac{3}{2}}}=\frac{2}{(1+4x^2)^{\frac{3}{2}}}.$$

在上式中,因为 K 的分子是常数 2,所以只要分母最小,K 就最大. 显然当 $x=0$时,分母最小,此时 K 值最大. 所以,在顶点(0,0)处抛物线 $y=x^2$ 的曲率最大,最大曲率 $K_{最大}=2$.

应当指出,此类问题属于求最值问题,也可利用导数求解:

$$K=\frac{2}{(1+4x^2)^{\frac{3}{2}}},\quad -\infty<x<+\infty,$$

$$K'=2[(1+4x^2)^{-\frac{3}{2}}]'=-\frac{24x}{(1+4x^2)^{\frac{5}{2}}},$$

令 $K'=0$,得 $x=0$.

由于曲率的最大值存在,而函数 K 在$(-\infty,+\infty)$内只有一个驻点,因此,当 $x=0$ 时,函数 K 取得最大值. 因为 $x=0$ 时,$y=0$,所以在顶点(0,0)处,抛物线 $y=x^2$ 的曲率最大,最大曲率为 2.

一般地,抛物线在顶点处的曲率最大.

2.10.3 曲率圆和曲率半径

曲率公式用数值表示了曲线的弯曲程度,下面我们进一步使曲率形象化.

如图 2.28 所示,作曲线 $y=f(x)$上点 $M(x,y)$的切线与法线. 设曲线 $f(x)$在点 $M(x,y)$的曲率为 K_M. 在法线上曲线的凹侧取 $MC=\frac{1}{K_M}$,以 C 为圆心, $R=\frac{1}{K_M}$为半径作圆,这个圆的曲率为

$$K_{圆}=\frac{1}{R}=K_M.$$

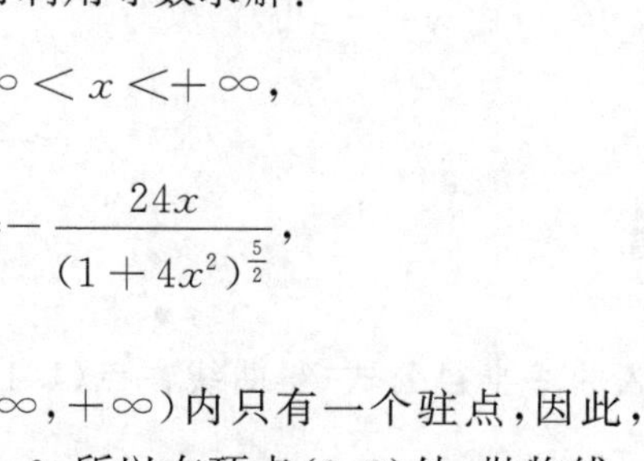

图 2.28

我们看到,这个圆的弯曲程度与曲线在点 M 处的弯曲程度相同,它把曲线在点 M 处的凹向及弯度形象地表示出来. 对于这样的圆,我们给出下面的定义.

定义 2.10.3 如果一个圆满足:在点 M 处与曲线 $f(x)$有相同的切线,在点 M 处与曲线 $f(x)$有相同的凹向,在点 M 处与曲线 $f(x)$有相同的曲率, 则称这个圆为曲线 $f(x)$点 M 处的曲率圆. 曲率圆的圆心 C 和半径 R 分别称为曲线 $f(x)$在点 M 处的曲率中心和曲率半径.

由定义及例 2.89 可知

$$K_M = K_{\text{曲率圆}} = \frac{1}{R},$$

于是得曲率半径的计算公式为

$$R = \frac{1}{K} = \frac{(1 + y'^2)^{\frac{3}{2}}}{|y''|}.$$

例 2.93　求双曲线 $xy=1$ 在点(1,1)处的曲率半径.

解　由 $y=\dfrac{1}{x}$,得

$$y' = -\frac{1}{x^2}, \quad y'' = \frac{2}{x^3},$$

于是

$$y'|_{x=1} = 1, \quad y''|_{x=1} = 2.$$

代入曲率半径公式,得曲线在点(1,1)处的曲率半径

$$R_{(1,1)} = \frac{(1+1)^{\frac{3}{2}}}{|2|} = \sqrt{2}.$$

例 2.94　设工件内表面的截线为抛物线 $y=0.4x^2$(图 2.29),现在要用砂轮磨削其内表面,问用直径多大的砂轮比较合适?

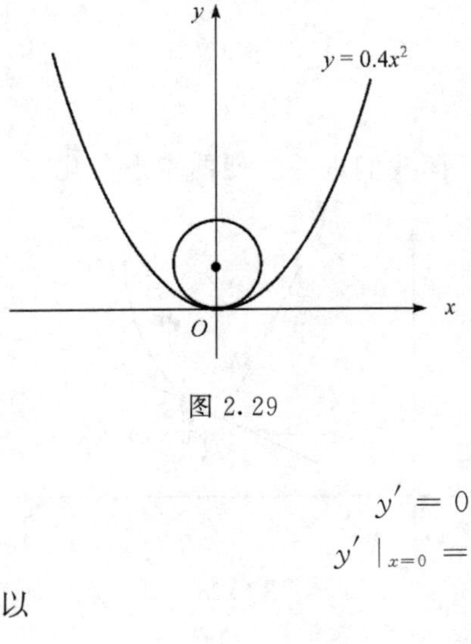

图 2.29

解　为了在磨削时不磨掉工件不应磨去的部分,选用砂磨的半径不得超过工件内表面的截线上各点处曲率半径的最小值. 由例 2.92 知,抛物线在其顶点处曲率最大,曲率半径最小. 因此,问题转变为求抛物线 $y=0.4x^2$ 在顶点(0,0)处的曲率半径.

因为

$$y' = 0.8x, \quad y'' = 0.8,$$
$$y'|_{x=0} = 0, \quad y''|_{x=0} = 0.8,$$

所以

$$R = \frac{(1+0)^{\frac{3}{2}}}{|0.8|} = 1.25.$$

因此,选用砂轮的半径不得超过 1.25 单位长,即直径不得超过 2.50 单位长.

因为曲线在点 M 的曲率圆与曲线在点 M 处具有相同的曲率和凹向,因此在点 M 附近的曲线段与曲率圆的圆弧非常地近似,用曲率圆去代替点 M 附近的曲线段,可使曲线运动简化为圆周运动.

例 2.95　汽车重 W,以等速 v 驶过拱桥. 桥面 AOB 为一抛物线,其尺寸如图

2.30 所示,求汽车过顶点 O 时对桥的压力 P.

解 我们近似地把汽车驶至顶点 O,看作汽车在 O 点的曲率圆上做匀速圆周运动.

汽车在桥的最高点受重力 W 和桥面的压力 P,如图 2.30 所示,由牛顿第二定律得

$$W-P=\frac{mv^2}{R},$$

所以

$$P=W-\frac{mv^2}{R}.$$

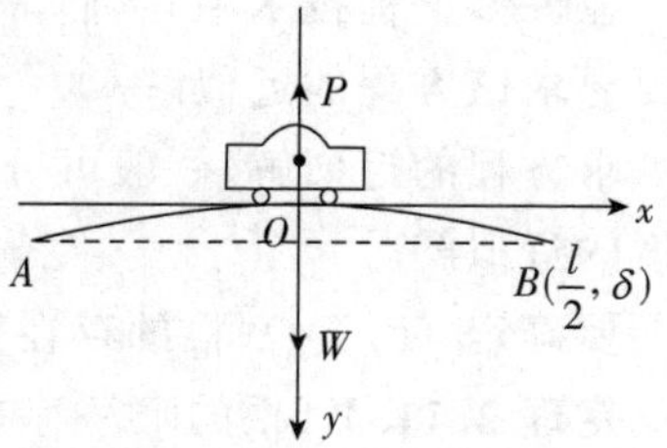

图 2.30

由牛顿第三定律得汽车对桥的压力大小为

$$P'=W-\frac{mv^2}{R}, \quad ①$$

方向竖直向下.

坐标系如图 2.30 所示.设抛物线 AOB 的方程为

$$y=Ax^2. \quad ②$$

B 点在抛物线上,坐标为 $B\left(\frac{l}{2},\delta\right)$. 代入式②得 $\delta=A\cdot\frac{l^2}{4}$,解得 $A=\frac{4\delta}{l^2}$. 于是,抛物线 AOB 的方程为

$$y=\frac{4\delta}{l^2}x^2. \quad ③$$

求导数

$$y'=\frac{8\delta}{l^2}x, \quad y''=\frac{8\delta}{l^2},$$

$$y'\big|_{x=0}=0, \quad y''\big|_{x=0}=\frac{8\delta}{l^2}.$$

代入曲率半径公式,得

$$R_{(0,0)}=\frac{(1+0)^{\frac{3}{2}}}{\left|\frac{8\delta}{l^2}\right|}=\frac{l^2}{8\delta}. \quad ④$$

式④代入式①,得汽车过顶点 O 时对桥面的压力为

$$P'=m\left(g-\frac{v^2}{R}\right)=m\left(g-\frac{8\delta}{l^2}v^2\right).$$

* 2.11　方程的近似解

在许多工程技术中，我们常常会遇到一类难于求得实根精确值的方程，这时就需要寻求该方程的近似解.

求方程的近似解，一般可分两步完成：首先确定根的存在范围；其次求出满足精度的近似解.

要确定 $f(x)=0$ 根的存在范围，有根的唯一存在定理.

定理 2.11.1（根的唯一存在定理）　若函数 $y=f(x)$ 满足下面两个条件：

(1) 在 $[a,b]$ 上连续，$f(a)$ 与 $f(b)$ 异号；

(2) $f'(x)$ 和 $f''(x)$ 存在，且在 $[a,b]$ 上符号恒定.

则可确定一点 $\xi\in(a,b)$，使得 $f(\xi)=0$，即 $x=\xi$ 是方程 $f(x)=0$ 的唯一解.

该定理的几何解释如图 2.31 所示.

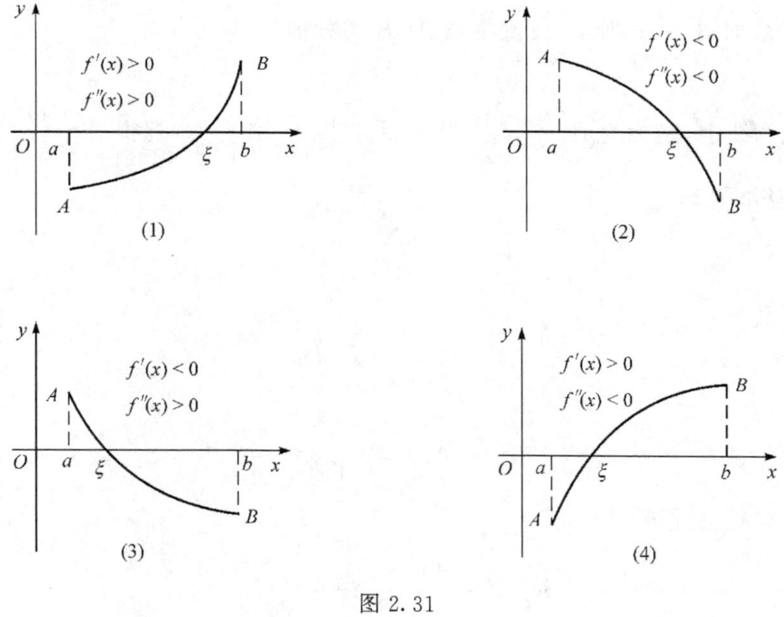

图 2.31

要求出该方程满足精度的近似解有很多方法，这里只介绍二分法、弦位法和切线法.

2.11.1　二分法

我们已经知道方程 $f(x)=0$ 的实根 ξ 在 (a,b) 内，下面来进一步求出满足精度的近似解，方法如下：

计算$[a,b]$的中点 $\xi_1=\dfrac{a+b}{2}$,若 $f(\xi_1)=0$,则 $\xi=\xi_1$ 是 $f(x)=0$ 的实根.

若 $f(\xi_1)$与 $f(a)$同号,则取 $a_1=\xi_1, b_1=b$;若 $f(\xi_1)$与 $f(b)$同号,则取 $a_1=a$, $b_1=\xi$. 此时均有 $a_1<\xi<b_1$,且 $b_1-a_1=\dfrac{1}{2}(b-a)$.

以$[a_1,b_1]$作为新的根所在区间,重复上述方法,当 $\xi\neq\xi_2=\dfrac{a_1+b_1}{2}$时,又求得 $a_2<\xi<b_2$,且 $b_2-a_2=\dfrac{1}{2^2}(b-a)$.

上述方法重复 n 次后仍然 $\xi\neq\xi_n$,可求出 $a_n<\xi<b_n$,且 $b_n-a_n=\dfrac{1}{2^n}(b-a)$. 此时以 a_n 或 b_n 作为 ξ 的近似值,则误差 $\mathrm{err}<\dfrac{1}{2^n}(b-a)$. 这种求方程近似解的方法称为二分法.

例 2.96 用二分法求方程 $x^5+3x-1=0$ 在$(0,1)$内根的近似值,精确到 10^{-3}.

解 设 $f(x)=x^5+3x-1$,则有 $f(x)$在$[0,1]$上连续,$f'(x)=5x^4+3$ 在$(0,1)$内存在且恒为正,又 $f(0)=-1<0, f(1)=3>0$,因此,$f(x)=0$ 在$(0,1)$内有唯一实根. 求根的过程列表如下:

n	ξ	$f(\xi)$	$f(a_1)$	$f(b_1)$	a_1	b_1	b_1-a_1
0			$-1.000<0$	$3.000>0$	0.000	1.000	1.000
1	0.500	$0.531>0$		$0.531>0$	0.000	0.500	0.500
2	0.250	$-0.249<0$	$-0.249<0$		0.250	0.500	0.250
3	0.375	$0.132>0$		$0.132>0$	0.250	0.375	0.125
4	0.313	$-0.058<0$	$-0.058<0$		0.313	0.375	0.062
5	0.344	$0.037>0$		$0.037>0$	0.313	0.344	0.031
6	0.329	$-0.009<0$	$-0.009<0$		0.329	0.344	0.015
7	0.337	$0.015>0$		$0.015>0$	0.329	0.337	0.008
8	0.333	$0.003>0$		$0.003>0$	0.329	0.333	0.004
9	0.331	$-0.003<0$	$-0.003<0$		0.331	0.333	0.002
10	0.332	$0.000>0$		$0.000>0$	0.331	0.332	0.001

由上表可知,经过 10 次循环后,$\mathrm{err}<10^{-3}$,$\xi=0.332$,即 $x=0.332$ 是 $x^5+3x-1=0$ 的近似解.

2.11.2　弦位法

我们也可以用弦与 x 轴交点的横坐标，逐次接近曲线与 x 轴交点的横坐标来求方程的近似解. 方法如下：

过 $A(a,f(a))$，$B(b,f(b))$ 的弦 AB 的方程为

$$y-f(b)=\frac{f(a)-f(b)}{a-b}(x-b).$$

令 $y=0$，得弦 AB 与 x 轴交点的横坐标为

$$x_1=b-\frac{a-b}{f(a)-f(b)}f(b).$$

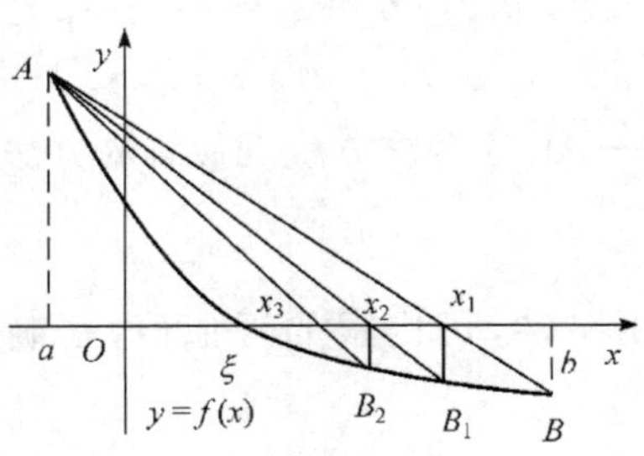

图 2.32

由图 2.32 知，x_1 比 b 更接近于方程的实根 ξ. 若 x_1 的精确度不满足要求，则将 x_1 作为 ξ 的第一次近似值，过 x_1 作 y 轴的平行线交曲线 $y=f(x)$ 于 B_1，过 $A(a,f(a))$，$B_1(x_1,f(x_1))$ 的弦 AB_1 的方程为

$$y-f(x_1)=\frac{f(a)-f(x_1)}{a-x_1}(x-x_1).$$

令 $y=0$，得弦 AB_1 与 x 轴交点的横坐标为

$$x_2=x_1-\frac{a-x_1}{f(a)-f(x_1)}f(x_1).$$

如果 x_2 的精确度还不能满足要求，那么再将 x_2 作为 ξ 的第二次近似值，如此重复，可得 ξ 的第 n 次近似值 x_n 的计算公式

$$x_n=x_{n-1}-\frac{a-x_{n-1}}{f(a)-f(x_{n-1})}f(x_{n-1}),\quad n\in\mathbf{Z}^+.$$

上式可用于图 2.31 的(3)、(4)两种情形，其特点是 $f'(x)$与 $f''(x)$异号.

对于图 2.31 的(1)、(2)情形，有 $f'(x)$与 $f''(x)$同号. 同理可得 ξ 的第 n 次近似值 x_n 的计算公式

$$x_n=x_{n-1}-\frac{b-x_{n-1}}{f(b)-f(x_{n-1})}f(x_{n-1}),\quad n\in\mathbf{Z}^+.$$

上述两式可以归纳为一个计算公式

$$x_n=x_{n-1}-\frac{c-x_{n-1}}{f(c)-f(x_{n-1})}f(x_{n-1}),\quad n\in\mathbf{Z}^+.$$

当 $f'(x)$与 $f''(x)$异号时，取 $c=a$，$f(c)=f(a)$；当 $f'(x)$与 $f''(x)$同号时，取 $c=b$，$f(c)=f(b)$就能保证随着 n 的增大，x_n 越来越接近于方程 $f(x)=0$ 的准确

值 ξ,以 x_n 近似代替 ξ 产生的误差 err<$|x_n-x_{n-1}|$.

这种求方程近似解的方法称为**迭代法**.把用弦代替曲线弧的方法称为**弦位法**.

例 2.97 用弦位法求方程 $x^5+3x-1=0$ 在(0,1)内根的近似值,误差不超过 0.001.

解 设 $f(x)=x^5+3x-1$,有

(1) $f(x)$在[0,1]上连续,$f(0)=-1<0$,$f(1)=3>0$,即 $f(0)$与 $f(1)$异号.

(2) 在(0,1)内,$f'(x)=5x^4+3>0$,$f''(x)=20x^3>0$.

因此方程在(0,1)内有唯一实根.由于 $f'(x)$与 $f''(x)$同号,取 $c=1$,$x_0=0$,且 x_n 的迭代式

$$x_n=x_{n-1}-\frac{1-x_{n-1}}{f(1)-f(x_{n-1})}f(x_{n-1})=x_{n-1}-\frac{(x_{n-1}-1)(x_{n-1}^5+3x_{n-1}-1)}{x_{n-1}^5+3x_{n-1}-4},$$

于是有

$$x_1=0-\frac{(0-1)(0^5+3\cdot0-1)}{0^5+3\cdot0-4}\approx0.250,\quad |0.000-0.250|=0.250;$$

$$x_2=0.250-\frac{(0.250-1)(0.250^5+3\cdot0.250-1)}{0.250^5+3\cdot0.250-4}\approx0.307,$$

$$|0.307-0.250|=0.057;$$

$$x_3=0.307-\frac{(0.307-1)(0.307^5+3\cdot0.307-1)}{0.307^5+3\cdot0.307-4}\approx0.324,$$

$$|0.324-0.307|=0.017;$$

$$x_4=0.324-\frac{(0.324-1)(0.324^5+3\cdot0.324-1)}{0.324^5+3\cdot0.324-4}\approx0.330,$$

$$|0.330-0.324|=0.006;$$

$$x_5=0.330-\frac{(0.330-1)(0.330^5+3\cdot0.330-1)}{0.330^5+3\cdot0.330-4}\approx0.331,$$

$$|0.331-0.330|=0.001;$$

$$x_6=0.331-\frac{(0.331-1)(0.331^5+3\cdot0.331-1)}{0.331^5+3\cdot0.331-4}\approx0.332,$$

$$|0.332-0.331|=0.001.$$

经过 6 次迭代后,err<0.001,$\xi=0.332$,即 $x=0.332$ 是 $x^5+3x-1=0$ 的近似解.

2.11.3 切线法

我们还可以在端点函数值与 $f''(x)$同号的一端点处引切线,用切线与 x 轴交点的横坐标,逐次接近曲线与 x 轴交点的横坐标.

如图 2.33 所示,有 $f''(x)>0$,$f(a)>0$,在端点 A 引曲线 $y=f(x)$的切线,其

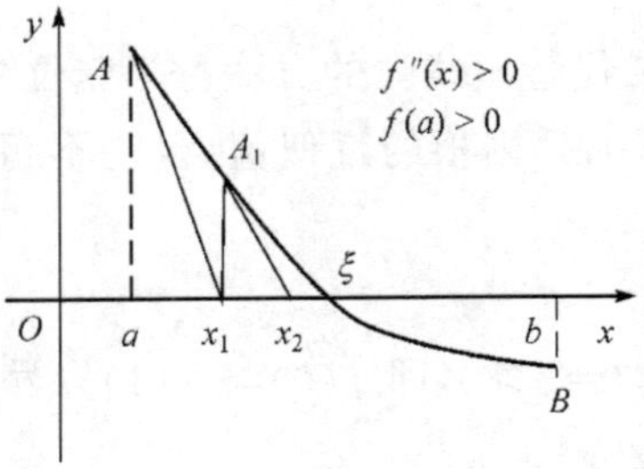

图 2.33

方程为

$$y-f(a)=f'(a)(x-a).$$

令 $y=0$,解得

$$x_1=a-\frac{f(a)}{f'(a)}.$$

这是方程 $f(x)=0$ 的根 ξ 的第一次近似值.重复采用这种方法,用迭代法可得 ξ 的第 n 次近似值 x_n 的计算公式

$$x_n=x_{n-1}-\frac{f(x_{n-1})}{f'(x_{n-1})},\quad n\in\mathbf{Z}^+.$$

若 $f''(x)$ 与 $f(a)$ 同号,则初值 $x_0=a$;若 $f''(x)$ 与 $f(b)$ 同号,则初值 $x_0=b$.这样才能确保随着 n 的增大,x_n 越来越接近于方程 $f(x)=0$ 的准确值 ξ,以 x_n 近似代替 ξ 产生的误差 $\text{err}<|x_n-x_{n-1}|$.

这种用切线代替曲线弧的方法,叫做切线法.

例 2.98　用切线法求方程 $x^5=1-3x$ 在 $(0,1)$ 内根的近似值,误差不超过 0.001.

解　设 $f(x)=x^5+3x-1$,则 $f'(x)=5x^4+3$,$f''(x)=20x^3$,在 $(0,1)$ 内有 $f''(x)>0$,$f(1)=3>0$,于是

$$x_n=x_{n-1}-\frac{x_{n-1}^5+3x_{n-1}-1}{5x_{n-1}^4+3},\quad x_0=1.$$

从而有

$$x_1=1-\frac{1^5+3\cdot1-1}{5\cdot1^4+3}\approx0.625,\qquad |1.000-0.625|=0.375;$$

$$x_2=0.625-\frac{0.625^5+3\cdot0.625-1}{5\cdot0.625^4+3}\approx0.367,\qquad |0.367-0.625|=0.258;$$

$$x_3=0.367-\frac{0.367^5+3\cdot0.367-1}{5\cdot0.367^4+3}\approx0.332,\qquad |0.332-0.367|=0.035;$$

$$x_4=0.332-\frac{0.332^5+3\cdot0.332-1}{5\cdot0.332^4+3}\approx0.332,\qquad |0.332-0.332|=0.000.$$

经过 4 次迭代后,$\text{err}<0.001$,$\xi=0.332$,即 $x=0.332$ 是 $x^5+3x-1=0$ 的近似根.

这三种方法常常用于通过编程由计算机求方程的近似解.其中二分法虽然适用的函数条件较少,但逼近精确解的速度较慢.切线法和弦位法虽然适用的函数条件较多,但是接近精确解的速度较快.由于切线法还涉及函数的导数,计算机不易处理,因此为了使收敛于精确解的速度更快和计算机易于处理,人们还由弦位法和

切线法派生出了其他的迭代法，有兴趣者可参阅数值算法方面的书籍.

2.12 函数的微分

2.12.1 微分的概念

微分也是微积分的基本概念之一，它是为了简化函数增量的计算而引进的.

例 2.99 当 x 有增量 Δx 时，计算函数的增量：

(1) $y=x^2$； (2) $y=x^4$.

解 (1) $\Delta y=(x+\Delta x)^2-x^2=2x\Delta x+(\Delta x)^2$.

这里可以看出，Δy 由两部分构成，它有两个特点：①第一部分 $2x\Delta x$ 是 Δx 的线性函数；② 当 $|\Delta x|$ 很小时，第二部分 $(\Delta x)^2$ 比起第一部分来要小得多，可忽略. 所以，第一部分 $2x\Delta x$ 是 Δy 的主要部分，可以用它近似代替 Δy，即 $\Delta y\approx 2x\Delta x$. 又因为 $2x=(x^2)'$，所以 $\Delta y\approx(x^2)'\Delta x$.

(2)
$$\begin{aligned}\Delta y&=(x+\Delta x)^4-x^4=4x^3\Delta x+6x^2(\Delta x)^2+4x(\Delta x)^3+(\Delta x)^4\\&=4x^3\Delta x+[6x^2+4x\Delta x+(\Delta x)^2](\Delta x)^2.\end{aligned}$$

类似地，当 $|\Delta x|$ 很小时，Δy 的主要部分是 $4x^3\Delta x$，用它近似代替 Δy，得

$$\Delta y\approx 4x^3\Delta x=(x^4)'\Delta x.$$

不难看出，函数越复杂，增量 Δy 的计算就越困难，但它的主要部分 $f'(x)\Delta x$ 的计算就简单得多.

一般地，设函数 $y=f(x)$ 在点 x 可导，即

$$\lim_{\Delta x\to 0}\frac{\Delta y}{\Delta x}=f'(x)$$

存在. 根据有极限的函数与无穷小的关系，得

$$\frac{\Delta y}{\Delta x}=f'(x)+\alpha,$$

其中，α 是当 $\Delta x\to 0$ 时的无穷小，将上式两端同乘以 Δx，得

$$\Delta y=f'(x)\Delta x+\alpha\Delta x.$$

上式表明，可导函数的增量由两部分构成. 当 $\Delta x\to 0$ 时，第一部分 $f'(x)\Delta x$ 是 Δy 的线性函数，是 Δy 中起主要作用的部分，称为 Δy 的线性主部；第二部分 $\alpha\Delta x$ 是比 Δx 高阶的无穷小$\left(\text{因为}\lim\limits_{\Delta x\to 0}\dfrac{\alpha\Delta x}{\Delta x}=\lim\limits_{\Delta x\to 0}\alpha=0\right)$，因此，当 $f'(x)\neq 0$，且当 $|\Delta x|$ 很小时，第二部分可以忽略，从而有近似公式

$$\Delta y\approx f'(x)\Delta x.$$

定义 2.12.1 可导函数 $y=f(x)$ 在点 x 处的增量 $\Delta y=f(x+\Delta x)-f(x)$ 的线性主部 $f'(x)\Delta x$，称为函数在点 x 处的微分，记为 $\mathrm{d}y$ 或 $\mathrm{d}f(x)$，即

$$\mathrm{d}y = f'(x)\Delta x \quad 或 \quad \mathrm{d}f(x) = f'(x)\Delta x.$$

此时,也称函数 $y=f(x)$ 在点 x 可微.

例如,函数 $y=x^2$ 的微分是

$$\mathrm{d}y = (x^2)'\Delta x = 2x\Delta x.$$

函数 $y=x^4$ 在点 $x=1$ 处的微分可表示为

$$\mathrm{d}y\big|_{x=1} = (x^4)'\big|_{x=1}\Delta x = 4\Delta x.$$

例 2.100 求函数 $y=x^2$ 当 $x=5,\Delta x=0.01$ 时的增量及微分.

解 函数的增量为

$$\Delta y = (5+0.01)^2 - 5^2 = 0.1001.$$

函数在点 x 处的微分是

$$\mathrm{d}y = (x^2)'\Delta x = 2x\Delta x,$$

所以,当 $x=5,\Delta x=0.01$ 时,函数的微分是

$$\mathrm{d}y = 2 \cdot 5 \cdot 0.01 = 0.1.$$

不难看出,$\mathrm{d}y \approx \Delta y$,误差 $\Delta y - \mathrm{d}y = 0.0001$ 很小.

特别地,函数 $y=x$ 的微分

$$\mathrm{d}y = \mathrm{d}x = x' \cdot \Delta x = \Delta x,$$

从而有

$$\mathrm{d}x = \Delta x.$$

所以我们规定,自变量的微分等于自变量的增量.这样,函数 $y=f(x)$ 的微分可以写成较为对称的形式

$$\mathrm{d}y = f'(x)\mathrm{d}x.$$

由此可知,一个可导函数一定是可微的. 因此求导数或求微分都称为微分法.

用 $\mathrm{d}x$ 除上式的两端, 得

$$\frac{\mathrm{d}y}{\mathrm{d}x} = f'(x).$$

这就是说,在定义了函数微分 $\mathrm{d}y$ 与自变量微分 $\mathrm{d}x$ 之后,原来用以表示导数的整体记号$\frac{\mathrm{d}y}{\mathrm{d}x}$可以看成是微分 $\mathrm{d}y$ 与 $\mathrm{d}x$ 之商,所以导数也叫做微商. 同时也不难看出用记号$\frac{\mathrm{d}y}{\mathrm{d}x}$表示导数的方便之处.例如,关于复合函数的导数与反函数的导数公式

$$\frac{\mathrm{d}y}{\mathrm{d}x} = \frac{\mathrm{d}y}{\mathrm{d}u} \cdot \frac{\mathrm{d}u}{\mathrm{d}x}, \quad \frac{\mathrm{d}y}{\mathrm{d}x} = \frac{1}{\dfrac{\mathrm{d}x}{\mathrm{d}y}}$$

就可以看作是普通的“分式运算”了.

应当注意,微分与导数虽然有着这样密切的联系,却是有区别的:它们是不同

的两个概念，导数是函数在一点处的变化率，而微分是函数在一点处增量的线性主部；导数的值只与 x 有关，而微分的值不仅与 x 有关，还与 Δx 有关.

2.12.2 微分的几何意义

如图 2.34 所示，在曲线 $y=f(x)$ 上取一点 $M(x,y)$，给 x 以增量 Δx，相应曲线的纵坐标 y 的增量 $\Delta y=NM_1$，同时点 M 处的切线也有一增量 NT.

设切线 MT 的倾角为 α，有

$$\mathrm{d}y = f'(x)\Delta x = \tan\alpha \cdot \Delta x = \frac{NT}{\Delta x}\cdot\Delta x = NT,$$

因此，函数 $y=f(x)$ 在点 x 处微分就是曲线 $y=f(x)$ 上点 (x,y) 处切线的纵坐标对应于 Δx 的增量，这就是微分的几何意义. 在图形上，TM_1 表示 Δy 与 $\mathrm{d}y$ 之差，一般地，它随着 $\Delta x\to 0$ 而趋于零，而且要比 Δx 减小得快些.

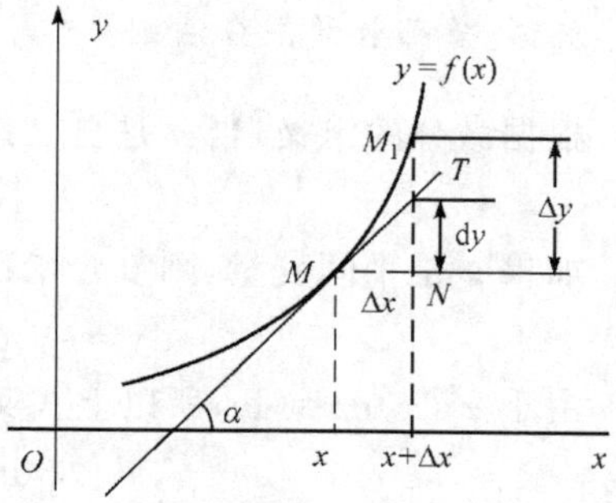

图 2.34

2.12.3 微分的基本公式与运算法则

由函数微分的定义

$$\mathrm{d}y = f'(x)\mathrm{d}x$$

可以知道，要计算函数的微分，只须求出函数的导数，再乘以自变量的微分即可. 因此，微分的基本公式和运算法则可由导数的基本公式和运算法则直接推出.

1. 微分的基本公式

(1) $\mathrm{d}(c)=0$； (2) $\mathrm{d}(x^\alpha)=\alpha x^{\alpha-1}\mathrm{d}x$； (3) $\mathrm{d}(a^x)=a^x\ln a\mathrm{d}x$；

(4) $\mathrm{d}(\mathrm{e}^x)=\mathrm{e}^x\mathrm{d}x$； (5) $\mathrm{d}(\log_a x)=\frac{1}{x\ln a}\mathrm{d}x$； (6) $\mathrm{d}(\ln x)=\frac{1}{x}\mathrm{d}x$；

(7) $\mathrm{d}(\sin x)=\cos x\mathrm{d}x$； (8) $\mathrm{d}(\cos x)=-\sin x\mathrm{d}x$；

(9) $\mathrm{d}(\tan x)=\sec^2 x\mathrm{d}x$； (10) $\mathrm{d}(\cot x)=-\csc^2 x\mathrm{d}x$；

(11) $\mathrm{d}(\arcsin x)=\frac{1}{\sqrt{1-x^2}}\mathrm{d}x$； (12) $\mathrm{d}(\arccos x)=-\frac{1}{\sqrt{1-x^2}}\mathrm{d}x$；

(13) $\mathrm{d}(\arctan x)=\frac{1}{1+x^2}\mathrm{d}x$； (14) $\mathrm{d}(\mathrm{arccot}\, x)=-\frac{1}{1+x^2}\mathrm{d}x$.

2. 函数的和、差、积、商的微分法则

设 u 和 v 都是可导函数，c 为常数，则

(1) $d(u\pm v)=du\pm dv$；　(2) $d(uv)=vdu+udv$；

(3) $d(cv)=cdv$；　(4) $d\left(\frac{u}{v}\right)=\frac{vdu-udv}{v^2}\ (v\neq 0)$.

3. 复合函数的微分法则

根据微分的定义，当 u 是自变量时，函数 $y=f(u)$ 的微分是

$$dy=f'(u)du.$$

如果 u 是中间变量，则复合函数 $y=f(u),u=\varphi(x)$ 的微分是

$$dy=y'_x dx=f'(u)\varphi'(x)dx.$$

由于 $\varphi'(x)dx=du$，所以上式又可写成

$$dy=f'(u)du.$$

这与 u 是自变量时在形式上是一样的. 就是说，无论 u 是自变量还是中间变量，函数 $y=f(u)$ 的微分都有 $dy=f'(u)du$ 的形式，这一性质叫做微分形式不变性. 由此，可得下面的复合函数的微分法则.

复合函数的微分法则　如果 $y=f(u),u=\varphi(x)$，且都可导，则复合函数 $y=f[\varphi(x)]$ 的微分

$$dy=f'(u)du=f'(u)\varphi'(x)dx.$$

例 2.101　求函数 $y=\sin(3x^2+2)$ 的微分.

解法一　利用微分的定义，得

$$\begin{aligned}dy&=[\sin(3x^2+2)]'dx=\cos(3x^2+2)\cdot(3x^2+2)'dx\\&=6x\cos(3x^2+2)dx.\end{aligned}$$

解法二　利用复合函数的微分法则，得

$$\begin{aligned}dy&=\cos(3x^2+2)d(3x^2+2)=\cos(3x^2+2)\cdot(3x^2+2)'dx\\&=6x\cos(3x^2+2)dx.\end{aligned}$$

例 2.102　求函数 $y=\arctan\sqrt{x}$ 在点 $x=\frac{1}{4}$ 的微分.

解

$$dy=\left(\arctan\sqrt{x}\right)'dx=\frac{1}{1+x}\cdot\frac{1}{2\sqrt{x}}dx,$$

所以

$$dy\big|_{x=\frac{1}{4}}=\frac{1}{\left(1+\frac{1}{4}\right)\cdot 2\sqrt{\frac{1}{4}}}dx=\frac{4}{5}dx.$$

例 2.103 在等式左端的括号中填入适当的函数,使等式成立:

(1) d( )$=x\mathrm{d}x$; (2) d( )$=\sin 2t\mathrm{d}t$.

解 (1) 因为 $\mathrm{d}(x^2)=2x\mathrm{d}x$, 所以 $x\mathrm{d}x=\frac{1}{2}\mathrm{d}(x^2)=\mathrm{d}\left(\frac{x^2}{2}\right)$,即

$$\mathrm{d}\left(\frac{x^2}{2}\right)=x\mathrm{d}x.$$

一般地,有

$$\mathrm{d}\left(\frac{x^2}{2}+C\right)=x\mathrm{d}x,\quad C \text{为任意常数}.$$

(2) 因为 $\mathrm{d}(\cos 2t)=-2\sin 2t\mathrm{d}t$, 所以 $\sin 2t\mathrm{d}t=-\frac{1}{2}\mathrm{d}(\cos 2t)=\mathrm{d}\left(-\frac{1}{2}\cos 2t\right)$,即

$$\mathrm{d}\left(-\frac{1}{2}\cos 2t\right)=\sin 2t\mathrm{d}t.$$

一般地,有

$$\mathrm{d}\left(-\frac{1}{2}\cos 2t+C\right)=\sin 2t\mathrm{d}t,\quad C \text{为任意常数}.$$

2.12.4 微分在近似计算中的应用

1. 计算函数增量的近似值

我们知道,函数的微分 $\mathrm{d}y$ 是函数增量 Δy 的线性主部,当 $|\Delta x|$ 很小时,函数 $y=f(x)$ 在 $x=x_0$ 处的增量 Δy,可以用 $\mathrm{d}y$ 代替,即 $\Delta y\approx \mathrm{d}y=f'(x_0)\Delta x$,于是得近似公式

$$\Delta y\approx f'(x_0)\Delta x. \tag{2.12.1}$$

用上式计算函数的增量,不仅计算简单,而且误差很小,所以很有实用价值.

例 2.104 有一批半径为 1cm 的球,为了提高球面的光洁度,要镀上一层铜,厚度为 0.01cm, 试估计每只球需用铜多少克(铜的密度是 $8.9g/cm^3$).

解 要求铜的质量,应先求出镀层体积.

设球半径为 r,体积为 V. 因为镀层的体积等于两个球体体积之差,所以它就是球体体积 $V=\frac{4}{3}\pi r^3$ 当 $r=1$, $\Delta r=0.01$ 时的增量 ΔV. 于是

$$\Delta V\approx \mathrm{d}V=\left(\frac{4}{3}\pi r^3\right)'\Delta r=4\pi r^2\Delta r$$
$$\approx 4\times 3.14\times 1^2\times 0.01\approx 0.13.$$

所以,镀每只球需用铜约为

$$0.13\times 8.9\approx 1.2(\mathrm{g}).$$

2. 计算函数值的近似值

1) 计算函数 f(x)在点 $x=x_0$ 附近的近似值

因为 $\Delta y=f(x_0+\Delta x)-f(x_0)$,于是由 $\Delta y\approx f'(x_0)\Delta x$ 又得近似公式

$$f(x_0+\Delta x)\approx f(x_0)+f'(x_0)\Delta x. \tag{2.12.2}$$

如果$|\Delta x|$很小,且 $f(x_0)$和 $f'(x_0)$都容易计算,那么利用公式 2.12.2 来计算函数$f(x)$在点 $x=x_0$ 附近的近似值就比较方便.

例 2.105　求 arctan0.98 的近似值(精确到 0.0001).

解　设 $f(x)=\arctan x$. 那么

$$f(x_0+\Delta x)=\arctan(x_0+\Delta x),$$
$$f(x_0)=\arctan x_0,$$
$$f'(x_0)=(\arctan x)'\big|_{x=x_0}=\frac{1}{1+x_0^2}.$$

由公式(2.12.2),得

$$\arctan(x_0+\Delta x)\approx\arctan x_0+\frac{1}{1+x_0^2}\cdot\Delta x.$$

令 $x_0+\Delta x=0.98$,取 $x_0=1$,$\Delta x=0.98-1=-0.02$,代入上式,得

$$\arctan 0.98\approx\arctan 1+\frac{1}{1+1^2}\times(-0.02)$$
$$=\frac{\pi}{4}-0.01\approx 0.7854-0.01=0.7754.$$

2) 计算函数 f(x)在点 x=0 附近的近似值

在上面近似公式(2.12.2)中,令 $x_0=0$,$\Delta x=x$,得近似公式

$$f(x)\approx f(0)+f'(0)x. \tag{2.12.3}$$

当$|x|$很小时,可以用公式(2.12.3)求 $f(x)$在点 $x=0$ 附近的近似值.

例 2.106　当$|x|$很小时,证明下列几个工程上常用的近似公式:

(1) $e^x\approx 1+x$;　(2) $\ln(1+x)\approx x$;　(3) $\sin x\approx x$;

(4) $\tan x\approx x$;　(5) $(1+x)^\alpha\approx 1+\alpha x$;　(6) $\arcsin x\approx x$.

下面证明公式 $(1+x)^\alpha\approx 1+\alpha x$.

证　设 $f(x)=(1+x)^\alpha$　(α 为实数). 那么

$$f(0)=(1+0)^\alpha=1,$$
$$f'(0)=\alpha(1+x)^{\alpha-1}\big|_{x=0}=\alpha.$$

由公式(2.12.3),得

$$(1+x)^{\alpha}\approx 1+\alpha x.$$

类似地，可证明其他近似公式.

例 2.107 求下列各函数值的近似值（精确到 0.0001）：

(1) $\sqrt[3]{1.02}$； (2) $e^{-0.03}$； (3) $\sin 15'$.

解 (1) $\sqrt[3]{1.02}=(1+0.02)^{\frac{1}{3}}\approx 1+\frac{1}{3}\times 0.02=1.0067.$

(2) $e^{-0.03}\approx 1+(-0.03)=0.97.$

(3) $\sin 15'=\sin\left(\frac{15}{60}\right)^{\circ}=\sin\left(\frac{15}{60}\times\frac{\pi}{180}\right)\approx\sin 0.0044\approx 0.0044.$

2.12.5 微分在误差估计中的应用

在很多实际问题中，要求直接研究因为自变量微小改变所引起的函数值的改变. 例如，测量一个圆盘的半径 r，并由此计算圆盘的面积 $A=\pi r^2$. 由于测量仪器的精度、测量时的条件和方法等各种因素的影响，测量的数据往往会有一个误差 Δr，那么由公式计算得出的面积 A 的误差 $\Delta A=f(r+\Delta r)-f(r)$ 会有多大. 像这一类的问题在实际生产技术中显然是很重要的. 然而，半径的准确值 $r+\Delta r$ 我们不知道，因而 ΔA 也无法求出，但 ΔA 的线性主部——微分 dy 却可求得

$$dy=(\pi r^2)'\Delta r=2\pi r\Delta r.$$

所以，常用微分 dy 代替 Δy 估计误差.

下面先介绍有关误差的几个概念.

1. 绝对误差与绝对误差界

设测量圆盘的半径为

$$r=100(\pm 0.5).$$

上式中，各数据的意义是：测量值（近似值）$r=100$，误差 $|\Delta r|\leqslant 0.5$. 又设半径的实际长度为 R，则有

$$100-0.5\leqslant R\leqslant 100+0.5,$$

于是，有

$$|R-100|\leqslant 0.5.$$

上式中的 $|R-100|$ 叫做近似值 100 的“绝对误差”，正数 0.5 叫做近似值 100 的“绝对误差界”.

一般地，如果某个量的精确值为 A，它的近似值为 a，又知道它们之间的误差不超过 δ_a，即 $|A-a|\leqslant\delta_a$，则称 $|A-a|$ 为近似值 a 的绝对误差，称 δ_a 为近似值 a 的绝对误差界，δ_a 刻画了 a 的近似程度.

2. 相对误差与相对误差界

又测得两圆盘的半径分别为

$$r_1 = 100(\pm 0.5), \quad r_2 = 200(\pm 0.5).$$

它们的绝对误差界都是 0.5,但由于后者比前者长,显然后者的近似程度较好.由此可见,一个量的近似值的精确程度不但跟它们的绝对误差有关,而且还与这个量的大小本身有关,所以常常需要标出这个误差界占这个量本身的百分比.例如,上面两个圆盘的半径,它们的百分比分别为

$$\frac{0.5}{100} = 0.005 = 0.5\%, \frac{0.5}{200} = 0.025 = 2.5\%.$$

后者的百分比比前者小,故精确度较高.

一般地,称$\left|\frac{A-a}{a}\right|$为近似值$a$的相对误差,如果$|A-a|\leqslant\delta_a$,那么$\left|\frac{A-a}{a}\right|\leqslant\frac{\delta_a}{|a|}$,则称$\frac{\delta_a}{|a|}$为近似值$a$的相对误差界,相对误差界常用百分数表示.

3. 微分代替增量估计误差

我们根据测量值x按公式$y=f(x)$计算函数值y时,如果测量值x的绝对误差界为δ_x,即

$$|\Delta x| \leqslant \delta_x,$$

那么,当$y'\neq 0$时,y的绝对误差

$$|\Delta y| \approx |\mathrm{d}y| = |y'| \cdot |\Delta x| \leqslant |y'| \cdot \delta_x,$$

从而得估计函数y的绝对误差界的公式为

$$\delta_y = |y'| \cdot \delta_x,$$

估计函数y的相对误差界的公式为

$$\frac{\delta_y}{|y|} = \left|\frac{y'}{y}\right| \cdot \delta_x.$$

为了方便,常把绝对误差界与相对误差界简称为绝对误差与相对误差. 绝对误差和相对误差统称为误差.

例 2.108　用卡尺测得圆钢的直径为 60.04mm,测量误差是 0.005mm,试估计计算圆钢截面面积时所产生和误差.

解　设圆钢的直径为D,截面面积为A,则

$$A = \pi\left(\frac{D}{2}\right)^2 = \frac{1}{4}\pi D^2, \quad A' = \left(\frac{1}{4}\pi D^2\right)' = \frac{1}{2}\pi D.$$

因为$D=60.04, \delta_D=0.005$,所以A的绝对误差为

$$\delta_A = |A'|\delta_D = \frac{1}{2}\pi D\delta_D$$

$$\approx \frac{1}{2} \times 3.142 \times 60.04 \times 0.005 \approx 0.4716\ (\mathrm{mm}^2);$$

A 的相对误差为

$$\frac{\delta_A}{A} = \frac{\frac{1}{2}\pi D \cdot \delta_D}{\frac{1}{4}\pi D^2} = \frac{2\delta_D}{D} = \frac{2 \times 0.0005}{60.04} \approx 0.017(\%).$$

即计算圆钢截面面积的绝对值误差为 $0.4716\mathrm{mm}^2$，相对误差为 0.017 %.

例 2.109　计算立方体体积时，要求体积的相对误差不超过 1%，问测量边长的相对误差不能超过多少？

解　设立方体的边长为 x，体积为 V，则

$$V = x^3,\quad V' = 3x^2.$$

体积 V 的相对误差

$$\frac{\delta_V}{|V|} = \left|\frac{V'}{V}\right|\delta_x = \frac{3x^2}{x^3}\delta_x = \frac{3\delta_x}{x}.$$

由题意要求　$\frac{\delta_V}{|V|}=\frac{3\delta_x}{x}\leqslant\frac{1}{100}$，得

$$\frac{\delta_x}{x} \leqslant \frac{1}{300} = \frac{1}{3}(\%),$$

因此，当测量边长的相对误差不超过$\frac{1}{3}$% 时，就能使体积的相对误差不超过 1%.

数学实验二　用 Matlab 软件求一元函数的导数和极(或最)值

一、一元函数的导数

1. 调用格式一

```
diff('f(x)','x',n)
```

其中，$f(x)$为函数，x 为自变量，若未指明，按默认的自变量．n 为导数的阶数，缺省时，求一阶导数.

例 1　已知 $f(x)=x^2\cos x$，求 $f'(x)$.

解　在命令行中输入：

```
dydx=diff('x^2* cos(x)')   % 未指明自变量，按默认的自变量输出导数结果
```

结果如下：

```
dydx=
2*x*cos(x)-x^2*sin(x)
```

即

$$f'(x) = 2x\cos x - x^2\sin x.$$

例 2　已知 $y=t\arcsin(xt)$（x 为常数），求$\frac{d^2y}{dt^2}$.

解　在命令行中输入：

```
d2ydt2=diff('t*asin(x*t)','t',2)   % 若不指明对 t 求导，则默认对 x 求导
```

结果如下：

```
d2ydt2=
2*x/(1-x^2*t^2)^(1/2)+t^2*x^3/(1-x^2*t^2)^(3/2)
```

即

$$\frac{d^2y}{dt^2} = \frac{2x}{\sqrt{1-(xt)^2}} + \frac{x^3t^2}{\sqrt{[1-(xt)^2]^3}}.$$

2. 调用格式二

```
syms x
diff(f(x),x,n)
```

例 3　已知 $y=t\arcsin(xt)$（t 为常数），求$\frac{d^2y}{dx^2}$.

解　在命令行中输入：

```
syms x t
d2ydx2=diff(t*asin(x*t),x,2)
```

输出结果是：

```
d2ydx2=
t^4/(1-x^2*t^2)^(3/2)*x
```

即

$$\frac{d^2y}{dx^2} = \frac{xt^4}{\sqrt{[1-(xt)^2]^3}}.$$

二、隐函数的导数

在 Matlab 中没有直接求隐函数导数的命令，但可调用 Maple 中求隐函数导数的命令，调用格式如下：

```
maple('implicitdiff(f(x,y)=0,y,x)')
```

例 4　求由方程 $xy-e^{x+y}-5=0$ 所确定的隐函数$\frac{dy}{dx}$.

解　在命令行中输入：

```
dydx=maple('implicitdiff(x* y-exp(x+ y)-5=0,y,x)')
```

运行结果是：

```
dydx=
- (y-exp(x+y))/(x-exp(x+y))
```

即

$$\frac{dy}{dx}=-\frac{y-e^{x+y}}{x-e^{x+y}}.$$

三、一元函数的极(或最)值

在 Matlab 中只有求极(或最)小值命令的函数.若要求函数 $f(x)$在(x_1,x_2)内的极(或最)大值,可转化为求$-f(x)$在(x_1,x_2)内的极(或最)小值.求极(或最)小值点和极(或最)小值的调用格式是：

```
[x,fual]=fminbnd('fun',x1,x2)
```

其中,fun 为函数,$x1$,$x2$ 为 x 的取值范围,x 为极(或最)小点,fual 为极(或最)小值.

例 5　求函数 $f(x)=2e^{-x}\sin x$ 在(2,5)的最小值点和最小值.

解　在命令行中输入：

```
[xmin,fmin]=fminbnd('2* exp(-x)* sin(x)',2,5)
```

输出结果如下：

```
x min=
    3.9270
fmin=
    -0.0279
```

例 6　求函数 $f(x)=1-3x-x^2$ 在$[-10,9]$的最值点和最值.

解　在命令行中输入：

```
[xmin,fmin]=fminbnd('1-3* x-x^2',-10,9);     % 求 f(x)的最小值点和最小值
[xmax,zmin]=fminbnd('-1+3* x+x^2',-10,9);    % 转化为求-f(x)的最小值点和最小值
fmax=-zmin;                                   % -(-f(x))
```

```
                                    的最大值
xmin,fmin,xmax,fmax                 % 输出最小值
                                    点、最小值和最
                                    大值点、最大值
```

运行结果为：

```
xmin =
     9
fmin=
   -107
xmax=
   -1.5000
fmax=
   3.2500
```

四、上机实验

(1) 用 help 命令查看函数 diff,fminbnd 等的用法.

(2) 上机验证上面各例.

(3) 作相关小节练习中函数的导数和求函数的极(或最)值.

第3章　一元积分学

积分学是微积分的重要组成部分之一.它在生产实践、科学技术各领域以及经济活动分析、企业管理等许多方面有着极其广泛的应用.

一元函数积分学的主要内容是不定积分与定积分.本章介绍它们的概念、性质、计算与应用.

3.1　不定积分的概念、基本公式和运算法则

3.1.1　不定积分的概念

我们在前面学习了一元函数的微分学,会求某些函数的导数和微分,并能用它来解决一些实际问题.但是,这只是问题的一方面,另一方面,在实际问题中我们还常常会遇到与之相反的问题.

例如,如果我们知道真空中自由落体的运动规律是

$$s=\frac{1}{2}gt^2,$$

其中,g 为重力加速度.那么我们可以用求导数的办法,求得该物体 t 时刻的速度

$$v=s'=\left(\frac{1}{2}gt^2\right)'=gt.$$

反过来,如果我们已知真空中自由落体在任意时刻 t 的运动速度为

$$v=v(t)=gt,$$

又知当 $t=0$ 时,位移 $s=0$,能不能求出自由落体的运动规律呢?如果能,又该怎样求呢?

上面的后一问题实质上就是已知某个函数的导函数,要求这个函数,即已知 $F'(x)=f(x)$,要求 $F(x)$.这里,我们称 $F(x)$是 $f(x)$的一个原函数.因此我们有

定义 3.1.1　如果函数 $F(x)$在区间 I 上可导,使得在该区间上任意一点都有

$$F'(x)=f(x) \text{ 或 } \mathrm{d}F(x)=f(x)\mathrm{d}x,$$

这时我们称 $F(x)$是 $f(x)$在区间 I 上的一个**原函数**.

例如,因为 $\left(\frac{1}{2}gt^2\right)'=gt$,所以 $\frac{1}{2}gt^2$ 是 gt 的一个原函数,因为 $\mathrm{d}(-\cos x)=\sin x\mathrm{d}x$,所以 $-\cos x$ 是 $\sin x$ 的一个原函数.

又如,因为$(x^3)'$,$(x^3+1)'$,$(x^3-\sqrt{2})'$,$(x^3+C)'$(这里 C 为任意常数)都是

$3x^2$，所以 x^3，x^3+1，$x^3-\sqrt{2}$ 和 x^3+C 都是 $3x^2$ 的原函数. 从这个例子可以看出：如果某函数有一个原函数，那么它就有无限多个原函数，并且其中任意两个原函数之间只相差一个常数. 这就是说，如果 $F(x)$ 是 $f(x)$ 的一个原函数，那么 $F(x)+C$ 就是 $f(x)$ 的全部原函数（称为原函数族），这里 C 为任意常数. 关于 $f(x)$ 的所有原函数组成的原函数族 $F(x)+C$，是我们后面研究的重要内容，因此给出以下定义：

定义 3.1.2　如果 $F(x)$ 是 $f(x)$ 的一个原函数，那么 $f(x)$ 的全部原函数 $F(x)+C$ 就叫做 $f(x)$ 的不定积分，记作

$$\int f(x)\mathrm{d}x,$$

其中，x 叫做积分变量，"$\int$"叫做积分号，$f(x)$ 叫做被积函数，$f(x)\mathrm{d}x$ 叫做被积表达式.

也就是说，若 $f(x)$ 的一个原函数是 $F(x)$，则有

$$\int f(x)\mathrm{d}x = F(x)+C, \quad C \text{ 为任意常数}.$$

由定义可知，要求已知函数的不定积分，只需求出它的一个原函数，再加上任意常数 C 就可以了.

例 3.1　求不定积分：

(1) $\int x^2\mathrm{d}x$；　(2) $\int \frac{1}{x}\mathrm{d}x$；　(3) $\int \frac{1}{1+x^2}\mathrm{d}x$.

解　(1) 因为 $\left(\frac{1}{3}x^3\right)'=x^2$，所以 $\frac{1}{3}x^3$ 是 x^2 的一个原函数，因此

$$\int x^2\mathrm{d}x = \frac{1}{3}x^3+C.$$

(2) 因为 $(\ln|x|)'=\frac{1}{x}$，所以 $\ln|x|$ 是 $\frac{1}{x}$ 的一个原函数，因此

$$\int \frac{1}{x}\mathrm{d}x = \ln|x|+C.$$

(3) 因为 $(\arctan x)'=\frac{1}{1+x^2}$，所以 $\arctan x$ 是 $\frac{1}{1+x^2}$ 的一个原函数，因此

$$\int \frac{1}{1+x^2}\mathrm{d}x = \arctan x + C.$$

从不定积分的定义可以看出，"求不定积分"和"求导数"（或求微分）是互逆的运算，于是有以下性质：

性质 3.1.1　$\left[\int f(x)\mathrm{d}x\right]'=f(x)$，或 $\mathrm{d}\left[\int f(x)\mathrm{d}x\right]=f(x)\mathrm{d}x$.

性质 3.1.2 $\int f'(x)\mathrm{d}x = f(x)+C$,或 $\int \mathrm{d}f(x) = f(x)+C$.

例 3.2 验证下列等式：

(1) $\int x^3\mathrm{d}x = \frac{1}{4}x^4 + C$； (2) $\int \mathrm{e}^x\mathrm{d}x = \mathrm{e}^x + C$.

证 (1) 因为 $\left(\frac{1}{4}x^4+C\right)' = x^3$,所以 $\int x^3\mathrm{d}x = \frac{1}{4}x^4+C$.

(2) 因为 $(\mathrm{e}^x+C)' = \mathrm{e}^x$,所以 $\int \mathrm{e}^x\mathrm{d}x = \mathrm{e}^x + C$.

例 3.3 求通过(1,3)且斜率为 $2x$ 的曲线.

解 设所求曲线方程是 $y=f(x)$,则由导数的几何意义和题意得 $y'=2x$,于是

$$y = \int 2x\mathrm{d}x = x^2 + C.$$

因为所求曲线通过(1,3)点,所以把 $x=1$,$y=3$ 代入上式,得

$$3 = 1^2 + C,$$

解得 $C=2$,故所求曲线方程是

$$y = x^2 + 2.$$

3.1.2 不定积分的基本公式

因为不定积分运算与微分运算是互逆关系,所以由导数基本公式和定积分的概念可得到不定积分的基本公式：

(1) $\int \mathrm{d}x = x + C$；

(2) $\int x^\alpha \mathrm{d}x = \frac{1}{\alpha+1}x^{\alpha+1} + C, \alpha \neq -1$；

(3) $\int \frac{1}{x}\mathrm{d}x = \ln|x| + C$；

(4) $\int a^x\mathrm{d}x = \frac{1}{\ln a}a^x + C$,其中 $a>0, a\neq 1$；

(5) $\int \mathrm{e}^x\mathrm{d}x = \mathrm{e}^x + C$；

(6) $\int \sin x\mathrm{d}x = -\cos x + C$；

(7) $\int \cos x\mathrm{d}x = \sin x + C$；

(8) $\int \tan x\mathrm{d}x = -\ln|\cos x| + C$；

(9) $\int \cot x \mathrm{d}x = \ln|\sin x| + C$；

(10) $\int \sec^2 x \mathrm{d}x = \tan x + C$；

(11) $\int \csc^2 x \mathrm{d}x = -\cot x + C$；

(12) $\int \frac{\mathrm{d}x}{\sqrt{1-x^2}} = \arcsin x + C$；

(13) $\int \frac{\mathrm{d}x}{1+x^2} = \arctan x + C$.

以上公式是求不定积分的基础,必须熟记.

3.1.3　不定积分的基本运算法则

由于

$$\left\{\int [f(x) \pm g(x)]\mathrm{d}x\right\}' = f(x) \pm g(x),$$

$$\left[\int f(x)\mathrm{d}x \pm \int g(x)\mathrm{d}x\right]' = \left[\int f(x)\mathrm{d}x\right]' \pm \left[\int g(x)\mathrm{d}x\right]' = f(x) \pm g(x),$$

$$\left[\int kf(x)\mathrm{d}x\right]' = \left[k\int f(x)\mathrm{d}x\right]' = k\left[\int f(x)\mathrm{d}x\right]' = kf(x),$$

于是得到:

法则 3.1.1　两个函数的和(差)的不定积分等于这两个函数不定积分的和(差). 即

$$\int [f(x) \pm g(x)]\mathrm{d}x = \int f(x)\mathrm{d}x \pm \int g(x)\mathrm{d}x.$$

法则 3.1.2　被积函数的常数因子可以提到积分号外. 即

$$\int kf(x)\mathrm{d}x = k\int f(x)\mathrm{d}x.$$

由法则 3.1.1 和法则 3.1.2,有

$$\int [k_1 f_1(x) \pm k_2 f_2(x) \pm \cdots \pm k_n f_n(x)]\mathrm{d}x$$

$$= k_1\int f_1(x)\mathrm{d}x \pm k_2\int f_2(x)\mathrm{d}x \pm \cdots \pm k_n\int f_n(x)\mathrm{d}x.$$

运用以上法则和不定积分的基本公式,可以求一些较简单函数的不定积分.

例 3.4　求 $\int\left(3\sin x + \frac{2}{x} - x^5\right)\mathrm{d}x$.

解　$\int\left(3\sin x + \frac{2}{x} - x^5\right)\mathrm{d}x = 3\int \sin x \mathrm{d}x + 2\int \frac{1}{x}\mathrm{d}x - \int x^5 \mathrm{d}x$

$$= -3\cos x + 2\ln|x| - \frac{1}{5+1}x^{5+1} + C$$

$$= -3\cos x + 2\ln|x| - \frac{1}{6}x^6 + C.$$

例 3.5 求 $\int \frac{(x-1)^2}{x^2}dx$.

解 $\int \frac{(x-1)^2}{x^2}dx = \int \frac{x^2-2x+1}{x^2}dx = \int\left(1-\frac{2}{x}+\frac{1}{x^2}\right)dx$

$$= \int dx - 2\int \frac{1}{x}dx + \int x^{-2}dx$$

$$= x - 2\ln|x| + \frac{1}{-2+1}x^{-2+1} + C$$

$$= x - 2\ln|x| - \frac{1}{x} + C.$$

例 3.6 求 $\int \sqrt{x}\,(x^2-5)dx$

解 $\int \sqrt{x}\,(x^2-5)dx = \int (x^{\frac{5}{2}} - 5x^{\frac{1}{2}})dx = \int x^{\frac{5}{2}}dx - 5\int x^{\frac{1}{2}}dx$

$$= \frac{2}{7}x^{\frac{7}{2}} - 5\cdot\frac{2}{3}x^{\frac{3}{2}} + C = \frac{2}{7}x^3\sqrt{x} - \frac{10}{3}x\sqrt{x} + C.$$

例 3.7 求 $\int \frac{x^4}{x^2+1}dx$.

解 $\int \frac{x^4}{x^2+1}dx = \int \frac{x^4-1+1}{x^2+1}dx = \int \frac{(x^2+1)(x^2-1)+1}{x^2+1}dx$

$$= \int (x^2-1)dx + \int \frac{1}{1+x^2}dx = \frac{1}{3}x^3 - x + \arctan x + C.$$

例 3.8 求 $\int \tan^2 x dx$.

解 $\int \tan^2 x dx = \int (\sec^2 x - 1)dx = \int \sec^2 x dx - \int dx = \tan x - x + C.$

例 3.9 设一质点以等加速度 a 做直线运动，其初速度为 v_0，初始位移为 s_0，求该质点的运动规律.

解 设该质点的运动规律为 $s=s(t)$，加速度为 a，则由题设有

$$s'' = a,$$

于是 t 时刻的速度为

$$v = s' = \int a dt = at + C.$$

把 $t=0, v=v_0$ 代入，得 $C=v_0$. 从而，有

$$s' = at + v_0,$$

所以

$$s = \int (at + v_0)\mathrm{d}t = \frac{1}{2}at^2 + v_0 t + C.$$

再把 $t=0, s=s_0$ 代入,得 $C=s_0$. 因而质点的运动规律是

$$s = \frac{1}{2}at^2 + v_0 t + s_0.$$

3.2 换元积分法

3.2.1 第一换元积分法

直接利用不定积分的基本公式和运算法则所能计算的不定积分是十分有限的. 为了会求更多初等函数的不定积分,下面我们将介绍不定积分的两大积分方法——换元积分法和分部积分法. 换元积分法实际上是与微分学中复合函数求导法(或微分法)在积分学中相应的方法. 我们先看下面例子.

例 3.10 求 $\int \cos 3x \mathrm{d}x$.

我们已经知道 $\int \cos u \mathrm{d}u = \sin u + C$, 因此可以猜想: $\cos 3x$ 的原函数可能与 $\sin 3x$ 有关. 为了验证我们的猜想,对 $\sin 3x$ 先求微分:

$$\mathrm{d}\sin 3x = \cos 3x \mathrm{d}(3x) = 3\cos 3x \mathrm{d}x.$$

再求积分,得

$$\int \mathrm{d}\sin 3x = \int \cos 3x \mathrm{d}(3x) = \int 3\cos 3x \mathrm{d}x.$$

于是由不定积分的性质可以得到

$$\sin 3x = \int \cos 3x \mathrm{d}(3x) = 3\int \cos 3x \mathrm{d}x.$$

于是

$$\int \cos 3x \mathrm{d}x = \int \cos 3x \cdot \frac{1}{3}\mathrm{d}(3x) = \frac{1}{3}\sin 3x + C.$$

这里,我们不但求出了 $\int \cos 3x \mathrm{d}x$ 的结果,而且还给出了求这类不定积分的方法:因为被积函数是 $3x$ 的函数,所以先对 $\int \cos 3x \mathrm{d}x$ 作适当变形,把 $\mathrm{d}x$“凑成” $\frac{1}{3}\mathrm{d}(3x)$,并将 $3x$ 看成一个“元”,令 $3x=u$,通过换元得 $\frac{1}{3}\int \cos u \mathrm{d}u$, 然后再用基本

积分公式得$\frac{1}{3}\sin u+C$,回代后有$\int\cos 3x\mathrm{d}x=\frac{1}{3}\sin 3x+C$.

一般地,设$F'(u)=f(u)$,由复合函数的微分法则

$$\mathrm{d}F[\varphi(x)]=f[\varphi(x)]\mathrm{d}\varphi(x)=f[\varphi(x)]\varphi'(x)\mathrm{d}x,$$

从而,有

$$\begin{aligned}\int f[\varphi(x)]\varphi'(x)\mathrm{d}x &\xlongequal{1^\circ\ 凑微分}\int f[\varphi(x)]\mathrm{d}\varphi(x)\\ &\xlongequal{2^\circ\ 换元}\int f(u)\mathrm{d}u\\ &\xlongequal{3^\circ\ 积分}F(u)+C\\ &\xlongequal{4^\circ\ 回代}F[\varphi(x)]+C.\end{aligned}$$

例 3.11 求$\int(2x+3)^{10}\mathrm{d}x$.

解 因为$\mathrm{d}x=\frac{1}{2}\mathrm{d}(2x+3)$,所以

$$\begin{aligned}\int(2x+3)^{10}\mathrm{d}x&=\int(2x+3)^{10}\cdot\frac{1}{2}\mathrm{d}(2x+3)=\frac{1}{2}\int u^{10}\mathrm{d}u\\&=\frac{1}{2}\cdot\frac{1}{11}u^{11}+C=\frac{1}{22}(2x+3)^{11}+C.\end{aligned}$$

例 3.12 求$\int x\mathrm{e}^{x^2}\mathrm{d}x$.

解 因为$x\mathrm{d}x=\frac{1}{2}\mathrm{d}(x^2)$,所以

$$\int x\mathrm{e}^{x^2}\mathrm{d}x=\frac{1}{2}\int\mathrm{e}^{x^2}\mathrm{d}(x^2)=\frac{1}{2}\int\mathrm{e}^u\mathrm{d}u=\frac{1}{2}\mathrm{e}^u+C=\frac{1}{2}\mathrm{e}^{x^2}+C.$$

由上面两个例子可以知道,换元的作用是使被积函数更接近公式函数,可以将积分公式中的所有x都当作u,利用公式积分就可以了.当然,熟练之后就可省略换元和回代这两步了.

例 3.13 求$\int\frac{\ln x}{x}\mathrm{d}x$.

解 因为$\frac{1}{x}\mathrm{d}x=\mathrm{d}(\ln x)$,所以

$$\int\frac{\ln x}{x}\mathrm{d}x=\int\ln x\mathrm{d}(\ln x)=\frac{1}{2}\ln^2x+C.$$

从上面的例子可以看出,用这种换元法计算积分时,关键是要把被积表达式凑成两部分,使其中一部分为$\mathrm{d}\varphi(x)$新变元的积分,另一部分为$\varphi(x)$的函数$f[\varphi(x)]$,f为基本积分公式中的被积函数类.这种积分方法叫做第一换元法,亦

称凑微分法.

凑微分时,常用到下列微分式,熟悉这些微分式有助于求不定积分.

$$\mathrm{d}x=\frac{1}{a}\mathrm{d}(ax+b);\quad x\mathrm{d}x=\frac{1}{2}\mathrm{d}(x^2);$$

$$\frac{1}{x}\mathrm{d}x=\mathrm{d}(\ln|x|);\quad \frac{1}{x^2}\mathrm{d}x=-\mathrm{d}\left(\frac{1}{x}\right);$$

$$\frac{1}{\sqrt{x}}\mathrm{d}x=2\mathrm{d}(\sqrt{x});\quad \mathrm{e}^x\mathrm{d}x=\mathrm{d}(\mathrm{e}^x);$$

$$\sin x\mathrm{d}x=-\mathrm{d}(\cos x);\quad \cos x\mathrm{d}x=\mathrm{d}(\sin x);$$

$$\sec^2 x\mathrm{d}x=\mathrm{d}(\tan x);\quad \csc^2 x\mathrm{d}x=-\mathrm{d}(\cot x);$$

$$\frac{1}{1+x^2}\mathrm{d}x=\mathrm{d}(\arctan x);\quad \frac{1}{\sqrt{1-x^2}}\mathrm{d}x=\mathrm{d}(\arcsin x).$$

例 3.14　求 $\int\frac{\mathrm{d}x}{\sqrt{x}(1+x)}$.

解　$\int\frac{\mathrm{d}x}{\sqrt{x}(1+x)}=2\int\frac{1}{1+(\sqrt{x})^2}\mathrm{d}(\sqrt{x})=2\arctan\sqrt{x}+C.$

例 3.15　求 $\int\frac{\mathrm{d}x}{\sqrt{a^2-x^2}}\ (a>0)$.

解　$$\int\frac{\mathrm{d}x}{\sqrt{a^2-x^2}}=\int\frac{\mathrm{d}x}{a\sqrt{1-\left(\frac{x}{a}\right)^2}}=\int\frac{\mathrm{d}\left(\frac{x}{a}\right)}{\sqrt{1-\left(\frac{x}{a}\right)^2}}=\arcsin\frac{x}{a}+C.$$

类似可得

$$\int\frac{\mathrm{d}x}{a^2+x^2}=\frac{1}{a}\arctan\frac{x}{a}+C(a\neq 0).$$

例 3.16　求 $\int\sin^2 x\mathrm{d}x$.

解　$$\int\sin^2 x\mathrm{d}x=\int\frac{1-\cos 2x}{2}\mathrm{d}x=\frac{1}{2}\int\mathrm{d}x-\frac{1}{2}\cdot\frac{1}{2}\int\cos 2x\mathrm{d}(2x)$$
$$=\frac{1}{2}x-\frac{1}{4}\sin 2x+C.$$

例 3.17　求 $\int\tan x\mathrm{d}x$.

解　$\int\tan x\mathrm{d}x=\int\frac{\sin x}{\cos x}\mathrm{d}x=-\int\frac{\mathrm{d}(\cos x)}{\cos x}=-\ln|\cos x|+C.$

类似可得

$$\int \cot dx = \ln|\sin x| + C.$$

下面举例说明简单有理分式的积分方法.

例 3.18 求 $\int \frac{x+3}{x^2-5x+6}dx$.

解 因为 $\frac{x+3}{x^2-5x+6}=\frac{x+3}{(x-3)(x-2)}$，所以我们可以这样认为：它是两个简单分式 $\frac{A}{x-3}$ 与 $\frac{B}{x-2}$ 相加的结果，而这两个简单的分式的不定积分又容易求得，因此，设

$$\frac{x+3}{x^2-5x+6} = \frac{A}{x-3} + \frac{B}{x-2},$$

其中，A,B 为待定常数. 为了确定 A,B，将上式右端通分，得

$$\frac{x+3}{x^2-5x+6} = \frac{A(x-2)+B(x-3)}{(x-3)(x-2)},$$

上式两端同乘以 $(x-3)(x-2)$，得

$$x+3 = A(x-2)+B(x-3). \qquad ①$$

下面用两种方法来确定 A,B.

一种方法是先将式①的右端整理成 x 的一次式，得到

$$x+3 = (A+B)x-2A-3B,$$

再比较系数，得

$$\begin{cases} A+B=1, \\ -2A-3B=3, \end{cases}$$

最后解方程组，得 $A=6,B=-5$.

第二种方法是在式①中，令 $x=3$，得 $A=6$；令 $x=2$，得 $B=-5$. 这是因为式①是恒等式，所以对 x 取任意值都应该成立. 于是

$$\int \frac{x+3}{x^2-5x+6}dx = \int\left(\frac{6}{x-3}-\frac{5}{x-2}\right)dx = 6\int\frac{d(x-3)}{x-3}-5\int\frac{d(x-2)}{x-2}$$

$$=6\ln|x-3|-5\ln|x-2|+C = \ln\frac{(x-3)^6}{|x-2|^5}+C.$$

例 3.19 求 $\int \frac{x+2}{x^2+2x+2}dx$.

解 因为 x^2+2x+2 的判别式 $\Delta<0$，不能分解为两个一次因式乘积，所以例 3.18 方法行不通. 但仍可考虑将被积函数分成两部分，其中一部分的分子为分母的导数 $(x^2+2x+2)'=2x+2$ 的常数倍，另一部分的分子为常数，然后对这两部分分别积分.

$$\int \frac{x+2}{x^2+2x+2}dx = \int \frac{\frac{1}{2}(2x+2)+1}{x^2+2x+2}dx = \frac{1}{2}\int \frac{2x+2}{x^2+2x+2}dx + \int \frac{1}{x^2+2x+2}dx$$

$$= \frac{1}{2}\int \frac{d(x^2+2x+2)}{x^2+2x+2} + \int \frac{d(x+1)}{1+(x+1)^2}$$

$$= \frac{1}{2}\ln(x^2+2x+2) + \arctan(x+1) + C.$$

例 3.20　$\int \frac{x+1}{x^2(x^2+1)}dx.$

解　由于被积函数的分母的 x^2 是一个二重因式，x^2+1 是二次因式，因此被积函数分成的部分分式应含有三项：$\frac{A}{x}, \frac{B}{x^2}, \frac{Cx+D}{x^2+1}$，即

$$\frac{x+1}{x^2(x^2+1)} = \frac{A}{x} + \frac{B}{x^2} + \frac{Cx+D}{x^2+1},$$

等式两边同乘以 $x^2(x^2+1)$，得

$$x+1 = Ax(x^2+1) + B(x^2+1) + x^2(Cx+D)$$
$$= (A+C)x^3 + (B+D)x^2 + Ax + B,$$

比较两边系数得，$A=1, B=1, C=-1, D=-1$，于是

$$\int \frac{x+1}{x^2(x^2+1)}dx = \int\left(\frac{1}{x} + \frac{1}{x^2} - \frac{x+1}{x^2+1}\right)dx$$

$$= \int \frac{1}{x}dx + \int \frac{1}{x^2}dx - \int \frac{\frac{1}{2}(x^2+1)'+1}{x^2+1}dx$$

$$= \ln|x| - \frac{1}{x} - \frac{1}{2}\int \frac{d(x^2+1)}{x^2+1} - \int \frac{1}{x^2+1}dx$$

$$= \ln|x| - \frac{1}{x} - \frac{1}{2}\ln(x^2+1) - \arctan x + C.$$

通过以上例子，我们可以总结出有理式积分的步骤：

(1) 若被积函数是假分式，则运用多项式的除法将其化为一个多项式与一个有理真分式之和.

(2) 分式分成若干简单分式之和. 从理论上说，分母的多项式总可以分解成一些一次因式和判别式 $\Delta<0$ 的二次因式的乘积. 在将该真分式分成若干简单分式之和时必须注意两点：一是若分母有 $(x-a)^n$ 这个因式，则分成的简单分式一般有 n 个，它们的分母分别是 $(x-a), (x-a)^2, \cdots, (x-a)^n$，其分子均为待定常数，如例 3.20 的 x^2；二是若分母的因式是二次因式(不计重数)，则以其为分母的简单分式的分子一般为待定的一次式，如例 3.20 的 x^2+1.

(3) 对多项式和每个简单分式分别积分.

3.2.2 第二换元积分法

我们已经看到,用"凑微分法"确实能求出许多不定积分,包括像例 3.14 和例 3.15 这种被积函数含有$\sqrt{x}$或$\sqrt{a^2-x^2}$的情形.但是,有些无理式的积分,比如$\int \frac{\sqrt{x}}{1+\sqrt[3]{x}}\mathrm{d}x$和$\int \sqrt{a^2-x^2}\,\mathrm{d}x$,用"凑微分法"却难以解决.下面来研究这一问题.

例 3.21 求$\int \frac{1}{\sqrt{x}+\sqrt[3]{x}}\mathrm{d}x$.

解 求这个积分的困难在于被积式中含有根式,要去掉根式,只需令$\sqrt[6]{x}=t$,则$x=t^6$,$\mathrm{d}x=6t^5\mathrm{d}t$,把它们代入积分式,得

$$
\begin{aligned}
\int \frac{1}{\sqrt{x}+\sqrt[3]{x}}\mathrm{d}x &= \int \frac{6t^5\mathrm{d}t}{t^3+t^2} = 6\int \frac{t^3\mathrm{d}t}{t+1} = 6\int \frac{(t^3+1)-1}{t+1}\mathrm{d}t \\
&= 6\int\left(t^2-t+1-\frac{1}{t+1}\right)\mathrm{d}t \\
&= 2t^3-3t^2+6t-6\ln|t+1|+C \\
&= 2\sqrt{x}-3\sqrt[3]{x}+6\sqrt[6]{x}-6\ln(\sqrt[6]{x}+1)+C.
\end{aligned}
$$

对被积式中含有根式$\sqrt{a^2\pm x^2}$或$\sqrt{x^2\pm a^2}$的不定积分,令根式等于t并不能使被积式有理化,但可以利用以下三角恒等式来消去根号:

$$
\begin{aligned}
1-\sin^2 x &= \cos^2 x, \\
1+\tan^2 x &= \sec^2 x, \\
\sec^2 x-1 &= \tan^2 x.
\end{aligned}
$$

事实上,对于上述形式的二次根式,只要作适当的三角代换,就可以把平方和或平方差化为某一函数的完全平方,从而消去根号.如下面的例子.

例 3.22 求$\int \sqrt{a^2-x^2}\,\mathrm{d}x\ (a>0)$

解 令$x=a\sin t\ \left(-\frac{\pi}{2}<t<\frac{\pi}{2}\right)$,则

$$
\sqrt{a^2-x^2}=\sqrt{a^2-a^2\sin^2 t}=a\cos t,\ \mathrm{d}x=a\cos t\mathrm{d}t.
$$

于是

$$
\begin{aligned}
\int \sqrt{a^2-x^2}\,\mathrm{d}x &= \int a\cos t\cdot a\cos t\mathrm{d}t = a^2\int \cos^2 t\mathrm{d}t \\
&= \frac{a^2}{2}\int(1+\cos 2t)\mathrm{d}t = \frac{a^2}{2}\left(t+\frac{1}{2}\sin 2t\right)+C.
\end{aligned}
$$

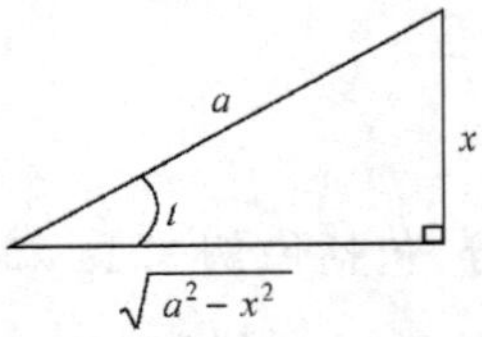

图 3.1

由 $x=a\sin t$，有 $\sin t=\frac{x}{a}$，$t=\arcsin\frac{x}{a}$，利用图 3.1 的辅助三角形可得 $\cos t=\frac{\sqrt{a^2-x^2}}{a}$，于是

$$\sin 2t=2\sin t\cos t=2\,\frac{x}{a}\cdot\frac{\sqrt{a^2-x^2}}{a}=\frac{2x}{a^2}\sqrt{a^2-x^2},$$

因此

$$\int\sqrt{a^2-x^2}\,\mathrm{d}x=\frac{a^2}{2}\arcsin\frac{x}{a}+\frac{x}{2}\sqrt{a^2-x^2}+C.$$

例 3.23　求 $\int\frac{\sqrt{x^2-a^2}}{x}\mathrm{d}x$，$(a>0)$

解　令 $x=a\sec t$，则 $\mathrm{d}x=a\sec t\cdot\tan t\mathrm{d}t$，于是

$$\int\frac{\sqrt{x^2-a^2}}{x}\mathrm{d}x=\int\frac{\sqrt{a^2\sec^2t-a^2}}{a\sec t}\cdot a\sec t\cdot\tan t\mathrm{d}t=a\int\tan^2t\mathrm{d}t$$

$$=a\int(\sec^2t-1)\mathrm{d}t=a(\tan t-t)+C,$$

由 $x=a\sec t$，有 $\cos t=\frac{a}{x}$，$t=\arccos\frac{a}{x}$，作图 3.2，

可得 $\tan t=\frac{\sqrt{x^2-a^2}}{a}$，代入上式，得

$$\int\frac{\sqrt{x^2-a^2}}{x}\mathrm{d}x=\sqrt{x^2-a^2}-a\cdot\arccos\frac{a}{x}+C.$$

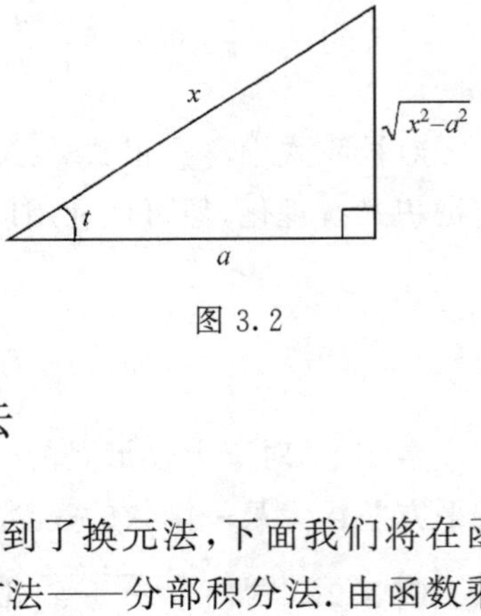

图 3.2

3.3　分部积分法

3.2 节我们在复合函数的微分法则的基础上得到了换元法，下面我们将在函数乘积的微分法则的基础上得到另一种基本积分方法——分部积分法. 由函数乘积的微分法则有

$$\mathrm{d}(uv)=u\mathrm{d}v+v\mathrm{d}u,$$

移项得

$$u\mathrm{d}v=\mathrm{d}(uv)-v\mathrm{d}u,$$

两边积分得

$$\int u\mathrm{d}v=uv-\int v\mathrm{d}u.$$

这就是不定积分的分部积分公式. 利用它可以计算 $\int u\mathrm{d}v$ 比较难求，而 $\int v\mathrm{d}u$ 又比较

容易求的不定积分.

例 3.24 求 $\int xe^x dx$.

解 不难看出,只要把原式变为 $\int xd(e^x)$,就可以运用分部积分公式了.

$$\int xe^x dx = \int xd(e^x) = xe^x - \int e^x dx = xe^x - e^x + C.$$

例 3.25 求 $\int x\cos 2x dx$.

解 $$\int x\cos 2x dx = \frac{1}{2}\int xd(\sin 2x) = \frac{1}{2}\left(x\sin 2x - \int \sin 2x dx\right)$$
$$= \frac{1}{2}x\sin 2x + \frac{1}{4}\cos 2x + C.$$

例 3.26 求 $\int x^2 \ln x dx$.

解 $$\int x^2 \ln x dx = \int \ln x d\left(\frac{x^3}{3}\right) = \frac{x^3}{3}\ln x - \int \frac{x^3}{3} d(\ln x)$$
$$= \frac{x^3}{3}\ln x - \frac{1}{3}\int x^3 \cdot \frac{1}{x} dx = \frac{x^3}{3}\ln x - \frac{1}{3}\int x^2 dx$$
$$= \frac{x^3}{3}\ln x - \frac{1}{9}x^3 + C = \frac{x^3}{9}(3\ln x - 1) + C.$$

例 3.27 求 $\int x\arctan x dx$.

解 $$\int x\arctan x dx = \int \arctan x d\left(\frac{x^2}{2}\right) = \frac{x^2}{2}\arctan x - \int \frac{x^2}{2} d(\arctan x)$$
$$= \frac{x^2}{2}\arctan x - \frac{1}{2}\int \frac{x^2}{1+x^2} dx$$
$$= \frac{x^2}{2}\arctan x - \frac{1}{2}\int \frac{x^2+1-1}{1+x^2} dx$$
$$= \frac{x^2}{2}\arctan x - \frac{1}{2}\int\left(1 - \frac{1}{1+x^2}\right) dx$$
$$= \frac{x^2}{2}\arctan x - \frac{x}{2} + \frac{1}{2}\arctan x + C$$
$$= \frac{1}{2}(x^2+1)\arctan x - \frac{x}{2} + C.$$

例 3.28 求 $\int \arcsin x dx$.

解 $$\int \arcsin x dx = x\arcsin x - \int xd(\arcsin x) = x\arcsin x - \int \frac{x}{\sqrt{1-x^2}} dx$$

$$=x\arcsin x+\frac{1}{2}\int\frac{d(1-x^2)}{\sqrt{1-x^2}}=x\arcsin x+\sqrt{1-x^2}+C.$$

例 3.29　求 $\int e^x\cos x dx$.

解　$\int e^x\cos x dx=\int\cos x d(e^x)=e^x\cos x+\int e^x\sin x dx$

$$=e^x\cos x+\int\sin x d(e^x)=e^x\cos x+e^x\sin x-\int e^x\cos x dx,$$

移项合并,得

$$2\int e^x\cos x dx=e^x(\cos x+\sin x)+C_1,$$

故

$$\int e^x\cos x dx=\frac{1}{2}e^x(\cos x+\sin x)+C,\quad C=\frac{1}{2}C_1.$$

一般地,形如 $\int x^n\sin ax\,dx$,$\int x^n\cos ax\,dx$,$\int x^n e^{ax}\,dx$,$\int x^n\arcsin x dx$,$\int x^n\ln x dx$,$\int e^{\alpha x}\sin\beta x\,dx$ 等类型的不定积分(其中 $n\in\mathbf{Z}^+$,α,β 是常数)都能利用一次或多次分部积分公式求出结果.

3.4　简易积分表和不定积分的应用

从前面几节可以看出,求不定积分的技巧性较强,有的计算相当麻烦.为了方便,人们将一些常用的积分公式汇集成表,这就是积分表.积分表一般是按被积函数的类型分类排列的,求积分时,可根据被积函数的类型在表中查得其结果,有时还要作适当变形才能查找.下面举例说明如何使用积分表.

3.4.1　简易积分表的使用

1. 直接查表

例 3.30　查表求 $\int\frac{dx}{x(3+2x)^2}$.

解　被积函数含有 $3+2x$,在书末附录简易积分表"含有 $a+bx$ 的积分"公式(9)中,将 $a=3$,$b=2$ 代入,得

$$\int\frac{dx}{x(3+2x)^2}=\frac{1}{3(3+2x)}-\frac{1}{9}\ln\left|\frac{3+2x}{x}\right|+C.$$

例 3.31　查表求 $\int\frac{dx}{3+2\sin x}$.

解 被积函数含有 $3+2\sin x$，在书末附录简易积分表"含三角函数的积分"公式(90)中，将 $a=3$, $b=2$ 代入，得

$$\int\frac{\mathrm{d}x}{3+2\sin x}=\frac{2}{\sqrt{3^2-2^2}}\arctan\frac{3\tan\dfrac{x}{2}+2}{\sqrt{3^2-2^2}}+C$$

$$=\frac{2}{\sqrt{5}}\arctan\frac{3\tan\dfrac{x}{2}+2}{\sqrt{5}}+C.$$

2. 换元后查表

有些积分不能直接从表中查到，要经过换元才行.

例 3.32 查表求 $\displaystyle\int\frac{\mathrm{d}x}{x^2\sqrt{9x^2+4}}$.

解 令 $t=3x$，则 $x=\dfrac{1}{3}t$，$\mathrm{d}x=\dfrac{1}{3}\mathrm{d}t$，于是

$$\int\frac{\mathrm{d}x}{x^2\sqrt{9x^2+4}}=\int\frac{1}{\dfrac{t^2}{9}\sqrt{t^2+4}}\cdot\frac{1}{3}\mathrm{d}t=3\int\frac{\mathrm{d}t}{t^2\sqrt{t^2+2^2}}.$$

由书末附录简易积分表"含有 $\sqrt{x^2\pm a^2}$ 的积分"公式(41)，即得

$$\int\frac{\mathrm{d}x}{x^2\sqrt{9x^2+4}}=3\int\frac{\mathrm{d}t}{t^2\sqrt{t^2+2^2}}=3\left(-\frac{\sqrt{t^2+4}}{4t}\right)+C$$

$$=-\frac{\sqrt{9x^2+4}}{4x}+C.$$

3. 用递推公式

有些积分要反复运用某一公式才能得出结果，如

例 3.33 查表求 $\displaystyle\int x^3\ln^2 x\mathrm{d}x$.

解 在书末附录简易积分公式表"含有对数函数的积分"公式(124)中，将 $m=3$，$n=2$ 代入，得

$$\int x^3\ln^2 x\mathrm{d}x=\frac{x^4}{4}\ln^2 x-\frac{1}{2}\int x^3\ln x\mathrm{d}x,$$

再一次运用这个公式，得

$$\int x^3\ln^2 x\mathrm{d}x=\frac{x^4}{4}\ln^2 x-\frac{1}{2}\left(\frac{x^4}{4}\ln x-\frac{1}{4}\int x^3\mathrm{d}x\right)$$

$$= \frac{x^4}{4}\ln^2 x - \frac{1}{2}\left(\frac{x^4}{4}\ln x - \frac{x^4}{16}\right) + C$$

$$= \frac{x^4}{32}(8\ln^2 x - 4\ln x + 1) + C.$$

应该注意，虽然初等函数在其定义区间上的原函数是一定存在的，但是有些函数的原函数不能用初等函数的形式表示出来. 因此，我们常说这些积分“积不出来”，自然在积分表中也查不到，如 $\int \frac{\mathrm{d}x}{\ln x}$，$\int \frac{\sin x}{x}\mathrm{d}x$ 和 $\int \mathrm{e}^{-x^2}\mathrm{d}x$ 等.

*3.4.2　不定积分在经济中的应用

边际成本和边际收入分别定义为成本函数和收入函数的一阶导数. 已知边际成本函数 $MC=C'(x)$（x 为产量）（或边际收入 $MR=R'(x)$（x 为销售量）），成本函数 $C(x)$（或收入函数 $R(x)$）就可以通过不定积分求出：

$$C(x) = \int MC\,\mathrm{d}x = \int C'(x)\,\mathrm{d}x,$$

$$R(x) = \int MR\,\mathrm{d}x = \int R'(x)\,\mathrm{d}x.$$

例 3.34　生产者依据经验得出生产的边际成本函数是 $MC=2x+6$，这里 x 是产品数量，MC 是边际成本，已知生产的固定成本是 9，求生产成本.

解　因为总成本函数应为

$$C(x) = \int MC\,\mathrm{d}x = \int (2x+6)\,\mathrm{d}x$$

$$= x^2 + 6x + C,$$

又知固定成本是不随产量变化而变化的，即当 $x=0$ 时的总成本就是固定成本，也就是

$$C(0) = 9,$$

由此可确定出 $C=9$，于是所求的总成本与产量的函数关系为

$$C(x) = x^2 + 6x + 9.$$

例 3.35　某种产品的边际成本是 $MC=14x+5$，且固定成本为 10，边际收入是 $MR=165-2x$，求：

(1) 收入函数 $R(x)$；

(2) 利润函数 $L(x)$；

(3) 产量为多少时利润最大？

解　(1) 收入函数

$$R(x) = \int MR\,\mathrm{d}x = \int (165-2x)\,\mathrm{d}x$$

$$=165x-x^2+C.$$

在实际问题中,当产量为 0 时,收入也为 0,所以

$$R(x)=165x-x^2.$$

(2) 边际利润是利润函数的一阶导数,而边际利润又等于边际收入减去边际成本,所以利润函数

$$L(x)=\int(165-2x-14x-5)\mathrm{d}x-10$$

$$=160x-8x^2-10.$$

(3)当边际收入等于边际成本时可得到最大利润

$$MC=MR,$$

$$14x+5=165-2x,$$

$$x=10,$$

即产量为 10 时利润最大.

例 3.36 设某种产品的需求量 Q 是价格 P 的函数,且该商品在价格为 0 时,需求量为 1000. 又知需求函数的变化率为 $Q'(P)=250\mathrm{e}^{-0.125P}$,试求需求量对价格的函数关系.

解 需求函数

$$Q(P)=\int Q'(P)\mathrm{d}P=\int 250\mathrm{e}^{-0.125P}\mathrm{d}P$$

$$=-2000\mathrm{e}^{-0.125P}+C_0,$$

该商品在价格为 0 时,需求量为 1000,即 $Q(0)=1000$,所以

$$C_0=3000.$$

于是所求需求量对价格的函数关系为

$$Q(P)=-2000\mathrm{e}^{-0.125P}+3000.$$

3.5 定积分的概念与性质

3.5.1 引例

为了引入定积分的概念,我们来研究以下问题.

问题 求图 3.3 中阴影部分的面积. 这个图形由 $y=f(x)$,直线 $x=a$,$x=b$ 和 $y=0$ 所围成,常称为曲边梯形.

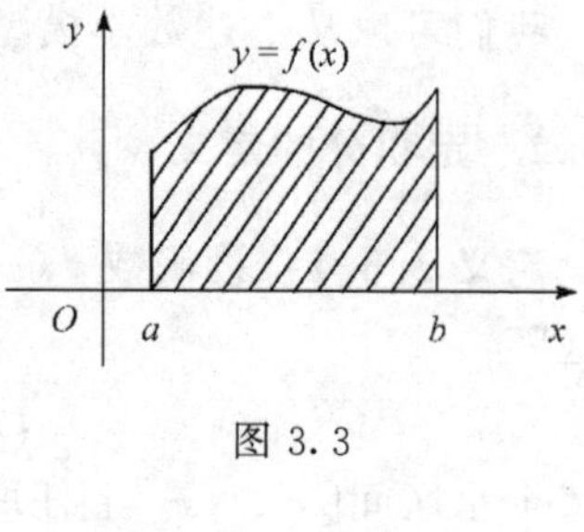

图 3.3

解决问题的思想方法:先将曲边梯形分成若干小曲边梯形(图 3.4);再将每个小曲边梯形近似地看作小矩形,那么所有这些小矩形面积之和就

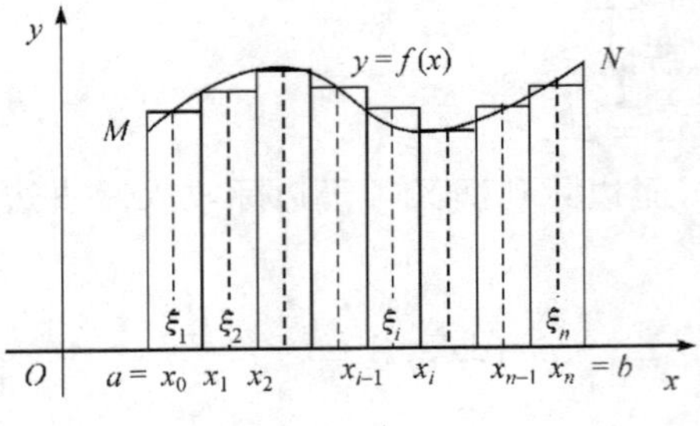

图 3.4

是曲边梯形面积的一个近似值，因为如果 $f(x)$ 在 $[a,b]$ 上连续，那么当这些小曲边梯形很窄，即 x 的变化很小时，函数值 $f(x)$ 的变化也很小，所以可将小曲边梯形近似地看作小矩形. 我们还注意到，如果小曲边梯形越窄，即分得越细，那么这个近似值就越接近所求面积的精确值，因此，最后可以运用取极限的方法得到所求面积的精确值. 下面介绍具体步骤.

1）分割

将区间 $[a,b]$ 分成 n 个小区间，其分点 $x_0,x_1,x_2,\cdots,x_{n-1},x_n$ 满足

$$a=x_0<x_1<x_2<\cdots<x_{n-1}<x_n=b,$$

用 Δx_i 记 $[x_{i-1},x_i]$ 的区间长度，即

$$\Delta x_i=x_i-x_{i-1},\quad i=1,2,\cdots,n.$$

过每一分点作平行于 y 轴的直线，这些直线把曲边梯形分成 n 个小曲边梯形.

2）近似代替

在每个小区间 $[x_{i-1},x_i]$ 上任取一点 ξ_i，那么以小区间长度 Δx_i 为底，$f(\xi_i)$ 为高的小矩形的面积就是 $f(\xi_i)\Delta x_i$，用它来近似代替相应小曲边梯形的面积 ΔA_i，即

$$\Delta A_i\approx f(\xi_i)\Delta x_i,\quad i=1,2,\cdots,n.$$

对 n 个小矩形的面积求和，就得到曲边梯形的面积 A 的近似值，即

$$A=\sum_{i=1}^{n}\Delta A_i\approx\sum_{i=1}^{n}f(\xi_i)\Delta x_i.$$

3）取极限

当每个小区间的长度都趋于零时，上述和式的极限就是曲边梯形面积的精确值. 因此，我们令 $\lambda=\max\{\Delta x_1,\Delta x_2,\cdots,\Delta x_n\}$，则有

$$A=\lim_{\lambda\to 0}\sum_{i=1}^{n}f(\xi_i)\Delta x_i.$$

我们可以从上述数学模型中抽象出定积分的概念.

3.5.2　定积分的定义

定义 3.5.1　设函数 $f(x)$ 在区间 $[a,b]$ 上有定义，把区间 $[a,b]$ 任意分成 n 个小区间：

$$[x_0,x_1],[x_1,x_2],\cdots,[x_{n-1},x_n],$$

在每个小区间 $[x_{i-1},x_i]$ 上任取一点 ξ_i，作积

$$f(\xi_i)\Delta x_i,\quad i=1,2,\cdots,n,$$

其中，$\Delta x_i=|x_i-x_{i-1}|$，$i=1,2,\cdots,n$. 作和

$$\sum_{i=1}^{n} f(\xi_i)\Delta x_i.$$

记 $\lambda=\max\{\Delta x_1,\Delta x_2,\cdots,\Delta x_n\}$，若

$$\lim_{\lambda\to 0}\sum_{i=1}^{n} f(\xi_i)\Delta x_i$$

存在，则称函数 $f(x)$ 在区间 $[a,b]$ 上可积，此极限值称为函数 $f(x)$ 在区间 $[a,b]$ 上的定积分，记作

$$\int_a^b f(x)\mathrm{d}x,$$

即

$$\int_a^b f(x)\mathrm{d}x=\lim_{\lambda\to 0}\sum_{i=1}^{n} f(\xi_i)\Delta x_i.$$

其中，a，b 分别称为积分下限和积分上限，$[a,b]$ 称为积分区间，x，$f(x)$，$f(x)\mathrm{d}x$ 以及“$\int$”与不定积分中的相应称谓相同.

对于定积分的概念作如下几点说明：

(1) 可以证明，在区间 $[a,b]$ 上连续的函数在该区间上是可积的.

(2) 上面已经看到，当 $f(x)\geqslant 0$ 时，定积分 $\int_a^b f(x)\mathrm{d}x$ 表示曲线 $y=f(x)$ 和直线 $x=a$，$x=b$，$y=0$ 所围成的曲边梯形的面积. 容易证明，当 $f(x)\leqslant 0$ 时，定积分 $\int_a^b f(x)\mathrm{d}x$ 则表示上述四线所围成的曲边梯形的面积的相反数. 当 $f(x)$ 在 $[a,b]$ 上有正有负时，则定积分的几何意义是：在直线 $x=a$，$x=b$，$y=0$ 和曲线 $y=f(x)$ 围成的曲边梯形中，在 x 轴上方的取面积值，x 轴下方的取面积值的相反数，其代数和就是定积分 $\int_a^b f(x)\mathrm{d}x$ 的值.

(3) $\int_a^b f(x)\mathrm{d}x$ 是一个常数，它只与被积函数 $f(x)$ 和积分区间 $[a,b]$ 有关，而与积分变量用什么字母无关，即

$$\int_a^b f(x)\mathrm{d}x=\int_a^b f(t)\mathrm{d}t=\int_a^b f(u)\mathrm{d}u.$$

(4) 为了运用方便我们规定：

① $\int_a^a f(x)\mathrm{d}x=0$；

② $\int_a^b f(x)\mathrm{d}x=-\int_b^a f(x)\mathrm{d}x$.

例 3.37　利用定积分的几何意义求 $\int_0^1 \sqrt{1-x^2}\,\mathrm{d}x$.

解　由于以 $y=\sqrt{1-x^2}$ 与 x 轴和 y 轴围成的曲边梯形就是单位圆在第一象限的部分,因此

$$\int_0^1 \sqrt{1-x^2}\,\mathrm{d}x = \frac{1}{4}\pi \cdot 1^2 = \frac{\pi}{4}.$$

3.5.3　微元法

在实际应用中,定积分除了用来表示曲边梯形的面积外,还可以用它表示其他一些几何量(如旋转体的体积)和物理量(如变力所做的功、液体静压力). 为了方便,我们把上述定义中的分割、近似代替和取极限三个步骤简化成两步:

(1) 求微元. 确定积分变量 x 和积分区间 $[a,b]$ 后,在区间 $[a,b]$ 上任取一个长度为 $\mathrm{d}x$ 的小区间 $[x,x+\mathrm{d}x]$,并在该小区间上找出所求量 F 的微元素 $\mathrm{d}F=f(x)\mathrm{d}x$.

(2) 积分. F 的微元素 $\mathrm{d}F$ 在区间 $[a,b]$ 的定积分 $\int_a^b f(x)\mathrm{d}x$ 就是所求量 F.

这种方法称为定积分的微元法.

例 3.38(变力做功)　设一物体在变力 $F(x)$ 的作用下,沿 x 轴由 $x=a$ 移动到 $x=b(b>a)$,求该力所做的功.

解　取 x 为积分变量,它的变化区间是 $[a,b]$. 在区间 $[a,b]$ 上任取一个小区间 $[x,x+\mathrm{d}x]$,如果变力 $F(x)$ 是区间 $[a,b]$ 上的连续函数,那么当这个区间很小时,$F(x)$ 的变化也很小,因此在该区间上可以把 $F(x)$ 看作常力. 因为 x 处力的大小为 $F(x)$,从 x 移动到 $x+\mathrm{d}x$ 的位移是 $\mathrm{d}x$,所以该力在小区间 $[x,x+\mathrm{d}x]$ 上对物体所做的功为

$$\mathrm{d}W = F(x)\mathrm{d}x.$$

此即功元素. 所以变力 $F(x)$ 把物体从 a 移动到 b 所做的功为

$$W = \int_a^b F(x)\mathrm{d}x.$$

例 3.39　设以速度 $v=v(t)$ 做直线运动的物体在时间区间 $[t_1,t_2]$ 上是 t 的连续函数,求这一物体在这段时间内所发生的位移 s.

解　取 t 为积分变量,它的变化区间是 $[t_1,t_2]$. 在区间 $[t_1,t_2]$ 上任取一个小区间 $[t,t+\mathrm{d}t]$,以时刻 t 的速度 $v(t)$ 作为物体在这个小区间上的运动速度,因为经过该区间所用的时间是 $\mathrm{d}t$,所以位移元素是

$$\mathrm{d}s = v(t)\mathrm{d}t,$$

于是所求位移为

$$s=\int_{t_1}^{t_2}v(t)\mathrm{d}t.$$

3.5.4 定积分的性质

我们知道,不定积分有如下性质：

$$\int[f(x)\pm g(x)]\mathrm{d}x=\int f(x)\mathrm{d}x\pm\int g(x)\mathrm{d}x,$$

$$\int kf(x)\mathrm{d}x=k\int f(x)\mathrm{d}x.$$

可以证明,定积分也有类似的性质：

性质 3.5.1 $\int_a^b[f(x)\pm g(x)]\mathrm{d}x=\int_a^b f(x)\mathrm{d}x\pm\int_a^b f(x)\mathrm{d}x.$

性质 3.5.2 $\int_a^b kf(x)\mathrm{d}x=k\int_a^b f(x)\mathrm{d}x.$

由图 3.5 知,曲边梯形之间的面积有

$$A_{曲边梯形abBA}=A_{曲边梯形acCA}+A_{曲边梯形cbBC}.$$

从而得到：

性质 3.5.3 $\int_a^b f(x)\mathrm{d}x=\int_a^c f(x)\mathrm{d}x+\int_c^b f(x)\mathrm{d}x.$

若在区间$[a,b]$上 $f(x)\leqslant g(x)$恒成立,则由图 3.6 可以看出

$$A_{曲边梯形abDC}\leqslant A_{曲边梯形abBA}.$$

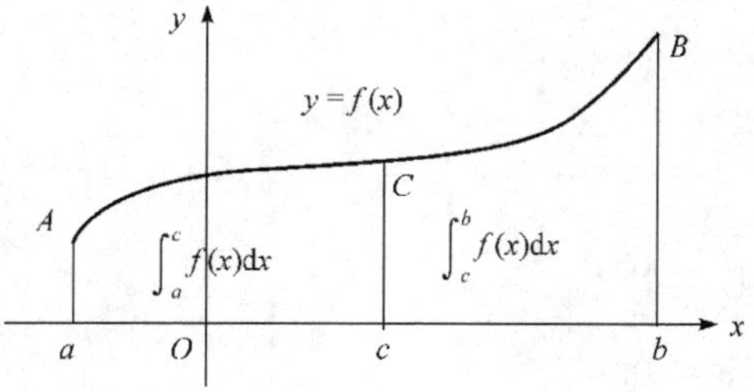

图 3.5

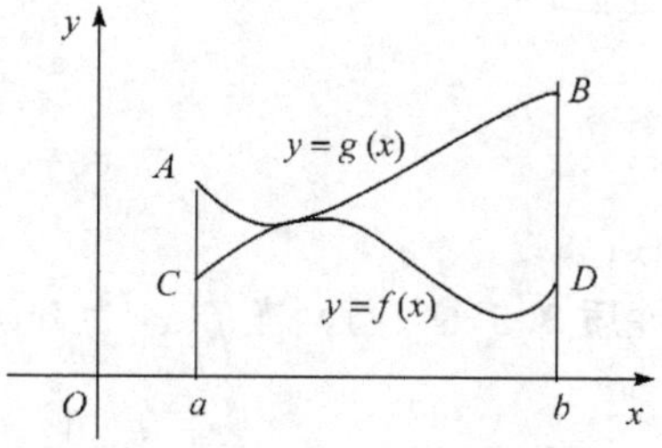

图 3.6

于是有：

性质 3.5.4 若 $f(x)\leqslant g(x),x\in[a,b]$,则

$$\int_a^b f(x)\mathrm{d}x\leqslant\int_a^b g(x)\mathrm{d}x.$$

若 M 和 m 分别是函数 $f(x)$在区间$[a,b]$上的最大值和最小值,由图 3.7 可以得到

$$A_{矩形abEF}\leqslant A_{曲边梯形abBA}\leqslant A_{矩形abDC},$$

即

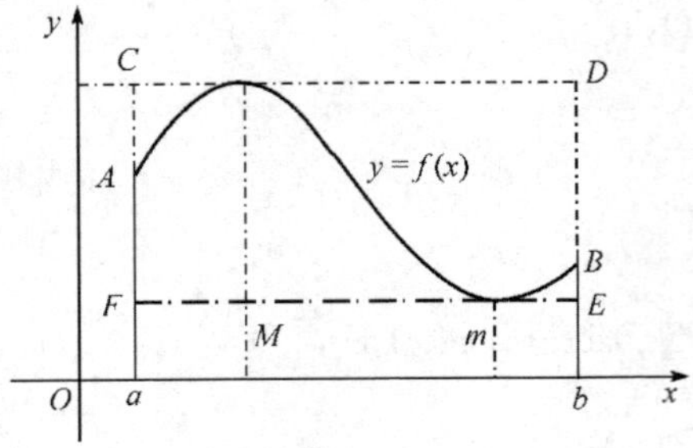

图 3.7

$$m(b-a) \leqslant \int_a^b f(x)\mathrm{d}x \leqslant M(b-a).$$

也有：

性质 3.5.5　若 M 和 m 分别是函数 $f(x)$ 在区间 $[a,b]$ 上的最大值和最小值，则

$$m(b-a) \leqslant \int_a^b f(x)\mathrm{d}x \leqslant M(b-a).$$

若 $f(x)$ 为奇函数，则由图 3.8 可以得到

$$\int_{-a}^{a} f(x)\mathrm{d}x = \int_{-a}^{0} f(x)\mathrm{d}x + \int_{0}^{a} f(x)\mathrm{d}x = -A + A = 0.$$

若 $f(x)$ 为偶函数，则由图 3.9 可以得到

$$\int_{-a}^{a} f(x)\mathrm{d}x = \int_{-a}^{0} f(x)\mathrm{d}x + \int_{0}^{a} f(x)\mathrm{d}x = A + A = 2A = 2\int_{0}^{a} f(x)\mathrm{d}x.$$

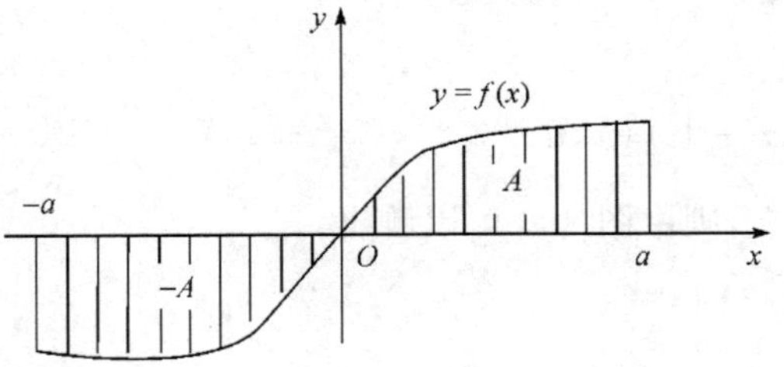

(1)

图 3.8

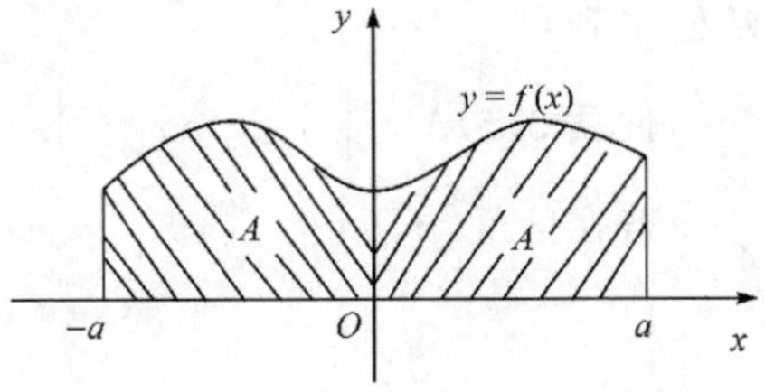

(2)

图 3.9

从而有：

性质 3.5.6　(1) 若 $f(x)$ 为奇函数，则

$$\int_{-a}^{a} f(x)\mathrm{d}x = 0.$$

(2) 若 $f(x)$ 为偶函数，则

$$\int_{-a}^{a} f(x)\mathrm{d}x = 2\int_{0}^{a} f(x)\mathrm{d}x.$$

例 3.40　试比较 $\int_0^1 \mathrm{e}^x\mathrm{d}x$ 与 $\int_0^1 (1+x)\mathrm{d}x$ 的大小.

解　由性质 3.5.4，只需比较被积函数 e^x 与 $1+x$ 在区间 $[0,1]$ 上的大小即可. 为此，设 $f(x)=\mathrm{e}^x-(1+x)$，因为当 $x\in(0,1)$ 时，$f'(x)=\mathrm{e}^x-1>0$，所以 $f(x)$ 在 $[0,1]$ 上单调递增，于是 $f(x)\geqslant f(0)=0$，即 $\mathrm{e}^x\geqslant 1+x$，因此

$$\int_0^1 \mathrm{e}^x\mathrm{d}x \geqslant \int_0^1 (1+x)\mathrm{d}x.$$

例 3.41 估计定积分 $\int_0^2 e^{x^2-x}dx$ 的值.

解 由性质 3.5.5,只需求出被积函数 $f(x)=e^{x^2-x}$ 在区间[0,2]上的最大值和最小值即可.由 $f'(x)=(2x-1)e^{x^2-x}$,令 $f'(x)=0$,得驻点 $x=\dfrac{1}{2}$.因为 $f(0)=1$,$f\left(\dfrac{1}{2}\right)=e^{-\frac{1}{4}}$,$f(2)=e^2$,所以

$$2e^{-\frac{1}{4}} \leqslant \int_0^2 e^{x^2-x}dx \leqslant 2e^2.$$

例 3.42 求 $\int_{-1}^1 x^5\cos x dx$.

解 因 $x\in[-1,1]$ 时,$f(x)=x^5\cos x$ 为奇函数,由性质 3.5.6 知,$\int_{-1}^1 x^5\cos x dx = 0$.

3.6 定积分的计算

按照定积分的定义计算定积分是十分麻烦的,下面介绍定积分计算的有力工具——微积分基本定理,它揭示了定积分与不定积分的关系.

3.6.1 微积分基本定理

由上节的例 3.39 知,如果物体以速度 $v(t)$ 做直线运动,那么在时间区间$[t_1,t_2]$上所发生的位移为

$$s = s(t) = \int_{t_1}^{t_2} v(t)dt.$$

另一方面,物体从 $t=t_1$ 到 $t=t_2$ 的位移又是

$$s(t_2)-s(t_1),$$

于是

$$\int_{t_1}^{t_2} v(t)dt = s(t_2)-s(t_1).$$

由导数的物理意义可知,$s'(t)=v(t)$.也就是说,$s(t)$是 $v(t)$的一个原函数.因此,上式的意义是:定积分 $\int_{t_1}^{t_2} v(t)dt$ 等于它的被积函数 $v(t)$的原函数 $s(t)$在积分上限 t_2 的值 $s(t_2)$与在积分下限 t_1 的值 $s(t_1)$之差.这一事实具有一般性,即有

定理 3.6.1(微积分基本定理) 如果函数 $f(x)$在区间$[a,b]$上连续,$F(x)$是 $f(x)$在区间$[a,b]$上的一个原函数,那么

$$\int_a^b f(x)dx = F(b)-F(a) \overset{\text{记作}}{=\!=} F(x)\big|_a^b.$$

上式又称为**牛顿-莱布尼兹公式**，它给定积分的计算提供了一个简便有效的方法.

例 3.43　计算 $\int_1^2 x^3 \mathrm{d}x$.

解　因为 $\frac{1}{4}x^4$ 是 x^3 的一个原函数，所以

$$\int_1^2 x^3 \mathrm{d}x = \frac{1}{4}x^4\Big|_1^2 = \frac{1}{4}\times 2^4 - \frac{1}{4}\times 1^4 = 3\,\frac{3}{4}.$$

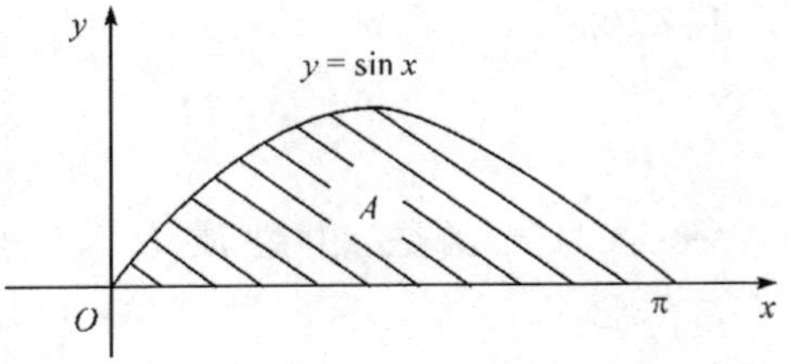

图 3.10

例 3.44　计算由曲线 $y=\sin x$ 在 $x=0$，$x=\pi$ 之间的部分与 x 轴所围成的图形，即图 3.10 的阴影部分的面积.

解　根据定积分的几何意义，所求面积为

$$A = \int_0^{\pi} \sin x \mathrm{d}x = -\cos x\Big|_0^{\pi}$$

$$= -\cos\pi - (-\cos 0) = 2.$$

例 3.45　计算 $\int_0^4 |2-x|\mathrm{d}x$.

解　被积函数是分段函数

$$|2-x| = \begin{cases} 2-x, & \text{当 } x<2 \text{ 时}, \\ x-2, & \text{当 } x\geqslant 2 \text{ 时}. \end{cases}$$

由定积分的区间可加性

$$\int_0^4 |2-x|\mathrm{d}x = \int_0^2 (2-x)\mathrm{d}x + \int_2^4 (x-2)\mathrm{d}x$$

$$= \left(2x - \frac{1}{2}x^2\right)\Big|_0^2 + \left(\frac{1}{2}x^2 - 2x\right)\Big|_2^4 = 4.$$

3.6.2　定积分的换元积分法

例 3.46　计算 $\int_{-1}^{1} \frac{\mathrm{e}^x}{1+\mathrm{e}^x}\mathrm{d}x$.

解法一　先由不定积分的"凑微分法"求出被积函数的一个原函数，再用微积分基本定理.

$$\int_{-1}^{1} \frac{\mathrm{e}^x}{1+\mathrm{e}^x}\mathrm{d}x = \int_{-1}^{1} \frac{1}{1+\mathrm{e}^x}\mathrm{d}(1+\mathrm{e}^x) = \ln(1+\mathrm{e}^x)\Big|_{-1}^{1}$$

$$= \ln(1+\mathrm{e}) - \ln\left(1+\frac{1}{\mathrm{e}}\right) = \ln\frac{1+\mathrm{e}}{1+\frac{1}{\mathrm{e}}} = \ln\mathrm{e} = 1.$$

解法二 令 $e^x=t$,则 $x=\ln t$,$dx=\frac{1}{t}dt$,并且当 $x=-1$ 时,$t=\frac{1}{e}$;当 $t=1$ 时,$t=e$. 于是

$$\int_{-1}^{1}\frac{e^x}{1+e^x}dx=\int_{\frac{1}{e}}^{e}\frac{t}{1+t}\cdot\frac{1}{t}dt=\int_{\frac{1}{e}}^{e}\frac{1}{1+t}d(1+t)$$

$$=\ln(1+t)\Big|_{\frac{1}{e}}^{e}=\ln(1+e)-\ln\left(1+\frac{1}{e}\right)=1.$$

例 3.46 解法二使用的方法就是定积分的换元积分法. 下面通过几个例子来熟悉这种方法.

例 3.47 求 $\int_0^4\frac{dx}{1+\sqrt{x}}$.

解 令 $\sqrt{x}=t$,于是 $x=t^2$,$dx=2tdt$. 并且当 $x=0$ 时,$t=0$;当 $x=4$ 时,$t=2$. 因而

$$\int_0^4\frac{dx}{1+\sqrt{x}}=\int_0^2\frac{2tdt}{1+t}=2\int_0^2\left(1-\frac{1}{1+t}\right)dt$$

$$=2(t-\ln|1+t|)\Big|_0^2=2(2-\ln 3).$$

例 3.48 求 $\int_0^2\sqrt{4-x^2}\,dx$.

解 令 $x=2\sin t$,则 $dx=2\cos t dt$. 当 $x=0$ 时,$t=0$;当 $x=2$ 时,$t=\frac{\pi}{2}$. 因而

$$\int_0^2\sqrt{4-x^2}\,dx=\int_0^{\frac{\pi}{2}}\sqrt{4-4\sin^2 t}\cdot 2\cos t dt=4\int_0^{\frac{\pi}{2}}\cos^2 t dt$$

$$=4\int_0^{\frac{\pi}{2}}\frac{1+\cos 2t}{2}dt=2\left(t+\frac{1}{2}\sin 2t\right)\Big|_0^{\frac{\pi}{2}}=2\cdot\frac{\pi}{2}=\pi.$$

从以上几个例子可以看出,定积分的换元积分法与不定积分的换元积分法很相似,但它们也有不同,主要是不定积分的换元积分需要把积分变量还原成原来的变元,定积分的换元积分可以不把积分变量还原成原来的变元,但积分的上限和下限却要作相应变化.

3.6.3 定积分的分部积分法

由不定积分的分部积分公式容易得到定积分的分部积分公式

$$\int_a^b u\,dv=uv\Big|_a^b-\int_a^b v\,du.$$

例 3.49　求 $\int_0^{\pi} x\cos x\mathrm{d}x$.

解　$$\int_0^{\pi} x\cos x\mathrm{d}x = \int_0^{\pi} x\mathrm{d}(\sin x) = x\sin x\Big|_0^{\pi} - \int_0^{\pi}\sin x\mathrm{d}x$$

$$= 0 - (-\cos x)\Big|_0^{\pi} = -2.$$

例 3.50　求 $\int_1^4 \frac{\ln x}{\sqrt{x}}\mathrm{d}x$.

解　$$\int_1^4 \frac{\ln x}{\sqrt{x}}\mathrm{d}x = 2\int_1^4 \ln x\mathrm{d}\sqrt{x} = 2\sqrt{x}\ln x\Big|_1^4 - 2\int_1^4\sqrt{x}\mathrm{d}(\ln x)$$

$$= 4\ln 4 - 2\int_1^4\sqrt{x}\cdot\frac{1}{x}\mathrm{d}x = 4\ln 4 - 2\int_1^4\frac{1}{\sqrt{x}}\mathrm{d}x$$

$$= 4\ln 4 - 4\sqrt{x}\Big|_1^4 = 4(2\ln 2 - 1).$$

3.7　广 义 积 分

前面我们所见到的定积分 $\int_a^b f(x)\mathrm{d}x$，其积分区间$[a,b]$总是有限的，并且被积函数 $f(x)$也是有界函数. 但在实际问题中还会遇到无穷区间或无界函数定积分的情况，这就是通常所说的广义积分. 在学习广义积分之前，先介绍积分上限函数.

3.7.1　积分上限函数

设函数 $f(x)$在区间$[a,b]$上连续，则对任意的 $x\in[a,b]$，定积分 $\int_a^x f(x)\mathrm{d}x$ 都存在. 当 x 在$[a,b]$上变化时，定积分 $\int_a^x f(x)\mathrm{d}x$ 也随之变化，并且对每一个取定的 x 值，定积分 $\int_a^x f(x)\mathrm{d}x$ 都有唯一确定的一个值与它对应，因此，$\int_a^x f(x)\mathrm{d}x$ 是它的上限的函数，称为积分上限函数，记作 $\Phi(x)$. 这里积分变量和积分上限都用 x 表示，但它们的含义并不相同，为了区别起见，把积分变量改用字母 t 表示，即

$$\Phi(x) = \int_a^x f(t)\mathrm{d}t.$$

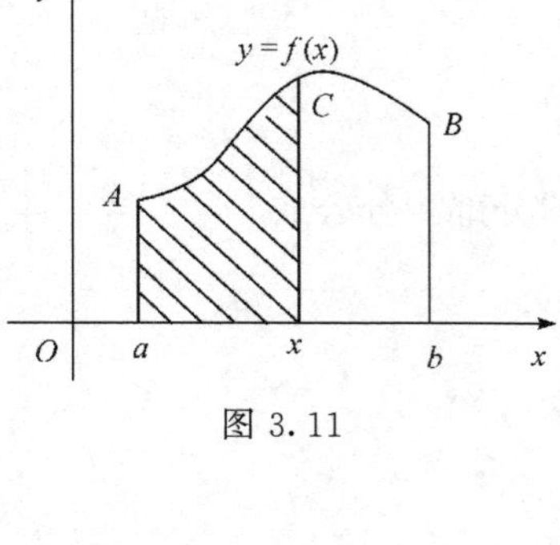

图 3.11

$\Phi(x)$的几何意义是图 3.11 中阴影部分的面积，它是右侧边可以平行移动的曲边梯形，它的面积随 x 位置的变动而改变. 但 x 给定后，面积 $\Phi(x)$也随之而定.

若 $F(t)$ 是 $f(t)$ 的一个原函数，则由微积分基本定理，有

$$\int_a^x f(t)\mathrm{d}t = F(x) - F(a),$$

于是得到

$$\frac{\mathrm{d}}{\mathrm{d}x}\int_a^x f(t)\mathrm{d}t = f(x).$$

例 3.51 求 $\frac{\mathrm{d}}{\mathrm{d}x}\int_0^x \sqrt{1-t^2}\,\mathrm{d}t$.

解 $\frac{\mathrm{d}}{\mathrm{d}x}\int_0^x \sqrt{1-t^2}\,\mathrm{d}t = \sqrt{1-x^2}$.

例 3.52 求 $\frac{\mathrm{d}}{\mathrm{d}x}\int_0^{x^2} \sin t\mathrm{d}t$.

解 $$\frac{\mathrm{d}}{\mathrm{d}x}\int_0^{x^2} \sin t\mathrm{d}t = \frac{\mathrm{d}\int_0^{x^2}\sin t\mathrm{d}t}{\mathrm{d}(x^2)} \cdot \frac{\mathrm{d}(x^2)}{\mathrm{d}x} = (\sin x^2)\cdot 2x = 2x\sin x^2.$$

例 3.53 求 $\lim\limits_{x\to 0}\frac{\int_0^x (1-\cos t)\mathrm{d}t}{x^3}$.

解 这是 $\frac{0}{0}$ 型未定式的极限，由洛必达法则，得

$$\lim_{x\to 0}\frac{\int_0^x (1-\cos t)\mathrm{d}t}{x^3} = \lim_{x\to 0}\frac{1-\cos x}{3x^2} = \lim_{x\to 0}\frac{\sin x}{6x} = \frac{1}{6}.$$

3.7.2 无穷区间上的广义积分

先看下面的例子.

求曲线 $y=\frac{1}{x^2}$，x 轴及直线 $x=1$ 所围成的“开口曲边梯形”的面积(图 3.12).

由于这个图形在 x 轴正方向是开口的，不是封闭的曲边梯形，也就是说，这时的积分区间是无穷区间 $[1,+\infty)$，故不能用定积分来计算它的面积.

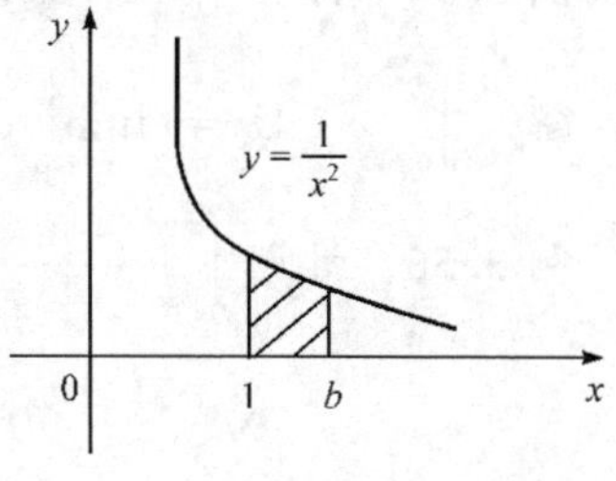

图 3.12

但我们可以借符号 $\int_1^{+\infty}\frac{1}{x^2}\mathrm{d}x$ 来表示这个图形的面积.

为了求这个图形的面积，任取大于 1 的数 b，则在区间 $[1,b]$ 上，由曲线 $y=\frac{1}{x^2}$ 与直线 $x=1$，$x=$

b 和 x 轴所围成的曲边梯形的面积为

$$\int_1^b \frac{1}{x^2}\mathrm{d}x = -\frac{1}{x}\bigg|_1^b = 1-\frac{1}{b}.$$

显然，b 的取值越大，上式与"开口曲边梯形"的面积就越接近，因此我们完全有理由认为，如果当 $b\to+\infty$ 时，上式的极限存在，那么这个极限值就是"开口曲边梯形"的面积，即

$$\int_1^{+\infty} \frac{1}{x^2}\mathrm{d}x = \lim_{b\to+\infty}\int_1^b \frac{1}{x^2}\mathrm{d}x = \lim_{b\to+\infty}\left(1-\frac{1}{b}\right) = 1.$$

一般地，我们有

定义 3.7.1　设函数 $f(x)$ 在区间 $[a,+\infty)$ 上连续，若对 $b>a$，极限 $\lim\limits_{b\to+\infty}\int_a^b f(x)\mathrm{d}x$ 存在，则称此极限为函数 $f(x)$ 在无穷区间 $[a,+\infty)$ 上的广义积分，记作 $\int_a^{+\infty} f(x)\mathrm{d}x$，即

$$\int_a^{+\infty} f(x)\mathrm{d}x = \lim_{b\to+\infty}\int_a^b f(x)\mathrm{d}x.$$

此时称 $\int_a^{+\infty} f(x)\mathrm{d}x$ 收敛，若极限 $\lim\limits_{b\to+\infty}\int_a^b f(x)\mathrm{d}x$ 不存在，则称广义积分 $\int_a^{+\infty} f(x)\mathrm{d}x$ 发散.

类似地，可定义无穷区间 $(-\infty,b]$ 和 $(-\infty,+\infty)$ 上的广义积分

$$\int_{-\infty}^b f(x)\mathrm{d}x = \lim_{a\to-\infty}\int_a^b f(x)\mathrm{d}x,$$

$$\int_{-\infty}^{+\infty} f(x)\mathrm{d}x = \int_{-\infty}^c f(x)\mathrm{d}x + \int_c^{+\infty} f(x)\mathrm{d}x.$$

这里 c 为任意实数，并且当右端两个极限都存在时，称 $\int_{-\infty}^{+\infty} f(x)\mathrm{d}x$ 收敛，否则称 $\int_{-\infty}^{+\infty} f(x)\mathrm{d}x$ 发散.

上述三种广义积分统称为无穷区间的广义积分

例 3.54　计算 $\int_0^{+\infty} \mathrm{e}^{-x}\mathrm{d}x$.

解　$$\int_0^{+\infty} \mathrm{e}^{-x}\mathrm{d}x = \lim_{b\to+\infty}\int_0^b \mathrm{e}^{-x}\mathrm{d}x = \lim_{b\to+\infty}(-\mathrm{e}^{-x})\Big|_0^b = \lim_{b\to+\infty}(-\mathrm{e}^{-b}+1) = 1.$$

例 3.55　计算 $$\int_{-\infty}^{+\infty} \frac{1}{1+x^2}\mathrm{d}x = \int_{-\infty}^0 \frac{1}{1+x^2}\mathrm{d}x + \int_0^{+\infty} \frac{1}{1+x^2}\mathrm{d}x$$

$$= \lim_{a\to-\infty}\int_a^0 \frac{1}{1+x^2}\mathrm{d}x + \lim_{b\to+\infty}\int_0^b \frac{1}{1+x^2}\mathrm{d}x$$

$$= \lim_{a\to-\infty}\arctan x\Big|_a^0 + \lim_{b\to+\infty}\arctan x\Big|_0^b$$

$$= -\lim_{a\to-\infty}\arctan a + \lim_{b\to+\infty}\arctan b$$
$$= -\left(-\frac{\pi}{2}\right)+\frac{\pi}{2} = \pi.$$

例 3.56 试判断 $\int_1^{+\infty}\frac{1}{x^p}dx$ 的收敛性.

解 当 $p\neq 1$ 时,有

$$\int_1^{+\infty}\frac{1}{x^p}dx = \lim_{b\to+\infty}\frac{1}{1-p}x^{1-p}\Big|_1^b = \frac{1}{1-p}\lim_{b\to+\infty}(b^{1-p}-1)$$
$$=\begin{cases}\dfrac{1}{p-1}, & p>1 \text{ 时},\\ +\infty, & p<1 \text{ 时}.\end{cases}$$

当 $p=1$ 时,

$$\int_1^{+\infty}\frac{1}{x^p}dx = \lim_{b\to+\infty}\int_1^b\frac{1}{x}dx = \lim_{b\to+\infty}\ln x\Big|_1^b = \lim_{b\to+\infty}\ln b = +\infty.$$

所以,当 $p>1$ 时,该广义积分收敛,其值为 $\frac{1}{p-1}$;当 $p\leqslant 1$ 时,该广义积分发散.

3.7.3 无界函数的广义积分

先看例子:求由曲线 $y=\frac{1}{\sqrt{x}}$,直线 $x=0, x=1$ 与 x 轴所围成的"开口曲边梯形"的面积(图 3.13).

由定积分的几何意义我们可以认为,所求面积就是 $\int_0^1\frac{1}{\sqrt{x}}dx$. 但这里有一个问题,那就是被积函数 $y=\frac{1}{\sqrt{x}}$ 在 $x=0$ 处没有定义,因此,不能直接用微积分基本定理来求它的值. 为此,我们设 $\forall\varepsilon\in(0,1)$,于是在区间 $[\varepsilon,1]$ 上,由曲线 $y=\frac{1}{\sqrt{x}}$ 所围成的曲边梯形的面积为

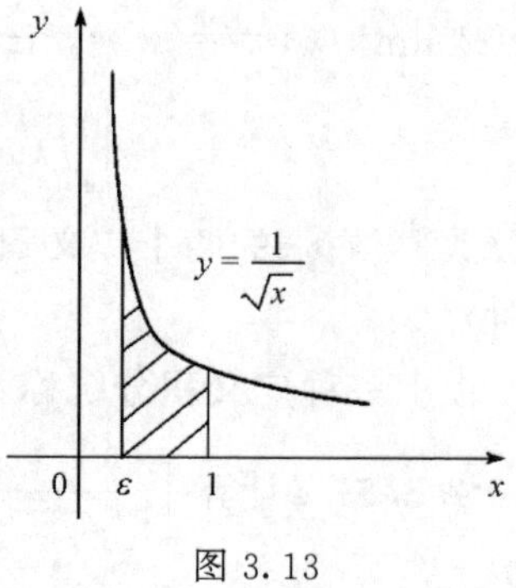

图 3.13

$$\int_\varepsilon^1\frac{1}{\sqrt{x}}dx = 2\sqrt{x}\Big|_\varepsilon^1 = 2-2\sqrt{\varepsilon}.$$

容易看出,若 ε 越接近 0,则上述曲边梯形的面积与所求"开口曲边梯形"的面积也越接近,因此,我们有理由认为,当 $\varepsilon\to 0^+$ 时,上式的极限

$$\lim_{\varepsilon\to 0^+}\int_\varepsilon^1 \frac{1}{\sqrt{x}}dx = \lim_{\varepsilon\to 0^+}2\sqrt{x}\Big|_\varepsilon^1 = \lim_{\varepsilon\to 0^+}(2-2\sqrt{\varepsilon}) = 2$$

就是所求“开口曲边梯形”的面积. 因被积函数 $y=\frac{1}{\sqrt{x}}$ 在 $x=0$ 附近无界, 即 $\lim\limits_{x\to 0^+}\frac{1}{\sqrt{x}}=+\infty$, 故称 $\int_0^1\frac{1}{\sqrt{x}}dx$ 为无界函数的广义积分. 一般地有

定义 3.7.2　设函数 $f(x)$ 在 $(a,b]$ 上连续, 且 $\lim\limits_{x\to a^+}|f(x)|=+\infty$, 若对 $\varepsilon>0$, 极限

$$\lim_{\varepsilon\to 0^+}\int_{a+\varepsilon}^b f(x)dx$$

存在, 则称此极限值为无界函数 $f(x)$ 在区间 $(a,b]$ 上的广义积分, 记作 $\int_a^b f(x)dx$, 即

$$\int_a^b f(x)dx = \lim_{\varepsilon\to 0^+}\int_{a+\varepsilon}^b f(x)dx.$$

这时也称 $\int_a^b f(x)dx$ 收敛, 否则称 $\int_a^b f(x)dx$ 发散.

类似地, 若 $\lim\limits_{x\to b^-}|f(x)|=+\infty$, 则可定义广义积分

$$\int_a^b f(x)dx = \lim_{\varepsilon\to 0^+}\int_a^{b-\varepsilon} f(x)dx$$

的收敛(当右端的极限存在时)与发散(当右端的极限不存在时).

若 $\lim\limits_{x\to c}|f(x)|=+\infty$, $c\in(a,b)$, 则可定义广义积分

$$\int_a^b f(x)dx = \int_a^c f(x)dx + \int_c^b f(x)dx$$

的收敛(当右端的两个广义积分都收敛时)与发散(当右端至少有一个广义积分发散时).

以上三种广义积分统称为无界函数的广义积分.

例 3.57　计算 $\int_0^1 \frac{1}{\sqrt{1-x^2}}dx$.

解　因 $\lim\limits_{x\to 1^-}\frac{1}{\sqrt{1-x^2}}=+\infty$, 故依无界函数的广义积分的定义, 有

$$\int_0^1 \frac{1}{\sqrt{1-x^2}}dx = \lim_{\varepsilon\to 0^+}\int_0^{1-\varepsilon}\frac{1}{\sqrt{1-x^2}}dx = \lim_{\varepsilon\to 0^+}\arcsin x\Big|_0^{1-\varepsilon}$$

$$= \lim_{\varepsilon\to 0^+}[\arcsin(1-\varepsilon)-0] = \arcsin 1 = \frac{\pi}{2}.$$

例 3.58 讨论 $\int_{-1}^{1}\frac{1}{x^2}\mathrm{d}x$ 的收敛性.

解 因 $\lim\limits_{x\to 0}\frac{1}{x^2}=+\infty$,故依无界函数的广义积分的定义,有

$$\int_{-1}^{1}\frac{1}{x^2}\mathrm{d}x=\int_{-1}^{0}\frac{1}{x^2}\mathrm{d}x+\int_{0}^{1}\frac{1}{x^2}\mathrm{d}x.$$

因为右端的第一个广义积分

$$\begin{aligned}\int_{-1}^{0}\frac{1}{x^2}\mathrm{d}x&=\lim_{\varepsilon\to 0^+}\int_{-1}^{0-\varepsilon}\frac{1}{x^2}\mathrm{d}x=\lim_{\varepsilon\to 0^+}\left(-\frac{1}{x}\right)\Big|_{-1}^{-\varepsilon}\\&=\lim_{\varepsilon\to 0^+}\left(\frac{1}{\varepsilon}-1\right)=+\infty,\end{aligned}$$

所以广义积分 $\int_{-1}^{1}\frac{1}{x^2}\mathrm{d}x$ 发散.

3.8 定积分的应用

3.8.1 定积分在几何上的应用

1. 平面图形的面积

由连续曲线 $y=f_1(x),y=f_2(x)(f_1(x)\geqslant f_2(x))$ 与 $x=a,x=b$ 所围成的平面图形的面积(图 3.14)

$$A=A_{\text{曲边梯形}bBAa}-A_{\text{曲边梯形}bDCa},$$

得

$$\begin{aligned}A&=\int_a^b f_1(x)\mathrm{d}x-\int_a^b f_2(x)\mathrm{d}x\\&=\int_a^b[f_1(x)-f_2(x)]\mathrm{d}x.\end{aligned}$$

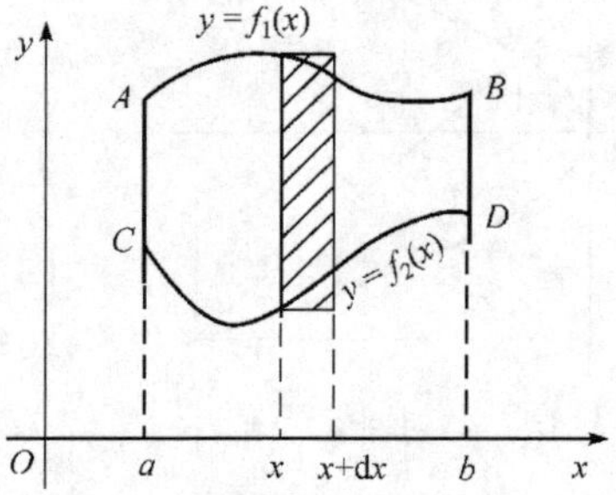

图 3.14

以上结果也可以运用微元法得到. 取 x 为积分变量,$[a,b]$ 为积分区间,若在 $[a,b]$ 上任取小区间 $[x,x+\mathrm{d}x]$,则面积元素就是以 $f_1(x)-f_2(x)$ 为高、$\mathrm{d}x$ 为底的小矩形的面积

$$\mathrm{d}A=[f_1(x)-f_2(x)]\mathrm{d}x,$$

于是得平面图形的面积

$$A=\int_a^b[f_1(x)-f_2(x)]\mathrm{d}x. \tag{3.8.1}$$

类似地可以得到,由连续曲线 $x=\varphi_1(y),x=\varphi_2(y)(\varphi_1(y)\geqslant\varphi_2(y))$ 与 $y=c,y=d$ 所围成的平面图形的面积(图 3.15)

$$A=\int_c^d[\varphi_1(y)-\varphi_2(y)]\mathrm{d}y. \tag{3.8.2}$$

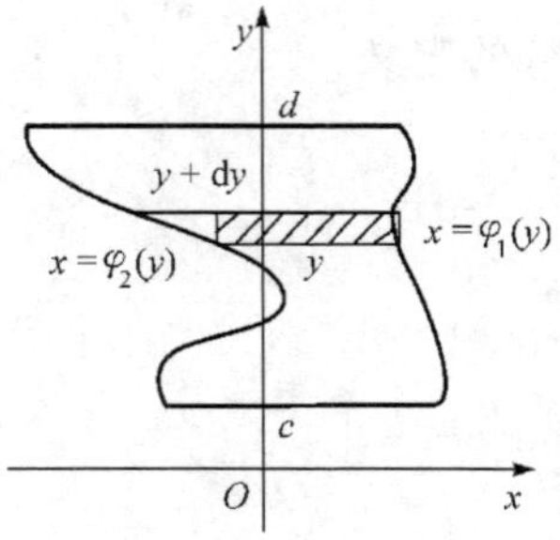

图 3.15

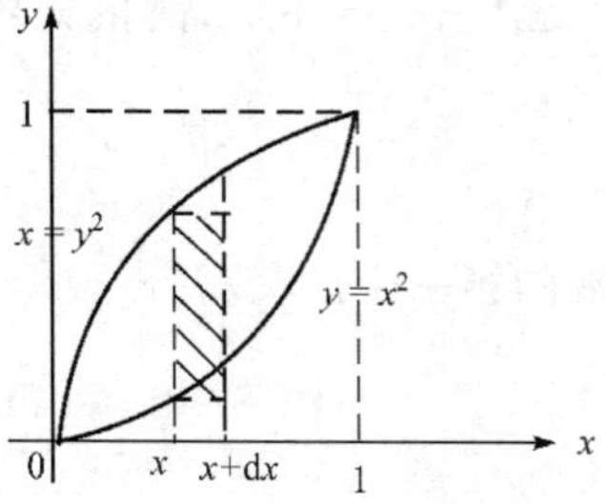

图 3.16

例 3.59　求由两条抛物线 $y=x^2$ 与 $x=y^2$ 所围成图形的面积.

解　先作图 3.16. 取 x 为积分变量,为确定积分区间,解方程组

$$\begin{cases}y=x^2,\\x=y^2,\end{cases}$$

得两条抛物线的交点为(0,0)与(1,1). 从而可知图形在直线 $x=0$ 与 $x=1$ 之间,即积分区间为[0,1],于是由公式(3.8.1)得所求图形的面积

$$A=\int_0^1\left(\sqrt{x}-x^2\right)\mathrm{d}x=\left(\frac{2}{3}x^{\frac{3}{2}}-\frac{1}{3}x^3\right)\Bigg|_0^1=\frac{1}{3}.$$

例 3.60　求抛物线 $y^2=2x$ 与直线 $y=4-x$ 围成的平面图形的面积.

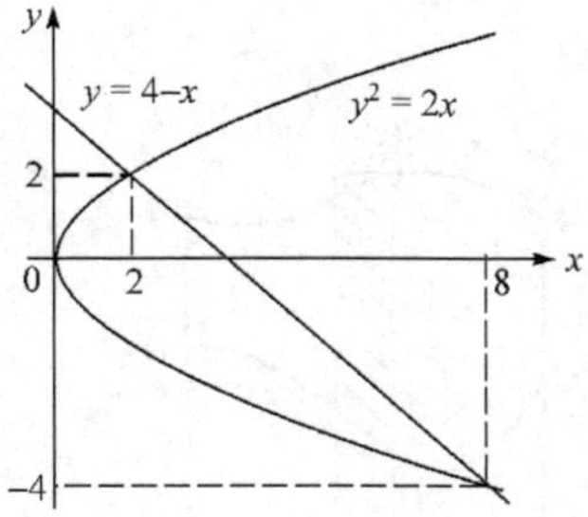

图 3.17

解　解方程组

$$\begin{cases}y^2=2x,\\y=4-x,\end{cases}$$

得抛物线与直线的两个交点(2,2)及(8,−4).

解法一　取 x 作积分变量. 由图 3.17 可看出,因为围成的图形的上边界在直线 $x=2$ 的左侧是抛物线,而右侧是直线,所以需将图形的面积分成 A_1,A_2 两部分来计算. 由于抛物线的上半支方程是 $y=\sqrt{2x}$,下半支方程是 $y=-\sqrt{2x}$,因而

$$\begin{aligned}A=A_1+A_2&=\int_0^2[\sqrt{2x}-(-\sqrt{2x})]\mathrm{d}x+\int_2^8[(4-x)-(-\sqrt{2x})]\mathrm{d}x\\&=2\sqrt{2}\int_0^2\sqrt{x}\,\mathrm{d}x+\int_2^8(4-x+\sqrt{2}\cdot\sqrt{x})\mathrm{d}x\\&=2\sqrt{2}\cdot\frac{2}{3}x^{\frac{3}{2}}\Bigg|_0^2+\left(4x-\frac{x^2}{2}+\frac{2\sqrt{2}}{3}x^{\frac{3}{2}}\right)\Bigg|_2^8\end{aligned}$$

$$= \frac{16}{3} + \frac{38}{3} = 18.$$

解法二 取 y 作积分变量. 这时应将曲线方程改写成 $x=\frac{y^2}{2}, x=4-y$. 由公式(3.8.2)有

$$A = \int_{-4}^{2}\left[(4-y)-\frac{y^2}{2}\right]\mathrm{d}y = \left(4y-\frac{y^2}{2}-\frac{y^3}{6}\right)\Big|_{-4}^{2}$$
$$=30-12=18.$$

由上可见, 此题取 y 作积分变量更简便.

例 3.61 求椭圆 $\frac{x^2}{a^2}+\frac{y^2}{b^2}=1$ 的面积(图 3.18).

解 从椭圆方程可解出

$$y=\pm\frac{b}{a}\sqrt{a^2-x^2}.$$

由对称性, 椭圆的面积是它在第一象限部分的面积的 4 倍, 即

$$A=4\int_0^a \frac{b}{a}\sqrt{a^2-x^2}\,\mathrm{d}x.$$

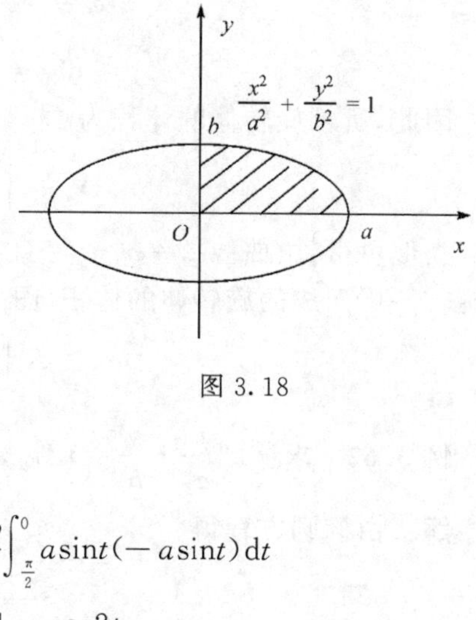

图 3.18

用换元法, 令 $x=a\cos t$, 则 $\mathrm{d}x=-a\sin t\mathrm{d}t$, 并且当 $x=0$ 时, $t=\frac{\pi}{2}$; $x=a$ 时, $t=0$. 因而有

$$A=\frac{4b}{a}\int_0^a \sqrt{a^2-x^2}\,\mathrm{d}x=\frac{4b}{a}\int_{\frac{\pi}{2}}^{0} a\sin t(-a\sin t)\,\mathrm{d}t$$
$$=4ab\int_0^{\frac{\pi}{2}}\sin^2 t\,\mathrm{d}t=4ab\int_0^{\frac{\pi}{2}}\frac{1-\cos 2t}{2}\mathrm{d}t$$
$$=4ab\left(\frac{t}{2}-\frac{1}{4}\sin 2t\right)\Big|_0^{\frac{\pi}{2}}=ab\pi.$$

2. 旋转体的体积

一平面图形绕平面内一直线旋转一周而成的立体叫做旋转体. 例如, 一半圆绕其直径旋转一周而成的立体是球体, 一直角梯形绕其垂线腰旋转一周而成的立体是圆台体. 下面我们来研究旋转体的体积的求法.

求由曲线 $y=f(x)$ 与直线 $x=a, x=b$ 及 x 轴所围成的曲边梯形绕 x 轴旋转一周而成的旋转体的体积(图 3.19).

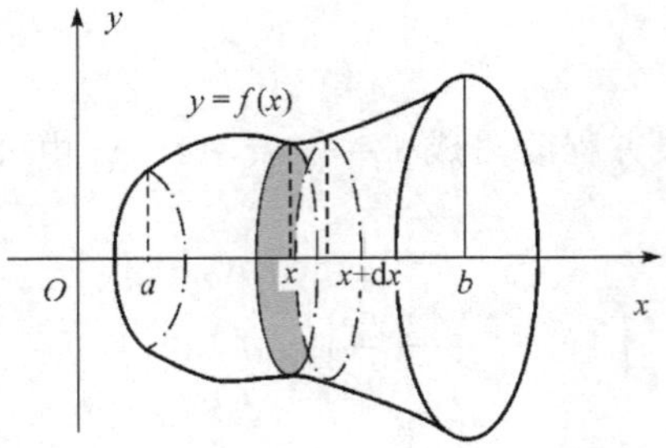

图 3.19

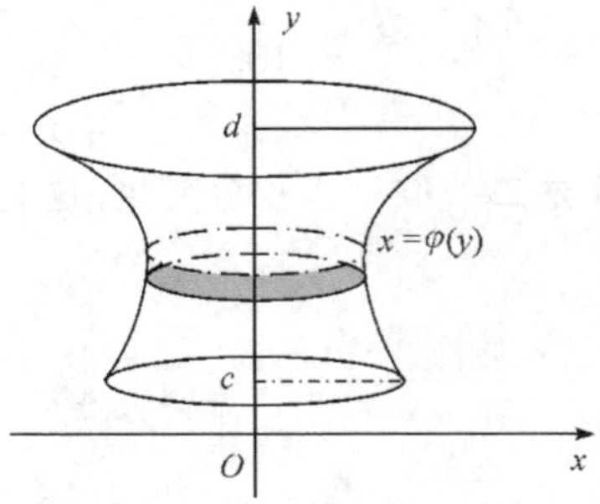

图 3.20

取 x 为积分变量,积分区间为$[a,b]$,在$[a,b]$上任取小区间$[x,x+\mathrm{d}x]$,将其对应的薄片当作底面半径为 $f(x)$、高为 $\mathrm{d}x$ 的圆柱,它的体积就是体积元素,于是有

$$\mathrm{d}V = \pi[f(x)]^2\mathrm{d}x.$$

因此,所求旋转体的体积为

$$V = \int_a^b \pi[f(x)]^2\mathrm{d}x. \tag{3.8.3}$$

类似可得,由曲线 $x=\varphi(y)$ 与直线 $y=c$,$y=\mathrm{d}$及 y 轴所围成的曲边梯形绕 y 轴旋转一周而成的旋转体的体积(图 3.20)为

$$V = \int_c^d \pi[\varphi(y)]^2\mathrm{d}y. \tag{3.8.4}$$

例 3.62　求椭圆$\dfrac{x^2}{a^2}+\dfrac{y^2}{b^2}=1$ 绕 x 轴旋转所得之椭球体的体积.

解　由椭圆方程得

$$y^2 = b^2\left(1-\frac{x^2}{a^2}\right).$$

由公式(3.8.3)得椭球体的体积为

$$V = \int_{-a}^a \pi y^2\mathrm{d}x = 2\pi\int_0^a b^2\left(1-\frac{x^2}{a^2}\right)\mathrm{d}x = \frac{4}{3}\pi ab^2.$$

当 $a=b$ 时,旋转体是半径为 a 的球体,于是有球的体积公式

$$V_{球} = \frac{4}{3}\pi a^3.$$

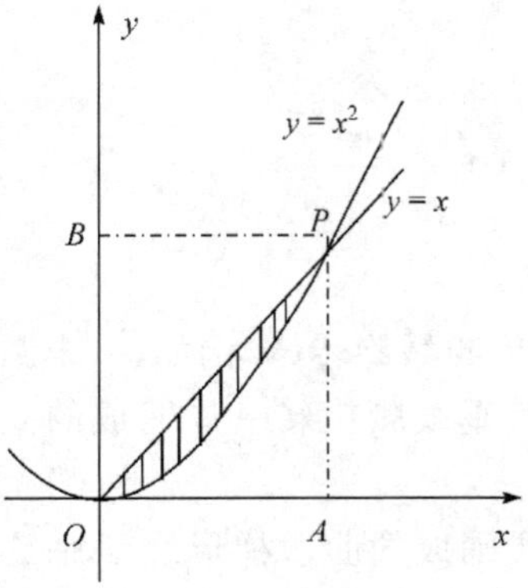

图 3.21

例 3.63　求由抛物线 $y=x^2$ 和直线 $y=x$ 所围成的平面图形绕 y 轴旋转而成的旋转体的体积(图 3.21).

解　取 y 为积分变量,解方程组

$$\begin{cases} y = x^2, \\ y = x, \end{cases}$$

得交点 $O(0,0)$ 及 $P(1,1)$，因此积分区间为 $[0,1]$. 因所求旋转体的体积等于由曲边三角形 OPB 绕 y 轴旋转而成的圆锥体的体积与直角三角形 OPB 绕 y 轴旋转而成的圆锥体的体积之差，故由公式(3.8.4)得 $V = \int_0^1 \pi \sqrt{y}^2 \mathrm{d}y - \int_0^1 \pi y^2 \mathrm{d}y = \frac{\pi}{2} y^2 \Big|_0^1 - \frac{\pi}{3} y^3 \Big|_0^1 = \frac{\pi}{6}$.

*3. 平面曲线的弧长

对于一类曲线 $y=f(x)$，$x\in[a,b]$，满足 $f'(x)$ 连续，我们称这类曲线为光滑曲线，现在用元素法来计算这段曲线弧的长度.

在 $[a,b]$ 上任取一小区间 $[x,x+\mathrm{d}x]$，曲线对应于小区间 $[x,x+\mathrm{d}x]$ 上一小段弧的长度为 ΔS，则 ΔS 可用该曲线在点 $(x,f(x))$ 处切线上相应的一小段长度来近似代替(在微分的几何意义中称为以直代曲)(图 3.22)，即

$$\Delta S \approx |MT| = \sqrt{(\mathrm{d}x)^2 + (\mathrm{d}y)^2},$$

于是得弧长元素(也称为弧微分)

$$\mathrm{d}S = \sqrt{(\mathrm{d}x)^2 + (\mathrm{d}y)^2} = \sqrt{1 + (y')^2}\, \mathrm{d}x.$$

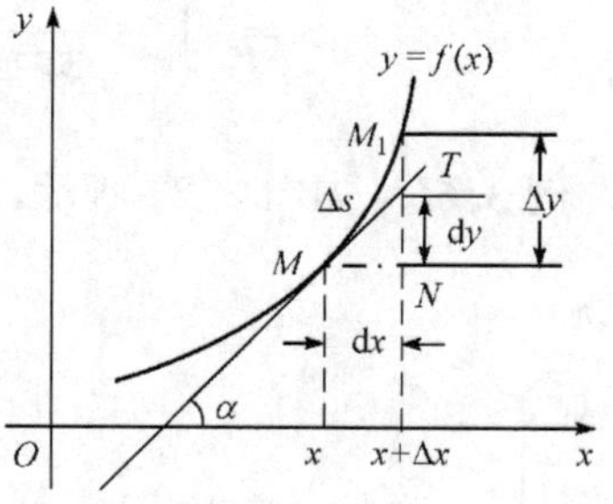

图 3.22

在 $[a,b]$ 上求积分，就得到所求的弧长

$$S = \int_a^b \sqrt{1 + (y')^2}\, \mathrm{d}x = \int_a^b \sqrt{1 + [f'(x)]^2}\, \mathrm{d}x.$$

如果曲线是由参数方程 $x=\varphi(t)$，$y=\psi(t)$ $(\alpha\leqslant t\leqslant\beta)$ 给出，那么弧长元素

$$\mathrm{d}S = \sqrt{(\mathrm{d}x)^2 + (\mathrm{d}y)^2} = \sqrt{\left(\frac{\mathrm{d}x}{\mathrm{d}t}\right)^2 + \left(\frac{\mathrm{d}y}{\mathrm{d}t}\right)^2}\, \mathrm{d}t = \sqrt{[\varphi'(t)]^2 + [\psi'(t)]^2}\, \mathrm{d}t,$$

于是，得曲线用参数方程表示的弧长公式

$$S = \int_\alpha^\beta \sqrt{\varphi'^2(t) + \psi'^2(t)}\, \mathrm{d}t.$$

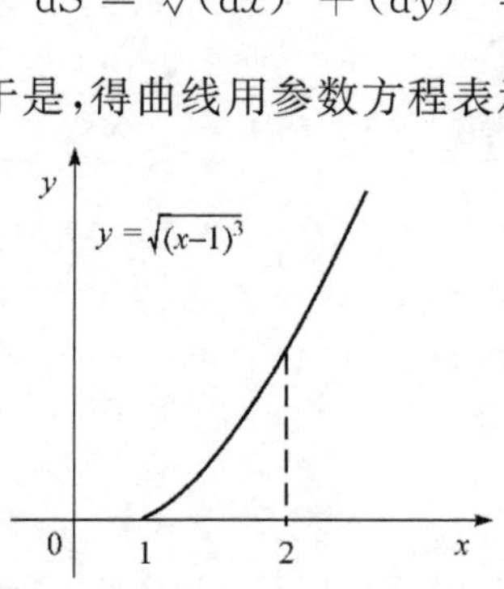

图 3.23

例 3.64 计算曲线 $y=\sqrt{(x-1)^3}$ 在 $x\in[1,2]$ 这段弧的长度.

解 $y' = \frac{3}{2}\sqrt{x-1}$，弧长元素 $\mathrm{d}S = \sqrt{1+\frac{9}{4}(x-1)}\,\mathrm{d}x$，即 $\mathrm{d}S=\frac{3}{2}\sqrt{x-\frac{5}{9}}\,\mathrm{d}x$(图 3.23).

因此,所求弧长的长度为

$$S=\int_1^2\frac{3}{2}\sqrt{x-\frac{5}{9}}\,\mathrm{d}x=\frac{\sqrt{2197}-8}{27}.$$

例 3.65　证明半径为 R 的圆的周长为 $2\pi R$.

解　设圆心在原点,则半径为 R 的圆方程是 $x^2+y^2=R^2$,由于对称性,整个圆周长等于第一象限的一段圆弧长的 4 倍,于是有 $y=\sqrt{R^2-x^2}$, $y'=-\frac{x}{\sqrt{R^2-x^2}}$,则

$$\mathrm{d}S=\sqrt{1+y'^2}\,\mathrm{d}x=\sqrt{1+\left(\frac{-x}{\sqrt{R^2-x^2}}\right)^2}\,\mathrm{d}x=\frac{R}{\sqrt{R^2-x^2}}\mathrm{d}x,$$

故圆周长为

$$S=4\int_0^R\frac{R}{\sqrt{R^2-x^2}}\mathrm{d}x=4R\left[\arcsin\frac{x}{R}\right]_0^R=2\pi R.$$

例 3.66　如图 3.24 所示,求摆线 $\begin{cases}x=a(t-\sin t),\\y=a(1-\cos t)\end{cases}$ 第一拱的弧长($a>0$, $0\leqslant t\leqslant 2\pi$).

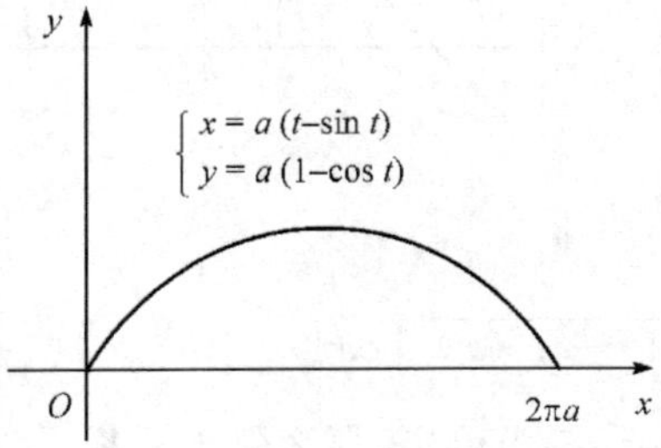

图 3.24

解　$x'=a(1-\cos t)$, $y'=a\sin t$,从而得弧长元素

$$\begin{aligned}\mathrm{d}S&=\sqrt{x'^2(t)+y'^2(t)}\,\mathrm{d}t\\&=a\sqrt{(1-\cos t)^2+\sin^2 t}\,\mathrm{d}t\\&=a\sqrt{2-2\cos t}\,\mathrm{d}t=2a\left|\sin\frac{t}{2}\right|\mathrm{d}t.\end{aligned}$$

由于在积分区间$[0,2\pi]$上, $\sin\frac{t}{2}\geqslant 0$,故摆线第一拱的弧长

$$\begin{aligned}S&=\int_0^{2\pi}\sqrt{x'^2(t)+y'^2(t)}\,\mathrm{d}t=\int_0^{2\pi}2a\sin\frac{t}{2}\mathrm{d}t\\&=2a\left[-2\cos\frac{t}{2}\right]_0^{2\pi}=8a.\end{aligned}$$

3.8.2　定积分在物理上的应用

1. *功*

由物理学知识知道,如果有一常力 F 作用在物体上,使物体沿力的方向移动了距离 S,那么力 F 所做的功 $W=F\cdot S$. 如果作用在物体上的力 F 不是常力,或者

移动的距离是变动的，F 所做的功就要用定积分来计算.

例 3.67 把一个带 $+q$ 电量的点电荷放在 r 轴的坐标原点处，它的周围会产生一个对电荷的作用力 f. 求一单位正电荷在力 f 作用下从点 $r=a$ 沿 r 轴移动到 $r=b$ 所做的功(图 3.25).

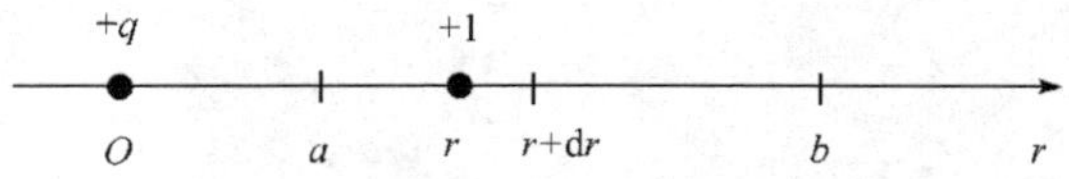

图 3.25

解 根据库仑定律，电量为 $+q$ 的点电荷产生的电场对与它距离为 r 的单位正电荷的作用力(电场力)为

$$f = k\frac{q}{r^2},$$

其中，k 为常数.

当单位正电荷从点 $r=a$ 处移动到 $r=b$ 处这一过程中，距离 r 在不断发生变化，因此作用力 f 也在不断发生变化，因而所求的功是变力做功.

取 r 为积分变量，积分区间为 $[a,b]$，任取一小区间 $[r,r+\mathrm{d}r]$. 如果把在 r 处的作用力 $k\frac{q}{r^2}$ 作为这一小段上单位正电荷所受到的力，那么单位正电荷从 r 移动到 $r+\mathrm{d}r$ 所做的功，即功元素

$$\mathrm{d}W = k\frac{q}{r^2}\mathrm{d}r.$$

因而，所求的功

$$W = \int_a^b k\frac{q}{r^2}\mathrm{d}r = kq\left(-\frac{1}{r}\right)\Big|_a^b = kq\left(\frac{1}{a}-\frac{1}{b}\right).$$

例 3.68 设有一高 30m，底面半径 10m 的圆柱形水池，水深 27m，求将该水池的水全部抽干所做的功(水的比重为 $10^3 g(\mathrm{N/m^3})$).

解 将水从池中抽出，可以理解为把水一层一层地取出，由于各层的深度不一样，所以在抽出时各自移动的距离也不一样，因而克服重力所做的功也各不相同. 现用微元法来计算.

建立直角坐标系如图 3.26，取 x 为积分变量，x 的变化范围 $[3,30]$ 为积分区间，任取小区间 $[x,x+\mathrm{d}x]$，这一薄层水的重量为 $10^5\pi g\mathrm{d}x(N)$，与池口的距离为 x，因此，将其抽出需做的功，即功元素为

$$\mathrm{d}W = 10^5\pi g x\,\mathrm{d}x.$$

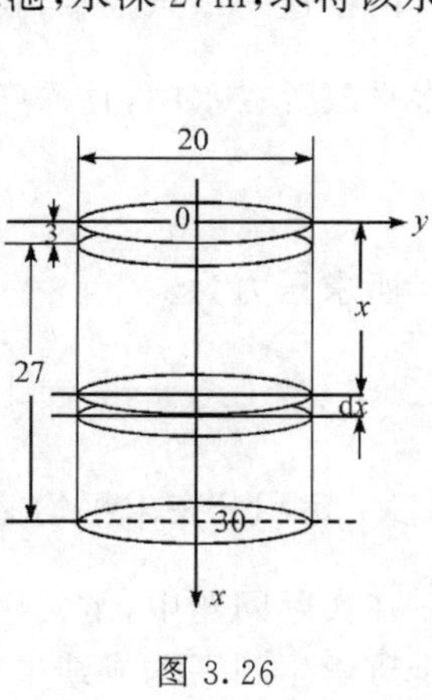

图 3.26

所以,将该水池的水全部抽干所做的功为

$$W = \int_3^{30} 10^5 \pi g x \,\mathrm{d}x = 10^5 \pi g \int_3^{30} x \mathrm{d}x = 10^5 \pi g \cdot \frac{x^2}{2}\Big|_3^{30}$$

$$= 10^5 \pi g \left(\frac{30^2}{2} - \frac{3^2}{2}\right) = 445.5\pi g \times 10^5 \approx 1.37 \times 10^9 (\mathrm{J}).$$

2. 液体的压力

如果将一平面薄板水平放置在水深 h(m)处,那么它的一侧所受到的压力 $F = pA = \rho g h A$,这里 p 为压强,A 为薄板的面积,ρ 为水的密度.如果将该板垂直放置在水中,由于不同深度的压强不同,因此薄板一侧所受到的压力不能直接用上式,需要用定积分计算.

例 3.69　有一等腰梯形水渠闸门,它的两底长分别为 10m 和 6m,高为 20m,较长的底与水面齐平,求闸门一侧所受到的水压力.

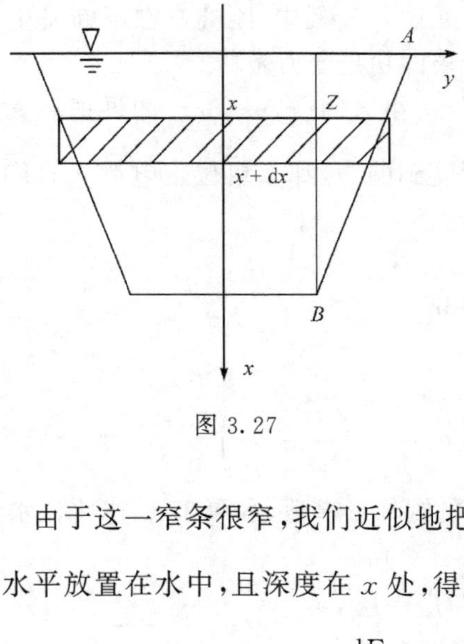

图 3.27

解　建立坐标系如图 3.27 所示,取 x 为积分变量,x 的变化范围$[0,20]$为积分区间,任取小区间$[x, x+\mathrm{d}x]$,等腰梯形被截下一窄条.

下面来求过 $A(0,5)$,$B(20,3)$两点的直线方程,有

$$\frac{y-5}{3-5} = \frac{x-0}{20-0},$$

于是有

$$y = 5 - \frac{x}{10}.$$

由于这一窄条很窄,我们近似地把它看作是一长为 $2y = 10 - \frac{x}{5}$,宽为 $\mathrm{d}x$ 的矩形水平放置在水中,且深度在 x 处,得压力元素

$$\mathrm{d}F = \rho g x\left(10 - \frac{x}{5}\right)\mathrm{d}x.$$

所求压力为

$$F = \int_0^{20} \rho g x \left(10 - \frac{x}{5}\right)\mathrm{d}x \approx 1.44 \times 10^7 \mathrm{N}.$$

3.8.3　定积分在求平均值上的应用

在实际问题中,常常用一组数据的算术平均值来反映这组数据的概况.例如,用全班学生的平均成绩来反映这个班的成绩状况.又如,把对一零件长度的多次测

量值的算术平均值作为这个零件长度的近似值.

有时,我们不但要计算一组数的平均值,而且还要计算一个连续函数 $y=f(x)$ 在区间$[a,b]$上一切值的平均值. 例如,求平均速度、平均电流强度等. 连续函数 $y=f(x)$在区间$[a,b]$上的平均值应怎样规定呢? 为此,我们来看平均速度问题. 由例 3.39 知,以速度 $v=v(t)$做直线运动的物体,从时刻 t_1 到 t_2 这段时间所产生的位移为 $s=\int_{t_1}^{t_2} v(t)\mathrm{d}t$. 若物体做的是匀速运动,则这段时间的速度 $v=\dfrac{s}{t_2-t_1}=\dfrac{1}{t_2-t_1}\int_{t_1}^{t_2} v(t)\mathrm{d}t$, 因此,当物体做的是变速运动时,我们把 $\dfrac{1}{t_2-t_1}\int_{t_1}^{t_2} v(t)\mathrm{d}t$ 作为这段时间的平均速度. 一般地,称

$$\frac{1}{b-a}\int_a^b f(x)\mathrm{d}x$$

为函数 $y=f(x)$在区间$[a,b]$上一切值的平均值,记为 $\bar{y}$,即

$$\bar{y}=\frac{1}{b-a}\int_a^b f(x)\mathrm{d}x.$$

若函数 $y=f(x)$在区间$[a,b]$上连续,则由性质 3.5.5 知,其平均值介于函数 $y=f(x)$ 在区间$[a,b]$上的最大值与最小值之间,因此,由连续函数的介值定理,$\exists\xi\in[a,b]$,使

$$f(\xi)=\frac{1}{b-a}\int_a^b f(x)\mathrm{d}x,$$

即

$$\int_a^b f(x)\mathrm{d}x=f(\xi)(b-a).$$

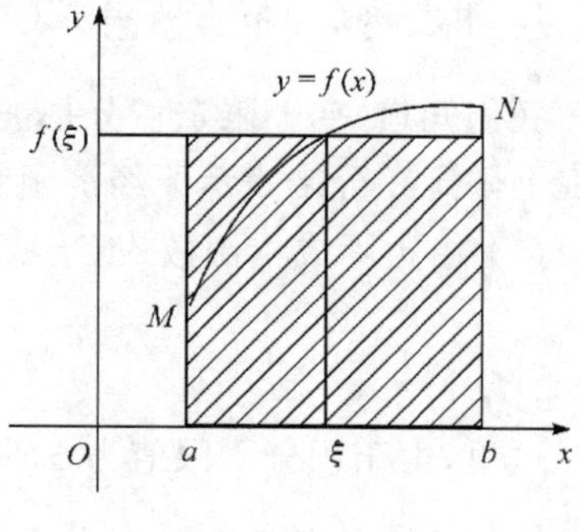

图 3.28

这就是积分中值定理(图 3.28).

例 3.70 求从 0s 到 ts 这段时间上自由落体的平均速度.

解 因为自由落体的速度为 $v=gt$,所以它的平均速度为

$$\bar{v}=\frac{1}{t-0}\int_0^t gt\,\mathrm{d}t=\frac{1}{t}\cdot\frac{gt^2}{2}=\frac{1}{2}gt.$$

例 3.71 求函数 $y=3x^2+x-1$ 在$[1,3]$上的平均值.

解 $$\bar{y}=\frac{1}{3-1}\int_1^3(3x^2+x-1)\mathrm{d}x=\frac{1}{2}\left(x^3+\frac{x^2}{2}-x\right)\Big|_1^3$$

$$=\frac{1}{2}(28.5-0.5)=14.$$

例 3.72 求电阻为 R 的强电阻电路中正弦交流电 $i(t)=I_{\mathrm{m}}\sin\omega t$ 在一个周期上功率的平均值.

解 这一电路中的电压为

$$u = iR = I_{\mathrm{m}} R \sin\omega t.$$

功率为

$$P = ui = I_{\mathrm{m}}^2 R \sin^2 \omega t.$$

因为交流电 $i(t)=I_{\mathrm{m}}\sin\omega t$ 的周期为 $T=\dfrac{2\pi}{\omega}$，所以在一个周期上功率的平均值

$$\overline{P} = \frac{1}{\dfrac{2\pi}{\omega}-0}\int_0^{\frac{2\pi}{\omega}} RI_{\mathrm{m}}^2 \sin^2\omega t\,\mathrm{d}t = \frac{\omega RI_{\mathrm{m}}^2}{2\pi}\int_0^{\frac{2\pi}{\omega}} \frac{1-\cos 2\omega t}{2}\mathrm{d}t$$

$$= \frac{\omega RI_{\mathrm{m}}^2}{4\pi}\left(t-\frac{1}{2\omega}\sin 2\omega t\right)\Bigg|_0^{\frac{2\pi}{\omega}} = \frac{\omega RI_{\mathrm{m}}^2}{4\pi}\cdot\frac{2\pi}{\omega} = \frac{RI_{\mathrm{m}}^2}{2} = \frac{I_{\mathrm{m}} u_{\mathrm{m}}}{2}.$$

上式结果说明，纯电阻电路中正弦交流电的平均功率等于电流与电压的峰值乘积的一半，这就是交流电器上标明的功率.

*3.8.4 定积分在经济问题中的应用

1. 用定积分表示经济函数(或其改变量)

我们知道，变上限定积分是被积函数的一个原函数，由已知的边际函数，可以用变上限定积分来表示原经济函数.

(1) 由边际成本函数 $MC=C'(x)$，可得到产量为 x 时的总成本函数

$$C(x) = \int_0^x MC\,\mathrm{d}x + C_0.$$

这里，由于积分下限值为 0，所以 C_0 是固定成本，变上限定积分 $C=\int_0^x MC\,\mathrm{d}x$ 是可变成本. 它表示生产 x 个单位产品时的成本改变量.

当产品由 a 个单位变到 b 个单位时总成本的改变量为

$$\Delta C = \int_a^b MC\,\mathrm{d}x.$$

例 3.73 已知某产品的边际成本 $C'(x)=10+2x$(万元/t)，求当产量从 3t 变到 7t 时的总成本及平均成本.

解 当产量从 3t 变到 7t 时，总成本改变量为

$$\Delta C = \int_3^7 (10+2x)\,\mathrm{d}x = (10x+x^2)\Big|_3^7 = 80(\text{万元}).$$

此时平均成本为

$$\Delta\,\overline{C} = \frac{\Delta C}{\Delta x} = \frac{80}{4} = 20(\text{万元}/\mathrm{t}).$$

(2) 由边际收入函数 $MR=R'(x)$，得到产量为 x 时的总收入函数

$$R(x)=\int_0^x MR\,\mathrm{d}x,$$

它表示销售 x 个单位产品时的总收入.

当销售量由 a 个单位变到 b 个单位时,总收入的改变量为

$$\Delta R=\int_a^b MR\,\mathrm{d}x.$$

例 3.74 已知某产品的边际收入 $R'(x)=12-0.12x$(元/个),求当产品销售量为 50 个时的总收入及产品销售量由 50 个变到 100 个时总收入的改变量.

解 当产品销售量为 50 个时总收入为

$$R(50)=\int_0^{50}(12-0.12x)\mathrm{d}x=(12x-0.06x^2)\Big|_0^{50}=450(\text{元}).$$

当产品销售量从 50 个变为 100 个时总收入的改变量为

$$\Delta R=\int_{50}^{100}(12-0.12x)\mathrm{d}x=(12x-0.06x^2)\Big|_{50}^{100}=150(\text{元}).$$

(3) 我们知道边际利润等于边际收入减去边际成本

$$ML=MR-MC,$$

从而有

$$L=\int_0^x(MR-MC)\mathrm{d}x-C_0,$$

其中,C_0 是固定成本,定积分 $\int_0^x(MR-MC)\mathrm{d}x$ 是毛利润,为不计固定成本的利润函数.

当产品销售量由 a 个单位变到 b 个单位时,利润函数的改变量为

$$\Delta L=\int_a^b(MR-MC)\mathrm{d}x=\int_a^b ML\,\mathrm{d}x.$$

例 3.75 已知某产品总成本的变化率为 $C'(x)=x+1$(万元/t),且总收入的变化率为 $R'(x)=5-\dfrac{x}{2}$(万元/t),求产量为多少时总利润最大. 若在最大利润产量的基础上再增加 2t 产品,总利润将会发生什么样的变化?

解 由已知条件,得

$$L'(x)=5-\frac{x}{2}-x-1=4-\frac{3x}{2},$$

令 $L'(x)=0$,即 $4-\dfrac{3x}{2}=0$,解出驻点 $x=\dfrac{8}{3}$.

又 $L''(x)=-\dfrac{3}{2}<0$,所以 $x=\dfrac{8}{3}$ 是利润函数的极大值点,即为所求的最大值点. 故当产量为 $\dfrac{8}{3}$t 时,利润最大.

若在最大利润产量的基础上再增加 2t 产品，利润的改变量为

$$\Delta L=\int_{\frac{8}{3}}^{2+\frac{8}{3}}\left(4-\frac{3x}{2}\right)\mathrm{d}x=-3.$$

此时利润将减少 3 万元.

2. 资金流量的现值

定积分是作为一种和式的极限引入的，就是作了一个无限的加法. 现在我们用定积分的思想来讨论经济问题中资金流量的现值.

若某种投资的收益分为若干期，每期期末的收益额不同. 这种每期期末的收益就称为资金流量，假设第一期期末，第二期期末，…，第 n 期期末的资金流量分别为

$$S_1,S_2,\cdots,S_n.$$

对于第 i 期期末的资金流量 S_i，试问其现值 $P_0(i)$ 是多少？

假如利率是 r，在离散的情况下，第 i 期期末的资金流量 S_i 的现值为

$$P_0(i)=S_i(1+r)^{-i},$$

则全部 n 期的资金流量的现值就是和式

$$P_0=\sum_{i=1}^{n}P_0(i)=\sum_{i=1}^{n}S_i(1+r)^{-i}.$$

在连续复利的情况下，资金流量是时间 t 的函数，在很短的时间间隔内（时间间隔趋于 0）资金流量的近似值是

$$S(t)\mathrm{d}t.$$

利率为 r 时，其现值应为 $\dfrac{S(t)}{\mathrm{e}^{rt}}\mathrm{d}t=S(t)\mathrm{e}^{-rt}\mathrm{d}t$，到 n 期期末资金流量总和的现值就是 t 从 0 到 n 的定积分，即

$$P_0=\int_0^n S(t)\mathrm{e}^{-rt}\mathrm{d}t.$$

特别地，当每期期末的资金流量相同，均为常数 A 时（称为均匀流量），则

$$P_0=\int_0^n A\mathrm{e}^{-rt}\mathrm{d}t=\frac{A}{r}(1-\mathrm{e}^{-rn}).$$

例 3.76　某店铺现在售价为 35000 元，若分期付款 10 年付清，并且利率为 14%，按连续复利计算，每年应付多少钱？

解　设每年付出的资金为 A 元，资金流量的现值为 35000 元，有

$$35000=\int_0^{10}A\mathrm{e}^{-0.14t}\mathrm{d}t=\frac{A}{0.14}(1-\mathrm{e}^{-0.14\times 10}),$$

解得

$$A\approx 6504\text{ 元}.$$

即每年应付约 6504 元.

数学实验三　用 Matlab 软件求一元函数的积分

一、一元函数的不定积分

1. 调用格式一

```
int('f(x)','x')
```

例 1　求 $\int x^2\cos x\mathrm{d}x$.

解　在命令行中输入：

```
int('x^2*cos(x)')
```

输出结果如下：

```
ans=
x^2*sin(x)-2*sin(x)+2*x*cos(x)    % 结果是最简原函数
```

即

$$\int x^2\cos x\mathrm{d}x=x^2\sin x-2\sin x+2x\cos x+C.$$

2. 调用格式二

```
syms x
int(f(x),x)
```

例 2　求 $\int a^2\mathrm{e}^x\sin 2x\mathrm{d}x$,($a$ 为不为零的常数).

解　在命令行中输入：

```
syms x a;
int(a^2*exp(x)*sin(2*x),x)
```

程序运行结果是：

```
ans=
a^2*(-2/5*exp(x)*cos(2*x)+1/5*exp(x)*sin(2*x))
```

即

$$\int a^2\mathrm{e}^x\sin 2x\mathrm{d}x=a^2\left(-\frac{2}{5}\mathrm{e}^x\cos 2x+\frac{1}{5}\mathrm{e}^x\sin 2x\right)+C.$$

说明：可以调用 simple 函数化简不定积分的结果.如上例可在命令行中再输入

```
simple(ans)
ans=
```

```
1/5*a^2*exp(x)*(-2*cos(2*x)+sin(2*x))
```

二、一元函数的定积分和广义积分

1. 调用格式一

```
int('f(x)','x',a,b)
```

例 3　求 $\int_0^{\frac{1}{2}} \frac{x}{\sqrt{1-x^2}} dx$.

解　在命令行中输入：

```
int('x/sqrt(1-x^2)','x',0,1/2)
```

结果如下：

```
ans=
-1/2*3^(1/2)+1
```

即

$$\int_0^{\frac{1}{2}} \frac{x}{\sqrt{1-x^2}} dx = 1-\frac{\sqrt{3}}{2}.$$

例 4　求广义积分 $\int_{-1}^{2} \frac{1}{x+1} dx$.

解　在命令行中输入：

```
int('1/(x+1)','x',-1,2)
```

输出结果是：

```
ans=
inf
```

即

$$\int_{-1}^{2} \frac{1}{x+1} dx = +\infty.$$

2. 调用格式二

```
syms x
int(f(x),x,a,b)
```

例 5　求 $\int_a^x \sqrt{1-t^2}\, dt$.

解　在命令行中输入：

```
syms a x t
Px=int(sqrt(1-t^2),t,a,x)
```

运行结果是：

```
Px=
1/2*x*(1-x^2)^(1/2)+1/2*asin(x)-1/2*a*(1-a^2)^(1/2)-1/2*asin(a)
```

即

$$\int_a^x \sqrt{1-t^2}\,dt = \frac{x\sqrt{1-x^2}}{2} + \frac{\arcsin x}{2} - \frac{a\sqrt{1-a^2}}{2} - \frac{\arcsin a}{2}.$$

例 6　求广义积分 $\int_{-1}^{2} |t-1|\,dt$.

解　在命令行中输入：

```
syms t
int(abs(t-1),t,-1,2) % 必须指明对 t 求积分,否则得结果是 3*abs(t-1)
```

输出结果如下：

```
ans=
5/2
```

即

$$\int_{-1}^{2} |t-1|\,dt = 2.5.$$

例 7　求广义积分 $\int_{-\infty}^{+\infty} \frac{1}{1+x^2}dx$.

解　在命令行中输入：

```
syms x;
int(1/(1+x^2),x,-inf,inf)
```

结果是：

```
ans=
pi
```

即

$$\int_{-\infty}^{+\infty} \frac{1}{1+x^2}dx = \pi.$$

三、定积分的近似计算

有一类函数(如初等超越函数)的定积分虽然存在,但调用 int 函数求解的结果仍然是一个函数式,此时可用 vpa 函数求出它的值. 另外 Matlab 提供了使用辛普森(Simpson)法则的自适应递归法求积函数 quad(低阶方法)和牛顿-科茨(Newon-Cotes)法则的自适应递归法求积函数 quad8(高阶方法)两个求积函数来计算函数的定积分,调用格式为：

```
quad('f(x)',a,b,tol)
```

或

```
quad8('f(x)',a,b,tol)
```

其中，tol 参数用来指明相对误差和绝对误差，默认的相对误差是 1.0×10^{-3}.

例 8　分别用 int，quad 和 quad8 函数求积分 $\int_0^{\frac{\pi}{2}} e^{-x^2}\,dx$，精确到 1.0×10^{-6}.

解　在命令行中输入：

```
format long  % 设置数据的显示输入格式为长型
I1=int(exp(-x^2),0,pi/2)
```

运行结果如下：

```
I1=
1/2*erf(1/2*pi)*pi^(1/2)
```

在命令行中继续输入：

```
I=vpa(I1)  % 将结果显示为数值
I=
.86290048015025140934340505197410
```

即

$$\int_0^{\frac{\pi}{2}} e^{-x^2}\,dx \approx 0.862900.$$

在命令行中继续输入：

```
I2=quad('exp(-x.^2)',0,pi/2,1e-6)
```

输出结果是：

```
I2=
  0.86290052937298
```

即

$$\int_0^{\frac{\pi}{2}} e^{-x^2}\,dx \approx 0.862901.$$

也可在命令行中输入：

```
quad8('exp(-x.^2)',0,pi/2,1e-6)
ans=
  0.86290048015020
```

即

$$\int_0^{\frac{\pi}{2}} e^{-x^2}\,dx \approx 0.862900.$$

可见，调用不同函数计算定积分时，要产生一定的误差，但差别太小.

四、上机实验

(1) 用 help 命令查看函数 int,quad 和 quad8 等的用法.

(2) 上机验证上面各例.

(3) 作相关小节练习中函数的不定积分、定积分和广义积分.

*第 4 章　行列式与矩阵

行列式的知识产生于解线性方程组，进而发展成为一种独立的数学工具，应用广泛. 矩阵的知识不仅是线性代数的重要组成部分，而且它在诸如物理学、控制论、工程技术以及国民经济等科学技术领域都有着广泛的应用，是一种十分重要的数学工具. 本章先学习二、三阶行列式，并将其推广到 n 阶行列式. 然后学习行列式的性质与计算方法和利用 n 阶行列式解 n 元线性方程组的克拉默公式. 最后介绍矩阵的基本概念和矩阵的运算、矩阵的初等变换等基础知识.

4.1　n 阶行列式的定义

4.1.1　二阶行列式

未知数为 X_1, X_2 的二元线性方程组的一般形式为

$$\begin{cases} a_{11}X_1 + a_{12}X_2 = b_1 & (1) \\ a_{21}X_1 + a_{22}X_2 = b_2 & (2) \end{cases} \tag{4.1.1}$$

其中，b_1, b_2 为常数项（b_1 是第一个方程的常数项，b_2 是第二个方程的常数项）；a_{ij} 是第 i 个方程未知数 X_j 的系数（$i, j=1,2$）. 请记住这种常用的方法，字母的下标有具体的数学含义.

下面用加减消元法求解方程组(4.1.1).

(1) $\times a_{22}-$(2)$\times a_{12}$，得

$$(a_{11}a_{22} - a_{12}a_{21})X_1 = b_1a_{22} - b_2a_{12}.$$

(2)$\times a_{11}-$(1)$\times a_{21}$，得

$$(a_{11}a_{22} - a_{12}a_{21})X_2 = b_2a_{11} - b_1a_{21}.$$

若 $a_{11}a_{22}-a_{12}a_{21}\neq 0$，则方程组有唯一的一组解

$$\begin{cases} X_1 = \dfrac{b_1a_{22} - b_2a_{12}}{a_{11}a_{22} - a_{12}a_{21}}, \\ X_2 = \dfrac{b_2a_{11} - b_1a_{21}}{a_{11}a_{22} - a_{12}a_{21}}. \end{cases}$$

这个结论可以看成是二元线性方程组(4.1.1)解的公式. 为了便于记住这个公式，把方程组(4.1.1)的未知数系数和常数项抽离出来，写成

$$\begin{vmatrix} a_{11} & a_{12} \\ a_{21} & a_{22} \end{vmatrix}, \quad \begin{vmatrix} b_1 & a_{12} \\ b_2 & a_{22} \end{vmatrix}, \quad \begin{vmatrix} a_{11} & b_1 \\ a_{21} & b_2 \end{vmatrix}.$$

并且约定它们分别表示一个数，这个数的计算方法是：主对角线上两数积减去副对角线上两数积，如图 4.1 所示.

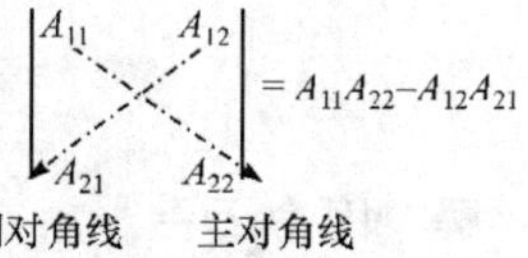

图 4.1

用这种表示方法，线性方程组(4.1.1)的求解公式就可记为

$$X_1=\frac{\begin{vmatrix} b_1 & a_{12} \\ b_2 & a_{22} \end{vmatrix}}{\begin{vmatrix} a_{11} & a_{12} \\ a_{21} & a_{22} \end{vmatrix}},\quad X_2=\frac{\begin{vmatrix} a_{11} & b_1 \\ a_{21} & b_2 \end{vmatrix}}{\begin{vmatrix} a_{11} & a_{12} \\ a_{21} & a_{22} \end{vmatrix}}. \tag{4.1.2}$$

定义 4.1.1 我们用符号

$$\begin{vmatrix} a_{11} & a_{12} \\ a_{21} & a_{22} \end{vmatrix}$$

表示一个数 $a_{11}a_{22}-a_{21}a_{12}$，即

$$\begin{vmatrix} a_{11} & a_{12} \\ a_{21} & a_{22} \end{vmatrix}=a_{11}a_{22}-a_{21}a_{12},$$

称为二阶行列式，行列式的横排称为行，纵排称为列，a_{ij} 称为行列式的第 i 行第 j 列元素. 二阶行列式有两行两列，四个元素.

例 4.1 求二阶行列式 $\begin{vmatrix} 2 & 3 \\ -1 & -2 \end{vmatrix}$ 的值.

解 $\begin{vmatrix} 2 & 3 \\ -1 & -2 \end{vmatrix}=2\times(-2)-3\times(-1)=-1.$

例 4.2 求二阶行列式 $\begin{vmatrix} 0 & -1 \\ 3 & 5 \end{vmatrix}$ 的值.

解 $\begin{vmatrix} 0 & -1 \\ 3 & 5 \end{vmatrix}=0\times5-3\times(-1)=3.$

在线性方程组(4.1.1)中，$D=\begin{vmatrix} a_{11} & a_{12} \\ a_{21} & a_{22} \end{vmatrix}$ 叫做线性方程组的系数行列式，$D_1=\begin{vmatrix} b_1 & a_{12} \\ b_2 & a_{22} \end{vmatrix}$ 叫做 X_1 的替换行列式，$D_2=\begin{vmatrix} a_{11} & b_1 \\ a_{21} & b_2 \end{vmatrix}$ 叫做 X_2 的替换行列式. 当 $D\neq0$ 时，利用这三个行列式，线性方程组的解可表示为

$$X_1=\frac{D_1}{D},\quad X_2=\frac{D_2}{D}.$$

这就是二元线性方程组(4.1.1)的克拉默(Cramer，瑞士，1704～1752)公式.

例 4.3 解方程组

$$\begin{cases} X_1 + 3X_2 = 1, \\ X_1 + 4X_2 = 2. \end{cases}$$

解　因为 $D=\begin{vmatrix} 1 & 3 \\ 1 & 4 \end{vmatrix}=1\neq 0, D_1=\begin{vmatrix} 1 & 3 \\ 2 & 4 \end{vmatrix}=-2, D_2=\begin{vmatrix} 1 & 1 \\ 1 & 2 \end{vmatrix}=1$,故线性方程组有唯一解

$$\begin{cases} X_1 = \dfrac{D_1}{D} = \dfrac{-2}{1} = -2, \\ X_2 = \dfrac{D_2}{D} = \dfrac{1}{1} = 1. \end{cases}$$

4.1.2　三阶行列式

研究三元线性方程组

$$\begin{cases} a_{11}X_1 + a_{12}X_2 + a_{13}X_3 = b_1, \\ a_{21}X_1 + a_{22}X_2 + a_{23}X_3 = b_2, \\ a_{31}X_1 + a_{32}X_2 + a_{33}X_3 = b_3. \end{cases} \tag{4.1.3}$$

用加减消元法,可得到类似的公式:

$$D = \begin{vmatrix} a_{11} & a_{12} & a_{13} \\ a_{21} & a_{22} & a_{23} \\ a_{31} & a_{32} & a_{33} \end{vmatrix}, \quad D_1 = \begin{vmatrix} b_1 & a_{12} & a_{13} \\ b_2 & a_{22} & a_{23} \\ b_3 & a_{32} & a_{33} \end{vmatrix},$$

$$D_2 = \begin{vmatrix} a_{11} & b_1 & a_{13} \\ a_{21} & b_2 & a_{23} \\ a_{31} & b_3 & a_{33} \end{vmatrix}, \quad D_3 = \begin{vmatrix} a_{11} & a_{12} & b_1 \\ a_{21} & a_{22} & b_2 \\ a_{31} & a_{32} & b_3 \end{vmatrix}.$$

当 $D\neq 0$ 时,线性方程组(4.1.3)有唯一解为

$$\begin{cases} X_1 = \dfrac{D_1}{D}, \\ X_2 = \dfrac{D_2}{D}, \\ X_3 = \dfrac{D_3}{D}. \end{cases}$$

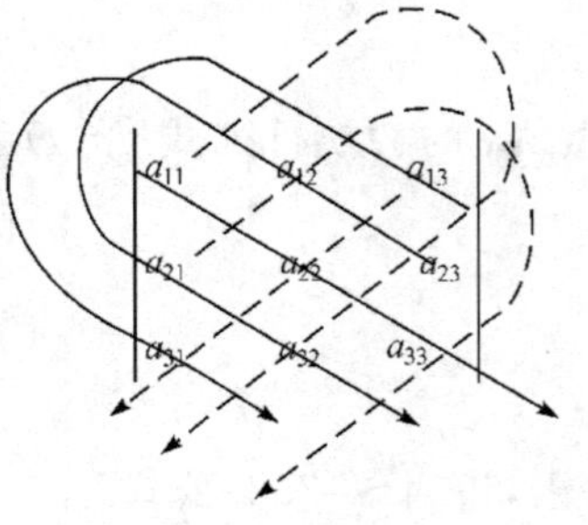

图 4.2

这里 D, D_1, D_2 与 D_3 都叫做三阶行列式,它们所表示的数的计算方法如图 4.2 所示.

实线上的三个元素之积取正号,共三项 $+a_{11}a_{22}a_{33}, +a_{12}a_{23}a_{31}, +a_{13}a_{21}a_{32}$;虚线上的三个元素之积取负号,也有三项 $-a_{13}a_{22}a_{31}, -a_{12}a_{21}a_{33}, -a_{11}a_{23}a_{32}$. 这 6 项的代数和就是三阶行列式的

值,即

$$D=\begin{vmatrix} a_{11} & a_{12} & a_{13} \\ a_{21} & a_{22} & a_{23} \\ a_{31} & a_{32} & a_{33} \end{vmatrix}$$

$$=a_{11}a_{22}a_{33}+a_{12}a_{23}a_{31}+a_{13}a_{21}a_{32}-a_{13}a_{22}a_{31}-a_{12}a_{21}a_{33}-a_{11}a_{23}a_{32}.$$

例 4.4　求三阶行列式$\begin{vmatrix} -1 & 1 & 3 \\ 2 & 4 & 1 \\ -1 & 2 & 1 \end{vmatrix}$的值.

解　$\begin{vmatrix} -1 & 1 & 3 \\ 2 & 4 & 1 \\ -1 & 2 & 1 \end{vmatrix}$

$$=(-1)\times 4\times 1+2\times 2\times 3+1\times 1\times(-1)-3\times 4\times(-1)$$
$$-2\times 1\times 1-2\times 1\times(-1)$$
$$=-4+12-1+12-2+2=19.$$

4.1.3　n阶行列式

我们先来讨论一下二阶行列式与三阶行列式之间的联系.

$$D=\begin{vmatrix} a_{11} & a_{12} & a_{13} \\ a_{21} & a_{22} & a_{23} \\ a_{31} & a_{32} & a_{33} \end{vmatrix}$$

$$=a_{11}a_{22}a_{33}+a_{12}a_{23}a_{31}+a_{13}a_{21}a_{32}-a_{11}a_{23}a_{32}-a_{12}a_{21}a_{33}-a_{13}a_{22}a_{31}$$

$$=a_{11}(a_{22}a_{33}-a_{23}a_{32})+a_{12}(a_{23}a_{31}-a_{21}a_{33})+a_{13}(a_{21}a_{32}-a_{22}a_{31})$$

$$=a_{11}\begin{vmatrix} a_{22} & a_{23} \\ a_{32} & a_{33} \end{vmatrix}-a_{12}\begin{vmatrix} a_{21} & a_{23} \\ a_{31} & a_{33} \end{vmatrix}+a_{13}\begin{vmatrix} a_{21} & a_{22} \\ a_{31} & a_{32} \end{vmatrix}.$$

对比式中的三阶行列式与三个二阶行列式会发现:a_{11},a_{12},a_{13}是D的第一行元素,第一项a_{11}乘上的行列式是在D中划掉第一行第一列后余下的二阶行列式;第二项a_{12}乘上的行列式是在D中划掉第一行第二列后余下的二阶行列式;第三项a_{13}乘上的行列式是在D中划掉第一行第三列后余下的二阶行列式,而各项的符号与D的第一行元素的下标有关,两下标之和为偶数时取正号,为奇数时取负号.今后我们把行列式中划掉第i行第j列的元素后,余下的行列式记为M_{ij},叫做元素a_{ij}的余子式,而把$A_{ij}=(-1)^{i+j}M_{ij}$叫做a_{ij}的代数余子式,于是

$$D=a_{11}A_{11}+a_{12}A_{12}+a_{13}A_{13}.$$

上式表明,三阶行列式可用二阶行列式去定义,把二、三阶行列式的这个关系推广,我们来定义n阶行列式.

定义 4.1.2　设n为自然数,由n^2个数组成的有n行n列的符号

$$D=\begin{vmatrix} a_{11} & a_{12} & \cdots & a_{1n} \\ a_{21} & a_{22} & \cdots & a_{2n} \\ \vdots & \vdots & & \vdots \\ a_{n1} & a_{n2} & \cdots & a_{nn} \end{vmatrix},$$

称为 n 阶行列式. 并规定

当 $n=1$ 时, $D=|a_{11}|=a_{11}$;

当 $n\geqslant 2$ 时, $D=a_{11}A_{11}+a_{12}A_{12}+\cdots+a_{1n}A_{1n}=\sum_{j=1}^{n}a_{1j}A_{1j}$, (4.1.4)

其中, A_{1j} 为 a_{1j} 的代数余子式, 是一个 $n-1$ 阶行列式. 一个 n 阶行列式是一个数, 称为这个行列式的值. 式(4.1.4)叫做 D 按第一行展开的展开式.

例 4.5　求四阶行列式 $D=\begin{vmatrix} 1 & 2 & 3 & 4 \\ 0 & 1 & 2 & 3 \\ 1 & 0 & 2 & 3 \\ 1 & 2 & 0 & 3 \end{vmatrix}$ 的值.

解　$$D=1\times(-1)^{1+1}\begin{vmatrix} 1 & 2 & 3 \\ 0 & 2 & 3 \\ 2 & 0 & 3 \end{vmatrix}+2\times(-1)^{1+2}\begin{vmatrix} 0 & 2 & 3 \\ 1 & 2 & 3 \\ 1 & 0 & 3 \end{vmatrix}$$

$$+3\times(-1)^{1+3}\begin{vmatrix} 0 & 1 & 3 \\ 1 & 0 & 3 \\ 1 & 2 & 3 \end{vmatrix}+4\times(-1)^{1+4}\begin{vmatrix} 0 & 1 & 2 \\ 1 & 0 & 2 \\ 1 & 2 & 0 \end{vmatrix}$$

$$=\begin{vmatrix} 1 & 2 & 3 \\ 0 & 2 & 3 \\ 2 & 0 & 3 \end{vmatrix}-2\times\begin{vmatrix} 0 & 2 & 3 \\ 1 & 2 & 3 \\ 1 & 0 & 3 \end{vmatrix}+3\times\begin{vmatrix} 0 & 1 & 3 \\ 1 & 0 & 3 \\ 1 & 2 & 3 \end{vmatrix}-4\times\begin{vmatrix} 0 & 1 & 2 \\ 1 & 0 & 2 \\ 1 & 2 & 0 \end{vmatrix}$$

$$=6-2\times(-6)+3\times 6-4\times 6=12.$$

例 4.6　计算下列行列式:

(1) 下三角行列式 (主对角线以上的元素全为 0)

$$D_1=\begin{vmatrix} a_{11} & 0 & \cdots & 0 \\ a_{21} & a_{22} & \cdots & 0 \\ \vdots & \vdots & & \vdots \\ a_{n1} & a_{n2} & \cdots & a_{nn} \end{vmatrix};$$

(2) 对角行列式 (除主对角线上元素外, 其余元素全为 0)

$$D_2=\begin{vmatrix} a_{11} & 0 & \cdots & 0 \\ 0 & a_{22} & \cdots & 0 \\ \vdots & \vdots & \ddots & \vdots \\ 0 & 0 & \cdots & a_{nn} \end{vmatrix}.$$

解 (1) 不断地把 D_1 按第一行展开，得

$$D_1 = a_{11}\begin{vmatrix} a_{22} & 0 & \cdots & 0 \\ a_{32} & a_{33} & \cdots & 0 \\ \vdots & \vdots & & \vdots \\ a_{n2} & a_{n3} & \cdots & a_{nn} \end{vmatrix} = a_{11}a_{22}\begin{vmatrix} a_{33} & 0 & \cdots & 0 \\ a_{43} & a_{44} & \cdots & 0 \\ \vdots & \vdots & & \vdots \\ a_{n3} & a_{n4} & \cdots & a_{nn} \end{vmatrix} = \cdots = a_{11}a_{22}\cdots a_{nn}.$$

由此可知，下三角行列式的值就是主对角线上元素的乘积.

(2) D_2 也为下三角行列式，所以

$$D_2 = a_{11}a_{22}\cdots a_{nn}.$$

可以证明，在 n 阶行列中，下列定理成立：

定理 4.1.1 n 阶行列式可以按任意一行或任意一列展开，即它等于它的任意一行(或列)的每个元素与其对应的代数余子式乘积的和，即

$$D = a_{i1}A_{i1} + a_{i2}A_{i2} + \cdots + a_{in}A_{in} = \sum_{j=1}^{n} a_{ij}A_{ij}, \quad i = 1,2,\cdots,n,$$

或

$$D = a_{1j}A_{1j} + a_{2j}A_{2j} + \cdots + a_{nj}A_{nj} = \sum_{i=1}^{n} a_{ij}A_{ij}, \quad j = 1,2,\cdots,n.$$

注 这里一共有 $2n$ 个展开式.

例 4.7 求上三角行列式(主对角线以下的元素全为 0)

$$D=\begin{vmatrix} a_{11} & a_{12} & \cdots & a_{1n} \\ 0 & a_{22} & \cdots & a_{2n} \\ \vdots & \vdots & \ddots & \vdots \\ 0 & 0 & \cdots & a_{nn} \end{vmatrix}$$的值.

解 不断地把 D 按第一列展开，得

$$D = a_{11}a_{22}\cdots a_{nn}.$$

4.2 行列式的性质

用定义计算高阶行列式是十分繁杂的. 本节我们先讨论行列式的性质，并学习利用这些性质简化行列式的计算.

如果把一个行列式沿主对角线翻转 180°，可得到一个新的行列式，这两个行列式有密切的联系.

定义 4.2.1 把行列式

$$D=\begin{vmatrix} a_{11} & a_{12} & \cdots & a_{1n} \\ a_{21} & a_{22} & \cdots & a_{2n} \\ \vdots & \vdots & & \vdots \\ a_{n1} & a_{n2} & \cdots & a_{nn} \end{vmatrix}$$

的行和列按原次序互换后得到的行列式

$$\begin{vmatrix} a_{11} & a_{21} & \cdots & a_{n1} \\ a_{12} & a_{22} & \cdots & a_{n2} \\ \vdots & \vdots & & \vdots \\ a_{1n} & a_{2n} & \cdots & a_{nn} \end{vmatrix}$$

称为 D 的转置行列式，记为 D^{T}.

很明显，D^{T} 的第 i 行是 D 的第 i 列，而 D^{T} 的第 j 列是 D 的第 j 行，D 的 i 行 j 列元素是 D^{T} 的 j 行 i 列元素，而 D^{T} 的转置行列式 $(D^{\mathrm{T}})^{\mathrm{T}}=D$.

行列式有下列主要性质.

性质 4.2.1　行列式经转置后，其值不变，即

$$D^{\mathrm{T}}=D.$$

这个性质可用数学归纳法对 n 作归纳证明. 这个性质告诉我们对于行列式的行成立的性质对于列也成立，反之亦然.

性质 4.2.2　交换行列式任意两行(列)，其余行(列)不变，则行列式变号(行列式的值变成相反数).

用二阶行列式不难验证

$$\begin{vmatrix} a_1 & a_2 \\ b_1 & b_2 \end{vmatrix}=-\begin{vmatrix} b_1 & b_2 \\ a_1 & a_2 \end{vmatrix}=a_1b_2-a_2b_1.$$

对于 n 阶行列式可用归纳法证明，证明从略.

推论 4.2.1　如果行列式中有两行(列)相同，行列式之值为 0.

证明　如行列式 D 中第 i 行与第 j 行($i\neq j$)完全相同，交换这两行后仍然是 D，于是由性质 4.2.2，可知 $D=-D$，因而 $2D=0$，$D=0$.

性质 4.2.3　用数 k 乘行列式相当于用 k 乘它的某一行(列)的每一个元素：

$$k\cdot\begin{vmatrix} a_{11} & a_{12} & \cdots & a_{1n} \\ a_{12} & a_{22} & \cdots & a_{2n} \\ \vdots & \vdots & & \vdots \\ a_{n1} & a_{n2} & \cdots & a_{nn} \end{vmatrix}=\begin{vmatrix} a_{11} & a_{12} & \cdots & a_{1n} \\ \vdots & \vdots & & \vdots \\ ka_{i1} & ka_{i2} & \cdots & ka_{in} \\ \vdots & \vdots & & \vdots \\ a_{n1} & a_{n2} & \cdots & a_{nn} \end{vmatrix} \tag{4.2.1}$$

证　对式(4.2.1)右边的行列式按第 i 行展开得

$$\sum_{j=1}^{n}ka_{ij}A_{ij}=k\sum_{j=1}^{n}a_{ij}A_{ij},$$

而 $\sum\limits_{j=1}^{n} a_{ij}A_{ij}$ 正是式(4.2.1)左边的行列式按第 i 行展开的结果,故结论成立.

推论 4.2.2 行列式某一行(列)的公因子可提到行列式外.

当式(4.2.1)中的 $k=0$ 时,可以看出下面结论.

推论 4.2.3 如果行列式的某一行(列)的数全为 0,则行列式之值为 0.

当行列式有两行(列)的对应元素成比例时,可以把比例系数提到行列式外,变成一个有两行(列)相同的行列式,由性质 4.2.2,可得以下推论.

推论 4.2.4 有两行(列)元素对应成比列的行列式的值为 0.

性质 4.2.4 如果行列式的第 i 行(列)的元素为两组数的和,那么该行列式可以写成两个行列式的和的形式,而且这两个行列式的第 i 行各为两组数中之一组,其余元素与原行列式完全相同,即

$$\begin{vmatrix} a_{11} & a_{12} & \cdots & a_{1n} \\ \vdots & \vdots & & \vdots \\ x_{i1}+y_{i1} & x_{i2}+y_{i2} & \cdots & x_{in}+y_{in} \\ \vdots & \vdots & & \vdots \\ a_{n1} & a_{n2} & \cdots & a_{nn} \end{vmatrix} = \begin{vmatrix} a_{11} & a_{12} & \cdots & a_{1n} \\ \vdots & \vdots & & \vdots \\ x_{i1} & x_{i2} & \cdots & x_{in} \\ \vdots & \vdots & & \vdots \\ a_{n1} & a_{n2} & \cdots & a_{nn} \end{vmatrix} + \begin{vmatrix} a_{11} & a_{12} & \cdots & a_{1n} \\ \vdots & \vdots & & \vdots \\ y_{i1} & y_{i2} & \cdots & y_{in} \\ \vdots & \vdots & & \vdots \\ a_{n1} & a_{n2} & \cdots & a_{nn} \end{vmatrix}. \tag{4.2.2}$$

证 将式(4.2.2)左端的行列式按第 i 行展开,得

$$\sum_{j=1}^{n}(x_{ij}+y_{ij})A_{ij} = \sum_{j=1}^{n}(x_{ij}A_{ij}+y_{ij}A_{ij}) = \sum_{j=1}^{n}x_{ij}A_{ij} + \sum_{j=1}^{n}y_{ij}A_{ij},$$

这就证明了性质 4.2.4.

性质 4.2.5 如果行列式的某一行(列)的所有元素加上另一行(列)的对应元素的 k 倍,所得行列式与原行列式相等,即

$$\begin{vmatrix} a_{11} & a_{12} & \cdots & a_{1n} \\ \vdots & \vdots & & \vdots \\ a_{i1} & a_{i2} & \cdots & a_{in} \\ \vdots & \vdots & & \vdots \\ a_{j1} & a_{j2} & \cdots & a_{jn} \\ \vdots & \vdots & & \vdots \\ a_{n1} & a_{n2} & \cdots & a_{nn} \end{vmatrix} = \begin{vmatrix} a_{11} & a_{12} & \cdots & a_{1n} \\ \vdots & \vdots & & \vdots \\ a_{i1}+ka_{j1} & a_{i2}+ka_{j2} & \cdots & a_{in}+ka_{jn} \\ \vdots & \vdots & & \vdots \\ a_{j1} & a_{j2} & \cdots & a_{jn} \\ \vdots & \vdots & & \vdots \\ a_{n1} & a_{n2} & \cdots & a_{nn} \end{vmatrix}. \tag{4.2.3}$$

事实上,由性质 4.2.4,式(4.2.3)右边的行列式可以写成两个行列式之和,而

且其中一个就是式(4.2.3)右边的行列式，另一个有两行成比列，值为 0，故结论成立.

在计算行列式时，可以利用上面介绍的性质，把行列式进行恒等变形，化成容易计算的形式，如上、下三角行列式，含数 0 多的行列式等.

在手算的过程中，为了表示变形方式，我们约定用 r_i 表示第 i 行，c_i 表示第 i 列：

(1) $r_i \leftrightarrow r_j\,(c_i \leftrightarrow c_j)$表示将第 i 行(列)和第 j 行(列)交换位置；

(2) $kr_i\,(kc_i)$表示用数 k 乘第 i 行(列)的每一个元素；

(3) $r_j + kr_i\,(c_j + kc_i)$表示将第 i 行(列)的每一个元素的 k 倍加入第 j 行(列)；

(4) $r(i)$表示按第 i 行展开，$c(i)$表示按第 i 列展开.

例 4.8　计算行列式 $D=\begin{vmatrix} 4 & 2 & -4 \\ 0 & 3 & -6 \\ 3 & 6 & -12 \end{vmatrix}$.

解　容易看出 D 的第二列元素和第三列元素对应成比例，故 $D=0$.

例 4.9　计算行列式 $D=\begin{vmatrix} 1 & -2 & 2 & 3 \\ 0 & 3 & 4 & 8 \\ -1 & 4 & 2 & 5 \\ 6 & 2 & 5 & 4 \end{vmatrix}$.

解

$$D \xlongequal[r_4-6r_1]{r_3+r_1} \begin{vmatrix} 1 & -2 & 2 & 3 \\ 0 & 3 & 4 & 8 \\ 0 & 2 & 4 & 8 \\ 0 & 14 & -7 & -14 \end{vmatrix} \xlongequal{C(1)} \begin{vmatrix} 3 & 4 & 8 \\ 2 & 4 & 8 \\ 14 & -7 & -14 \end{vmatrix} = 0.$$

例 4.10　解方程 $\begin{vmatrix} 0 & 1 & x & 1 \\ 1 & 0 & 1 & x \\ x & 1 & 0 & 1 \\ 1 & x & 1 & 0 \end{vmatrix}=0$.

解　因为

$$D = \begin{vmatrix} 0 & 1 & x & 1 \\ 1 & 0 & 1 & x \\ x & 1 & 0 & 1 \\ 1 & x & 1 & 0 \end{vmatrix} \xlongequal[r_1+r_4]{\substack{r_1+r_2 \\ r_1+r_3}} \begin{vmatrix} x+2 & x+2 & x+2 & x+2 \\ 1 & 0 & 1 & x \\ x & 1 & 0 & 1 \\ 1 & x & 1 & 0 \end{vmatrix}.$$

显然 $x_1=-2$ 是方程的一个解，当 $x\neq-2$ 时，方程变为

$$\begin{vmatrix} 1 & 1 & 1 & 1 \\ 1 & 0 & 1 & x \\ x & 1 & 0 & 1 \\ 1 & x & 1 & 0 \end{vmatrix} = 0,$$

因为

$$\begin{vmatrix} 1 & 1 & 1 & 1 \\ 1 & 0 & 1 & x \\ x & 1 & 0 & 1 \\ 1 & x & 1 & 0 \end{vmatrix} \xlongequal[r_4 - r_1]{r_2 - r_1} \begin{vmatrix} 1 & 1 & 1 & 1 \\ 0 & -1 & 0 & x-1 \\ x & 1 & 0 & 1 \\ 0 & x-1 & 0 & -1 \end{vmatrix} \xlongequal{C(3)} (-1)^{1+3} \begin{vmatrix} 0 & -1 & x-1 \\ x & 1 & 1 \\ 0 & x-1 & -1 \end{vmatrix}$$

$$= (-1)^{2+1} x \begin{vmatrix} -1 & x-1 \\ x-1 & -1 \end{vmatrix} = -x(1-(x-1)^2)$$

$$= x(x^2 - 2x) = x^2(x-2),$$

方程化为

$$x^2(x-2) = 0,$$

得

$$x_{2,3} = 0, x_4 = 2,$$

所以原方程的解为

$$x_1 = -2, x_2 = x_3 = 0, x_4 = 2.$$

4.3 克拉默法则

我们已经知道了二元线性方程组与三元线性方程组当系数行列式不等于 0 时的求解公式,该公式称为克拉默法则或克拉默公式.这个法则可以推广到 n 元线性方程组的解.这是行列式理论的一个重要的应用.

含有 n 个未知量 $x_1, x_2, \cdots, x_n$ 的 n 个线性方程组成的线性方程组的一般形式为

$$\begin{cases} a_{11}x_1 + a_{12}x_2 + \cdots + a_{1n}x_n = b_1, \\ a_{21}x_1 + a_{22}x_2 + \cdots + a_{2n}x_n = b_2, \\ \cdots\cdots \\ a_{n1}x_1 + a_{n2}x_2 + \cdots + a_{nn}x_n = b_n, \end{cases} \tag{4.3.1}$$

其中,a_{ij} 是第 i 个方程 x_j 的系数;b_i 为第 i 个方程的常数项($i=1,2,\cdots,n$).在相互位置不变的情况下,把所有系数抽取出来作成的一个行列式

$$D=\begin{vmatrix} a_{11} & a_{12} & \cdots & a_{1n} \\ a_{21} & a_{22} & \cdots & a_{2n} \\ \vdots & \vdots & & \vdots \\ a_{n1} & a_{n2} & \cdots & a_{nn} \end{vmatrix}$$

称为方程组(4.3.1)的系数行列式，而

$$\begin{pmatrix} b_1 \\ b_2 \\ \vdots \\ b_n \end{pmatrix}$$

称为该方程组的常数列，把这一列替换 D 中的第 j 列后得到的行列式

$$D_j=\begin{vmatrix} a_{11} & \cdots & b_1 & \cdots & a_{1n} \\ a_{21} & \cdots & b_2 & \cdots & a \\ \vdots & & \vdots & & \vdots \\ a_{n1} & \cdots & b_n & \cdots & a_{nn} \end{vmatrix}$$

称为 x_j 的替换行列式.

定理 4.3.1(克拉默法则)　若 n 元线性方程组(4.3.1)的系数行列式 $D\neq 0$，那么它有唯一解

$$x_1=\frac{D_1}{D},x_2=\frac{D_2}{D},\cdots,x_n=\frac{D_n}{D},$$

其中，D_j 是 x_j 的替换行列式($j=1,2,\cdots,n$). 证明略.

用克拉默法则解线性方程组要注意三点：

(1) 未知数的个数与方程的个数相同；

(2) 应把方程组写成式(4.3.1)的形式；

(3) 系数行列式要不等于 0. 克拉默法则把解方程组的问题转化为行列式的计算问题.

例 4.11　解线性方程组 $\begin{cases} 2x_1-x_2+3x_3+2x_4=6, \\ 3x_1-3x_2+3x_3+2x_4=5, \\ 3x_1-x_2-x_3+2x_4=3, \\ 3x_1-x_2+3x_3-x_4=4. \end{cases}$

解　因为 $D=\begin{vmatrix} 2 & -1 & 3 & 2 \\ 3 & -3 & 3 & 2 \\ 3 & -1 & -1 & 2 \\ 3 & -1 & 3 & -1 \end{vmatrix}=-70\neq 0,$

$$D_1=\begin{vmatrix}6&-1&3&2\\5&-3&3&2\\3&-1&-1&2\\4&-1&3&-1\end{vmatrix}=-70,\quad D_2=\begin{vmatrix}2&6&3&2\\3&5&3&2\\3&3&-1&2\\3&4&3&-1\end{vmatrix}=-70,$$

$$D_3=\begin{vmatrix}2&-1&6&2\\3&-3&5&2\\3&-1&3&2\\3&-1&4&-1\end{vmatrix}=-70,\quad D_4=\begin{vmatrix}2&-1&3&6\\3&-3&3&5\\3&-1&-1&3\\3&-1&3&4\end{vmatrix}=-70,$$

所以得方程组的唯一解为

$$x_1=\frac{D_1}{D}=1,x_2=\frac{D_2}{D}=1,\ x_3=\frac{D_3}{D}=1,x_4=\frac{D_1}{D}=1.$$

当线性方程组(4.3.1)中各方程的常数项均为0时，得

$$\begin{cases}a_{11}x_1+a_{12}x_2+\cdots+a_{1n}x_n=0,\\a_{21}x_1+a_{22}x_2+\cdots+a_{2n}x_n=0,\\\cdots\cdots\\a_{n1}x_1+a_{n2}x_2+\cdots+a_{nn}x_n=0,\end{cases}\tag{4.3.2}$$

称方程组(4.3.2)为 n 元齐次线性方程组，否则称为 n 元非齐次线性方程组.

克拉默定理的逆否定理如下：

定理 4.3.2 如果线性方程组(4.3.1)无解或解不唯一，那么它的系数行列式 $D=0$.

克拉默定理用到齐次线性方程组(4.3.2)上就有如下定理.

定理 4.3.3 如果齐次线性方程组(4.3.2)的系数行列式 $D\neq0$，那么它只有零解.

注 线性方程组(4.3.2)不论系数行列式是否为0，它总有零解. 但系数行列式为0时，还有非零解，这个问题以后还要讨论.

例 4.12 设齐次线性方程组 $\begin{cases}x_1+\lambda x_3=0,\\2x_1-x_4=0,\\\lambda x_1+x_2=0,\\x_3+2x_4=0,\end{cases}$ 只有零解，求 λ 的值.

解 先计算系数行列式

$$D=\begin{vmatrix}1&0&\lambda&0\\2&0&0&-1\\\lambda&1&0&0\\0&0&1&2\end{vmatrix}\xlongequal{C(2)}-\begin{vmatrix}1&\lambda&0\\2&0&-1\\0&1&2\end{vmatrix}\xlongequal{r_3+2r_2}-\begin{vmatrix}1&\lambda&0\\2&0&-1\\4&1&0\end{vmatrix}$$

$$\xlongequal{C(3)} \begin{vmatrix} 1 & \lambda \\ 4 & 1 \end{vmatrix} = 1 - 4\lambda \neq 0,$$

故 $\lambda \neq \frac{1}{4}$，λ 可为除去 $\frac{1}{4}$ 外的任何数.

当行列式的阶数 n 很大时，计算是十分繁杂的，现在可以在计算机上利用 Matlab 数学软件计算.

4.4　矩阵的概念

矩阵的概念产生于各种科学领域和技术领域. 4.3 节讨论解 n 元线性方程组 (4.3.1) 时，如果将其系数抽取出来并保持在方程组中的相对位置，可以作成一个有 n 行 n 列的数表

$$\begin{matrix} a_{11} & a_{12} & \cdots & a_{1n} \\ a_{21} & a_{22} & \cdots & a_{2n} \\ \vdots & \vdots & & \vdots \\ a_{n1} & a_{n2} & \cdots & a_{nn} \end{matrix},$$

用圆括号(或方括号)把这数表规范起来，记为

$$\begin{pmatrix} a_{11} & a_{12} & \cdots & a_{1n} \\ a_{21} & a_{22} & \cdots & a_{2n} \\ \vdots & \vdots & & \vdots \\ a_{n1} & a_{n2} & \cdots & a_{n} \end{pmatrix},$$

这种数表我们把它叫做一个 n 行 n 列 $(n \times n)$ 矩阵.

下面我们看几个例子.

例 4.13　某企业生产两种产品，各产品的季度产值见下表：

季度＼产值＼产品	1	2
1	20	9
2	23	7
3	27	6
4	18	1

这张表可以简单地表示成一个 4 行 2 列 (4×2) 矩阵：

$$\begin{pmatrix} 20 & 9 \\ 23 & 7 \\ 27 & 6 \\ 18 & 1 \end{pmatrix}.$$

例 4.14 某企业在全国有 m 个产品生产地 $x_1, x_2, \cdots, x_m$，而有 n 个销售点 $y_1, y_2, \cdots, y_n$. 如果一种调运方案是从产地 x_i 调入销点 y_j 的货物量为 a_{ij}，那么这个调运方案可以用一个有 m 行 n 列($m \times n$)的矩阵表示为

$$\begin{pmatrix} a_{11} & a_{12} & \cdots & a_{1n} \\ a_{21} & a_{22} & \cdots & a_{2n} \\ \vdots & \vdots & & \vdots \\ a_{m1} & a_{m2} & \cdots & a_{mn} \end{pmatrix}.$$

总之，许多问题都可以用矩阵表示，下面定义矩阵的概念.

定义 4.4.1 由 $m \times n$ 个数 $a_{ij}(i=1,2,\cdots,m;\ j=1,2,\cdots,n)$ 排成的 m 行 n 列的数表

$$\begin{matrix} a_{11} & a_{12} & \cdots & a_{1n} \\ a_{21} & a_{22} & \cdots & a_{2n} \\ \vdots & \vdots & & \vdots \\ a_{m1} & a_{m2} & \cdots & a_{mn} \end{matrix}$$

称为 $m \times n$ 矩阵. 矩阵通常用大写字母 $\boldsymbol{A}, \boldsymbol{B}, \boldsymbol{C}, \cdots$ 表示，记为

$$\boldsymbol{A} = \begin{pmatrix} a_{11} & a_{12} & \cdots & a_{1n} \\ a_{21} & a_{22} & \cdots & a_{2n} \\ \vdots & \vdots & & \vdots \\ a_{m1} & a_{m2} & \cdots & a_{mn} \end{pmatrix},$$

其中，a_{ij} 称为矩阵 $\boldsymbol{A}$ 的元素. 表中的每一横行称为矩阵 $\boldsymbol{A}$ 的行，$\boldsymbol{A}$ 的第 i 行为一个 n 元数组

$$(a_{i1}, a_{i2}, \cdots, a_{in}), \quad i = 1, 2, \cdots, m;$$

表中的每一纵列称为矩阵 $\boldsymbol{A}$ 的列，$\boldsymbol{A}$ 的第 j 列是一个 m 元数组

$$\begin{pmatrix} a_{1j} \\ a_{2j} \\ \vdots \\ a_{mj} \end{pmatrix}, \quad j = 1, 2, \cdots, n.$$

a_{ij} 是 $\boldsymbol{A}$ 的第 i 行第 j 列元素，$\boldsymbol{A}$ 有 $m \times n$ 个元素，所以 $\boldsymbol{A}$ 又可记为 $\boldsymbol{A}_{m \times n}$ 或 $(a_{ij})_{m \times n}$.

当 $m=n$ 时，矩阵的行数与列数相同，称 $\boldsymbol{A}$ 为 n 阶方阵，简记为 $\boldsymbol{A}_n$ 或 $(a_{ij})_n$，即

$$\boldsymbol{A}_n=\begin{pmatrix}a_{11}&a_{12}&\cdots&a_{1n}\\a_{21}&a_{22}&\cdots&a_{2n}\\\vdots&\vdots&&\vdots\\a_{n1}&a_{n2}&\cdots&a_{nn}\end{pmatrix}.$$

注　这里的 n 阶方阵是一个数表，而 n 阶行列式是数表按行列式定义计算出来的一个数，应加以区别.

下面几个概念应记住：

(1) 两个矩阵行数相同、列数也相同时叫做同型矩阵，又若对应位置上的元素相等，则称为相等矩阵；

(2) 只有一行的矩阵叫行矩阵，只有一列的矩阵叫列矩阵；

(3) 所有元素都为 0 的矩阵叫零矩阵，记为 $0_{m\times n}$ 或 $\mathbf{0}$，但行数与列数不尽相同的两个零矩阵是不相等的；

(4) 对于由 m 个 n 元线性方程组成的方程组

$$\begin{cases}a_{11}x_1+a_{12}x_2+\cdots+a_{1n}x_n=b_1,\\a_{21}x_1+a_{22}x_2+\cdots+a_{2n}x_n=b_2,\\\qquad\cdots\cdots\\a_{m1}x_1+a_{m2}x_2+\cdots+a_{mn}x_n=b_m,\end{cases}$$

矩阵

$$\boldsymbol{A}_{m\times n}=\begin{pmatrix}a_{11}&a_{12}&\cdots&a_{1n}\\a_{21}&a_{22}&\cdots&a_{2n}\\\vdots&\vdots&&\vdots\\a_{m1}&a_{m2}&\cdots&a_{mn}\end{pmatrix}$$

与

$$\widetilde{\boldsymbol{A}}_{m\times(n+1)}=\begin{pmatrix}a_{11}&a_{12}&\cdots&a_{1n}&b_1\\a_{21}&a_{22}&\cdots&a_{2n}&b_2\\\vdots&\vdots&&\vdots&\vdots\\a_{m1}&a_{m2}&\cdots&a_{mn}&b_m\end{pmatrix}$$

分别称为方程组的系数矩阵与增广矩阵；

(5) n 阶方阵

$$\boldsymbol{E}_n=\begin{pmatrix}1&0&\cdots&0\\0&1&\cdots&0\\\vdots&\vdots&&\vdots\\0&0&\cdots&1\end{pmatrix}$$

的主对角线上元素全为 1，其余元素全为 0，称为 n 阶单位矩阵. 注意阶数不同的单位矩阵是不相等的.

4.5 矩阵的运算

本节我们讨论矩阵的运算和运算的性质.要特别注意矩阵运算与数字运算的联系和区别,以及两个矩阵能进行某种运算的条件.

4.5.1 矩阵的加法

定义 4.5.1 设有两个同型的 $m\times n$ 矩阵 $\boldsymbol{A}=(a_{ij})_{m\times n}$,$\boldsymbol{B}=(b_{ij})_{m\times n}$,矩阵

$$\begin{pmatrix} a_{11}+b_{11} & a_{12}+b_{12} & \cdots & a_{1n}+b_{1n} \\ a_{21}+b_{21} & a_{22}+b_{22} & \cdots & a_{2n}+b_{2n} \\ \vdots & \vdots & & \vdots \\ a_{m1}+b_{m1} & a_{m2}+b_{m2} & \cdots & a_{mn}+b_{mn} \end{pmatrix},$$

称为 $\boldsymbol{A}$ 与 $\boldsymbol{B}$ 之和,记为 $\boldsymbol{A}+\boldsymbol{B}$.

注 不同型的矩阵是不能相加的.同型矩阵相加就是两矩阵的对应位置上的元素相加.我们约定今后凡是用加号连接的两个矩阵都是同型的.

显然,矩阵的加法满足下列运算定律:

(1) 交换律:$\boldsymbol{A}+\boldsymbol{B}=\boldsymbol{B}+\boldsymbol{A}$.

(2) 结合律:$(\boldsymbol{A}+\boldsymbol{B})+\boldsymbol{C}=\boldsymbol{A}+(\boldsymbol{B}+\boldsymbol{C})$.

(3) 有零元素:$\boldsymbol{A}+\boldsymbol{0}=\boldsymbol{0}+\boldsymbol{A}=\boldsymbol{A}$.

(4) 如 $\boldsymbol{A}=(a_{ij})$,记 $-\boldsymbol{A}=(-a_{ij})$,称 $-\boldsymbol{A}$ 为 $\boldsymbol{A}$ 的负矩阵,有 $\boldsymbol{A}+(-\boldsymbol{A})=\boldsymbol{0}$.

定义 4.5.2 两同型矩阵 $\boldsymbol{A}$ 与 $\boldsymbol{B}$ 相减的差矩阵记为 $\boldsymbol{A}-\boldsymbol{B}$,并规定

$$\boldsymbol{A}-\boldsymbol{B}=\boldsymbol{A}+(-\boldsymbol{B}).$$

例 4.15 已知 $\boldsymbol{A}=\begin{pmatrix} 3 & -1 & 2 \\ 1 & 1 & 4 \end{pmatrix}$,$\boldsymbol{B}=\begin{pmatrix} 2 & 3 & 5 \\ 3 & -1 & 1 \end{pmatrix}$,求 $\boldsymbol{A}+\boldsymbol{B}$ 与 $\boldsymbol{A}-\boldsymbol{B}$.

解 $\boldsymbol{A}+\boldsymbol{B}=\begin{pmatrix} 3+2 & -1+3 & 2+5 \\ 1+3 & 1-1 & 4+1 \end{pmatrix}=\begin{pmatrix} 5 & 2 & 7 \\ 4 & 0 & 5 \end{pmatrix}$,

$$\boldsymbol{A}-\boldsymbol{B}=\begin{pmatrix} 3-2 & -1-3 & 2-5 \\ 1-3 & 1+1 & 4-1 \end{pmatrix}=\begin{pmatrix} 1 & -4 & -3 \\ -2 & 2 & 3 \end{pmatrix}.$$

4.5.2 数乘矩阵

定义 4.5.3 数 λ 与矩阵 $\boldsymbol{A}=(a_{ij})_{m\times n}$ 的乘积记作 $\lambda\boldsymbol{A}$ 或 $\boldsymbol{A}\lambda$,规定

$$\lambda\boldsymbol{A}=\boldsymbol{A}\lambda=\begin{pmatrix} \lambda a_{11} & \lambda a_{12} & \cdots & \lambda a_{1n} \\ \lambda a_{21} & \lambda a_{22} & \cdots & \lambda a_{2n} \\ \vdots & \vdots & & \vdots \\ \lambda a_{m1} & \lambda a_{m2} & \cdots & \lambda a_{mn} \end{pmatrix}$$

数可以与任何型的矩阵相乘，用一个数乘矩阵就是用它乘矩阵的每一个元素.这里要注意与数乘行列式相区别.

数乘矩阵有下列性质：

(1) 结合律：$(\lambda u)\boldsymbol{A}=\lambda(u\boldsymbol{A})$，$\lambda,u$ 为常数.

(2) 分配律：$(\lambda+u)\boldsymbol{A}=\lambda\boldsymbol{A}+u\boldsymbol{A}$，$\lambda(\boldsymbol{A}+\boldsymbol{B})=\lambda\boldsymbol{A}+\lambda\boldsymbol{B}$.

(3) $1\boldsymbol{A}=\boldsymbol{A}$.

(4) $0\boldsymbol{A}=\boldsymbol{0}$，$\lambda\boldsymbol{0}=\boldsymbol{0}$.

(5) $(-1)\boldsymbol{A}=-\boldsymbol{A}$.

(6) $\lambda\boldsymbol{A}=0$ 当且仅当 $\lambda=0$ 或 $\boldsymbol{A}=\boldsymbol{0}$.

例 4.16　对例 4.15 中的 $\boldsymbol{A}$ 与 $\boldsymbol{B}$，计算 $3\boldsymbol{A}-2\boldsymbol{B}$.

解　$$3\boldsymbol{A}=3\begin{pmatrix}3&-1&2\\1&1&4\end{pmatrix}=\begin{pmatrix}9&-3&6\\3&3&12\end{pmatrix},$$

$$2\boldsymbol{B}=2\begin{pmatrix}2&3&5\\3&-1&1\end{pmatrix}=\begin{pmatrix}4&6&10\\6&-2&2\end{pmatrix},$$

$$3\boldsymbol{A}-2\boldsymbol{B}=\begin{pmatrix}9&-3&6\\3&3&12\end{pmatrix}-\begin{pmatrix}4&6&10\\6&-2&2\end{pmatrix}=\begin{pmatrix}5&-9&-4\\-3&5&10\end{pmatrix}.$$

4.5.3　矩阵乘法

在讨论多个变量的线性代换时我们遇到这样的问题：如设 x_1,x_2 与 y_1,y_2,y_3 有如下线性关系：

$$\begin{cases}x_1=a_{11}y_1+a_{12}y_2+a_{13}y_3,\\x_2=a_{21}y_1+a_{22}y_2+a_{23}y_3,\end{cases}\tag{4.5.1}$$

其系数矩阵为

$$\boldsymbol{A}_{2\times3}=\begin{pmatrix}a_{11}&a_{12}&a_{13}\\a_{21}&a_{22}&a_{23}\end{pmatrix}.$$

又如 y_1,y_2,y_3 与 z_1,z_2 有线性关系

$$\begin{cases}y_1=b_{11}z_1+b_{12}z_2,\\y_2=b_{21}z_1+b_{22}z_2,\\y_3=b_{31}z_1+b_{32}z_2,\end{cases}\tag{4.5.2}$$

其系数矩阵为

$$\boldsymbol{B}_{3\times2}=\begin{pmatrix}b_{11}&b_{12}\\b_{21}&b_{22}\\b_{31}&b_{32}\end{pmatrix}.$$

如将式(4.5.2)代入式(4.5.1)可得

$$\begin{cases} x_1 = (a_{11}b_{11} + a_{12}b_{21} + a_{13}b_{31})z_1 + (a_{21}b_{12} + a_{12}b_{22} + a_{13}b_{32})z_2, \\ x_2 = (a_{21}b_{11} + a_{22}b_{21} + a_{23}b_{31})z_1 + (a_{21}b_{12} + a_{22}b_{22} + a_{23}b_{32})z_2, \end{cases}$$

其系数矩阵是

$$\boldsymbol{C}_{2\times 2} = \begin{pmatrix} a_{11}b_{11} + a_{12}b_{21} + a_{13}b_{31} & a_{11}b_{12} + a_{12}b_{22} + a_{13}b_{32} \\ a_{21}b_{11} + a_{22}b_{21} + a_{23}b_{31} & a_{21}b_{12} + a_{22}b_{22} + a_{23}b_{32} \end{pmatrix}.$$

对比 $\boldsymbol{C}_{2\times 2}$ 与 $\boldsymbol{A}_{2\times 3}$ 和 $\boldsymbol{B}_{3\times 2}$ 的元素不难发现它们之间的联系：$\boldsymbol{C}_{2\times 2}$ 的第 i 行 j 列元素是 $\boldsymbol{A}_{2\times 3}$ 的第 i 行与 $\boldsymbol{B}_{3\times 2}$ 的第 j 列的对应元素之积的和. 这里我们把 $\boldsymbol{C}_{2\times 2}$ 称为 $\boldsymbol{A}_{2\times 3}$ 与 $\boldsymbol{B}_{3\times 2}$ 的乘积矩阵，一般地，有下面的定义：

定义 4.5.4 设矩阵

$$\boldsymbol{A}_{m\times p} = (a_{ij})_{m\times p}, \quad \boldsymbol{B}_{p\times n} = (b_{ij})_{p\times n}.$$

将 $\boldsymbol{A}_{m\times p}$ 的第 i 行（$i=1,2,\cdots,m$）：

$$(a_{i1}, a_{i2}, \cdots, a_{ip})$$

与 $\boldsymbol{B}$ 的第 j 列（$j=1,2,\cdots,n$）：

$$\begin{pmatrix} b_{1j} \\ b_{2j} \\ \vdots \\ b_{pj} \end{pmatrix}$$

对应元素相乘，得乘积的和

$$c_{ij} = a_{i1}b_{1j} + a_{i2}b_{2j} + \cdots + a_{ip}b_{pj} = \sum_{k=1}^{p} a_{ik}b_{kj},$$

其中，$i=1,2,\cdots,m, j=1,2,\cdots,n$，这样的 $m\times n$ 个数作成的 $m\times n$ 矩阵

$$\boldsymbol{C}_{m\times n} = (c_{ij})_{m\times n}$$

称为 $\boldsymbol{A}_{m\times p}$ 与 $\boldsymbol{B}_{p\times n}$ 的乘积矩阵，记为

$$\boldsymbol{C}_{m\times n} = \boldsymbol{A}_{m\times p} \cdot \boldsymbol{B}_{p\times n}.$$

简记为 $\boldsymbol{C}=\boldsymbol{AB}$. 从 $\boldsymbol{A}_{m\times p}$ 与 $\boldsymbol{B}_{p\times m}$ 求出 $\boldsymbol{C}_{m\times n}$ 的方法叫矩阵乘法.

由定义可知，只有当第一个矩阵的列数与第二个矩阵的行数相等时，两矩阵才能相乘. 而乘积矩阵与第一个矩阵同行数，与第二个矩阵同列数.

前面的式(4.5.1)，式(4.5.2)可分别表示为

$$\begin{pmatrix} x_1 \\ x_2 \end{pmatrix} = \begin{pmatrix} a_{11} & a_{12} & a_{13} \\ a_{21} & a_{22} & a_{23} \end{pmatrix} \begin{pmatrix} y_1 \\ y_2 \\ y_3 \end{pmatrix} = \boldsymbol{A}_{2\times 3} \begin{pmatrix} y_1 \\ y_2 \\ y_3 \end{pmatrix};$$

$$\begin{pmatrix} y_1 \\ y_2 \\ y_3 \end{pmatrix} = \begin{pmatrix} b_{11} & b_{12} \\ b_{21} & b_{22} \\ b_{31} & b_{32} \end{pmatrix} \begin{pmatrix} z_1 \\ z_2 \end{pmatrix} = \boldsymbol{B}_{3\times 2} \begin{pmatrix} z_1 \\ z_2 \end{pmatrix}.$$

结果是

$$C_{2\times2} = A_{2\times3} \cdot B_{3\times2}.$$

例 4.17　设 $A=\begin{pmatrix}2 & 3\\ 2 & -1\\ 1 & 1\end{pmatrix}$, $B=\begin{pmatrix}2 & 1 & -1\\ -1 & 0 & 2\end{pmatrix}$,求 AB 与 BA.

解　$AB=\begin{pmatrix}2 & 3\\ 2 & -1\\ 1 & 1\end{pmatrix}\begin{pmatrix}2 & 1 & -1\\ -1 & 0 & 2\end{pmatrix}=\begin{pmatrix}1 & 2 & 4\\ 5 & 2 & -4\\ 1 & 1 & 1\end{pmatrix}$,

$$BA=\begin{pmatrix}2 & 1 & -1\\ -1 & 0 & 2\end{pmatrix}\begin{pmatrix}2 & 3\\ 2 & -1\\ 1 & 1\end{pmatrix}=\begin{pmatrix}5 & 4\\ 0 & -1\end{pmatrix}.$$

可以证明,矩阵乘法有下列运算规律

(1) 结合律:　　　　$(AB)C=A(BC)$.

(2) 矩阵乘法对加法满足左分配与右分配律:

$$A(B+C) = AB + AC\text{(左分配律)},$$
$$(B+C)A = BA + CA\text{(右分配律)}.$$

(3) 数乘矩阵与矩阵乘法可结合与交换:

$$\lambda(AB) = (\lambda A)B = A(\lambda B).$$

(4) 矩阵乘法有单位元素:

$$A_{m\times n}E_n = E_m A_{m\times n} = A_{m\times n}.$$

(5) 矩阵乘上零矩阵得零矩阵

$$A_{m\times n}0_n = 0_m A_{m\times n} = 0_{m\times n}.$$

(6) 对 n 阶方阵 A 可定义 A 的正整数幂

$$A^k = \underbrace{AA\cdots A}_{k\text{个}},$$

这里 k 为正整数,另外规定 $A\neq 0$ 时

$$A^0 = E,$$

显然有

$$A^m A^n = A^{m+n},\quad (A^m)^n = A^{mn}.$$

矩阵乘法与数的乘法有很大的差别.我们已经知道,并非任何两个矩阵都能相乘.另外:

(1) 矩阵乘法不满足交换律,AB 可算,BA 就不一定可算,即使可算也不一定就有结论 $AB=BA$,但当 $AB=BA$ 时我们称 A 与 B 是乘法可换的.

(2) 当 $AB=0$ 时不一定能得出 $A=0$或 $B=0$.

例如

$$A = \begin{pmatrix}0 & 1\\ 0 & 0\end{pmatrix}\neq 0,\quad B = \begin{pmatrix}1 & 0\\ 0 & 0\end{pmatrix}\neq 0,\quad AB = \begin{pmatrix}0 & 0\\ 0 & 0\end{pmatrix}= 0.$$

这个性质称为矩阵乘法存在真零因子.

(3) 矩阵乘法不满足消去律. 即在一般情况下由 $\boldsymbol{AB}=\boldsymbol{AC}$ 推不出 $\boldsymbol{B}=\boldsymbol{C}$; 由 $\boldsymbol{BA}=\boldsymbol{CA}$ 推不出 $\boldsymbol{B}=\boldsymbol{C}$.

例 4.18 设有矩阵 $\boldsymbol{A}=(1\quad 3\quad 5)$, $\boldsymbol{B}=\begin{pmatrix}6\\2\\4\end{pmatrix}$, $\boldsymbol{C}=\begin{pmatrix}1&1\\1&0\\-1&-1\end{pmatrix}$, 求 $\boldsymbol{AB}$, $\boldsymbol{BA}$ 与 $\boldsymbol{AC}$.

解 $\boldsymbol{AB}=(1\quad 3\quad 5)\begin{pmatrix}6\\2\\4\end{pmatrix}=(1\times6+3\times2+5\times4)$

$=(32)=32.$

注 只有一个元素的矩阵可以就用这个数表示.

$$\boldsymbol{BA}=\begin{pmatrix}6\\2\\4\end{pmatrix}(1\quad 3\quad 5)=\begin{pmatrix}6&18&30\\2&6&10\\4&12&20\end{pmatrix}.$$

$$\begin{aligned}\boldsymbol{AC}&=(1\quad 3\quad 5)\begin{pmatrix}1&1\\1&0\\-1&-1\end{pmatrix}\\&=(1\times1+3\times1+5\times(-1)\quad 1\times1+3\times0+5\times(-1))\\&=(-1\quad -4).\end{aligned}$$

例 4.19 设矩阵 $\boldsymbol{A}=\begin{pmatrix}-2&4\\1&-2\end{pmatrix}$, $\boldsymbol{B}=\begin{pmatrix}2&4\\-3&-6\end{pmatrix}$, 求 $\boldsymbol{AB}$ 与 $\boldsymbol{BA}$.

解 $\boldsymbol{AB}=\begin{pmatrix}-2&4\\1&-2\end{pmatrix}\begin{pmatrix}2&4\\-3&-6\end{pmatrix}=\begin{pmatrix}-16&-32\\0&16\end{pmatrix}$,

$\boldsymbol{BA}=\begin{pmatrix}2&4\\-3&-6\end{pmatrix}\begin{pmatrix}-2&4\\1&-2\end{pmatrix}=\begin{pmatrix}0&0\\0&0\end{pmatrix}$.

例 4.20 把下面的线性方程组用矩阵的形式写出来:

$$\begin{cases}a_{11}x_1+a_{12}x_2+\cdots+a_{1n}x_n=b_1,\\a_{21}x_1+a_{22}x_2+\cdots+a_{2n}x_n=b_2,\\\qquad\cdots\cdots\\a_{m1}x_1+a_{m2}x_2+\cdots+a_{mn}x_n=b_m.\end{cases}$$

解 矩阵形式为

$$\begin{pmatrix} a_{11} & a_{12} & \cdots & a_{1n} \\ a_{21} & a_{22} & \cdots & a_{2n} \\ \vdots & \vdots & & \vdots \\ a_{m1} & a_{m2} & \cdots & a_{mn} \end{pmatrix} \begin{pmatrix} x_1 \\ x_2 \\ \vdots \\ x_n \end{pmatrix} = \begin{pmatrix} b_1 \\ b_2 \\ \vdots \\ b_m \end{pmatrix}.$$

或者

$$(x_1 \quad x_2 \quad \cdots \quad x_n) \begin{pmatrix} a_{11} & a_{21} & \cdots & a_{m1} \\ a_{12} & a_{22} & \cdots & a_{m2} \\ \vdots & \vdots & & \vdots \\ a_{1n} & a_{2n} & \cdots & a_{mn} \end{pmatrix} = (b_1 \quad b_2 \quad \cdots \quad b_m).$$

4.5.4 矩阵的转置运算

定义 4.5.5 把矩阵 $\boldsymbol{A}_{m\times n}$ 的第 i 行写成一个矩阵的第 i 列($i=1,2,\cdots,m$),所得到的一个 $n\times m$ 矩阵称为 $\boldsymbol{A}$ 的转置矩阵,记为 $\boldsymbol{A}^{\mathrm{T}}$ 或 $\boldsymbol{A}'$.

显然,如果 $\boldsymbol{A}=(a_{ij})_{m\times n}$, $\boldsymbol{B}=(b_{ij})_{n\times m}$,当 $\boldsymbol{A}^{\mathrm{T}}=\boldsymbol{B}$ 时,$\boldsymbol{A}$ 的第 i 行与 $\boldsymbol{B}$ 的第 i 列相同,$\boldsymbol{A}$ 的第 j 列与 $\boldsymbol{B}$ 的第 j 行相同,而 $a_{ij}=b_{ji}$,即 $\boldsymbol{A}$ 的 i 行 j 列元素是 $\boldsymbol{B}$ 的 j 行 i 列元素. 换言之,如果

$$\boldsymbol{A} = \begin{pmatrix} a_{11} & a_{12} & \cdots & a_{1n} \\ a_{21} & a_{22} & \cdots & a_{2n} \\ \vdots & \vdots & & \vdots \\ a_{m1} & a_{m2} & \cdots & a_{mn} \end{pmatrix}_{m\times n}$$

时,那么有

$$\boldsymbol{A}^{\mathrm{T}} = \begin{pmatrix} a_{11} & a_{21} & \cdots & a_{m1} \\ a_{12} & a_{22} & \cdots & a_{m2} \\ \vdots & \vdots & & \vdots \\ a_{1n} & a_{2n} & \cdots & a_{mn} \end{pmatrix}_{n\times m}.$$

由定义可以证明矩阵的转置运算具有下列性质:

(1) $(\boldsymbol{A}^{\mathrm{T}})^{\mathrm{T}}=\boldsymbol{A}$.

(2) $(\boldsymbol{A}+\boldsymbol{B})^{\mathrm{T}}=\boldsymbol{A}^{\mathrm{T}}+\boldsymbol{B}^{\mathrm{T}}$.

(3) $(\lambda\boldsymbol{A})^{\mathrm{T}}=\lambda\boldsymbol{A}^{\mathrm{T}}$.

(4) $(\boldsymbol{A}\boldsymbol{B})^{\mathrm{T}}=\boldsymbol{B}^{\mathrm{T}}\boldsymbol{A}^{\mathrm{T}}$,即矩阵积的转置等于它们转置后反序相乘的积.

例 4.21 设 $\boldsymbol{A}=(2 \quad -1 \quad 1)$, $\boldsymbol{B}=\begin{pmatrix} 3 & 2 & 0 \\ 1 & 1 & 6 \\ 4 & 2 & -1 \end{pmatrix}$,求 $\boldsymbol{A}\boldsymbol{B}$,$(\boldsymbol{A}\boldsymbol{B})^{\mathrm{T}}$ 与 $\boldsymbol{B}'\boldsymbol{A}'$.

解 由矩阵乘法的定义,得

$$AB = (2\quad -1\quad 1)\begin{pmatrix} 3 & 2 & 0 \\ 1 & 1 & 6 \\ 4 & 2 & -1 \end{pmatrix} = (9\quad 5\quad -7),$$

于是

$$(AB)^{\mathrm{T}} = \begin{pmatrix} 9 \\ 5 \\ -7 \end{pmatrix},$$

又因为

$$A^{\mathrm{T}} = \begin{pmatrix} 2 \\ -1 \\ 1 \end{pmatrix},\quad B^{\mathrm{T}} = \begin{pmatrix} 3 & 1 & 4 \\ 2 & 1 & 2 \\ 0 & 6 & -1 \end{pmatrix},$$

所以

$$B^{\mathrm{T}}A^{\mathrm{T}} = \begin{pmatrix} 3 & 1 & 4 \\ 2 & 1 & 2 \\ 0 & 6 & -1 \end{pmatrix}\begin{pmatrix} 2 \\ -1 \\ 1 \end{pmatrix} = \begin{pmatrix} 9 \\ 5 \\ -7 \end{pmatrix}.$$

可见$(AB)^{\mathrm{T}}=B^{\mathrm{T}}A^{\mathrm{T}}$.

4.6 方　　阵

前面我已经把行数与列数相同的矩阵称为方阵,本节我们专门讨论方阵.

4.6.1 几种特殊的方阵

1. 对角阵

除主对角线上的元素外,其余元素全为 0 的方阵称为对角阵. 对角阵

$$A = \begin{pmatrix} a_1 & 0 & \cdots & 0 \\ 0 & a_2 & \cdots & 0 \\ \vdots & \vdots & \ddots & \vdots \\ 0 & 0 & \cdots & a_n \end{pmatrix}_n$$

常又简记为 $\mathrm{diag}(a_1,a_2,\cdots,a_n)$,用对角阵 A 左乘 B 相当于同时用 a_i 去乘 B 的第 i 行($i=1,2,\cdots,n$),用 A 去右乘 B 相当于同时用 a_i 去乘 B 的第 i 列($i=1,2,\cdots,n$).

2. 数量矩阵

如对角阵的主对角线上的元素都相等,则称为数量矩阵. 例如

$$\boldsymbol{B}=\begin{pmatrix}\lambda & 0 & \cdots & 0\\ 0 & \lambda & \cdots & 0\\ \vdots & \vdots & \ddots & \vdots\\ 0 & 0 & \cdots & \lambda\end{pmatrix}_n=\lambda\boldsymbol{E}_n$$

就是数量矩阵,用数量矩阵 $\lambda\boldsymbol{E}_n$ 乘一个矩阵就相当于用数 λ 乘这个矩阵.

在 $\boldsymbol{B}$ 中如 $\lambda=1$,$\boldsymbol{B}$ 就是 n 阶单位矩阵;如 $\lambda=0$,$\boldsymbol{B}$ 就是零矩阵.

3. 三角形矩阵

形如

$$\begin{pmatrix}a_{11} & a_{12} & \cdots & a_{1n}\\ 0 & a_{22} & \cdots & a_{2n}\\ \vdots & \vdots & \ddots & \vdots\\ 0 & 0 & \cdots & a_{nn}\end{pmatrix},\quad \begin{pmatrix}a_{11} & 0 & \cdots & 0\\ a_{21} & a_{22} & \cdots & 0\\ \vdots & \vdots & \ddots & \vdots\\ a_{n1} & a_{n2} & \cdots & a_{nn}\end{pmatrix}$$

的矩阵分别称为上三角形矩阵与下三角形矩阵.

4. 对称矩阵

方阵

$$\boldsymbol{A}_n=\begin{pmatrix}a_{11} & a_{12} & \cdots & a_{1n}\\ a_{21} & a_{22} & \cdots & a_{2n}\\ \vdots & \vdots & \ddots & \vdots\\ a_{1n} & a_{2n} & \cdots & a_{nn}\end{pmatrix}$$

满足条件 $\boldsymbol{A}_n^{\mathrm{T}}=\boldsymbol{A}_n$ 时称为对称矩阵.在对称矩阵中 i 行 j 列的元素与 j 行 i 列的元素相等.

对称矩阵有下列性质:

(1) 同阶对称矩阵的和也是对称矩阵,即

$$\boldsymbol{A}^{\mathrm{T}}=\boldsymbol{A},\quad \boldsymbol{B}^{\mathrm{T}}=\boldsymbol{B}\Rightarrow(\boldsymbol{A}+\boldsymbol{B})^{\mathrm{T}}=\boldsymbol{A}+\boldsymbol{B}.$$

(2) 数 λ 乘对称矩阵,积也是对称矩阵

$$\boldsymbol{A}^{\mathrm{T}}=\boldsymbol{A}\Rightarrow(\lambda\boldsymbol{A})^{\mathrm{T}}=\lambda\boldsymbol{A}.$$

(3) 两个对称矩阵如乘法可换,它们的积也是对称矩阵

$$\boldsymbol{A}^{\mathrm{T}}=\boldsymbol{A},\quad \boldsymbol{B}^{\mathrm{T}}=\boldsymbol{B},\quad \boldsymbol{AB}=\boldsymbol{BA}\Rightarrow(\boldsymbol{AB})^{\mathrm{T}}=\boldsymbol{AB}.$$

5. 反对称矩阵

方阵

$$A_n = \begin{pmatrix} 0 & a_{12} & \cdots & a_{1n} \\ -a_{12} & 0 & \cdots & a_{2n} \\ \vdots & \vdots & \ddots & \vdots \\ -a_{1n} & -a_{2n} & \cdots & 0 \end{pmatrix}$$

满足条件 $\boldsymbol{A}_n^{\mathrm{T}}=-\boldsymbol{A}_n$ 时称为反对称矩阵，在反对称矩阵中，i 行 j 列元素是 j 行 i 列元素的相反数，即 $a_{ij}=-a_{ji}(i,j=1,2,\cdots,n)$，特别的 $a_{ii}=-a_{ii}=0$，则主对角线上元素全为 0.

4.6.2 方阵的行列式

定义 4.6.1 由方阵 $\boldsymbol{A}=(a_{ij})_{n\times n}$ 的数表按行列定义计算出的数称为方阵 $\boldsymbol{A}$ 的行列式，记为 $|\boldsymbol{A}|$ 或 $\det\boldsymbol{A}$. 方阵的阶也是行列式的阶，即

$$|\boldsymbol{A}| = \det\boldsymbol{A} = \begin{vmatrix} a_{11} & a_{12} & \cdots & a_{1n} \\ a_{21} & a_{22} & \cdots & a_{2n} \\ \vdots & \vdots & & \vdots \\ a_{n1} & a_{n2} & \cdots & a_{nn} \end{vmatrix}.$$

注 行数与列数不同的矩阵没有行列式，而一阶方阵的行列式就是它唯一的元素，即 $|(a)|=a$.

方阵的行列式有下列性质：

(1) $|\boldsymbol{A}^{\mathrm{T}}|=|\boldsymbol{A}|$；

(2) $|\lambda\boldsymbol{A}_n|=\lambda^n|\boldsymbol{A}_n|$，$\lambda$ 为常数；

(3) $|\boldsymbol{AB}|=|\boldsymbol{A}|\cdot|\boldsymbol{B}|=|\boldsymbol{BA}|$.

行列式为 0 的方阵称为奇异方阵，行列式不为 0 的方阵称为非奇异方阵.

例 4.22 设 $\boldsymbol{A}=\begin{pmatrix} 2 & 3 \\ -1 & 2 \end{pmatrix}$，$\boldsymbol{B}=\begin{pmatrix} -2 & 0 \\ -1 & 4 \end{pmatrix}$，计算 $|\boldsymbol{AB}|$ 的值.

解

$$\boldsymbol{AB}=\begin{pmatrix} 2 & 3 \\ -1 & 2 \end{pmatrix}\begin{pmatrix} -2 & 0 \\ -1 & 4 \end{pmatrix}=\begin{pmatrix} -7 & 12 \\ 0 & 8 \end{pmatrix},$$

$$|\boldsymbol{AB}|=\begin{pmatrix} -7 & 12 \\ 0 & 8 \end{pmatrix}=-56.$$

另解

$$|\boldsymbol{A}|=\begin{vmatrix} 2 & 3 \\ -1 & 2 \end{vmatrix}=7,\quad |\boldsymbol{B}|=\begin{vmatrix} -2 & 0 \\ -1 & 4 \end{vmatrix}=-8,$$

$$|\boldsymbol{AB}|=|\boldsymbol{A}|\cdot|\boldsymbol{B}|=7\times(-8)=-56.$$

4.6.3 方阵的逆矩阵

我们已经讨论了矩阵的加法、减法、乘法运算，自然想问，矩阵可不可以作除

法？在数的运算中我们知道，如果 $ab=ba=1$，则 b 是 a 的倒数，记 $b=\frac{1}{a}=a^{-1}$，显然有

$$aa^{-1}=a^{-1}a=1.$$

而数 b 除以非 0 数 a 就是 b 乘上 a 的倒数，$b\div a=ba^{-1}$. 找到除数的倒数，除法运算就变成乘法运算了. 在矩阵运算中，这个“找倒数”的问题复杂得多，本节就来讨论这个问题.

定义 4.6.2　对 n 阶方阵 $\boldsymbol{A}$，如果存在 n 阶方阵 $\boldsymbol{B}$，使得

$$\boldsymbol{AB}=\boldsymbol{BA}=\boldsymbol{E},$$

则称方阵 $\boldsymbol{A}$ 可逆，称 $\boldsymbol{B}$ 是 $\boldsymbol{A}$ 的逆矩阵.

如果 $\boldsymbol{A}$ 可逆，则 $\boldsymbol{A}$ 的逆矩阵是唯一的，事实上，如 $\boldsymbol{B}$ 与 $\boldsymbol{C}$ 都是 $\boldsymbol{A}$ 的逆矩阵，即

$$\boldsymbol{AB}=\boldsymbol{BA}=\boldsymbol{E},\quad \boldsymbol{AC}=\boldsymbol{CA}=\boldsymbol{E},$$

那么

$$\boldsymbol{B}=\boldsymbol{BE}=\boldsymbol{B}(\boldsymbol{AC})=(\boldsymbol{BA})\boldsymbol{C}=\boldsymbol{EC}=\boldsymbol{C},$$

所以 $\boldsymbol{A}$ 的逆矩阵是唯一的，这个唯一的逆矩阵记为 $\boldsymbol{A}^{-1}$，即

$$\boldsymbol{AA}^{-1}=\boldsymbol{A}^{-1}\boldsymbol{A}=\boldsymbol{E}.$$

只有方阵才可能有逆矩阵，而有逆矩阵的方阵是存在的，如单位阵 $\boldsymbol{E}$ 就是一个，而且

$$\boldsymbol{E}^{-1}=\boldsymbol{E}.$$

可逆矩阵有下列性质：

性质 4.6.1　若 $\boldsymbol{A}$ 可逆，则 $\boldsymbol{A}^{-1}$ 可逆，且 $(\boldsymbol{A}^{-1})^{-1}=\boldsymbol{A}$.

性质 4.6.2　若 $\boldsymbol{A}$ 可逆，则 $\boldsymbol{A}^{\mathrm{T}}$ 可逆，且 $(\boldsymbol{A}^{\mathrm{T}})^{-1}=(\boldsymbol{A}^{-1})^{\mathrm{T}}$

性质 4.6.3　若 $\boldsymbol{A}$ 可逆，λ 为非零常数，则 $\lambda\boldsymbol{A}$ 可逆，且

$$(\lambda\boldsymbol{A})^{-1}=\frac{1}{\lambda}\boldsymbol{A}^{-1}=\lambda^{-1}\boldsymbol{A}^{-1}.$$

性质 4.6.4　若 $\boldsymbol{A}$ 与 $\boldsymbol{B}$ 都可逆则 $\boldsymbol{AB}$ 可逆，且 $(\boldsymbol{AB})^{-1}=\boldsymbol{B}^{-1}\boldsymbol{A}^{-1}$.

性质 4.6.5　若 $\boldsymbol{A}$ 可逆，则 $|\boldsymbol{A}|\neq 0$.

性质 4.6.1 由可逆阵的定义立即可知，现用定义证明后几条.

证明性质 4.6.2　因为

$$\boldsymbol{A}^{\mathrm{T}}(\boldsymbol{A}^{-1})^{\mathrm{T}}=(\boldsymbol{A}^{-1}\boldsymbol{A})^{\mathrm{T}}=\boldsymbol{E}^{\mathrm{T}}=\boldsymbol{E},$$
$$(\boldsymbol{A}^{-1})^{\mathrm{T}}\boldsymbol{A}^{\mathrm{T}}=(\boldsymbol{AA}^{-1})^{\mathrm{T}}=\boldsymbol{E}^{\mathrm{T}}=\boldsymbol{E},$$

所以

$$(\boldsymbol{A}^{\mathrm{T}})^{-1}=(\boldsymbol{A}^{-1})^{\mathrm{T}}.$$

证明性质 4.6.3　因为

$$(\lambda\boldsymbol{A})\left(\frac{1}{\lambda}\boldsymbol{A}^{-1}\right)=\left(\lambda\cdot\frac{1}{\lambda}\right)(\boldsymbol{AA}^{-1})=1\boldsymbol{E}=\boldsymbol{E},$$

所以

$$\frac{1}{\lambda}A^{-1} = (\lambda A)^{-1}.$$

证明性质 4 . 6. 4 因为

$$(AB)(B^{-1}A^{-1}) = A(BB^{-1})A^{-1} = AEA^{-1} = AA^{-1} = E,$$
$$(B^{-1}A^{-1})(AB) = B^{-1}(A^{-1}A)B = B^{-1}EB = B^{-1}B = E.$$

所以

$$(AB)^{-1} = B^{-1}A^{-1}.$$

由性质 4. 6. 4 可知，当 $A_1, A_2, \cdots, A_S$ 都是 n 阶可逆方阵时，$A_1, A_2, \cdots, A_S$ 可逆，且

$$(A_1A_2\cdots A_S)^{-1} = A_S^{-1}A_{S-1}^{-1}\cdots A_2^{-1}A_1^{-1}.$$

证明性质 4. 6. 5 因 A 可逆，它应有逆矩阵 B，使得

$$AB = E,$$

所以

$$|A|\cdot|B| = |AB| = |E| = 1,$$

因而

$$|A| \neq 0.$$

下面我们将会知道，只要 $|A|\neq 0$，A 就一定有逆矩阵，并且还能计算出来.

定义 4. 6. 3 设有 n 阶方阵

$$A = \begin{pmatrix} a_{11} & a_{12} & \cdots & a_{1n} \\ a_{21} & a_{22} & \cdots & a_{2n} \\ \vdots & \vdots & & \vdots \\ a_{n1} & a_{n2} & \cdots & a_{nn} \end{pmatrix},$$

由 $|A|$ 的所有元素的代数余子式 A_{ij} 所构成的矩阵

$$A^* = \begin{pmatrix} A_{11} & A_{21} & \cdots & A_{n1} \\ A_{12} & A_{22} & \cdots & A_{n2} \\ \vdots & \vdots & & \vdots \\ A_{1n} & A_{2n} & \cdots & A_{nn} \end{pmatrix}$$

称为 A 的伴随矩阵（将 $|A|$ 的 i 行 j 列元素的代数余子式放在 j 行 i 列上就得到 A 的伴随阵 A^*）.

定理 4. 6. 1 n 阶方阵 A 与它的伴随矩阵 A^* 具有性质：

$$A^*A = A^*A = |A| E_n.$$

证 设 $A=(a_{ij})_{n\times n}$，则

$$AA^* = \begin{pmatrix} a_{11} & a_{12} & \cdots & a_{1n} \\ a_{21} & a_{22} & \cdots & a_{2n} \\ \vdots & \vdots & & \vdots \\ a_{n1} & a_{n2} & \cdots & a_{nn} \end{pmatrix}\begin{pmatrix} A_{11} & A_{21} & \cdots & A_{n1} \\ A_{12} & A_{22} & \cdots & A_{n2} \\ \vdots & \vdots & & \vdots \\ A_{1n} & A_{2n} & \cdots & A_{nn} \end{pmatrix}$$

$$=\begin{pmatrix} \sum_{j=1}^{n} a_{1j}A_{1j} & \sum_{j=1}^{n} a_{1j}A_{2j} & \cdots & \sum_{j=1}^{n} a_{1j}A_{nj} \\ \sum_{j=1}^{n} a_{2j}A_{1j} & \sum_{j=1}^{n} a_{2j}A_{2j} & \cdots & \sum_{j=1}^{n} a_{2j}A_{nj} \\ \vdots & \vdots & & \vdots \\ \sum_{j=1}^{n} a_{nj}A_{1j} & \sum_{j=1}^{n} a_{nj}A_{2j} & \cdots & \sum_{j=1}^{n} a_{nj}A_{nj} \end{pmatrix}.$$

这个矩阵的主对角线上的元素分别是$|A|$按第一行，第二行，…，第 n 行展开的展开式，因而都等于$|A|$，而其他位置上的元素都可以看成是一个有两行相同的行列式的展开式，因而都为 0，于是

$$\boldsymbol{A}\boldsymbol{A}^{*}=\begin{pmatrix} |\boldsymbol{A}| & 0 & \cdots & 0 \\ 0 & |\boldsymbol{A}| & \cdots & 0 \\ \vdots & \vdots & \ddots & \vdots \\ 0 & 0 & \cdots & |\boldsymbol{A}| \end{pmatrix}=|\boldsymbol{A}|\boldsymbol{E}_n.$$

同理可证 $\boldsymbol{A}^{*}\boldsymbol{A}=|\boldsymbol{A}|\boldsymbol{E}_n$，证毕.

现在我们回到讨论方阵的逆矩阵问题.

定理 4.6.2　若方阵 $\boldsymbol{A}$ 的行列式不为 0，则它一定可逆，其逆矩阵为$\frac{1}{|\boldsymbol{A}|}\boldsymbol{A}^{*}$，即

$$\boldsymbol{A}^{-1}=\frac{1}{|\boldsymbol{A}|}\boldsymbol{A}^{*}.$$

证　因为$|\boldsymbol{A}|\neq 0$

$$\boldsymbol{A}\left(\frac{1}{|\boldsymbol{A}|}\boldsymbol{A}^{*}\right)=\frac{1}{|\boldsymbol{A}|}(\boldsymbol{A}\boldsymbol{A}^{*})=\frac{1}{|\boldsymbol{A}|}(|\boldsymbol{A}|\boldsymbol{E}_n)=\boldsymbol{E}_n,$$

$$\left(\frac{1}{|\boldsymbol{A}|}\boldsymbol{A}^{*}\right)\boldsymbol{A}=\frac{1}{|\boldsymbol{A}|}(\boldsymbol{A}\boldsymbol{A}^{*})=\frac{1}{|\boldsymbol{A}|}(|\boldsymbol{A}|\boldsymbol{E}_n)=\boldsymbol{E}_n,$$

所以

$$\boldsymbol{A}^{-1}=\frac{1}{|\boldsymbol{A}|}\boldsymbol{A}^{*}.$$

本定理与前面可逆阵的性质 4.6.4 可以综合为一个定理：方阵 $\boldsymbol{A}$ 可逆的充分必要条件是$|\boldsymbol{A}|\neq 0$. 此时 $\boldsymbol{A}^{-1}=\frac{1}{|\boldsymbol{A}|}\boldsymbol{A}^{*}$.

例 4.23　设矩阵 $\boldsymbol{A}=\begin{pmatrix} 1 & 3 \\ -4 & 2 \end{pmatrix}$，$\boldsymbol{B}=\begin{pmatrix} 4 & 6 & 2 \\ -1 & 3 & 0 \\ 5 & -2 & 1 \end{pmatrix}$，求 $\boldsymbol{A}^{*}$ 与 $\boldsymbol{B}^{*}$. 如可逆，求出逆矩阵并验算 $\boldsymbol{A}\boldsymbol{A}^{-1}$ 与 $\boldsymbol{B}^{-1}\boldsymbol{B}$.

解 因$|\boldsymbol{A}|=14\neq 0$,故$\boldsymbol{A}$可逆.$|\boldsymbol{A}|$的各元素的代数余子式如下：

$$A_{11}=(-1)^{1+1}2=2,\quad A_{12}=(-1)^{1+2}\times(-4)=4,$$

$$A_{21}=(-1)^{2+1}3=-3,\quad A_{22}=(-1)^{2+2}1=1,$$

所以

$$\boldsymbol{A}^*=\begin{pmatrix}2&-3\\4&1\end{pmatrix},\quad \boldsymbol{A}^{-1}=\frac{1}{|\boldsymbol{A}|}\boldsymbol{A}^*=\begin{pmatrix}\frac{1}{7}&-\frac{3}{14}\\ \frac{2}{7}&\frac{1}{14}\end{pmatrix},$$

$$\boldsymbol{A}\boldsymbol{A}^{-1}=\begin{pmatrix}1&3\\-4&2\end{pmatrix}\begin{pmatrix}\frac{1}{7}&-\frac{3}{14}\\ \frac{2}{7}&\frac{1}{14}\end{pmatrix}=\begin{pmatrix}\frac{1}{7}+\frac{6}{7}&-\frac{3}{14}+\frac{3}{14}\\ -\frac{4}{7}+\frac{4}{7}&\frac{12}{14}+\frac{2}{14}\end{pmatrix}=\begin{pmatrix}1&0\\0&1\end{pmatrix}.$$

同理,因$|\boldsymbol{B}|=-8\neq 0$,$\boldsymbol{B}$可逆，$|\boldsymbol{B}|$的各元素的代数余子式为

$$B_{11}=(-1)^{1+1}\begin{vmatrix}3&0\\-2&1\end{vmatrix}=3,\quad B_{21}=(-1)^{2+1}\begin{vmatrix}6&2\\-2&1\end{vmatrix}=-10,$$

$$B_{31}=(-1)^{3+1}\begin{vmatrix}6&2\\3&0\end{vmatrix}=-6,\quad B_{12}=(-1)^{1+2}\begin{vmatrix}-1&0\\5&1\end{vmatrix}=1,$$

$$B_{22}=(-1)^{2+2}\begin{vmatrix}4&2\\5&1\end{vmatrix}=-6,\quad B_{32}=(-1)^{3+2}\begin{vmatrix}4&2\\-1&0\end{vmatrix}=-2,$$

$$B_{13}=(-1)^{1+3}\begin{vmatrix}-1&3\\5&-2\end{vmatrix}=-13,\quad B_{23}=(-1)^{2+3}\begin{vmatrix}4&6\\5&-2\end{vmatrix}=38,$$

$$B_{33}=(-1)^{3+3}\begin{vmatrix}4&6\\-1&3\end{vmatrix}=18,$$

所以

$$\boldsymbol{B}^*=\begin{pmatrix}3&-10&-6\\1&-6&-2\\-13&38&18\end{pmatrix},$$

$$\boldsymbol{B}^{-1}=\begin{pmatrix}-\frac{3}{8}&\frac{5}{4}&\frac{3}{4}\\ -\frac{1}{8}&\frac{3}{4}&\frac{1}{4}\\ \frac{13}{8}&-\frac{19}{4}&-\frac{9}{4}\end{pmatrix},$$

$$B^{-1}B=\begin{pmatrix}-\frac{3}{8} & \frac{5}{4} & \frac{3}{4}\\ -\frac{1}{8} & \frac{3}{4} & \frac{1}{4}\\ \frac{13}{8} & -\frac{19}{4} & -\frac{9}{4}\end{pmatrix}\begin{pmatrix}4 & 6 & 2\\ -1 & 3 & 0\\ 5 & -2 & 1\end{pmatrix}=\begin{pmatrix}1 & 0 & 0\\ 0 & 1 & 0\\ 0 & 0 & 1\end{pmatrix}.$$

4.7 分块矩阵

在作矩阵运算时,对行数和列数较大的矩阵常采用分块的办法达到化简计算的目的,同时这种方法也为矩阵性质的研究提供了一种新的思路,本节介绍这方面的初步知识.

4.7.1 分块矩阵的概念

定义 4.7.1　将一个 $m\times n$ 矩阵用若干条(0 条到 $m-1$ 条)横线和若干条(0 条到 $n-1$ 条)纵线分成一些数字小方块,我们把每一小方块看成一个行数或列数较小的矩阵,称为原矩阵的子块或子矩阵,而把子矩阵当成元素的矩阵就叫做分块矩阵.

同一个矩阵有许多种分块方法,对应不同的方法可得到不同的分块矩阵.对矩阵进行合理的分块常可以简化矩阵的运算和利于研究矩阵的性质.

例如,三行四列矩阵

$$\boldsymbol{A}_{3\times 4}=\left(\begin{array}{c:cc:c}1 & -2 & 0 & 1\\ 2 & 3 & 5 & 7\\ \hdashline 3 & 1 & 4 & 5\end{array}\right),$$

其中的横线和纵线给出了一种分块方法. 各子块为

$$A_{11}=\begin{pmatrix}1\\2\end{pmatrix},\quad A_{12}=\begin{pmatrix}-2 & 0\\ 3 & 5\end{pmatrix},\quad A_{13}=\begin{pmatrix}1\\7\end{pmatrix},$$

$$A_{12}=(3),\quad A_{22}=(1\quad 4),\quad A_{23}=(5).$$

写成分块矩阵的形式为

$$\boldsymbol{A}=\begin{pmatrix}A_{11} & A_{12} & A_{13}\\ A_{21} & A_{22} & A_{23}\end{pmatrix}.$$

这是一个二行三列的分块矩阵.

在一个分块矩阵 $\boldsymbol{A}=(A_{ij})_{m\times n}$ 中,要记住每一个元素 A_{ij} 是一个矩阵,而同行各子矩阵行数是相同的,同列各子矩阵的列数也是相同的,分块的横线和纵线是直的而且是贯通的.

对矩阵 $\boldsymbol{A}=(a_{ij})_{m\times n}$ 有几种特殊的分块方法.

其一,将每一行当成一个子块得到一个 m 行 1 列的分块矩阵

$$(a_{ij})_{m\times n}=\begin{pmatrix}A_1\\A_2\\\vdots\\A_m\end{pmatrix},$$

其中,$A_i=(a_{i1},a_{i2},\cdots,a_{in}),i=1,2,\cdots,m.$

其二,将每一列当成一个子块得到一个 1 行 n 列的分块矩阵

$$(a_{ij})_{m\times n}=(B_1\quad B_2\quad\cdots\quad B_n),$$

其中

$$\boldsymbol{B}_j=\begin{pmatrix}a_{1j}\\a_{2j}\\\vdots\\a_{nj}\end{pmatrix}.$$

一个 n 阶方阵 $\boldsymbol{A}$,如果可以分成在主对角线上有非零子块,且都是方块,其余子块均为零子矩阵,即

$$\boldsymbol{A}=\begin{pmatrix}A_1&0&\cdots&0\\0&A_2&\cdots&0\\\vdots&\vdots&&\vdots\\0&0&\cdots&A_r\end{pmatrix}.$$

其中,A_i 中有非零方阵$(i=1,2,\cdots,r)$,称 $\boldsymbol{A}$ 为对角分块阵.

对角分块阵 $\boldsymbol{A}$ 有两个重要性质:

(1) 行列式$|\boldsymbol{A}|$为主对角线上子块行列式之积

$$|\boldsymbol{A}|=|A_1|\cdot|A_2|\cdots|A_r|;$$

(2) 若$|A_i|\neq0,(i=1,2,\cdots,r)$,则 A_i 均可逆,并且

$$\boldsymbol{A}^{-1}=\begin{pmatrix}A_1^{-1}&0&\cdots&0\\0&A_2^{-1}&\cdots&0\\\vdots&\vdots&\ddots&\vdots\\0&0&\cdots&A_r^{-1}\end{pmatrix}.$$

例 4.24 设 $\boldsymbol{A}=\begin{pmatrix}3&0&0\\0&4&2\\0&1&-1\end{pmatrix}$,求 $\boldsymbol{A}^{-1}$.

解 将 $\boldsymbol{A}$ 写成分块对角矩阵

$$\boldsymbol{A}=\begin{pmatrix}A_{11}&0\\0&A_{22}\end{pmatrix}.$$

其中，$A_{11}=(3)$，　$A_{22}=\begin{pmatrix}4 & 2\\ 1 & -1\end{pmatrix}$. 因为

$$A_{11}^{-1}=\begin{pmatrix}\frac{1}{3}\end{pmatrix},\quad A_{22}^{-1}=\begin{pmatrix}\frac{1}{6} & \frac{1}{3}\\ \frac{1}{6} & -\frac{2}{3}\end{pmatrix},$$

所以

$$\boldsymbol{A}^{-1}=\begin{pmatrix}\frac{1}{3} & 0 & 0\\ 0 & \frac{1}{6} & \frac{1}{3}\\ 0 & \frac{1}{6} & -\frac{2}{3}\end{pmatrix}.$$

4.7.2　分块矩阵的运算

（1）当两个同型的矩阵 $\boldsymbol{A}$ 与 $\boldsymbol{B}$ 有相同的分块方法时，其对应位置上的子块也是同型的矩阵，$\boldsymbol{A}$ 与 $\boldsymbol{B}$ 相加化为对应子块相加，即当

$$\boldsymbol{A}=\begin{pmatrix}A_{11} & A_{12} & \cdots & A_{1r}\\ A_{21} & A_{22} & \cdots & A_{2r}\\ \vdots & \vdots & & \vdots\\ A_{S1} & A_{S2} & \cdots & A_{Sr}\end{pmatrix},\quad \boldsymbol{B}=\begin{pmatrix}B_{11} & B_{12} & \cdots & B_{1r}\\ B_{21} & B_{22} & \cdots & B_{2r}\\ \vdots & \vdots & & \vdots\\ B_{S1} & B_{S2} & \cdots & B_{Sr}\end{pmatrix}$$

时，有

$$\boldsymbol{A}+\boldsymbol{B}=\begin{pmatrix}A_{11}+B_{11} & A_{12}+B_{12} & \cdots & A_{1r}+B_{1r}\\ A_{21}+B_{21} & A_{22}+B_{22} & \cdots & A_{2r}+B_{2r}\\ \vdots & \vdots & & \vdots\\ A_{S1}+B_{S1} & A_{S2}+B_{S2} & \cdots & A_{Sr}+B_{Sr}\end{pmatrix}.$$

（2）用数乘分块矩阵等于用这个数去乘它的各子块，即

$$\lambda\boldsymbol{A}=\begin{pmatrix}\lambda A_{11} & \lambda A_{12} & \cdots & \lambda A_{1r}\\ \lambda A_{21} & \lambda A_{22} & \cdots & \lambda A_{2r}\\ \vdots & \vdots & & \vdots\\ \lambda A_{S1} & \lambda A_{S2} & \cdots & \lambda A_{Sr}\end{pmatrix}.$$

（3）分块阵转置等于将它转置同时再把各子块转置，即

$$\boldsymbol{A}^{\mathrm{T}} = \begin{pmatrix} A_{11}^{\mathrm{T}} & A_{21}^{\mathrm{T}} & \cdots & A_{S1}^{\mathrm{T}} \\ A_{12}^{\mathrm{T}} & A_{22}^{\mathrm{T}} & \cdots & A_{S2}^{\mathrm{T}} \\ \vdots & \vdots & & \vdots \\ A_{1r}^{\mathrm{T}} & A_{2r}^{\mathrm{T}} & \cdots & A_{Sr}^{\mathrm{T}} \end{pmatrix}.$$

(4) 设有 $m\times p$ 矩阵 $\boldsymbol{U}$ 与 $p\times n$ 矩阵 $\boldsymbol{V}$,当 $\boldsymbol{U}$ 的列的分块法与 $\boldsymbol{V}$ 的行分块法相同时

$$\boldsymbol{U} = \begin{pmatrix} U_{11} & U_{12} & \cdots & U_{1r} \\ U_{12} & U_{22} & \cdots & U_{2r} \\ \vdots & \vdots & & \vdots \\ U_{S1} & U_{S2} & \cdots & U_{Sr} \end{pmatrix}, \quad \boldsymbol{V} = \begin{pmatrix} V_{11} & V_{12} & \cdots & V_{1t} \\ V_{21} & V_{22} & \cdots & V_{2t} \\ \vdots & \vdots & & \vdots \\ V_{r1} & V_{r2} & \cdots & V_{rt} \end{pmatrix},$$

即 $U_{11},U_{12},\cdots,U_{1r}$ 的列数分别等于 $V_{11},V_{21},\cdots,V_{r1}$ 的行数时,有

$$W = \boldsymbol{UV} = \begin{pmatrix} W_{11} & W_{12} & \cdots & W_{1t} \\ W_{21} & W_{22} & \cdots & W_{2t} \\ \vdots & \vdots & & \vdots \\ W_{S1} & W_{S2} & \cdots & W_{St} \end{pmatrix}.$$

其中,$W_{ij} = \sum_{k=1}^{r} U_{ik} V_{kj} (i = 1,2,\cdots,S; j = 1,2,\cdots,t)$.

这说明,分块矩阵的乘法与未分块时类似,W 的 i 行 j 列子块是 $\boldsymbol{U}$ 的第 i 行子块与 $\boldsymbol{V}$ 的第 j 列子块对应相乘之和.

例 4.25 设 $\boldsymbol{A}=\begin{pmatrix} 1 & 0 & 0 & 0 \\ 0 & 1 & 0 & 0 \\ -1 & 2 & 1 & 0 \\ 1 & 1 & 0 & 1 \end{pmatrix}$, $\boldsymbol{B}=\begin{pmatrix} 1 & 0 & 1 & 0 \\ -1 & 2 & 0 & 1 \\ -1 & 0 & 4 & 1 \\ -1 & -1 & 2 & 0 \end{pmatrix}$,求 $\boldsymbol{AB}$.

解 将 $\boldsymbol{A},\boldsymbol{B}$ 分块成

$$\boldsymbol{A} = \left(\begin{array}{cc:cc} 1 & 0 & 0 & 0 \\ 0 & 1 & 0 & 0 \\ \hdashline -1 & 2 & 1 & 0 \\ 1 & 1 & 0 & 1 \end{array}\right) = \begin{pmatrix} E & 0 \\ A_{21} & E \end{pmatrix},$$

$$\boldsymbol{B} = \left(\begin{array}{cc:cc} 1 & 0 & 1 & 0 \\ -1 & 2 & 0 & 1 \\ \hdashline 1 & 0 & 4 & 1 \\ -1 & -1 & 2 & 0 \end{array}\right) = \begin{pmatrix} B_{11} & E \\ B_{21} & B_{22} \end{pmatrix},$$

则

$$\boldsymbol{AB} = \begin{pmatrix} E & 0 \\ A_{21} & E \end{pmatrix} \begin{pmatrix} B_{11} & E \\ B_{21} & B_{22} \end{pmatrix} = \begin{pmatrix} B_{11} & E \\ A_{21}B_{11} + B_{21} & A_{21} + B_{22} \end{pmatrix},$$

$$A_{21}B_{11}+B_{21}=\begin{pmatrix}-1&2\\1&1\end{pmatrix}\begin{pmatrix}1&0\\-1&2\end{pmatrix}+\begin{pmatrix}1&0\\-1&-1\end{pmatrix}=\begin{pmatrix}-2&4\\-1&-1\end{pmatrix},$$

$$A_{21}+B_{22}=\begin{pmatrix}-1&2\\1&1\end{pmatrix}+\begin{pmatrix}4&1\\2&0\end{pmatrix}=\begin{pmatrix}3&3\\3&1\end{pmatrix},$$

$$\boldsymbol{AB}=\begin{pmatrix}1&0&1&0\\-1&2&0&1\\-2&4&3&3\\-1&-1&3&1\end{pmatrix}.$$

4.8　矩阵的初等变换

4.8.1　矩阵初等变换的概念

用加减消元法解线性方程组时,对方程组进行同解变形总是对方程组进行下面的三种变换:

(1) 交换两个方程的位置;

(2) 用一个非零数乘方程的两端;

(3) 用一个非零数乘某一个方程加到另一个方程上.

这三种变换中参与运算的只是方程中未知数的系数和常数项,取出方程组的增广矩阵看,上面三种变换不外乎是:

(1) 交换增广矩阵的两行;

(2) 用一个非零数乘增广矩阵的某一行;

(3) 把增广矩阵的某一行乘上一个数后加入另一行.

这三种变换称为对线性方程组的增广矩阵的行初等变换.

定义 4.8.1　下列三种变换称为矩阵的行初等变换:

(1) 位置变换:交换矩阵某两行的位置(交换第 i 行与第 j 行记为 $r_i\leftrightarrow r_j$);

(2) 倍法变换:用非零数乘矩阵的某一行的所有元素(用非 0 数 λ 乘第 i 行记为 λr_i);

(3) 消法变换:将矩阵的某一行元素的 λ 倍加入另一行的对应元素(第 i 行的 λ 倍加入第 j 行记为 $r_j+\lambda r_i$).

矩阵的列初等变换可以类似定义:只要将定义 4.8.1 中的"行"字换为"列"字便可,相应的列初等变换分别记为 $c_i\leftrightarrow c_j$, λc_i 与 $c_j+\lambda c_i$. 矩阵的行初等变换与列初等变换统称为矩阵的初等变换.

4.8.2　初等矩阵

矩阵的初等变换可以表现为矩阵乘法的形式,为此我们先定义初等矩阵的概念.

定义 4.8.2 单位矩阵经过任一次初等变换所得到的矩阵称为初等矩阵.

初等矩阵有三种:

(1) 换行(列)初等矩阵:交换单位矩阵 $\boldsymbol{E}$ 的第 i 和第 j 两行(列)所得到的矩阵,记为 $\boldsymbol{E}(i,j)$:

$$\begin{matrix} & \text{第 } i \text{ 列} \qquad\qquad \text{第 } j \text{ 列} & \\ \boldsymbol{E}(i,j)= & \begin{pmatrix} 1 &&&&&&&&&& \\ & \ddots &&&&&&&&& \\ && 1 &&&&&&&& \\ &&& 0 &&&& 1 &&& \\ &&&& 1 &&&&&& \\ &&&&& \ddots &&&&& \\ &&&&&& 1 &&&& \\ &&& 1 &&&& 0 &&& \\ &&&&&&&& 1 && \\ &&&&&&&&& \ddots & \\ &&&&&&&&&& 1 \end{pmatrix} & \begin{matrix} \\ \\ \\ \text{第 } i \text{ 行} \\ \\ \\ \\ \text{第 } j \text{ 行.} \\ \\ \\ \\ \end{matrix} \\ & \text{第 } i \text{ 列} \qquad\qquad \text{第 } j \text{ 列} & \end{matrix}$$

(2) 倍行(列)初等矩阵:将单位矩阵 $\boldsymbol{E}$ 的第 i 行(列)λ 倍($\lambda\neq 0$)所得到矩阵,记为 $\boldsymbol{E}(i(\lambda))$:

$$\begin{matrix} \boldsymbol{E}(i(\lambda))= & \begin{pmatrix} 1 &&&&&& \\ & \ddots &&&&& \\ && 1 &&&& \\ &&& \lambda &&& \\ &&&& 1 && \\ &&&&& \ddots & \\ &&&&&& 1 \end{pmatrix} & \begin{matrix} \\ \\ \\ \text{第 } i \text{ 行.} \\ \\ \\ \\ \end{matrix} \\ & \text{第 } i \text{ 列} & \end{matrix}$$

我们注意到交换 $\boldsymbol{E}$ 的 i,j 两行与交换 $\boldsymbol{E}$ 的 i,j 两列所得的初等换行矩阵与初等换列矩阵是一样的. 同样对 $\boldsymbol{E}$ 的第 i 行 λ 倍与对 $\boldsymbol{E}$ 的第 i 列 λ 倍的倍行初等矩阵与倍列初等矩阵是一样的. 下面的情况略有区别.

(3) 倍加行(列)初等矩阵:将单位矩阵的第 j 行的 λ 倍加到第 i 行上去(第 i 列的 λ 倍加到第 j 列上去)所得的矩阵,记为 $\boldsymbol{E}(i,j(\lambda))$:

$$E(i,j(\lambda))=\begin{pmatrix}1 &&&&&& \\ &\ddots&&&&& \\ &&1&\cdots&\lambda&& \\ &&&\ddots&&& \\ &&&&1&& \\ &&&&&\ddots& \\ &&&&&&1\end{pmatrix}\begin{matrix} \\ \\ 第\,i\,行 \\ \\ 第\,j\,行 \\ \\ \\ \end{matrix}$$

第 i 列　　第 j 列

注：上述三种初等矩阵中未注明的元素主对角线上的都是 1，在其他位置上的都是 0.

初等矩阵有下列性质：

性质 4.8.1　初等矩阵的转置矩阵仍为初等矩阵，且

$$E(i,j)^{\mathrm{T}}=E(i,j),$$
$$E(i(\lambda))^{\mathrm{T}}=E(i(\lambda)),$$
$$E(i,j(\lambda))^{\mathrm{T}}=E(j,i(\lambda)).$$

性质 4.8.2　初等矩阵都是可逆矩阵，其逆矩阵也是初等矩阵，且

$$E(i,j)^{-1}=E(i,j),$$
$$E(i(\lambda))^{-1}=E\left(i\left(\frac{1}{\lambda}\right)\right),$$
$$E(i,j(\lambda))^{-1}=E(i,j(-\lambda)).$$

性质 4.8.3　对 $m\times n$ 矩阵 A 做一次行初等变换，相当于在 A 的左边乘上相应的 m 阶初等矩阵. 对 A 做一次列初等变换，相当于在 A 的右边乘上相应的 n 阶初等矩阵.

综上所述，有

(1) $E_m(i,j)A_{m\times n}$ 是把 $A_{m\times n}$ 互换 i,j 两行得到的矩阵；$A_{m\times n}E_n(i,j)$ 是把 $A_{m\times n}$ 互换 i,j 两列得到的矩阵；

(2) $E_m(i(\lambda))A_{m\times n}$ 是把 $A_{m\times n}$ 的第 i 行 λ 倍得到的矩阵；$A_{m\times n}E_n(i(\lambda))$ 是把 $A_{m\times n}$ 的第 i 列 λ 倍得到的矩阵；

(3) $E_m(i,j(\lambda))A_{m\times n}$ 是把 $A_{m\times n}$ 的第 j 行的 λ 倍加入第 i 行得到的矩阵；$A_{m\times n}E_n(i,j(\lambda))$ 是把 $A_{m\times n}$ 的第 i 列的 λ 倍加入第 j 列后得到的矩阵.

这样矩阵的初等变换便用矩阵乘法表示出来了.

4.8.3　用初等变换化简矩阵

定义 4.8.3　如果矩阵 A 经过初等变换成为矩阵 B，则称矩阵 A 与矩阵 B 等价，记作 $A\sim B$.

定理 4.8.1 任意一个矩阵 $\boldsymbol{A}_{m\times n}$ 等价于一个形式为

$$D=\begin{pmatrix}1 & \cdots & 0 & 0 & \cdots & 0\\ \vdots & \ddots & \vdots & \vdots & & \vdots\\ 0 & \cdots & 1 & 0 & \cdots & 0\\ 0 & \cdots & 0 & 0 & \cdots & \cdots\\ \vdots & & \vdots & \vdots & & \vdots\\ 0 & \cdots & 0 & 0 & \cdots & 0\end{pmatrix}=\begin{pmatrix}E_r & O_{r\times(n-r)}\\ O_{(m-r)\times r} & O_{(m-r)\times(n-r)}\end{pmatrix}$$

的简化矩阵，这个 D 称为 $\boldsymbol{A}_{m\times n}$ 的标准型，证明略.

由于对矩阵作初等变换相当于用初等矩阵去左乘或右乘它，因此矩阵 $\boldsymbol{A}$ 与 $\boldsymbol{B}$ 等价的充分必要条件是存在初等矩阵 $\boldsymbol{P}_1,\boldsymbol{P}_2,\cdots,\boldsymbol{P}_S$ 与 $\boldsymbol{Q}_1,\boldsymbol{Q}_2,\cdots,\boldsymbol{Q}_t$，使得 $\boldsymbol{P}_1\cdots\boldsymbol{P}_S\boldsymbol{A}\boldsymbol{Q}_1\boldsymbol{Q}_2\cdots\boldsymbol{Q}_t=\boldsymbol{B}$，由此得：

定理 4.8.2 n 阶方阵 $\boldsymbol{A}$ 可逆的充分必要条件是它可以表示成初等矩阵的乘积，即存在初等矩阵 $\boldsymbol{Q}_1,\boldsymbol{Q}_2,\cdots,\boldsymbol{Q}_m$ 使 $\boldsymbol{A}=\boldsymbol{Q}_1\boldsymbol{Q}_2\cdots\boldsymbol{Q}_m$.

推论 4.8.1 两个同型的 $m\times n$ 矩阵 $\boldsymbol{A}$ 与 $\boldsymbol{B}$ 等价的充分必要条件是存在 m 阶可逆矩阵 $\boldsymbol{P}$ 与 n 阶可逆阵 $\boldsymbol{Q}$，使得 $\boldsymbol{A}=\boldsymbol{PBQ}$.

推论 4.8.2 可逆矩阵的标准型是单位矩阵.

4.8.4 用初等变换求矩阵的逆矩阵

以上的讨论提供了一个求逆矩阵的方法，设 $\boldsymbol{A}$ 为 n 阶可逆矩阵，则存在初等矩阵 $\boldsymbol{Q}_1,\boldsymbol{Q}_2,\cdots,\boldsymbol{Q}_m$，使

$$\boldsymbol{A}=\boldsymbol{Q}_1\boldsymbol{Q}_2\cdots\boldsymbol{Q}_m.$$

于是

$$\boldsymbol{A}^{-1}=\boldsymbol{Q}_m^{-1}\boldsymbol{Q}_{m-1}^{-1}\cdots\boldsymbol{Q}_1^{-1}=\boldsymbol{Q}_m^{-1}\boldsymbol{Q}_{m-1}^{-1}\cdot\boldsymbol{Q}_1^{-1}\boldsymbol{E},$$

且

$$\boldsymbol{Q}_m^{-1}\cdots\boldsymbol{Q}_2^{-1}\boldsymbol{Q}_1^{-1}\boldsymbol{A}=\boldsymbol{E},\quad \boldsymbol{Q}_m^{-1}\cdots\boldsymbol{Q}_2^{-1}\boldsymbol{Q}_1^{-1}\boldsymbol{E}=\boldsymbol{A}^{-1}.$$

这说明，依次作行初等变换 $\boldsymbol{Q}_1^{-1},\boldsymbol{Q}_2^{-1},\cdots,\boldsymbol{Q}_m^{-1}$，当把 $\boldsymbol{A}$ 化为 $\boldsymbol{E}$ 时，对 $\boldsymbol{E}$ 依次作同样的行初等变换就会把 $\boldsymbol{E}$ 化成 $\boldsymbol{A}$ 的逆矩阵 $\boldsymbol{A}^{-1}$.

把 $\boldsymbol{A}$ 与 $\boldsymbol{E}$ 合并成一个矩阵 $(\boldsymbol{A}\quad\boldsymbol{E})$，只对这个矩阵作行初等变换，把 $\boldsymbol{A}$ 子块化为 $\boldsymbol{E}$，则 $\boldsymbol{E}$ 子块就化成了 $\boldsymbol{A}^{-1}$.

$$(\boldsymbol{A}\quad\boldsymbol{E})\xrightarrow{\text{行初等变换}}(\boldsymbol{E}\quad\boldsymbol{A}^{-1}).$$

同理，用列初等变换也可以求矩阵的逆

$$\begin{pmatrix}\boldsymbol{A}\\ \boldsymbol{E}\end{pmatrix}\xrightarrow{\text{列初等变换}}\begin{pmatrix}\boldsymbol{E}\\ \boldsymbol{A}^{-1}\end{pmatrix}.$$

例 4.26　用初等变换求方阵 $\boldsymbol{A}=\begin{pmatrix}0&2&1\\-1&1&4\\2&-1&-3\end{pmatrix}$ 的逆阵 $\boldsymbol{A}^{-1}$.

解　$$(\boldsymbol{A}\quad \boldsymbol{E})=\begin{pmatrix}0&2&1&1&0&0\\-1&1&4&0&1&0\\2&-1&-3&0&0&1\end{pmatrix}\xleftrightarrow{r_1\leftrightarrow r_2}\begin{pmatrix}-1&1&4&0&1&0\\0&2&1&1&0&0\\2&-1&-3&0&0&1\end{pmatrix}$$

$$\xrightarrow{(-1)r_1}\begin{pmatrix}1&-1&-4&0&-1&0\\0&2&1&1&0&0\\2&-1&-3&0&0&1\end{pmatrix}\xrightarrow{r_3-2r_1}\begin{pmatrix}1&-1&-4&0&-1&0\\0&2&1&1&0&0\\0&1&5&0&2&1\end{pmatrix}$$

$$\xrightarrow{\frac{1}{2}r_2}\begin{pmatrix}1&-1&-4&0&-1&0\\0&1&\frac{1}{2}&\frac{1}{2}&0&0\\0&1&5&0&2&1\end{pmatrix}\xrightarrow[r_3-r_2]{r_1+r_2}\begin{pmatrix}1&0&-\frac{7}{2}&\frac{1}{2}&-1&0\\0&1&\frac{1}{2}&\frac{1}{2}&0&0\\0&0&\frac{9}{2}&-\frac{1}{2}&2&1\end{pmatrix}$$

$$\xrightarrow{\frac{2}{9}r_3}\begin{pmatrix}1&0&-\frac{7}{2}&\frac{1}{2}&-1&0\\0&1&\frac{1}{2}&\frac{1}{2}&0&0\\0&0&1&-\frac{1}{9}&\frac{4}{9}&\frac{2}{9}\end{pmatrix}\xrightarrow[r_2-\frac{1}{2}r_3]{r_1+\frac{7}{2}r_3}\begin{pmatrix}1&0&0&\frac{1}{9}&\frac{5}{9}&\frac{7}{9}\\0&1&0&\frac{5}{9}&-\frac{2}{9}&-\frac{1}{9}\\0&0&1&-\frac{1}{9}&\frac{4}{9}&\frac{2}{9}\end{pmatrix}$$

$=(E\quad A^{-1})$,

所以

$$\boldsymbol{A}^{-1}=\frac{1}{9}\begin{pmatrix}1&5&7\\5&-2&-1\\-1&4&2\end{pmatrix}.$$

这种方法还可以用于求矩阵 $\boldsymbol{A}^{-1}\boldsymbol{B}$ 与 $\boldsymbol{B}\boldsymbol{A}^{-1}$,因为

$$\boldsymbol{A}^{-1}(\boldsymbol{A}\quad \boldsymbol{B})=(\boldsymbol{A}^{-1}\boldsymbol{A}\quad \boldsymbol{A}^{-1}\boldsymbol{B})=(\boldsymbol{E}\quad \boldsymbol{A}^{-1}\boldsymbol{B}),$$

$$\begin{pmatrix}\boldsymbol{A}\\\boldsymbol{B}\end{pmatrix}\boldsymbol{A}^{-1}=\begin{pmatrix}\boldsymbol{A}\boldsymbol{A}^{-1}\\\boldsymbol{B}\boldsymbol{A}^{-1}\end{pmatrix}=\begin{pmatrix}\boldsymbol{E}\\\boldsymbol{B}\boldsymbol{A}^{-1}\end{pmatrix}.$$

例 4.27　解线性方程组 $\begin{cases}4x_1+x_2-2x_3=1,\\2x_1+2x_2+x_3=2,\\3x_1+x_2-x_3=3.\end{cases}$

解　首先把方程组写成矩阵形式

$$\begin{pmatrix}4 & 1 & -2\\2 & 2 & 1\\3 & 1 & -1\end{pmatrix}\begin{pmatrix}x_1\\x_2\\x_3\end{pmatrix}=\begin{pmatrix}1\\2\\3\end{pmatrix}.$$

令

$$\boldsymbol{A}=\begin{pmatrix}4 & 1 & -2\\2 & 2 & 1\\3 & 1 & -1\end{pmatrix},\quad \boldsymbol{X}=\begin{pmatrix}x_1\\x_2\\x_3\end{pmatrix},\quad \boldsymbol{B}=\begin{pmatrix}1\\2\\3\end{pmatrix},$$

则

$$\boldsymbol{AX}=\boldsymbol{B}.$$

因$|\boldsymbol{A}|\neq 0$,故$\boldsymbol{A}$可逆$\boldsymbol{X}=\boldsymbol{A}^{-1}\boldsymbol{B}$.

$$(\boldsymbol{A}\quad\boldsymbol{B})=\begin{pmatrix}4 & 1 & -2 & 1\\2 & 2 & 1 & 2\\3 & 1 & -1 & 3\end{pmatrix}\xrightarrow{r_1-r_3}\begin{pmatrix}1 & 0 & -1 & -2\\2 & 2 & 1 & 2\\3 & 1 & -1 & 3\end{pmatrix}$$

$$\xrightarrow[r_3-3r_1]{r_2-2r_1}\begin{pmatrix}1 & 0 & -1 & 2\\0 & 2 & 3 & 6\\0 & 1 & 2 & 9\end{pmatrix}\xleftrightarrow{r_2\leftrightarrow r_3}\begin{pmatrix}1 & 0 & -1 & 2\\0 & 1 & 2 & 9\\0 & 2 & 3 & 6\end{pmatrix}$$

$$\xrightarrow{r_3-2r_2}\begin{pmatrix}1 & 0 & -1 & 2\\0 & 1 & 2 & 9\\0 & 0 & -1 & -12\end{pmatrix}\xrightarrow[r_2+2r_3]{r_1-r_3}\begin{pmatrix}1 & 0 & 0 & 10\\0 & 1 & 0 & 15\\0 & 0 & -1 & -12\end{pmatrix}$$

$$\xrightarrow{-1r_3}\begin{pmatrix}1 & 0 & 0 & 10\\0 & 1 & 0 & 15\\0 & 0 & 1 & 12\end{pmatrix},$$

所以

$$\boldsymbol{X}=\boldsymbol{A}^{-1}\boldsymbol{B}=\begin{pmatrix}10\\15\\12\end{pmatrix},$$

即该方程组的解为

$$\begin{cases}x_1=10,\\x_2=15,\\x_3=12.\end{cases}$$

4.9 矩 阵 的 秩

矩阵的秩是线性方程组理论中的一个重要概念. 这一节我们讨论矩阵的秩与行列式的关系以及矩阵秩的求法.

定义 4.9.1　在 $m\times n$ 矩阵 $\boldsymbol{A}$ 中任意选定 k 行与 k 列($k\leqslant\min(m,n)$)，位于这些行和列交点上的 k^2 个元素按原有顺序组成的 k 阶行列式，称为 $\boldsymbol{A}$ 的 k 阶子式.

例如，在矩阵

$$\boldsymbol{A}=\begin{pmatrix}1 & 3 & 2 & 0\\ 2 & 0 & 6 & 5\\ 1 & 0 & 1 & 4\\ 0 & 0 & 0 & -1\end{pmatrix}$$

中，选第 2,4 行与第 1,3 列可得子式 $\begin{vmatrix}2 & 6\\ 0 & 0\end{vmatrix}$，又如选第 1,2,3 行和第 2,3,4 列，可得子式 $\begin{vmatrix}3 & 2 & 0\\ 0 & 6 & 5\\ 0 & 1 & 4\end{vmatrix}$.

用 C_m^k 表示从 m 个元素中取 k 个元素的组合数，则一个 $m\times n$ 矩阵有 $C_m^kC_n^k$ 个 k 阶子式.

定义 4.9.2　如果矩阵 $\boldsymbol{A}$ 的不为零的子式最高阶数为 r，即存在一个 r 阶子式 D 不为零，而所有 $r+1$ 阶子式(如果存在的话)全为零，则称数 r 为矩阵 $\boldsymbol{A}$ 的秩，记作 $R(A)=r$，规定零矩阵的秩为 0.

当 m 与 n 较大时用定义求一个矩阵的秩是困难的，下面讨论用初等变换化简矩阵求秩的方法. 首先介绍矩阵秩的一些性质.

性质 4.9.1　如 $\boldsymbol{A}$ 为 $m\times n$ 矩阵，则 $R(\boldsymbol{A})\leqslant\min(m,n)$.

性质 4.9.2　如 $R(\boldsymbol{A})=0$，则 $\boldsymbol{A}=\boldsymbol{0}$.

性质 4.9.3　若 $\boldsymbol{A}$ 为 n 阶方阵，$|\boldsymbol{A}|\neq 0$，则 $R(\boldsymbol{A})=n$.

我们常把秩数与阶数相等的方阵称为满秩矩阵，而把秩数小于阶数的方阵称为不满秩矩阵，容易知道 $|\boldsymbol{A}|\neq 0\Leftrightarrow\boldsymbol{A}$ 满秩 $\Leftrightarrow\boldsymbol{A}$ 可逆.

性质 4.9.4　矩阵的初等变换不改变矩阵的秩.

这是个十分重要的性质，从秩的定义与行列式的性质，很容易获得证明.

性质 4.9.5　若 $\boldsymbol{A}$ 为 $m\times n$ 矩阵，$R(\boldsymbol{A})=r$，则存在可逆矩阵 $\boldsymbol{P}_m$ 与 $\boldsymbol{Q}_n$ 使得

$$\boldsymbol{P}_m\boldsymbol{A}\boldsymbol{Q}_m=\begin{pmatrix}E_r & \boldsymbol{0}\\ \boldsymbol{0} & \boldsymbol{0}\end{pmatrix}$$

这说明 $\boldsymbol{A}$ 的标准型中左上角那个单位子矩阵的阶数就是 $\boldsymbol{A}$ 的秩数，这个命题的逆命题也是成立的.

矩阵运算与秩的关系有：

性质 4.9.6　$R(\boldsymbol{A})=R(\boldsymbol{A}^{\mathrm{T}})$.

性质 4.9.7　如 $\boldsymbol{B}$ 与 $\boldsymbol{C}$ 可逆，则 $R(\boldsymbol{AB})=R(\boldsymbol{A})$，$R(\boldsymbol{CA})=R(\boldsymbol{A})$，并且 $R(\boldsymbol{CAB})=R(\boldsymbol{A})$.

定义 4.9.3 如果矩阵的任一行的第一个非零元素(如果存在的话)左边及下面的元素全是 0,则称为阶梯形矩阵,又如果每行的第一个非 0 元素都 1,且所在列的其余元素全为 0,则称为最简形矩阵. 例如

$$\begin{pmatrix}0&1&2&-1\\0&0&0&3\\0&0&0&0\end{pmatrix},\quad \begin{pmatrix}1&3&0&4&2\\0&0&-1&0&3\\0&0&0&2&3\end{pmatrix},\quad \begin{pmatrix}1&0&-1&0\\0&1&4&0\\0&0&0&1\end{pmatrix}$$

都是阶梯形矩阵,而最后一个是最简形矩阵.

性质 4.9.8 任意一个矩阵都可以只用行初等变换化为阶梯形式与最简形式,且它的秩数等于它的最简形式的非零行的行数.

例 4.28 化 $\boldsymbol{A}=\begin{pmatrix}1&1&1&4\\1&-1&3&-2\\2&1&3&5\\3&1&5&4\end{pmatrix}$为阶梯形矩阵和最简形矩阵.

解 $\boldsymbol{A}=\begin{pmatrix}1&1&1&4\\1&-1&3&-2\\2&1&3&5\\3&1&5&4\end{pmatrix}\xrightarrow[r_4-3r_1]{\substack{r_2-r_1\\r_3-2r_1}}\begin{pmatrix}1&1&1&4\\0&-2&2&-6\\0&-1&1&-3\\0&-2&2&-8\end{pmatrix}$

$$\xrightarrow{-\frac{1}{2}r_2}\begin{pmatrix}1&1&1&4\\0&1&-1&3\\0&-1&1&-3\\0&-2&2&-8\end{pmatrix}\xrightarrow[r_4+2r_2]{r_3+r_2}\begin{pmatrix}1&1&1&4\\0&1&-1&3\\0&0&0&0\\0&0&0&-2\end{pmatrix}$$

$$\xrightarrow{r_3\leftrightarrow r_4}\begin{pmatrix}1&1&1&4\\0&1&-1&3\\0&0&0&-2\\0&0&0&0\end{pmatrix},$$

这是矩阵 $\boldsymbol{A}$ 的阶梯形.

$$\begin{pmatrix}1&1&1&4\\0&1&-1&3\\0&0&0&-2\\0&0&0&0\end{pmatrix}\xrightarrow[r_3\times\left(-\frac{1}{2}\right)]{r_1-r_2}\begin{pmatrix}1&0&2&1\\0&1&-1&3\\0&0&0&1\\0&0&0&0\end{pmatrix}\xrightarrow[r_2-3r_3]{r_1-r_3}\begin{pmatrix}1&0&2&0\\0&1&-1&0\\0&0&0&1\\0&0&0&0\end{pmatrix},$$

这是 $\boldsymbol{A}$ 的最简形.

例 4.29 求矩阵 $\boldsymbol{A}=\begin{pmatrix}1&1&2&3\\1&2&3&5\\0&1&1&2\end{pmatrix}$的秩.

解　$\boldsymbol{A}=\begin{pmatrix}1&1&2&3\\1&2&3&5\\0&1&1&2\end{pmatrix}\xrightarrow{r_2-r_1}\begin{pmatrix}1&1&2&3\\0&1&1&2\\0&1&1&2\end{pmatrix}\xrightarrow{r_3-r_2}\begin{pmatrix}1&1&2&3\\0&1&1&2\\0&0&0&0\end{pmatrix}$，

阶梯形中有两行非零，所以 $R(\boldsymbol{A})=2$.

数学实验四　用 Matlab 软件作矩阵相关运算

一、矩阵的乘法和乘方

1. 矩阵的乘法

调用格式为：

```
A*B
```

例 1　设 $\boldsymbol{A}=\begin{pmatrix}1&2&3\\4&5&6\end{pmatrix}$，$\boldsymbol{B}=\begin{pmatrix}2&3\\4&5\\6&7\end{pmatrix}$，求 $\boldsymbol{AB}$ 和 $\boldsymbol{BA}$.

解　在命令行的提示符"≫"输入(%及后注释语句可不输入)：

A=[1 2 3;4,5,6];　% ";"在矩阵中表示区分行，在语句后表示该语句运行时不显示结果.

B=[2 3;4 5;6 7];　% 矩阵中空格或","表示区分列.

```
C=A*B;
D=B*A;
C,D
```

程序运行结果如下：

```
C=
    28    34
    64    79
D=
    14    19    24
    24    33    42
    34    47    60
```

一般地，A*B≠B*A.

2. 矩阵的乘方

调用格式为：

```
A^x
```

例 2　设 $\boldsymbol{A}=\begin{pmatrix}1&0&1\\3&1&2\\-1&0&1\end{pmatrix}$,求 $\boldsymbol{A}^4$.

解　在命令行的提示符“≫”后依次输入：

```
A=[1,0,1;3,1,2;-1,0,1];
B=A^4
```

程序运行结果如下：

```
B=
    -4     0     0
   -10     1    15
     0     0    -4
```

即

$$\boldsymbol{A}^4=\begin{pmatrix}1&0&1\\3&1&2\\-1&0&1\end{pmatrix}^4=\begin{pmatrix}-4&0&0\\-10&1&15\\0&0&-4\end{pmatrix}.$$

二、矩阵的行列式

调用格式为：

```
det(A)
```

其中,$\boldsymbol{A}$ 为方阵.

例 3　设 $\boldsymbol{A}=\begin{pmatrix}1&-1&1\\2&1&2\\-1&0&1\end{pmatrix}$,求该方阵的行列式的值$|\boldsymbol{A}|$.

解　在命令行的提示符“≫”后依次输入：

```
A=[1,-1,1;2,1,2;-1,0,1];
D=det(A)
```

程序运行结果如下：

```
D=
     6
```

即

$$|\boldsymbol{A}|=\begin{vmatrix}1&-1&1\\2&1&2\\-1&0&1\end{vmatrix}=6.$$

三、矩阵的逆矩阵

调用格式为：

```
inv(A)
```

其中,**A** 为方阵.

例 4　设 $\boldsymbol{A}=\begin{pmatrix}3 & 2 & 1\\ 4 & 3 & 1\\ -1 & 2 & -4\end{pmatrix}$,求该方阵的逆矩阵 $\boldsymbol{A}^{-1}$.

解　在命令行的提示符"≫"后依次输入：

```
A=[3,2,1;4,3,1;-1,2,-4];
inv_A=inv(A)
```

程序运行结果如下：

```
inv_A=
   14.0000  -10.0000   1.0000
  -15.0000   11.0000  -1.0000
  -11.0000    8.0000  -1.0000
```

即

$$\boldsymbol{A}^{-1}=\begin{pmatrix}14 & -10 & 1\\ -15 & 11 & -1\\ -11 & 8 & -1\end{pmatrix}.$$

例 5　求矩阵 $\boldsymbol{A}=\begin{pmatrix}1 & 2 & 3\\ 2 & 1 & 1\\ 0 & 0 & 0\end{pmatrix}$的逆矩阵.

解　在命令窗口的"≫"后依次输入下列命令：

```
A=[1,2,3;2,1,1;0,0,0];
inv(A)
```

程序运行结果为：

```
ans=
    Inf  Inf  Inf
    Inf  Inf  Inf
    Inf  Inf  Inf
```

由于该矩阵的行列式值为 0,是奇异矩阵,它没有逆矩阵,但再输入如下命令：

```
pinv(A)
```

可求得伪逆矩阵为：

```
ans=
```

```
  -0.2286    0.6000    0
   0.1429   -0.0000    0
   0.3143   -0.2000    0
```

四、矩阵的秩

调用格式为：

```
rank(A)
```

例 6　求矩阵 $\boldsymbol{A}=\begin{pmatrix}1 & 1 & -1 & 0\\ 2 & 3 & 1 & 7\\ -3 & 2 & 18 & 35\end{pmatrix}$的秩.

解　在命令窗口的"≫"后依次输入下列命令：

```
A=[1,1,-1,0;2,3,1,7;-3,2,18,35];
r_A=rank(A)
```

程序运行结果为：

```
r_A=
   2
```

即

$$r(\boldsymbol{A}) = 2.$$

五、上机实验

(1) 用 help 命令查看函数 det，inv 和 rank 等的用法.

(2) 上机验证上面各例.

(3) 作相关小节练习中矩阵的乘法、求行列式的值、求逆矩阵和矩阵的秩.

* 第5章 线性方程组

科学技术中的许多问题都归结为求解一个线性方程组.这样的线性方程组往往有较多的未知数,较多的方程个数.而方程个数与未知数个数也不一定相等.方程组的解可能有也可能没有.有解时可能恰有一个解也可能有无穷多个解.用前面所学的克拉默法则就难于解决这些一般性的问题.这一章我们讨论一般的线性方程,不限制未知数的个数与方程的个数,研究它们有解或无解的条件,在有解时,解之间的内在关系.在讨论中,我们将引入一个新的数学工具——向量,并在此基础上弄清楚线性方程组解的性质和解集合的结构.

线性方程组的一般形式是

$$\begin{cases} a_{11}x_1 + a_{12}x_2 + \cdots + a_{1n}x_n = b_1, \\ a_{21}x_1 + a_{22}x_2 + \cdots + a_{2n}x_n = b_2, \\ \cdots\cdots \\ a_{m1}x_1 + a_{m2}x_2 + \cdots + a_{mn}x_n = b_m, \end{cases} \tag{5.1.1}$$

其中,$x_1,x_2,\cdots,x_n$ 表示未知数,a_{11} 等及 b_1 等为已知数,m 和 n 不一定相等.

矩阵

$$\boldsymbol{A} = (a_{ij})_{m\times n} = \begin{pmatrix} a_{11} & a_{12} & \cdots & a_{1n} \\ a_{21} & a_{22} & \cdots & a_{2n} \\ \vdots & \vdots & & \vdots \\ a_{m1} & a_{m2} & \cdots & a_{mn} \end{pmatrix}$$

称为线性方程组(5.1.1)的系数矩阵.矩阵

$$\widetilde{\boldsymbol{A}} = \begin{pmatrix} a_{11} & a_{12} & \cdots & a_{1n} & b_1 \\ a_{21} & a_{22} & \cdots & a_{2n} & b_2 \\ \vdots & \vdots & & \vdots & \vdots \\ a_{m1} & a_{m2} & \cdots & a_{mn} & b_m \end{pmatrix}$$

称为方程组(5.1.1)的增广矩阵.

当 $b_i=0(i=1,2,\cdots,m)$ 时式(5.1.1)称为齐次线性方程组.

如果存在 n 个数 $c_1,c_2,\cdots,c_n$,当 $x_i=c_i(i=1,2,\cdots,n)$ 时可以使方程组(5.1.1)的 m 个等式恒成立,则称 $x_i=c_i(i=1,2,\cdots,n)$ 为该方程组的一个解.解方程组(5.1.1)就是求出(5.1.1)的所有的解,方程组(5.1.1)所有的解的集合称为它的解集,当方程组无解时,称解集为空集.

两个关于同一组未知数的 n 元线性方程组有相同的解集称为同解线性方

程组.

解线性方程组要解决的问题是：

(1) 求线性方程组的解与研究求解的方法；

(2) 判定线性方程组有无解及解的性质，有解时有多少个解；

(3) 讨论当线性方程组有无穷多个解时，解之间的关系与解集合的结构.

5.1 解线性方程组的消元法

在中学里我们已经学习过用加减消元法解有两个或三个未知数的线性方程组. 下面通过一个例子来说明消元法解题的一般规律.

例 5.1 解线性方程组

$$\begin{cases} x_1 + x_2 - 3x_3 = -1, & ① \\ 2x_1 + x_2 - 2x_3 = 1, & ② \\ x_1 + x_2 + x_3 = 3, & ③ \\ x_1 + 2x_2 - 3x_3 = 0. & ④ \end{cases}$$

解 ②$-2\times$①，③$-$①，④$-$①求得

$$\begin{cases} x_1 + x_2 - 3x_3 = -1, & ⑤ \\ -x_2 + 4x_3 = 3, & ⑥ \\ 4x_3 = 4, & ⑦ \\ x_2 = 1. & ⑧ \end{cases}$$

⑧$+$⑥$-$⑦，并把式⑧交换到第二个位置可得

$$\begin{cases} x_1 + x_2 - 3x_3 = -1, \\ x_2 = 1, \\ x_3 = 1, \\ 0 = 0. \end{cases}$$

这个方程组称为上阶梯形方程组. 现在用回代法很容易写出方程组的解

$$x_1 = 1, x_2 = 1, x_3 = 1.$$

在上述过程中，注意到我们反复对方程组进行了以下三种变换：

(1) 交换两个方程的位置；

(2) 用一个非零数乘方程的两端；

(3) 将一个方程的常数倍加入另一个方程.

这三种变换称为对方程组进行初等变换. 初等变换的作用是把一个方程组化为一个更简单的易解的同解方程组. 对比矩阵的初等变换知识，我们还发现这三种变换本质上相同于对方程组的增广矩阵的行初等变换.

例 5.2 将例 5.1 中第四个方程的常数项改为 1，其余不变，求解.

解　变化增广矩阵

$$B=\begin{pmatrix}1&1&-3&-1\\2&1&-2&1\\1&1&1&3\\1&2&-3&1\end{pmatrix}\longrightarrow\begin{pmatrix}1&1&-3&-1\\0&-1&4&3\\0&0&1&1\\0&0&0&1\end{pmatrix},$$

故得同解方程组

$$\begin{cases}x_1+x_2-3x_3=-1,\\ \quad -x_2+4x_3=3,\\ \qquad\qquad x_3=1,\\ \qquad\qquad 0=1.\end{cases}$$

这是一个矛盾方程组,无解.从而原方程组无解.

例 5.3　将例 5.1 中第三个方程改为 $x_2-4x_3=-3$,第四个方程替换为 $3x_1+2x_2-5x_3=0$,求解.

解　化简增广矩阵

$$B=\begin{pmatrix}1&1&-3&-1\\2&1&-2&1\\0&1&-4&-3\\3&2&-5&0\end{pmatrix}\longrightarrow\begin{pmatrix}1&1&-3&-1\\0&-1&4&3\\0&0&0&0\\0&0&0&0\end{pmatrix}$$

故得同解方程组

$$\begin{cases}x_1+x_2-3x_3=-1,\\ \quad -x_2+4x_3=3,\\ \qquad\qquad 0=0,\\ \qquad\qquad 0=0.\end{cases}$$

可以写为

$$\begin{cases}x_1+x_2=-1+3x_3,\\ \quad -x_2=3-4x_3.\end{cases}$$

$$\begin{cases}x_1=2-x_3,\\ x_2=-3+4x_3.\end{cases}$$

只要对 x_3 任意取定一个数值 c,都可以求出唯一确定的 x_1,x_2,从而得到原方程组的一个解

$$\begin{cases}x_1=2-c,\\ x_2=-3+4c,\\ x_3=c.\end{cases}$$

当 x_3 取不同 c 值时,得到原方程组的不同解,因此原方程组有无穷多解,这时称 x_3 为自由未知量.

以上几例告诉我们,一个线性方程组可能无解,可能有解.在有解时可能解唯一,也可能有无穷多解.

下面我们讨论用初等变换解线性方程组的一般规律.

线性方程组(5.1.1)中,可设 x_1 的系数不全为 0,否则改变一下未知数的位置,把有非零系数的未知量设为 x_1,这不影响解方程组.用初等变换①把 $a_{11},a_{21},\cdots,a_{m1}$ 中第一个不为 0 的所在的方程交换到第一个方程的位置,所以我们可设 $a_{11}\neq 0$.

利用初等变换③,分别把第一个方程的 $-\dfrac{a_{i1}}{a_{11}}$ 倍加入第 i 个方程($i=2,3\cdots,m$),方程组(5.1.1)变成

$$\begin{cases} a_{11}x_1+a_{12}x_2+\cdots+a_{1n}x_n=b_1, \\ \qquad\quad a'_{22}x_2+\cdots+a'_{2n}x_n=b'_2, \\ \qquad\qquad\qquad\cdots\cdots\cdots\cdots \\ \qquad\quad a'_{m2}x_2+\cdots+a'_{mn}x_n=b'_n. \end{cases}$$

其中,$a'_{ij}=a_{ij}-\dfrac{a_{i1}}{a_{11}}a_{ij}$,$b'_i=b_i-\dfrac{a_{i1}}{a_{11}}b_1$,$i=2,\cdots,m$;$j=1,2,\cdots,n$.

这样解方程组(5.1.1)归结为解下面的方程组

$$\begin{cases} a'_{22}x_2+a'_{23}x_3+\cdots+a'_{2n}x_n=b'_2, \\ a'_{32}x_2+a'_{33}x_3+\cdots+a'_{3n}x_n=b'_3, \\ \qquad\cdots\cdots \\ a'_{m2}x_2+a'_{m3}x_3+\cdots+a'_{mn}x_n=b'_m. \end{cases} \tag{5.1.2}$$

方程组(5.1.1)有解的充分必要条件是式(5.1.2)有解.

对方程组(5.1.2)作类似的处理,最后得到一阶梯形方程组

$$\begin{cases} c_{11}x_1+c_{12}x_2+\cdots+c_{1r}x_r+\cdots+c_{1n}x_n=d_1, \\ \qquad\quad c_{22}x_2+\cdots+c_{2r}x_r+\cdots+c_{2n}x_n=d_2, \\ \qquad\qquad\qquad\cdots\cdots\cdots\cdots\cdots\cdots \\ \qquad\qquad\qquad c_{rr}x_r+\cdots+c_{rn}x_n=d_r, \\ \qquad\qquad\qquad\qquad\qquad\cdots\cdots \\ \qquad\qquad\qquad\qquad\qquad 0=d_{r+1}. \end{cases} \tag{5.1.3}$$

其中,$c_{ii}\neq 0(i=1,2,\cdots,r;r\leqslant n)$,这里我们只记录下了有效方程,而去掉了“$0=0$”这样的无效方程.而“$0=d_{r+1}$”($d_{r+1}\neq 0$)这样的矛盾方程可能没有,也可能有一个或多个.方程组(5.1.3)与方程组(5.1.1)同解(至多未知数顺序不同).而方程组(5.1.3)的解可分为下面几种情况:

(1) 方程组(5.1.3)中有矛盾方程“$0=d_{r+1}$”($d_{r+1}\neq 0$),未知数无论取什么值,都不能使它成为恒等式,所以式(5.1.3)无解,从而式(5.1.1)无解.

(2) 若方程组(5.1.3)中没有矛盾方程,则分为两种情形:

第一,$r=n$, 此时(5.1.3)变成

$$\begin{cases} c_{11}x_1 + c_{12}x_2 + \cdots + c_{1n}x_n = d_1 \\ \qquad\quad c_{22}x_2 + \cdots + c_{2n}x_n = d_2 \\ \qquad\qquad\qquad \cdots\cdots\cdots\cdots \\ \qquad\qquad\qquad c_{nn}x_n = d_n \end{cases} \tag{5.1.4}$$

由克拉默法则,若系数行列式为 $c_{11}c_{22}\cdots c_{nn}\neq 0$,则有唯一解.其解可用克拉默法则求出,或直接由最后一个方程开始用“回代法”逐一求出唯一的 $x_n,x_{n-1},\cdots,x_1$ 的值.这就是式(5.1.1)的唯一解.

第二,$r<n$,阶梯形方程组(5.1.3)为

$$\begin{cases} c_{11}x_1 + c_{12}x_2 + \cdots + c_{1r}x_r + \cdots + c_{1n}x_n = d_1, \\ \qquad\quad c_{22}x_2 + \cdots + c_{2r}x_r + \cdots + c_{2n}x_n = d_2, \\ \qquad\qquad\qquad\qquad \cdots\cdots\cdots\cdots \\ \qquad\qquad\qquad c_{rr}x_r + \cdots + c_{rn}x_n = d_r. \end{cases}$$

可以把它改写成

$$\begin{cases} c_{11}x_1 + c_{12}x_2 + \cdots + c_{1r}x_r = d_1 - c_{1r+1}x_{r+1} - \cdots - c_{1n}x_n, \\ \qquad\quad c_{22}x_2 + \cdots + c_{2r}x_r = d_2 - c_{2r+1}x_{r+1} - \cdots - c_{2n}x_n, \\ \qquad\qquad\qquad\qquad \cdots\cdots\cdots\cdots \\ \qquad\qquad\qquad c_{rr}x_r = d_r - c_{rr+1}x_{r+1} - \cdots - c_{rn}x_n. \end{cases} \tag{5.1.5}$$

这时任给 $x_{r+1},x_{r+2},\cdots,x_n$,利用克拉默法则都可以唯一确定方程组(5.1.5)的一个解.给不同的值组可求得不同的解,方程组有无穷解.

一般地,在方程组(5.1.5)中可以用 $x_{r+1},x_{r+2},\cdots,x_n$ 把 $x_1,x_2,\cdots,x_r$ 表示出来,这样的式子称为方程组(5.1.1)的一般解或通解.而 $x_{r+1},x_{r+2},\cdots,x_n$ 称为自由未知量.

由上面的讨论,我们总结出下面的定理.

定理 5.1.1　线性方程组有解的充分必要条件是它的系数矩阵与增广矩阵有相同的秩.当系数矩阵的秩等于增广矩阵的秩且等于方程组未知量的个数时有唯一解.当系数矩阵的秩等于增广矩阵的秩且小于未知数个数时有无穷多个解.

具体用消元法解线性方程组时,常用消元法的矩阵形式,即用矩阵的行初等变换化简方程组的增广矩阵的方法求解.

例 5.4　解线性方程组 $\begin{cases} x_1+x_2+x_3+x_4+x_5=1, \\ 2x_1+x_2+x_3+x_4+2x_5=-1,. \\ 3x_1+2x_2+2x_3+2x_4+x_5=2. \end{cases}$

解　用矩阵行初等变换化简方程组的增广矩阵

$$\widetilde{\mathbf{A}}=\begin{pmatrix}1&1&1&1&1&1\\2&1&1&1&2&-1\\3&2&2&2&1&2\end{pmatrix}\xrightarrow[r_3-3r_1]{r_2-2r_1}\begin{pmatrix}1&1&1&1&1&1\\0&-1&-1&-1&0&-3\\0&-1&-1&-1&-2&-1\end{pmatrix}$$

$$\xrightarrow{r_3-r_2}\begin{pmatrix}1&1&1&1&1&1\\0&-1&-1&-1&0&-3\\0&0&0&0&-2&2\end{pmatrix}\xrightarrow[r_3\times\left(-\frac{1}{2}\right)]{r_2\times(-1)}\begin{pmatrix}1&1&1&1&1&1\\0&1&1&1&0&3\\0&0&0&0&1&-1\end{pmatrix}$$

$$\xrightarrow{r_1-r_2-r_3}\begin{pmatrix}1&0&0&0&0&-1\\0&1&1&1&0&3\\0&0&0&0&1&-1\end{pmatrix}.$$

原方程组的同解方程组为

$$\begin{cases}x_1 = -1,\\ x_2+x_3+x_4 = 3,\\ x_5=-1.\end{cases}$$

取 x_3,x_4 为自由未知量,移项得

$$\begin{cases}x_1=-1,\\ x_2=3-x_3-x_4,\\ x_5=-1.\end{cases}$$

令 $x_3=c_1,x_4=c_2$,得方程组的一般解

$$\begin{cases}x_1=-1,\\ x_2=3-c_1-c_2,\\ x_3=c_1,\\ x_4=c_2,\\ x_5=-1.\end{cases}$$

其中,c_1,c_2 为任意常数.

本节后面的内容是从更高的理论层次研究线性方程组的解法.当然关于向量知识不只是应用于解线性方程组,它有更大的理论和实践价值.

5.2 n 维向量

我们在中学物理学中已经熟悉了“向量”的概念.在微积分学与解析几何中也学习了二维、三维向量的概念、运算及其性质.这里我们把向量概念进一步拓广,推广到 n 维向量.

5.2.1 *n* 维向量的概念及其线性运算

定义 5.2.1 $n\times1$ 矩阵

$$\boldsymbol{\alpha}=\begin{pmatrix}a_1\\a_2\\\vdots\\a_n\end{pmatrix}$$

称为 n 维列向量，$1\times n$ 矩阵

$$\boldsymbol{\alpha}^{\mathrm{T}}=(a_1,a_2,\cdots,a_n)$$

称为 n 维行向量. n 维行向量与 n 维列向量统称为 n 维向量. a_i 称为向量 $\boldsymbol{\alpha}$ 与 $\boldsymbol{\alpha}^{\mathrm{T}}$ 的第 i 个分量($i=1,2,\cdots,n$).

本书中，列向量用黑体小写字母 $\boldsymbol{a},\boldsymbol{b},\boldsymbol{\alpha},\boldsymbol{\beta}$ 等表示，行向量则用 $\boldsymbol{a}^{\mathrm{T}},\boldsymbol{b}^{\mathrm{T}},\boldsymbol{\alpha}^{\mathrm{T}},\boldsymbol{\beta}^{\mathrm{T}}$ 等表示. 如不说明，本书所指向量均是列向量，且各分量均为实数的实向量.

由于向量是一种特殊的矩阵，所以向量的运算及其规律与矩阵相同，例如：

(1) 所有分量均为零的向量称为零向量，记为

$$\mathbf{0}=(0,0,\cdots,0)^{\mathrm{T}}.$$

(2) 向量 $(-a_1,-a_2,\cdots,-a_n)^{\mathrm{T}}$ 称为 $\boldsymbol{\alpha}=(a_1,a_2,\cdots,a_n)^{\mathrm{T}}$ 的负向量，记为 $-\boldsymbol{\alpha}$.

(3) 两向量相等，当且仅当它们维数相等且对应分量均相等，即

$$(a_1,a_2,\cdots,a_n)^{\mathrm{T}}=(b_1,b_2,\cdots,b_m)^{\mathrm{T}}\Leftrightarrow m=n,a_i=b_i(i=1,2,\cdots,n).$$

注意，当维数大于1时，一个列向量不可能与一个行向量相等.

(4) 向量加法

设 α,β 是 n 维向量，$\boldsymbol{\alpha}=(a_1,a_2,\cdots,a_n)^{\mathrm{T}}$，$\boldsymbol{\beta}=(b_1,b_2,\cdots,b_n)^{\mathrm{T}}$

$$\boldsymbol{\alpha}+\boldsymbol{\beta}=\begin{pmatrix}a_1\\a_2\\\vdots\\a_n\end{pmatrix}+\begin{pmatrix}b_1\\b_2\\\vdots\\b_n\end{pmatrix}=\begin{pmatrix}a_1+b_1\\a_2+b_2\\\vdots\\a_n+b_n\end{pmatrix}.$$

(5) 数乘向量

$$\lambda\boldsymbol{\alpha}=\lambda\begin{pmatrix}a_1\\a_2\\\vdots\\a_n\end{pmatrix}=\begin{pmatrix}\lambda a_1\\\lambda a_2\\\vdots\\\lambda a_n\end{pmatrix}.$$

向量加法与数乘向量两个运算称为向量的线性运算，其运算规律和矩阵相应运算的规律相同.

(1) $\boldsymbol{\alpha}+\boldsymbol{\beta}=\boldsymbol{\beta}+\boldsymbol{\alpha}$；

(2) $(\boldsymbol{\alpha}+\boldsymbol{\beta})+\boldsymbol{\gamma}=\boldsymbol{\alpha}+(\boldsymbol{\beta}+\boldsymbol{\gamma})$；

(3) $\boldsymbol{\alpha}+\mathbf{0}=\mathbf{0}+\boldsymbol{\alpha}=\boldsymbol{\alpha}$；

(4) $\boldsymbol{\alpha}+(-\boldsymbol{\alpha})=\mathbf{0}$；

(5) $1\times\boldsymbol{\alpha}=\boldsymbol{\alpha}$;

(6) $(a+c)\boldsymbol{\gamma}=a\boldsymbol{\gamma}+c\boldsymbol{\gamma}$;

(7) $c(\boldsymbol{\beta}+\boldsymbol{\gamma})=c\boldsymbol{\beta}+c\boldsymbol{\gamma}$;

(8) $(ac)\boldsymbol{\gamma}=a(c\boldsymbol{\gamma})=c(a\boldsymbol{\gamma})$,

其中,a,c 是常量;$\boldsymbol{\alpha},\boldsymbol{\beta},\boldsymbol{\gamma}$ 是同维行(或列)向量.

例 5.5 设向量 $\boldsymbol{\alpha}=(1,0,2,3)^{\mathrm{T}},\boldsymbol{\beta}=(-2,1,-2,0)^{\mathrm{T}}$,求满足 $\boldsymbol{\alpha}+2\boldsymbol{\beta}-3\boldsymbol{\gamma}=\mathbf{0}$ 的向量 $\boldsymbol{\gamma}$.

解 由 $\boldsymbol{\alpha}+2\boldsymbol{\beta}-3\boldsymbol{\gamma}=\mathbf{0}$ 知

$$\begin{aligned}\boldsymbol{\gamma}&=\frac{1}{3}(\boldsymbol{\alpha}+2\boldsymbol{\beta})\\&=\frac{1}{3}[(1,0,2,3)^{\mathrm{T}}+2(-2,1,-2,0)^{\mathrm{T}}]\\&=\frac{1}{3}[(1,0,2,3)^{\mathrm{T}}+(-4,2,-4,0)^{\mathrm{T}}]\\&=\left(-1,\frac{2}{3},-\frac{2}{3},1\right)^{\mathrm{T}}.\end{aligned}$$

5.2.2 向量组与向量的线性关系

由若干个同维列向量(行向量)所组成的集合叫做列(行)向量组,常用大写英文字母表示.一个向量组中的向量只能同维列向量(或同维行向量).维数不同的向量不能同组.

向量组与矩阵有很密切的联系.m 个 n 维列向量组成的向量组 $\boldsymbol{A}:\boldsymbol{\alpha}_1,\boldsymbol{\alpha}_2,\cdots,\boldsymbol{\alpha}_m$ 可构成了一个 $n\times m$ 矩阵

$$\boldsymbol{A}_{n\times m}=(\boldsymbol{\alpha}_1,\boldsymbol{\alpha}_2,\cdots,\boldsymbol{\alpha}_m),$$

该矩阵的第 i 列元素由 α_i 的各分量排列而成 $(i=1,2,\cdots,m)$.

m 个 n 维行向量组成的向量组 $\boldsymbol{B}:\boldsymbol{\beta}_1^{\mathrm{T}},\boldsymbol{\beta}_2^{\mathrm{T}},\cdots,\boldsymbol{\beta}_m^{\mathrm{T}}$ 可构成一个 $m\times n$ 矩阵

$$\boldsymbol{B}_{m\times n}=\begin{pmatrix}\boldsymbol{\beta}_1^{\mathrm{T}}\\\boldsymbol{\beta}_2^{\mathrm{T}}\\\vdots\\\boldsymbol{\beta}_m^{\mathrm{T}}\end{pmatrix},$$

它的第 i 行元素由 $\boldsymbol{\beta}_i^{\mathrm{T}}$ 的各分量排列而成 $(i=1,2,\cdots,m)$.

反之,对任何一个 $m\times n$ 矩阵 $\boldsymbol{A}=(a_{ij})_{m\times n}$,它的 m 行可看成 m 个 n 维行向量,它的 n 列可看成 n 个 m 维列向量.因此一个矩阵既可看成一个行向量组,也可看成一个列向量组(注意两个组是不同的).

向量组之间的关系的讨论基于下面的重要概念.

定义 5.2.2　设 $A:\boldsymbol{\alpha}_1,\boldsymbol{\alpha}_2,\cdots,\boldsymbol{\alpha}_m$ 是 m 个 n 维向量构成的向量组，$k_1,k_2,\cdots,k_m$ 是任意 m 个常数，表达式

$$\sum_{i=1}^{m}k_i\boldsymbol{\alpha}_i = k_1\boldsymbol{\alpha}_1 + k_2\boldsymbol{\alpha}_2 + \cdots + k_m\boldsymbol{\alpha}_m$$

称为向量组 $\boldsymbol{A}$ 的一个线性组合，$k_1,k_2,\cdots,k_m$ 称为线性组合系数. 若对 n 维向量 $\boldsymbol{b}$，存在一组常数 $\lambda_1,\lambda_2,\cdots,\lambda_m$，使

$$\boldsymbol{b} = \lambda_1\boldsymbol{\alpha}_1 + \lambda_2\boldsymbol{\alpha}_2 + \cdots + \lambda_m\boldsymbol{\alpha}_m,$$

则称向量 $\boldsymbol{b}$ 可由向量组 $\boldsymbol{A}$ 线性表示.

例 5.6　$\boldsymbol{\alpha}_1=(1,2,3)^{\mathrm{T}},\boldsymbol{\alpha}_2=(0,1,4)^{\mathrm{T}},\boldsymbol{\alpha}_3=(2,3,6)^{\mathrm{T}},\boldsymbol{b}=(-1,1,5)^{\mathrm{T}}$，证明 $\boldsymbol{b}$ 可由 $\boldsymbol{\alpha}_1,\boldsymbol{\alpha}_2,\boldsymbol{\alpha}_3$ 线性表示，并求出表示式.

解　设 $\boldsymbol{b}=x_1\boldsymbol{\alpha}_1+x_2\boldsymbol{\alpha}_2+x_3\boldsymbol{\alpha}_3$，$x_1,x_2,x_3$ 为表示系数，即

$$x_1\begin{pmatrix}1\\2\\3\end{pmatrix}+x_2\begin{pmatrix}0\\1\\4\end{pmatrix}+x_3\begin{pmatrix}2\\3\\6\end{pmatrix}=\begin{pmatrix}-1\\1\\3\end{pmatrix},$$

改写成矩阵式子的形式

$$\begin{pmatrix}1&0&2\\2&1&3\\3&4&6\end{pmatrix}\begin{pmatrix}x_1\\x_2\\x_3\end{pmatrix}=\begin{pmatrix}-1\\1\\3\end{pmatrix},$$

解得

$$\begin{pmatrix}x_1\\x_2\\x_3\end{pmatrix}=\begin{pmatrix}1\\2\\-1\end{pmatrix},$$

即

$$\boldsymbol{b} = \boldsymbol{\alpha}_1 + 2\boldsymbol{\alpha}_2 - \boldsymbol{\alpha}_3.$$

这证明了 $\boldsymbol{b}$ 可由 $\boldsymbol{\alpha}_1,\boldsymbol{\alpha}_2,\boldsymbol{\alpha}_3$ 线性表示，并求出了表达式.

这个例子告诉我们，一个 n 维向量 $\boldsymbol{b}$ 能由 n 维向量组 $\boldsymbol{\alpha}_1,\boldsymbol{\alpha}_2,\cdots,\boldsymbol{\alpha}_m$ 线性表示的充分必要条件是线性方程组

$$(\boldsymbol{\alpha}_1,\boldsymbol{\alpha}_2,\cdots,\boldsymbol{\alpha}_m)\begin{pmatrix}x_1\\x_2\\\vdots\\x_m\end{pmatrix}=\boldsymbol{b}$$

有解.

定理 5.2.1　n 维向量 $\boldsymbol{b}$ 可由 n 维向量组 $\boldsymbol{\alpha}_1,\boldsymbol{\alpha}_2,\cdots,\boldsymbol{\alpha}_m$ 线性表示的充分必要条件是 $n\times m$ 矩阵 $\boldsymbol{A}=(\boldsymbol{\alpha}_1,\boldsymbol{\alpha}_2,\cdots,\boldsymbol{\alpha}_m)$ 的秩等于 $n\times(m+1)$ 矩阵 $\boldsymbol{B}=(\boldsymbol{\alpha}_1,\boldsymbol{\alpha}_2,\cdots,\boldsymbol{\alpha}_m,\boldsymbol{b})$ 的秩.

n 维零向量可被任何一组 n 维向量 $\boldsymbol{\alpha}_1,\boldsymbol{\alpha}_2,\cdots,\boldsymbol{\alpha}_m$ 线性表示

$$\mathbf{0}=0\boldsymbol{\alpha}_1+0\boldsymbol{\alpha}_2+\cdots+0\boldsymbol{\alpha}_m.$$

一组 n 维向量 $\boldsymbol{\alpha}_1,\boldsymbol{\alpha}_2,\cdots,\boldsymbol{\alpha}_m$ 中任何一个向量 $\boldsymbol{\alpha}_i$ 都能被本组向量线性表示

$$\boldsymbol{\alpha}_i=0\boldsymbol{\alpha}_1+\cdots+0\boldsymbol{\alpha}_{i-1}+\boldsymbol{\alpha}_i+0\boldsymbol{\alpha}_{i+1}+\cdots+0\boldsymbol{\alpha}_m,\quad i=1,2,\cdots,m.$$

n 维向量 $\boldsymbol{e}_i=(0,\cdots,0,1,0,\cdots,0)^{\mathrm{T}}(i=1,2,\cdots,n)$ 称为 n 维单位向量. 任何 n 维向量 $\boldsymbol{\alpha}=(a_1,a_2,\cdots,a_n)^{\mathrm{T}}$ 都可由 n 维单位向量线性表示

$$\boldsymbol{\alpha}=a_1\boldsymbol{e}_1+a_2\boldsymbol{e}_2+\cdots+a_n\boldsymbol{e}_n.$$

5.2.3 向量组之间的线性关系

定义 5.2.3 若向量组 $\boldsymbol{A}:\boldsymbol{\alpha}_1,\boldsymbol{\alpha}_2,\cdots,\boldsymbol{\alpha}_m$ 中任何一个向量都可以由向量组 $\boldsymbol{B}:\boldsymbol{\beta}_1,\boldsymbol{\beta}_2,\cdots,\boldsymbol{\beta}_s$ 线性表示,则称向量组 $\boldsymbol{A}$ 可由向量组 $\boldsymbol{B}$ 线性表示. 又若向量组 $\boldsymbol{B}$ 也可由向量组 $\boldsymbol{A}$ 线性表示,则称向量组 $\boldsymbol{A}$ 与向量组 $\boldsymbol{B}$ 等价,记为 $\boldsymbol{A}\sim\boldsymbol{B}$.

若向量组 $\boldsymbol{A}:\boldsymbol{\alpha}_1,\boldsymbol{\alpha}_2,\cdots,\boldsymbol{\alpha}_m$ 可由向量组 $\boldsymbol{B}:\boldsymbol{\beta}_1,\boldsymbol{\beta}_2,\cdots,\boldsymbol{\beta}_s$ 线性表示时,对于 $\boldsymbol{\alpha}_i$,存在数组 $k_{1i},k_{2i},\cdots,k_{si}$ 使

$$\boldsymbol{\alpha}_i=(\boldsymbol{\beta}_1,\boldsymbol{\beta}_2,\cdots,\boldsymbol{\beta}_s)\begin{pmatrix}k_{1i}\\k_{2i}\\\vdots\\k_{si}\end{pmatrix},\quad i=1,2,\cdots,m.$$

把这 m 个式子用矩阵的形式写在一起

$$(\boldsymbol{\alpha}_1,\boldsymbol{\alpha}_2,\cdots,\boldsymbol{\alpha}_m)=(\boldsymbol{\beta}_1,\boldsymbol{\beta}_2,\cdots,\boldsymbol{\beta}_s)\begin{pmatrix}k_{11}&k_{12}&\cdots&k_{1m}\\k_{21}&k_{22}&\cdots&k_{2m}\\\vdots&\vdots&&\vdots\\k_{s1}&k_{s2}&\cdots&k_{sm}\end{pmatrix},$$

即

$$\boldsymbol{A}=\boldsymbol{BK},$$

其中矩阵 $\boldsymbol{A}=(\boldsymbol{\alpha}_1,\boldsymbol{\alpha}_2,\cdots,\boldsymbol{\alpha}_m)$,$\boldsymbol{B}=(\boldsymbol{\beta}_1,\boldsymbol{\beta}_2,\cdots,\boldsymbol{\beta}_s)$,$\boldsymbol{K}=(k_{ij})_{s\times m}$.

向量组 $\boldsymbol{A}$ 能否被向量组 $\boldsymbol{B}$ 线性表示决定于是否有矩阵 $\boldsymbol{K}$ 使 $\boldsymbol{A}=\boldsymbol{BK}$ 成立. 类似于前面的情况,有下面的定理.

定理 5.2.2 向量组 $\boldsymbol{A}:\boldsymbol{\alpha}_1,\boldsymbol{\alpha}_2,\cdots,\boldsymbol{\alpha}_m$ 可以被向量组 $\boldsymbol{B}:\boldsymbol{\beta}_1,\boldsymbol{\beta}_2,\cdots,\boldsymbol{\beta}_s$ 线性表示的充分必要条件是

$$R(\boldsymbol{B})=R(\boldsymbol{A},\boldsymbol{B}).$$

其中 $R(\boldsymbol{A},\boldsymbol{B})$ 是矩阵 $(\boldsymbol{A},\boldsymbol{B})=(\boldsymbol{\alpha}_1,\boldsymbol{\alpha}_2,\cdots,\boldsymbol{\alpha}_m,\boldsymbol{\beta}_1,\cdots,\boldsymbol{\beta}_s)$ 的秩.

推论 5.2.1 向量组 $\boldsymbol{A}$ 与 $\boldsymbol{B}$ 等价的充分必要条件是

$$R(\boldsymbol{A})=R(\boldsymbol{B})=R(\boldsymbol{A},\boldsymbol{B}).$$

5.2.4　向量的线性关系

下面我们讨论一个向量组内的各个向量之间的线性关系.

定义 5.2.4　给定一个 n 维向量组 $\boldsymbol{A}:\boldsymbol{\alpha}_1,\boldsymbol{\alpha}_2,\cdots,\boldsymbol{\alpha}_m$,若存在一组不全为 0 的数 $k_1,k_2,\cdots,k_m$,使

$$k_1\boldsymbol{\alpha}_1+k_2\boldsymbol{\alpha}_2+\cdots+k_m\boldsymbol{\alpha}_m=\boldsymbol{0},\tag{5.2.1}$$

则称向量组 $\boldsymbol{A}$ 线性相关.若仅当 $k_1,k_2,\cdots,k_m$ 全为 0 时,式(5.2.1)才成立,则称向量组 $\boldsymbol{A}$ 线性无关.

由定义可知:

(1) 只含一个零向量的向量组是线性相关组,因为对任何 $k\neq 0$,都有 $k\boldsymbol{0}=\boldsymbol{0}$;

(2) 只含一个非零向量的向量组是线性无关组,因为 $\boldsymbol{\alpha}\neq\boldsymbol{0}$ 时,要使 $k\boldsymbol{\alpha}=\boldsymbol{0}$,必须 $k=0$;

(3) 任何向量组,只要含零向量,它必是线性相关组.

例如,向量组 $\boldsymbol{A}:\boldsymbol{0},\boldsymbol{\alpha}_1,\boldsymbol{\alpha}_2,\cdots,\boldsymbol{\alpha}_t$,有

$$1\cdot\boldsymbol{0}+0\boldsymbol{\alpha}_1+0\boldsymbol{\alpha}_2+\cdots+0\boldsymbol{\alpha}_t=\boldsymbol{0},$$

而 $1\neq 0$.

下面的定理是判定一个有两个以上向量的向量组是否线性相关的关键性定理.

定理 5.2.3　向量组 $\boldsymbol{A}:\boldsymbol{\alpha}_1,\boldsymbol{\alpha}_2,\cdots,\boldsymbol{\alpha}_m(m\geqslant 2)$线性相关的充分必要条件是其中至少有一个向量可以被其余 $m-1$ 个向量线性表示出来.

证　(1) 充分性.设向量 $\boldsymbol{\alpha}_i$ 可以被 $\boldsymbol{\alpha}_1,\cdots,\boldsymbol{\alpha}_{i-1},\boldsymbol{\alpha}_{i+1},\cdots,\boldsymbol{\alpha}_m$ 线性表示出来,则存在一组数 $k_1,k_2,\cdots,k_{i-1},k_{i+1},\cdots,k_m$,使

$$\boldsymbol{\alpha}_i=k_1\boldsymbol{\alpha}_1+\cdots+k_{i-1}\boldsymbol{\alpha}_{i-1}+k_{i+1}\boldsymbol{\alpha}_{i+1}+\cdots+k_m\boldsymbol{\alpha}_m,$$

所以

$$k_1\boldsymbol{\alpha}_1+\cdots+k_{i-1}\boldsymbol{\alpha}_{i-1}+(-1)\boldsymbol{\alpha}_i+k_{i+1}\boldsymbol{\alpha}_{i+1}+\cdots+k_m\boldsymbol{\alpha}_m=\boldsymbol{0},$$

因 $-1\neq 0$,由定义知向量组 $\boldsymbol{A}$ 线性相关.

(2) 必要性.因向量组 $\boldsymbol{A}$ 线性相关,存在一组不全为零的数 $k_1,k_2,\cdots,k_m$ 使得下式成立:

$$k_1\boldsymbol{\alpha}_1+k_2\boldsymbol{\alpha}_2+\cdots+k_m\boldsymbol{\alpha}_m=\boldsymbol{0},$$

设 $k_i\neq 0$,可得

$$\boldsymbol{\alpha}_i=-\frac{k_1}{k_i}\boldsymbol{\alpha}_1-\frac{k_2}{k_i}\boldsymbol{\alpha}_2-\cdots-\frac{k_{i-1}}{k_i}\boldsymbol{\alpha}_{i-1}-\frac{k_{i+1}}{k_i}\boldsymbol{\alpha}_{i+1}-\cdots-\frac{k_m}{k_i}\boldsymbol{\alpha}_m,$$

$\boldsymbol{\alpha}_i$ 已被组中其余向量线性表示出来.证毕.

推论 5.2.2　向量组 $\boldsymbol{A}:\boldsymbol{\alpha}_1,\boldsymbol{\alpha}_2,\cdots,\boldsymbol{\alpha}_m$ 线性无关的充分必要条件是其中每一个向量均不能被其余向量线性表示.

具体如何判定一个 n 维向量组 $\boldsymbol{A}:\boldsymbol{\alpha}_1,\boldsymbol{\alpha}_2,\cdots,\boldsymbol{\alpha}_m$ 是线性相关或是线性无关呢？下面介绍一个方法.

关于未知量 $x_1,x_2,\cdots,x_m$ 的线性方程组

$$x_1\boldsymbol{\alpha}_1+x_2\boldsymbol{\alpha}_2+\cdots+x_m\boldsymbol{\alpha}_m=\boldsymbol{0}$$

是一个 m 元线性齐次方程组，它的矩阵运算形式为

$$(\boldsymbol{\alpha}_1,\boldsymbol{\alpha}_2,\cdots,\boldsymbol{\alpha}_m)\begin{pmatrix}x_1\\x_2\\\vdots\\x_m\end{pmatrix}=\begin{pmatrix}0\\0\\\vdots\\0\end{pmatrix}. \tag{5.2.2}$$

系数矩阵为 $\boldsymbol{A}=(\boldsymbol{\alpha}_1,\boldsymbol{\alpha}_2,\cdots,\boldsymbol{\alpha}_m)$，当 $R(\boldsymbol{A})=m$ 时，式(5.2.2)只有零解，向量组 $\boldsymbol{\alpha}_1,\boldsymbol{\alpha}_2,\cdots,\boldsymbol{\alpha}_m$ 线性无关. 当 $R(\boldsymbol{A})<m$ 时，式(5.2.2)有非零解，向量组 $\boldsymbol{\alpha}_1,\boldsymbol{\alpha}_2,\cdots,\boldsymbol{\alpha}_m$ 线性相关.

我们总结出下面的定理

定理 5.2.4 设 $\boldsymbol{A}=(\boldsymbol{\alpha}_1,\boldsymbol{\alpha}_2,\cdots,\boldsymbol{\alpha}_m)$ 是 n 维向量组 $\boldsymbol{A}:\boldsymbol{\alpha}_1,\boldsymbol{\alpha}_2,\cdots,\boldsymbol{\alpha}_m$ 构成的矩阵，则向量组 $\boldsymbol{A}$ 线性相关的充分必要条件是 $R(\boldsymbol{A})<m$. 向量组 $\boldsymbol{A}$ 线性无关的充分必要条件是 $R(\boldsymbol{A})=m$.

于是判断向量组是否线性相关的问题转化成了计算它构成的矩阵的秩的问题.

例 5.7 已知向量 $\boldsymbol{\alpha}_1=(1,1,1)^{\mathrm{T}},\boldsymbol{\alpha}_2=(0,2,5)^{\mathrm{T}},\boldsymbol{\alpha}_3=(2,4,7)^{\mathrm{T}}$. 讨论向量组 $\boldsymbol{A}:\boldsymbol{\alpha}_1,\boldsymbol{\alpha}_2,\boldsymbol{\alpha}_3$ 与 $\boldsymbol{B}:\boldsymbol{\alpha}_1,\boldsymbol{\alpha}_2$ 的线性相关性.

解 $$\boldsymbol{A}=(\boldsymbol{\alpha}_1,\boldsymbol{\alpha}_2,\boldsymbol{\alpha}_3)=\begin{pmatrix}1&0&2\\1&2&4\\1&5&7\end{pmatrix}\xrightarrow[r_3-r_1]{r_2-r_1}\begin{pmatrix}1&0&2\\0&2&2\\0&5&5\end{pmatrix}\xrightarrow[r_3-r_2]{\frac{1}{2}r_2,\ \frac{1}{5}r_3}\begin{pmatrix}1&0&2\\0&1&1\\0&0&0\end{pmatrix},$$

$R(\boldsymbol{A})=2<3$，向量组 $\boldsymbol{A}$ 线性相关.

$$\boldsymbol{B}=(\boldsymbol{\alpha}_1,\boldsymbol{\alpha}_2)=\begin{pmatrix}1&0\\1&2\\1&5\end{pmatrix}\longrightarrow\begin{pmatrix}1&0\\0&2\\0&5\end{pmatrix}\longrightarrow\begin{pmatrix}1&0\\0&1\\0&0\end{pmatrix},$$

$R(\boldsymbol{B})=2$，向量组 $\boldsymbol{B}$ 线性无关.

向量组的线性相关性的性质：

(1) n 维向量组 $\boldsymbol{A}:\boldsymbol{\alpha}_1,\boldsymbol{\alpha}_2,\cdots,\boldsymbol{\alpha}_m$，当向量个数 $m>n$ 时，必线性相关.

这是因为矩阵 $\boldsymbol{A}=(\boldsymbol{\alpha}_1,\boldsymbol{\alpha}_2,\cdots,\boldsymbol{\alpha}_m)$ 是一个 $n\times m$ 矩阵，$R(\boldsymbol{A})\leqslant\min(n,m)=n<m$.

(2) 如向量组 $\boldsymbol{A}:\boldsymbol{\alpha}_1,\boldsymbol{\alpha}_2,\cdots,\boldsymbol{\alpha}_m$ 线性相关，在 $\boldsymbol{A}$ 中添进若干个向量成为向量组

$\boldsymbol{B}:\boldsymbol{\alpha}_1,\boldsymbol{\alpha}_2,\cdots,\boldsymbol{\alpha}_m,\boldsymbol{\beta}_1,\cdots,\boldsymbol{\beta}_s(s\geqslant 0)$，则向量组 B 仍然线性相关（可记为“相关组的扩大组相关”）.

因为，当 $\boldsymbol{\alpha}_1,\boldsymbol{\alpha}_2,\cdots,\boldsymbol{\alpha}_m$ 线性相关时，存在一组不全为 0 的数 $k_1,k_2,\cdots,k_m$，使

$$k_1\boldsymbol{\alpha}_1+k_2\boldsymbol{\alpha}_2+\cdots+k_m\boldsymbol{\alpha}_m=\boldsymbol{0},$$

这时，$k_1,k_2,\cdots,k_m,0,\cdots,0$ 仍然是一组不全为 0 的数，且

$$k_1\boldsymbol{\alpha}_1+k_2\boldsymbol{\alpha}_2+\cdots+k_m\boldsymbol{\alpha}_m+0\boldsymbol{\beta}_1+\cdots+0\boldsymbol{\beta}_s=\boldsymbol{0},$$

故 $\boldsymbol{B}:\boldsymbol{\alpha}_1,\boldsymbol{\alpha}_2,\cdots,\boldsymbol{\alpha}_m,\boldsymbol{\beta}_1,\cdots,\boldsymbol{\beta}_s(s\geqslant 0)$ 线性相关.

(3) 如果向量组 $\boldsymbol{A}:\boldsymbol{\alpha}_1,\boldsymbol{\alpha}_2,\cdots,\boldsymbol{\alpha}_m(m\geqslant 2)$ 线性无关，那么在 $\boldsymbol{A}$ 中除去若干个向量后剩下的向量作为非空的向量组 $\boldsymbol{B}$ 仍然线性无关（简记为“无关组的非空子组无关”）.

因为这是性质(2)的逆否命题.

(4) 如果向量组 $\boldsymbol{A}:\boldsymbol{\alpha}_1,\boldsymbol{\alpha}_2,\cdots,\boldsymbol{\alpha}_m$ 线性无关，向量组 $\boldsymbol{B}:\boldsymbol{\alpha}_1,\boldsymbol{\alpha}_2,\cdots,\boldsymbol{\alpha}_m,\boldsymbol{\beta}$ 线性相关，则向量 $\boldsymbol{\beta}$ 可由向量组 $\boldsymbol{A}:\boldsymbol{\alpha}_1,\boldsymbol{\alpha}_2,\cdots,\boldsymbol{\alpha}_m$ 线性表示，且表示方法唯一（即表示函数是唯一确定的）.

证　因向量组 $\boldsymbol{A}:\boldsymbol{\alpha}_1,\boldsymbol{\alpha}_2,\cdots,\boldsymbol{\alpha}_m$ 线性无关，则 $R(\boldsymbol{A})=m$，而矩阵 $\boldsymbol{B}=(\boldsymbol{\alpha}_1,\boldsymbol{\alpha}_2,\cdots,\boldsymbol{\alpha}_m,\boldsymbol{\beta})$ 满足 $m\leqslant R(\boldsymbol{B})\leqslant m+1$，向量组 $\boldsymbol{B}$ 线性相关，则 $R(\boldsymbol{B})<m+1$，故

$$R(\boldsymbol{B})=m=R(\boldsymbol{A}),$$

非齐次线性方程组

$$(\boldsymbol{\alpha}_1,\boldsymbol{\alpha}_2,\cdots,\boldsymbol{\alpha}_m)X=\boldsymbol{\beta}$$

有唯一解，而向量 $\boldsymbol{\beta}$ 可由向量组 $\boldsymbol{A}$ 唯一表示.

(5) 向量组 $\boldsymbol{A}:\boldsymbol{\alpha}_1,\boldsymbol{\alpha}_2,\cdots,\boldsymbol{\alpha}_m$ 可被向量组 $\boldsymbol{B}:\boldsymbol{\beta}_1,\boldsymbol{\beta}_2,\cdots,\boldsymbol{\beta}_s$ 线性表示，向量组 $\boldsymbol{B}$ 可被向量组 $\boldsymbol{C}:\boldsymbol{\gamma}_1,\boldsymbol{\gamma}_2,\cdots,\boldsymbol{\gamma}_t$ 线性表示，则向量组 $\boldsymbol{A}$ 可被向量组 $\boldsymbol{C}$ 线性表示.

这只要把 $\boldsymbol{B}$ 中向量被 $\boldsymbol{C}$ 中向量线性表示的式子，代入 $\boldsymbol{A}$ 的向量被 $\boldsymbol{B}$ 的向量线性表示的式子就知道了.

5.2.5　向量组的秩

在中学学几何与物理时我们知道：在平面上存在两个线性无关的向量，而三个向量总是线性相关的，即其中至少有一个能被其余两个线性表示；在空间中存在三个线性无关的向量，而四个向量总是线性相关的. 这些知识可以推广到 n 维向量中去，即存在 n 个向量线性无关，任意 n+1 个向量都是线性相关的. 为了从一般的意义上讨论这个问题，我们将引入下面的定义.

定义 5.2.5　对给定向量组 $\boldsymbol{A}$，若在 $\boldsymbol{A}$ 中能选出一个含 $\boldsymbol{r}$ 个向量的部分向量组 $\boldsymbol{A}_0:\boldsymbol{\alpha}_1,\boldsymbol{\alpha}_2,\cdots,\boldsymbol{\alpha}_r$ 满足

(1) $\boldsymbol{A}_0$ 线性无关；

(2) $\boldsymbol{A}$ 中任意 $r+1$ 个向量（如果有的话）都线性相关，

则称向量组 $\boldsymbol{A}_0$ 是向量组 $\boldsymbol{A}$ 的一个极大线性无关组，$\boldsymbol{A}_0$ 中向量的个数 r 称为向量组 $\boldsymbol{A}$ 的秩，记为 $R(\boldsymbol{A})$.

显然，只含零向量的向量组无极大无关组，秩为 0. 向量组与它的极大无关组是等价的；而线性无关的向量组的极大无关组就是它本身.

一个向量组的极大无关组可能不是唯一的，那么它的秩数像平面向量、空间向量那样是唯一的吗？下面讨论这个问题.

引理 5.2.1 设 n 维向量组 $\boldsymbol{A}:\boldsymbol{\alpha}_1,\boldsymbol{\alpha}_2,\cdots,\boldsymbol{\alpha}_m$ 可以由向量组 $\boldsymbol{B}:\boldsymbol{\beta}_1,\boldsymbol{\beta}_2,\cdots,\boldsymbol{\beta}_s$ 线性表示，若 $m>s$，则向量组 $\boldsymbol{\alpha}_1,\boldsymbol{\alpha}_2,\cdots,\boldsymbol{\alpha}_m$ 线性相关.

证 设有数组 $x_1,x_2,\cdots,x_m$，使

$$x_1\boldsymbol{\alpha}_1+x_2\boldsymbol{\alpha}_2+\cdots+x_m\boldsymbol{\alpha}_m=\mathbf{0}.$$

并设用 $\boldsymbol{B}$ 组向量表示 $\boldsymbol{A}$ 组向量的表示式为

$$\boldsymbol{\alpha}_i=\boldsymbol{a}_{i1}\boldsymbol{\beta}_1+\boldsymbol{a}_{i2}\boldsymbol{\beta}_2+\cdots+\boldsymbol{a}_{is}\boldsymbol{\beta}_s,\quad i=1,2\cdots,m,$$

代入前式并合并同类项得

$$(a_{11}x_1+a_{21}x_2+\cdots+a_{m1}x_m)\boldsymbol{\beta}_1+(a_{12}x_1+a_{22}x_2+\cdots+a_{m2}x_2)\boldsymbol{\beta}_2+\cdots$$
$$+(a_{1s}x_1+a_{2s}x_2+\cdots+a_{ms}x_{ms})\boldsymbol{\beta}_s=\mathbf{0}.$$

考虑关于 x_i 的齐次线性方程组

$$\begin{cases}a_{11}x_1+a_{21}x_2+\cdots+a_{m1}x_m=0,\\ a_{12}x_1+a_{22}x_2+\cdots+a_{m2}x_m=0,\\ \qquad\qquad\cdots\cdots\\ a_{1s}x_1+a_{2s}x_2+\cdots+a_{ms}x_m=0.\end{cases}$$

其系数矩阵的秩$\leqslant\min(m,s)=s<m$，它必有非零解，因而向量组 $\boldsymbol{A}$ 线性相关.

引理 2.2.2 若 $\boldsymbol{A}:\boldsymbol{\alpha}_1,\boldsymbol{\alpha}_2,\cdots,\boldsymbol{\alpha}_m$ 是无关向量组，并且 $\boldsymbol{A}$ 可以由向量组 $\boldsymbol{B}:\boldsymbol{\beta}_1,\boldsymbol{\beta}_2,\cdots,\boldsymbol{\beta}_s$ 线性表出，则 $m\leqslant s$.

引理 2.2.3 若向量组 $\boldsymbol{A}:\boldsymbol{\alpha}_1,\boldsymbol{\alpha}_2,\cdots,\boldsymbol{\alpha}_m$ 与 $\boldsymbol{B}:\boldsymbol{\beta}_1,\boldsymbol{\beta}_2,\cdots,\boldsymbol{\beta}_s$ 等价且均是线性无关向量组，则 $m=s$.

引理 2.2.2 和引理 2.2.3 是引理 2.2.1 的直接推论. 我们容易知道一个向量组与它的任何极大线性无关组是等价的，因而极大无关组之间也是彼此等价的. 我们得出重要结论：

定理 5.2.5 任何一个 n 维向量组有唯一的秩，并且等价向量组有相同的秩.

如何求一个向量组的秩呢？我们知道一组 n 维向量是可以排列成一个矩阵的，而矩阵的列(行)初等变换只是把矩阵的列(行)向量变成一组等价的列(行)向量，变化过程中秩数仍然未变，因此我们可以用向量组的构成矩阵化简的方法求向量组的秩. 因为简化后的矩阵的列(行)向量的秩是很容易求出的.

例 5.8 求向量组 $\boldsymbol{\alpha}_1=(1,4,1,0)$，$\boldsymbol{\alpha}_2=(2,5,-1,-3)$，$\boldsymbol{\alpha}_3=(-1,2,5,6)$，$\boldsymbol{\alpha}_4=(0,2,2,-1)$的极大无关组与秩.

解　向量组的构成矩阵

$$\boldsymbol{A}=\begin{pmatrix}\alpha_1\\ \alpha_2\\ \alpha_3\\ \alpha_4\end{pmatrix}=\begin{pmatrix}1&4&1&0\\2&5&-1&-3\\-1&2&5&6\\0&2&2&-1\end{pmatrix}\xrightarrow[r_3-r_1]{r_2-2r_1}\begin{pmatrix}1&4&1&0\\0&-3&-3&-3\\0&6&6&6\\0&2&2&-1\end{pmatrix}$$

$$\xrightarrow[\frac{1}{6}r_3]{-\frac{1}{3}r_2}\begin{pmatrix}1&4&1&0\\0&1&1&1\\0&1&1&1\\0&2&2&-1\end{pmatrix}\xrightarrow[r_4-2r_2]{r_3-r_2}\begin{pmatrix}1&4&1&0\\0&1&1&1\\0&0&0&0\\0&0&0&-3\end{pmatrix}.$$

由化简结果可知向量组的秩为 3.

在 $\boldsymbol{A}$ 中取一个三阶子式，有

$$\begin{vmatrix}1&4&0\\2&5&-3\\0&2&-1\end{vmatrix}=-5+6+8=9\neq 0,$$

知道 $\boldsymbol{\alpha}_1,\boldsymbol{\alpha}_2,\boldsymbol{\alpha}_4$ 是一个极大线性无关组.

注　当 n 维向量组 $\boldsymbol{A}:\boldsymbol{\alpha}_1,\boldsymbol{\alpha}_2,\cdots,\boldsymbol{\alpha}_m$ 线性无关时，把每个向量增加 s 个分量变成 $n+s$ 维向量组仍然是线性无关的. 理由读者自述.

最后我们不加证明地指出，$m\times n$ 矩阵的 m 个行向量组成的 n 维向量组的秩，叫 $\boldsymbol{A}$ 的行秩，它的 n 个 m 维列向量所成的向量组的秩叫矩阵 $\boldsymbol{A}$ 的列秩. 对矩阵 $\boldsymbol{A}$ 总有下式成立：

$$\boldsymbol{A}\text{ 的行秩}=\boldsymbol{A}\text{ 的列秩}=R(\boldsymbol{A}).$$

5.3　线性方程组解集合的结构

本章最后我们用向量的知识讨论线性方程组解集合的结构，首先考虑齐次线性方程组.

5.3.1　齐次线性方程组的解的结构

齐次线性方程组的一般形式是

$$\begin{cases}a_{11}x_1+a_{12}x_2+\cdots+a_{1n}x_n=0,\\a_{21}x_1+a_{22}x_2+\cdots+a_{2n}x_n=0,\\\cdots\cdots\\a_{m1}x_1+a_{m2}x_2+\cdots+a_{mn}x_n=0.\end{cases}$$

它的系数矩阵为 $\boldsymbol{A}=(a_{ij})_{m\times n}$. 记向量 $\boldsymbol{X}=(x_1,x_2,\cdots,x_n)^{\mathrm{T}}$，$\boldsymbol{0}=(0,0,\cdots,0)^{\mathrm{T}}$，方程

组(5.3.1)的矩阵运算形式为

$$\boldsymbol{AX} = \boldsymbol{0} \tag{5.3.3}$$

齐次线性方程组的解集合是非空的,因为它总有零解 $\boldsymbol{X}=(0,0,\cdots,0)^{\mathrm{T}}$. 齐次线性方程组的解集合叫做齐次线性方程组的解空间. 解空间中的一个元素是齐次线性方程组的一个解,叫做解向量,它具有下列性质:

性质 5.3.1 齐次线性方程组的任意两个解的和仍然是它的解.

证 设 $\boldsymbol{\alpha}_1,\boldsymbol{\alpha}_2$ 是齐次线性方程组(5.3.2)的两个解,则

$$\boldsymbol{A\alpha}_1 = \boldsymbol{0}, \quad \boldsymbol{A\alpha}_2 = \boldsymbol{0},$$

所以

$$\boldsymbol{A}(\boldsymbol{\alpha}_1 + \boldsymbol{\alpha}_2) = \boldsymbol{A\alpha}_1 + \boldsymbol{A\alpha}_2 = \boldsymbol{0} + \boldsymbol{0} = \boldsymbol{0},$$

即

$\boldsymbol{\alpha}_1 + \boldsymbol{\alpha}_2$ 是式(5.3.2)的解.

性质 5.3.2 用常数乘齐次线性方程组的解后,仍然是它的解.

证 设 $\boldsymbol{\alpha}$ 是式(5.3.2)的一个解,k 为任意常数,则

$$\boldsymbol{A\alpha} = \boldsymbol{0},$$

所以

$$\boldsymbol{A}(k\boldsymbol{\alpha}) = k(\boldsymbol{A\alpha}) = k\boldsymbol{0} = \boldsymbol{0},$$

即

$k\boldsymbol{\alpha}$ 是式(5.3.2)的解.

用归纳法容易证明:若 $\boldsymbol{\alpha}_1,\boldsymbol{\alpha}_2,\cdots,\boldsymbol{\alpha}_k$ 是一个齐次线性方程组的解,则 $\boldsymbol{\alpha}_1,\boldsymbol{\alpha}_2,\cdots,\boldsymbol{\alpha}_k$ 的任意线性组合也是该齐次线性方程组的解.

说明:通常一个 n 维向量的非空集合 S,如果满足:

(1) $\boldsymbol{\alpha},\boldsymbol{\beta}\in S\Rightarrow\boldsymbol{\alpha}+\boldsymbol{\beta}\in S$;

(2) $\boldsymbol{\alpha}\in S$,k 为常数$\Rightarrow k\boldsymbol{\alpha}\in S$,则称 S 为一个向量空间. 这里齐次线性方程组(5.3.2)的解集合具有这两条性质,故称为(5.3.2)的解空间.

定义 5.3.1 若齐次线性方程组(5.3.2)的一组解 $\boldsymbol{\alpha}_1,\boldsymbol{\alpha}_2,\cdots,\boldsymbol{\alpha}_t$ 满足

(1) $\boldsymbol{\alpha}_1,\boldsymbol{\alpha}_2,\cdots,\boldsymbol{\alpha}_t$ 线性无关;

(2) 方程组(5.3.2)的任何一个解都可由 $\boldsymbol{\alpha}_1,\boldsymbol{\alpha}_2,\cdots,\boldsymbol{\alpha}_t$ 线性表示,

则称 $\boldsymbol{\alpha}_1,\boldsymbol{\alpha}_2,\cdots,\boldsymbol{\alpha}_t$ 为齐次线性方程组(5.3.2)的一个基础解系,而通解或一般解的表达式为

$$X = k_1\boldsymbol{\alpha}_1 + k_2\boldsymbol{\alpha}_2 + \cdots + k_t\boldsymbol{\alpha}_t, \quad k_i \text{ 为任意常数}, i = 1,2,\cdots,t.$$

显然,齐次线性方程组(5.3.1)的基础解系就是它的解集合的极大线性无关组.

定理 5.3.1 若 n 元线性齐次方程组(5.3.2)$\boldsymbol{AX}=\boldsymbol{0}$ 的系数矩阵 $\boldsymbol{A}$ 的秩 $R(\boldsymbol{A})=r<n$,则它的基础解系存在,且含有 $n-r$ 个解向量.

证　写出 n 元齐次线性方程组 $\boldsymbol{AX}=\boldsymbol{0}$ 的一般形式

$$\begin{cases}a_{11}x_1+a_{12}x_2+\cdots+a_{1n}x_n=0,\\ a_{21}x_1+a_{22}x_2+\cdots+a_{2n}x_n=0,\\ \qquad\cdots\cdots\\ a_{m1}x_1+a_{m2}x_2+\cdots+a_{mn}x_n=0.\end{cases}$$

其系数矩阵 $\boldsymbol{A}$ 的秩为 r，$r<n$. 不妨设 $\boldsymbol{A}$ 的前 r 列线性无关(否则，改变未知数的顺序便能做到)，于是通过矩阵的初等行变换，$\boldsymbol{A}$ 可化为

$$\boldsymbol{B}=\begin{pmatrix}1&\cdots&0&b_{11}&\cdots&b_{1,n-r}\\ \cdots&\cdots&\cdots&\cdots&\cdots&\cdots\\ 0&\cdots&1&b_{r1}&\cdots&b_{r,n-r}\\ 0&\cdots&0&0&\cdots&0\\ \cdots&\cdots&\cdots&\cdots&\cdots&\cdots\\ 0&\cdots&0&0&\cdots&0\end{pmatrix},$$

方程组(5.3.1)相应地化为同解方程组

$$\begin{cases}x_1=-b_{11}x_{r+1}-\cdots-b_{1,n-r}x_n,\\ x_2=-b_{21}x_{r+1}-\cdots-b_{2,n-r}x_n,\\ \qquad\cdots\cdots\\ x_r=-b_{r1}x_{r+1}-\cdots-b_{r,n-r}x_n.\end{cases}\tag{5.3.3}$$

$x_{r+1},x_{r+2},\cdots,x_n$ 为 $n-r$ 个自由未知量.

依次取自由未知量为下列 $n-r$ 个数组：

$$\begin{pmatrix}x_{r+1}\\ x_{r+2}\\ \vdots\\ x_n\end{pmatrix}=\begin{pmatrix}1\\ 0\\ \vdots\\ 0\end{pmatrix},\begin{pmatrix}0\\ 1\\ \vdots\\ 0\end{pmatrix},\cdots,\begin{pmatrix}0\\ 0\\ \vdots\\ 1\end{pmatrix},$$

可得齐次方程组(5.3.1)的 $n-r$ 个解向量

$$\alpha_1=\begin{pmatrix}-b_{11}\\ -b_{21}\\ \vdots\\ -b_{r1}\\ 1\\ \vdots\\ 0\end{pmatrix},\alpha_2=\begin{pmatrix}-b_{12}\\ -b_{22}\\ \vdots\\ -b_{r2}\\ 0\\ 1\\ \vdots\\ 0\end{pmatrix},\cdots,\alpha_{n-r}=\begin{pmatrix}-b_{1,n-r}\\ -b_{2,n-r}\\ \vdots\\ -b_{r,n-r}\\ 0\\ \vdots\\ 1\end{pmatrix}.$$

由这 $n-r$ 个向量的后面 $n-r$ 个分量知它们是线性无关的.

另一方面，设齐次线性方程组(5.3.2)有解

$$\boldsymbol{\alpha}=\begin{pmatrix} c_1 \\ \vdots \\ c_r \\ c_{r+1} \\ \vdots \\ c_n \end{pmatrix},$$

对于数组 $c_{r+1},c_{r+2},\cdots,c_n$ 考虑式(5.3.3)的解

$$\boldsymbol{\beta}=c_{r+1}\boldsymbol{\alpha}_1+c_{r+2}\boldsymbol{\alpha}_2+\cdots+c_n\boldsymbol{\alpha}_{n-r}=\begin{pmatrix} d_1 \\ \vdots \\ d_r \\ c_{r+1} \\ \vdots \\ c_n \end{pmatrix},$$

则 $X=\boldsymbol{\alpha}-\boldsymbol{\beta}$ 也应是(5.3.3)的解. 由于

$$X=\boldsymbol{\alpha}-\boldsymbol{\beta}=\begin{pmatrix} c_1-d_1 \\ \vdots \\ c_r-d_r \\ 0 \\ \vdots \\ 0 \end{pmatrix},$$

代入(5.3.3)可知 $X=\boldsymbol{\alpha}-\boldsymbol{\beta}=0$，从而 $\boldsymbol{\alpha}=\boldsymbol{\beta}$. 这就证明了(5.3.3)，也就是(5.3.1)的任何解 $\boldsymbol{\alpha}$ 均能表示成 $\boldsymbol{\alpha}_1,\boldsymbol{\alpha}_2,\cdots,\boldsymbol{\alpha}_{n-r}$ 的线性组合. $\boldsymbol{\alpha}_1,\boldsymbol{\alpha}_2,\cdots,\boldsymbol{\alpha}_{n-r}$ 是齐次方程组(5.3.1)的一个基础解系，它有 $n-r$ 个线性无关的解向量.

综上所述，齐次线性方程组(5.3.1)的解集合的结构是：

(1) 当 $R(\mathbf{A})=n$ 时，它只有零解(无基础解系)；

(2) 当 $R(\mathbf{A})<n$ 时，它有无穷多解. 此时它的基础解系由 $n-R(\mathbf{A})$ 个线性无关的解向量 $\boldsymbol{\alpha}_1,\boldsymbol{\alpha}_2,\cdots,\boldsymbol{\alpha}_{n-r}$ 构成，其通解可以表示为

$$\boldsymbol{X}=k_1\boldsymbol{\alpha}_1+k_2\boldsymbol{\alpha}_2+\cdots+k_{n-r}\boldsymbol{\alpha}_{n-r},$$

其中，$k_1,k_2,\cdots,k_{n-r}$ 为任意常数.

这里讨论的求基础解系的方法与消元解法实质上是相同的.

例 5.9　求齐次线性方程组 $\begin{cases} x_1-x_2-x_3+x_4=0, \\ x_1-x_2+x_3-3x_4=0, \\ x_1-x_2-2x_3+3x_4=0 \end{cases}$ 的一个基础解系，并给出

通解.

解　对系数矩阵进行行初等变换,化成最简形式

$$A=\begin{pmatrix}1&-1&-1&1\\1&-1&1&-3\\1&-1&-2&3\end{pmatrix}\xrightarrow[r_3-r_1]{r_2-r_1}\begin{pmatrix}1&-1&-1&1\\0&0&2&-4\\0&0&-1&2\end{pmatrix}$$

$$\xrightarrow[r_3+r_2]{\frac{1}{2}r_2}\begin{pmatrix}1&-1&-1&1\\0&0&1&-2\\0&0&0&0\end{pmatrix}\xrightarrow{r_1+r_2}\begin{pmatrix}1&-1&0&-1\\0&0&1&-2\\0&0&0&0\end{pmatrix}.$$

方程组化为

$$\begin{cases}x_1=x_2+x_4,\\x_3=2x_4.\end{cases}$$

自由未知量为 x_2,x_4,令

$$\begin{pmatrix}x_2\\x_4\end{pmatrix}=\begin{pmatrix}1\\0\end{pmatrix},\begin{pmatrix}0\\1\end{pmatrix},$$

相应地有

$$\begin{pmatrix}x_1\\x_3\end{pmatrix}=\begin{pmatrix}1\\0\end{pmatrix},\begin{pmatrix}1\\2\end{pmatrix},$$

从而得基础解系

$$\boldsymbol{\alpha}_1=\begin{pmatrix}1\\1\\0\\0\end{pmatrix},\boldsymbol{\alpha}_2=\begin{pmatrix}1\\0\\2\\1\end{pmatrix}.$$

原方程的通解为

$$\boldsymbol{\alpha}=c_1\boldsymbol{\alpha}_1+c_2\boldsymbol{\alpha}_2=\begin{pmatrix}c_1+c_2\\c_1\\2c_2\\c_2\end{pmatrix},$$

其中,c_1,c_2 为任意常数.

例 5.10　求齐次线性方程组$\begin{cases}3x_1-5x_2+x_3-2x_4=0\\2x_1+3x_2-5x_3+x_4=0\\-x_1+7x_2-4x_3+3x_4=0\\4x_1+15x_2-7x_3+9x_4=0\end{cases}$的通解.

解　将系数矩阵化为最简形式

$$A = \begin{pmatrix} 3 & -5 & 1 & -2 \\ 2 & 3 & -5 & 1 \\ -1 & 7 & -4 & 3 \\ 4 & 15 & -7 & 9 \end{pmatrix} \longrightarrow \begin{pmatrix} 1 & 0 & 0 & \frac{1}{3} \\ 0 & 1 & 0 & \frac{2}{3} \\ 0 & 0 & 1 & \frac{1}{3} \\ 0 & 0 & 0 & 0 \end{pmatrix},$$

基础解系含一个解

$$\boldsymbol{\alpha}_1 = \begin{pmatrix} -\frac{1}{3} \\ -\frac{2}{3} \\ -\frac{1}{3} \\ 1 \end{pmatrix} = \frac{1}{3}\begin{pmatrix} -1 \\ -2 \\ -1 \\ 3 \end{pmatrix}.$$

原齐次方程组通解为

$$\boldsymbol{\alpha} = 3c\boldsymbol{\alpha}_1 = \begin{pmatrix} -c \\ -2c \\ -c \\ 3c \end{pmatrix},$$

其中,c 为任意常数.

5.3.2 非齐次线性方程组解的结构

非齐次线性方程组 $\boldsymbol{A}X=\boldsymbol{b}$,即

$$\begin{cases} a_{11}x_1 + a_{12}x_2 + \cdots + a_{1n}x_n = b_1, \\ a_{21}x_1 + a_{22}x_2 + \cdots + a_{2n}x_n = b_2, \\ \cdots\cdots \\ a_{m1}x_1 + a_{m2}x_2 + \cdots + a_{mn}x_n = b_n, \end{cases} \tag{5.3.4}$$

对应的齐次线性方程组为 $AX=\mathbf{0}$,即

$$\begin{cases} a_{11}x_1 + a_{12}x_2 + \cdots + a_{1n}x_n = 0, \\ a_{21}x_1 + a_{22}x_2 + \cdots + a_{2n}x_n = 0, \\ \cdots\cdots \\ a_{m1}x_1 + a_{m2}x_2 + \cdots + a_{mn}x_n = 0. \end{cases} \tag{5.3.5}$$

这两个方程组有相同的系数矩阵,相同的未知数,仅常数项不同,它们的解有密切的内在联系.

性质 5.3.3　非齐次线性方程组任意两个解 $\boldsymbol{\alpha}_1,\boldsymbol{\alpha}_2$ 的差 $\boldsymbol{\alpha}_1-\boldsymbol{\alpha}_2$ 是其对应的齐次线性方程组的解.

证　由 $\boldsymbol{A\alpha}_1\equiv\boldsymbol{b},\boldsymbol{A\alpha}_2\equiv\boldsymbol{b}\Rightarrow\boldsymbol{A}(\boldsymbol{\alpha}_1-\boldsymbol{\alpha}_2)\equiv\boldsymbol{0}$. 证毕.

性质 5.3.4　非齐次线性方程组的一个解 $\boldsymbol{\alpha}$ 与它的导出齐次线性方程的一个解 $\boldsymbol{\beta}$ 的和仍是它的解.

证　由 $\boldsymbol{A\alpha}\equiv\boldsymbol{b},\boldsymbol{A\beta}\equiv\boldsymbol{0}\Rightarrow\boldsymbol{A}(\boldsymbol{\alpha}+\boldsymbol{\beta})\equiv\boldsymbol{b}$. 证毕.

下面叙述非齐次线性方程组解集合的结构定理.

定理 5.3.2　若 n 元非齐次线性方程组(5.3.4)的系数矩阵 $\boldsymbol{A}$ 与增广矩阵$(\boldsymbol{A},\boldsymbol{b})$满足

$$R(\boldsymbol{A})=R(\boldsymbol{A},\boldsymbol{b})=r.$$

(1) 当 $r=n$ 时,(5.3.4)有唯一解.

(2) 当 $r<n$ 时,若 $\boldsymbol{\alpha}_0$ 是非齐次线性方程组(5.3.4)的一个解,$\boldsymbol{\alpha}_1,\boldsymbol{\alpha}_2,\cdots,\boldsymbol{\alpha}_{n-r}$ 是它的导出齐次线性方程组(5.3.5)的基础解系,则原非齐次线性方程组(5.3.4)的通解为

$$X=\boldsymbol{\alpha}_0+k_1\boldsymbol{\alpha}_1+k_2\boldsymbol{\alpha}_2+\cdots+k_{n-r}\boldsymbol{\alpha}_{n-r},\quad k_i\text{ 为任意常数},i=1,2,\cdots,n-r \tag{$*$}$$

证　(1)前面已证过(略),现证(2). 设 X 是(5.3.4)的一个解,由性质 5.3.1 可得 $X-\boldsymbol{\alpha}_0$ 是它的导出齐次线性方程组(5.3.5)的一个解,可由(5.3.5)的基础解系线性表示,故存在 $k_1,k_2,\cdots,k_{n-r}$ 使得

$$X-\boldsymbol{\alpha}_0=k_1\boldsymbol{\alpha}_1+k_2\boldsymbol{\alpha}_2+\cdots+k_{n-r}\boldsymbol{\alpha}_{n-r},$$

于是

$$X=\boldsymbol{\alpha}_0+k_1\boldsymbol{\alpha}_1+k_2\boldsymbol{\alpha}_2+\cdots+k_{n-r}\boldsymbol{\alpha}_{n-r}.$$

这说明(5.3.5)的解都具有($*$)的形式.

反之,具有($*$)形式的任何向量 $\boldsymbol{X}$,由性质 5.3.2,是(5.3.4)的解. 这就证明了

$$\boldsymbol{X}=\boldsymbol{\alpha}_0+k_1\boldsymbol{\alpha}_1+k_2\boldsymbol{\alpha}_2+\cdots+k_{n-r}\boldsymbol{\alpha}_{n-r},$$

(其中 $k_1,k_2,\cdots,k_{n-r}$ 为任意常数)是(5.3.4)的通解.

例 5.11　解线性方程组 $\begin{cases}x_1-x_2-x_3+x_4=0,\\x_1-x_2-2x_3+3x_4=-1,\\x_1-x_2+x_3-3x_4=2.\end{cases}$

解　用初等行变换化简增广矩阵

$$\boldsymbol{B}=\begin{pmatrix}1&-1&-1&1&0\\1&-1&-2&3&-1\\1&-1&1&-3&2\end{pmatrix}\xrightarrow[r_3-r_1]{r_2-r_1}\begin{pmatrix}1&-1&-1&1&0\\0&0&-1&2&-1\\0&0&2&-4&2\end{pmatrix}$$

$$\xrightarrow[r_2\times(-1)]{\substack{r_1-r_2\\ r_3+2r_2}}\begin{pmatrix}1&-1&0&-1&1\\0&0&1&-2&1\\0&0&0&0&0\end{pmatrix},$$

故 $R(\boldsymbol{A})=R(\boldsymbol{B})=2<3$,方程组有无穷多解.

方程组的同解方程组为

$$\begin{cases}x_1=1+x_2+x_4,\\x_3=1+2x_4.\end{cases}$$

令 $x_2=x_4=0$,求原方程组的一个特解

$$\boldsymbol{\alpha}_0=\begin{pmatrix}1\\0\\1\\0\end{pmatrix}.$$

原方程组的导出齐次线性方程组的基础解系为

$$\boldsymbol{\alpha}_1=\begin{pmatrix}1\\1\\0\\0\end{pmatrix},\quad \boldsymbol{\alpha}_2=\begin{pmatrix}1\\0\\2\\1\end{pmatrix},$$

所以原方程组的通解为

$$\begin{aligned}X&=\boldsymbol{\alpha}_0+k_1\boldsymbol{\alpha}_1+k_2\boldsymbol{\alpha}_2\\&=\begin{pmatrix}1\\0\\1\\0\end{pmatrix}+k_1\begin{pmatrix}1\\1\\0\\0\end{pmatrix}+k_2\begin{pmatrix}1\\0\\2\\1\end{pmatrix}=\begin{pmatrix}1+k_1+k_2\\k_1\\1+2k_2\\k_2\end{pmatrix},\end{aligned}$$

其中,k_1,k_2 为任意常数.

数学实验五　用 Matlab 软件求解线性方程组

一、用克拉默法则解线性方程组

利用 det 函数通过简单编程可求得线性方程组的解.

例 1　用克拉默法则求解线性方程组 $\begin{cases}x_1+x_2-x_3=0,\\2x_1+3x_2+x_3=7,\\3x_1-2x_2-2x_3=-3.\end{cases}$

解　打开 M 文件编辑窗口,在其中输入下面命令集:

```
D=[1,1,-1;2,3,1;3,-2,-2];
```

```
Dx1=[0,1,-1;7,3,1;-3,-2,-2];
Dx2=[1,0,-1;2,7,1;3,-3,-2];
Dx3=[1,1,0;2,3,7;3,-2,-3];
x1=det(Dx1)/det(D);
x2=det(Dx2)/det(D);
x3=det(Dx3)/det(D);
x1,x2,x3
```

取名为 exa2 保存,再在命令窗口中输入命令 exa2,程序运行结果如下:

```
x1=
      1
x2=
      1
x3=
      2
```

即该线性方程组的解为

$$\begin{cases} x_1 = 1, \\ x_2 = 1, \\ x_3 = 2. \end{cases}$$

二、利用左除运算符解线性方程组

对于线性方程组 $\boldsymbol{Ax}=\boldsymbol{b}$,可以利用左除运算符"\"求解,即 x=A\b.

例 2　用直接解法求解线性方程组 $\begin{cases} 2x_1 + x_2 - 5x_3 + x_4 = 13, \\ x_1 - 5x_2 + 7x_4 = -9, \\ 2x_2 + x_3 - x_4 = 6, \\ x_1 + 6x_2 - x_3 - 4x_4 = 0. \end{cases}$

解　在命令窗口的"≫"后依次输入下列命令:

```
A=[2,1,-5,1;1,-5,0,7;0,2,1,-1;1,6,-1,-4];
b=[13.-9.6.0]';  % b= [13,-9,6,0]'相当于 b=[13;-9;6;0]
x=A\b
```

程序运行结果如下:

```
x=
   -66.5556
     25.6667
   -18.7778
     26.5556
```

即

$$\begin{cases} x_1 = -66.5556, \\ x_2 = 25.6667, \\ x_3 = -18.7778, \\ x_4 = 26.5556. \end{cases}$$

三、利用 LU 分解法解线性方程组

Matlab 提供的 lu 函数用于对矩阵进行 LU 分解，其调用格式有两种：

(1) [L,U]=lu(X)：产生一个上三角阵 $\boldsymbol{U}$ 和一个变换形式的下三角阵 $\boldsymbol{L}$（行交换），使之满足 $\boldsymbol{X}=\boldsymbol{LU}$. 注意，这里的矩阵 X 必须是方阵.

(2) [L,U,P]=lu(X)：产生一个上三角阵 $\boldsymbol{U}$ 和一个下三角阵 $\boldsymbol{L}$ 以及一个置换矩阵 $\boldsymbol{P}$，使之满足 $\boldsymbol{PX}=\boldsymbol{LU}$. 当然矩阵 $\boldsymbol{X}$ 同样必须是方阵.

实现 LU 分解后，线性方程组 Ax=b 的解 x=U\(L\b) 或 x=U\(L\P* b)，这样可以大大提高运算速度，只要 $\boldsymbol{A}$ 是非奇异的，总可以求该线性方程组的解.

例 3　用 LU 分解法解线性方程组 $\begin{cases} 4x_1 - x_2 - x_3 - x_4 = 7, \\ 2x_1 + 3x_2 + x_3 + x_4 = -1, \\ 5x_1 + 4x_2 + x_3 + 2x_4 = 0, \\ 3x_1 + x_2 + x_3 + 2x_4 = -2. \end{cases}$

解　将原方程组改写为

$$\begin{pmatrix} 4 & -1 & -1 & -1 \\ 2 & 3 & 1 & 1 \\ 5 & 4 & 1 & 2 \\ 3 & 1 & 1 & 2 \end{pmatrix} \cdot \begin{pmatrix} x_1 \\ x_2 \\ x_3 \\ x_4 \end{pmatrix} = \begin{pmatrix} 7 \\ -1 \\ 0 \\ -2 \end{pmatrix}.$$

编写 M 文件，文件主名为 exa3（扩展名 .m 软件自动加入），其内容为：

```
A=[4,-1,-1,-1;2,3,1,1;5,4,1,2;3,1,1,2];
b=[7;-1;0;-2];
[L,U]=lu(A);
x=U\(L\b)
```

在命令行中输入 exa3，按回车键，程序运行结果为：

```
x=
    1.0000000000000
    0.0000000000000
   -1.0000000000000
   -2.0000000000000
```

四、利用 QR 分解法解线性方程组

对矩阵 $\boldsymbol{X}$ 进行 QR 分解，就是把 $\boldsymbol{X}$ 分解为一个正交矩阵 $\boldsymbol{Q}$ 和一个上三角矩阵 $\boldsymbol{R}$ 的乘积形式. QR 分解只能对方阵进行. Matlab 的 qr 函数可用于对矩阵进行 QR 分解，其调用格式也有两种：

(1) [Q,R]=qr(X)：产生一个正交矩阵 $\boldsymbol{Q}$ 和一个上三角矩阵 $\boldsymbol{R}$，使之满足 $\boldsymbol{X}=\boldsymbol{QR}$.

(2) [Q,R,E]=qr(X)：产生一个正交矩阵 $\boldsymbol{Q}$、一个上三角矩阵 $\boldsymbol{R}$ 以及一个置换矩阵 $\boldsymbol{E}$，使之满足 $\boldsymbol{XE}=\boldsymbol{QR}$.

实现 QR 分解后，线性方程组 Ax=b 的解 x=R\(Q\b)或 x=E(R\(Q\b)).

例 4　用 QR 分解求解例 2 中的线性方程组.

解　在命令行窗口中依次输入如下命令：

```
A=[2,1,-5,1;1,-5,0,7;0,2,1,-1;1,6,-1,-4];
b=[13,-9,6,0]';
[Q,R]=qr(A);
x=R\(Q\b)
```

程序运行结果如下：

```
x=

   -66.5556
    25.6667
   -18.7778
    26.5556
```

五、利用逆矩阵解线性方程组

对于线性方程组 $\boldsymbol{Ax}=\boldsymbol{b}$，当 $\boldsymbol{A}$ 为非奇异矩阵时，有 $x=\boldsymbol{A}^{-1}\boldsymbol{b}$.

例 5　用逆矩阵法求解例 3 中的线性方程组.

解　在命令行窗口中依次输入如下命令：

```
A=[4,-1,-1,-1;2,3,1,1;5,4,1,2;3,1,1,2];
b=[7;-1;0;-2];
x=inv(A)*b
```

程序运行结果如下：

```
x=

     1.0000000000000
     0.0000000000000
    -1.0000000000000
```

```
-2.0000000000000
```

六、上机实验

（1）用 help 命令查看函数 lu 和 qr 等的用法.

（2）上机验证上面各例.

（3）求相关小节练习中线性方程组的解.

*第 6 章　微分方程

在生产实践、科学技术和经营管理中,经常遇到未知函数及其导数(或微分)所满足的等式,求未知函数这样的问题,这种含未知函数及其导数(或微分)的等式就是微分方程.本章将简要阐述微分方程的基本概念和几种常用的微分方程的解法及应用.

6.1　微分方程的基本概念

下面我们通过两个实例来说明微分方程的基本概念.

例 6.1　已知一条曲线通过点(0,1),且在该曲线上任一点 $M(x,y)$ 处的切线的斜率为 $2x$,求这曲线的方程.

解　设所求曲线为 $y=y(x)$,由导数的几何意义有

$$\frac{\mathrm{d}y}{\mathrm{d}x}=2x, \tag{6.1.1}$$

对上式两边积分得

$$y=\int 2x\mathrm{d}x=x^2+C.$$

由于曲线过点(0,1),因此有

$$y(0)=1,$$

即

$$C=1.$$

于是,所求曲线方程为

$$y=x^2+1.$$

例 6.2　列车在沿直线的铁路上以 20m/s(相当于 72km/h)的速度行驶,当制动时列车获得 $-0.4\mathrm{m/s^2}$ 的加速度,问开始制动后多长时间列车才能停住,以及列车在这段时间内的位移是多大?

解　设列车开始制动后 t(s)内行驶 s(m),根据题意有

$$\frac{\mathrm{d}^2 s}{\mathrm{d}t^2}=-0.4. \tag{6.1.2}$$

上式积分一次,得

$$v=\frac{\mathrm{d}s}{\mathrm{d}t}=-0.4t+C_1.$$

再积分一次,得

$$s=-0.2t^2+C_1t+C_2,$$

这里 C_1,C_2 都是任意常数.

由条件 $t=0$ 时,$v=20$,得

$$C_1=20;$$

再将条件 $t=0$ 时,$s=0$ 代入,得

$$C_2=0.$$

于是有

$$v=-0.4t+20, \quad ①$$

$$s=-0.2t^2+20t. \quad ②$$

在①中令 $v=0$,得列车从开始制动到完全停止所需时间为

$$t=\frac{20}{0.4}=50(\mathrm{s}).$$

将 $t=50$ 代入式②,得列车在制动阶段的位移

$$s=-0.2\times50^2+20\times50=500(\mathrm{m}).$$

以上两个例子中方程(6.1.1)和(6.1.2)都是含有未知函数的导数的方程.一般地,有如下定义:

定义 6.1.1 含有自变量、自变量的未知函数及未知函数的导数或微分的方程,称为**微分方程**.

下面我们来介绍微分方程的相关概念.

微分方程中,如未知函数只有一个自变量,则称此微分方程为**常微分方程**.如果未知函数含有两个或两个以上的自变量,则称此微分方程为**偏微分方程**.

微分方程中未知函数的导数的最高阶数称为微分方程的**阶**.

例如,方程(6.1.1)是一阶微分方程.方程(6.1.2)是二阶微分方程.

如果微分方程形式为

$$a_0(x)y^{(n)}+a_1(x)y^{(n-1)}+\cdots+a_{n-1}(x)y'+a_n(x)y=f(x), \quad (6.1.3)$$

称为 ***n* 阶线性微分方程**.

例如,$xy''-\cos x\cdot y'+\mathrm{e}^x\cdot y=x^2$ 是二阶线性微分方程.

又如,$xy''-\cos x\cdot(y')^2+\mathrm{e}^x\cdot y=x^2$,$xy''-\cos x\cdot y'+\mathrm{e}^x\cdot y=\dfrac{x^2}{\sin y}$是二阶非线性微分方程.

在方程(6.1.3)中,若 $f(x)=0$,则称该微分方程为 ***n* 阶线性齐次微分方程**;若 $f(x)\neq0$ 则称该方程为 ***n* 阶线性非齐次微分方程**.

例如,$xy''-\cos x\cdot y'+\mathrm{e}^x\cdot y=0$ 是二阶线性齐次微分方程.

又如,$xy''-\cos x\cdot y'+\mathrm{e}^x\cdot y=x^2$ 是二阶线性非齐次微分方程.

在方程(6.1.3)中,若 $a_i(x)(i=0,1,2,\cdots,n)$ 均为常数,则称该微分方程为**常系数微分方程**;否则称该微分方程为**变系数微分方程**.

例如,$2y'''-3y''+4y'+5y=\sin 2x$ 是常系数微分方程;$2xy'+3y=\cos x$ 是变系数微分方程.

能使微分方程 $F(x,y,y',\cdots,y^{(n)})=0$ 成立的未知函数 $y=f(x)$ 叫做微分方程的**解**. 如果在微分方程的解 $y=f(x)$ 中含有任意常数且任意常数的个数与方程的阶数相等,那么称这样的解为方程的**通解**;如果微分方程的通解中常数已经确定,那么称这样的解为方程的**特解**.

如在例 6.1 中,因为方程(6.1.1)的解 $y=x^2+C$ 中含有任意常数,且所含任意常数的个数与该方程的最高阶数相同,所以它是方程(6.1.1)的通解;由于方程(6.1.1)的解 $y=x^2+1$ 中不含有任意常数,因此它是该方程的特解.

需要指出的是微分方程的特解实际上是通解在满足问题所给条件下,求出任意常数的值后得到的解. 问题所给的条件或说是用来确定任意常数的值的条件,称为**初始条件**. 初始条件一般表示为

$$y(x_0),y'(x_0),\cdots,y^{(n)}(x_0)\text{ 或 }y\big|_{x=x_0},y'\big|_{x=x_0},\cdots,y^{(n)}\big|_{x=x_0}=k.$$

如例 6.1 中,曲线过点(0,1)即是问题的条件,这个条件我们称为方程(6.1.1)的初始条件,记为 $y(0)=1$.

6.2　一阶微分方程

6.2.1　可分离变量的一阶微分方程

定义 6.2.1　形如$\dfrac{dy}{dx}=f(x)\cdot g(y)$这样的微分方程称为可分离变量的微分方程.

解可分离变量的微分方程可分为下面两步进行:

(1) 分离变量

$$\frac{dy}{g(y)}=f(x)dx;$$

(2) 两边积分

$$\int\frac{dy}{g(x)}=\int f(x)dx.$$

例 6.3　解方程 $\dfrac{dy}{dx}=2xy$.

解　将$\dfrac{dy}{dx}=2xy$ 分离变量得

$$\frac{dy}{y} = 2xdx,$$

两边积分

$$\int \frac{dy}{y} = \int 2xdx,$$

得

$$\ln|y| = x^2 + C_1,$$

整理得

$$|y| = e^{x^2+C_1} = e^{C_1} e^{x^2}.$$

于是有

$$y = \pm e^{C_1} \cdot e^{x^2} = Ce^{x^2}, \quad C_1, C \text{ 均为任意常数}.$$

故原方程的通解为

$$y = C \cdot e^{x^2}.$$

此例说明,在解微分方程中,上述积分过程可简化为由 $\int \frac{dy}{y} = \int 2xdx$ 得

$$\ln y = x^2 + \ln C,$$

整理,得

$$y = Ce^{x^2}.$$

6.2.2 齐次微分方程

定义 6.2.2 如果一阶微分方程

$$\frac{dy}{dx} = f(x,y)$$

中的函数 $f(x,y)$ 可写成 $\frac{y}{x}$ 的函数,即 $f(x,y)=\varphi\left(\frac{y}{x}\right)$,那么称这样的方程为**齐次方程**.

解齐次方程,首先将方程 $\frac{dy}{dx}=f(x,y)$ 变形为 $\frac{dy}{dx}=\varphi\left(\frac{y}{x}\right)$,其次令 $u=\frac{y}{x}$,则齐次方程依次变形为

$$\frac{d(ux)}{dx} = \varphi(u),$$

$$\frac{xdu + udx}{dx} = \varphi(u),$$

$$x\frac{du}{dx} + u = \varphi(u),$$

$$x\frac{\mathrm{d}u}{\mathrm{d}x}=\varphi(u)-u,$$

分离变量,得

$$\frac{\mathrm{d}u}{\varphi(u)-u}=\frac{\mathrm{d}x}{x},$$

两边积分,得

$$\int\frac{\mathrm{d}u}{\varphi(u)-u}=\int\frac{\mathrm{d}x}{x},$$

求出积分后,再用$\frac{y}{x}$代替 u,即可得原方程的通解.

例 6.4　解方程 $x\frac{\mathrm{d}y}{\mathrm{d}x}+y=2\sqrt{xy}$.

解　由 $x\frac{\mathrm{d}y}{\mathrm{d}x}+y=2\sqrt{xy}$,得

$$\frac{\mathrm{d}y}{\mathrm{d}x}=2\sqrt{\frac{y}{x}}-\frac{y}{x}.$$

令 $u=\frac{y}{x}$,则 $y=ux$,代入上式得

$$\frac{d(ux)}{\mathrm{d}x}=2\sqrt{u}-u,$$

$$x\frac{\mathrm{d}u}{\mathrm{d}x}+u=2\sqrt{u}-u,$$

$$x\frac{\mathrm{d}u}{\mathrm{d}x}=2\sqrt{u}-2u,$$

分离变量得

$$\frac{\mathrm{d}u}{2(\sqrt{u}-u)}=\frac{1}{x}\mathrm{d}x,$$

两边积分得

$$\int\frac{\mathrm{d}u}{2(\sqrt{u}-u)}=\int\frac{1}{x}\mathrm{d}x,$$

再令$\sqrt{u}=t$,得

$$\int\frac{\mathrm{d}t}{1-t}=\int\frac{1}{x}\mathrm{d}x,$$

积分,得

$$-\ln(t-1)=\ln x-\ln C,$$

整理,得

$$x(t-1)=C.$$

再将$\sqrt{u}=t, u=\dfrac{y}{x}$代入上式,得原方程的通解为

$$\sqrt{xy}-x=C.$$

6.2.3 一阶线性微分方程

定义 6.2.3 形如$\dfrac{\mathrm{d}y}{\mathrm{d}x}+p(x)y=q(x)$的微分方程叫一阶线性微分方程. 当$q(x)\equiv 0$时,该方程为一阶线性齐次微分方程;当$q(x)\neq 0$时,该方程为一阶线性非齐次微分方程.

1. 一阶线性齐次微分方程$\dfrac{dy}{dx}+p(x)y=0$的解法

一阶线性齐次微分方程$\dfrac{\mathrm{d}y}{\mathrm{d}x}+p(x)y=0$可按分离变量的微分方程求解,解法如下:

分离变量,得

$$\frac{\mathrm{d}y}{y}=-p(x)\mathrm{d}x.$$

两边积分

$$\int\frac{\mathrm{d}y}{y}=\int[-p(x)]\mathrm{d}x,$$

得

$$\ln y=-\int p(x)\mathrm{d}x+\ln C(\text{假设}\int p(x)\mathrm{d}x\text{ 已积出}).$$

整理,得

$$y=Ce^{-\int p(x)\mathrm{d}x}.$$

故一阶线性齐次微分方程$\dfrac{\mathrm{d}y}{\mathrm{d}x}+p(x)y=0$的通解为

$$y=Ce^{-\int p(x)\mathrm{d}x}. \tag{6.2.1}$$

注:上式可作公式使用,不妨称为一阶线性齐次微分方程通解公式.

例 6.5 解方程$\dfrac{\mathrm{d}y}{\mathrm{d}x}+2xy=0$.

解 由$\dfrac{\mathrm{d}y}{\mathrm{d}x}+2xy=0$,得

$$p(x)=2x,$$

于是由一阶线性齐次微分方程通解公式有

$$y = Ce^{-\int 2x\mathrm{d}x}.$$

故原方程的通解为

$$y = Ce^{-x^2}.$$

2. 一阶线性非齐次微分方程$\frac{dy}{dx}+p(x)y=q(x)$的解法

一阶线性非齐次微分方程$\frac{\mathrm{d}y}{\mathrm{d}x}+p(x)y=q(x)$对应的齐次方程为

$$\frac{\mathrm{d}y}{\mathrm{d}x}+p(x)y=0,$$

它的通解为

$$y = Ce^{-\int P(x)\mathrm{d}x}.$$

设 $y = C(x)e^{-\int P(x)\mathrm{d}x}$（常数 C 变成函数 $C(x)$，称为常数变易）是非齐次微分方程$\frac{\mathrm{d}y}{\mathrm{d}x}+p(x)y=q(x)$的通解，有

$$\frac{\mathrm{d}\left[C(x)e^{-\int P(x)\mathrm{d}x}\right]}{\mathrm{d}x}+p(x)\cdot C(x)e^{-\int P(x)\mathrm{d}x}=q(x).$$

上式整理，得

$$\frac{\mathrm{d}C(x)}{\mathrm{d}x}=q(x)e^{\int P(x)\mathrm{d}x},$$

分离变量，得

$$\mathrm{d}C(x)=q(x)e^{\int P(x)\mathrm{d}x}\mathrm{d}x,$$

两边积分，得

$$C(x)=\int q(x)e^{\int P(x)\mathrm{d}x}\mathrm{d}x+C.$$

将上式代入 $y = C(x)e^{-\int P(x)\mathrm{d}x}$ 得原方程$\frac{\mathrm{d}y}{\mathrm{d}x}+p(x)y=q(x)$的通解为

$$y=e^{-\int P(x)\mathrm{d}x}\left[\int q(x)e^{\int P(x)\mathrm{d}x}\mathrm{d}x+C\right]. \tag{6.2.2}$$

称上述解法为**常数变易法**.

注：(6.2.2)可作公式使用，不妨称为一阶线性非齐次微分方程通解公式.

例 6.6　解方程 $x\frac{\mathrm{d}y}{\mathrm{d}x}=x\sin x-y$.

解法一　常数变易法

将原方程变形为

$$\frac{dy}{dx}+\frac{1}{x}y=\sin x,$$

由一阶线性齐次微分方程通解公式,得对应齐次微分方程 $\frac{dy}{dx}+\frac{1}{x}y=0$ 的通解:

$$y=Ce^{-\int\frac{1}{x}dx}=Ce^{-\ln x}=\frac{C}{x}$$

设

$$y=\frac{C(x)}{x}$$

是 $\frac{dy}{dx}+\frac{1}{x}y=\sin x$ 的解,代入 $\frac{dy}{dx}+\frac{1}{x}y=\sin x$ 化简,得

$$C'(x)=x\sin x,$$

两边同时积分,得

$$C(x)=-x\cos x+\sin x+C.$$

再将 $C(x)=-x\cos x+\sin x+C$ 代入 $y=\frac{C(x)}{x}$,得原方程的通解为

$$y=-\cos x+\frac{\sin x}{x}+\frac{C}{x}.$$

解法二 公式法

将原方程变形为

$$\frac{dy}{dx}+\frac{1}{x}y=\sin x,$$

于是有

$$p(x)=\frac{1}{x},\quad q(x)=\sin x.$$

由一阶线性非齐次微分方程通解公式,得

$$y=e^{-\int\frac{1}{x}dx}\left[\int\sin x e^{\int\frac{1}{x}dx}dx+C\right],$$

积分,得原方程的通解

$$y=-\cos x+\frac{\sin x}{x}+\frac{C}{x}.$$

必须指出的是有些方程看似不是线性微分方程,但只要作一些变形,或许可化为线性微分方程.下面举例加以说明,请注意体会解题思想和方法.

例 6.7 解下列方程:

(1) $\frac{dy}{dx}=\frac{1}{x+y}$; (2) $\frac{dy}{dx}+\frac{y}{x}=ay^2\ln x(a\neq0)$.

解　(1) 由$\frac{dy}{dx}=\frac{1}{x+y}$变形为

$$\frac{dx}{dy}-x=y.\text{（将 } y \text{ 看作是自变量）}$$

于是有

$$x=e^{-\int(-1)dy}\left[\int ye^{\int(-1)dy}dy+C\right].$$

积分，得原方程的通解为

$$x=-y-1+Ce^{y}.$$

本题也可用变量代换求解.

令 $x+y=u$，则 $y=u-x$，代入原方程，得

$$\frac{d(u-x)}{dx}=\frac{1}{u},$$

整理，得

$$\frac{du}{dx}=\frac{1+u}{u}.$$

分离变量，得

$$\frac{u}{1+u}du=dx.$$

两边积分

$$\int\frac{u}{1+u}du=\int dx,$$

得

$$u-\ln(1+u)=x-\ln C.$$

将 $x+y=u$ 代入上式得

$$x+y-\ln(1+x+y)=x-\ln C.$$

故原方程的通解为

$$x=-y-1+Ce^{y}.$$

(2) $\frac{dy}{dx}+\frac{y}{x}=ay^2\ln x$ 不是线性微分方程，但可变形为

$$\frac{1}{y^2}\frac{dy}{dx}+\frac{1}{x}\cdot\frac{1}{y}=a\ln x.$$

上式作代换 $u=\frac{1}{y}$，得

$$u^2\frac{d\left(\frac{1}{u}\right)}{dx}+u\frac{1}{x}=a\ln x,$$

整理,得

$$\frac{\mathrm{d}u}{\mathrm{d}x}-u\frac{1}{x}=-a\ln x.$$

这是关于 u 的一阶线性非齐次微分方程,用公式解得

$$u=\mathrm{e}^{\int\frac{1}{x}\mathrm{d}x}\left[\int(-a\ln x)\mathrm{e}^{-\int\frac{1}{x}\mathrm{d}x}\mathrm{d}x+C\right]=x\left(-\frac{a}{2}\ln^2x+C\right)$$

由此,原方程的通解为

$$\frac{1}{y}=x\left(-\frac{a}{2}\ln^2x+C\right),$$

即

$$y=\frac{1}{x\left(-\frac{a}{2}\ln^2x+C\right)}.$$

6.3 二阶微分方程

二阶微分方程的一般形式为 $F(x,y,y',y'')=0$ 或 $y''=F(x,y,y')$.

在这节里介绍几种常用的二阶微分方程的解法,对所涉及的理论知识均加以省略.

6.3.1 可降价的二阶微分方程

定义 6.3.1 形式为 $y''=f(x)$的微分方程,称为**最简单的二阶微分方程**.

下面来讨论最简单的二阶微分方程的解法.

由 $y''=f(x)$得

$$\frac{\mathrm{d}y'}{\mathrm{d}x}=f(x),$$

分离变量,得

$$\mathrm{d}y'=f(x)\mathrm{d}x,$$

两边同时积分

$$\int\mathrm{d}y'=\int f(x)\mathrm{d}x,$$

得

$$y'=\int f(x)\mathrm{d}x+C_1,$$

即

$$\frac{\mathrm{d}y}{\mathrm{d}x}=\int f(x)\mathrm{d}x+C_1,$$

再分离变量

$$\mathrm{d}y = \left[\int f(x)\mathrm{d}x + C_1\right]\mathrm{d}x,$$

两边再次积分

$$\int \mathrm{d}y = \int\left[\int f(x)\mathrm{d}x + C_1\right]\mathrm{d}x,$$

解得

$$y = \int\left[\int f(x)\mathrm{d}x\right]\mathrm{d}x + C_1 x + C_2.$$

故 $y''=f(x)$ 的通解为

$$y = \int\left[\int f(x)\mathrm{d}x\right]\mathrm{d}x + C_1 x + C_2.$$

注　上述解题思想可推广到 n 阶情形.

例 6.8　解方程 $y''=\sin x$.

解　由 $y''=\sin x$ 得

$$\mathrm{d}y' = \sin x\mathrm{d}x,$$

两边同时积分,

$$\int \mathrm{d}y' = \int \sin x\mathrm{d}x$$

得

$$y' = -\cos x + C_1,$$

即

$$\frac{\mathrm{d}y}{\mathrm{d}x} = -\cos x + C_1.$$

再分离变量得

$$\mathrm{d}y = (-\cos x + C_1)\mathrm{d}x,$$

两边再次积分,

$$\int \mathrm{d}y = \int(-\cos x + C_1)\mathrm{d}x,$$

得原方程 $y''=\sin x$ 的通解为

$$y = -\sin x + C_1 x + C_2.$$

6.3.2　不显含 y 的二阶微分方程

定义 6.3.2　形如 $y''=f(x,y')$ 的微分方程叫做**不显含未知函数 y 的二阶微分方程**.

$y''=f(x,y')$ 的求解方法如下:

令 $y'=p(x)$,则 $y''=p'(x)$.

将 $y'=p(x)$,$y''=p'(x)$ 代入 $y''=f(x,y')$,得

$$p'(x) = f(x, p(x)).$$

这是一阶微分方程，故可用上节所述方法求出 $p(x)$，然后由 $y' = p(x)$ 积分可得

$$y = \int p(x)\mathrm{d}x.$$

例 6.9 解方程 $(1+x^2)y'' = 2xy'$，$y(0)=1$，$y'(0)=3$.

解 令 $y' = p(x)$，则

$$y'' = \frac{\mathrm{d}y'}{\mathrm{d}x} = \frac{\mathrm{d}p(x)}{\mathrm{d}x} = p'(x).$$

将 $y' = p(x)$ 和 $y'' = p'(x)$ 代入 $(1+x^2)y'' = 2xy'$，得

$$(1+x^2)p'(x) = 2xp(x),$$

分离变量得

$$\frac{\mathrm{d}p(x)}{p(x)} = \frac{2x}{1+x^2}\mathrm{d}x,$$

两边积分

$$\int \frac{\mathrm{d}p(x)}{p(x)} = \int \frac{2x}{1+x^2}\mathrm{d}x,$$

解得

$$\ln p(x) = \ln(1+x^2) + \ln C_1,$$

整理得

$$p(x) = C_1(1+x^2). \qquad ①$$

将 $y'(0)=3$ 代入式①得

$$C_1 = 3.$$

再将 $C_1 = 3$ 和 $\frac{\mathrm{d}y}{\mathrm{d}x} = p(x)$ 代入式①，且分离变量得

$$\mathrm{d}y = 3(1+x^2)\mathrm{d}x.$$

两边积分

$$\int \mathrm{d}y = \int 3\,(1+x^2)\mathrm{d}x,$$

得

$$y = 3x + x^3 + C_2. \qquad ②$$

将 $y(0)=1$ 代入式②得

$$C_2 = 1.$$

因此，原方程 $(1+x^2)y'' = 2xy'$ 的特解为

$$y = x^3 + 3x + 1.$$

6.3.3 不显含 x 的二阶微分方程

定义 6.3.3 形如 $y'' = f(y, y')$ 的微分方程叫做不显含自变量 x 的二阶微分

方程.

$y''=f(y,y')$的求解方法如下：

令 $y'=\frac{dy}{dx}=p(y)$，则

$$y''=\frac{dy'}{dx}=\frac{dp(y)}{dx}=\frac{dp(y)}{dy}\cdot\frac{dy}{dx}=p'(y)\cdot p(y),$$

于是原方程变形为

$$p(y)\cdot p'(y)=f(y,p(y)).$$

这是关于 $p(y)$的一阶微分方程，可用上节所述方法先解出 $p(y)$，再由 $y'=\frac{dy}{dx}=p(y)$分离变量，最后两边积分可得原方程的通解.

例 6.10　解方程 $y''=\frac{3}{2}y^2$，$y(3)=1$，$y'(3)=1$.

解　令 $y'=\frac{dy}{dx}=p(y)$，则

$$y''=p'(y)\cdot p(y).$$

将上式代入 $y''=\frac{3}{2}y^2$ 得

$$p(y)\cdot p'(y)=\frac{3}{2}y^2,$$

即

$$p(y)\cdot dp(y)=\frac{3}{2}y^2dy.$$

上式两边积分

$$\int p(y)\cdot dp(y)=\int\frac{3}{2}y^2dy,$$

解得

$$\frac{1}{2}p^2(y)=\frac{1}{2}y^3+C_1.\qquad ①$$

将 $y(3)=1$，$y'(3)=1$ 代入式①解得 $C_1=0$，于是有

$$p^2(y)=y^3.$$

即

$$p(y)=y^{\frac{3}{2}}.\quad（因 y'(3)=p(3)=1>0，所以前面取正号）\qquad ②$$

将 $y'=\frac{dy}{dx}=p(y)$代入式②，并分离变量得

$$y^{-\frac{3}{2}}dy=dx,$$

两边积分

$$\int y^{-\frac{3}{2}}\mathrm{d}y = \int \mathrm{d}x,$$

解得

$$-2y^{-\frac{1}{2}} = x + C_2. \quad ③$$

把 $y(3)=1$ 代入式③得 $C_2=-5$.

将 $C_2=-5$ 代入式③,并整理得原微分方程的特解为

$$y = \frac{4}{(x-5)^2}.$$

6.3.4 二阶常系数线性齐次微分方程

定义 6.3.4 形如 $y''+py'+qy=0$, p,q 为常数的微分方程叫做二阶常系数线性齐次微分方程.

二阶常系数线性齐次微分方程的求解方法:

第一步,写出微分方程的特征方程(只须将微分方程中的 y'' 换成 r^2, y' 换成 r^1, y 换成 r^0 即可得特征方程) $r^2+pr+q=0$.

第二步,解特征方程,求得特征根为 r_1, r_2.

第三步,由特征方程写出微分方程的通解:

(1) 若特征方程有不等二实根 r_1, r_2,则齐次微分方程的通解为

$$y = C_1 \mathrm{e}^{r_1 x} + C_2 \mathrm{e}^{r_2 x};$$

(2) 若特征方程有相等二实根 $r_1=r_2=r$,则齐次微分方程的通解为

$$y = (C_1 + C_2 x)\mathrm{e}^{rx};$$

(3) 若特征方程有共轭虚根 $r_{1,2}=\alpha\pm\beta i$,则齐次微分方程的通解为

$$y = \mathrm{e}^{\alpha x}(C_1\cos\beta x + C_2\sin\beta x).$$

例 6.11 解方程 $y''-y'+y=0$.

解 $y''-y'+y=0$ 对应的特征方程为

$$r^2 - r + 1 = 0,$$

解特征方程得特征根

$$r_{1,2} = \frac{1}{2} \pm \frac{\sqrt{3}}{2}i,$$

故原方程的通解为

$$y = \mathrm{e}^{\frac{1}{2}x}\left(C_1\cos\frac{\sqrt{3}}{2}x + C_2\sin\frac{\sqrt{3}}{2}x\right).$$

6.3.5 二阶常系数线性非齐次微分方程

定义 6.3.5 形如 $y''+py'+qy=f(x)$. p,q 为常数的微分方程叫做二阶常系

数线性非齐次微分方程.

下面我们介绍 $f(x)$取两种常见形式时的解法.

1. 微分方程 $y''+py'+qy=P_n(x)e^{\lambda x}$的解法

微分方程 $y''+py'+qy=P_n(x)e^{\lambda x}$中,$\lambda$ 为常数,$p_n(x)$是 x 的 n 次有理多项式. 其求解步骤如下:

第一步,求出微分方程 $y''+py'+qy=P_n(x)e^{\lambda x}$对应的齐次微分方程 $y''+py'+qy=0$ 的通解 y_0.

第二步,求微分方程 $y''+py'+qy=P_n(x)e^{\lambda x}$的一个特解:

令特解 $\bar{y}=x^kQ_n(x)e^{\lambda x}$,其中有

(1) 当 λ 不是特征方程的根时,$k=0$;

(2) 当 λ 是特征方程不等二实根中的一个根时,$k=1$;

(3) 当 λ 是特征方程的重根时,$k=2$.

$Q_n(x)$是与 $P_n(x)$同次的待定系数的多项式.

当 $P_n(x)=c$ 时,$Q_n(x)=A$;

当 $P_n(x)=ax+b$ 时, $Q_n(x)=Ax+B$;

当 $P_n(x)=ax^2+bx+c$ 时, $Q_n(x)=Ax^2+Bx+C$;

……

以此类推.

其后,将 $\bar{y},\bar{y}'$及 $\bar{y}''$代入原微分方程,比较两端系数求出 $A,B,C,\cdots$,从而得到特解 $\bar{y}$.

第三步　写出原方程的通解

$$y=y_0+\bar{y}.$$

例 6.12　解下列微分方程:

(1) $y''-2y=3x+4$;　(2) $y''-2y'+y=e^x$.

解　(1) $y''-2y=3x+4$ 对应的齐次微分方程为

$$y''-2y=0,$$

相应的特征方程为

$$r^2-2=0,$$

解得特征根为

$$r_1=-\sqrt{2},\quad r_2=\sqrt{2}.$$

齐次微分方程 $y''-2y=0$ 的通解为

$$y_0=C_1e^{-\sqrt{2}x}+C_2e^{\sqrt{2}x}.$$

由 $f(x)=(3x+4)e^{0\cdot x}$得 $P_n(x)=3x+4$,且 $\lambda=0$ 不是特征方程的根. 因此,设原方程的一个特解为

$$\bar{y} = x^0(Ax+B)e^{0\cdot x} = Ax+B.$$

将上式代入原方程得

$$-2(Ax+B) = 3x+4,$$

整理得

$$-2Ax-2B = 3x+4.$$

比较等式两边系数得

$$\begin{cases}-2A = 3,\\ -2B = 4,\end{cases}$$

解得

$$A = -\frac{3}{2}, \quad B = -2.$$

原方程的一个特解为

$$\bar{y} = -\frac{3}{2}x-2,$$

故原方程的通解为

$$y = C_1 e^{-\sqrt{2}x} + C_2 e^{\sqrt{2}x} - \frac{3}{2}x - 2.$$

(2) $y''-2y'+y=e^x$ 对应的齐次微分方程为

$$y''-2y'+y = 0,$$

其特征方程为

$$r^2-2r+1 = 0,$$

解得特征根为

$$r_1 = r_2 = 1.$$

齐次微分方程 $y''-2y'+y=0$ 的通解为

$$y_0 = (C_1+C_2x)e^x.$$

由 $f(x)=e^x$ 得 $P_n(x)=1$，且 $\lambda=1$ 是特征重根，因此，设原方程的一个特解为 $\bar{y}=Ax^2e^x$（设 $Q_n(x)=A$）. 求得特解的一阶、二阶导数为

$$\bar{y}' = (Ax^2+2Ax)e^x, \quad \bar{y}'' = (Ax^2+4Ax+2A)e^x.$$

将 $\bar{y}=Ax^2e^x$，$\bar{y}'=(Ax^2+2Ax)e^x$，$\bar{y}''=(Ax^2+4Ax+2A)e^x$ 代入原方程，并整理得

$$2Ae^x = e^x,$$

解得

$$A = \frac{1}{2}.$$

原方程的一个特解为

$$\bar{y}=\frac{1}{2}x^2e^x,$$

故原方程的通解为

$$y=\frac{1}{2}x^2e^x+(C_1+C_2x)e^x.$$

2. 微分方程 $y''+py'+qy=e^{\alpha x}(a\cos\beta x+b\sin\beta x)$ 的解法

第一步，求与 $y''+py'+qy=e^{\alpha x}(a\cos\beta x+b\sin\beta x)$ 对应的齐次微分方程

$$y''+py'+qy=0$$

的通解 y_0.

第二步，求原方程的一个特解.

设特解 $\bar{y}=x^ke^{\alpha x}(A\cos\beta x+B\sin\beta x)$，$A$，$B$ 为待定系数，其中，

(1) 当 $\alpha\pm\beta i$ 不是特征方程的根时，$k=0$；

(2) 当 $\alpha\pm\beta i$ 是特征方程的根时，$k=1$.

然后将 $\bar{y}$、$\bar{y}'$ 和 $\bar{y}''$ 代入原方程，比较两端 $\sin\beta x$，$\cos\beta x$ 前的系数，求得 A，B 的值，从而求得特解 $\bar{y}$.

第三步，写出原方程的通解

$$y=y_0+\bar{y}.$$

例 6.13　解下列微分方程：

(1) $y''+2y'-3y=2e^x\sin x$；　(2) $y''+4y=\cos 2x$.

解　(1) $y''+2y'-3y=2e^x\sin x$ 对应的齐次方程为

$$y''+2y'-3y=0,$$

其特征方程为

$$r^2+2r-3=0,$$

解得特征根为

$$r_1=-3,\quad r_2=1.$$

对应齐次方程 $y''+2y'-3y=0$ 的通解为

$$y_0=C_1e^{-3x}+C_2e^x.$$

由 $f(x)=e^x(0\cos x+2\sin x)$ 得 $\alpha=\beta=1$，且 $\alpha\pm\beta i=1\pm i$ 不是特征根，所以，可设原方程的一个特解为

$$\bar{y}=e^x(A\cos x+B\sin x),$$

将上式代入原方程得

$$\begin{aligned}&e^x(2B\cos x-2A\sin x)+2e^x[(A+B)\cos x+(B-A)\sin x]\\&-3e^x(A\cos x+B\sin x)=2e^x\sin x.\end{aligned}$$

整理得

$$(4B-A)\cos x+(-4A-B)\sin x=2\sin x,$$

比较系数得

$$\begin{cases}4B-A=0,\\-4A-B=2,\end{cases}$$

解得

$$\begin{cases}A=-\dfrac{8}{17},\\B=-\dfrac{2}{17},\end{cases}$$

原方程的一个特解为

$$\bar{y}=e^{x}\left(-\frac{8}{17}\cos x-\frac{2}{17}\sin x\right),$$

由此得原方程的通解

$$y=C_1e^{-3x}+C_2e^{x}+e^{x}\left(-\frac{8}{17}\cos x-\frac{2}{17}\sin x\right).$$

(2) $y''+4y=\cos 2x$ 对应的齐次方程为

$$y''+4y=0,$$

其特征方程为

$$r^2+4=0,$$

解得特征根

$$r_{1,2}=0\pm 2i.$$

对应齐次方程 $y''+4y=0$ 的通解为

$$y_0=e^{0\cdot x}(C_1\cos 2x+C_2\sin 2x),$$

即

$$y_0=C_1\cos 2x+C_2\sin 2x.$$

由 $f(x)=e^{0\cdot x}(\cos 2x+0\cdot\sin 2x)$,且 $\alpha\pm\beta i=0\pm 2i$ 是特征根,因此,可设 $\bar{y}=xe^{0\cdot x}(A\cos 2x+B\sin 2x)$是原方程的一个特解,代入原方程得

$$4B\cos 2x-4A\sin 2x+x(-4A\cos 2x-4B\sin 2x)+4x(A\cos 2x+B\sin 2x)$$
$$=\cos 2x,$$

化简得

$$4B\cos 2x-4A\sin 2x=\cos 2x,$$

比较系数得

$$\begin{cases}4B=1,\\-4A=0,\end{cases}$$

解得

$$\begin{cases} A = 0, \\ B = \dfrac{1}{4}. \end{cases}$$

由此得原方程的一个特解

$$\bar{y} = \frac{1}{4}x\sin 2x.$$

故原方程的通解为

$$y = C_1\cos 2x + C_2\sin 2x + \frac{1}{4}x\sin 2x.$$

6.4　微分方程应用举例

前面，我们简单介绍了一、二阶微分方程的解法. 下面，我们再简单介绍一下，微分方程在解决生产实际和科学研究中的一些应用问题.

例 6.14　在美国把核废料抛到 91.5m 深的海底是否恰当的争论中，工程师们实验发现，当废物桶落到海底的速度超过 12.2m/s 时，会与海底相撞而破裂，而废物桶下沉速度 v 与海底深度 x 满足方程

$$\begin{cases} \dfrac{w}{g}v\dfrac{\mathrm{d}v}{\mathrm{d}x} = w - B, \\ v(0) = 0, \end{cases}$$

其中，$w=239.46\mathrm{kg}$，$g=9.8\mathrm{m/s^2}$，$B=213.5\mathrm{kg}$ 时，试问美国这样抛核废料桶到海底是否妥当?

解　(1) 首先确定废物桶下沉速度与水深的关系.

解微分方程

$$\frac{w}{g}\cdot v\frac{\mathrm{d}v}{\mathrm{d}x} = w - B.$$

这是可分离变量的一阶微分方程. 分离变量得

$$v\mathrm{d}v = \frac{g}{w}(w-B)\mathrm{d}x,$$

两端积分

$$\int v\mathrm{d}v = \int \frac{g}{w}(w-B)\mathrm{d}x,$$

解得

$$\frac{1}{2}v^2 = \left(g - \frac{Bg}{w}\right)x + \frac{1}{2}C,$$

即

$$v^2 = 2\left(g - \frac{Bg}{w}\right)x + C.$$

将 $v(0)=0$ 代入上式解得 $C=0$. 所以,废物桶下沉速度与水深的关系为

$$v^2 = 2\left(g - \frac{Bg}{w}\right)x.$$

(2) 确定废物桶落到海底时的速度.

将 $x=91.5$ 代入 $v^2=2\left(g-\frac{Bg}{w}\right)x$,得

$$v(91.5) \approx 13.94 > 12.2.$$

由此可判断,美国这样抛弃核废料是不妥的.

例 6.15 放射性元素中铀由于不断地有原子放射出微粒子而变成其他元素,铀的含量就不断减少,这种现象叫做**衰变**. 由原子物理知道,铀的衰变速度与当时未衰变的原子的含量 M 成正比. 已知 $t=0$ 时铀的含量为 M_0,求在衰变过程中铀含量 M 随时间 t 变化的规律.

解 铀的衰变速度就是 M 对时间 t 的导数$\frac{\mathrm{d}M}{\mathrm{d}t}$. 由于铀的衰变速度与其含量成正比,故得微分方程

$$\frac{\mathrm{d}M}{\mathrm{d}t} = -\lambda M,$$

其中,$\lambda(\lambda>0)$是常数,叫衰变系数,λ 前置负号是由于当 t 增加时,M 单调减少,即$\frac{\mathrm{d}M}{\mathrm{d}t}<0$. 上式是可分离变量微分方程. 解得

$$M = C\mathrm{e}^{-\lambda t}.$$

将 $M|_{t=0}=M_0$ 代入上式,解得 $C=M_0$. 所以在衰变过程中,铀含量 M 随时间 t 变化的规律是

$$M = M_0\mathrm{e}^{-\lambda t}.$$

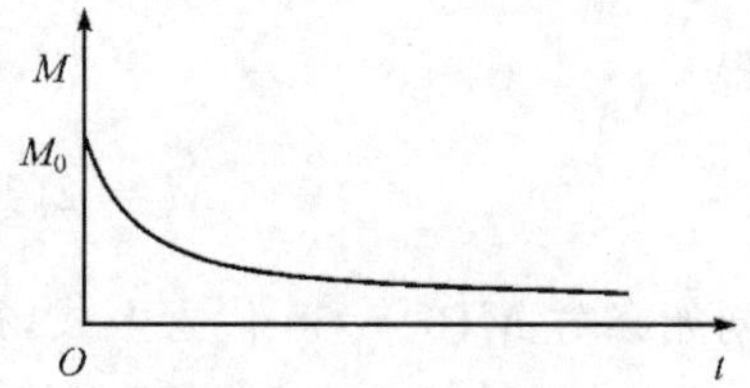

图 6.1

由此可见,铀的含量随时间的增加而按指数规律减少,如图 6.1 所示.

例 6.16 一水桶盛有盐溶液 100L,其中含盐量 50g,今将浓度为 2g/L 的盐溶液注入桶中,其流速为 3L/min. 假使流入桶内的新盐水和原有盐水,因搅拌而能在顷刻间成为均匀的溶液,此溶液又以 2L/min 的流速流出. 求在 30min 时,桶内所存的盐.

解 要求 30min 时桶内所存的盐,我们必须知道桶内所存盐随时间变化的规律,设 t(min)时桶内存盐为 M(g),则桶内存盐随时间的变化率为$\frac{\mathrm{d}M}{\mathrm{d}t}$.

又由于桶内盐溶液既在流入又在流出,所以,桶内存盐的变化率为

$$\frac{\mathrm{d}M}{\mathrm{d}t}=V_{入}-V_{出},$$

其中,$V_{入}$ 是流入桶内盐的速率;$V_{出}$ 是流出桶内盐的速率.

因为每分钟流入 3L 溶液,每升溶液含盐 2g. 故 t 时刻流入盐的速率为

$$V_{入}=3\times 2=6(\mathrm{g/min}).$$

又由于同时以每分钟 2L 的速率流出盐溶液,故 t 时刻盐溶液总量为 $100+(3-2)t$(L),而每升含盐量为$\frac{M}{100+t}$(g),因而流出盐的速率为

$$V_{出}=\frac{2M}{100+t}(\mathrm{g/min}).$$

从而桶内盐量的变化率为

$$\frac{\mathrm{d}M}{\mathrm{d}t}=6-\frac{2M}{100+t},$$

即

$$\begin{cases}\dfrac{\mathrm{d}M}{\mathrm{d}t}+\dfrac{2M}{100+t}=6,\\ M(0)=50.\end{cases}$$

一阶线性微分方程$\frac{\mathrm{d}M}{\mathrm{d}t}+\frac{2M}{100+t}=6$ 的通解为

$$M=\mathrm{e}^{-\int\frac{2}{100+t}\mathrm{d}t}\left(\int 6\mathrm{e}^{\int\frac{2}{100+t}\mathrm{d}t}\mathrm{d}t+C\right),$$

解得

$$M=2(100+t)+\frac{C}{(100+t)^2}.$$

将初始条件 $M(0)=50$ 代入上式,得 $C=-100^2\times 150$.

因此,桶内所存盐随时间变化的规律是

$$M=2(100+t)-\frac{1500000}{(100+t)^2}.$$

当 $t=30\mathrm{min}$ 时,桶内存盐为

$$M=2(100+30)-\frac{100^2\times 150}{130^2}\approx 171\mathrm{g}.$$

例 6.17　设有一均匀、柔软的绳索,两端固定,绳索仅受重力的作用而下垂,试问该绳索在平衡状态时是怎样的曲线?

解　如图 6.2 所示,设绳索的最低点为 A,取 y 轴过点 A 且垂直向上,取 x 轴水平向右,且 $|OA|$ 等于某个定值. 设绳索曲线的方程为 $y=f(x)$,现在考察绳索上点 A 到另一点 $M(x,y)$ 间的一段弧 AM,设其长 S. 假定单位长绳索的重量为 ρ,则

弧 AM 的重量为 ρS. 由于绳索是柔软的,因而在点 A 处的张力沿水平切线方向,其大小设为 H. 在点 M 处的张力沿该点处的切线方向,与水平线成 θ 角,其大小设为 T,因作用于弧段 AM 的外力相互平衡,把作用于弧 AM 上的力沿坐标轴方向分解,得

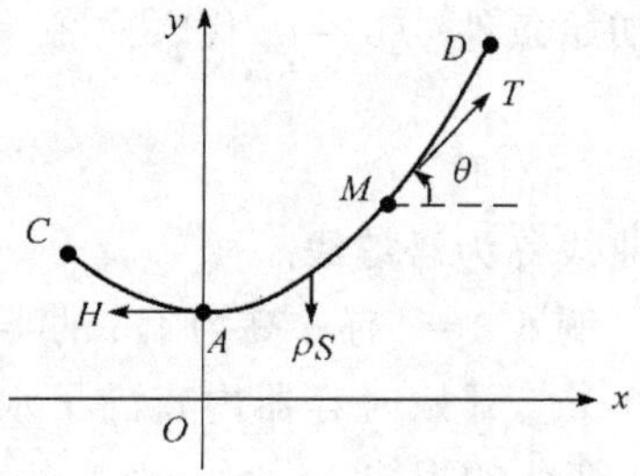

图 6.2

$$T\sin\theta = \rho S, \quad T\cos\theta = H,$$

将此两式相除,得

$$\tan\theta = \frac{1}{a}S \quad \left(a = \frac{H}{\rho}\right).$$

由于 $\tan\theta = y'$, $S = \int_0^x \sqrt{1+y'^2}\,dx$, 所以有

$$y' = \frac{1}{a}\int_0^x \sqrt{1+y'^2}\,dx.$$

上式两端同时对 x 求导得

$$y'' = \frac{1}{a}\sqrt{1+y'^2}.$$

取原点 O 到点 A 的距离为定值 a,那么初始条件为 $y(0)=a$, $y'(0)=0$.

下面我们解方程 $y''=\frac{1}{a}\sqrt{1+y'^2}$,这是不含 y 的二阶微分方程.

设 $y'=p(x)$,则 $y''=p'(x)$.

将 $y'=p(x)$, $y''=p'(x)$ 代入 $y''=\frac{1}{a}\sqrt{1+y'^2}$ 得, $p'(x)=\frac{1}{a}\sqrt{1+p^2(x)}$,分离变量得

$$\frac{dp(x)}{\sqrt{1+p^2(x)}} = \frac{1}{a}dx,$$

上式两端积分,解得

$$p(x) = \frac{-1}{2C_1}e^{-\frac{x}{a}} + \frac{C_1}{2}e^{\frac{x}{a}}. \qquad ①$$

将初始条件 $y'(0)=p(0)=0$ 代入式①,解得 $C_1=1$($C_1=-1$(舍)). 再将 $C_1=1$ 代入式①,得

$$p(x) = \frac{1}{2}(e^{\frac{x}{a}} - e^{-\frac{x}{a}}).$$

将 $p(x)=y'$ 代入上式,并积分得

$$y = \frac{a}{2}(e^{\frac{x}{a}} + e^{-\frac{x}{a}}) + C_2. \qquad ②$$

将初始条件 $y(0)=a$ 代入式②，解得 $C_2=0$. 将 $C_2=0$ 代入式②，解得曲线方程为

$$y=\frac{a}{2}\left(e^{\frac{x}{a}}+e^{-\frac{x}{a}}\right).$$

该曲线称为**悬链线**.

例 6.18　有一高为 1m 的半球形容器，水从它的底部小孔流出，小孔横截面积为 1cm^2，开始时容器内盛满了水，求水从小孔流出过程中容器里水的高度 h 随时间 t 变化的规律.

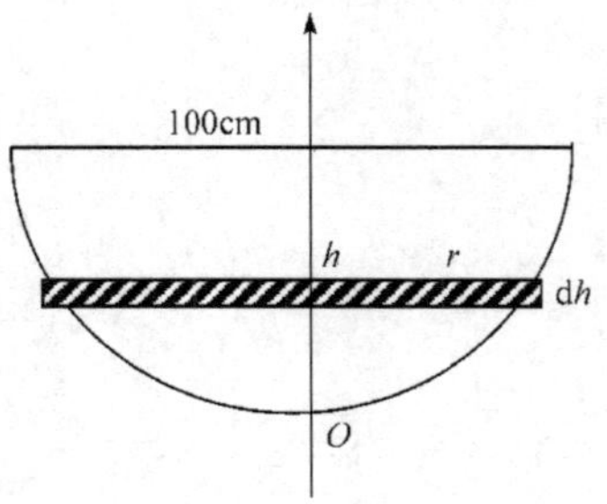

图 6.3

解　如图 6.3 所示，设高度 h 随时间 t 变化的规律为 $h=h(t)$，则高度 h 随时间 t 的变化率为 $\frac{\mathrm{d}h}{\mathrm{d}t}$.

下面我们来建立 $\frac{\mathrm{d}h}{\mathrm{d}t}$ 满足的方程.

由水力学知识知道，孔口流出的水的体积 V 对时间 t 的变化率为

$$\frac{\mathrm{d}V}{\mathrm{d}t}=0.62S\sqrt{2gh}, \quad ①$$

其中，S 为孔口横截面面积；g 为重力加速度.

另一方面，设在时间间隔 $[t,t+\mathrm{d}t]$ 内，水的高度由 h 降至 $h+\mathrm{d}h(\mathrm{d}h<0)$，则

$$\mathrm{d}V=-\pi r^2\mathrm{d}h \quad (\text{由于 } \mathrm{d}h<0,\mathrm{d}V>0,\text{因此前面加负号}),$$

其中，r 是时刻 t 的水面半径，且

$$r=\sqrt{100^2-(100-h)^2}=\sqrt{200h-h^2},$$

从而有

$$\mathrm{d}V=-\pi(200h-h^2)\mathrm{d}h. \quad ②$$

由式①和式②得

$$\frac{\mathrm{d}h}{\mathrm{d}t}=\frac{0.62S\sqrt{2gh}}{\pi(h^2-200h)},$$

将 $S=1$ 代入上式得

$$\frac{\mathrm{d}h}{\mathrm{d}t}=\frac{0.62\sqrt{2gh}}{\pi(h^2-200h)},$$

分离变量得

$$\mathrm{d}t=\frac{\pi}{0.62\sqrt{2g}}\left(h^{\frac{3}{2}}-200h^{\frac{1}{2}}\right)\mathrm{d}h,$$

两端积分，并解得

$$t=\frac{\pi}{0.62\sqrt{2g}}\left(\frac{2}{5}h^{\frac{5}{2}}-\frac{400}{3}h^{\frac{3}{2}}\right)+C.$$

此外,开始容器内的水是满的,将 $h|_{t=0}=100$ 代入上式,得

$$C=\frac{\pi}{0.62\sqrt{2g}}\left(\frac{400000}{3}-\frac{200000}{5}\right)=\frac{\pi}{0.62\sqrt{2g}}\times\frac{14}{15}\times10^5,$$

所以,水的高度 h 与时间 t 的关系为

$$t=\frac{\pi}{4.65\sqrt{2g}}(7\times10^5-10^3h^{\frac{3}{2}}+3h^{\frac{5}{2}})\quad h\in[0,100].$$

例 6.19 有一个劲度系数为 2.0×10^{-1}N/m 的弹簧,上挂 5.0×10^{-2}kg 的物体,一外力 $f(t)=4.0\times10^{-3}\cos4t$ N 作用在物体上,假定物体原来在平衡位置,有向上的初速度 $v_0=2.0\times10^{-2}$m/s. 如果阻尼忽略不计,求物体的运动规律 $x(t)$.

解 如图 6.4 所示,取平衡位置为原点 O,x 轴的正向向下,由牛顿第二定律,物体的运动满足微分方程

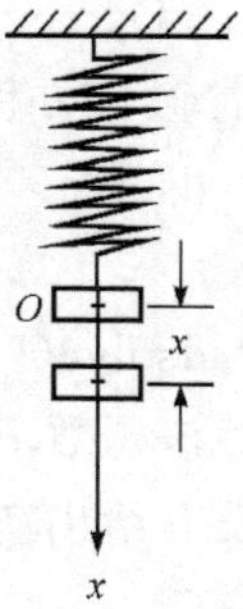

图 6.4

$$\begin{cases}5.0\times10^{-2}\dfrac{d^2x}{dt^2}=-2.0\times10^{-1}x+4.0\times10^{-3}\cos4t,\\ x|_{t=0}=0,\left.\dfrac{dx}{dt}\right|_{t=0}=-2.0\times10^{-2},\end{cases}$$

即

$$\begin{cases}\dfrac{d^2x}{dt^2}+4x=\dfrac{4}{50}\cos4t,\\ x|_{t=0}=0,\left.\dfrac{dx}{dt}\right|_{t=0}=-2.0\times10^{-2},\end{cases}$$

解得对应齐次方程的通解为:

$$\bar{x}=C_1\cos2t+C_2\sin2t.$$

设方程 $\dfrac{d^2x}{dt^2}+4x=\dfrac{4}{50}\cos4t$ 的一个特解为

$$\bar{x}=A\cos4t+B\sin4t,$$

则有

$$\bar{x}'=-4A\sin4t+4B\cos4t,\quad \bar{x}''=-16A\cos4t-16B\sin4t,$$

将 $\bar{x}$,$\bar{x}''$ 代入原方程,整理得

$$-12A\cos4t-12B\sin4t=\frac{4}{50}\cos4t.$$

比较系数得 $A=-\dfrac{1}{150}$,$B=0$,从而得原方程的特解

$$\bar{x}=-\frac{1}{150}\cos4t,$$

因此原方程的通解为

$$x=C_1\cos 2t+C_2\sin 2t-\frac{1}{150}\cos 4t,$$

由初始条件 $x|_{t=0}=0,\frac{\mathrm{d}x}{\mathrm{d}t}=-2.0\times 10^{-2}$，求得 $C_1=\frac{1}{150},C_2=-\frac{1}{100}$，再将 C_1,C_2 的值代入原方程的通解，得所求物体的运动规律为

$$x=\frac{1}{150}\cos 2t-\frac{1}{100}\sin 2t-\frac{1}{150}\cos 4t.$$

数学实验六　用 Matlab 软件求常微分方程的解(或通解)

一、解常微分方程(或方程组)

在 Matlab 中，用大写字母 D 表示导数. 例如，Dy 表示 y′，D2y 表示 y″，D3y－D2y＋Dy－x＋5＝0 表示微分方程 y‴－y″＋y′－x＋5＝0. Dy(0)＝2 表示 y′(0)＝2. 常微分方程(或方程组)求符号解可以通过函数 dsolve 来实现，其调用格式为：

dsolve('方程 1，方程 2，…'，'条件 1，条件 2，…'，'自变量')

或

dsolve('方程 1'，'方程 2'，…，'条件 1'，'条件 2'，…，'自变量')

该函数求解常微分方程(或方程组)在初值条件下的特解. 默认的自变量为 t，若没有给出初始条件，则求常微分方程的通解.

例 1　求微分方程 $2x^2yy'+y^2=2$ 的通解.

解　在命令行中输入：

```
y=dsolve('2*x^2*y*Dy+y^2=2','x')
```

运行结果如下：

```
y=
[ (2+exp(1/x)*C1)^(1/2)]
[-(2+exp(1/x)*C1)^(1/2)]
```

即微分方程 $2x^2yy'+y^2=2$ 的通解是 $y=\pm\sqrt{2+C_1\mathrm{e}^{\frac{1}{x}}}$.

例 2　求微分方程 $\begin{cases}\frac{\mathrm{d}y}{\mathrm{d}t}+\frac{2y}{100+t}=6,\\ y|_{t=0}=50\end{cases}$ 的特解.

解　在命令行中输入：

```
y=dsolve('Dy+2*y/(100+t)=6','y(0)=50')   % 省略自变量，默认的自变量是 t
```

运行结果如下：

```
y=
```

```
500000/(100+t)^2+60000/(100+t)^2*t+600/(100+t)^2*t^2+2/(100+t)^2*t^3
```

再在命令行中输入:

```
y=simple(y)   % 将结果化简
```

输出结果是:

```
y=
2*(250000+30000*t+300*t^2+t^3)/(100+t)^2
```

即微分方程 $\begin{cases}\dfrac{dy}{dt}+\dfrac{2y}{100+t}=6,\\ y\mid_{t=0}=50\end{cases}$ 的特解是

$$y=\frac{2(250000+30000t+300t^2+t^3)}{(100+t)^2}.$$

例 3　求微分方程组 $\begin{cases}\dfrac{du}{dt}=v,\\ \dfrac{dv}{dt}=w,\\ \dfrac{dw}{dt}=-u,\\ u(0)=0,v(0)=0,w(0)=1\end{cases}$ 的特解.

解　在命令行中输入:

```
S=dsolve('Du=v,Dv=w,Dw=-u','u(0)=0,v(0)=0,w(0)=1')
```

程序运行结果如下:

```
S=
u:[1x1 sym]
v:[1x1 sym]
w:[1x1 sym]
```

查看解方法如下:

在命令行中输入:

```
u= S.u
```

显示结果是:

```
u=
1/3*3^(1/2)*exp(1/2*t)*sin(1/2*t*3^(1/2))-1/3*exp(1/2*t)*cos(1/2*t*3^(1/2))+1/3*exp(-t)
```

在命令行中继续输入:

```
u=simple(u)
```

显示结果是：

```
u=
-1/3*(-3^(1/2)*exp(3/2*t)*sin(1/2*t*3^(1/2))+exp(3/2*t)*cos(1/2*t*3^(1/2))-1)*exp(-t)
```

在命令行中继续输入：

```
v=S.v
```

显示结果是：

```
v=
1/3*3^(1/2)*exp(1/2*t)*sin(1/2*t*3^(1/2))+1/3*exp(1/2*t)*cos(1/2*t*3^(1/2))-1/3*exp(-t)
```

在命令行中继续输入：

```
v=simple(v)
```

显示结果是：

```
v=
1/3*(3^(1/2)*exp(3/2*t)*sin(1/2*t*3^(1/2))+exp(3/2*t)*cos(1/2*t*3^(1/2))-1)*exp(-t)
```

在命令行中继续输入：

```
w=S.w
```

显示结果是：

```
w=
1/3*exp(-t)+2/3*exp(1/2*t)*cos(1/2*t*3^(1/2))
```

在命令行中继续输入：

```
w=simple(w)
```

显示结果是：

```
w=
1/3/exp(t)+2/3*exp(1/2*t)*cos(1/2*t*3^(1/2))
```

例 4　求微分方程 $y''-\frac{y'}{x}-xe^x=0$ 的通解.

解　在命令行中输入：

```
y=dsolve('D2y-Dy/x-x*exp(x)','x')
```

输出结果如下：

```
y=
x*exp(x)-exp(x)+C1+C2*x^2
```

即 $y''-\frac{y'}{x}-xe^x=0$ 的通解是 $y=(x-1)e^x+C_1+C_2x^2$.

例 5　设有一均匀、柔软的绳索,两端固定,绳索仅受重力作用而下垂,试问该绳索在平衡状态时是怎样的曲线?

解　首先,建立微分方程. 由力学知识,得曲线上一动点 $M(x,y)$ 满足的条件为

$$\begin{cases} y'' = \dfrac{1}{a}\sqrt{1+y'^2}, \\ y\big|_{x=0} = a, y'\big|_{x=0} = 0. \end{cases}$$

其次,在命令行中输入:

```
y=dsolve('D2y=sqrt(1+Dy^2)/a','y(0)=a','Dy(0)=0','x
')
```

得该微分方程的解为:

```
y=
a*cosh(1/a*x)
```

再次,作出该方程表示的曲线,编辑 M 文件,输入下面内容:

```
clear   % 清除内存变量
a=5;   % 给常数 a 一个确定的数值
x=-2:0.1:5;  % 给 x 一个取值范围,步长为 0.1
y=a*cosh(1/a*x);
plot(x,y)
xlabel('x 轴');
ylabel('y 轴');
title('悬链线 y=a*cosh(1/a*x)的图像')
```

取名 exa15 保存,然后在命令行中输入 exa15,得该方程的图像如图 6.5 所示.

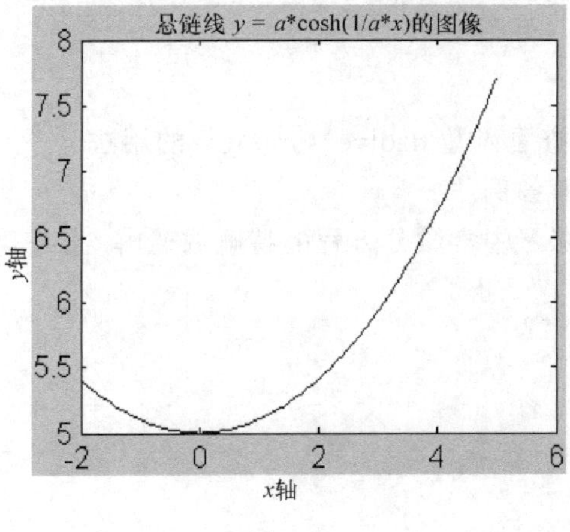

图 6.5

例 6　求微分方程 $y''-2y'-3y=0$ 的通解.

解　在命令行中输入：

```
y=dsolve('D2y-2* Dy-3* y= 0','x')
```

运行结果是：

```
y=
C1* exp(-x)+C2* exp(3* x)
```

即微分方程 $y''-2y'-3y=0$ 的通解是 $y=C_1\mathrm{e}^{-x}+C_2\mathrm{e}^{3x}$.

例 7　求微分方程 $\begin{cases}\dfrac{\mathrm{d}^2s}{\mathrm{d}t^2}+2\dfrac{\mathrm{d}s}{\mathrm{d}t}+5s=3\sin 2t,\\ s\big|_{t=0}=3,\dfrac{\mathrm{d}s}{st}\Big|_{t=0}=0\end{cases}$ 的特解.

解　在命令行中输入：

```
s=simple(dsolve('D2s+2* Ds+5* s=3* sin(2* t)','s(0)=3','
Ds(0)=0'))
```

运行结果是：

```
s=
-12/17* cos(2* t)+3/17* sin(2* t)+63/17* exp(-t)* cos(2* t)
+57/34* exp(-t)* sin(2* t)
```

即微分方程 $\begin{cases}\dfrac{\mathrm{d}^2s}{\mathrm{d}t^2}+2\dfrac{\mathrm{d}s}{\mathrm{d}t}+5s=3\sin 2t,\\ s\big|_{t=0}=3,\dfrac{\mathrm{d}s}{st}\Big|_{t=0}=0\end{cases}$ 的特解是

$$s=-\frac{12}{17}\cos 2t+\frac{3}{17}\sin 2t+\mathrm{e}^{-t}\left(\frac{63}{17}\cos 2t+\frac{57}{34}\sin 2t\right).$$

二、上机实验

(1) 用 help 命令查看函数 dsolve，simple 等的用法.

(2) 上机验证上面各例.

(3) 作相关小节练习中常微分方程的特解或通解.

*第7章 无穷级数

级数是表示函数、研究函数的性质以及数值计算的重要数学工具，在自然科学、工程技术等方面有着十分广泛的应用. 本章将介绍级数的基本概念、性质、审敛法、将函数展开成幂级数及三角级数和级数的应用.

7.1 级数的概念及基本性质

7.1.1 无穷级数的概念

定义 7.1.1 无穷数列$\{u_n\}$的各项相加所得表达式$u_1+u_2+\cdots+u_n+\cdots$，称为**无穷级数**，简称**级数**，记为$\sum\limits_{n=1}^{\infty}u_n$，即

$$\sum_{n=1}^{\infty}u_n=u_1+u_2+\cdots+u_n+\cdots$$

说明：(1) u_n 叫做级数的第 n 项或**一般项**；

(2) 级数的前 n 项和 $S_n=u_1+u_2+\cdots+u_n$ 称为级数的 n 项**部分和**.

(3) 级数的一般项 u_n 是常数的级数，称为**数项级数**；级数的一般项 u_n 是函数的级数，称为**函数项级数**.

定义 7.1.2 如果级数 $\sum\limits_{n=1}^{\infty}u_n$ 的部分和数列$\{S_n\}$收敛，即$\lim\limits_{n\to\infty}S_n=S$，那么称级数 $\sum\limits_{n=1}^{\infty}u_n$ 收敛，称极限 S 是级数 $\sum\limits_{n=1}^{\infty}u_n$ 的**和**，并记作

$$\sum_{n=1}^{\infty}u_n=u_1+u_2+\cdots+u_n+\cdots=S.$$

如果$\{S_n\}$没有极限，那么称级数 $\sum\limits_{n=1}^{\infty}u_n$ 发散.

例 7.1 判断级数 $\dfrac{1}{1\cdot 2}+\dfrac{1}{2\cdot 3}+\cdots+\dfrac{1}{n(n+1)}+\cdots$的敛散性，若收敛，求它的和.

解
$$u_n=\frac{1}{n(n+1)}=\frac{1}{n}-\frac{1}{n+1},$$

$$S_n=\frac{1}{1\cdot 2}+\frac{1}{2\cdot 3}+\cdots+\frac{1}{n(n+1)}=1-\frac{1}{2}+\frac{1}{2}-\frac{1}{3}+\cdots+\frac{1}{n}-\frac{1}{n+1}$$

$$=1-\frac{1}{n+1}.$$

由 $\lim\limits_{n\to\infty}S_n=\lim\limits_{n\to\infty}\left(1-\frac{1}{n+1}\right)=1$，得级数 $\sum\limits_{n=1}^{\infty}\frac{1}{n(n+1)}$ 收敛，且

$$\sum_{n=1}^{\infty}\frac{1}{n(n+1)}=1.$$

例 7.2　讨论等比级数（也称几何级数）$\sum\limits_{n=1}^{\infty}aq^{n-1}=a+aq+aq^2+\cdots+aq^{n-1}+\cdots$ 的敛散性（$a\neq 0$）.

解　若 $q\neq 1$，则部分和

$$S_n=\sum_{k=1}^{n}aq^{k-1}=a+aq+aq^2+\cdots+aq^{n-1}=\frac{a(1-q^n)}{1-q},$$

$$\lim_{n\to\infty}S_n=\lim_{n\to\infty}\frac{a(1-q^n)}{1-q}=\frac{a}{1-q}\lim_{n\to\infty}(1-q^n).$$

当 $|q|<1$ 时，由于 $\lim\limits_{n\to\infty}q^n=0$，从而 $\lim\limits_{n\to\infty}S_n=\lim\limits_{n\to\infty}\frac{a(1-q^n)}{1-q}=\frac{a}{1-q}$，此时等比级数 $\sum\limits_{n=1}^{\infty}aq^{n-1}$ 收敛，且

$$a+aq+aq^2+\cdots+aq^{n-1}+\cdots=\frac{a}{1-q}.$$

当 $|q|>1$ 时，由于 $\lim\limits_{n\to\infty}q^n=\infty$，从而 $\lim\limits_{n\to\infty}S_n=\lim\limits_{n\to\infty}\frac{a(1-q^n)}{1-q}=\infty$，等比级数 $\sum\limits_{n=1}^{\infty}aq^{n-1}$ 发散.

当 $|q|=1$ 时，若 $q=1$，则 $S_n=na\to\infty$，等比级数 $\sum\limits_{n=1}^{\infty}aq^{n-1}$ 发散.

当 $q=-1$ 时，因为 $S_n=\begin{cases}a, n\text{ 为奇数时},\\0, n\text{ 为偶数时},\end{cases}$ 所以 $\lim\limits_{n\to\infty}S_n$ 不存在，等比级数 $\sum\limits_{n=1}^{\infty}aq^{n-1}$ 发散.

综上所述，有

当 $|q|<1$ 时，等比级数 $\sum\limits_{n=1}^{\infty}aq^{n-1}$ 收敛，且

$$a+aq+aq^2+\cdots+aq^{n-1}+\cdots=\frac{a}{1-q};$$

当 $|q|\geqslant 1$ 时，等比级数 $\sum\limits_{n=1}^{\infty}aq^{n-1}$ 发散.

7.1.2 无穷级数的性质

性质 7.1.1(无穷级数收敛的必要条件) 若级数 $\sum_{n=1}^{\infty} u_n$ 收敛,则 $\lim_{n\to\infty} u_n = 0$.

对于级数 $u_1 + u_2 + \cdots + u_n + \cdots$,我们有 $u_n = S_n - S_{n-1}$. 若这个级数收敛于 S,则

$$\lim_{n\to\infty} u_n = \lim_{n\to\infty}(S_n - S_{n-1}) = \lim_{n\to\infty} S_n - \lim_{n\to\infty} S_{n-1} = S - S = 0.$$

注 (1) 若 $\lim_{n\to\infty} u_n = 0$,则级数 $\sum_{n=1}^{\infty} u_n$ 可能收敛也可能发散.

例如,级数 $\ln \frac{2}{1} + \ln \frac{3}{2} + \cdots + \ln \frac{n+1}{n} + \cdots$ 中 $u_n = \ln \frac{n+1}{n}$,且 $\lim_{n\to\infty} u_n = \lim_{n\to\infty} \ln \frac{n+1}{n} = 0$. 但是,由于

$$S_n = \ln \frac{2}{1} + \ln \frac{3}{2} + \cdots + \ln \frac{n+1}{n} = \ln\left(\frac{2}{1} \times \frac{3}{2} \times \cdots \times \frac{n+1}{n}\right) = \ln(n+1),$$

$$\lim_{n\to\infty} S_n = \lim_{n\to\infty} \ln(n+1) = +\infty,$$

因此,级数 $\sum_{n=1}^{\infty} \ln \frac{n+1}{n}$ 发散.

(2) 若 $\lim_{n\to\infty} u_n \neq 0$,则级数 $\sum_{n=1}^{\infty} u_n$ 发散.

例如,级数 $1 + 2 + 3 + \cdots + n + \cdots$,因为 $\lim_{n\to\infty} u_n = \lim_{n\to\infty} n = +\infty \neq 0$,所以级数发散. 事实上,由于 $S_n = 1 + 2 + 3 + \cdots + n = \frac{n(n+1)}{2}$,$\lim_{n\to\infty} S_n = \lim_{n\to\infty} \frac{n(n+1)}{2} = +\infty$,所以级数发散.

这一结论也可用反证法证明,请读者自己证明.

性质 7.1.2 若级数 $\sum_{n=1}^{\infty} u_n$ 收敛于 S,则级数 $\sum_{n=1}^{\infty} C \cdot u_n$ 也收敛(C 为常数),且 $\sum_{n=1}^{\infty} C \cdot u_n = CS$.

性质 7.1.3 若级数 $\sum_{n=1}^{\infty} u_n$ 收敛于 S,级数 $\sum_{n=1}^{\infty} v_n$ 收敛于 T,则级数 $\sum_{n=1}^{\infty} (u_n \pm v_n)$ 收敛于 $S \pm T$.

例如,由于级数 $\sum_{n=1}^{\infty} \frac{1}{e^n}$ 收敛,其和为 $\frac{1}{e-1}$. 级数 $\sum_{n=1}^{\infty} \frac{(-1)^n}{e^n}$ 也收敛,其和为 $-\frac{1}{e+1}$,因此级数 $\sum_{n=1}^{\infty} \frac{1+(-1)^n}{e^n}$ 收敛,且其和为

$$\frac{1}{e-1}-\frac{1}{e+1}=\frac{2}{e^2-1}.$$

性质 7.1.4　一个级数增加或减少有限个项，不改变级数的敛散性. 但在级数收敛时，增加或减少其有限个项，级数的和是要改变的.

7.2　数项级数的审敛法

7.2.1　正项级数及其审敛法

1. 正项级数

定义 7.2.1　在数项级数 $\sum\limits_{n=1}^{\infty}u_n$ 中，若 $u_n \geqslant 0(n=1,2,3,\cdots)$，则称该级数为**正项级数**.

这种级数特别重要，以后将看到许多级数的收敛性问题可归结为正项级数的收敛性问题.

2. 正项级数的审敛法

定理 7.2.1(正项级数的**比较审敛法**)　设有正项级数 $\sum\limits_{n=1}^{\infty}u_n$ 和 $\sum\limits_{n=1}^{\infty}v_n$，且 $u_n \leqslant v_n(n=1,2,\cdots)$.

(1) 如果级数 $\sum\limits_{n=1}^{\infty}v_n$ 收敛，那么级数 $\sum\limits_{n=1}^{\infty}u_n$ 也收敛；

(2) 如果级数 $\sum\limits_{n=1}^{\infty}u_n$ 发散，那么级数 $\sum\limits_{n=1}^{\infty}v_n$ 也发散.

例 7.3　判断级数 $\frac{1}{7^1+1}+\frac{1}{7^2+1}+\cdots+\frac{1}{7^n+1}+\cdots$ 的收敛性.

解　由于 $\frac{1}{7^n+1}<\frac{1}{7^n}$，又等比级数 $\sum\limits_{n=1}^{\infty}\frac{1}{7^n}$ 收敛，由比较审敛法知，级数 $\frac{1}{7^1+1}+\frac{1}{7^2+1}+\cdots+\frac{1}{7^n+1}+\cdots$ 也收敛.

说明　使用比较审敛法需要有已知敛散性的级数作为比较对象，常用以下级数作为比较对象.

(1) 调和级数 $\sum\limits_{n=1}^{\infty}\frac{1}{n}=1+\frac{1}{2}+\frac{1}{3}+\cdots+\frac{1}{n}+\cdots$ 发散.(证明略)

(2) 等比级数 $\sum\limits_{n=1}^{\infty}aq^{n-1}=a+aq+aq^2+\cdots+aq^{n-1}+\cdots$，

当$|q|<1$时,等比级数$\sum\limits_{n=1}^{\infty} aq^{n-1}$收敛,且其和为$\frac{a}{1-q}$;

当$|q|\geqslant 1$时,等比级数发散.

(3) P-级数$\sum\limits_{n=1}^{\infty} \frac{1}{n^p}=1+\frac{1}{2^p}+\frac{1}{3^p}+\cdots+\frac{1}{n^p}+\cdots$,

当$p>1$时,P-级数收敛;

当$p\leqslant 1$时,P-级数发散.(证明略)

例 7.4 判断下列级数的敛散性:

(1) $\sum\limits_{n=1}^{\infty} \frac{1}{\sqrt{n(n+1)}}$; (2) $\sum\limits_{n=1}^{\infty} \frac{1}{(n+2)\sqrt[3]{n}}$.

解 (1) 由于
$$\frac{1}{\sqrt{n(n+1)}}>\frac{1}{\sqrt{(n+1)^2}}=\frac{1}{n+1}.$$

又级数$\sum\limits_{n=1}^{\infty} \frac{1}{n+1}=\frac{1}{2}+\frac{1}{3}+\cdots+\frac{1}{n+1}+\cdots$是调和级数$1+\frac{1}{2}+\frac{1}{3}+\cdots+\frac{1}{n}+\cdots$去掉第一项后的级数,它是发散的.

由比较审敛法知,级数$\sum\limits_{n=1}^{\infty} \frac{1}{\sqrt{n(n+1)}}$发散.

(2) 由于$\frac{1}{(n+2)\sqrt[3]{n}}<\frac{1}{n\cdot\sqrt[3]{n}}(n=1,2,\cdots)$,级数$\sum\limits_{n=1}^{\infty} \frac{1}{n\cdot\sqrt[3]{n}}=\sum\limits_{n=1}^{\infty} \frac{1}{n^{\frac{4}{3}}}$,$p=\frac{4}{3}>1$,它是收敛的.

由比较审敛法知,级数$\sum\limits_{n=1}^{\infty} \frac{1}{(n+2)\sqrt[3]{n}}$收敛.

定理 7.2.2(正项级数的**比值审敛法**) 设有正项级数$\sum\limits_{n=1}^{\infty} u_n$,若$\lim\limits_{n\to\infty}\frac{u_{n+1}}{u_n}=\rho$,则

(1) 当$\rho<1$时,级数$\sum\limits_{n=1}^{\infty} u_n$收敛;

(2) 当$\rho>1$时,级数$\sum\limits_{n=1}^{\infty} u_n$发散;

(3) 当$\rho=1$时,级数$\sum\limits_{n=1}^{\infty} u_n$可能收敛,也可能发散.其敛散性须用其他方法判断.

例 7.5 判断下列级数的敛散性:

(1) $\sum\limits_{n=1}^{\infty} \frac{1}{(n-1)!}$; (2) $\sum\limits_{n=1}^{\infty} \frac{3n-1}{3^n}$; (3) $\sum\limits_{n=1}^{\infty} \frac{1}{\sqrt{n(n+1)}}$.

解　(1) $u_n=\dfrac{1}{(n-1)!}$,

$$\frac{u_{n+1}}{u_n}=\frac{\dfrac{1}{n!}}{\dfrac{1}{(n-1)!}}=\frac{(n-1)!}{n!}=\frac{1}{n},$$

于是有

$$\lim_{n\to\infty}\frac{u_{n+1}}{u_n}=\lim_{n\to\infty}\frac{1}{n}=0<1.$$

由比值审敛法知,级数 $\sum\limits_{n=1}^{\infty}\dfrac{1}{(n-1)!}$ 收敛.

(2) $u_n=\dfrac{3n-1}{3^n}$,

$$\frac{u_{n+1}}{u_n}=\frac{\dfrac{3(n+1)-1}{3^{n+1}}}{\dfrac{3n-1}{3^n}}=\frac{1}{3}\cdot\frac{3n+2}{3n-1},$$

于是有

$$\lim_{n\to\infty}\frac{u_{n+1}}{u_n}=\lim_{n\to\infty}\frac{1}{3}\cdot\frac{3n+2}{3n-1}=\frac{1}{3}<1.$$

由比值审敛法知,级数 $\sum\limits_{n=1}^{\infty}\dfrac{3n-1}{3^n}$收敛.

(3) $u_n=\dfrac{1}{\sqrt{n(n+1)}}$, $\lim\limits_{n\to\infty}\dfrac{u_{n+1}}{u_n}=\lim\limits_{n\to\infty}\cdot\dfrac{\dfrac{1}{\sqrt{(n+1)(n+2)}}}{\dfrac{1}{\sqrt{n(n+1)}}}=\lim\limits_{n\to\infty}\sqrt{\dfrac{n(n+1)}{(n+1)(n+2)}}$

$$=\lim_{n\to\infty}\sqrt{\frac{n}{n+2}}=1.$$

用比值审敛法不能判定其敛散性,但我们在例 7.4 中使用比较审敛法知,级数 $\sum\limits_{n=1}^{\infty}\dfrac{1}{\sqrt{n(n+1)}}$ 发散.

注　当级数的一般项 u_n 中含有 $n!$ 个或为几个因式乘积(或商)的形式时,常用比值审敛法判断级数的**收敛性**.

定理 7.2.3(正项级数的**根值审敛法**)　设有正项级数 $\sum\limits_{n=1}^{\infty}u_n$,如果$\lim\limits_{n\to\infty}\sqrt[n]{u_n}=$

ρ，则

(1) 当 $\rho<1$ 时，级数 $\sum_{n=1}^{\infty} u_n$ 收敛；

(2) 当 $\rho>1$ 时，级数 $\sum_{n=1}^{\infty} u_n$ 发散；

(3) 当 $\rho=1$ 时，级数可能收敛，也可能发散. 是否收敛须用其他方法判定.

例 7.6 判断下列级数的敛散性：

(1) $\sum_{n=1}^{\infty} \frac{1}{n^n}$； (2) $\sum_{n=1}^{\infty} \frac{2^n}{3\ln^n}$.

解 (1) 由于 $u_n=\frac{1}{n^n}$，且

$$\lim_{n\to\infty} \sqrt[n]{u_n} = \lim_{n\to\infty} \sqrt[n]{\frac{1}{n^n}} = \lim_{n\to\infty} \frac{1}{n} = 0 < 1.$$

由根值审敛法知，级数 $\sum_{n=1}^{\infty} \frac{1}{n^n}$ 收敛.

(2) 由于 $u_n=\frac{2^n}{3\ln^n}$，且

$$\lim_{n\to\infty} \sqrt[n]{u_n} = \lim_{n\to\infty} \sqrt[n]{\frac{2^n}{3\ln^n}} = \lim_{n\to\infty} \frac{2}{3^{\frac{\ln n}{n}}} = \frac{2}{3^{\circ}} = 2 > 1,$$

由根值审敛法知，级数 $\sum_{n=1}^{\infty} \frac{2^n}{3\ln^n}$ 发散.

此例也可用定理 7.2.2 判别其发散.

定理 7.2.4（正项级数的比较审敛法的极限形式）有两个正项级数 $\sum_{n=1}^{\infty} u_n$ 与 $\sum_{n=1}^{\infty} v_n\,(v_n \neq 0)$，且 $\lim\limits_{n\to\infty}\frac{u_n}{v_n}=k$.

(1) 若级数 $\sum_{n=1}^{\infty} v_n$ 收敛，且 $0\leqslant k<+\infty$，则级数 $\sum_{n=1}^{\infty} u_n$ 也收敛.

(2) 若级数 $\sum_{n=1}^{\infty} v_n$ 发散，且 $0<k\leqslant+\infty$，则级数 $\sum_{n=1}^{\infty} u_n$ 也发散.

例 7.7 判别下列级数的敛散性：

(1) $\sum_{n=1}^{\infty} \frac{1}{n\cdot n!}$； (2) $\sum_{n=1}^{\infty} \ln\left(1+\frac{1}{n}\right)$.

解 (1) 取 $v_n=\frac{1}{n!}$，有

$$\lim_{n\to\infty}\frac{\dfrac{1}{n\cdot n!}}{\dfrac{1}{n!}}=\lim_{n\to\infty}\frac{1}{n}=0,$$

已知级数 $\sum_{n=1}^{\infty}\frac{1}{n!}$ 收敛(见例 7.5),由定理 7.2.4

(1)知,级数 $\sum_{n=1}^{\infty}\frac{1}{n\cdot n!}$ 收敛.

(2) 取 $v_n=\frac{1}{n}$,有

$$\lim_{n\to\infty}\frac{\ln\left(1+\dfrac{1}{n}\right)}{\dfrac{1}{n}}=\lim_{n\to\infty}\ln\left(1+\frac{1}{n}\right)^n=1.$$

已知级数 $\sum_{n=1}^{\infty}\frac{1}{n}$ 发散,由定理 7.2.4(2)知,级数 $\sum_{n=1}^{\infty}\ln\left(1+\frac{1}{n}\right)$ 发散.

7.2.2　交错级数及其审敛法

定义 7.2.2　设 $u_n>0(n=1,2,\cdots)$,形如

$$\sum_{n=1}^{\infty}(-1)^{n-1}u_n=u_1-u_2+u_3-\cdots+(-1)^{n-1}u_n+\cdots$$

这样的级数称为**交错级数**.

定理 7.2.5(交错级数审敛法)　若交错级数 $\sum_{n=1}^{\infty}(-1)^{n-1}u_n$ 满足下面两个条件:

(1) $u_n\geqslant u_{n+1}(n=1,2,\cdots)$;

(2) $\lim\limits_{n\to\infty}u_n=0$.

则级数 $\sum_{n=1}^{\infty}(-1)^{n-1}u_n$ 收敛,且其和 $S\leqslant u_1$.

例 7.8　判断级数 $1-\frac{1}{2}+\frac{1}{3}-\frac{1}{4}+\cdots+(-1)^{n-1}\frac{1}{n}+\cdots$的敛散性.

解　由于 $u_n=\frac{1}{n}$,且

$$u_n=\frac{1}{n}>\frac{1}{n+1}=u_{n+1},$$

又

$$\lim_{n\to\infty}u_n=\lim_{n\to\infty}\frac{1}{n}=0,$$

由交错级数审敛法知,级数 $\sum_{n=1}^{\infty}(-1)^{n-1}\frac{1}{n}$ 收敛.

7.2.3 一般级数及其审敛法

定义 7.2.3 若级数 $\sum_{n=1}^{\infty}|u_n|$ 收敛,则称级数 $\sum_{n=1}^{\infty}u_n$ **绝对收敛**;若级数 $\sum_{n=1}^{\infty}|u_n|$ 发散,但级数 $\sum_{n=1}^{\infty}u_n$ 收敛,则称级数 $\sum_{n=1}^{\infty}u_n$ **条件收敛**.

定理 7.2.6 如果级数 $\sum_{n=1}^{\infty}u_n$ 绝对收敛,那么级数 $\sum_{n=1}^{\infty}u_n$ 一定收敛.

例 7.9 证明级数 $\sum_{n=1}^{\infty}\frac{\sin 2^n}{n^4}$ 收敛.

证 由于 $|u_n|=\left|\frac{\sin 2^n}{n^4}\right|\leqslant\frac{1}{n^4}(n=1,2,\cdots)$,而级数 $\sum_{n=1}^{\infty}\frac{1}{n^4}$ 收敛.由比较审敛法知,级数 $\sum_{n=1}^{\infty}\left|\frac{\sin 2^n}{n^4}\right|$ 收敛.故级数 $\sum_{n=1}^{\infty}\frac{\sin 2^n}{n^4}$ 绝对收敛.

由定理 7.2.5 知,级数 $\sum_{n=1}^{\infty}\frac{\sin 2^n}{n^4}$ 收敛.

例 7.10 证明级数 $\sum_{n=1}^{\infty}(-1)^n\frac{1}{\sqrt{n}}$ 条件收敛.

证 由于级数 $\sum_{n=1}^{\infty}\left|(-1)^n\frac{1}{\sqrt{n}}\right|=\sum_{n=1}^{\infty}\frac{1}{\sqrt{n}}$ 是发散的.级数 $\sum_{n=1}^{\infty}(-1)^n\frac{1}{\sqrt{n}}$ 是一个交错级数,且

$$u_n=\frac{1}{\sqrt{n}}>\frac{1}{\sqrt{n+1}}=u_{n+1},\quad \lim_{n\to\infty}u_n=\lim_{n\to\infty}\frac{1}{\sqrt{n}}=0.$$

因此,级数 $\sum_{n=1}^{\infty}(-1)^n\frac{1}{\sqrt{n}}$ 收敛.故级数 $\sum_{n=1}^{\infty}(-1)^n\frac{1}{\sqrt{n}}$ 条件收敛.

7.3 幂 级 数

7.3.1 幂级数的概念

1. 幂级数

定义 7.3.1 形如 $\sum_{n=0}^{\infty}a_nx^n=a_0+a_1x+a_2x^2+\cdots+a_nx^n+\cdots$ 这样的级数称为

幂级数,其中常数 $a_0,a_1,a_2,\cdots,a_n,\cdots$ 叫做幂级数的系数.

说明:(1) 对每一个确定的值 x_0,幂级数 $\sum\limits_{n=0}^{\infty}a_nx^n$ 成为常数项级数 $a_0+a_1x_0+a_2x_0^2+\cdots+a_nx_0{}^n+\cdots$,这个级数可能收敛也可能发散.

(2) 如果级数 $\sum\limits_{n=0}^{\infty}a_nx_0^n$ 收敛,则称幂级数 $\sum\limits_{n=0}^{\infty}a_nx^n$ 在点 x_0 处收敛,称 x_0 是幂级数 $\sum\limits_{n=0}^{\infty}a_nx^n$ 的**收敛点**.

(3) 如果级数 $\sum\limits_{n=0}^{\infty}a_nx_0^n$ 发散,则称幂级数 $\sum\limits_{n=0}^{\infty}a_nx^n$ 在点 x_0 处发散,称 x_0 是幂级数 $\sum\limits_{n=0}^{\infty}a_nx^n$ 的**发散点**.

(4) 幂级数 $\sum\limits_{n=0}^{\infty}a_nx^n$ 所有收敛点组成的集合称为幂级数的**收敛域**或**收敛区间**,所有发散点组成的集合称为它的**发散域**或**发散区间**.

(5) 对应于收敛域内的任一取定的数 x,幂级数 $\sum\limits_{n=0}^{\infty}a_nx^n$ 成为一收敛的数项级数,因而有一确定的和 S. 这样,幂级数 $\sum\limits_{n=0}^{\infty}a_nx^n$ 在收敛域内,其和 S 是 x 的函数,这个函数称为幂级数 $\sum\limits_{n=0}^{\infty}a_nx^n$ 的**和函数**,并记作

$$S(x)=\sum_{n=0}^{\infty}a_nx^n.$$

2. 幂级数的收敛半径和收敛域

现在我们来讨论给定一个幂级数,如何计算它的收敛域与发散域. 为此,有如下定理:

定理 7.3.1　设有幂级数 $\sum\limits_{n=0}^{\infty}a_nx^n$,$\lim\limits_{n\to\infty}\left|\dfrac{a_n}{a_{n+1}}\right|=R$.

(1) 若 $0<R<+\infty$,则当 $|x|<R$ 时幂级数收敛,当 $|x|>R$ 时幂级数发散,当 $|x|=R$ 时幂级数可能收敛也可能发散.

(2) 若 $R=+\infty$,则幂级数在区间 $(-\infty,+\infty)$ 内收敛;

(3) 如果 $R=0$,则幂级数仅在 $x=0$ 处收敛.

正数 R 叫做幂级数 $\sum\limits_{n=0}^{\infty}a_nx^n$ 的**收敛半径**.

例 7.11　求幂级数 $x-\dfrac{x^2}{2}+\dfrac{x^3}{3}-\cdots+(-1)^{n-1}\dfrac{x^n}{n}+\cdots$ 的收敛半径与收敛

区间.

解 由 $x-\frac{x^2}{2}+\frac{x^3}{3}-\cdots+(-1)^{n-1}\frac{x^n}{n}+\cdots$，得 $a_n=(-1)^{n-1}\frac{1}{n}$，且

$$\lim_{n\to\infty}\left|\frac{a_n}{a_{n+1}}\right|=\lim_{n\to\infty}\frac{\frac{1}{n}}{\frac{1}{n+1}}=1,$$

于是，该幂级数的收敛半径 $R=1$，在区间 $(-1,1)$ 内收敛.

当 $x=1$ 时，该级数为交错级数 $1-\frac{1}{2}+\frac{1}{3}-\cdots+(-1)^{n-1}\frac{1}{n}+\cdots$ 收敛.

当 $x=-1$ 时，该级数为 $-1-\frac{1}{2}-\frac{1}{3}-\cdots-\frac{1}{n}-\cdots=-\sum\limits_{n=1}^{\infty}\frac{1}{n}$，是调和级数的相反数，它发散.

故该幂级数的收敛区间为 $(-1,1]$.

例 7.12 求幂级数 $\sum\limits_{n=1}^{\infty}\frac{(x-1)^n}{n\cdot 2^n}$ 的收敛域.

解 令 $t=x-1$，则 $\sum\limits_{n=1}^{\infty}\frac{(x-1)^n}{n\cdot 2^n}=\sum\limits_{n=1}^{\infty}\frac{t^n}{n\cdot 2^n}$.

对于幂级数 $\sum\limits_{n=1}^{\infty}\frac{t^n}{n\cdot 2^n}$，有

$$R=\lim_{n\to\infty}\left|\frac{a_n}{a_{n+1}}\right|=\lim_{n\to\infty}\frac{(n+1)\cdot 2^{n+1}}{n\cdot 2^n}=2.$$

当 $t=2$ 时，级数 $\sum\limits_{n=1}^{\infty}\frac{t^n}{n\cdot 2^n}=\sum\limits_{n=1}^{\infty}\frac{1}{n}$ 发散.

当 $t=-2$ 时，级数 $\sum\limits_{n=1}^{\infty}\frac{t^n}{n\cdot 2^n}=\sum\limits_{n=1}^{\infty}(-1)^n\frac{1}{n}$ 为交错级数，它收敛，于是，当 $-2\leqslant t<2$ 时，级数 $\sum\limits_{n=1}^{\infty}\frac{t^n}{n\cdot 2^n}$ 收敛，即 $-1\leqslant x<3$ 时，级数 $\sum\limits_{n=1}^{\infty}\frac{(x-1)^n}{n\cdot 2^n}$ 收敛，故级数 $\sum\limits_{n=1}^{\infty}\frac{(x-1)^n}{n\cdot 2^n}$ 的收敛域为 $[-1,3)$.

需要注意的是，在幂级数 $\sum\limits_{n=0}^{\infty}a_nx^n$ 中缺少奇次幂或偶次幂的项时，本节定理不能直接应用. 但我们可根据比值审敛法来求收敛半径及收敛域，也可使用例 7.12 中变量代换的方法来求收敛半径及收敛域.

例 7.13 求幂级数 $\sum\limits_{n=1}^{\infty}\frac{2n-1}{2^n}x^{2n-2}$ 的收敛域.

解法一　幂级数 $\sum_{n=1}^{\infty}\frac{2n-1}{2^n}x^{2n-2}$ 中缺少奇次项,下面我们用比值审敛法来求收敛半径及收敛域.

因为 $u_n=\frac{2n-1}{2^n}x^{2(n-1)}$,且

$$\lim_{n\to\infty}\left|\frac{u_{n+1}}{u_n}\right|=\lim_{n\to\infty}\left|\frac{\frac{2n+1}{2^{n+1}}x^{2n}}{\frac{2n-1}{2^n}x^{2n-2}}\right|=\lim_{n\to\infty}\left(\frac{1}{2}\cdot\frac{2n+1}{2n-1}\cdot x^2\right)=\frac{x^2}{2}.$$

由比值审敛法可知

当 $\frac{x^2}{2}<1$,即 $-\sqrt{2}<x<\sqrt{2}$ 时,幂级数 $\sum_{n=1}^{\infty}\frac{2n-1}{2^n}x^{2n-2}$ 收敛;

当 $\frac{x^2}{2}>1$,即 $x<-\sqrt{2}$ 或 $x>\sqrt{2}$ 时,幂级数 $\sum_{n=1}^{\infty}\frac{2n-1}{2^n}x^{2n-2}$ 发散;

当 $\frac{x^2}{2}=1$,即 $x=\pm\sqrt{2}$ 时,

若 $x=\sqrt{2}$,则级数 $\sum_{n=1}^{\infty}\frac{2n-1}{2^n}x^{2n-2}=\sum_{n=1}^{\infty}\frac{2n-1}{2^n}\cdot 2^{n-1}=\sum_{n-1}^{\infty}\frac{2n-1}{2}$ 发散;

若 $x=-\sqrt{2}$,则级数 $\sum_{n=1}^{\infty}\frac{2n-1}{2^n}x^{2n-2}=\sum_{n=1}^{\infty}\frac{2n-1}{2^n}\cdot(-1)^{2n-2}2^{n-1}=\sum_{n-1}^{\infty}\frac{2n-1}{2}$ 发散.

综上所述,幂级数 $\sum_{n=1}^{\infty}\frac{2n-1}{2^n}x^{2n-2}$ 的收敛域为 $(-\sqrt{2},\sqrt{2})$.

解法二　幂级数 $\sum_{n=1}^{\infty}\frac{2n-1}{2^n}x^{2n-2}$ 中缺少奇次项,我们也可用变量代换的方法来求收敛半径及收敛域.

令 $t=x^2$,则 $\sum_{n=1}^{\infty}\frac{2n-1}{2^n}x^{2n-2}=\sum_{n=1}^{\infty}\frac{2n-1}{2^n}t^{n-1}$. 对于级数 $\sum_{n=1}^{\infty}\frac{2n-1}{2^n}t^{n-1}$,有

$$R=\lim_{n\to\infty}\left|\frac{a_n}{a_{n+1}}\right|=\lim_{n\to\infty}\frac{(2n-1)\cdot 2^{n+1}}{(2n+1)\cdot 2^n}=2.$$

于是有级数 $\sum_{n=1}^{\infty}\frac{2n-1}{2^n}t^{n-1}$ 在区间 $(-2,2)$ 内收敛.

当 $t=2$ 时,级数 $\sum_{n=1}^{\infty}\frac{2n-1}{2^n}t^{n-1}=\sum_{n=1}^{\infty}\frac{2n-1}{2^n}\cdot 2^{n-1}=\sum_{n=1}^{\infty}\frac{2n-1}{2}$ 发散 $\left(\text{因为此时}\lim_{n\to\infty}\frac{2n-1}{2}\neq 0\right)$;

当 $t=-2$ 时，级数 $\sum\limits_{n=1}^{\infty}\frac{2n-1}{2^n}t^{n-1}=\sum\limits_{n=1}^{\infty}(-1)^{n-1}\frac{2n-1}{2}$ 发散.

从而有，当 $-2<t<2$ 时，级数 $\sum\limits_{n=1}^{\infty}\frac{t^n}{n\cdot 2^n}$ 收敛；

即当 $-2<x^2<2,-\sqrt{2}<x<\sqrt{2}$ 时，级数 $\sum\limits_{n=1}^{\infty}\frac{2n-1}{2^n}x^{2n-2}$ 收敛.

故级数 $\sum\limits_{n=1}^{\infty}\frac{2n-1}{2^n}x^{2n-2}$ 的收敛域为 $(-\sqrt{2},\sqrt{2})$.

值得一提的是，本例是缺少奇次幂项的幂级数收敛域求法，若是缺少偶次幂项的幂级数，我们应注意利用下面结论：

幂级数 $\sum\limits_{n=0}^{\infty}a_nx^{2n+1}$ 与幂级数 $\sum\limits_{n=0}^{\infty}a_nx^{2n}$ 具有相同的敛散性.

事实上，若幂级数 $\sum\limits_{n=0}^{\infty}a_nx^{2n}$ 在点 x_0 处收敛，即 $\sum\limits_{n=0}^{\infty}a_n{x_0}^{2n}$ 收敛，则由数项级数的性质知级数 $x_0\sum\limits_{n=0}^{\infty}a_n{x_0}^{2n}=\sum\limits_{n=0}^{\infty}a_n{x_0}^{2n+1}$ 收敛，即幂级数 $\sum\limits_{n=0}^{\infty}a_nx^{2n+1}$ 在点 x_0 处也收敛，反之亦然.

7.3.2 幂级数的运算

在用幂级数解决问题时，经常要对幂级数进行加、减、乘，以及求导数、求积分等运算.

设幂级数 $\sum\limits_{n=0}^{\infty}a_nx^n=a_0+a_1x+a_2x^2+\cdots+a_nx^n+\cdots$ 的收敛半径为 R_1，和函数为 $f(x)$，幂级数 $\sum\limits_{n=0}^{\infty}b_nx^n=b_0+b_1x+b_2x^2+\cdots+b_nx^n+\cdots$ 的收敛半径为 R_2，和函数为 $g(x)$，有如下运算法则.

1. 幂级数的加、减运算

$$\sum_{n=0}^{\infty}a_nx^n\pm\sum_{n=0}^{\infty}b_nx^n=\sum_{n=0}^{\infty}(a_n\pm b_n)x^n=f(x)\pm g(x),$$

其收敛半径 R 为 R_1,R_2 中的较小者，即 $R=\min\{R_1,R_2\}$.

2. 幂级数的乘法运算

$$\sum_{n=0}^{\infty}a_nx^n\cdot\sum_{n=0}^{\infty}b_nx^n=\sum_{n=0}^{\infty}(a_0b_n+a_1b_{n-1}+\cdots+a_nb_0)x^n$$

$$=\sum_{n=0}^{\infty}\sum_{i+j=n}a_ib_jx^n = f(x)\cdot g(x),$$

其收敛半径 R 为 R_1,R_2 中的较小者,即 $R=\min\{R_1,R_2\}$.

3. 幂级数的求导运算

若幂级数 $\sum_{n=0}^{\infty}a_nx^n$ 的收敛半径为 R,则其和函数 $f(x)$在$(-R,R)$内可导,且

$$[f(x)]' = \left(\sum_{n=0}^{\infty}a_nx^n\right)' = \sum_{n=0}^{\infty}(a_nx^n)' = \sum_{n=1}^{\infty}na_nx^{n-1}\text{(逐项求导)},$$

求导后的幂级数 $\sum_{n=1}^{\infty}na_nx^{n-1}$ 与原幂级数有相同的收敛半径 R.

4. 幂级数的积分运算

若幂级数 $\sum_{n=0}^{\infty}a_nx^n$ 的收敛半径为 R,则其和函数 $f(x)$在$(-R,R)$内可积,且

$$\int_0^x f(x)\mathrm{d}x = \int_0^x\left[\sum_{n=0}^{\infty}a_nx^n\right]\mathrm{d}x = \sum_{n=0}^{\infty}\int_0^x a_nx^n\mathrm{d}x = \sum_{n=0}^{\infty}\frac{a_n}{n+1}x^{n+1}\text{(逐项积分)},$$

求积分后的幂级数 $\sum_{n=0}^{\infty}\frac{a_n}{n+1}x^{n+1}$ 与原幂级数有相同的收敛半径 R.

以下我们利用等比级数及逐项求导或逐项积分方法求幂级数的和函数.

例 7.14　求下列级数的和函数:

(1) $f(x)=1-2x+3x^2-\cdots+(-1)^n(n+1)x^n+\cdots$;

(2) $g(x)=x-\frac{x^3}{3}+\frac{x^5}{5}-\cdots+(-1)^{n-1}\frac{x^{2n-1}}{2n-1}+\cdots$.

解　(1) 将 $f(x)=1-2x+3x^2-\cdots+(-1)^n(n+1)x^n+\cdots$两边同时积分

$$\int_0^x f(x)\mathrm{d}x = \int_0^x[1-2x+3x^2-\cdots+(-1)^n(n+1)x^n+\cdots]\mathrm{d}x,$$

求得

$$\int_0^x f(x)\mathrm{d}x = x-x^2+x^3-\cdots+(-1)^nx^{n+1}+\cdots,$$

利用等比级数的求和公式,得

$$\int_0^x f(x)\mathrm{d}x = \frac{x}{1+x},\quad |x|<1,$$

于是有

$$f(x) = \left[\int_0^x f(x)\mathrm{d}x\right]' = \left(\frac{x}{1+x}\right)' = \frac{1}{(1+x)^2},$$

即

$$1-2x+3x^2-\cdots+(-1)^n(n+1)x^n+\cdots=\frac{1}{(1+x)^2},\quad |x|<1.$$

当 $x=\pm1$ 时,级数 $1-2x+3x^2-\cdots+(-1)^n(n+1)x^n+\cdots$ 发散. 所以所给级数的和函数为

$$f(x)=\frac{1}{(1+x)^2},\quad |x|<1.$$

(2) 将 $g(x)=x-\dfrac{x^3}{3}+\dfrac{x^5}{5}-\cdots+(-1)^{n-1}\dfrac{x^{2n-1}}{2n-1}+\cdots$ 两端求导,得

$$g'(x)=1-x^2+x^4-\cdots+(-1)^{n-1}x^{2n-2}+\cdots,$$

利用等比级数求和公式得

$$g'(x)=\frac{1}{1+x^2},\quad |x|<1,$$

两边同时积分

$$\int_0^x g'(x)\mathrm{d}x=\int_0^x\frac{1}{1+x^2}\mathrm{d}x,$$

得

$$g(x)-g(0)=\arctan x-\arctan 0,\text{而 } g(0)=0,$$

所以,

$$g(x)=x-\frac{x^3}{3}+\frac{x^5}{5}-\cdots+(-1)^{n-1}\frac{x^{2n-1}}{2n-1}+\cdots=\arctan x,\quad |x|<1.$$

当 $x=\pm1$ 时,级数 $\sum\limits_{n=1}^{\infty}(-1)^{n-1}\dfrac{x^{2n-1}}{2n-1}$ 均是交错级数,由交错级数审敛法知其收敛. 所以幂级数 $\sum\limits_{n=1}^{\infty}(-1)^{n-1}\dfrac{x^{2n-1}}{2n-1}$ 的和函数为

$$g(x)=\arctan x,\quad |x|\leqslant 1.$$

7.4　函数的幂级数展开式

7.4.1　泰勒级数和麦克劳林级数

前面我们学习了在收敛域内幂级数的和函数的求法,下面再来研究给定一个函数 $f(x)$,如何将它在某个区间内"展开成幂级数".

设函数 $f(x)$ 在点 $x=x_0$ 的邻域内具有各阶导数 $f'(x_0),f''(x_0),\cdots,f^{(n)}(x_0),\cdots$,并且假设 $f(x)$ 已展开成幂级数形式,即设 $f(x)=a_0+a_1(x-x_0)+\cdots+a_n(x-x_0)^n+\cdots$,从而有

$$f(x)=a_0+a_1(x-x_0)+\cdots+a_n(x-x_0)^n+\cdots,$$

$$f'(x) = a_1 + 2a_2(x - x_0) + \cdots + na_n(x - x_0)^{n-1} + \cdots,$$

$$f''(x) = 2 \cdot 1a_2 + 3 \cdot 2a_3(x - x_0) + \cdots + n(n-1)a_n(x - x_0)^n + \cdots,$$

$$\cdots\cdots$$

$$f^{(n)}(x) = n(n-1)\cdots 3 \cdot 2 \cdot 1a_n + (n+1)n\cdots 3 \cdot 2a_{n+1}(x - x_0) + \cdots.$$

在以上各式中令 $x=x_0$，得

$$a_0 = f(x_0), a_1 = f'(x_0), a_2 = \frac{f''(x_0)}{2!}, \cdots, a_n = \frac{f^{(n)}(x_0)}{n!}, \cdots$$

由此得到

$$f(x) = f(x_0) + \frac{f'(x_0)}{1!}(x - x_0) + \frac{f''(x_0)}{2!}(x - x_0)^2 + \cdots + \frac{f^{(n)}(x_0)}{n!}(x - x_0)^n + \cdots,$$

我们称上式为函数 $f(x)$ 的**泰勒级数**，其中，$a_n=\dfrac{f^{(n)}(x_0)}{n!}$ 称为**泰勒系数**.

当 $x_0=0$ 时，得

$$f(x) = f(0) + \frac{f'(0)}{1!}x + \frac{f''(0)}{2!}x^2 + \cdots + \frac{f^{(n)}(0)}{n!}x^n + \cdots,$$

称上式为函数 $f(x)$ 的**麦克劳林级数**，其中，$a_n=\dfrac{f^{(n)}(0)}{n!}$ 称为**麦克劳林系数**.

今后我们一般将函数展开成麦克劳林级数.

7.4.2　函数展开成幂级数

将函数 $f(x)$ 展开为 x 的幂级数的方法：

第一步，求 $f(x)$ 的各阶导数 $f'(x), f''(x), \cdots, f^{(n)}(x), \cdots$.

第二步，求函数及各阶导数在 $x=0$ 处的函数值，即求 $f(0), f'(0), f''(0), \cdots, f^{(n)}(0), \cdots$.

第三步，写出幂级数

$$f(x) = f(0) + \frac{f'(0)}{1!}x + \frac{f''(0)}{2!}x^2 + \cdots + \frac{f^{(n)}(0)}{n!}x^n + \cdots,$$

并求出其收敛半径或收敛区间.

必须注意：当 $f(x)$ 的各阶导数在 $x=0$ 处不存在时，$f(x)$ 就不能展开为麦克劳林级数.

例 7.15　将函数 $f(x)=e^x$ 展开成幂级数.

解　求 $f(x)=e^x$ 的各阶导数，得

$$f^{(n)}(x) = e^x, \quad n = 1, 2, \cdots.$$

令 $x=0$ 得

$$f(0)=1,\quad f^{(n)}(0)=1,\quad n=1,2,\cdots,$$

于是有

$$\begin{aligned}e^{x}&=f(0)+\frac{f'(0)}{1!}x+\frac{f''(0)}{2!}x^{2}+\cdots+\frac{f^{(n)}(0)}{n!}x^{n}+\cdots\\&=1+\frac{x}{1!}+\frac{x^{2}}{2!}+\cdots+\frac{x^{n}}{n!}+\cdots,\end{aligned}$$

其收敛半径 $r=+\infty$.

例 7.16 将函数 $f(x)=\sin x$ 展开成幂级数.

解 求 $f(x)=\sin x$ 的各阶导数,得

$$f'(x)=\cos x=\sin\left(x+\frac{\pi}{2}\right),$$

$$f''(x)=-\sin x=\sin\left(x+\frac{2\pi}{2}\right),$$

$$\cdots\cdots$$

$$f^{(n)}(x)=\sin\left(x+\frac{n\pi}{2}\right),\quad n=1,2,\cdots.$$

令 $x=0$,得

$$f(0)=0,f'(0)=1,f''(0)=0,f'''(0)=-1,f^{(4)}(0)=0,\cdots$$

于是得

$$\sin x=x-\frac{x^{3}}{3!}+\frac{x^{5}}{5!}-\frac{x^{7}}{7!}+\cdots+(-1)^{n-1}\frac{x^{2n-1}}{(2n-1)!}+\cdots,$$

其收敛区间为$(-\infty,+\infty)$.

例 7.17 将 $f(x)=(1+x)^{m}$ 展开成幂级数.

解 求 $f(x)=(1+x)^{m}$ 的各阶导数,得

$$f'(x)=m(1+x)^{m-1},$$

$$f''(x)=m(m-1)(1+x)^{m-2},$$

$$f'''(x)=m(m-1)(m-2)(1+x)^{m-3},$$

$$\cdots\cdots$$

$$f^{(n)}(x)=m(m-1)\cdots(m-n+1)x^{m-n}.$$

令 $x=0$,得

$$f(0)=1,f'(0)=m,f''(0)=m(m-1),\cdots,f^{(n)}(0)=m(m-1)\cdots(m-n+1),$$

从而得

$$(1+x)^{m}=1+mx+\frac{1}{2!}m(m-1)x^{2}+\cdots+\frac{1}{n!}m(m-1)\cdots(m-n+1)x^{n}+\cdots,$$

其收敛半径为

$$R=\lim_{n\to\infty}\left|\frac{\frac{1}{n!}m(m-1)\cdots(m-n+1)}{\frac{1}{(n+1)!}m(m-1)\cdots(m-n+1)(m-n)}\right|=\lim_{n\to\infty}\left|\frac{n+1}{m-n}\right|=1.$$

当 $x=\pm1$ 时,展开式是否成立看 m 的数值而定.

7.4.3　函数展开成幂级数的间接方法

下面我们介绍函数展开成幂级数的间接方法,即利用一些已知函数的幂级数展开式以及幂级数的运算,如四则运算、逐项求导、逐项积分等,将所给函数展开成幂级数的方法.

在将函数展开为幂级数时,常利用下列函数的展开式:

(1) $\frac{1}{1-x}=1+x+x^2+\cdots+x^n+\cdots,x\in(-1,1)$;

(2) $e^x=1+x+\frac{1}{2!}x^2+\cdots+\frac{x^n}{n!}+\cdots,x\in(-\infty,+\infty)$;

(3) $\sin x=x-\frac{x^3}{3!}+\cdots+(-1)^n\frac{x^{2n+1}}{(2n+1)!}+\cdots,x\in(-\infty,+\infty)$;

(4) $\cos x=1-\frac{x^2}{2!}+\frac{x^4}{4!}-\cdots+(-1)^n\frac{x^{2n}}{(2n)!}+\cdots,\quad x\in(-\infty,+\infty)$;

(5) $\ln(1+x)=x-\frac{x^2}{2}+\frac{x^3}{3}-\cdots+(-1)^n\frac{x^{n+1}}{n+1}+\cdots,x\in(-1,1]$;

(6) $(1+x)^m=1+mx+\frac{m(m-1)}{2!}x^2+\cdots+\frac{m(m-1)\cdots(m-n+1)}{n!}x^n+\cdots$, $x\in(-1,1)$.

例 7.18　将函数 $f(x)=\frac{1}{1+x^2}$ 展开为幂级数.

解　设 $x^2=-t$,则 $f(x)=\frac{1}{1+x^2}=\frac{1}{1-t}$,

$$\frac{1}{1-t}=1+t+t^2+\cdots+t^n+\cdots,\quad t\in(-1,1),$$

从而得

$$f(x)=\frac{1}{1+x^2}=1-x^2+x^4-\cdots+(-1)^nx^{2n}+\cdots,\quad x\in(-1,1).$$

例 7.19　求函数 $f(x)=\ln\frac{1+x}{1-x}$ 的幂级数展开式.

解 由于 $\ln\dfrac{1+x}{1-x}=\ln(1+x)-\ln(1-x)$，又

$$\ln(1+x)=x-\frac{x^2}{2}+\frac{x^3}{3}-\cdots+(-1)^{n-1}\frac{x^{n+1}}{n+1}+\cdots,$$

$$\ln(1-x)=-x-\frac{x^2}{2}-\frac{x^3}{3}-\cdots-\frac{x^{n+1}}{n+1}+\cdots,$$

因此，有

$$\ln\frac{1+x}{1-x}=2x+\frac{2}{3}x^3+\cdots+\frac{2}{2n+1}x^{2n+1}+\cdots,x\in(-1,1).$$

例 7.20 将函数 $f(x)=\sin x$ 展开成 $\left(x-\dfrac{\pi}{4}\right)$ 的幂级数.

解 $\sin x=\sin\left[\left(x-\dfrac{\pi}{4}\right)+\dfrac{\pi}{4}\right]=\sin\left(x-\dfrac{\pi}{4}\right)\cos\dfrac{\pi}{4}+\cos\left(x-\dfrac{\pi}{4}\right)\sin\dfrac{\pi}{4}$

$$=\frac{\sqrt{2}}{2}\left[\sin\left(x-\frac{\pi}{4}\right)+\cos\left(x-\frac{\pi}{4}\right)\right],$$

且

$$\sin\left(x-\frac{\pi}{4}\right)=\left(x-\frac{\pi}{4}\right)-\frac{\left(x-\frac{\pi}{4}\right)^3}{3!}+\cdots+(-1)^n\frac{\left(x-\frac{\pi}{4}\right)^{2n+1}}{(2n+1)!}+\cdots,$$

$$\cos\left(x-\frac{\pi}{4}\right)=1-\frac{\left(x-\frac{\pi}{4}\right)^2}{2!}+(-1)^n\frac{\left(x-\frac{\pi}{4}\right)^{2n}}{(2n)!}+\cdots,$$

故

$$\sin x=\frac{\sqrt{2}}{2}\left[1+\left(x-\frac{\pi}{4}\right)-\frac{\left(x-\frac{\pi}{4}\right)^2}{2!}-\frac{\left(x-\frac{\pi}{4}\right)^3}{3!}+\cdots\right.$$
$$\left.+(-1)^n\left(\frac{\left(x-\frac{\pi}{4}\right)^{2n}}{(2n)!}+\frac{\left(x-\frac{\pi}{4}\right)^{2n+1}}{(2n+1)!}\right)+\cdots\right],$$

$x\in(-\infty,+\infty)$.

7.4.4 幂级数的应用举例

有了幂级数展开式，就可用它进行近似计算，这是幂级数的应用之一.

例 7.21 计算 e 的近似值.

解 在 $e^x=1+x+\dfrac{x^2}{2!}+\cdots+\dfrac{x^n}{n!}+\cdots,\quad x\in(-\infty,+\infty)$ 中，令 $x=1$，得

$$e = 1 + 1 + \frac{1}{2!} + \frac{1}{3!} + \cdots + \frac{1}{n!} + \cdots,$$

取 $n=7$ 计算,得

$$e \approx 1 + 1 + \frac{1}{2!} + \frac{1}{3!} + \frac{1}{4!} + \frac{1}{5!} + \frac{1}{6!} + \frac{1}{7!} \approx 2.71826.$$

例 7.22　计算积分 $\int_0^1 \frac{\sin x}{x}\mathrm{d}x$ 的近似值.

解　由 $\sin x = x - \frac{x^3}{3!} + \cdots + (-1)^n \frac{x^{2n+1}}{(2n+1)!} + \cdots,\quad x \in (-\infty, +\infty)$,得

$$\frac{\sin x}{x} = 1 - \frac{x^2}{3!} + \cdots + (-1)^n \frac{x^{2n}}{(2n+1)!} + \cdots,\quad x \in (-\infty, +\infty),$$

于是有

$$\int_0^1 \frac{\sin x}{x}\mathrm{d}x = 1 - \frac{1}{3\cdot 3!} + \frac{1}{5\cdot 5!} - \frac{1}{7\cdot 7!} + \cdots,\quad x \in (-\infty, +\infty).$$

取前四项和为积分的近似值,得

$$\int_0^1 \frac{\sin x}{x}\mathrm{d}x \approx 1 - \frac{1}{3\cdot 3!} + \frac{1}{5\cdot 5!} - \frac{1}{7\cdot 7!} \approx 0.9461.$$

7.5　傅里叶级数

7.5.1　三角函数系的正交性

我们很容易验证,三角函数系 $1, \cos x, \sin x, \cos 2x, \sin 2x, \cdots, \cos nx, \sin nx, \cdots$ 中,任意两个不同函数的乘积在 $[-\pi, \pi]$ 上积分为零,即三角函数系在 $[-\pi, \pi]$ 上是两两正交的,也即

$$\int_{-\pi}^{\pi} \cos nx\,\mathrm{d}x = 0,$$

$$\int_{-\pi}^{\pi} \sin nx\,\mathrm{d}x = 0,$$

$$\int_{-\pi}^{\pi} \cos mx \cos nx\,\mathrm{d}x = 0,\quad m \neq n,$$

$$\int_{-\pi}^{\pi} \sin mx \sin nx\,\mathrm{d}x = 0,\quad m \neq n,$$

$$\int_{-\pi}^{\pi} \cos mx \sin nx\,\mathrm{d}x = 0,\quad (m \neq n), m, n = 1, 2, 3, \cdots.$$

在三角函数系中,两个相同函数的乘积在 $[-\pi, \pi]$ 上的积分不等于零,即

$$\int_{-\pi}^{\pi} 1^2\,\mathrm{d}x = 2\pi,$$

$$\int_{-\pi}^{\pi} \sin^2 nx \, \mathrm{d}x = \pi,$$

$$\int_{-\pi}^{\pi} \cos^2 nx \, \mathrm{d}x = \pi, \quad n = 1,2,3,\cdots.$$

7.5.2 三角级数

定义 7.5.1 形如 $\frac{a_0}{2} + \sum_{n=1}^{\infty}(a_n \cos nx + b_n \sin nx)$ 这样的级数叫**三角级数**. 其中 a_0, a_n, b_n 均为常数.

7.5.3 傅里叶级数

设 $f(x)$是周期为 2π 的周期函数,且能展开成三角级数

$$f(x) = \frac{a_0}{2} + \sum_{k=1}^{\infty}(a_k \cos kx + b_k \sin kx). \tag{7.5.1}$$

在式(7.5.1)中,怎样求系数 a_0, a_k, b_k 呢?

先求 a_0,对展开式(7.5.1)两边从 $-\pi$ 到 π 逐项积分,得

$$\int_{-\pi}^{\pi} f(x) \mathrm{d}x = \int_{-\pi}^{\pi} \frac{a_0}{2} \mathrm{d}x + \sum_{k=1}^{\infty}\left[a_k \int_{-\pi}^{\pi} \cos kx \, \mathrm{d}x + b_k \int_{-\pi}^{\pi} \sin kx \, \mathrm{d}x\right],$$

根据三角函数系正交性知

$$\int_{-\pi}^{\pi} \cos kx \, \mathrm{d}x = 0, \quad \int_{-\pi}^{\pi} \sin kx \, \mathrm{d}x = 0,$$

因此

$$\int_{-\pi}^{\pi} f(x) \mathrm{d}x = \int_{-\pi}^{\pi} \frac{a_0}{2} \mathrm{d}x = \frac{a_0}{2} \cdot 2\pi = \pi a_0,$$

于是得

$$a_0 = \frac{1}{\pi} \int_{-\pi}^{\pi} f(x) \mathrm{d}x.$$

再求 a_n,用 $\cos nx$ 乘式(7.5.1)两端,再从 $-\pi$ 到 π 逐项积分,得

$$\int_{-\pi}^{\pi} f(x) \cos nx \, \mathrm{d}x = \frac{a_0}{2} \int_{-\pi}^{\pi} \cos nx \, \mathrm{d}x + \sum_{k=1}^{\infty}\left[a_k \int_{-\pi}^{\pi} \cos kx \cos nx \, \mathrm{d}x + b_k \int_{-\pi}^{\pi} \sin kx \cos nx \, \mathrm{d}x\right].$$

根据三角函数系数的正交性,等式右端除 $k=n$ 的一项外,其余各项均为 0,所以

$$\int_{-\pi}^{\pi} f(x) \cos nx \, \mathrm{d}x = a_n \int_{-\pi}^{\pi} \cos^2 nx \, \mathrm{d}x = a_n \pi,$$

即

$$a_n = \frac{1}{\pi}\int_{-\pi}^{\pi} f(x)\cos nx\,dx, \quad n = 1,2,3,\cdots.$$

类似地，用 $\sin nx$ 乘式(7.5.1)的两端，再从 $-\pi$ 到 π 逐项积分，得

$$b_n = \frac{1}{\pi}\int_{-\pi}^{\pi} f(x)\sin nx\,dx, \quad n = 1,2,3,\cdots.$$

由于当 $n=0$ 时，a_n 的表达式正好是 a_0，于是有

$$\begin{aligned} a_n &= \frac{1}{\pi}\int_{-\pi}^{\pi} f(x)\cos nx\,dx, \quad n = 0,1,2,3,\cdots, \\ b_n &= \frac{1}{\pi}\int_{-\pi}^{\pi} f(x)\sin nx\,dx, \quad n = 1,2,3,\cdots. \end{aligned} \tag{7.5.2}$$

由式(7.5.2)定出的系数 $a_0, a_n, b_n (n=1,2,3,\cdots)$ 叫做函数 $f(x)$ 的傅里叶系数. 将这些系数代入式(7.5.1)右端，所得的三角级数

$$\frac{a_0}{2} + \sum_{n=1}^{\infty}(a_n\cos nx + b_n\sin nx)$$

叫做 $f(x)$ 生成的**傅里叶级数**.

函数 $f(x)$ 应满足什么条件就可以展开成傅里叶级数呢？下面的定理很好地回答了这个问题(证明略)：

定理 7.5.1(收敛定理)　若 $f(x)$ 是周期为 2π 的周期函数，且在 $[-\pi,\pi]$ 逐段光滑*，则 $f(x)$ 的傅里叶级数收敛，并且有

(1) 当 x 是 $f(x)$ 的连续点时，级数收敛于 $f(x)$；

(2) 当 x 是 $f(x)$ 的间断点时，级数收敛于 $\dfrac{f(x-0)+f(x+0)}{2}$.

接下来我们来学习如何将函数 $f(x)$ 展开成傅里叶级数.

7.5.4　将函数 $f(x)$ 展开为傅里叶级数

1. 周期为 2π 的函数展开为傅里叶级数

例 7.23　如图 7.1 所示，设 $f(x)$ 是周期为 2π 的周期函数，它在 $[-\pi,\pi]$ 的表达式为 $f(x)=\begin{cases}-1, & -\pi\leqslant x<0 \\ 1, & 0\leqslant x<\pi,\end{cases}$ 将 $f(x)$ 展开成傅里叶级数.

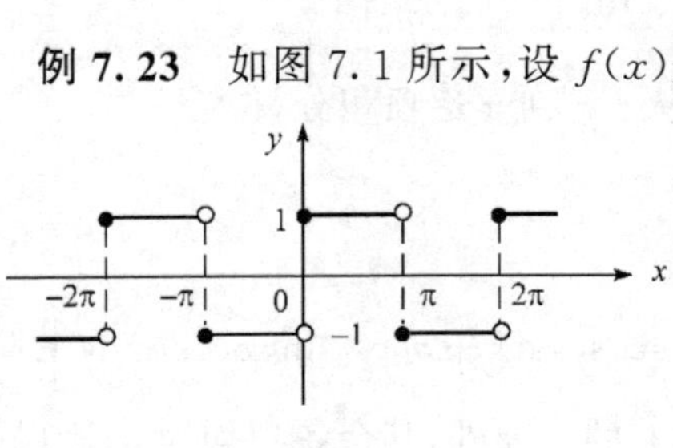

图 7.1

解　将 $f(x)=\begin{cases}-1, & -\pi\leqslant x<0 \\ 1, & 0\leqslant x<\pi\end{cases}$ 代入傅里叶系数公式，得

---

* 注：$f(x)$ 在 $[-\pi,\pi]$ 逐段光滑是指 $f'(x)$ 在 $[-\pi,\pi]$ 上只有有限个第一类间折点.

$$a_0=\frac{1}{\pi}\int_{-\pi}^{\pi}f(x)\mathrm{d}x=\frac{1}{\pi}\int_{-\pi}^{0}(-1)\mathrm{d}x+\int_{0}^{\pi}1\cdot\mathrm{d}x=0,$$

$$a_n=\frac{1}{\pi}\int_{-\pi}^{\pi}f(x)\cos nx\,\mathrm{d}x=\frac{1}{\pi}\int_{-\pi}^{0}(-1)\cos nx\,\mathrm{d}x+\frac{1}{\pi}\int_{0}^{\pi}1\cdot\cos nx\,\mathrm{d}x=0,$$

$$n=1,2,3,\cdots,$$

$$\begin{aligned}b_n&=\frac{1}{\pi}\int_{-\pi}^{\pi}f(x)\sin nx\,\mathrm{d}x=\frac{1}{\pi}\int_{-\pi}^{0}(-1)\sin nx\,\mathrm{d}x+\frac{1}{\pi}\int_{0}^{\pi}1\cdot\sin nx\,\mathrm{d}x\\&=\frac{1}{\pi}\left[\frac{\cos nx}{n}\right]_{-\pi}^{0}+\frac{1}{\pi}\left[-\frac{\cos nx}{n}\right]_{0}^{\pi}=\frac{1}{n\pi}[1-\cos n\pi-\cos n\pi+1]\\&=\frac{2}{n\pi}[1-(-1)^n]=\begin{cases}0, & n=2m\\ \dfrac{4}{(2m-1)\pi}, & n=2m-1\end{cases}\quad(m\in\mathbf{Z}^+).\end{aligned}$$

由于函数满足定理 7.5.1 的条件,因此函数在 $x\neq n\pi(n\in\mathbf{Z})$处的展开式为

$$f(x)=\frac{4}{\pi}\left[\sin x+\frac{1}{3}\sin 3x+\cdots+\frac{1}{2n-1}\sin(2n-1)x+\cdots\right]\quad x\neq n\pi,n\in\mathbf{Z}.$$

函数 $f(x)$在间断点 $x=n\pi(n\in\mathbf{Z})$处收敛于

$$\frac{f(n\pi-0)+f(n\pi+0)}{2}=\frac{1+(-1)}{2}=0.$$

例 7.24 如图 7.2 所示,一个周期为 2π 的函数,它在$(-\pi,\pi]$上的函数表达式 $f(x)=\begin{cases}-x, & -\pi<x\leqslant 0,\\ x, & 0<x\leqslant\pi,\end{cases}$ 求函数 $f(x)$ 的傅里叶级数展开式.

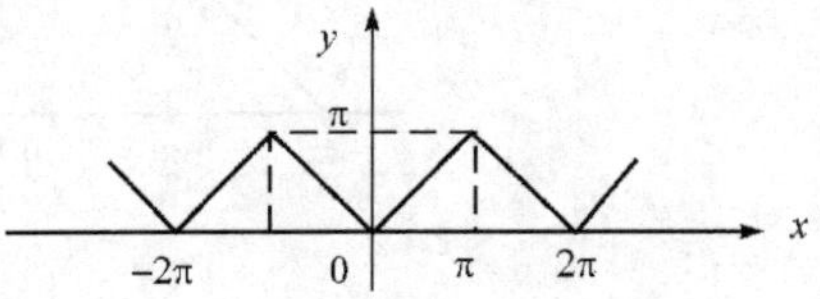

图 7.2

解 将 $f(x)=\begin{cases}-x, & -\pi<x\leqslant 0,\\ x, & 0<x\leqslant\pi\end{cases}$

代入傅里叶系数公式,得

$$a_0=\frac{1}{\pi}\int_{-\pi}^{\pi}f(x)\mathrm{d}x=\frac{1}{\pi}\left[\int_{-\pi}^{0}(-x)\mathrm{d}x+\int_{0}^{\pi}x\mathrm{d}x\right]=\pi,$$

$$\begin{aligned}a_n&=\frac{1}{\pi}\int_{-\pi}^{\pi}f(x)\cos nx\,\mathrm{d}x=\frac{1}{\pi}\int_{-\pi}^{0}(-x)\cos nx\,\mathrm{d}x+\frac{1}{\pi}\int_{0}^{\pi}x\cos nx\,\mathrm{d}x\\&=-\frac{1}{\pi}\left[\frac{x\sin nx}{n}+\frac{\cos nx}{n^2}\right]_{-\pi}^{0}+\frac{1}{\pi}\left[\frac{x\sin nx}{n}+\frac{\cos nx}{n^2}\right]_{0}^{\pi}\\&=\frac{2}{n^2\pi}[\cos n\pi-1]=\frac{2}{n^2\pi}[(-1)^n-1]\end{aligned}$$

$$=\begin{cases}0, & n=2m,\\ \dfrac{-4}{(2m-1)^2\pi}, & n=2m-1.\end{cases}$$

$$b_n=\frac{1}{\pi}\int_{-\pi}^{\pi}f(x)\sin nx\,dx=\frac{1}{\pi}\int_{-\pi}^{0}(-x)\sin nx\,dx+\frac{1}{\pi}\int_{0}^{\pi}x\sin nx\,dx$$

$$=-\frac{1}{\pi}\left[-\frac{x\cos nx}{n}+\frac{\sin nx}{n^2}\right]_{-\pi}^{0}+\frac{1}{\pi}\left[-\frac{x\cos nx}{n}+\frac{\sin nx}{n^2}\right]_{-\pi}^{0}=0.$$

其中，$m,n=1,2,\cdots$.

由于这个函数满足定理 7.5.1 的条件，且没有间断点，所以 $f(x)$ 的傅里叶级数展开式为

$$f(x)=\frac{\pi}{2}-\frac{4}{\pi}\left[\cos x+\frac{1}{3^2}\cos 3x+\cdots+\frac{1}{(2k-1)^2}\cos(2k-1)x+\cdots\right],$$

$$x\in(-\infty,+\infty).$$

例 7.25　如图 7.3 所示，周期为 2π 的函数 $f(t)$ 在 $[-\pi,\pi)$ 的表达式为 $f(t)=\begin{cases}0, & -\pi\leqslant t<0,\\ t, & 0\leqslant t<\pi,\end{cases}$ 试将 $f(t)$ 展开为傅里叶级数.

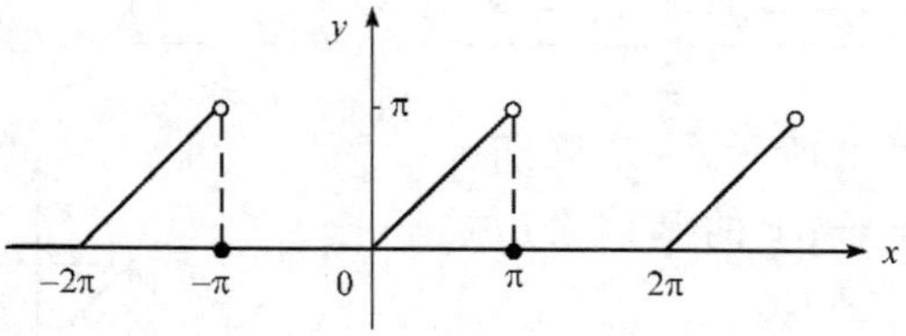

图 7.3

解　将 $f(t)=\begin{cases}0, & -\pi\leqslant t<0,\\ t, & 0\leqslant t<\pi\end{cases}$ 代入傅里叶系数公式，得

$$a_0=\frac{1}{\pi}\int_{-\pi}^{\pi}f(t)\,dt=\frac{1}{\pi}\int_{0}^{\pi}t\,dt=\frac{1}{\pi}\left[\frac{t^2}{2}\right]_{0}^{\pi}=\frac{\pi}{2},$$

$$a_n=\frac{1}{\pi}\int_{-\pi}^{\pi}f(t)\cos nt\,dt=\frac{1}{\pi}\int_{0}^{\pi}t\cos nt\,dt=\frac{1}{\pi}\left[\frac{t\sin nt}{n}+\frac{\cos nt}{n^2}\right]_{0}^{\pi}$$

$$=\frac{1}{n^2\pi}(\cos n\pi-1)=\frac{1}{n^2\pi}[(-1)^n-1]=\begin{cases}0, & n=2m,\\ -\dfrac{2}{(2m-1)^2\pi}, & n=2m-1.\end{cases}$$

$$b_n=\frac{1}{\pi}\int_{-\pi}^{\pi}f(t)\sin nt\,dt=\frac{1}{\pi}\int_{0}^{\pi}t\sin nt\,dt=\frac{1}{\pi}\left[-\frac{t\cos nt}{n}+\frac{\sin nt}{n^2}\right]_{0}^{\pi}$$

$$=\frac{1}{\pi}\left(-\frac{\pi\cos n\pi}{n}\right)=\frac{(-1)^{n+1}}{n},\quad m,n=1,2,3,\cdots.$$

根据收敛定理 7.5.1,在间断点 $t=(2k-1)\pi(k\in\mathbf{Z})$处,级数收敛于

$$\frac{f((2k-1)\pi-0)+f(2k-1)\pi+0}{2}=\frac{\pi+0}{2}=\frac{\pi}{2}.$$

而在连续点 $t\neq(2k-1)\pi,k\in\mathbf{Z}$ 处,$f(t)$的傅里叶级数展开式为

$$\begin{aligned}f(t)&=\frac{\pi}{4}+\left(-\frac{2}{\pi}\cos t+\sin t\right)+\left(0-\frac{1}{2}\sin 2t\right)+\left(-\frac{2}{3^2\pi}\cos 3t+\frac{1}{3}\sin 3t\right)+\cdots\\&=\frac{\pi}{4}-\frac{2}{\pi}\left(\cos t+\frac{1}{3^2}\cos 3t+\cdots+\frac{1}{(2k-1)^2}\cos(2k-1)t+\cdots\right)\\&\quad+\left(\sin t-\frac{1}{2}\sin 2t+\cdots+(-1)^{k+1}\frac{1}{k}\sin kt+\cdots\right),\\&\qquad t\in(-\infty,+\infty),t\neq(2k-1)\pi,k\in\mathbf{Z}.\end{aligned}$$

在上面的例子中,例 7.23 中的函数是奇函数,它的展开式中只有正弦项,而例 7.24 中的函数是偶函数,它的展开式中只有常数项和余弦项,一般地,有下面的结论:

(1) 如果 $f(x)$是奇函数,则 $f(x)$的傅里叶系数为

$$a_n=0(n=0,1,2,\cdots),\quad b_n=\frac{2}{\pi}\int_0^{\pi}f(x)\sin nx\,\mathrm{d}x(n=1,2,\cdots).$$

于是,奇函数 $f(x)$的傅里叶级数是正弦级数 $\sum\limits_{n=1}^{\infty}b_n\sin nx$.

(2) 如果 $f(x)$是偶函数,那么 $f(x)$的傅里叶系数为

$$b_n=0(n=1,2,\cdots),\quad a_0=\frac{2}{\pi}\int_0^{\pi}f(x)\mathrm{d}x,$$

$$a_n=\frac{2}{\pi}\int_0^{\pi}f(x)\cos nx\,\mathrm{d}x(n=1,2,\cdots).$$

于是,偶函数 $f(x)$的傅里叶级数是余弦级数 $\frac{a_0}{2}+\sum\limits_{n=1}^{\infty}a_n\cos nx$.

例 7.26 如图 7.4 所示,周期为 2π 的函数 $f(x)$在区间$[-\pi,\pi)$上的表达式为 $f(x)=x(-\pi\leqslant x<\pi)$,试将 $f(x)$展开为傅里叶级数.

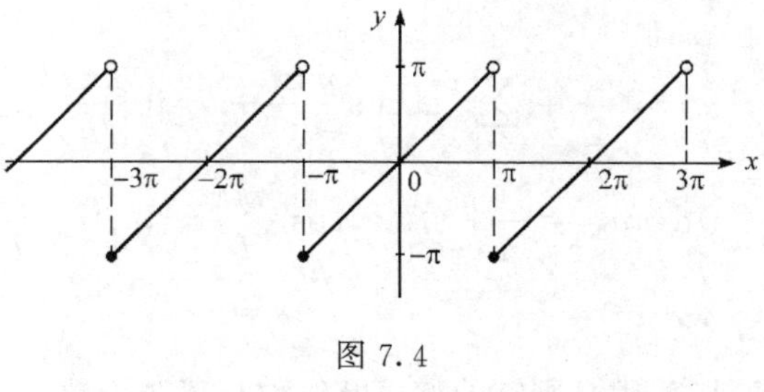

图 7.4

解　因为 $f(x)$是奇函数,所以有

$$a_n = 0,\quad n = 0,1,2,\cdots,$$

$$b_n = \frac{2}{\pi}\int_0^{\pi} f(x)\sin nx\,\mathrm{d}x = \frac{2}{\pi}\int_0^{\pi} x\sin nx\,\mathrm{d}x = \frac{2}{\pi}\left[-\frac{x\cos nx}{n} + \frac{\sin nx}{n^2}\right]_0^{\pi}$$

$$= \frac{-2}{\pi}\cos n\pi = (-1)^{n+1}\frac{2}{n},\quad n = 1,2,\cdots.$$

根据定理 7.5.1,得 $f(x)$的傅里叶级数展开式为

$$f(x) = 2\left(\sin x - \frac{1}{2}\sin 2x + \frac{1}{3}\sin 3x - \cdots + \frac{1}{n}\sin nx + \cdots\right),$$

$$x \neq (2n-1)\pi, n \in \mathbf{Z}.$$

2. 周期为 2l 的函数展开为傅里叶级数

前面讨论的函数都是以 2π 为周期的周期函数,但在实际问题中,所遇到的函数的周期不一定是 2π.下面讨论周期为 $2l$ 的函数的傅里叶级数.

设以 $2l$ 为周期的函数 $f(x)$满足定理 7.5.1 的条件,为了将周期 $2l$ 转换为 2π,作变量代换 $x=\frac{l}{\pi}t$,可以看出,当 x 在区间$[-l,l]$上取值时,t 相应在区间$[-\pi,\pi]$上取值.

设 $\varphi(t)=f(x)=f\left(\frac{l}{\pi}t\right)$,则 $\varphi(t)$是以 2π 为周期的函数,并且满足收敛定理的条件,将 $\varphi(t)$展开为傅里叶级数

$$\varphi(t) = \frac{a_0}{2} + \sum_{n=1}^{\infty}(a_n\cos nt + b_n\sin nt),$$

其中,$a_0 = \frac{1}{\pi}\int_{-\pi}^{\pi}\varphi(t)\,\mathrm{d}t, a_n = \frac{1}{\pi}\int_{-\pi}^{\pi}\varphi(t)\cos nt\,\mathrm{d}t, b_n = \frac{1}{\pi}\int_{-\pi}^{\pi}\varphi(t)\sin nt\,\mathrm{d}t (n = 1,2,3,\cdots)$.

在以上各式中,把变量 t 换成$\frac{\pi}{l}x$,并注意到 $\varphi(t)=f(x)$,于是,$f(x)$的傅里叶级数展开式为

$$f(x) = \frac{a_0}{2} + \sum_{n=1}^{\infty}\left(a_n\cos\frac{n\pi x}{l} + b_n\sin\frac{n\pi x}{l}\right),$$

其中,$a_0 = \frac{1}{l}\int_{-l}^{l}f(x)\,\mathrm{d}x, a_n = \frac{1}{l}\int_{-l}^{l}f(x)\cos\frac{n\pi x}{l}\mathrm{d}x, b_n = \frac{1}{l}\int_{-l}^{l}f(x)\sin\frac{n\pi x}{l}\mathrm{d}x$ $(n = 1,2,3,\cdots)$.

类似地,若 $f(x)$是奇函数,则它的傅里叶级数是正弦级数 $f(x) = \sum_{n=1}^{\infty}b_n\sin\frac{n\pi x}{l}$,

其中

$$b_n = \frac{2}{l}\int_0^l f(x)\sin\frac{n\pi x}{l}\mathrm{d}x, \quad n = 1,2,3,\cdots.$$

若 $f(x)$ 是偶函数，则它的傅里叶级数是余弦级 $f(x) = \frac{a_0}{2} + \sum_{n=1}^{\infty} a_n \cos\frac{n\pi x}{l}$，其中

$$a_0 = \frac{1}{l}\int_{-l}^{l} f(x)\mathrm{d}x = \frac{2}{l}\int_0^l f(x)\mathrm{d}x,$$

$$a_n = \frac{1}{l}\int_{-l}^{l} f(x)\cos\frac{n\pi x}{l}\mathrm{d}x = \frac{2}{l}\int_0^l f(x)\cos\frac{n\pi x}{l}\mathrm{d}x, \quad n = 1,2,3,\cdots.$$

注 如果 x 是函数 $f(x)$ 的间断点，根据收敛定理 7.5.1，应以 $\frac{f(x-0)+f(x+0)}{2}$ 代替上述各式中左端的 $f(x)$.

例 7.27 $f(x)$ 是周期为 4 的函数，它在 $[-2,2)$ 的表达式为 $f(x) = \begin{cases} 0, & -2 \leqslant x < 0, \\ a, & 0 \leqslant x < 2 \end{cases}$（常数 $a>0$），试将 $f(x)$ 展开为傅里叶级数.

解 这里 $l=2$，由公式得

$$a_0 = \frac{1}{2}\int_{-2}^{0} 0\mathrm{d}x + \frac{1}{2}\int_0^2 a\mathrm{d}x = a,$$

$$a_n = \frac{1}{2}\int_0^2 a\cos\frac{n\pi x}{2}\mathrm{d}x = \left[\frac{a}{n\pi}\sin\frac{n\pi x}{2}\right]_0^2 = 0,$$

$$b_n = \frac{1}{2}\int_0^2 a\sin\frac{n\pi x}{2}\mathrm{d}x = \left[-\frac{a}{n\pi}\cos\frac{n\pi x}{2}\right]_0^2 = \frac{a}{n\pi}[1-(-1)^n]$$

$$= \begin{cases} 0, & n = 2m, \\ \dfrac{2a}{(2m-1)\pi}, & n = 2m-1, \end{cases}$$

其中，$m, n = 1,2,\cdots$.

根据收敛定理得，$f(x)$ 的傅里叶级数为

$$f(x) = \frac{a}{2} + \frac{2a}{\pi}\left(\sin\frac{\pi x}{2} + \frac{1}{3}\sin\frac{3\pi x}{2} + \frac{1}{5}\sin\frac{5\pi x}{2} + \cdots\right),$$

$$x \in (-\infty, +\infty), x \neq 2k, k \in \mathbf{Z}.$$

3. 定义在有限区间上的傅里叶级数

前面我们讨论的函数，定义域一般为 $(-\infty,+\infty)$，但在实际问题中，有时需要将定义域为 $[-l,l]$ 或 $[0,l]$ 上的函数展开成傅里叶级数，这时我们就需要将函数

定义域扩大到区间$(-\infty,+\infty)$，那么，我们如何将函数定义域从$[-l,l]$或$[0,l]$扩大到区间$(-\infty,+\infty)$呢？

(1) 若函数定义域为$[-l,l]$，则我们只需要将它看作区间$(-\infty,+\infty)$上以$2l$为周期的周期函数，然后，再将函数展开成傅里叶级数，并限制x在区间$[-l,l]$，就可得到定义在$[-l,l]$上的函数$f(x)$的傅里叶级数.

(2) 若函数定义域为$[0,l]$，则我们需要在开区间$(-l,0)$内补充函数的定义

$$F(x)=\begin{cases} f(x), & 0<x<l, \\ -f(-x), & -l<x<0 \end{cases} \text{或 } F(x)=\begin{cases} f(x), & 0\leqslant x<l, \\ f(-x), & -l<x<0. \end{cases}$$

这样$F(x)$就是区间$[-l,l]$上的奇(偶)函数，然后，将函数$F(x)$看作区间$(-\infty,+\infty)$上以$2l$为周期的周期函数(这就是所谓的奇(偶)延拓). 再将函数$F(x)$展开成傅里叶级数，并限制x在区间$[0,l]$，就得到定义在$[0,l]$上的函数$f(x)$的傅里叶级数展开式.

例 7.28　将函数$f(x)=x+1\quad(-1\leqslant x<1)$展开成傅里叶级数.

解　显然函数$f(x)=x+1\quad(-1\leqslant x<1)$满足收敛定理的条件，将函数$f(x)=x+1\quad(-1\leqslant x<1)$视为区间$(-\infty,+\infty)$上的以$2l=2$为周期的周期函数，于是有

$$a_0=\frac{1}{l}\int_{-l}^{l}f(x)\mathrm{d}x=\int_{-1}^{1}(x+1)\mathrm{d}x=2,$$

$$a_n=\frac{1}{l}\int_{-l}^{l}f(x)\cos\frac{n\pi x}{l}\mathrm{d}x=\int_{-1}^{1}(x+1)\cos n\pi x\mathrm{d}x=0,$$

$$b_n=\frac{1}{l}\int_{-l}^{l}f(x)\sin\frac{n\pi x}{l}\mathrm{d}x=\int_{-1}^{1}(x+1)\sin n\pi x\mathrm{d}x$$

$$=-\frac{2}{n\pi}\cos n\pi=(-1)^{n+1}\frac{2}{n\pi},\quad n=1,2,3,\cdots.$$

于是，得$f(x)=x+1(-1\leqslant x<1)$的傅里叶级数展开式为：

$$f(x)=1+\frac{2}{\pi}\left(\sin\pi x-\frac{1}{2}\sin 2\pi x+\frac{1}{3}\sin 3\pi x-\cdots+\frac{(-1)^{n+1}}{n}\sin n\pi x+\cdots\right),$$

$$-1<x<1.$$

在点$x=\pm1$处，$f(x)=x+1\quad(-1\leqslant x<1)$的傅里叶级数收敛于 1.

例 7.29　将函数$f(x)=x+1\quad(0\leqslant x\leqslant 1)$分别展开成正弦和余弦级数.

解　先求正弦级数.

对$f(x)=x+1\quad(0\leqslant x\leqslant 1)$作奇延拓，令$F(x)=\begin{cases} x+1, & 0\leqslant x\leqslant 1, \\ x-1, & -1<x<0, \end{cases}$得

$$b_n=\frac{1}{l}\int_{-l}^{l}F(x)\sin\frac{n\pi x}{l}\mathrm{d}x=\int_{-1}^{1}F(x)\sin n\pi x\mathrm{d}x=2\int_{0}^{1}f(x)\sin n\pi x\mathrm{d}x$$

$$=2\int_0^1 (x+1)\sin n\pi x \mathrm{d}x = \frac{2}{n\pi}(1-2\cos n\pi) = \frac{2}{n\pi}[1-2(-1)^n],$$

$$n = 1,2,3,\cdots.$$

于是，$f(x)=x+1 \quad (0\leqslant x\leqslant 1)$的正弦级数展开式为

$$f(x) = \frac{2}{\pi}\left(3\sin\pi x - \frac{1}{2}\sin 2\pi x + \frac{3}{3}\sin 3\pi x - \frac{1}{4}\sin 4\pi x + \frac{3}{5}\sin 5\pi x - \cdots\right),$$

$$0 < x < 1,$$

当 $x=0,1$ 时，$f(x)$展开的正弦级数收敛于 0.

再求余弦级数.

对 $f(x)=x+1(0\leqslant x\leqslant 1)$作偶延拓，令 $F(x)=\begin{cases} x+1, & 0\leqslant x\leqslant 1, \\ -x+1, & -1<x<0, \end{cases}$ 得

$$a_0 = \frac{1}{l}\int_{-l}^{l} F(x)\mathrm{d}x = \frac{2}{l}\int_0^l F(x)\mathrm{d}x = 2\int_0^1 (x+1)\mathrm{d}x = 3,$$

$$\begin{aligned} a_n &= \frac{1}{l}\int_{-l}^{l} F(x)\cos\frac{n\pi x}{l}\mathrm{d}x = \frac{2}{l}\int_0^l F(x)\cos\frac{n\pi x}{l}\mathrm{d}x \\ &= \frac{2}{l}\int_0^l f(x)\cos\frac{n\pi x}{l}\mathrm{d}x = 2\int_0^1 (x+1)\cos n\pi x\mathrm{d}x \\ &= \frac{2}{n^2\pi^2}(\cos n\pi - 1) = \frac{2}{n^2\pi^2}[(-1)^n - 1] \\ &= \begin{cases} 0, & n = 2k \\ -\dfrac{4}{\pi^2(2k-1)^2}, & n = 2k-1, \end{cases} \end{aligned}$$

其中，$k=1,2,3,\cdots$. 于是，$f(x)=x+1 \quad (0\leqslant x\leqslant 1)$的正弦级数展开式为

$$f(x) = \frac{3}{2} - \frac{4}{\pi^2}\left(\cos\pi x + \frac{1}{3^2}\cos 3\pi x + \frac{1}{5^2}\cos 5\pi x + \cdots\right), \quad 0\leqslant x\leqslant 1.$$

4. 傅里叶级数的复数形式

在电子技术中，经常需要进行谐波分析，因此，需要傅里叶级数的复数形式.

设 $f(x)$是以 $2l$ 为周期的周期函数且满足收敛定理的条件，则它的傅里叶级数的复数形式为

$$f(x) = \sum_{-\infty}^{+\infty} c_n \mathrm{e}^{\mathrm{i}\frac{n\pi x}{l}},$$

其中，$c_n = \dfrac{1}{2l}\displaystyle\int_{-l}^{l} f(x)\mathrm{e}^{\mathrm{i}\frac{n\pi x}{l}}\mathrm{d}x, n = 0, \pm 1, \pm 2, \cdots$.

值得一提的是，系数 c_n 有明显的物理意义，这就是$|c_n|$刚好是 n 次谐波的振幅 A_n 的一半，即

$$A_n = 2 \mid c_n \mid.$$

例 7.30 周期为 T 的矩形波在 $\left[-\frac{T}{2},\frac{T}{2}\right)$ 上的表达式为 $f(x)=\begin{cases} a, & -\frac{T}{2}\leqslant x<0, \\ b, & 0\leqslant x<\frac{T}{2} \end{cases}$ $(a\neq b,a,b$ 为常数),试将 $f(x)$ 展开成傅里叶级数的复数形式,并求 n 次谐波的振幅 A_n.

解 将 $f(x)=\begin{cases} a, & -\frac{T}{2}\leqslant x<0, \\ b, & 0\leqslant x<\frac{T}{2} \end{cases}$ 代入傅里叶级数复系数公式,得

$$c_0 = \frac{1}{T}\int_{-\frac{T}{2}}^{\frac{T}{2}} f(x)\mathrm{d}x = \frac{1}{T}\int_{-\frac{T}{2}}^{0} a\mathrm{d}x + \frac{1}{T}\int_{0}^{\frac{T}{2}} b\mathrm{d}x = \frac{a+b}{2},$$

$$\begin{aligned} c_n &= \frac{1}{2l}\int_{-l}^{l} f(x)\mathrm{e}^{\mathrm{i}\frac{n\pi x}{l}}\mathrm{d}x = \frac{1}{T}\int_{-\frac{T}{2}}^{\frac{T}{2}} f(x)\mathrm{e}^{\mathrm{i}\frac{2n\pi x}{T}}\mathrm{d}x = \frac{1}{T}\int_{-\frac{T}{2}}^{0} a\mathrm{e}^{-\mathrm{i}\frac{2n\pi x}{T}}\mathrm{d}x + \frac{1}{T}\int_{0}^{\frac{T}{2}} b\mathrm{e}^{-\mathrm{i}\frac{2n\pi x}{T}}\mathrm{d}x \\ &= \left[-\frac{a}{2n\pi\mathrm{i}}\mathrm{e}^{-\mathrm{i}\frac{2n\pi x}{T}}\right]_{-\frac{T}{2}}^{0} + \left[-\frac{b}{2n\pi\mathrm{i}}\mathrm{e}^{-\mathrm{i}\frac{2n\pi x}{T}}\right]_{0}^{\frac{T}{2}} \\ &= \frac{\mathrm{i}}{2n\pi}[a(1-\mathrm{e}^{\mathrm{i}n\pi}) + b(\mathrm{e}^{-\mathrm{i}n\pi}-1)] = \frac{\mathrm{i}}{2n\pi}[a(1-\cos n\pi) + b(\cos n\pi - 1)] \\ &= \frac{a-b}{2n\pi}\mathrm{i}[1-(-1)^n] = \begin{cases} \frac{a-b}{(2k-1)\pi}\mathrm{i}, & n=2k-1, \\ 0, & n=2k. \end{cases} \end{aligned}$$

于是,$f(x)$ 的傅里叶级数的复数形式为

$$f(x) = \frac{a+b}{2} + \mathrm{i}\,\frac{a-b}{\pi}\sum_{n=-\infty}^{+\infty}\frac{1}{2n-1}\mathrm{e}^{\mathrm{i}\frac{2(2n-1)\pi x}{T}} \quad -\infty<x<+\infty, x\neq\frac{kT}{2}, k\in\mathbf{Z}.$$

n 次谐波的振幅为

$$A_n = 2\mid c_n\mid = 2\left|\frac{a-b}{2n\pi}\mathrm{i}[1-(-1)^n]\right| = \begin{cases} \frac{2\mid a-b\mid}{(2k-1)\pi}, & n=2k-1, \\ 0, & n=2k, \end{cases}$$

其中,$k=1,2,3,\cdots$.

数学实验七 用 Matlab 软件求级数的和、函数的泰勒级数和傅里叶级数

一、求级数的和

在 Matlab 中,可用 symsum 函数求数列或级数的和,其调用格式为:

```
syms n
symsum(f(n), n a,b)
```

其中，$f(n)$为数列或级数的通项；n 为自变量；a 为该数列或级数所求和的起始项数；b 为该数列或级数所求和的结束项数．此格式表示求级数 $\sum_{k=0}^{+\infty} f(k)$ 关于变量 n 从第 0 项到第 $n-1$ 项的和．当省略 n,a,b 时，求关于默认变量 k 的级数 $\sum_{k=0}^{+\infty} f(k)$ 从第 0 项到第 $k-1$ 项的和；当省略 a,b 时，求级数 $\sum_{k=0}^{+\infty} f(k)$ 从第 0 项到第 $n-1$ 项的和．

例 1　分别求级数 $\sum_{k=0}^{+\infty} k^3$ 的前 k 项和及从第 5 项到第 10 项的和．

解　在命令行中输入：

```
syms k
Sk=simple(symsum(k^3));  % 利用 simple 函数化简 Sk 的表达式
S5_10=symsum(k^3,5,10);
Sk,S5_10
```

计算结果如下：

```
Sk=
1/4* k^2* (k- 1)^2
S5_10=
2925
```

即

$$S_k = \sum_{k=0}^{k-1} k^3 = \frac{k^2(k-1)^2}{4}, \quad S_{5\_10} = 2925.$$

例 2　求级数 $\sum_{n=0}^{+\infty} \frac{1}{n!}$ 的和．

解　在命令行中输入：

```
syms n
S=symsum(1/sym('n! '),n,0,inf)  % sym('n!')是将 n! 定义为符号表达式
```

计算结果如下：

```
S=
exp(1)
```

即

$$\sum_{n=0}^{+\infty} \frac{1}{n!} = \mathrm{e}.$$

例 3　求幂级数 $\sum\limits_{n=1}^{+\infty} \frac{(-1)^{n+1}x^{2n-1}}{(2n-1)!}$ 的和.

解　在命令行中输入：

```
syms n x
S=symsum((-1)^(n+1)* x^(2* n-1)/sym('(2* n-1)! '),n,1,inf)
```

输出结果如下：

```
S=
sin(x)
```

即

$$\sum_{n=1}^{+\infty} \frac{(-1)^{n+1}x^{2n-1}}{(2n-1)!} = \sin x.$$

二、求函数的幂级数展式

在 Matlab 中，可调用 taylor 函数求函数的任意阶幂级数展式，其调用格式为：

```
syms n
taylor(f(x),x,n,a)
```

它表示求函数 $f(x)$在 $x=a$ 处的$(n-1)$阶 Taylor 级数. 缺省 a 时是求函数 $f(x)$的$(n-1)$阶 Maclaurin 级数；缺省 n,a 时是求函数 $f(x)$的 5 阶 Maclaurin 级数，即在 $x=0$ 处的 Taylor 级数.

例 4　求 $f(x) = \tan x$ 的 5 阶 Maclaurin 级数.

解　在命令行中输入：

```
syms x
f_x=taylor(tan(x))
```

计算结果如下：

```
f_x=
x+1/3* x^3+2/15* x^5
```

即

$$f(x) = \tan x \approx x + \frac{x^3}{3} + \frac{2x^5}{15}.$$

例 5　求 $f(x) = \ln(1+x)$ 的 10 阶 Maclaurin 级数.

解　在命令行中输入：

```
syms x
f_x=taylor(log(1+ x),11)
```

计算结果如下：

```
f_x=
x- 1/2* x^2+ 1/3* x^3- 1/4* x^4+ 1/5* x^5- 1/6* x^6+ 1/7* x^7-
1/8* x^8+ 1/9* x^9- 1/10* x^10
```

即

$$\ln(1+x)\approx x-\frac{x^2}{2}+\frac{x^3}{3}-\cdots+(-1)^{n-1}\frac{x^n}{n}+\cdots-\frac{x^{10}}{10}.$$

例 6　求 $f(x)=\dfrac{1}{1+x}$ 在 $x=1$ 处的 7 阶 Taylor 级数.

解　在命令行中输入：

```
syms x
f_x=taylor(1/(1+ x),8,1)
```

计算结果如下：

```
f_x=
3/4-1/4* x+1/8* (x-1)^2-1/16* (x-1)^3+1/32* (x-1)^4-1/
64* (x-1)^5+1/128* (x-1)^6-1/256* (x-1)^7
```

即

$$f(x)=\frac{1}{1+x}\approx\frac{1}{2}-\frac{x-1}{2^2}+\frac{(x-1)^2}{2^3}-\frac{(x-1)^3}{2^4}+\frac{(x-1)^4}{2^5}-\frac{(x-1)^5}{2^6}+\frac{(x-1)^6}{2^7}-\frac{(x-1)^7}{2^8}.$$

三、求函数的傅里叶级数展式

在 Matlab 中，没有专门求傅里叶级数的函数调用，但我们可编写一个函数来求 $f(x)$在$[-l,l]$上的傅里叶级数. 打开 Matlab 的 M 文件编辑窗口，输入如下命令行：

```
function [A,B,F]=fseries(f,x,n,a,b)
if nargin=3,a=-pi;b=pi;end
L=(b-a)/2;
if a+b~=0,f=subs(f,x,x+L+a);end  % 若 a+b≠0,则执行后面语句;否则执行下面语句
A=int(f,x,-L,L)/L;B=[];F=A/2;
for i=1:n
    an=int(f* cos(i* pi* x/L),x,-L,L)/L;
    bn=int(f* sin(i* pi* x/L),x,-L,L)/L;A=[A,an];B=[B,bn];
```

```
    F=F+an* cos(i* pi* x/L)+bn* sin(i* pi* x/L);
end
if a+b~=0,F=subs(F,x,x-L-a);end
```

输入完毕后,单击“保存”按钮,自动以名为 fseries 保存,可关闭 M 文件编辑窗口.该函数的调用格式如下:

```
syms x
f=f(x)
[A,B,F]=fserier(f,x,n,a,b)
```

说明:其中,f 为给定函数,x 为自变量,n 为展开项数,a,b 为 x 的积分区间,若省略 a,b,则默认为求 $f(x)$在$[-\pi,\pi]$上傅里叶级数展开式,A,B 为傅里叶系数,F 为傅里叶级数展开式.

例 7　设 $f(x)=x, x\in[-\pi,\pi)$,将该函数展开成傅里叶级数,n 取 10.

解　在命令行中输入:

```
clear
syms x
f=x;
[A,B,F]=fseries(f,x,10);
F
```

计算结果如下:

```
F=
2* sin(x)-sin(2* x)+2/3* sin(3* x)-1/2* sin(4* x)+2/5* sin
(5* x)-1/3* sin(6* x)+2/7* sin(7* x)-1/4* sin(8* x)+2/9* sin(9*
x)-1/5* sin(10* x)
```

即

$$f(x)=x\approx 2\sin x-\sin 2x+\frac{2}{3}\sin 3x-\frac{1}{2}\sin 4x+\cdots$$

$$+(-1)^{k+1}\frac{2}{k}\sin kx-\frac{1}{5}\sin 10x.$$

例 8　设 $f(x)=\begin{cases}0, & -\pi\leqslant x<0,\\ 1, & 0\leqslant x<\pi,\end{cases}$ 将该函数展开成傅里叶级数,n 取 12.

解　将 $f(x)=\begin{cases}0, & -\pi\leqslant x<0,\\ 1, & 0\leqslant x<\pi\end{cases}$ 化为 $f(x)=\dfrac{1}{2}\left(1+\dfrac{x}{|x|}\right)$,然后在命令行中输入:

```
syms x
f=(1+ x/abs(x))/2;
```

```
[A,B,F]=fseries(f,x,14);
F
```

计算结果如下：

```
F=
1/2+2/pi*sin(x)+2/3/pi*sin(3*x)+2/5/pi*sin(5*x)+2/7/pi*
sin(7*x)+2/9/pi*sin(9*x)+2/11/pi*sin(11*x)+2/13/pi*sin(13*x)
```

即

$$f(x)=\frac{1}{2}+\frac{2}{\pi}\left(\sin x+\frac{1}{3}\sin 3x+\frac{1}{5}\sin 5x+\cdots\right).$$

例 9　设 $f(x)=\begin{cases}x, & -1\leqslant x<0,\\ x+1, & 0\leqslant x<1,\end{cases}$ 将该函数展开成傅里叶级数，n 取 8.

解　将 $f(x)=\begin{cases}x, & -1\leqslant x<0\\ x+1, & 0\leqslant x<1\end{cases}$ 化为 $f(x)=x+\frac{1}{2x}(x+|x|)$，然后在命令行中输入：

```
syms x
f=x+(x+abs(x))/x/2;
[A,B,F]=fseries(f,x,8,-1,1);
F
```

求得结果如下：

```
F=
1/2+4/pi*sin(pi*x)-1/pi*sin(2*pi*x)+4/3/pi*sin(3*
pi*x)-1/2/pi*sin(4*pi*x)+4/5/pi*sin(5*pi*x)-1/3/pi*sin
(6*pi*x)+4/7/pi*sin(7*pi*x)-1/4/pi*sin(8*pi*x)
```

即

$$f(x)=\frac{1}{2}+\frac{1}{\pi}\left(4\sin\pi x-\sin 2\pi x+\cdots+\frac{1+3(-1)^{n+1}}{n}\sin nx+\cdots\right).$$

当然，对于较复杂的分段函数，可类似地写一个函数来求它在 $x\in[-l,l]$ 上的傅里叶级数展开式，这里不再述说.

四、上机实验

(1) 用 help 命令查看函数 symsum，taylor 和 subs 等的用法.

(2) 上机验证上面各例.

(3) 作相关小节练习中级数的求和，函数的幂级数展式和周期函数的傅里叶级数展式.

*第 8 章　向量代数与空间解析几何

在科学研究和工程技术中常常用到向量这个有力工具和用代数的方法研究空间几何.本章我们将介绍向量的概念、向量的基本运算和空间解析几何知识.

8.1　向量的概念与运算

8.1.1　空间直角坐标系

过空间一定点 O,作三条互相垂直的数轴,它们都以 O 为原点,且通常我们取 x 轴的正方向水平向前,y 轴的正方向水平向右,z 轴的正方向竖直向上,如图 8.1 所示.这样的三条坐标轴就组成一个空间直角坐标系,点 O 称为坐标原点.取定了空间直角坐标系后,就可以在空间的点与有序三元实数组(x,y,z)之间建立一一对应关系.

设 M 为空间中的一点,若 M 在 x 轴、y 轴、z 轴的射影 P,Q,R 的坐标分别为 x,y,z.如图 8.2 所示,则称有序三元实数组(x,y,z)为点 M 的坐标. 显然,空间中任意一点都有唯一的坐标(x,y,z);反之,任意给定一个有序实数组(x,y,z),都存在唯一一点 M,使得 M 点的坐标为(x,y,z).

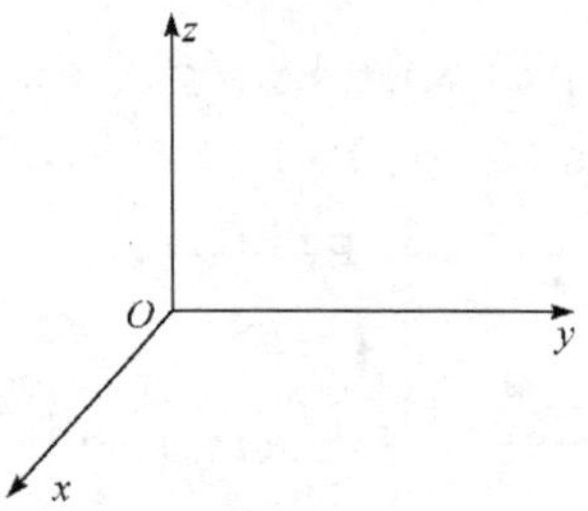

图 8.1

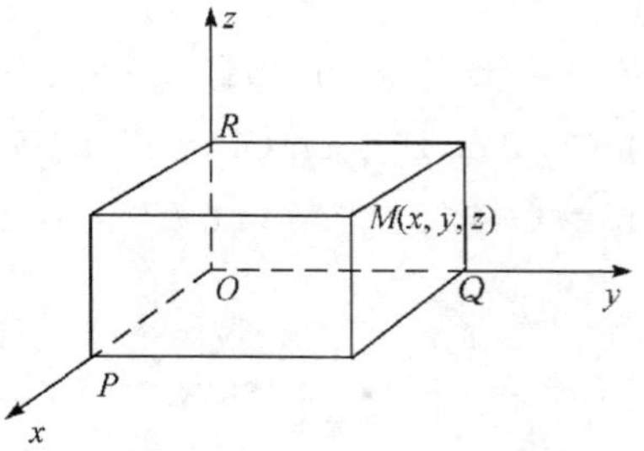

图 8.2

定理 8.1.1　如果 M,N 的坐标分别为(x_1,y_1,z_1)和(x_2,y_2,z_2),则 M,N 的距离为

$$|MN| = \sqrt{(x_1-x_2)^2+(y_1-y_2)^2+(z_1-z_2)^2}.$$

例 8.1　求球心在 $O_1(x_1,y_1,z_1)$ 半径为 r 的球面的轨迹方程.

解　设 $M(x,y,z)$为球面上任意一点,则由题意有

$$|MO_1| = r.$$

又由两点间距离公式

$$|MO_1| = \sqrt{(x-x_1)^2+(y-y_1)^2+(z-z_1)^2},$$

故有

$$(x-x_1)^2+(y-y_1)^2+(z-z_1)^2 = r^2.$$

例 8.2 求到两定点 $A(2,4,-3)$ 和 $B(1,-2,6)$ 的距离相等的点轨迹的方程.

解 设 $M(x,y,z)$ 为到 A,B 距离相等的任意一点,则由题意有

$$|MA| = |MB|,$$

又由两点间距离公式得

$$\sqrt{(x-2)^2+(y-4)^2+(z+3)^2} = \sqrt{(x-1)^2+(y+2)^2+(z-6)^2},$$

化简得

$$x+6y-9z+6=0.$$

事实上空间中到两点距离相等的点的轨迹为这两点的中垂面,也就是所求方程为 AB 的中垂面的方程.

8.1.2 向量的概念和线性运算

定义 8.1.1 既有大小又有方向的量称为向量. 向量的大小称为向量的模,向 $\boldsymbol{a}$ 的模记为 $|\boldsymbol{a}|$.

我们常用有向线段来表示向量. 例如,以 A 为起点、B 为终点的有向线段所表示的向量,记为 $\overrightarrow{AB}$. 有时也用一个小写字母表示向量,有向线段的长度表示向量的模,有向线段的方向表示向量的方向. 模为 1 的向量称为单位向量;模为 0 的向量称为零向量,记为 $\mathbf{0}$,零向量的方向可看作是任意的.

定义 8.1.2 若向量 $\boldsymbol{a}$ 与 $\boldsymbol{b}$ 大小相等且方向相同,则称 $\boldsymbol{a}$ 与 $\boldsymbol{b}$ 相等,记为 $\boldsymbol{a}=\boldsymbol{b}$.

显然,所有的零向量都相等,且一个向量经过平移得到的新向量与原向量相等. 需要注意的是两向量相等并不要求这两个向量有共同的起点.

定义 8.1.3 向量的数乘运算是一个实数 λ 乘以一个向量 $\boldsymbol{a}$,得到一个新向量 $\lambda\boldsymbol{a}$. 其中,

$$|\lambda\boldsymbol{a}| = |\lambda|\cdot|\boldsymbol{a}|.$$

当 $\lambda>0$ 时,$\lambda\boldsymbol{a}$ 的方向与 $\boldsymbol{a}$ 的方向相同;

当 $\lambda=0$ 时,$\lambda\boldsymbol{a}$ 为零向量;

当 $\lambda<0$ 时,$\lambda\boldsymbol{a}$ 的方向与 $\boldsymbol{a}$ 的方向相反.

由此定义有 $(-1)\boldsymbol{a}$ 与 $\boldsymbol{a}$ 的大小相等且方向相反,这样的向量叫做 $\boldsymbol{a}$ 的负向量,简记为 $-\boldsymbol{a}$.

定义 8.1.4　设已知向量 $\boldsymbol{a}$ 和 $\boldsymbol{b}$，任取一点 A，作 $\overrightarrow{AB}=\boldsymbol{a}$，再以 B 为起点作 $\overrightarrow{BC}=\boldsymbol{b}$，连接 A,C，那么 $\overrightarrow{AC}$（图 8.3）叫做向量 $\boldsymbol{a}$ 与 $\boldsymbol{b}$ 的和. 记作

$$\boldsymbol{c}=\boldsymbol{a}+\boldsymbol{b}.$$

通常我们把 $\boldsymbol{a}$ 加 $(-\boldsymbol{b})$ 叫做 $\boldsymbol{a}$ 减 $\boldsymbol{b}$，记作 $\boldsymbol{a}-\boldsymbol{b}$.

根据定义求两个向量和的方法叫做三角形定则.

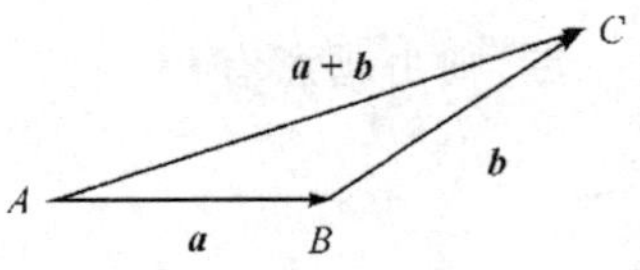

图 8.3

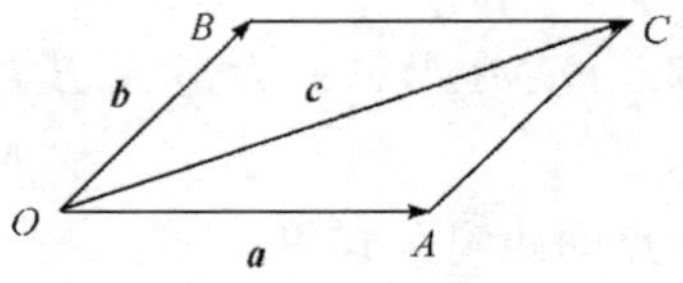

图 8.4

由图 8.4 有如下定理：

定理 8.1.2　如果两个向量 $\boldsymbol{a}$ 与 $\boldsymbol{b}$ 不平行时，以 $\overrightarrow{OA}=\boldsymbol{a}$，$\overrightarrow{OB}=\boldsymbol{b}$ 为邻边作成一个平行四边形 $OACB$，则对角线向量 $\overrightarrow{OC}=\overrightarrow{OA}+\overrightarrow{OB}=\boldsymbol{a}+\boldsymbol{b}$.

根据此定理求两个向量和的方法叫做平行四边形法则.

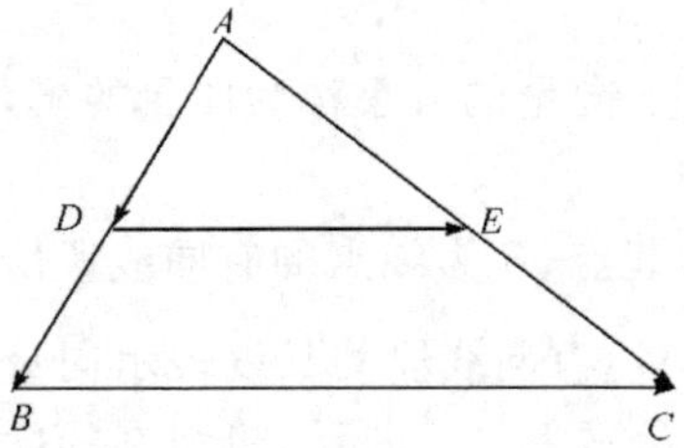

图 8.5

例 8.3　如图 8.5 所示，已知 DE 是 $\triangle ABC$ 的中位线，用向量证明 DE 平行且等于 $\frac{1}{2}BC$.

证　由 DE 是 $\triangle ABC$ 的中位线得

$$\overrightarrow{AE}=\frac{1}{2}\overrightarrow{AC}\ \text{且}\ \overrightarrow{AD}=\frac{1}{2}\overrightarrow{AB},$$

所以

$$\overrightarrow{DE}=\overrightarrow{AE}-\overrightarrow{AD}=\frac{1}{2}(\overrightarrow{AC}-\overrightarrow{AB})=\frac{1}{2}\overrightarrow{BC},$$

即 DE 平行且等于 $\frac{1}{2}BC$.

8.1.3　向量的坐标表示

当把向量 $\boldsymbol{a}$ 起点平移到坐标原点 O 时，向量终点的坐标 (x,y,z) 就称为向量 $\boldsymbol{a}$ 的坐标，事实上，如果 x 轴正方向、y 轴正方向以及 z 轴正方向的单位向量（即基本单位向量）分别为 $\boldsymbol{i},\boldsymbol{j},\boldsymbol{k}$ 则有

$$\boldsymbol{a}=x\boldsymbol{i}+y\boldsymbol{j}+z\boldsymbol{k}.$$

我们也可以用向量 $\boldsymbol{a}$ 的坐标 (x,y,z) 来表示向量 $\boldsymbol{a}$.

定理 8.1.3　若设向量 $\boldsymbol{a}$ 与 $\boldsymbol{b}$ 的坐标分别为 (x_1,y_1,z_1)，(x_2,y_2,z_2)，则

$$\boldsymbol{a}-\boldsymbol{b}=(x_1-x_2,y_1-y_2,z_1-z_2).$$

推论 8.1.1 空间两点 M 与 N 的坐标分别为(x_1,y_1,z_1),(x_2,y_2,z_2),则

$$\overrightarrow{MN}=(x_2-x_1,y_2-y_1,z_2-z_1).$$

8.1.4 向量的内积与外积

定义 8.1.5 向量 $\boldsymbol{a}$ 与 $\boldsymbol{b}$ 的内积(或点积)等于$|\boldsymbol{a}|\cdot|\boldsymbol{b}|\cos\theta$(其中 θ 为 $\boldsymbol{a}$ 与 $\boldsymbol{b}$ 的夹角),记作 $\boldsymbol{a}\cdot\boldsymbol{b}$,即

$$\boldsymbol{a}\cdot\boldsymbol{b}=|\boldsymbol{a}|\cdot|\boldsymbol{b}|\cos\theta.$$

由此定义可以得到如下一些定理:

定理 8.1.4 向量 $\boldsymbol{a}$ 与 $\boldsymbol{b}$ 垂直的充要条件是 $\boldsymbol{a}\cdot\boldsymbol{b}=0$.

对三个基本单位向量 $\boldsymbol{i},\boldsymbol{j},\boldsymbol{k}$,有

$$\boldsymbol{i}\cdot\boldsymbol{i}=\boldsymbol{j}\cdot\boldsymbol{j}=\boldsymbol{k}\cdot\boldsymbol{k}=1,\boldsymbol{i}\cdot\boldsymbol{j}=\boldsymbol{j}\cdot\boldsymbol{k}=\boldsymbol{k}\cdot\boldsymbol{i}=0.$$

定理 8.1.5 向量的内积满足如下运算规律:

(1) 交换律

$$\boldsymbol{a}\cdot\boldsymbol{b}=\boldsymbol{b}\cdot\boldsymbol{a}.$$

(2) 关于数因子的结合律

$$(\lambda\boldsymbol{a})\cdot\boldsymbol{b}=\lambda(\boldsymbol{a}\cdot\boldsymbol{b}).$$

(3) 分配律

$$(\boldsymbol{a}+\boldsymbol{b})\cdot\boldsymbol{c}=\boldsymbol{a}\cdot\boldsymbol{c}+\boldsymbol{b}\cdot\boldsymbol{c}.$$

定理 8.1.6 向量 $\boldsymbol{a}$ 与 $\boldsymbol{b}$ 的坐标分别为(x_1,y_1,z_1),(x_2,y_2,z_2),则

$$\boldsymbol{a}\cdot\boldsymbol{b}=x_1x_2+y_1y_2+z_1z_2,\quad |\boldsymbol{a}|=\sqrt{\boldsymbol{a}\cdot\boldsymbol{a}}=\sqrt{x_1^2+y_1^2+z_1^2}.$$

定理 8.1.7 向量 $\boldsymbol{a}$ 与 $\boldsymbol{b}$ 的坐标分别为(x_1,y_1,z_1),(x_2,y_2,z_2),则 $\boldsymbol{a}$ 与 $\boldsymbol{b}$ 的夹角 θ 满足

$$\cos\theta=\frac{\boldsymbol{a}\cdot\boldsymbol{b}}{|\boldsymbol{a}||\boldsymbol{b}|}=\frac{x_1x_2+y_1y_2+z_1z_2}{\sqrt{x_1^2+y_1^2+z_1^2}\sqrt{x_2^2+y_2^2+z_2^2}}.$$

定义 8.1.6 两个向量 $\boldsymbol{a}$ 与 $\boldsymbol{b}$ 的外积(或叉积)是一个向量,记作 $\boldsymbol{a}\times\boldsymbol{b}$,它的模是 $|\boldsymbol{a}\times\boldsymbol{b}|=|\boldsymbol{a}||\boldsymbol{b}|\sin\theta$,其中 θ 是 $\boldsymbol{a}$ 与 $\boldsymbol{b}$ 的夹角,它的方向与 $\boldsymbol{a}$ 和 $\boldsymbol{b}$ 都垂直,并且让 $\boldsymbol{a}$ 和 $\boldsymbol{b}$ 分别与右手的食指和中指方向相同(食指、中指和姆指互相垂直),则姆指所指的方向即为 $\boldsymbol{a}\times\boldsymbol{b}$ 的方向,如图 8.6 所示,也就是满足所谓的右手螺旋定则.

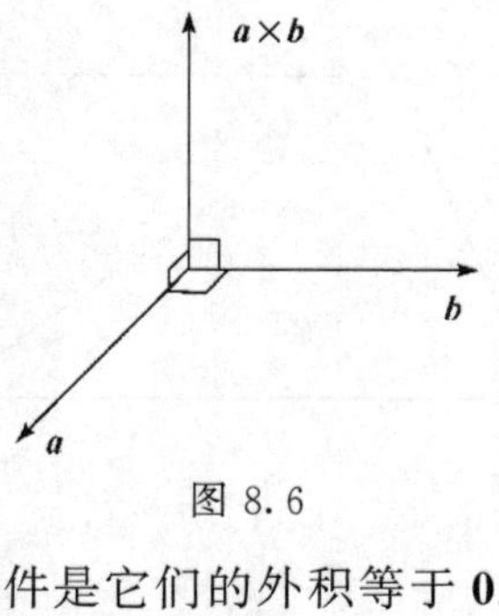

图 8.6

定理 8.1.8 两个向量 $\boldsymbol{a}$ 与 $\boldsymbol{b}$ 的外积的模等于以 $\boldsymbol{a}$,$\boldsymbol{b}$ 为邻边的平行四边形的面积.两个向量共线的充要条件是它们的外积等于 $\boldsymbol{0}$.

定理 8.1.9 向量外积满足如下运算规律:

(1) 反交换律

$$\boldsymbol{a}\times\boldsymbol{b}=-\boldsymbol{b}\times\boldsymbol{a}.$$

(2) 关于数因子的结合律

$$(\lambda\boldsymbol{a})\times\boldsymbol{b}=\boldsymbol{a}\times(\lambda\boldsymbol{b})=\lambda(\boldsymbol{a}\times\boldsymbol{b}).$$

(3) 分配律

$$(\boldsymbol{a}+\boldsymbol{b})\times\boldsymbol{c}=\boldsymbol{a}\times\boldsymbol{c}+\boldsymbol{b}\times\boldsymbol{c}.$$

定理 8.1.10　对于三个基本单位向量 $\boldsymbol{i},\boldsymbol{j},\boldsymbol{k}$，有

$$\boldsymbol{i}\times\boldsymbol{i}=\boldsymbol{j}\times\boldsymbol{j}=\boldsymbol{k}\times\boldsymbol{k}=\boldsymbol{0},$$
$$\boldsymbol{i}\times\boldsymbol{j}=\boldsymbol{k},\boldsymbol{j}\times\boldsymbol{k}=\boldsymbol{i},\boldsymbol{k}\times\boldsymbol{i}=\boldsymbol{j}.$$

定理 8.1.11　如果向量 $\boldsymbol{a}$ 与 $\boldsymbol{b}$ 的坐标分别为(x_1,y_1,z_1)，(x_2,y_2,z_2)，则

$$\boldsymbol{a}\times\boldsymbol{b}=\begin{vmatrix}\boldsymbol{i}&\boldsymbol{j}&\boldsymbol{k}\\x_1&y_1&z_1\\x_2&y_2&z_2\end{vmatrix}=\begin{vmatrix}y_1&z_1\\y_2&z_2\end{vmatrix}\boldsymbol{i}+\begin{vmatrix}z_1&x_1\\z_2&x_2\end{vmatrix}\boldsymbol{j}+\begin{vmatrix}x_1&y_1\\x_2&y_2\end{vmatrix}\boldsymbol{k}.$$

定义 8.1.7　对任意三个向量 $\boldsymbol{a},\boldsymbol{b},\boldsymbol{c}$，$(\boldsymbol{a}\times\boldsymbol{b})\cdot\boldsymbol{c}$ 叫做向量 $\boldsymbol{a},\boldsymbol{b},\boldsymbol{c}$ 的混合积，记作$(\boldsymbol{abc})$.

定理 8.1.12　对任意三个向量 $\boldsymbol{a},\boldsymbol{b},\boldsymbol{c}$，混合积$(\boldsymbol{abc})$的绝对值是以 $\boldsymbol{a},\boldsymbol{b},\boldsymbol{c}$ 为三个邻边所构成的平行六面体的体积，三个向量共面的充要条件是它们的混合积等于零. 进一步还有

$$(\boldsymbol{abc})=(\boldsymbol{bca})=(\boldsymbol{cab}).$$

定理 8.1.13　如果向量 $\boldsymbol{a},\boldsymbol{b},\boldsymbol{c}$ 的坐标分别为(x_1,y_1,z_1)，(x_2,y_2,z_2)，(x_3,y_3,z_3)，则

$$(\boldsymbol{abc})=\begin{vmatrix}x_1&y_1&z_1\\x_2&y_2&z_2\\x_3&y_3&z_3\end{vmatrix}.$$

例 8.4　已知空间三点 $A(1,3,7)$，$B(2,6,1)$，$C(5,9,7)$，试求$\triangle ABC$ 的面积.

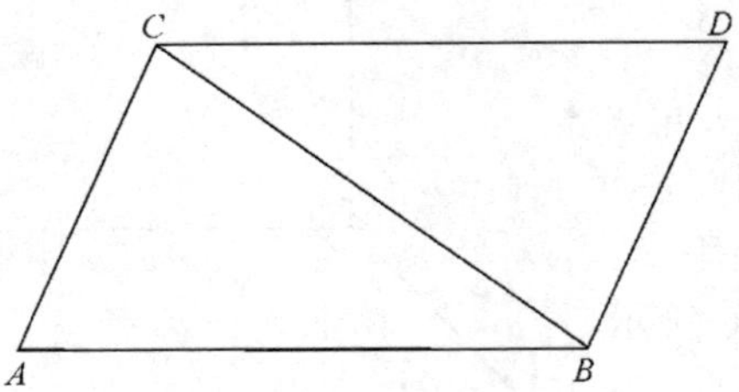

图 8.7

解　如图 8.7 所示，因为$\triangle ABC$ 的面积$=\frac{1}{2}$平行四边形 $ABDC$ 的面积$=\frac{1}{2}|\overrightarrow{AB}\times\overrightarrow{AC}|$.

$$\overrightarrow{AB}=(1,3,-6),\quad \overrightarrow{AC}=(4,6,0),$$

得

$$\overrightarrow{AB}\times\overrightarrow{AC}=\begin{vmatrix}\boldsymbol{i}&\boldsymbol{j}&\boldsymbol{k}\\1&3&-6\\4&6&0\end{vmatrix}=36\boldsymbol{i}-24\boldsymbol{j}-6\boldsymbol{k},$$

于是有

$$|\overrightarrow{AB}\times\overrightarrow{AC}|=\sqrt{36^2+(-24)^2+(-6)^2}=\sqrt{1908}=6\sqrt{53}.$$

所以$\triangle ABC$的面积为$3\sqrt{53}$.

8.2 平面及其方程

8.2.1 平面的方程

由例8.2知,关于x,y,z的一次方程$x+6y-9z+6=0$表示的图形为一平面.一般地,$Ax+By+Cz+D=0$表示的图形都是平面,这一方程叫做**平面的一般方程**.

与平面α垂直的非零向量$\boldsymbol{a}$叫做平面α的一个法向量,事实上与$\boldsymbol{a}$平行的任一非零向量都是α的法向量.平面α能由α上一点及其法向量所唯一决定.也就是如果已知平面α上一点$M(x_0,y_0,z_0)$以及它的一个法向量$\boldsymbol{a}=(A,B,C)$,就能写出它的平面方程(图8.8).设$P(x,y,z)$为α上任一点,则

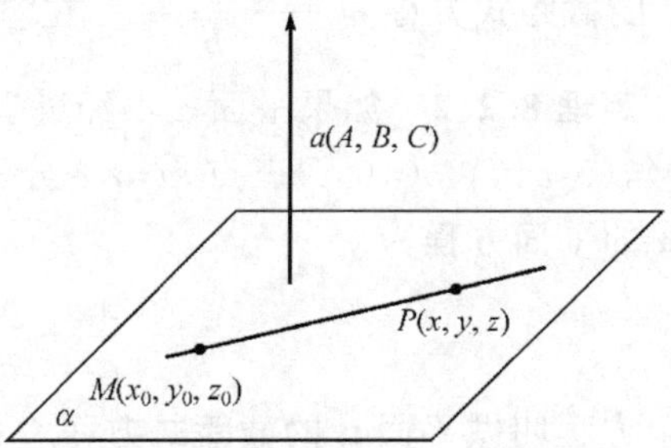

图 8.8

$$\boldsymbol{a}\perp\overrightarrow{MP},$$

于是有

$$\boldsymbol{a}\cdot\overrightarrow{MP}=0\Leftrightarrow A(x-x_0)+B(y-y_0)+C(z-z_0)=0,$$

即

$$Ax+By+Cz-(Ax_0+By_0+Cz_0)=0.$$

这个方程叫做**平面$\boldsymbol{\alpha}$的点法式方程.**

定理 8.2.1 已知平面α上一点$M(x_0,y_0,z_0)$以及它的法向量$\boldsymbol{a}=(A,B,C)$,则该平面的方程为

$$Ax+By+Cz-(Ax_0+By_0+Cz_0)=0,$$

令$Ax_0+By_0+Cz_0=-D$,于是点法式方程可化为平面的一般方程

$$Ax+By+Cz+D=0.$$

根据平面一般方程的系数A,B,C,D是否为0,可以得到一些特殊位置的平面的方程与系数A、B、C、D的关系:

(1) 平面$Ax+By+Cz+D=0$过原点,当且仅当$D=0$;

当A,B,C中只有一个为0时有:

(2) 平面$Ax+By+Cz+D=0$平行于x轴当且仅当$A=0$且$D\neq0$;

(3) 平面$Ax+By+Cz+D=0$过x轴当且仅当$A=D=0$.

类似地，我们可以讨论平面 $Ax+By+Cz+D=0$ 平行于 y 轴、z 轴，以及过 y 轴或 z 轴的情形.

当 A,B,C 中恰有两个为 0 时有：

(4) 平面 $Ax+By+Cz+D=0$ 平行于坐标平面 xOy 当且仅当 $A=B=0$ 且 $D\neq 0$；

(5) 平面 $Ax+By+Cz+D=0$ 为坐标平面 xOy 当且仅当 $A=B=D=0$.

类似地，我们可以讨论平面 $Ax+By+Cz+D=0$ 平行于坐标平面 yOz，xOz 以及为坐标平面 yOz 或 xOz 的情形.

我们知道在平面解析几何中，直线 l 在 x 轴和 y 轴上的截距分别为 a 和 b 时，则 l 的截距式方程为 $\frac{x}{a}+\frac{y}{b}=1$. 在空间解析几何中也有类似的结论.

定理 8.2.2　如果平面 α 不经过坐标原点且与 x 轴、y 轴和 z 轴分别交于 $(a,0,0)$，$(0,b,0)$，$(0,0,c)$ 三点，a,b,c 分别叫做平面 α 在 x 轴、y 轴和 z 轴上的截距，则 α 的平面方程为

$$\frac{x}{a}+\frac{y}{b}+\frac{z}{c}=1,$$

这个方程叫做**平面 α 的截距式方程.**

证　令平面 α 的方程为

$$Ax+By+Cz+D=0,$$

整理得

$$\frac{A}{-D}x+\frac{B}{-D}y+\frac{C}{-D}z=1,$$

令

$$A_1=\frac{A}{-D},\quad B_1=\frac{B}{-D},\quad C_1=\frac{C}{-D},$$

则

$$A_1x+B_1y+C_1z=1.$$

将 $(a,0,0)$，$(0,b,0)$，$(0,0,c)$ 分别代入这个方程可得 A_1,B_1,C_1 分别为

$$A_1=\frac{1}{a},\quad B_1=\frac{1}{b},\quad C_1=\frac{1}{c},$$

即得平面 α 的方程为

$$\frac{x}{a}+\frac{y}{b}+\frac{z}{c}=1.$$

8.2.2　两平面的位置关系

对于两个平面 $A_ix+B_iy+C_iz+D_i=0\ (i=1,2)$，有下面结论：

两平面相交⇔法向量不共线⇔一次项系数不成比例；

两平面重合⇔全部系数对应成比例⇔$\frac{A_1}{A_2}=\frac{B_1}{B_2}=\frac{C_1}{C_2}=\frac{D_1}{D_2}$；

两平面垂直⇔法向量垂直⇔$A_1A_2+B_1B_2+C_1C_2=0$；

两平面平行⇔法向量平行但没有公共点⇔一次项系数对应成比例但与常数项不成比例⇔ $\frac{A_1}{A_2}=\frac{B_1}{B_2}=\frac{C_1}{C_2}\neq\frac{D_1}{D_2}$.

例 8.5 分别在下列条件下确定 l,m,n 的值：

(1) $(l-3)x+(m+1)y+(n-3)z+8=0$ 与 $(m+3)x+(n-9)y+(n-3)z-16=0$ 表示同一个平面.

(2) $2x+my+3z-5=0$ 与 $lx-6y-6z+2=0$ 平行.

解 (1) $(l-3)x+(m+1)y+(n-3)z+8=0$ 与 $(m+3)x+(n-9)y+(n-6)z-16=0$ 表示同一个平面⇔$\frac{l-3}{m+3}=\frac{m+1}{n-9}=\frac{n-3}{n-6}=\frac{8}{-16}$⇔$n=4,m=\frac{3}{2},l=\frac{3}{4}$.

(2) $2x+my+3z-5=0$ 与 $lx-6y-6z+2=0$ 平行⇔$\frac{2}{l}=\frac{m}{-6}=\frac{3}{-6}\neq\frac{-5}{2}$⇔$l=-4,m=3$.

8.2.3 点到平面的距离

定理 8.2.3 设 P_0 的坐标为 (x_0,y_0,z_0)，则 P_0 到平面 $Ax+By+Cz+D=0$ 距离为

$$d=\frac{|Ax_0+By_0+Cz_0+D|}{\sqrt{A^2+B^2+C^2}}.$$

例 8.6 设平面 $15x+10y+6z-30=0$ 与 x 轴、y 轴、z 轴分别交于 A,B,C. 求 $\triangle ABC$ 的面积.

解 $15x+10y+6z-30=0$ 变形，得

$$\frac{x}{2}+\frac{y}{3}+\frac{z}{5}=1,$$

从而有

$$A,B,C \text{ 的坐标分别为}(2,0,0),(0,3,0),(0,0,5).$$

三棱锥 $O\text{-}ABC$ 的体积为

$$V_{O-ABC}=\frac{1}{6}|OA|\cdot|OB|\cdot|OC|=5,$$

设 O 到平面 ABC 的距离为 h，得

$$V_{O-ABC}=\frac{1}{3}h\cdot S_{\triangle ABC}.$$

又由定理 8.2.3 得

$$h=\frac{30}{\sqrt{15^2+10^2+6^2}}=\frac{30}{19},$$

故
$$S_{\triangle ABC}=\frac{V_{O-ABC}}{h}=\frac{3\cdot 5}{\frac{30}{19}}=\frac{19}{2}.$$

8.3　空间直线及其方程

8.3.1　空间直线的方程

直线可由它上面的一定点以及平行于它的任意非零向量决定，这个非零向量称为直线的**方向向量**. 设直线过 $P_0(x_0,y_0,z_0)$ 且方向向量为 $\boldsymbol{v}=(m,n,p)$，显然点 $P(x,y,z)$ 属于此直线的充要条件是 $\overrightarrow{P_0P}=t\boldsymbol{v}\,(t\in\mathbf{R})$，于是有

$$\begin{cases}x-x_0=mt,\\ y-y_0=nt,\\ z-z_0=pt,\end{cases}\quad (t\in\mathbf{R})$$

即

$$\begin{cases}x=x_0+mt,\\ y=y_0+nt,\\ z=z_0+pt,\end{cases}\quad (t\in\mathbf{R})$$

这个方程叫做**直线的参数方程**，当 m,n,p 全不为 0 时，消去参数 t 得

$$\frac{x-x_0}{m}=\frac{y-y_0}{n}=\frac{z-z_0}{p}. \tag{8.3.1}$$

当 m,n 不为 0 而 p 为 0 时，则有

$$\frac{x-x_0}{m}=\frac{y-y_0}{n},\quad z=z_0.$$

为了形式上的统一，我们仍写成

$$\frac{x-x_0}{m}=\frac{y-y_0}{n}=\frac{z-z_0}{0}.$$

其余情形也类似，任意一条直线的方程都可写为形如式(8.3.1)的形式，这个方程叫做直线的**标准方程**或**点向式方程**.

因为一条直线可以看作两个平面的交，如果知道这两个平面的方程为 $A_ix+B_iy+C_iz+D_i=0(i=1,2)$，则这条直线的方程还可写为

$$\begin{cases}A_1x+B_1y+C_1z+D_1=0,\\ A_2x+B_2y+C_2z+D_2=0,\end{cases}$$

这个方程叫做直线的**一般式方程**.

例 8.7 设直线 l 的一般式方程为 $\begin{cases}2x+y+z-5=0,\\2x+y+3z-1=0,\end{cases}$ 求 l 的一个点向式方程.

解法一 由 $\begin{cases}2x+y+z-5=0,\\2x+y+3z-1=0\end{cases}$ 有 $z=-2$ 且 $2x=-y+7$,于是有

$$\frac{x}{\frac{1}{2}}=\frac{y-7}{-1}=\frac{z+2}{0}.$$

解法二 因为 l 既在平面 $2x+y+z-5=0$ 上,又在平面 $2x+y+3z-1=0$ 上,故 l 与这两个平面的法向量 $(2,1,1)$ 和 $(2,1,3)$ 都垂直,即 $(2,1,1)\times(2,1,3)$ 是 l 的一个方向向量,而且有

$$(2,1,1)\times(2,1,3)=\left(\begin{vmatrix}1&1\\1&3\end{vmatrix},-\begin{vmatrix}2&1\\2&3\end{vmatrix},\begin{vmatrix}2&1\\2&1\end{vmatrix}\right)=(2,-4,0).$$

令 $x=0$,可得 l 上一点 $(0,7,-2)$,于是得 l 的一个点向式方程为

$$\frac{x}{2}=\frac{y-7}{-4}=\frac{z+2}{0}.$$

8.3.2 两直线的位置关系

定理 8.3.1 设直线 l_1,l_2 分别经过 $P_1(x_1,y_1,z_1)$,$P_2(x_2,y_2,z_2)$ 且方向向量分别为 $\boldsymbol{v}_1=(m_1,n_1,p_1)$,$\boldsymbol{v}_2=(m_2,n_2,p_2)$,则有

$$\text{两直线异面}\Leftrightarrow(\boldsymbol{v}_1\boldsymbol{v}_2\ \overrightarrow{P_1P_2})\neq 0\Leftrightarrow\begin{vmatrix}m_1&n_1&p_1\\m_2&n_2&p_2\\x_2-x_1&y_2-y_1&z_2-z_1\end{vmatrix}\neq 0;$$

两直线平行 $\Leftrightarrow\boldsymbol{v}_1$ 平行于 $\boldsymbol{v}_2$,但 $\overrightarrow{P_1P_2}$ 不平行于 $\boldsymbol{v}_1$ 或 $\boldsymbol{v}_2$

$$\Leftrightarrow m_1:n_1:p_1=m_2:n_2:p_2\neq(x_2-x_1):(y_2-y_1):(z_2-z_1);$$

两直线重合 $\Leftrightarrow\boldsymbol{v}_1$ 平行于 $\boldsymbol{v}_2$,且 $\overrightarrow{P_1P_2}$ 平行于 $\boldsymbol{v}_1$ 或 $\boldsymbol{v}_2$

$$\Leftrightarrow m_1:n_1:p_1=m_2:n_2:p_2=(x_2-x_1):(y_2-y_1):(z_2-z_1);$$

两直线相交 $\Leftrightarrow$ 两直线共面且 $\boldsymbol{v}_1$ 不平行于 $\boldsymbol{v}_2$

$$\Leftrightarrow\begin{vmatrix}m_1&n_1&p_1\\m_2&n_2&p_2\\x_1-y_1&x_2-y_2&z_1-z_2\end{vmatrix}=0,\text{且 } m_1:n_1:p_1\neq m_2:n_2:p_2.$$

定理 8.3.2 设直线 l_1,l_2 分别经过 $P_1(x_1,y_1,z_1)$,$P_2(x_2,y_2,z_2)$ 且方向向量

分别为 $\boldsymbol{v}_1=(m_1,n_1,p_1)$，$\boldsymbol{v}_2=(m_2,n_2,p_2)$，则 l_1,l_2 的夹角 $\angle(l_1,l_2)$ 等于 $\boldsymbol{v}_1$ 与 $\boldsymbol{v}_2$ 的夹角，进一步有

$$\cos\angle(l_1,l_2)=\frac{m_1m_2+n_1n_2+p_1p_2}{\sqrt{m_1^2+n_1^2+p_1^2}\cdot\sqrt{m_2^2+n_2^2+p_2^2}}.$$

例 8.8　已知两直线 $l_1:\frac{x-1}{3}=\frac{y+2}{6}=\frac{z-5}{2}$ 与 $l_2:\frac{x}{2}=\frac{y-3}{9}=\frac{z+1}{6}$，试判断它们的位置关系，并求其夹角.

解　两直线分别过点 $P_1(1,-2,5)$，$P_2(0,3,-1)$ 且方向向量各为 $\boldsymbol{v}_1=(3,6,2)$，$\boldsymbol{v}_2=(2,9,6)$，由于

$$(\boldsymbol{v}_1\boldsymbol{v}_2\,\overrightarrow{P_1P_2})=\begin{vmatrix}3&6&2\\2&9&6\\-1&5&-6\end{vmatrix}=-178\neq 0,$$

因此两直线异面. 又

$$\cos\angle(l_1,l_2)=\frac{m_1m_2+n_1n_2+p_1p_2}{\sqrt{m_1^2+n_1^2+p_1^2}\cdot\sqrt{m_2^2+n_2^2+p_2^2}}=\frac{6+54+12}{\sqrt{9+36+4}\,\sqrt{4+81+36}}$$

$$=\frac{72}{77},$$

故

$$\angle(l_1,l_2)=\arccos\frac{72}{77}.$$

8.4　空 间 曲 面

8.4.1　柱面

定义 8.4.1　设有一动直线 l 沿一定曲线 c 移动，移动时始终保持与定直线 l' 平行，则由 l 形成的曲面称为柱面，而动直线 l 称为该柱面的母线，定曲线 c 称为该柱面的准线.

设柱面的准线方程为

$$\begin{cases}F_1(x,y,z)=0,\\F_2(x,y,z)=0.\end{cases}\tag{8.4.1}$$

母线的方向向量为 (X,Y,Z). 如果 $M_1(x_1,y_1,z_1)$ 为准线上任一点，那么过 M_1 的母线方程为

$$\frac{x-x_1}{X}=\frac{y-y_1}{Y}=\frac{z-z_1}{Z},\tag{8.4.2}$$

又因 $M_1(x_1,y_1,z_1)$ 在准线上，故有

$$\begin{cases} F_1(x_1,y_1,z_1)=0, \\ F_2(x_1,y_1,z_1)=0. \end{cases} \tag{8.4.3}$$

由(8.4.2)和(8.4.3)的4个方程消去参数 x_1,y_1,z_1 后得到

$$F(x,y,z)=0,$$

这就是所求柱面的方程.

我们以后经常要求经过曲线 $L:\begin{cases} F_1(x,y,z)=0, \\ F_2(x,y,z)=0 \end{cases}$ 且母线平行于 z 轴的柱面方程,也就是求曲线 L 向坐标平面 xOy 作投影的投影柱面方程,通过验算我们知道,由 $\begin{cases} F_1(x,y,z)=0, \\ F_2(x,y,z)=0 \end{cases}$ 消去坐标变量 z 得到的方程 $F(x,y)=0$ 即为所求.类似地,可以得到曲线 L 向坐标平面 yOz 和 xOz 作投影的投影柱面方程.

可以证明,以 xOy 面上的曲线 $F(x,y)=0$ 为准线,母线平行于 z 轴的柱面方程,就是 $F(x,y)=0$. 类似地可以得到母线平行于 x 轴与 y 轴的柱面方程分别为 $F(y,z)=0$ 和 $F(x,z)=0$,其中 $F(y,z)=0$ 和 $F(x,z)=0$ 分别是相应的柱面与坐标平面 yOz 和 xOz 的交线的方程.

现在写出几个母线平行于 z 轴的柱面方程:

椭圆柱面方程 $\dfrac{x^2}{a^2}+\dfrac{y^2}{b^2}=1$,如图8.9所示;

抛物柱面方程 $y^2=2px(p>0)$,如图8.10所示;

双曲柱面方程 $\dfrac{x^2}{a^2}-\dfrac{y^2}{b^2}=1$,如图8.11所示.

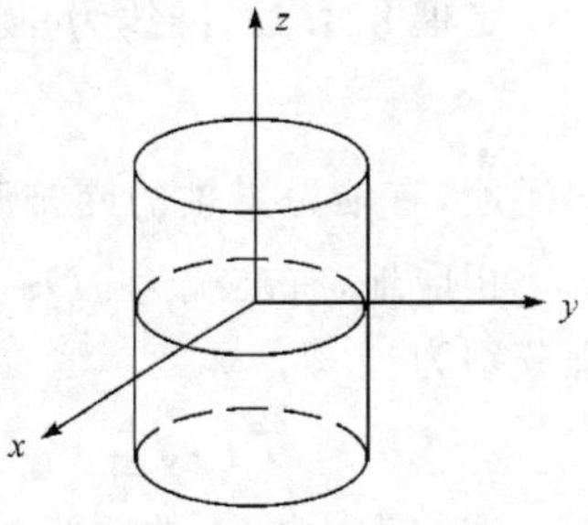

图 8.9

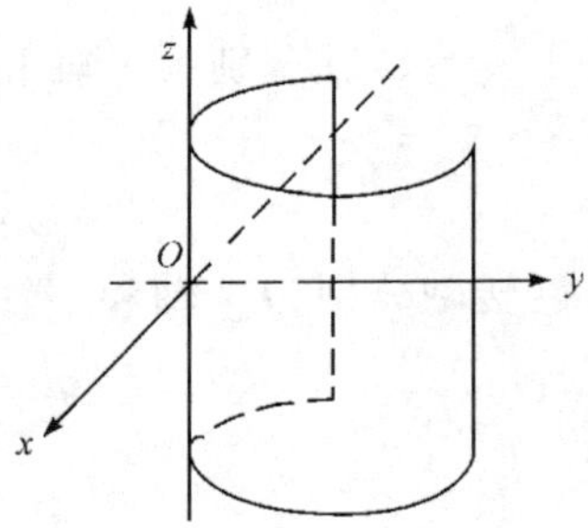

图 8.10

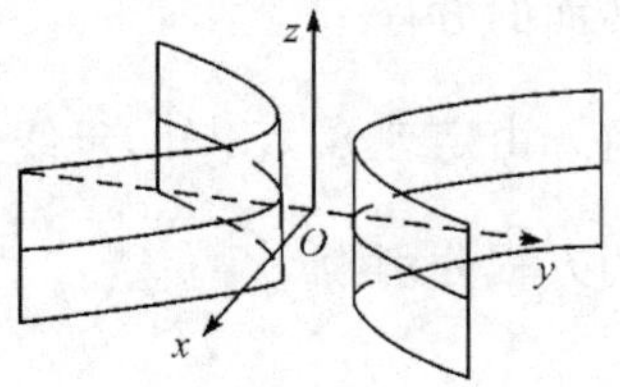

图 8.11

例 8.9 已知柱面的准线方程为

$$\begin{cases} x^2+y^2+z^2=1, \\ 2x^2+2y^2+z^2=2, \end{cases}$$

而母线的方向向量是$(-1,0,1)$,求该柱面的方程.

解　设 $M_1(x_1,y_1,z_1)$为准线上任一点，则过 M_1 的母线方程为

$$\frac{x-x_1}{-1}=\frac{y-y_1}{0}=\frac{z-z_1}{1},$$

又有

$$\begin{cases}x_1^2+y_1^2+z_1{}^2=1,\\2x_1^2+2y_1^2+z_1^2=2,\end{cases}$$

由以上 4 个方程消去参数 x_1,y_1,z_1 后，得

$$x^2+y^2+z^2+2xz-1=0.$$

8.4.2　旋转面

定义 8.4.2　一条曲线 c 绕着一条定直线 l 旋转一周所形成的曲面称为旋转曲面(简称旋转面)，曲线 c 称为旋转面的母线，定直线 l 称为旋转面的轴.

下面我们主要讨论准线在坐标平面上且轴为坐标轴的旋转面.

定理 8.4.1　准线为 xOy 上的曲线 $F(x,y)=0$，轴为 x 轴的旋转面的方程为

$$F\left(x,\pm\sqrt{y^2+z^2}\right)=0,$$

同样地，有轴为 y 轴的旋转面的方程为 $F\left(\pm\sqrt{x^2+z^2},y\right)=0$.

相应地，有准线为 xOz 上的曲线 $F(x,z)=0$，轴为 x 轴和 z 轴的旋转面的方程分别为

$$F\left(x,\pm\sqrt{y^2+z^2}\right)=0 \text{ 和 } F\left(\pm\sqrt{x^2+y^2},z\right)=0.$$

准线为 yOz 上的曲线 $F(y,z)=0$，轴为 y 轴和 z 轴的旋转面的方程分别为

$$F\left(y,\pm\sqrt{x^2+z^2}\right)=0 \text{ 和 } F\left(\pm\sqrt{x^2+y^2},z\right)=0.$$

例 8.10　求母线是坐标平面 yOz 上的椭圆 $\frac{y^2}{5^2}+\frac{z^2}{4^2}=1$，轴分别为 y 轴和 z 轴的旋转面的方程.

解　由定理 8.4.1 知，母线是椭圆 $\frac{y^2}{5^2}+\frac{z^2}{4^2}=1$，旋转轴分别为 y 轴和 z 轴的旋转面的方程分别为

$$\frac{x^2}{4^2}+\frac{y^2}{5^2}+\frac{z^2}{4^2}=1, \tag{8.4.4}$$

和

$$\frac{x^2}{5^2}+\frac{y^2}{5^2}+\frac{z^2}{4^2}=1. \tag{8.4.5}$$

方程(8.4.4)表示的曲面是以椭圆的长轴作为旋转轴得到的旋转面，这样的旋转面叫做**长形旋转椭球面**(图 8.12)，方程(8.4.5)表示的曲面是以椭圆的短轴作

为旋转轴得到的旋转面,叫做扁形旋转椭球面(图 8.13).

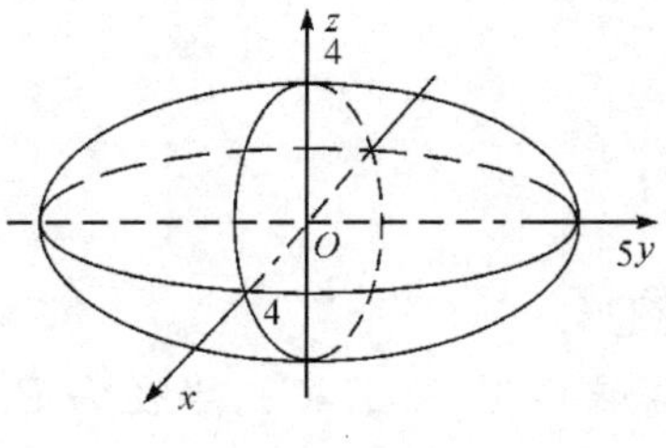

图 8.12

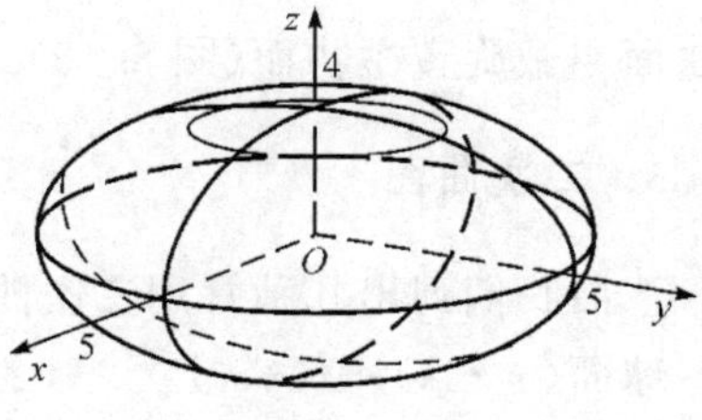

图 8.13

例 8.11 求母线是坐标平面 yOz 上的双曲线$\frac{y^2}{a^2}-\frac{z^2}{b^2}=1$,轴为 z 轴的旋转面的方程.

解 由定理 8.4.1 得,母线是双曲线$\frac{y^2}{a^2}-\frac{z^2}{b^2}=1$,轴为 z 轴的旋转面的方程分别为

$$\frac{x^2}{a^2}+\frac{y^2}{a^2}-\frac{z^2}{b^2}=1.$$

这种以双曲线作为母线、虚轴作为旋转轴得到的旋转面叫做单叶旋转双曲面(图 8.14). 而以双曲线作为母线、以实轴作为旋转轴得到的旋转面叫做双叶旋转双曲面.

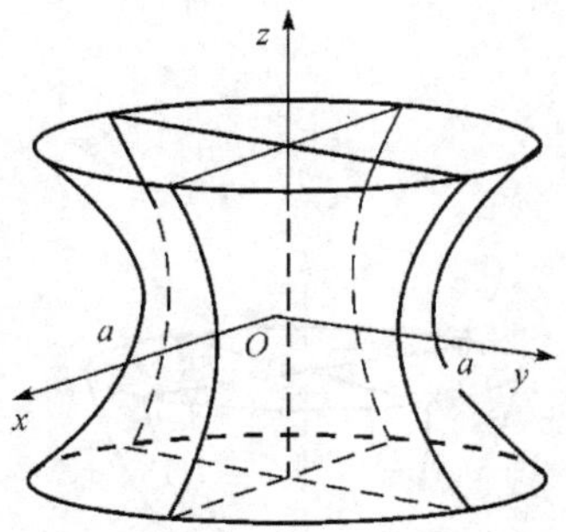

图 8.14

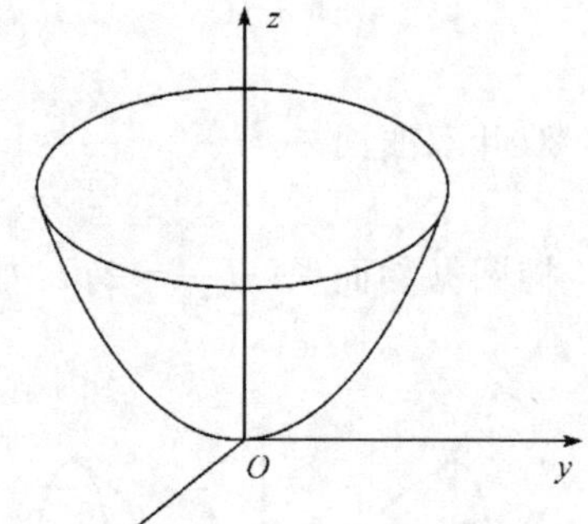

图 8.15

例 8.12 求母线是坐标平面 yOz 上的抛物线 $z=y^2$,轴为 z 轴的旋转面的方程.

解 母线是坐标平面 yOz 上的抛物线 $z=y^2$,轴为 z 轴的旋转面的方程为

$$z=(\pm\sqrt{x^2+y^2})^2,$$

即

$$z = x^2 + y^2.$$

该曲面叫做旋转抛物面(图 8.15).

8.4.3　二次曲面

下面我们列出几种常用二次曲面的方程及其图形.

球面 $(x-A)^2+(y-B)^2+(z-C)^2=R^2$ 表示球心在 (A,B,C),半径为 R 的球面.

椭球面 $\frac{x^2}{a^2}+\frac{y^2}{b^2}+\frac{z^2}{c^2}=1$,如图 8.16 所示.

单叶双曲面 $\frac{x^2}{a^2}+\frac{y^2}{b^2}-\frac{z^2}{c^2}=1$,如图 8.17 所示.

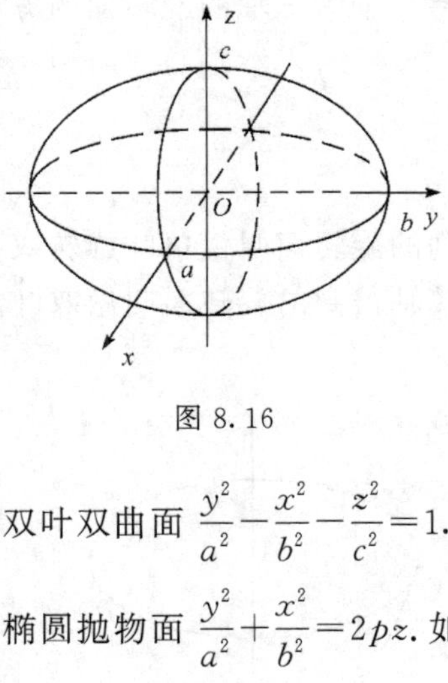

图 8.16

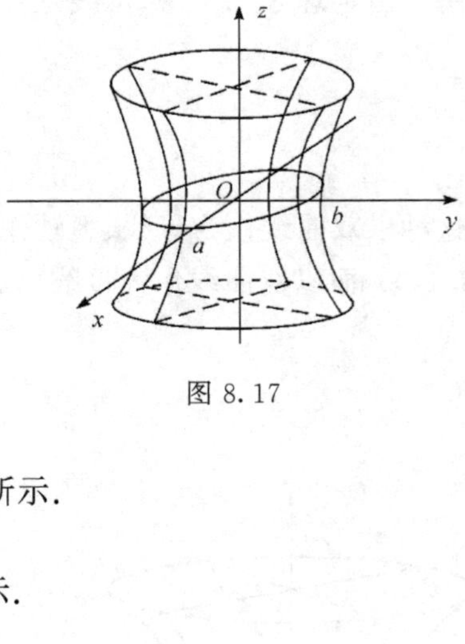

图 8.17

双叶双曲面 $\frac{y^2}{a^2}-\frac{x^2}{b^2}-\frac{z^2}{c^2}=1$. 如图 8.18 所示.

椭圆抛物面 $\frac{y^2}{a^2}+\frac{x^2}{b^2}=2pz$. 如图 8.19 所示.

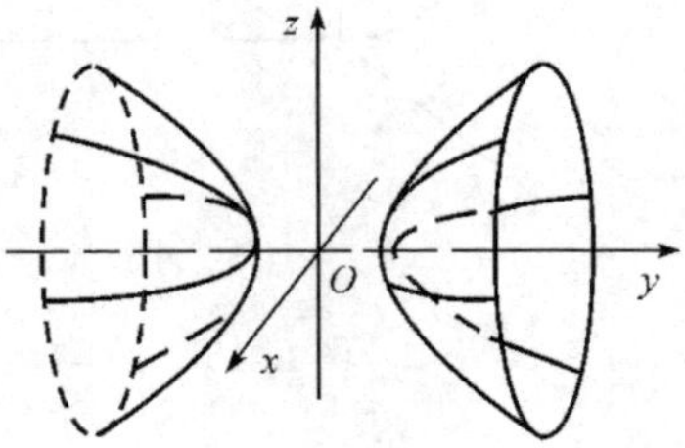

图 8.18

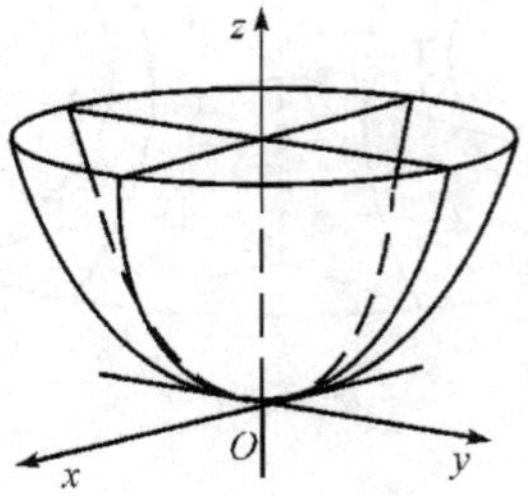

图 8.19

例 8.13　设动点 P 到定点 $(1,0,0)$ 的距离等于它到平面 $x=4$ 的距离的一半,求该点的轨迹.

解　设 $P(x,y,z)$ 为该轨迹上任一点，则由题意有

$$\sqrt{(x-1)^2+y^2+z^2}=\frac{1}{2}|x-4|,$$

化简得

$$\frac{x^2}{4}+\frac{y^2}{3}+\frac{z^2}{3}=1.$$

该动点的轨迹是一个绕 x 轴旋转的椭球面.

数学实验八　用 *Matlab* 软件作二元函数的图像

一、空间曲线

调用格式：

```
plot3(x1,y1,z1,x2,y2,z2,…,xn,yn,zn)
```

其中，xi，yi 和 zi 为分别是长度相同的向量，用于存储 xi 坐标、yi 坐标和 zi 坐标数据，$i=1,2,\cdots,n$.

例 1　在同一坐标系中分别作出三维曲线 $\begin{cases}y=x\sin x,\\ z=x\cos x\end{cases}$ 和 $\begin{cases}y=2x-4,\\ z=4x+2\end{cases}$ 在 $x\in[0,6\pi]$ 上的图像.

解　打开 M 文件编辑窗口，在其中输入下面命令集：

```
x=0:pi/50:6*pi;
y1=x.*sin(x);
z1=x.*cos(x);
y2=2*x-1;
z2=4*x-8;
plot3(x,y1,z1,x,y2,z2);
xlabel('x 轴'),ylabel('y 轴
'),zlabel('z 轴')
legend('圆锥螺线','空间直线')
```

取名为 exa1 保存，再在命令窗口中输入命令 exa1，程序运行结果如图 8.20 所示 .

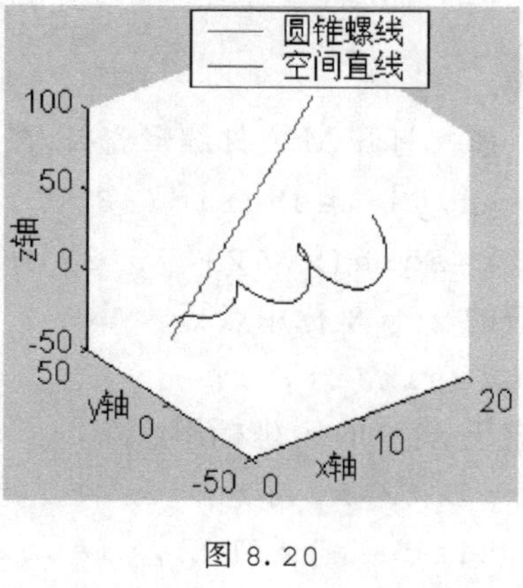

图 8.20

说明：要作单根曲线，和前面 plot 函数一样，只是多了一个立坐标.

二、空间曲面

1. 三维网格图

调用格式一：

```
[x,y]=meshgrid(x1:h1:x2,y1:h2:y2)
z=f(x,y)
plot3(x,y,z)
```

其中，x，y 和 z 为长度相同的向量，分别用于存储 x 坐标、y 坐标和 z 坐标数据.

例 2　作出空间平面 $4x-2y+z=3$ 的图像.

解　打开 M 文件编辑窗口，在其中输入下面命令集：

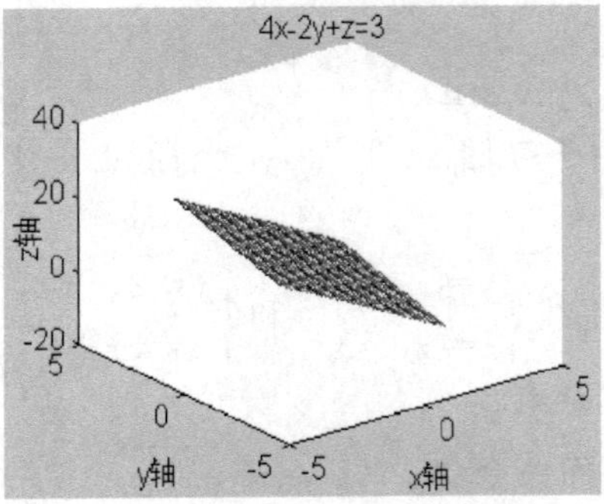

图 8.21

```
[x,y]=meshgrid(-3:0.1:3,-2:0.1:3); % 产生一个 x,y 平面上 51×61 的网格
z=3-4*x+2*y;
plot3(x,y,z);
xlabel('x 轴'),ylabel('y 轴'),zlabel('z 轴')
title('4x-2y+z=3')
```

取名为 exa2 保存，再在命令窗口中输入命令 exa2，程序运行结果如图 8.21 所示.

例 3　作出空间曲面 $z=\frac{\sin\sqrt{x^2+y^2}}{\sqrt{x^2+y^2}}$ 在区域 $\{(x,y)\mid |x|\leqslant 8,|y|\leqslant 8\}$ 上的图像.

解　打开 M 文件编辑窗口，在其中输入下面命令集：

```
[x,y]=meshgrid(-8:0.1:8);
r=sqrt(x.^2+ y.^2);   % 产生对应的 x,y 坐标用点幂
z=sin(r)./r;          % 产生对应于 x,y 的 z 坐标用点除
plot3(x,y,z);
xlabel('x 轴'),ylabel('y 轴'),zlabel('z 轴')
```

取名为 exa3 保存，再在命令窗口中输入命令 exa3，程序运行结果如图 8.22 所示.

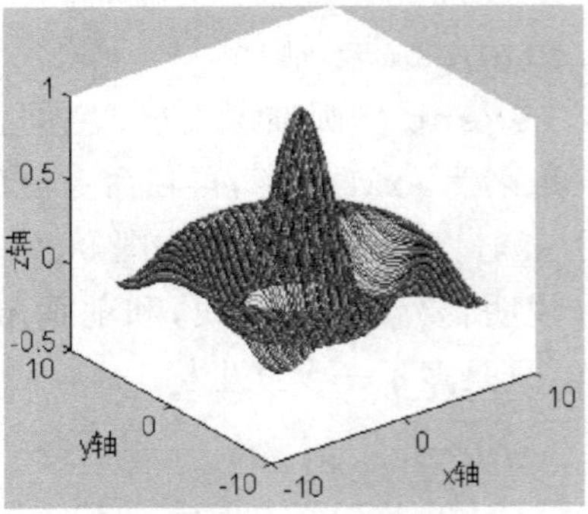

图 8.22

调用格式二：

```
[x,y]=meshgrid(x1:h1:x2,y1:h2:y2)
z=f(x,y)
mesh(x,y,z)
```

例 4　在 x,y 平面内选取一个区域，作出空间曲面 $z=e^{-x^2-y^2}$ 的图像.

解　打开 M 文件编辑窗口，在其中输入下面命令集：

```
[x,y]=meshgrid(-4:0.1:3,-3:0.1:2); % 产生一个 x,y 平面上 51×71 的网格
z=exp(-x.^2-y.^2);
mesh(x,y,z);
xlabel('x 轴'),ylabel('y 轴'),zlabel('z 轴')
```

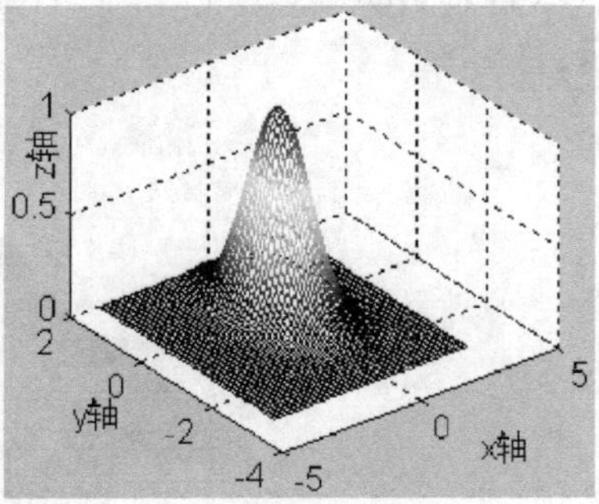

图 8.23

取名为 exa4 保存，再在命令窗口中输入命令 exa4，程序运行结果如图 8.23 所示.

2. 三维曲面图

调用格式：

```
[x,y]=meshgrid(x1:h1:x2,y1:h2:y2)
z=f(x,y)
surf(x,y,z)
```

说明：surf 函数可借助 shading 函数作平滑和插值处理，而 shading 函数有三个参数，分别为 flat(作平滑处理)、interp(去掉连接线条，在各片之间使用颜色插值)和 faceted(默认值，对前面两种参数之一的作用进行还原).

例 5　用子图分别作出马鞍面 $z=x^2-y^2$ 在区域$\{(x,y)\||x|\leqslant 1,|y|\leqslant 2\}$的图和经插值处理的图.

解　打开 M 文件编辑窗口，在其中输入下面命令集：

```
[x,y]=meshgrid(-1:0.1:1,-2:0.1:2);
z=x.^2-y.^2;
subplot(1,2,1),
surf(x,y,z);
xlabel('x 轴'),ylabel('y 轴'),zlabel('z 轴')
title('z=x^2-y^2');
```

```
subplot(1,2,2),
surf(x,y,z);
xlabel('x 轴'),ylabel('y 轴'),zlabel('z 轴')
shading interp % 插值处理
title('z=x^2-y^2 的插值处理图')
```

取名为 exa5 保存，再在命令窗口中输入命令 exa5，程序运行结果如图 8.24 所示.

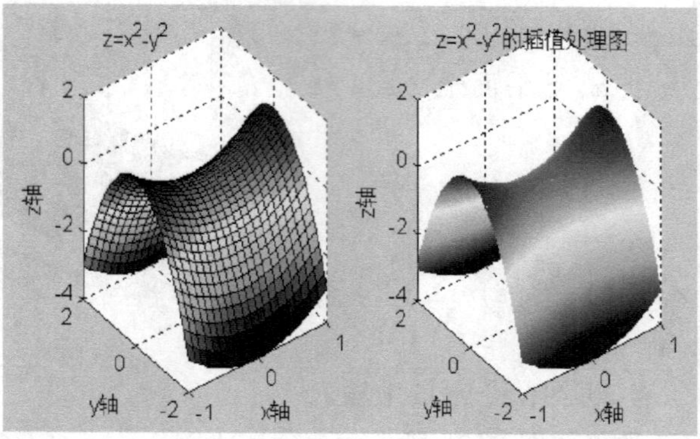

图 8.24

3. 柱面图

调用格式一：

```
[x,y,z]=cylinder(R,N)
mesh(x,y,z)
```

其中，R 是一个向量，其坐标分量依次对应柱面各横截面的半径，N 是多边形的边数. 默认值是 $R=[1,1]$，$N=20$.

例 6 作出正六棱柱在 $R=[2,2]$ 的图像.

解 打开 M 文件编辑窗口，在其中输入下面命令集：

```
[x,y,z]=cylinder([2,2],6);
mesh(x,y,z);
xlabel('x 轴'),ylabel('y 轴'),zlabel('z 轴')
hidden off % 显示隐含线，若不想显示隐含线，则取消此命令或设置为 hidden on
```

取名为 exa6 保存，再在命令窗口中输入命令 exa6，程序运行结果如图 8.25 所示 .

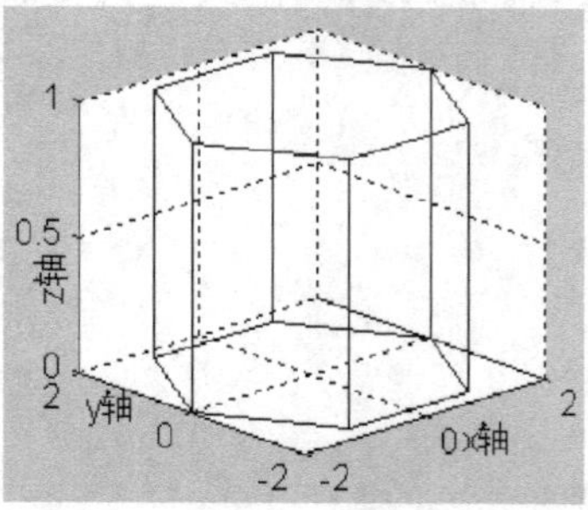

图 8.25

调用格式二：

```
[x,y,z]=cylinder(R,N)
surf(x,y,z)
```

其中,R,N 的意义和上面一样.

例 7　作出正十棱台在 $R=[1,2]$ 的图像.

解　打开 M 文件编辑窗口,在其中输入下面命令集：

```
[x,y,z]=cylinder([1,2],10);
surf(x,y,z);
xlabel('x 轴'),ylabel('y 轴
'),zlabel('z 轴')
```

取名为 exa7 保存,再在命令窗口中输入命令 exa7,程序运行结果如图 8.26 所示.

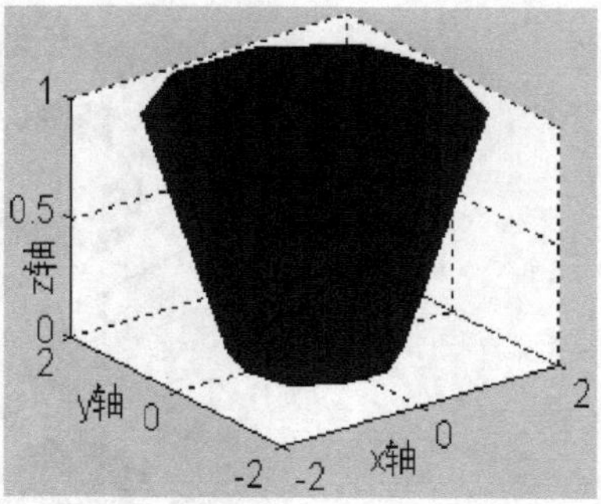

图 8.26

说明:若要作正棱锥,只须取 R 的某个分量为 0 即可.

4. 球面图

调用格式：

```
[x,y,z]=sphere(N)
surf(x,y,z)
```

其中,$N(N>2)$是球面的边数.默认值是 $N=20$. sphere(N)不返回坐标,直接绘出球面.

例 8　以子图形式分别作出 $N=5,20,40$ 和 40 并作平滑处理的球.

解　打开 M 文件编辑窗口,在其中输入下面命令集：

```
subplot(2,2,1)
sphere(5);
title('子图 1')
subplot(2,2,2),sphere;
title('子图 2')
subplot(2,2,3)
[x,y,z]=sphere(40);
surf(x,y,z);
title('子图 3')
subplot(2,2,4)
[x,y,z]=sphere(40);
```

```
surf(x,y,z);
shading flat  % 对球面作平滑处理
title('子图 4')
```

取名为 exa8 保存,再在命令窗口中输入命令 exa8,程序运行结果如图 8.27 所示.

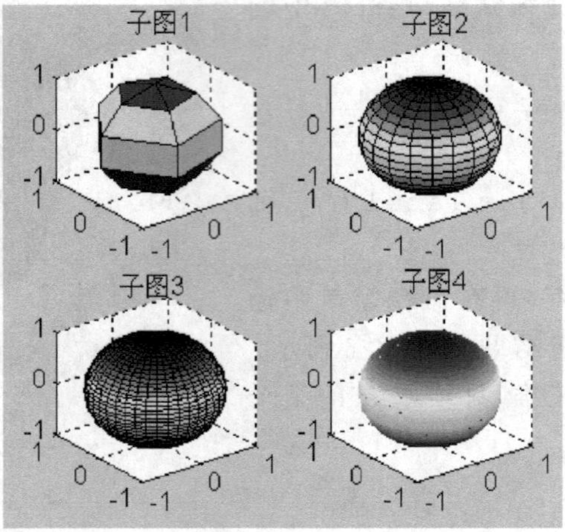

图 8.27

三、上机实验

(1) 用 help 命令查看函数 plot3,mesh 和 surf 等的用法.

(2) 上机验证上面各例.

(3) 作相关小节练习中空间曲线和曲面的图像.

* 第 9 章　多元函数微分学

本章将在一元函数及其微分学的基础上，讨论多元函数及其微分法应用. 讨论时主要以二元函数为主，然后把结果推广到二元以上的多元函数上去. 学习本章时，要注意与一元函数微分学部分进行对照和类比，区分它们的异同点.

9.1　多元函数的基本概念

9.1.1　多元函数概念

在自然科学和工程技术中，要研究的对象常常会受到多种因素的影响，在数学上就是一个变量依赖于多个变量的问题.

例 9.1　圆柱体的体积 V 与它的半径 r、高 h 之间的关系为

$$V = \pi r^2 h,$$

其中，体积 V 是随 r，h 的变化而变化的，当 r，h 在一定范围内取一对确定的值时，V 都有唯一确定的值与之对应.

例 9.2　设 R 是电阻 R_1，R_2 并联后的电阻，由电学知识，它们之间具有关系

$$R = \frac{R_1 R_2}{R_1 + R_2},$$

当 R_1，R_2 在一定范围内取一对确定的值时，R 都有唯一确定的值与之对应.

尽管这两个例子的实际意义不同，但其共同点就是一个变量依赖另外两个变量的变化而变化，对此有如下定义.

定义 9.1.1　设在某一变化过程中有三个变量 x,y,z，如果当变量 x,y 在一定范围内任意取定一对值时，变量 z 按照某一法则 f，都有唯一确定的值与之对应，那么称 z 是 x,y 的**二元函数**，记作

$$z = f(x,y),$$

其中，x 和 y 称为**自变量**，z 称为**因变量**，自变量 x 和 y 的取值构成的集合称为函数的**定义域**，通常记作 D，数集 $\{z \mid z=f(x,y),(x,y)\in D\}$ 称为该函数的**值域**，记作 M.

类似地，可定义三元函数 $u=f(x,y,z)$，以及三元以上的函数.

二元及二元以上的函数统称为**多元函数**.

函数的定义域是函数的一个要素，二元函数中，自变量 x,y 的每一组值，对应着 xOy 平面上的一点 $P(x,y)$，二元函数 $z=f(x,y)$ 也可看成是平面内点的函

数 $z=f(P)$. 采用与求一元函数定义域的类似方法,可求出二元函数的定义域在几何上通常是一个平面区域.

xOy 平面或 xOy 平面内由几条曲线所围成的部分称为**平面区域**,简称为**区域**,围成区域的曲线称为该区域的**边界**,包括边界在内的区域称为**闭区域**,不包括边界在内的区域称为**开区域**.

类似地,三元函数 $u=f(x,y,z)$ 也可看作是 $Oxyz$ 空间中点 $P(x,y,z)$ 的函数,也简记为 $z=f(P)$. 而三元函数的定义域在几何上通常是三维空间的一个区域.

例 9.3　求下列函数的定义域,并画出图形:

(1) $z=\arcsin(x+y)$;　(2) $z=\dfrac{xy}{\sqrt{4-x^2-y^2}}$.

解　(1) 由反正弦函数的定义知,该函数的定义域是

$$D=\{(x,y)\mid -1\leqslant x+y\leqslant 1\},$$

它表示以两条直线 $x+y=\pm 1$ 为边界的带形区域,如图 9.1 所示.

(2) 要使 z 有意义,必须

$$4-x^2-y^2>0,\text{即 } x^2+y^2<2^2.$$

故该函数的定义域是

$$D=\{(x,y)\mid x^2+y^2<2^2\},$$

它表示以原点为圆心、2 为半径的不包括圆周的圆形区域,如图 9.2 所示.

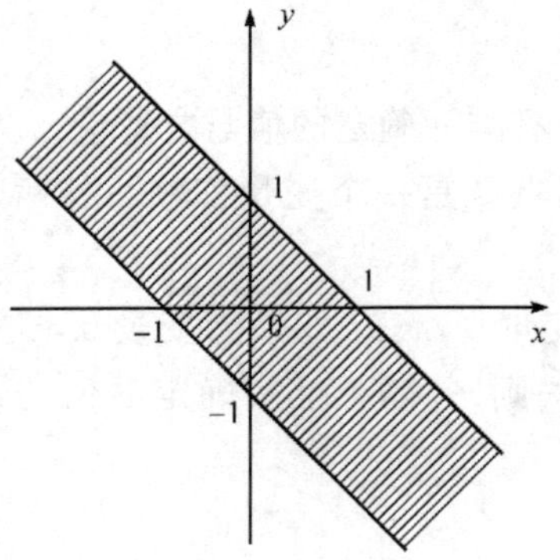

图 9.1

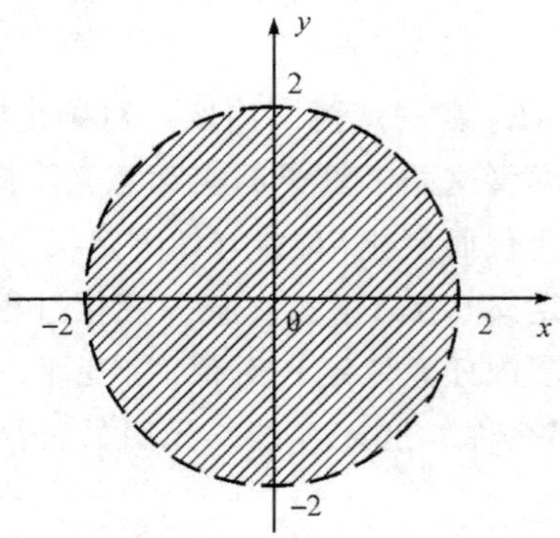

图 9.2

一元函数 $y=f(x)$ 的图像在平面直角坐标系中一般表现为一条平面曲线,那么二元函数 $z=f(x,y)$ 的图像在空间直角坐标系中怎么描述呢?

设函数 $z=f(x,y)$ 在 xOy 平面的区域 D 内有定义,在 D 内任取一点 $P(x,y)$,求出相应的函数值 z,便得到空间一点 $M(x,y,z)$,当点 $P(x,y)$ 在 D 内变动时,得到点集

$$\{(x,y,z) \mid z = f(x,y),(x,y) \in D\}.$$

二元函数的图像就是空间的一张曲面，定义域 D 是曲面在 xOy 平面内的投影，如图 9.3 所示.

例 9.4 作出二元函数 $z=\sqrt{1-x^2-y^2}$ 的图形.

解 由 $z=\sqrt{1-x^2-y^2}$ 两边同时平方，得

$$z^2 = 1 - x^2 - y^2, \quad z \geqslant 0,$$

整理，得

$$x^2 + y^2 + z^2 = 1, \quad z \geqslant 0.$$

该方程表示以点(0,0,0)为球心，以 1 为半径的球的上半部分，其定义域 $D=\{(x,y) \mid x^2+y^2 \leqslant 1\}$ 是 xOy 平面内的闭圆域，如图 9.4 所示.

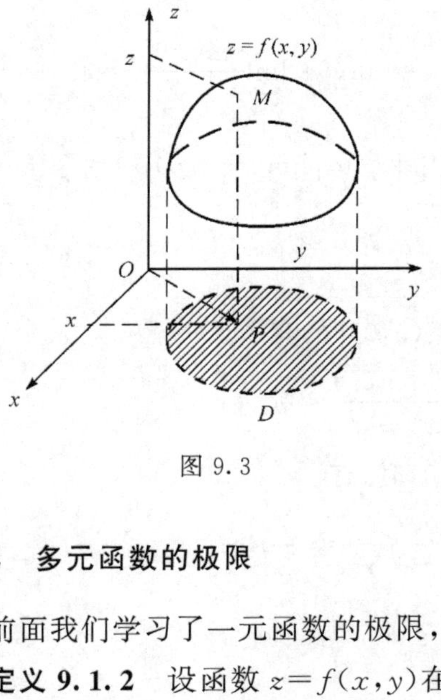

图 9.3

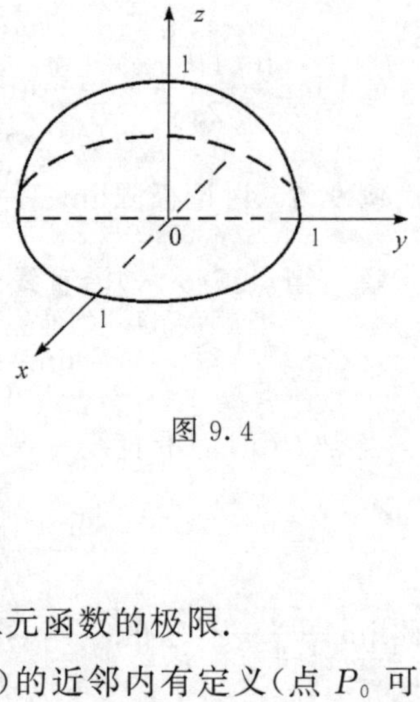

图 9.4

9.1.2 多元函数的极限

前面我们学习了一元函数的极限，下面来讨论二元函数的极限.

定义 9.1.2 设函数 $z=f(x,y)$ 在点 $P_0(x_0,y_0)$ 的近邻内有定义（点 P_0 可除外），如果在该近邻内动点 $P(x,y)$ 以任何方式趋近于定点 P_0 时，函数 $f(x,y)$ 都无限接近于一个确定的常数 A，那么称 A 是函数 $z=f(x,y)$ 当 $x \to x_0, y \to y_0$ 时的极限，记作

$$\lim_{\substack{x \to x_0 \\ y \to y_0}} f(x,y) = A \text{ 或 } \lim_{P \to P_0} f(P) = A,$$

也可记为

$$f(x,y) \to A(x \to x_0, y \to y_0).$$

说明：(1) 点 $P(x,y)$ 趋近于点 $P_0(x_0,y_0)$，是指它们之间的距离趋近于零，即

$$\rho = | PP_0 | = \sqrt{(x-x_0)^2 + (y-y_0)^2} \to 0,$$

于是也可把极限记为$\lim\limits_{\rho\to 0}f(x,y)=A$.

(2) 二元函数的极限存在，是指 $P(x,y)$以任何方式趋近于 $P_0(x_0,y_0)$时，函数都无限接近于 A. 如果 $P(x,y)$仅以某几种特殊方式(如沿着一条定直线或定曲线)趋近于 $P_0(x_0,y_0)$时，即使函数无限趋近于某一确定值，仍不能得出该函数的极限存在；若当 $P(x,y)$以不同方式趋近于 $P_0(x_0,y_0)$时，函数趋向于不同的值，则断言函数此时的极限不存在.

(3) 由于二元函数的极限是一元函数极限的推广，因此一元函数极限的运算法则和定理都可直接类推到二元函数极限.

例 9.5　求下列极限：

(1) $\lim\limits_{\substack{x\to 0\\ y\to 2}}\dfrac{\sin(xy^2)}{x}$；　(2) $\lim\limits_{\substack{x\to 1\\ y\to 0}}\dfrac{\ln(1+xy)}{2xy}$.

解　(1) $\lim\limits_{\substack{x\to 0\\ y\to 2}}\dfrac{\sin(xy^2)}{x}=\lim\limits_{\substack{x\to 0\\ y\to 2}}\dfrac{y^2\cdot\sin(xy^2)}{xy^2}=\lim\limits_{\substack{x\to 0\\ y\to 2}}y^2\cdot\lim\limits_{\substack{x\to 0\\ y\to 2}}\dfrac{\sin(xy^2)}{xy^2}=4$.

(2) $\lim\limits_{\substack{x\to 1\\ y\to 0}}\dfrac{\ln(1+xy)}{2xy}=\dfrac{1}{2}\lim\limits_{\substack{x\to 1\\ y\to 0}}[\ln(1+xy)^{\frac{1}{xy}}]=\dfrac{1}{2}\ln[\lim\limits_{\substack{x\to 1\\ y\to 0}}(1+xy)^{\frac{1}{xy}}]=\dfrac{1}{2}\ln e=\dfrac{1}{2}$.

例 9.6　讨论极限$\lim\limits_{\substack{x\to 0\\ y\to 0}}\dfrac{xy}{x^2+y^2}$是否存在.

解　当点 $P(x,y)$沿直线 $y=0$ 趋近于点(0,0)时，有

$$\lim_{\substack{x\to 0\\ y=0}}\frac{xy}{x^2+y^2}=\lim_{\substack{x\to 0\\ y=0}}\frac{x\cdot 0}{x^2+0^2}=0.$$

当点 $P(x,y)$沿直线 $y=x$ 趋近于点(0,0)时，有

$$\lim_{\substack{x\to 0\\ y=x}}\frac{xy}{x^2+y^2}=\lim_{\substack{x\to 0\\ y=x}}\frac{x\cdot x}{x^2+x^2}=\frac{1}{2}.$$

因此$\lim\limits_{\substack{x\to 0\\ y\to 0}}\dfrac{xy}{x^2+y^2}$不存在.

9.1.3　多元函数的连续性

有了多元函数极限的概念，下面再给出多元函数的连续性概念.

定义 9.1.3　设函数 $z=f(x,y)$在点 $P_0(x_0,y_0)$的近邻内有定义，若$\lim\limits_{\substack{x\to x_0\\ y\to y_0}}f(x,y)$存在，且

$$\lim_{\substack{x\to x_0\\ y\to y_0}}f(x,y)=f(x_0,y_0),$$

则称函数 $z=f(x,y)$在点 P_0 处连续. 如果 $z=f(x,y)$在区域 D 内的每一点处都连续，那么称它在区域 D 内连续. 其图形是一个没有空隙和裂缝的曲面.

与一元函数类似,多元连续函数的和、差、积、商(分母不为零)及多元连续函数的复合函数都是连续函数.

把一元初等函数类推到多元初等函数,由此我们还可以得出如下重要结论:

一切多元初等函数在其定义区域内都是连续的.

我们也可以用多元函数的连续性求多元函数的极限.

例 9.7 求下列极限:

(1) $\lim\limits_{\substack{x\to 1\\ y\to 2}}\arctan\sqrt{x^2+y}$; (2) $\lim\limits_{\substack{x\to 1\\ y\to 1}}\dfrac{x-y}{\sqrt{x}-\sqrt{y}}$.

解 (1) 由于 $z=\arctan\sqrt{x^2+y}$ 是多元初等函数,且在 $x=1,y=2$ 处是连续的,因此

$$\lim_{\substack{x\to 1\\ y\to 2}}\arctan\sqrt{x^2+y}=\arctan\sqrt{x^2+y}\Big|_{\substack{x=1\\ y=2}}=\arctan\sqrt{3}=\frac{\pi}{3}.$$

(2) 由于 $\lim\limits_{\substack{x\to 1\\ y\to 1}}\dfrac{x-y}{\sqrt{x}-\sqrt{y}}=\lim\limits_{\substack{x\to 1\\ y\to 1}}(\sqrt{x}+\sqrt{y})$,$z=\sqrt{x}+\sqrt{y}$ 是多元初等函数,且在 $x=1$,$y=1$ 处连续,因此

$$\lim_{\substack{x\to 1\\ y\to 1}}\frac{x-y}{\sqrt{x}-\sqrt{y}}=\lim_{\substack{x\to 1\\ y\to 1}}(\sqrt{x}+\sqrt{y})=\sqrt{1}+\sqrt{1}=2.$$

与一元函数一样,我们把多元函数的不连续点也称为**间断点**. 若多元函数满足下面三个条件之一:

(1) 当函数在点 P_0 处无定义;

(2) 或虽有定义,但当 $P\to P_0$ 时,$f(P)$ 没有极限;

(3) 或极限虽存在,但不等于 $f(P_0)$.

则点 P_0 就是函数的间断点.

例如,函数 $f(x,y)=\begin{cases}\dfrac{xy}{x^2+y^2}, & x^2+y^2\neq 0,\\ 0, & x=y=0,\end{cases}$ 当 $x\to 0,y\to 0$ 时,$f(x,y)$ 的极限不存在,这时点 $(0,0)$ 就是函数的一个间断点.

二元函数的间断点可以是一些点,也可以是一条曲线.

例如,函数 $z=\cos\dfrac{1}{x^2-y}$,在抛物线 $y=x^2$ 上没有定义,所以该抛物线上的所有点都是函数 z 的间断点,用集合表示为 $\{(x,y)\mid y=x^2\}$.

与一元函数类似,在有界闭区域上的多元连续函数有下面两个性质.

性质 9.1.1(最值定理) 在有界闭区域上的多元连续函数一定有最大值和最小值.

性质 9.1.2(介值定理) 在有界闭区域上的多元连续函数,如果在这个区域

上取得两个不同的函数值,那么它在该区域上取得介于这两个值之间的任何值至少一次.

9.2 偏导数

9.2.1 偏导数的概念

在一元函数微分学中,我们从研究函数相对于自变量变化的快慢程度即变化率,得出了导数概念. 在物理学中,一定量理想气体体积 V、压强 P 和绝对温度 T 之间是一个多元函数关系,我们可以研究在等温条件下,体积对压强的变化率,也可以分析在等压过程中,体积对温度的变化率. 像这种在将其他自变量视为常量时,函数关于某个自变量的变化率就是多元函数的偏导数.

定义 9.2.1 设函数 $z=f(x,y)$ 在点 (x_0,y_0) 的近邻内有定义,当 y 固定在 y_0 且 x 在 x_0 处有增量 Δx 时,函数相应地有增量 $\Delta_x z=f(x_0+\Delta x,y_0)-f(x_0,y_0)$ (称为函数 z 对 x 的**偏增量**),若极限

$$\lim_{\Delta x\to 0}\frac{\Delta_x z}{\Delta x}=\lim_{\Delta x\to 0}\frac{f(x_0+\Delta x,y_0)-f(x_0,y_0)}{\Delta x}$$

存在,则称此极限值为函数 $z=f(x,y)$ 在点 (x_0,y_0) 处对 x 的偏导数,记作 $\left.\frac{\partial z}{\partial x}\right|_{\substack{x=x_0\\y=y_0}}$, $\left.\frac{\partial f}{\partial x}\right|_{\substack{x=x_0\\y=y_0}}$, $z'_x(x_0,y_0)$ 或 $f'_x(x_0,y_0)$,即

$$\left.\frac{\partial z}{\partial x}\right|_{\substack{x=x_0\\y=y_0}}=\lim_{\Delta x\to 0}\frac{f(x_0+\Delta x,y_0)-f(x_0,y_0)}{\Delta x}.$$

类似地,如果

$$\lim_{\Delta y\to 0}\frac{\Delta_y z}{\Delta y}=\lim_{\Delta y\to 0}\frac{f(x_0,y_0+\Delta y)-f(x_0,y_0)}{\Delta y}$$

存在,那么称此极限值为 $z=f(x,y)$ 在点 (x_0,y_0) 处对 y 的偏导数,记作 $\left.\frac{\partial z}{\partial y}\right|_{\substack{x=x_0\\y=y_0}}$, $\left.\frac{\partial f}{\partial y}\right|_{\substack{x=x_0\\y=y_0}}$, $z'_y(x_0,y_0)$ 或 $f'_y(x_0,y_0)$,即

$$\left.\frac{\partial z}{\partial y}\right|_{\substack{x=x_0\\y=y_0}}=\lim_{\Delta y\to 0}\frac{f(x_0,y_0+\Delta y)-f(x_0,y_0)}{\Delta y}.$$

如果函数 $z=f(x,y)$ 在某个区域 D 内每一点 (x,y) 处对 x 的偏导数都存在,那么这个偏导数就是 x,y 的函数,称为函数 $z=f(x,y)$ 对自变量 x 的偏导函数,记为

$$\frac{\partial z}{\partial x},\frac{\partial f}{\partial x},z'_x \text{ 或 } f'_x(x,y).$$

类似地,可以定义函数 $z=f(x,y)$ 对自变量 y 的偏导函数,记为

$$\frac{\partial z}{\partial y},\frac{\partial f}{\partial y},z'_y \text{ 或 } f'_y(x,y).$$

今后在不致产生混淆时,把偏导函数也简称为偏导数,且有

$$f'_x(x_0,y_0)=f'_x(x,y)\Big|_{\substack{x=x_0\\y=y_0}},\quad f'_y(x_0,y_0)=f'_y(x,y)\Big|_{\substack{x=x_0\\y=y_0}}.$$

由偏导数的定义可知,求多元函数对某个自变量的偏导数时,只需将其他自变量看成常数,按一元函数求导方法即可.

例 9.8 求 $z=x^3+x^2y-xy^2-4$ 在点 $(-2,1)$ 处的偏导数.

解
$$\frac{\partial z}{\partial x}=3x^2+2xy-y^2,\quad \frac{\partial z}{\partial y}=x^2-2xy.$$

$$\frac{\partial z}{\partial x}\Big|_{\substack{x=-2\\y=1}}=3\cdot(-2)^2+2\cdot(-2)\cdot1-1^2=7,$$

$$\frac{\partial z}{\partial y}\Big|_{\substack{x=-2\\y=1}}=(-2)^2-2\cdot(-2)\cdot1=8.$$

例 9.9 求 $z=x^y+\ln(2x-3y)$ 的偏导数.

解
$$z'_x=yx^{y-1}+\frac{2}{2x-3y},\quad z'_y=x^y\ln x-\frac{3}{2x-3y}.$$

例 9.10 求三元函数 $r=\sqrt{x^2+y^2+z^2}$ 的偏导数.

解
$$\frac{\partial r}{\partial x}=\frac{2x}{2\sqrt{x^2+y^2+z^2}}=\frac{x}{r},$$

同理

$$\frac{\partial r}{\partial y}=\frac{y}{r},\quad \frac{\partial r}{\partial z}=\frac{z}{r}.$$

注 在一元函数 $y=f(x)$ 中,导数 $\frac{\mathrm{d}y}{\mathrm{d}x}$ 可看作函数的微分 $\mathrm{d}y$ 与自变量的微分 $\mathrm{d}x$ 之商,但对多元函数来说,$\frac{\partial z}{\partial x}$ 是一个整体记号,不能看作分子与分母之商.

9.2.2 偏导数的几何意义

二元函数 $z=f(x,y)$ 在点 (x_0,y_0) 处对 x 的偏导数 $f'_x(x_0,y_0)$,就是一元函数 $z=f(x,y_0)$ 在点 (x_0,y_0) 处的导数,其几何意义是曲线在该点处切线的斜率. 在空间直角坐标系中,二元函数 $z=f(x,y)$ 表示一曲面,当 $y=y_0$ 时,曲面 $z=f(x,y)$ 与平面 $y=y_0$ 的交线方程 $\begin{cases}z=f(x,y),\\y=y_0,\end{cases}$ 表示 $y=y_0$ 平面上的一条曲线 $z=f(x,y_0)$,由一元函数导数的几何意义知,$f'_x(x_0,y_0)$ 就是该曲线在点 $M(x_0,y_0,z_0)$ 处的

切线关于 x 轴的斜率.

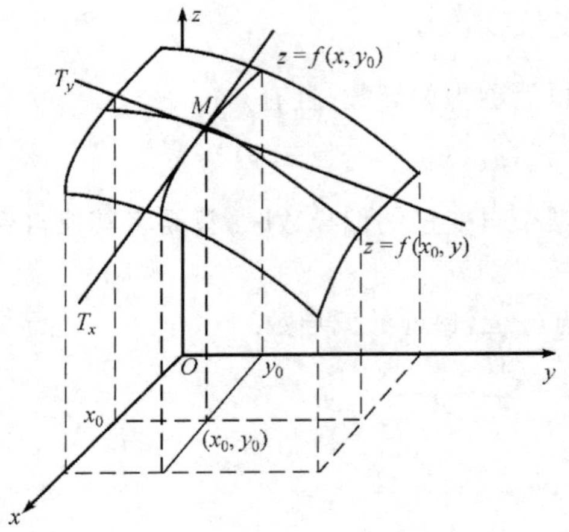

图 9.5

同样，偏导数 $f'_y(x_0,y_0)$ 的几何意义是曲面 $z=f(x,y)$ 与平面 $x=x_0$ 相交的曲线 $z=f(x_0,y)$ 在 M 点处的切线关于 y 轴的斜率，如图 9.5 所示.

我们还学过，如果一元函数在某点处可导，那么它在该点处一定连续. 但对多元函数来说，虽然各偏导数在某点处都存在，但是不能保证函数在该点处连续. 其原因是各偏导数存在时，只能保证点 P 沿平行于坐标轴的方向趋近 P_0 时，函数值 $f(P)$ 趋近于 $f(P_0)$，但不能保证点 P 按任何方式趋近于 P_0 时，函数值 $f(P)$ 都趋近 $f(P_0)$. 例如，二元函数

$$f(x,y)=\begin{cases}\dfrac{xy}{x^2+y^2}, & x^2+y^2\neq 0,\\ 0, & x=y=0\end{cases}$$

在点 $(0,0)$ 处对 x 的偏导数

$$f'_x(0,0)=\lim_{\Delta x\to 0}\frac{f(0+\Delta x,0)-f(0,0)}{\Delta x}=0,$$

同理，有

$$f'_y(0,0)=\lim_{\Delta y\to 0}\frac{f(0,0+\Delta y)-f(0,0)}{\Delta y}=0.$$

即该函数在点 $(0,0)$ 处偏导数存在，由例 9.6 知该函数在点 $(0,0)$ 处不连续.

9.2.3　高阶偏导数

设函数 $z=f(x,y)$ 在区域 D 内存在偏导数 $\dfrac{\partial z}{\partial x}=f'_x(x,y)$ 与 $\dfrac{\partial z}{\partial y}=f'_y(x,y)$，它们仍然是 x,y 的函数，如果这两个函数的偏导数也存在，那么称它们是函数 $z=f(x,y)$ 的**二阶偏导数**. 按照求导次序划分，有下列 4 个二阶偏导数：

(1) 两次都对 x 求偏导数 $\dfrac{\partial}{\partial x}\left(\dfrac{\partial z}{\partial x}\right)$，记作

$$\frac{\partial^2 z}{\partial x^2},\quad \frac{\partial^2 f}{\partial x^2},f''_{xx}(x,y)\text{ 或 }z''_{xx};$$

(2) 先 x 后 y 求偏导数$\frac{\partial}{\partial y}\left(\frac{\partial z}{\partial x}\right)$,记作

$$\frac{\partial^2 z}{\partial x\partial y},\frac{\partial^2 f}{\partial x\partial y},f''_{xy}(x,y) \text{ 或 } z''_{xy};$$

(3) 先 y 后 x 求偏导数$\frac{\partial}{\partial x}\left(\frac{\partial z}{\partial y}\right)$,记作

$$\frac{\partial^2 z}{\partial y\partial x},\frac{\partial^2 f}{\partial y\partial x},f''_{yx}(x,y) \text{ 或 } z''_{yx};$$

(4) 两次都对 y 求偏导数$\frac{\partial}{\partial y}\left(\frac{\partial z}{\partial y}\right)$,记作

$$\frac{\partial^2 z}{\partial y^2},\frac{\partial^2 f}{\partial y^2},f''_{yy}(x,y) \text{ 或 } z''_{yy}.$$

其中,第二、三两个偏导数称为**混合偏导数**. 同样可定义三阶、四阶、…以及 n 阶偏导数. 二阶及二阶以上的偏导数统称为**高阶偏导数**.

例 9.11 设 $z=\sin(\mathrm{e}^{x-y})$,求$\frac{\partial^2 z}{\partial x^2},\frac{\partial^2 z}{\partial x\partial y},\frac{\partial^2 z}{\partial y\partial x}$.

解 $\frac{\partial z}{\partial x}=\cos(\mathrm{e}^{x-y})\mathrm{e}^{x-y}=\mathrm{e}^{x-y}\cos(\mathrm{e}^{x-y})$,

$$\frac{\partial z}{\partial y}=\cos(\mathrm{e}^{x-y})\mathrm{e}^{x-y}\cdot(-1)=-\mathrm{e}^{x-y}\cos(\mathrm{e}^{x-y}),$$

$$\begin{aligned}\frac{\partial^2 z}{\partial x^2}&=\mathrm{e}^{x-y}\cos(\mathrm{e}^{x-y})+\mathrm{e}^{x-y}[-\sin(\mathrm{e}^{x-y})]\mathrm{e}^{x-y}\\&=\mathrm{e}^{x-y}[\cos(\mathrm{e}^{x-y})-\mathrm{e}^{x-y}\sin(\mathrm{e}^{x-y})],\end{aligned}$$

$$\begin{aligned}\frac{\partial^2 z}{\partial x\partial y}&=-\mathrm{e}^{x-y}\cos(\mathrm{e}^{x-y})+\mathrm{e}^{x-y}[-\sin(\mathrm{e}^{x-y})]\mathrm{e}^{x-y}\cdot(-1)\\&=\mathrm{e}^{x-y}[\mathrm{e}^{x-y}\sin(\mathrm{e}^{x-y})-\cos(\mathrm{e}^{x-y})],\end{aligned}$$

$$\begin{aligned}\frac{\partial^2 z}{\partial y\partial x}&=-\mathrm{e}^{x-y}\cos(\mathrm{e}^{x-y})+(-\mathrm{e}^{x-y})[-\sin(\mathrm{e}^{x-y})]\mathrm{e}^{x-y}\\&=\mathrm{e}^{x-y}[\mathrm{e}^{x-y}\sin(\mathrm{e}^{x-y})-\cos(\mathrm{e}^{x-y})].\end{aligned}$$

从上例可以得出$\frac{\partial^2 z}{\partial x\partial y}=\frac{\partial^2 z}{\partial y\partial x}$,不过这个结论不总是成立的. 下面定理给出了相等的条件.

定理 9.2.1 如果函数 $z=f(x,y)$的两个二阶混合偏导数$\frac{\partial^2 z}{\partial x\partial y},\frac{\partial^2 z}{\partial y\partial x}$在区域 D 内连续,那么在该区域内有

$$\frac{\partial^2 z}{\partial x\partial y}=\frac{\partial^2 z}{\partial y\partial x},$$

即是说,二阶混合偏导数在连续的条件下与求导次序无关.对于更高阶的混合偏导数,也有类似的结论成立.例如,当$\frac{\partial^3 z}{\partial x^2\partial y}$,$\frac{\partial^3 z}{\partial x\partial y\partial x}$和$\frac{\partial^3 z}{\partial y\partial x^2}$都连续时,有$\frac{\partial^3 z}{\partial x^2\partial y}=\frac{\partial^3 z}{\partial x\partial y\partial x}=\frac{\partial^3 z}{\partial y\partial x^2}$成立.

多元函数的偏导数在数学物理方程中有着十分广泛的应用.例如

$$\frac{\partial^2 u}{\partial t^2}=a^2\frac{\partial^2 u}{\partial x^2},\quad a \text{ 为常数}$$

表示的是质点不受外力作用时,t 时刻在 x 轴方向的位移,称为**波动方程**.

又如

$$\frac{\partial^2 z}{\partial x^2}+\frac{\partial^2 z}{\partial y^2}=0,$$

称为**拉普拉斯(Laplace)方程**.

例 9.12　设 $z=\ln\sqrt{x^2+y^2}$,求证$\frac{\partial^2 z}{\partial x^2}+\frac{\partial^2 z}{\partial y^2}=0$.

证

$$z=\ln\sqrt{x^2+y^2}=\frac{1}{2}\ln(x^2+y^2),$$

$$\frac{\partial z}{\partial x}=\frac{2x}{2(x^2+y^2)}=\frac{x}{x^2+y^2},\frac{\partial z}{\partial y}=\frac{2y}{2(x^2+y^2)}=\frac{y}{x^2+y^2},$$

$$\frac{\partial^2 z}{\partial x^2}=\frac{(x^2+y^2)-x\cdot 2x}{(x^2+y^2)^2}=-\frac{x^2-y^2}{(x^2+y^2)^2},$$

$$\frac{\partial^2 z}{\partial y^2}=\frac{(x^2+y^2)-y\cdot 2y}{(x^2+y^2)^2}=\frac{x^2-y^2}{(x^2+y^2)^2},$$

故

$$\frac{\partial^2 z}{\partial x^2}+\frac{\partial^2 z}{\partial y^2}=0.$$

9.3　全　微　分

9.3.1　全微分的概念

对于一元函数,我们已经知道,函数的微分是函数增量的线性主部,用函数的微分来近似地代替函数的增量,其误差是一个较 Δx 高阶的无穷小.对于二元函数,是否也有类似关系?下面来看一个实例.

设有一块矩形薄片,它的长和宽分别是 x 与 y,面积 $z=xy$.当受温度变化影响时,如果长 x 与宽 y 分别取得增量 Δx 与 Δy,则面积 z 相应地有全增量

$$\Delta z=(x+\Delta x)(y+\Delta y)-xy=y\Delta x+x\Delta y+\Delta x\Delta y,$$

这里全增量 Δz 的几何意义如图 9.6 所示，分别表示三块阴影部分的面积.

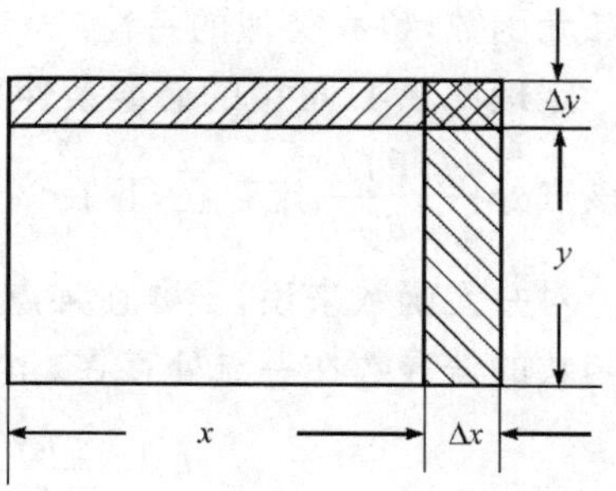

图 9.6

上式中有，$y=\dfrac{\partial z}{\partial x}$，$x=\dfrac{\partial z}{\partial y}$，若 $\rho=\sqrt{(\Delta x)^2+(\Delta y)^2}$，则当 $\rho\to 0$ 时，有 $\lim\limits_{\substack{\Delta x\to 0\\ \Delta y\to 0}}\dfrac{\Delta x\Delta y}{\sqrt{(\Delta x)^2+(\Delta y)^2}}=0$，$\Delta x\Delta y$ 是 ρ 的高阶无穷小，即 $\Delta x\Delta y=o(\rho)$. 于是面积的全增量可以表示为

$$\Delta z=\frac{\partial z}{\partial x}\Delta x+\frac{\partial z}{\partial y}\Delta y+o(\rho),$$

当 ρ 很小时，Δz 可近似地表示为线性式

$$\Delta z\approx\frac{\partial z}{\partial x}\Delta x+\frac{\partial z}{\partial y}\Delta y.$$

一般地，若设二元函数 $z=f(x,y)$ 在点 $P(x,y)$ 的近邻内有定义，且 $M(x+\Delta x,y+\Delta y)$ 为该近邻内的任意一点，则称 $f(x+\Delta x,y+\Delta y)-f(x,y)$ 是函数在点 P 处对应自变量增量 $\Delta x,\Delta y$ 的**全增量**，记为 Δz，即

$$\Delta z=f(x+\Delta x,y+\Delta y)-f(x,y).$$

下面再给出二元函数全微分的定义.

定义 9.3.1　如果函数 $z=f(x,y)$ 在点 $P(x,y)$ 处偏导数存在，且全增量可表示为

$$\Delta z=\frac{\partial z}{\partial x}\Delta x+\frac{\partial z}{\partial y}\Delta y+o(\rho),$$

其中，$\rho=\sqrt{(\Delta x)^2+(\Delta y)^2}$，那么称 $\dfrac{\partial z}{\partial x}\Delta x+\dfrac{\partial z}{\partial y}\Delta y$ 为函数 $f(x,y)$ 在点 $P(x,y)$ 处的**全微分**，记为 $\mathrm{d}z$，即

$$\mathrm{d}z=\frac{\partial z}{\partial x}\Delta x+\frac{\partial z}{\partial y}\Delta y,$$

此时，也称二元函数 $f(x,y)$ 在点 $P(x,y)$ 处**可微**.

若二元函数在区域 D 的每一点处都可微，则称这函数在 D 内可微.

同一元函数一样，记 $\Delta x=\mathrm{d}x$，$\Delta y=\mathrm{d}y$，函数 $z=f(x,y)$ 在点 $P(x,y)$ 处的全微分又写成

$$\mathrm{d}z=\frac{\partial z}{\partial x}\mathrm{d}x+\frac{\partial z}{\partial y}\mathrm{d}y.$$

由一元函数知，函数 $y=f(x)$ 在一点处连续是它在该点处可微的必要条件，对

于二元函数，也有类似的特性.

定理 9.3.1（可微的**必要条件**）　若函数 $z=f(x,y)$ 在点 $P(x,y)$ 处可微，则它在该点处 $\frac{\partial f}{\partial x}$，$\frac{\partial f}{\partial y}$ 一定存在，且在该点处函数 $z=f(x,y)$ 一定连续.

对一元函数来说，函数在某点处可导与可微是等价的. 但对二元函数来说，即使函数的偏导数在一点处存在，也不能保证该函数在这点处可微.

例如，函数 $f(x,y)=\begin{cases}\dfrac{xy}{\sqrt{x^2+y^2}}, & x^2+y^2\neq 0,\\ 0, & x=y=0,\end{cases}$ 在点 $O(0,0)$ 处有 $f'_x(0,0)=0$，$f'_y(0,0)=0$，而

$$\Delta z-[f'_x(0,0)\Delta x+f'_y(0,0)\Delta y]=\frac{\Delta x\Delta y}{\sqrt{(\Delta x)^2+(\Delta y)^2}},$$

$$\lim_{\substack{\Delta x\to 0\\ \Delta y=\Delta x}}\frac{\dfrac{\Delta x\Delta y}{\sqrt{(\Delta x)^2+(\Delta y)^2}}}{\rho}=\lim_{\substack{\Delta x\to 0\\ \Delta y=\Delta x}}\frac{(\Delta x)^2}{(\Delta x)^2+(\Delta y)^2}=\lim_{\substack{\Delta x\to 0\\ \Delta y=\Delta x}}\frac{(\Delta x)^2}{2(\Delta x)^2}=\frac{1}{2},$$

即 $\rho\to 0$ 时，$\Delta z-[f'_x(0,0)\Delta x+f'_y(0,0)\Delta y]$ 不是一个比 ρ 较高阶的无穷小，因而函数在点 $O(0,0)$ 处全微分不存在，即函数在点 $O(0,0)$ 处不可微.

因此，二元函数在某点处偏导数存在，但不一定可微，那么函数具备什么条件才可微呢？我们有下面的定理.

定理 9.3.2（可微的**充分条件**）　如果二元函数 $z=f(x,y)$ 在点 $M(x,y)$ 处的偏导数 $\frac{\partial z}{\partial x}$ 和 $\frac{\partial z}{\partial y}$ 均连续，那么函数在该点可微.

二元函数的全微分及全微分存在定理可推广到二元以上的多元函数.

例如，若 $u=f(x,y,z)$ 可微，则有 $\mathrm{d}u=\frac{\partial u}{\partial x}\mathrm{d}x+\frac{\partial u}{\partial y}\mathrm{d}y+\frac{\partial u}{\partial z}\mathrm{d}z$.

例 9.13　求函数 $z=\mathrm{e}^{xy-y^2}$ 的全微分.

解
$$\frac{\partial z}{\partial x}=y\mathrm{e}^{xy-y^2},\quad \frac{\partial z}{\partial y}=(x-2y)\mathrm{e}^{xy-y^2},$$

$$\mathrm{d}z=y\mathrm{e}^{xy-y^2}\mathrm{d}x+(x-2y)\mathrm{e}^{xy-y^2}\mathrm{d}y.$$

例 9.14　计算函数 $z=xy^2$ 在点 $(-1,1)$ 处的全微分.

解
$$\frac{\partial z}{\partial x}=y^2,\quad \frac{\partial z}{\partial y}=2xy,$$

$$\left.\frac{\partial z}{\partial x}\right|_{\substack{x=-1\\ y=1}}=1,\quad \left.\frac{\partial z}{\partial y}\right|_{\substack{x=-1\\ y=1}}=-2,$$

$$\mathrm{d}z=\mathrm{d}x-2\mathrm{d}y.$$

例 9.15 求 $u=x^2+y^2+z^2$ 的全微分.

解
$$\frac{\partial u}{\partial x}=2x,\quad \frac{\partial u}{\partial y}=2y,\quad \frac{\partial u}{\partial z}=2z,$$
$$\mathrm{d}u=2x\mathrm{d}x+2y\mathrm{d}y+2z\mathrm{d}z.$$

9.3.2 全微分在近似计算中的应用

与一元函数微分的应用一样,也可以用多元函数的全微分作为全增量的近似值.

设二元函数 $z=f(x,y)$ 在点 (x,y) 处的两个偏导数 $\frac{\partial z}{\partial x},\frac{\partial z}{\partial y}$ 都存在且连续,则当 $|\Delta x|,|\Delta y|$ 都很小时,有近似公式
$$\Delta z\approx \mathrm{d}z=\frac{\partial z}{\partial x}\Delta x+\frac{\partial z}{\partial y}\Delta y,$$
或
$$f(x+\Delta x,y+\Delta y)\approx f(x,y)+\frac{\partial z}{\partial x}\Delta x+\frac{\partial z}{\partial y}\Delta y.$$

例 9.16 有一金属制成的圆锥体,受压后发生形变,它的半径由 60cm 增大到 60.1cm,高由 30cm 减少到 29.8cm,求此圆锥体体积变化的近似值.

解 设圆锥体的半径、高和体积分别为 r,h 和 V,相应的增量分别记为 $\Delta r,\Delta h$ 和 ΔV,则有
$$V=\frac{1}{3}\pi r^2h,\quad \Delta V\approx \mathrm{d}V=\frac{2}{3}\pi rh\Delta r+\frac{1}{3}\pi r^2\Delta h.$$
将 $r=60,h=30,\Delta r=0.1,\Delta h=-0.2$ 代入上式,得
$$\Delta V\approx\frac{2}{3}\pi\times 60\times 30\times 0.1+\frac{1}{3}\pi\times 60^2\times(-0.2)=-120\pi(\mathrm{cm}^3),$$
即此金属圆锥体在受压后体积约减少了 $120\pi\mathrm{cm}^3$.

例 9.17 计算 $1.01^{1.99}$ 的近似值.

解 设 $f(x,y)=x^y$,则 $f(1.01,1.99)=1.01^{1.99}$.

取 $x=1,y=2,\Delta x=0.01,\Delta y=-0.01$,于是有
$$f(1,2)=x^y\Big|_{\substack{x=1\\y=2}}=1,f'_x(1,2)=yx^{y-1}\Big|_{\substack{x=1\\y=2}}=2,f'_y(1,2)=x^y\ln x\Big|_{\substack{x=1\\y=2}}=0,$$
从而有
$$1.01^{1.99}\approx 1+2\times 0.01+0\times(-0.01)=1.02.$$

例 9.18 利用单摆摆动测量重力加速度的公式是
$$g=\frac{4\pi^2l}{T^2}.$$

现测得其单摆摆长 l 与振动周期 T 分别是 $l=100\pm 0.1\mathrm{cm}$ 和 $T=2\pm 0.004\mathrm{s}$,

问由于测定 l 与 T 的误差而引起 g 的绝对误差和相对误差各是多少？

解　若把测量 l 与 T 时所产生的误差当作 $|\Delta l|$ 与 $|\Delta T|$，则二元函数 $g=\frac{4\pi^2 l}{T^2}$ 所产生的误差就是该函数全增量的绝对值 $|\Delta g|$. 由于 $|\Delta l|$ 与 $|\Delta T|$ 都很小，因此可用 $\mathrm{d}g$ 来近似地代替 Δg，于是

$$|\Delta g| \approx |\mathrm{d}g| = \left|\frac{\partial g}{\partial l}\Delta l + \frac{\partial g}{\partial T}\Delta T\right| \leqslant \left|\frac{\partial g}{\partial l}\right| |\Delta l| + \left|\frac{\partial g}{\partial T}\right| |\Delta T|$$

$$= \frac{4\pi^2}{T^3}(T|\Delta l| + 2l|\Delta T|).$$

将 $l=100, T=2, |\Delta l| \leqslant 0.1, |\Delta T| \leqslant 0.004$ 代入上式，得 g 的绝对误差为

$$\delta_g \approx \frac{4\pi^2}{2^3}(2\times 0.1 + 2\times 100\times 0.004) = 0.5\pi^2 \approx 4.93(\mathrm{cm/s^2}).$$

从而 g 的相对误差为

$$\frac{\delta_g}{|g|} \approx \frac{0.5\pi^2}{\frac{4\pi^2\times 100}{2^2}} = 0.5\%.$$

由上例可以知道，对于一般的二元函数 $z=f(x,y)$，如果自变量 x, y 的绝对误差界分别为 δ_x, δ_y，即 $|\Delta x| \leqslant \delta_x, |\Delta y| \leqslant \delta_y$，则 z 的全增量的绝对值满足下式：

$$|\Delta z| \approx |\mathrm{d}z| = |z'_x\Delta x + z'_y\Delta y| \leqslant |z'_x||\Delta x| + |z'_y||\Delta y|.$$

z 的**绝对误差界**(简称**绝对误差**)

$$\delta_z = |z'_x|\delta_x + |z'_y|\delta_y.$$

z 的**相对误差界**(简称**相对误差**)

$$\frac{\delta_z}{|z|} = \left|\frac{z'_x}{z}\right|\delta_x + \left|\frac{z'_y}{z}\right|\delta_y.$$

z 的绝对误差和相对误差同样可以推广到三元及三元以上的多元函数.

9.4　多元复合函数的求导

9.4.1　复合函数的求导法则

对于一元函数，若 $u=\varphi(x)$ 在点 x 处可导，$y=f(u)$ 在对应的 u 处可导，则复合函数 $y=f[\varphi(x)]$ 在点 x 处可导，且有

$$\frac{\mathrm{d}y}{\mathrm{d}x} = \frac{\mathrm{d}y}{\mathrm{d}u}\cdot\frac{\mathrm{d}u}{\mathrm{d}x},$$

这个法则称为复合函数的链式求导法则，下面我们将该法则推广到多元复合函数.

定理 9.4.1　如果函数 $u=u(x,y)$ 和 $v=v(x,y)$ 在点 (x,y) 处有偏导数，函数 $z=f(u,v)$ 在对应的点 (u,v) 处有连续偏导数，那么复合函数 $z=f[u(x,y), v(x,$

$y)]$在点(x,y)处有对 x 和 y 的偏导数,且

$$\frac{\partial z}{\partial x}=\frac{\partial z}{\partial u}\cdot\frac{\partial u}{\partial x}+\frac{\partial z}{\partial v}\cdot\frac{\partial v}{\partial x},$$

$$\frac{\partial z}{\partial y}=\frac{\partial z}{\partial u}\cdot\frac{\partial u}{\partial y}+\frac{\partial z}{\partial v}\cdot\frac{\partial v}{\partial y}.$$

上述求导公式称为多元复合函数求导的**链式法则**.

例 9.19 设 $z=e^{u}v$,而 $u=x+y,v=xy$,求$\frac{\partial z}{\partial x}$和$\frac{\partial z}{\partial y}$.

解 $$\frac{\partial z}{\partial x}=\frac{\partial z}{\partial u}\cdot\frac{\partial u}{\partial x}+\frac{\partial z}{\partial v}\cdot\frac{\partial v}{\partial x}=e^{u}v\cdot 1+e^{u}\cdot y=e^{x+y}(x+1)y.$$

$$\frac{\partial z}{\partial y}=\frac{\partial z}{\partial u}\cdot\frac{\partial u}{\partial y}+\frac{\partial z}{\partial v}\cdot\frac{\partial v}{\partial y}=e^{u}v\cdot 1+e^{u}\cdot x=e^{x+y}(y+1)x.$$

二元复合函数求导的链式法则对中间变量多于两个时也是成立的. 例如,若 $z=f(u,v,w)$具有连续偏导数,且 $u=u(x,y),v=v(x,y)$和 $w=w(x,y)$都具有偏导数,则复合函数

$$z=f[u(x,y),v(x,y),w(x,y)]$$

有对自变量 x,y 的偏导数,且

$$\frac{\partial z}{\partial x}=\frac{\partial f}{\partial u}\cdot\frac{\partial u}{\partial x}+\frac{\partial f}{\partial v}\cdot\frac{\partial v}{\partial x}+\frac{\partial f}{\partial w}\cdot\frac{\partial w}{\partial x},$$

$$\frac{\partial z}{\partial y}=\frac{\partial f}{\partial u}\cdot\frac{\partial u}{\partial y}+\frac{\partial f}{\partial v}\cdot\frac{\partial v}{\partial y}+\frac{\partial f}{\partial w}\cdot\frac{\partial w}{\partial y}.$$

下面我们再来看多元复合函数链式法则的两种特殊情形:

(1) 只有一个中间变量:设 $z=f(y,u),u=u(x,y)$满足定理 9.4.1 的全部条件,于是有

$$\frac{\partial z}{\partial x}=\frac{\partial f}{\partial u}\cdot\frac{\partial u}{\partial x},$$

$$\frac{\partial z}{\partial y}=\frac{\partial f}{\partial y}+\frac{\partial f}{\partial u}\cdot\frac{\partial u}{\partial y}.$$

这里要特别注意的是,$\frac{\partial z}{\partial y}$和$\frac{\partial f}{\partial y}$的意义是不同的,前者是将 $z=f[y,u(x,y)]$中的 x 看成常数而对自变量 y 的偏导数,后者是将 $z=f(y,u)$中的 u 看成常数而对自变量 y 的偏导数.

例 9.20 设 $z=f(x,y,u)=\ln(x+2y)-u^2,u=x^2y$,求$\frac{\partial z}{\partial x}$和$\frac{\partial z}{\partial y}$.

解 $$\frac{\partial z}{\partial x}=\frac{\partial f}{\partial x}+\frac{\partial z}{\partial u}\cdot\frac{\partial u}{\partial x}=\frac{1}{x+2y}+(-2u)2xy=\frac{1}{x+2y}-4x^3y^2,$$

$$\frac{\partial z}{\partial y}=\frac{\partial f}{\partial y}+\frac{\partial z}{\partial u}\cdot\frac{\partial u}{\partial y}=\frac{2}{x+2y}+(-2u)x^2=\frac{2}{x+2y}-2x^4y.$$

(2) 只有一个自变量：设 $z=f(u,v)$ 且 $u=u(x)$，$v=v(x)$，此时复合函数 $z=f[u(x),v(x)]$ 是单自变量 x 的函数，这个复合函数对 x 的导数 $\frac{\mathrm{d}z}{\mathrm{d}x}$ 称为**全导数**. 若各函数都满足求偏导数的所有条件，则全导数存在，且有

$$\frac{\mathrm{d}z}{\mathrm{d}x}=\frac{\partial z}{\partial u}\cdot\frac{\mathrm{d}u}{\mathrm{d}x}+\frac{\partial z}{\partial v}\cdot\frac{\mathrm{d}v}{\mathrm{d}x}.$$

上式对中间变量多于两个时同样成立.

例 9.21　设 $z=u^2v+\arcsin x$，$u=\ln x$，$v=\cos x$，求全导数 $\frac{\mathrm{d}z}{\mathrm{d}x}$.

解　$$\frac{\mathrm{d}z}{\mathrm{d}x}=\frac{\partial z}{\partial u}\cdot\frac{\mathrm{d}u}{\mathrm{d}x}+\frac{\partial z}{\partial v}\cdot\frac{\mathrm{d}v}{\mathrm{d}x}+\frac{\partial z}{\partial x}=2uv\,\frac{1}{x}+u^2(-\sin x)+\frac{1}{\sqrt{1-x^2}}$$
$$=\frac{2\cos x\ln x}{x}-\ln^2x\sin x+\frac{1}{\sqrt{1-x^2}}.$$

上面两例，也可消去中间变量，求解会更简单一些. 但遇到下面的问题，上述方法就显得非常重要了.

例 9.22　设 $u=f(x^2y,\mathrm{e}^{x+2y})$，且 f 具有一阶连续偏导数，求 $\frac{\partial u}{\partial x}$ 和 $\frac{\partial u}{\partial y}$.

解　若设 $p=x^2y$，$q=\mathrm{e}^{x+2y}$，则 $u=f(p,q)$，从而得

$$\frac{\partial u}{\partial x}=\frac{\partial f}{\partial p}\cdot\frac{\partial p}{\partial x}+\frac{\partial f}{\partial q}\cdot\frac{\partial q}{\partial x}=\frac{\partial f}{\partial p}\cdot 2xy+\frac{\partial f}{\partial q}\cdot\mathrm{e}^{x+2y}=2xy\,\frac{\partial f}{\partial p}+\mathrm{e}^{x+2y}\,\frac{\partial f}{\partial q},$$
$$\frac{\partial u}{\partial y}=\frac{\partial f}{\partial p}\cdot\frac{\partial p}{\partial y}+\frac{\partial f}{\partial q}\cdot\frac{\partial q}{\partial y}=\frac{\partial f}{\partial p}\cdot x^2+\frac{\partial f}{\partial q}\cdot 2\mathrm{e}^{x+2y}=x^2\,\frac{\partial f}{\partial p}+2\mathrm{e}^{x+2y}\,\frac{\partial f}{\partial q}.$$

由此例可知，若 $u=f(p,q)$ 没有给出具体的函数表达式，则 $\frac{\partial f}{\partial p}$ 和 $\frac{\partial f}{\partial q}$ 不能算出具体的表达式，保留符号就可以了.

9.4.2　隐函数的求导

在一元函数的微分学中，我们已经会用复合函数的求导法则求方程 $F(x,y)=0$ 所确定的隐函数 $y=y(x)$ 的导数，现在我们将 $y=y(x)$ 代入方程 $F(x,y)=0$ 得

$$F(x,y(x))\equiv 0,$$

两端同时对 x 求偏导数，得

$$F'_x+F'_y\cdot\frac{\mathrm{d}y}{\mathrm{d}x}=0,$$

若 $F'_y\neq 0$，则

$$\frac{\mathrm{d}y}{\mathrm{d}x}=-\frac{F'_x}{F'_y}.$$

这就是由方程 $F(x,y)=0$ 所确定的隐函数 $y=y(x)$的求导公式.

例 9.23 求由方程 $x^3+2x^2y+2x-5y=11$ 所确定的隐函数 y 对 x 的导数 $\frac{\mathrm{d}y}{\mathrm{d}x}$.

解 令 $F(x,y)=x^3+2x^2y+2x-5y-11$,有

$$\frac{\partial F}{\partial x}=3x^2+4xy+2,\quad \frac{\partial F}{\partial y}=2x^2-5,$$

当 $x\neq\pm\frac{\sqrt{10}}{2}$时,得

$$\frac{\mathrm{d}y}{\mathrm{d}x}=\frac{3x^2+4xy+2}{2x^2-5}.$$

类似地,把由方程 $F(x,y,z)=0$ 所确定的函数 $z=f(x,y)$称为**二元隐函数**,这个隐函数可直接由方程 $F(x,y,z)=0$ 来确定它的偏导数,由于

$$F(x,y,f(x,y))=0,$$

其左端看作 x,y 的一个复合函数,将等式两端分别对 x 和对 y 求偏导数,即得

$$\frac{\partial F}{\partial x}+\frac{\partial F}{\partial z}\cdot\frac{\partial z}{\partial x}=0,\quad \frac{\partial F}{\partial y}+\frac{\partial F}{\partial z}\cdot\frac{\partial z}{\partial y}=0,$$

从而,当$\frac{\partial F}{\partial z}\neq0$ 时,有

$$\frac{\partial z}{\partial x}=-\frac{\frac{\partial F}{\partial x}}{\frac{\partial F}{\partial z}},\quad \frac{\partial z}{\partial y}=-\frac{\frac{\partial F}{\partial y}}{\frac{\partial F}{\partial z}}.$$

这就是二元隐函数求导数的公式.

例 9.24 求由方程 $x^2+y^2+z^2=xyz$ 所确定的隐函数 $z=f(x,y)$的偏导数 $\frac{\partial z}{\partial x}$和$\frac{\partial z}{\partial y}$.

解 令 $F(x,y,z)=x^2+y^2+z^2-xyz$,有

$$\frac{\partial F}{\partial x}=2x-yz,\quad \frac{\partial F}{\partial y}=2y-xz,\quad \frac{\partial F}{\partial z}=2z-xy,$$

当 $2z-xy\neq0$ 时,可得

$$\frac{\partial z}{\partial x}=-\frac{2x-yz}{2z-xy}=\frac{2x-yz}{xy-2z},\quad \frac{\partial z}{\partial y}=-\frac{2y-xz}{2z-xy}=\frac{2y-xz}{xy-2z}.$$

例 9.25 设有一圆柱形的容器充气后膨胀,若体积以 $27\mathrm{cm}^3/\mathrm{s}$ 的速率增大,

半径以 0.003cm/s 的速率增加，试求当体积和半径分别为 1.18m^3 和 0.6m 时，该圆柱的高增加的速率.

解　设圆柱的底面半径为 R、高为 h、体积为 V，则 $V=\pi R^2 h$，因此有 $h=\frac{V}{\pi R^2}$，从而有

$$\frac{\mathrm{d}h}{\mathrm{d}t}=\frac{\partial h}{\partial V}\cdot\frac{\mathrm{d}V}{\mathrm{d}t}+\frac{\partial h}{\partial R}\cdot\frac{\mathrm{d}R}{\mathrm{d}t}=\frac{1}{\pi R^2}\cdot\frac{\mathrm{d}V}{\mathrm{d}t}-\frac{2V}{\pi R^3}\cdot\frac{\mathrm{d}R}{\mathrm{d}t}.$$

将 $R=60, V=1.18\times 10^6$，$\frac{\mathrm{d}V}{\mathrm{d}t}=27$，$\frac{\mathrm{d}R}{\mathrm{d}t}=0.003$ 代入上式，得

$$\frac{\mathrm{d}h}{\mathrm{d}t}=\frac{1}{\pi\times 60^3}(60\times 27-2\times 1.18\times 10^6\times 0.003)\approx -0.008046,$$

即该圆柱高增加的速率是 -0.008046cm/s.

9.5　方向导数与梯度

9.5.1　方向导数

二元函数 $z=z(x,y)$ 的偏导数 $\frac{\partial z}{\partial x}, \frac{\partial z}{\partial y}$ 表示函数沿着平行于坐标轴方向的变化率. 在许多实际问题中，还需要研究函数沿着某一方向的变化率. 例如，讨论热量在空间流动时，就需要确定温度在各个方向上的变化率. 又如，要预报某地的风向和风力，就要知道气压在该处沿某些方向的变化率. 为此，下面给出多元函数方向导数的概念.

定义 9.5.1　设函数 $z=f(x,y)$ 在点 $P_0(x_0,y_0)$ 的近邻内有定义，l 是以 P_0 为端点的一条射线，$P(x_0+\Delta x, y_0+\Delta y)$ 是 l 上的一个动点，当点 P 沿着 l 趋向于点 P_0 时，如果函数增量

$$\Delta z=f(x_0+\Delta x, y_0+\Delta y)-f(x_0,y_0)$$

与 $\rho=\sqrt{(\Delta x)^2+(\Delta y)^2}$ 之比的极限存在，那么称此极限值为函数 $z=f(x,y)$ 在点 $P_0(x_0,y_0)$ 沿着方向 l 的方向导数. 记为 $\frac{\partial z}{\partial l}$，即

$$\frac{\partial z}{\partial l}=\lim_{\rho\to 0}\frac{\Delta z}{\rho}=\lim_{\rho\to 0}\frac{f(x_0+\Delta x, y_0+\Delta y)-f(x_0,y_0)}{\rho}.$$

定理 9.5.1　若函数 $z=f(x,y)$ 在点 $P_0(x_0,y_0)$ 处可微，则函数在该点沿任一方向 l 的方向导数存在，且

$$\frac{\partial z}{\partial l}=f'_x(x_0,y_0)\cos\alpha+f'_y(x_0,y_0)\cos\beta,$$

其中，α,β 分别是 x 轴正向和 y 轴正向与有向射线 l 的方向角(图 9.7)，且 $\alpha+\beta=\dfrac{\pi}{2}$.

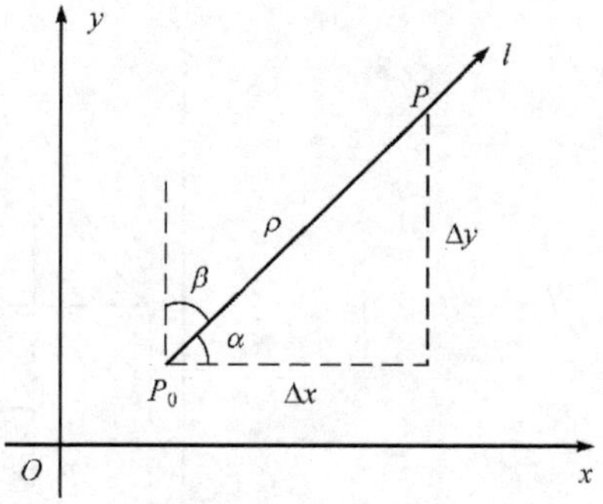

图 9.7

例 9.26　设 $z=\sin(x+2y)$，求在点 $O(0,0)$ 处沿 O 到 $A(-1,1)$ 的方向导数.

解　$f'_x(0,0)=\cos(x+2y)\Big|_{\substack{x=0\\y=0}}=1$，

$f'_y(0,0)=2\cos(x+2y)\Big|_{\substack{x=0\\y=0}}=2$，

$\boldsymbol{l}=\overrightarrow{OA}=(-1,1)$，$|\overrightarrow{OA}|=\sqrt{(-1)^2+1^2}=\sqrt{2}$，

从而得

$$\cos\alpha=\frac{-1}{\sqrt{2}}=-\frac{\sqrt{2}}{2},\quad \cos\beta=\frac{1}{\sqrt{2}}=\frac{\sqrt{2}}{2},$$

因此有

$$\frac{\partial z}{\partial l}=1\cdot\left(-\frac{\sqrt{2}}{2}\right)+2\cdot\frac{\sqrt{2}}{2}=\frac{\sqrt{2}}{2}.$$

例 9.27　求函数 $z=x^3-2xy+y^3$ 在点 $P_0(1,1)$ 处沿向量 $\boldsymbol{l}=(\cos\alpha,\sin\alpha)$ 的方向导数，并问方向导数在哪个方向上有最大值？在哪个方向为零？

解　$\left.\dfrac{\partial z}{\partial x}\right|_{(1,1)}=(3x^2-2y)|_{(1,1)}=1$，　$\left.\dfrac{\partial z}{\partial y}\right|_{(1,1)}=(-2x+3y^2)|_{(1,1)}=1$，

由方向导数公式，得

$$\frac{\partial z}{\partial l}=\cos\alpha+\sin\alpha,$$

又

$$\frac{\partial z}{\partial l}=\cos\alpha+\sin\alpha=\sqrt{2}\sin\left(\alpha+\frac{\pi}{4}\right),$$

故当 $\alpha=\dfrac{\pi}{4}$ 时，$\dfrac{\partial z}{\partial l}$ 最大，最大值为 $\sqrt{2}$；当 $\alpha=\dfrac{3\pi}{4}$ 时，$\dfrac{\partial z}{\partial l}=0$.

对于三元函数 $u=f(x,y,z)$ 在点 $P_0(x_0,y_0,z_0)$ 处沿方向 l 的方向导数，同样可以定义为

$$\frac{\partial u}{\partial l}=\lim_{\rho\to 0}\frac{\Delta u}{\rho}=\lim_{\rho\to 0}\frac{f(x_0+\Delta x,y_0+\Delta y,z_0+\Delta z)-f(x_0,y_0,z_0)}{\rho},$$

其中，$\rho=\sqrt{(\Delta x)^2+(\Delta y)^2+(\Delta z)^2}$.

同样地，如果函数 $u=f(x,y,z)$ 在点 $P_0(x_0,y_0,z_0)$ 处可微，又 l 的方向角为 α,β,γ(图 9.8)，那么

$$\frac{\partial u}{\partial l}=f'_x(x_0,y_0,z_0)\cos\alpha+f'_y(x_0,y_0,z_0)\cos\beta+f'_z(x_0,y_0,z_0)\cos\gamma.$$

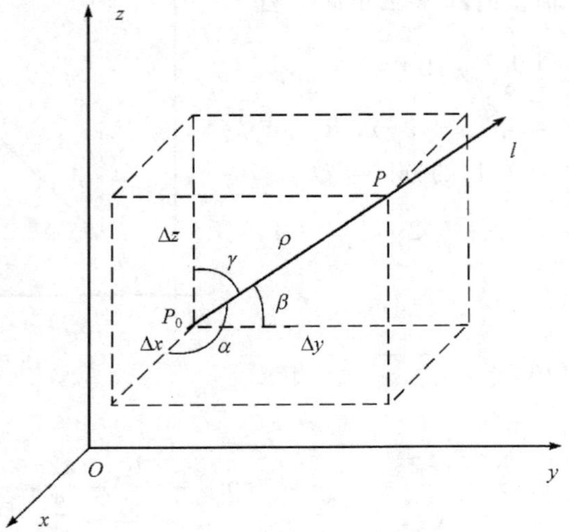

图 9.8

例 9.28　求函数 $u=x^2+y^2-z$ 在点 $P_0(-1,1,-1)$ 处沿 $\boldsymbol{l}=\boldsymbol{i}-2\boldsymbol{j}+2\boldsymbol{k}$ 方向的导数.

解
$$\left.\frac{\partial u}{\partial x}\right|_{(-1,1,-1)}=2x|_{(-1,1,-1)}=-2,$$

$$\left.\frac{\partial u}{\partial y}\right|_{(-1,1,-1)}=2y\Big|_{(-1,1,-1)}=2,\quad \left.\frac{\partial u}{\partial z}\right|_{(-1,1,-1)}=-1\,|_{(1,1,-1)}=-1.$$

$$|\,\boldsymbol{l}\,|=\sqrt{1^2+(-2)^2+2^2}=3,$$

$\boldsymbol{l}$ 的方向余弦为

$$\cos\alpha=\frac{1}{3},\quad \cos\beta=-\frac{2}{3},\quad \cos\gamma=\frac{2}{3},$$

于是得

$$\frac{\partial u}{\partial l}=-2\cdot\frac{1}{3}+2\cdot\left(-\frac{2}{3}\right)+(-1)\cdot\frac{2}{3}=-\frac{8}{3}.$$

9.5.2　梯度

二元函数的方向导数,描述了该函数在某点处沿某一方向上的变化率.在给定点处沿不同方向的二元函数的方向导数是不一样的.在许多实际问题中,常常要求方向导数取得最大值的方向和最大值.为此,我们引入二元函数的梯度这个概念.

定义 9.5.2　设函数 $z=f(x,y)$ 在点 $P_0(x_0,y_0)$ 处可微,称向量 $f'_x(x_0,y_0)\cdot\boldsymbol{i}+f'_y(x_0,y_0)\cdot\boldsymbol{j}$ 是该函数在点 $P_0(x_0,y_0)$ 处的**梯度**,记作 **grad**$f(x_0,y_0)$,或 $\boldsymbol{\nabla f(x_0,y_0)}$,即

$$\mathbf{grad}f(x_0,y_0)=f'_x(x_0,y_0)\cdot\boldsymbol{i}+f'_y(x_0,y_0)\cdot\boldsymbol{j}.$$

利用梯度的概念,二元函数 $z=f(x,y)$ 在点 $P_0(x_0,y_0)$ 处沿任一方向 l 的方向导数

$$\frac{\partial z}{\partial l}\Big|_{(x_0,y_0)}=f'_x(x_0,y_0)\cos\alpha+f'_y(x_0,y_0)\cos\beta,$$

又可以写成

$$\frac{\partial z}{\partial l}\Big|_{(x_0,y_0)}=(f'_x(x_0,y_0)\boldsymbol{i}+f'_y(x_0,y_0)\boldsymbol{j})\cdot(\cos\alpha\boldsymbol{i}+\cos\beta\boldsymbol{j}).$$

这里,向量 $\cos\alpha\boldsymbol{i}+\cos\beta\boldsymbol{j}$ 记为 $\boldsymbol{e}_l$,即 $\boldsymbol{e}_l=\cos\alpha\boldsymbol{i}+\cos\beta\boldsymbol{j}$,它是 l 的单位向量. 于是有

$$\frac{\partial z}{\partial l}\Big|_{(x_0,y_0)}=\mathbf{grad}f(x_0,y_0)\cdot\boldsymbol{e}_l=|\mathbf{grad}f(x_0,y_0)|\cdot\cos<\mathbf{grad}f(x_0,y_0),\boldsymbol{e}_l>.$$

由此可知,函数 $z=f(x,y)$ 在点 $P_0(x_0,y_0)$ 沿方向 l 的方向导数就是函数在该点处的梯度与 l 方向的单位向量的数量积. 若函数 $z=f(x,y)$ 在点 $P_0(x_0,y_0)$ 可微,且 $\mathbf{grad}f(x_0,y_0)\neq\mathbf{0}$,则有下面两个结论:

(1) $z=f(x,y)$ 在点 P_0 处沿梯度方向的方向导数最大,最大值就是 $|\mathbf{grad}f(x_0,y_0)|$;沿梯度反方向的方向导数最小,最小值就是 $-|\mathbf{grad}f(x_0,y_0)|$.

(2) $z=f(x,y)$ 在点 P_0 处沿梯度垂直方向的方向导数为零.

例 9.29 设 $z=x^2+xy+y^2$,求 z 在点 $P_0(-1,1)$ 处的梯度.

解 $\left.\frac{\partial z}{\partial x}\right|_{(-1,1)}=2x+y|_{(-1,1)}=-1$, $\left.\frac{\partial z}{\partial y}\right|_{(-1,1)}=x+2y|_{(-1,1)}=1$,

于是,有

$$\mathbf{grad}z|_{(-1,1)}=-\boldsymbol{i}+\boldsymbol{j}.$$

类似地,可以定义三元函数 $u=f(x,y,z)$ 在点 $P_0(x_0,y_0,z_0)$ 处的梯度

$$\mathbf{grad}u(x_0,y_0,z_0)=\frac{\partial u}{\partial x}\Big|_{(x_0,y_0,z_0)}\boldsymbol{i}+\frac{\partial u}{\partial y}\Big|_{(x_0,y_0,z_0)}\boldsymbol{j}+\frac{\partial u}{\partial z}\Big|_{(x_0,y_0,z_0)}\boldsymbol{k}.$$

例 9.30 设 $u=x^2+y^2-z^2$,求 z 在点 $P_0(1,1,1)$ 处的梯度和方向导数,其中 $\boldsymbol{l}=\boldsymbol{i}-2\boldsymbol{j}+2\boldsymbol{k}$.

解 $\left.\frac{\partial u}{\partial x}\right|_{(1,1,1)}=2x|_{(1,1,1)}=2$, $\left.\frac{\partial u}{\partial y}\right|_{(1,1,1)}=2y|_{(1,1,1)}=2$, $\left.\frac{\partial u}{\partial z}\right|_{(1,1,1)}=-2z|_{(1,1,1)}=-2$,

于是有

$$\mathbf{grad}u(1,1,1)=2\boldsymbol{i}+2\boldsymbol{j}-2\boldsymbol{k}=(2,2,-2).$$

将 $\boldsymbol{l}=\boldsymbol{i}-2\boldsymbol{j}+2\boldsymbol{k}$ 单位化得 $\boldsymbol{e}_l=\left(\frac{1}{3},-\frac{2}{3},\frac{2}{3}\right)$,于是

$$\frac{\partial u}{\partial l}\Big|_{(1,1,1)}=\mathbf{grad}u(1,1,1)\cdot\boldsymbol{e}_l=2\times\frac{1}{3}+2\times\left(-\frac{2}{3}\right)+(-2)\times\frac{2}{3}=-2.$$

例 9.31　设位于坐标原点的点电荷 q,其介电系数 ε,$P(x,y,z)$为其周围一点,$\boldsymbol{r}=x\boldsymbol{i}+y\boldsymbol{j}+z\boldsymbol{k}$,$r=|\boldsymbol{r}|=\sqrt{x^2+y^2+z^2}$,求电位 $u=\dfrac{q}{4\pi\varepsilon r}$的梯度.

解　$\dfrac{\partial u}{\partial x}=\dfrac{q}{4\pi\varepsilon}\cdot\dfrac{\partial}{\partial x}\left(\dfrac{1}{r}\right)=\dfrac{q}{4\pi\varepsilon}\cdot\left(-\dfrac{1}{r^2}\right)\cdot\dfrac{x}{r}=-\dfrac{qx}{4\pi\varepsilon r^3}$,

同理可得

$$\frac{\partial u}{\partial y}=-\frac{qy}{4\pi\varepsilon r^3},\quad \frac{\partial u}{\partial z}=-\frac{qz}{4\pi\varepsilon r^3}.$$

于是有

$$\mathbf{grad}u=-\frac{q}{4\pi\varepsilon r^3}(x\boldsymbol{i}+y\boldsymbol{j}+z\boldsymbol{k})=-\frac{q}{4\pi\varepsilon r^3}\boldsymbol{r}.$$

9.6　偏导数的应用

9.6.1　偏导数在几何上的应用

1. 空间曲线的切线与法平面

一元函数的图像是 xOy 平面内的一条曲线,与平面曲线的切线和法线类似,我们将空间曲线的割线在一点处的极限位置也定义为空间曲线在此点处的切线,过此点且与切线垂直的平面,称为空间曲线在此点处的法平面.

设空间曲线 C 的参数方程为

$$\begin{cases}x=x(t),\\ y=y(t),\\ z=z(t),\end{cases}$$

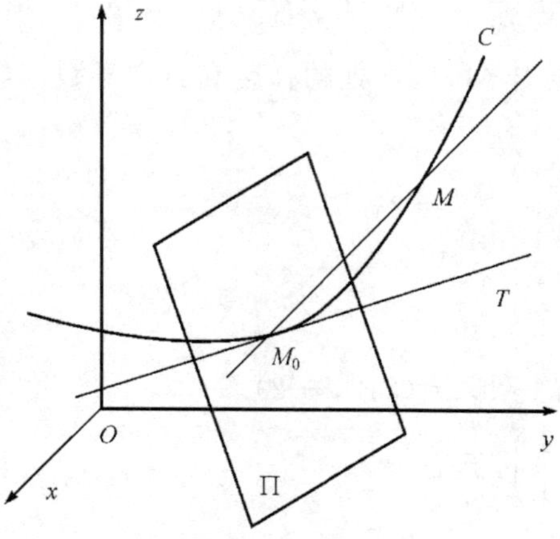

图 9.9

若上式中的三个一元函数对 t 都可导,且它们的导数不全为零(图 9.9),则有曲线 C 上 $t=t_0$ 对应的点 $M_0(x_0,y_0,z_0)$. 当 $t=t_0+\Delta t$ 时对应的点 $M(x_0+\Delta x,y_0+\Delta y,z_0+\Delta z)$,由解析几何中直线的两点式方程知,割线 M_0M 的方程为

$$\frac{x-x_0}{\Delta x}=\frac{y-y_0}{\Delta y}=\frac{z-z_0}{\Delta z}.$$

用 $\Delta t(\Delta t\neq 0)$除分母,得

$$\frac{x-x_0}{\frac{\Delta x}{\Delta t}}=\frac{y-y_0}{\frac{\Delta y}{\Delta t}}=\frac{z-z_0}{\frac{\Delta z}{\Delta t}}.$$

当 $M \to M_0(\Delta t \to 0)$ 时,对上式取极限得曲线在点 $M_0(x_0, y_0, z_0)$ 处的切线 M_0T 的方程为

$$\frac{x-x_0}{x'(t_0)} = \frac{y-y_0}{y'(t_0)} = \frac{z-z_0}{z'(t_0)},$$

其分母的三个导数构成的向量 $\boldsymbol{\tau} = (x'(t_0), y'(t_0), z'(t_0))$ 是切线的一个方向向量,简称为切向量.

曲线 C 上点 $M_0(x_0, y_0, z_0)$ 处法平面 Π 是过点 M_0 且以 $\boldsymbol{\tau}$ 为法向量的平面,所以法平面的方程为

$$x'(t_0)(x-x_0) + y'(t_0)(y-y_0) + z'(t_0)(z-z_0) = 0.$$

例 9.32 求曲线 $C:\begin{cases} x=t, \\ y=t^2-2t, \\ z=t^3, \end{cases}$ 在对应于 $t=1$ 的点处的切线和法平面方程.

解 对曲线 C 的三个一元函数分别求导,得

$$x'(t) = 1, \quad y'(t) = 2t-2, \quad z'(t) = 3t^2,$$
$$x'(1) = 1, \quad y'(1) = 0, \quad z'(1) = 3.$$

曲线 C 过点 $(1,-1,1)$(对应于 $t=1$)处切线方程为

$$\frac{x-1}{1} = \frac{y+1}{0} = \frac{z-1}{3},$$

法平面方程为

$$1(x-1) + 0(y+1) + 3(z-1) = 0,$$

即

$$x + 3z - 4 = 0.$$

例 9.33 求曲线 $C:\begin{cases} y=x^2, \\ z=x^3-2x-2, \end{cases}$ 在点 $(-1,1,-1)$ 处的切线和法平面方程.

解 将曲线 C 的方程改写为

$$\begin{cases} x = t, \\ y = t^2, \\ z = t^3 - 2t - 2, \end{cases}$$

对曲线 C 的三个一元函数分别求导,得

$$x'(t) = 1, \quad y'(t) = 2t, \quad z'(t) = 3t^2 - 2,$$
$$x'(-1) = 1, \quad y'(-1) = -2, \quad z'(-1) = 1.$$

曲线 C 过点 $(-1,1,-1)$ 处的切线方程为

$$\frac{x+1}{1} = \frac{y-1}{-2} = \frac{z+1}{1},$$

法平面方程为

$$1(x+1)+(-2)(y-1)+1(z+1)=0,$$

即

$$x-2y+z+4=0.$$

2. 曲面的切平面与法线

设空间曲面 Σ 的方程是

$$F(x,y,z)=0.$$

函数 $F(x,y,z)$ 的偏导数 F'_x,F'_y 和 F'_z 连续且不同时为零,这时称 Σ 为光滑曲面.设 $M_0(x_0,y_0,z_0)$ 是光滑曲面 Σ 上一定点,在该曲面上通过点 M_0 作曲线 C,其参数方程是

$$\begin{cases}x=x(t),\\ y=y(t),\\ z=z(t).\end{cases}$$

在 $M_0(x_0,y_0,z_0)$ 对应的参数值 t_0 处的切向量是

$$\boldsymbol{\tau}=(x'(t_0),y'(t_0),z'(t_0)).$$

由于曲线 C 在曲面 Σ 上,因此曲线 C 上的任意点 $(x(t),y(t),z(t))$ 都满足曲面方程 $F(x,y,z)=0$,于是有

$$F(x(t),y(t),z(t))=0.$$

方程两端同时对 t 求全导数,得

$$F'_x(x,y,z)\cdot x'(t)+F'_y(x,y,z)\cdot y'(t)+F'_z(x,y,z)\cdot z'(t)=0,$$

将 $t=t_0$ 代入上式,得

$$F'_x(x_0,y_0,z_0)\cdot x'(t_0)+F'_y(x_0,y_0,z_0)\cdot y'(t_0)+F'_z(x_0,y_0,z_0)\cdot z'(t_0)=0,$$

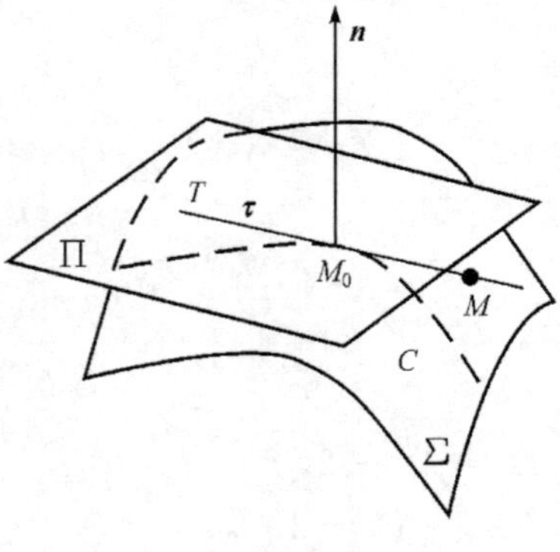

图 9.10

再记向量

$$\boldsymbol{n}=(F'_x(x_0,y_0,z_0),F'_y(x_0,y_0,z_0),F'_z(x_0,y_0,z_0)),$$

从而有

$$\boldsymbol{n}\cdot\boldsymbol{\tau}=0.$$

这说明向量 $\boldsymbol{n}$ 与切线 M_0M 垂直(图 9.10).由于曲线 C 是任选的,过点 M_0 与向量 $\boldsymbol{n}$ 垂直的所有切线都在平面 Π 上,这个平面 Π 称为曲面 Σ 在点 $M_0(x_0,y_0,z_0)$ 处的切平面,其方程是

$$F'_x(x_0,y_0,z_0)(x-x_0)+F'_y(x_0,y_0,z_0)(y-y_0)+F'_z(x_0,y_0,z_0)(z-z_0)=0.$$

向量 $\boldsymbol{n}$ 称为该切平面的法向量,过点 $M_0(x_0,y_0,z_0)$ 且垂直于此切平面的直线

称为曲面 Σ 在该点处的法线,其方程是

$$\frac{x-x_0}{F'_x(x_0,y_0,z_0)}=\frac{y-y_0}{F'_y(x_0,y_0,z_0)}=\frac{z-z_0}{F'_z(x_0,y_0,z_0)}.$$

例 9.34 求椭球面 $x^2+2y^2+3z^2=12$ 上点 $(-1,2,1)$ 处的切平面方程与法线方程.

解 设 $F(x,y,z)=x^2+2y^2+3z^2-12$,得

$$F'_x(-1,2,1)=2x\big|_{(-1,2,1)}=-2,\quad F'_y(-1,2,1)=4y\big|_{(-1,2,1)}=8,$$

$$F'_z(-1,2,1)=6z\big|_{(-1,2,1)}=6.$$

椭球面 $x^2+2y^2+3z^2=12$ 上点 $(-1,2,1)$ 处的切平面方程为

$$-2(x+1)+8(y-2)+6(z-1)=0,$$

即

$$x-4y-3z+12=0.$$

法线方程为

$$\frac{x+1}{-2}=\frac{y-2}{8}=\frac{z-1}{6},$$

即

$$\frac{x+1}{1}=\frac{y-2}{-4}=\frac{z-1}{-3}.$$

例 9.35 求旋转抛物面 $z=x^2+y^2-3$ 上点 $(-1,-2,2)$ 处的切平面方程与法线方程.

解 设 $F(x,y,z)=x^2+y^2-z-3$,有

$$F'_x(-1,-2,2)=2x\big|_{(-1,-2,2)}=-2,\quad F'_y(-1,-2,2)=2y\big|_{(-1,2,2)}=-4,$$

$$F'_z(-1,-2,2)=-1\big|_{(-1,-2,2)}=-1.$$

旋转抛物面上 $z=x^2+y^2-3$ 点 $(-1,-2,2)$ 处的切平面方程为

$$-2(x+1)-4(y+2)-(z-2)=0,$$

即

$$2x+4y+z+8=0.$$

法线方程为

$$\frac{x+1}{-2}=\frac{y+2}{-4}=\frac{z-2}{-1},$$

即

$$\frac{x+1}{2}=\frac{y+2}{4}=\frac{z-2}{1}.$$

9.6.2 多元函数的极值与最值

用导数求解一元函数的极值和最值问题,同样可推广到用偏导数解决多元函

数的极值和最值问题.下面以二元函数为例进行讨论.

1. 极值

同一元函数的极值的定义类似,我们给出二元函数的极值和极值点的定义.

定义 9.6.1　设函数 $z=f(x,y)$ 在点 $M_0(x_0,y_0)$ 的近邻内有定义,对于点 M_0 近邻所有异于点 M_0 的点 $M(x,y)$,如果都有

$$f(x,y)<f(x_0,y_0),$$

那么称函数在点 $M_0(x_0,y_0)$ 处有极大值 $f(x_0,y_0)$,$M_0(x_0,y_0)$ 称作极大点;如果都有

$$f(x,y)>f(x_0,y_0),$$

那么称函数在点 $M_0(x_0,y_0)$ 处有极小值 $f(x_0,y_0)$,$M_0(x_0,y_0)$ 称作极小点.极大值和极小值统称为极值.极大点和极小点统称为极值点.

例如,函数 $z=\sqrt{1-x^2-y^2}$ 在点(0,0)处有极大值 $z=1$,(0,0,1)是半球 $z=\sqrt{1-x^2-y^2}$ 的最高点,如图 9.11 所示.

又如,函数 $z=x^2+y^2-1$ 在点(0,0)处有极小值 $z=-1$,(0,0,−1)是旋转抛物面 $z=x^2+y^2-1$ 的最低点,如图 9.12 所示.

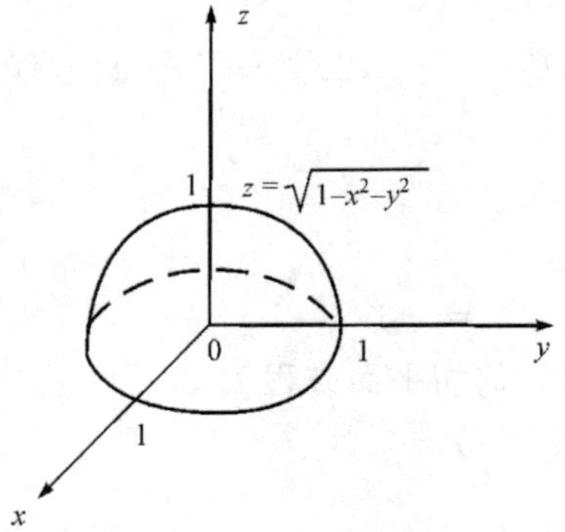

图 9.11

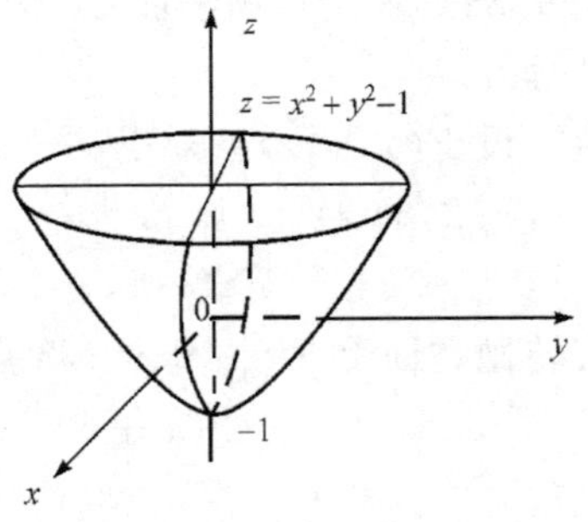

图 9.12

与一元函数极值存在的条件类似,下面也给出二元函数的极值存在的必要条件和充分条件.

定理 9.6.1(极值存在的必要条件)　若设函数 $z=f(x,y)$ 在点 $M_0(x_0,y_0)$ 具有偏导数,且在该点处有极值,则

$$f'_x(x_0,y_0)=0,f'_y(x_0,y_0)=0.$$

同一元函数一样,二元函数 $z=f(x,y)$ 满足 $f'_x(x,y)=0$,$f'_y(x,y)=0$ 同时成立的点 $M_0(x_0,y_0)$ 称为该函数的驻点.由定理 9.6.1 知,具有偏导数的函数的极值点必是驻点,但函数的驻点不一定是极值点.例如,点(0,0)是函数 $z=x^2-y^2$ 的驻

点，但函数在该点无极值，如图 9.13 所示. 如何判断一个驻点是否为极值点呢？在一元函数中，可以用函数在驻点处的二阶导数来判断，对于二元函数，有如下定理：

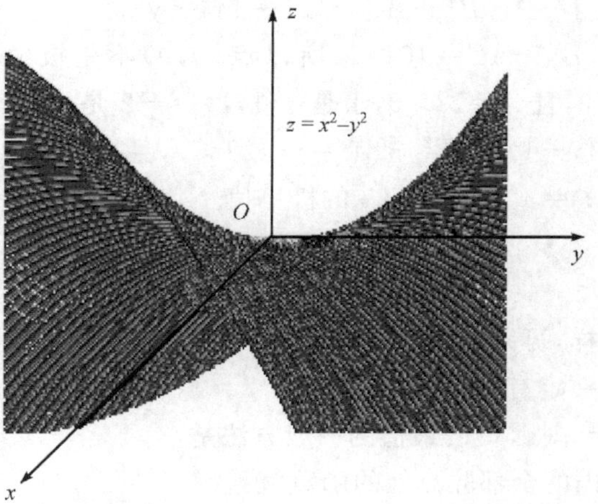

图 9.13

定理 9.6.2（极值存在的充分条件）　如果设函数 $z=f(x,y)$ 在点 $M_0(x_0,y_0)$ 的某一邻域内具有一阶及二阶连续偏导数，且 $M_0(x_0,y_0)$ 是它的驻点，令

$$f''_{xx}(x_0,y_0)=A, f''_{xy}(x_0,y_0)=B, f''_{yy}(x_0,y_0)=C.$$

那么有：

(1) $B^2-AC<0$ 时，函数 $z=f(x,y)$ 有极值. 当 $A<0$ 时，$f(x_0,y_0)$ 为极大值；当 $A>0$ 时，$f(x_0,y_0)$ 为极小值.

(2) $B^2-AC>0$ 时，函数 $z=f(x,y)$ 没有极值.

(3) $B^2-AC=0$ 时，$f(x_0,y_0)$ 是否为极值，不能确定.

由上述两个极值存在的判定定理可知，求具有二阶连续偏导数的函数 $z=f(x,y)$ 的极值的步骤如下：

(1) 联解 $f'_x(x,y)=0$ 和 $f'_y(x,y)=0$，求得全部驻点.

(2) 求出 $f''_{xx}(x,y)$，$f''_{xy}(x,y)$，$f''_{yy}(x,y)$，并将驻点的坐标代入求得 A,B,C 的值.

(3) 定出 B^2-AC 的符号，按定理 9.6.2 确定驻点的函数值是否是极值. 若是极值，是极大值还是极小值.

例 9.36　求函数 $f(x,y)=x^4+y^4-4xy$ 的极值.

解　　$D=\{(x,y)\mid -\infty<x<+\infty, -\infty<y<+\infty\}$.

$$f'_x(x,y)=4x^3-4y,\quad f'_y(x,y)=4y^3-4x.$$

联解方程组

$$\begin{cases} f'_x(x,y)=4x^3-4y=0, \\ f'_y(x,y)=4y^3-4x=0, \end{cases}$$

解得驻点是(0,0),(1,1),(−1,−1).

$$f''_{xx}(x,y)=12x^2, f''_{xy}(x,y)=-4, f''_{yy}(x,y)=12y^2.$$

$$B^2-AC=16-144x^2y^2.$$

在点(0,0)处,$B^2-AC=16>0$,所以点(0,0)不是极值点;在点(1,1)处,$B^2-AC=-128<0$,且$A=12>0$,于是$f(1,1)=-2$是$f(x,y)=x^4+y^4-4xy$的极小值;在点(−1,−1)处,$B^2-AC=-128<0$,且$A=12>0$,从而得$f(-1,-1)=-2$是$f(x,y)=x^4+y^4-4xy$的极小值.

2. 最值

同一元函数一样,可以通过二元函数$z=f(x,y)$的极值来求最值,而在有界闭区域上连续的函数一定有最大值和最小值.

求二元函数$z=f(x,y)$的最值的一般方法是:

(1) 求定义域内的全部驻点处的函数值;

(2) 若定义域有边界,则求出该函数在边界上的最值;

(3) 这些值中,最大的就是该函数的最大值,最小的就是该函数的最小值.

由于要求出函数$z=f(x,y)$在定义域边界上的最值,计算往往非常繁杂.在实际应用中,知道函数的最大值(或最小值)一定在区域的内部取得,而函数在区域内只有一个驻点,那么可以肯定该驻点处的函数值,就是函数在区域上的最大值(或最小值).

例 9.37　有一宽为 24cm 的长方形铁板,把它弯折起来做成一断面为等腰梯形的水槽,问怎样折法才能使断面的面积最大?

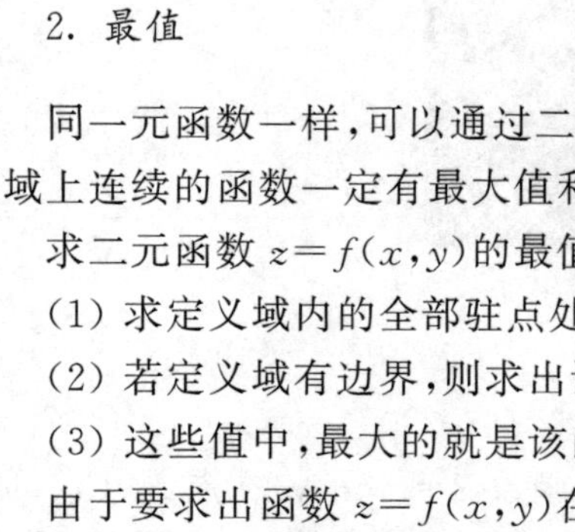

图 9.14

解　设水槽断面梯形的腰为x,倾角为α(图 9.14),则断面梯形的下底长为$24-2x$,上底长为$24-2x+2x\cos\alpha$,高为$x\sin\alpha$,于是断面面积为

$$\begin{aligned}A&=\frac{1}{2}(24-2x+2x\cos\alpha+24-2x)x\sin\alpha\\&=\frac{1}{2}(48-4x+2x\cos\alpha)x\sin\alpha\\&=24x\sin\alpha-2x^2\sin\alpha+x^2\cos\alpha\sin\alpha\end{aligned}$$

$$(0<x<12, 0<\alpha\leqslant\frac{\pi}{2})$$

令

$$\begin{cases}A'_x=24\sin\alpha-4x\sin\alpha+2x\sin\alpha\cos\alpha=0,\\A'_\alpha=24x\cos\alpha-2x^2\cos\alpha+x^2\cos^2\alpha-x^2\sin^2\alpha=0.\end{cases}$$

由于 $\alpha\neq0,x\neq0$,该方程组可化简为

$$\begin{cases}12-2x+x\cos\alpha=0,\\24\cos\alpha-2x\cos\alpha+x(\cos^2\alpha-\sin^2\alpha)=0,\end{cases}$$

解得

$$x=8,\alpha=\frac{\pi}{3}.$$

从而得该函数在定义域 $\left\{(x,\alpha)\,|\,0<x<12,0<\alpha\leqslant\frac{\pi}{2}\right\}$ 内有唯一的驻点 $\left(8,\frac{\pi}{3}\right)$,由实际意义知该驻点是极大点,当然也可以由定理 9.6.2 来判定.

因此当 $x=8\text{cm},\alpha=\frac{\pi}{3}$ 时,就能使断面的面积最大.

例 9.38 要做一个容积为 64m^3 的无盖长方体水池,问该水池的长、宽、高各是多少时,才能使用料最省?

解 设无盖长方体水池的长、宽、高分别是 x,y,z,表面积为 A,由题意得

$$A=xy+2xz+2yz,V=xyz=64,\quad x>0,y>0,z>0.$$

消去 z 得

$$A=xy+\frac{128}{y}+\frac{128}{x},\quad x>0,y>0.$$

用料最省就是求水池表面积 A 的最小值,令

$$\begin{cases}A'_x=y-\dfrac{128}{x^2}=0,\\A'_y=x-\dfrac{128}{y^2}=0,\end{cases}$$

解得驻点

$$(4\sqrt[3]{2},4\sqrt[3]{2}),$$

从而得函数 $A=xy+\frac{128}{y}+\frac{128}{x}$ 在定义域 $\{(x,y)\,|\,x>0,y>0\}$ 内有唯一的驻点.

于是该水池的长、宽、高都是 $4\sqrt[3]{2}\,\text{m}$ 时,用料最省.

3. 条件极值

像例 9.37 所讨论的极值问题,对于函数的自变量,除了限制在函数的定义域内以外,并无其他条件,这种极值称为无条件极值.而对于例 9.38 这样的极值问题,自变量之间还要附加一定的条件(称为约束条件),这种极值称为条件极值.

对于条件极值,可以用消元法化为无条件极值求解,但许多情况下,这种转化

较为繁琐,下面介绍求条件极值的一般方法——拉格朗日乘数法.

拉格朗日乘数法　求函数 $z=f(x,y)$ 在约束条件 $\varphi(x,y)=0$ 下的极值,可分为下面三个步骤进行.

(1) 构造拉格朗日函数. 将 $f(x,y)$ 和 $\varphi(x,y)$ 进行线性组合,得拉格朗日函数

$$L(x,y,\lambda)=f(x,y)+\lambda\varphi(x,y),$$

其中,λ 为待定常数,称为**拉格朗日乘数**. 从而将条件极值转化为无条件极值.

(2) 求驻点. 求拉格朗日函数对 x,y 和 λ 的一阶偏导数,并令它们为零,得方程组

$$\begin{cases}\dfrac{\partial L}{\partial x}=f'_x(x,y)+\lambda\varphi'_x(x,y)=0,\\ \dfrac{\partial L}{\partial y}=f'_y(x,y)+\lambda\varphi'_y(x,y)=0,\\ \dfrac{\partial L}{\partial \lambda}=\varphi(x,y)=0.\end{cases}$$

消去 λ,解出 x,y,得函数 $z=f(x,y)$ 的驻点和 λ 的值.

(3) 判断是否有极值. 判断驻点是否是极值点,通常根据问题的实际意义来确定.

上述方法可推广到多于两个自变量和多于一个约束条件的情形. 例如,要求函数 $u=f(x,y,z)$ 在约束条件

$$\varphi(x,y,z)=0,\psi(x,y,z)=0$$

下的极值,可先构造辅助函数

$$L(x,y,z,\lambda,\mu)=f(x,y,z)+\lambda\varphi(x,y,z)+\mu\psi(x,y,z),$$

然后按无约束条件求该函数的极值,依照上述步骤求解即可.

例 9.39　求表面积为 $6\mathrm{m}^2$ 而体积为最大的长方体的体积.

解　设长方体的长宽高分别为 x,y,z,则问题化为在条件 $2(xy+yz+xz)=6$ 下,求函数 $V=xyz(x>0,y>0,z>0)$ 的最大值,现构造函数

$$L(x,y,z,\lambda)=xyz+\lambda[2(xy+yz+xz)-6],$$

求其对 x,y,z 和 λ 的偏导数并使之为零,得方程组

$$\begin{cases}yz+2\lambda(y+z)=0,\\ xz+2\lambda(x+z)=0,\\ xy+2\lambda(y+x)=0,\\ 2(xy+yz+xz)-6=0,\end{cases}$$

得

$$\frac{x}{y}=\frac{x+z}{y+z},\quad \frac{y}{z}=\frac{x+y}{x+z}.$$

由上面两式解得 $x=y=z$，代入约束条件得 $x=y=z=1$.

由于问题本身有最大值，因此，这唯一的可能极值点就是最大值点，即是说，当表面积为 6m^2 的长方体中，以棱长为 1m 的正方体体积最大，最大体积为 1m^3.

例 9.40　求函数 $f(x,y)=2x^2+3y^2-4x+2$ 在闭区域 $D=\{(x,y)\mid x^2+y^2\leqslant 16\}$ 上的最值.

解　解此题分两步进行：

(1) 求 $f(x,y)=2x^2+3y^2-4x+2$ 在 D 的内部 $x^2+y^2<16$ 的驻点，令

$$\begin{cases} f'_x=4x-4=0, \\ f'_y=6y=0, \end{cases}$$

解得唯一驻点(1,0).

(2) 求 $f(x,y)=2x^2+3y^2-4x+2$ 在 D 的边界 $x^2+y^2=16$ 上的可能极值点. 作拉格朗日函数

$$L(x,y,\lambda)=2x^2+3y^3-4x+2+\lambda(x^2+y^2-16),$$

解方程组

$$\begin{cases} L'_x=4x-4+2\lambda x=0, \\ L'_y=6y+2\lambda y=0, \\ L'_\lambda=x^2+y^2-16=0, \end{cases}$$

求得 4 个可能的条件极值点

$$(4,0),\quad(-4,0),\quad(-2,2\sqrt{3}),\quad(-2,-2\sqrt{3}).$$

比较

$$f(1,0)=0,\quad f(4,0)=18,\quad f(-4,0)=50,\quad f(-2,2\sqrt{3})=54,$$
$$f(-2,-2\sqrt{3})=54.$$

于是得该函数在 D 上的最大值是 54，最小值是 0.

数学实验九　用 Matlab 软件求多元函数的偏导数和极值

一、多元函数的偏导数

1. 调用格式一

```
diff('多元函数','自变量',n)
```

其中，n 为所求偏导数的阶数.

例 1　已知 $z=x^2\cos 2y$，求 $\frac{\partial z}{\partial x}$，$\frac{\partial^2 z}{\partial y\partial x}$ 和 $\frac{\partial^2 z}{\partial y^2}$.

解　打开 M 文件编辑窗口，在其中输入下面命令集：

```
pzpx=diff('x^2*cos(2*y)','x')
```

```
p2zpypx=diff(pzpx,'y')
p2zpy2=diff('x^2*cos(2*y)','y',2)
```

取名为 exa9 保存,再在命令窗口中输入命令 exa9,程序运行结果如下:

```
pzpx=
2*x*cos(2*y)
p2zpypx=
-4*x*sin(2*y)
p2zpy2=
-4*x^2*cos(2*y)
```

即

$$\frac{\partial z}{\partial x}=2x\cos 2y,\frac{\partial^2 z}{\partial y\partial x}=-4x\sin 2y,\frac{\partial^2 z}{\partial y^2}=-4x^2\cos 2y.$$

2. 调用格式二

```
syms x y z …
diff(f,自变量,n)
```

例 2　已知 $u=\sin(x^2-y^3+5z)$,求$\frac{\partial u}{\partial x}$,$\frac{\partial^3 u}{\partial z\partial y\partial x}$和$\frac{\partial^3 u}{\partial z^3}$.

解　在命令行中依次输入:

```
syms x y z
u=sin(x^2-y^3+ 5*z);
ux=diff(u,x);
uxy=diff(ux,y);
uxyz=diff(uxy,z);
uz3=diff(u,z,3);
ux,uxyz,uz3
```

运行结果如下:

```
ux=
2*cos(x^2-y^3+5*z)*x
uxyz=
30*cos(x^2-y^3+5*z)*y^2*x
uz3=
-125*cos(x^2-y^3+5*z)
```

即

$$\frac{\partial u}{\partial x}=2x\cos(x^2-y^3+5z),\frac{\partial^3 u}{\partial z\partial y\partial x}=30xy^2\cos(x^2-y^3+5z),$$

$$\frac{\partial^3 u}{\partial z^3} = -125\cos(x^2 - y^3 + 5z).$$

二、隐函数的导数

在 Matlab 中没有直接求隐函数导数的命令，但可调用 Maple 中求隐函数导数的命令，调用格式如下：

```
maple('implicitdiff(f(u,x,y,z,…,)=0,u,x)')
```

例 3　求由多元方程 $x^2+y^2+z^2=xyz$ 所确定的隐函数 $\frac{\partial z}{\partial x}$.

解　在命令行中输入：

```
pzpx=maple('implicitdiff(x^2+y^2+z^2-x*y*z=0,z,x)')
```

运行结果是：

```
pzpx=
(2*x-y*z)/(-2*z+x*y)
```

即

$$\frac{\partial z}{\partial x} = \frac{2x - yz}{xy - 2z}.$$

三、多元函数的极(或最)值

在 Matlab 中同样有求多元函数的极(或最)小值的函数，但由于多元函数的形式比较复杂，不同情况用到不同的 Matlab 函数. 若要求多元函数 u 在某一区域的极(或最)大值，可转化为求 $-u$ 在该区域内的极(或最)小值.

1. 非线性无约束情形

求极(或最)小值点或极(或最)小值的调用格式是：

```
[x,fval]=fminsearch('f',x0)
```

f 是被最小化的目标函数名，x0 是求解的初始值向量.

例 4　求二元函数 $f(x,y)=2x^3+4xy^3-10xy+y^2$ 的最值点和最值.

解　打开 M 文件编辑窗口，在其中输入下面命令集：

```
%必须对自变量进行转化 x=x(1),y=x(2)
[Xmin,fmin]=fminsearch('2*x(1)^3+4*x(1)*x(2)^3-10*x(1)*x(2)+ x(2)^2',[0,0]);
[Xmax,Fmin]=fminsearch('-2*x(1)^3-4*x(1)*x(2)^3+10*x(1)*x(2)-x(2)^2',[0,0]);
fmax=-Fmin;
```

```
Xmin,fmin
Xmax,fmax
```

取名为 exa10 保存，再在命令窗口中输入命令 exa10，程序运行结果如下：

```
Xmin=
   1.0016    0.8335
fmin=
   -3.3241
Xmax=
   -1.0000    1.0000
fmax=
   5.0000
```

2. 非线性有约束情形

非线性有约束优化问题的数学模型如下：

$$\begin{cases} \min f(\boldsymbol{x}), \\ c(\boldsymbol{x}) \leqslant 0, \\ c_{\mathrm{eq}}(\boldsymbol{x}) = 0, \\ \boldsymbol{A} \cdot \boldsymbol{x} \leqslant \boldsymbol{b}, \\ \boldsymbol{A}_{\mathrm{eq}} \cdot \boldsymbol{x} = \boldsymbol{b}_{\mathrm{eq}}, \\ \boldsymbol{lb} \leqslant \boldsymbol{x} \leqslant \boldsymbol{ub}, \end{cases}$$

其中，$\boldsymbol{x}$，$\boldsymbol{b}$，$\boldsymbol{b}_{\mathrm{eq}}$，$\boldsymbol{lb}$ 和 $\boldsymbol{ub}$ 是向量，$\boldsymbol{A}$ 和 $\boldsymbol{A}_{\mathrm{eq}}$ 是矩阵，$c(\boldsymbol{x})$ 和 $c_{\mathrm{eq}}(\boldsymbol{x})$ 为函数，返回标量. $f(\boldsymbol{x})$，$c(\boldsymbol{x})$ 和 $c_{\mathrm{eq}}(\boldsymbol{x})$ 可以是非线性函数. 求极（或最）小值点或极（或最）小值的调用格式如下：

```
[x,fval]=fmincon('fun',x0,A,b,Aeq,beq,lb,ub,nonlcon)
```

nonlcon 参数计算非线性不等式约束 $c(\boldsymbol{x}) <= 0$ 和非线性等式约束 $c_{\mathrm{eq}}(x) = 0$.

例 5　求表面积为 $6\mathrm{m}^2$ 的体积最大的长方体体积.

解　设长方体的长、宽、高分别为 $x1$，$x2$，$x3$，则

```
f(x) = -x(1)*x(2)*x(3),
s.t  x(1)*x(2)+x(2)*x(3)+x(3)*x(1)-3=0,
x(i) > 0,i=1,2,3.
```

(1) 建立函数文件 fun1

打开 M 文件编辑窗口，在其中输入下面命令集：

```
function F=fun1(x)  % 函数文件必须是 function 开头
F=-x(1)*x(2)*x(3);
```

单击“保存”按钮，自动取名为 fun1，再击保存.

(2) 建立非线性约束函数文件 yceq

```
function [c,ceq]=yceq(x)
c=x(1)*x(2)+x(2)*x(3)+x(3)*x(1)-3;
ceq=[];
```

保存方法同上,自动取名为 yceq,再击保存.

(3) 编制主程序:

打开 M 文件编辑窗口,在其中输入下面命令集:

```
x0=[3;3;3];   % 给长宽高一个初值
A=[];b=[];
Aeq=[];beq=[];
lb=[0,0,0];ub=[];
[xmax,fmin]=fmincon('fun1',x0,A,b,Aeq,beq,lb,ub,'yceq');  % 函数要加单引号
Vmax=-fmin;
xmax,Vmax
```

取名为 exa11 保存,再在命令窗口中输入命令 exa11,程序运行结果如下:

```
xmax=
    1.0000
    1.0000
    1.0000
Vmax=
    1.0000
```

四、上机实验

(1) 用 help 命令查看函数 diff,fminsearch 和 fmincon 等的用法.

(2) 上机验证上面各例.

(3) 作相关小节练习中多元函数的偏导数、极(或最)值.

*第 10 章　重　积　分

定积分的两大要素是被积函数与积分区间. 积分区间上的任一点可决定一个微元,这个微元由该点处的函数值与该点处的一个微分相乘而成. 让这点跑遍积分区间,再将得到的所有微元累加就是函数在该积分区间上的定积分. 本章将定积分中的被积函数推广到多元函数,把积分区间推广到空间区域,运用区域分割法和微元法得到重积分的定义、计算方法和它在物理与几何方面的一些应用.

10.1　二 重 积 分

10.1.1　二重积分的概念和性质

一般来说,一元函数的定义域是展布于数轴直线上的区间,而二元函数的定义域为平面区域,我们曾经由曲边梯形的面积引出了定积分概念,现在从求曲顶柱体的体积引出二重积分的概念.

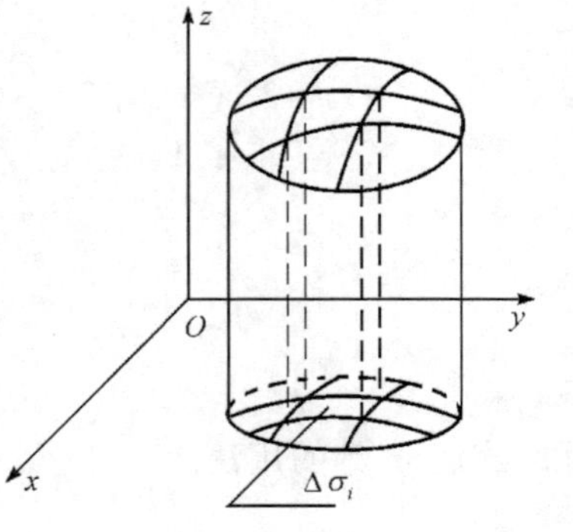

图 10.1

所谓"曲顶柱体"是指这样一个立体:它的底面是 xOy 平面上的有界区域 D,它的顶是定义在 D 上的曲面 $z=f(x,y)$,侧面是以 D 的边界曲线 C 为准线、其母线平行于 z 轴的柱面(图 10.1).

我们原来学过平顶柱体的体积计算方法,即底面积乘以高,而对曲顶柱体的体积计算还没有涉及. 我们可以仿照以前计算曲边梯形面积的方法来探讨这个问题. 思路为:把曲顶柱体分割成若干个小曲顶柱体,使每个小曲顶柱体趋近于平顶柱体(以平代曲),计算出每个小曲顶柱体的近似体积并相加就得到曲顶柱体的体积的近似值,用极限的方法处理这个近似值得到曲顶柱体的体积.

具体操作步骤为:

(1) 用任意曲线网(分割 T)把区域 D 分成 n 个小区域:$\sigma_1,\sigma_2,\cdots,\sigma_n$,且 $\sigma_i(i=1,2,\cdots,n)$的面积为 $\Delta\sigma_i$,于是可将原曲顶柱体分成以 σ_i 为底的 n 个小曲顶柱体.

(2) 在每个 $\sigma_i(i=1,2,\cdots,n)$中任取一点(x_i,y_i),以 $f(x_i,y_i)$为高,σ_i 为底的平顶柱体的体积来近似代替第 i 个小曲顶柱体的体积 V_i,即 $V_i=f(x_i,y_i)\Delta\sigma_i$.

(3) 将所有小平顶柱体的体积加起来,就得到曲顶柱体体积的一个近似值,即

$$V \approx \sum_{i=1}^{n} f(x_i, y_i)\Delta\sigma_i.$$

(4) 显然,这个近似值的大小既与区域 D 的分割 T 相关,也与点 (x_i, y_i) 的选取有关,但可以看出,对 D 的分割越细密,这个近似值的精确程度就越高.用 $d(T)$ 表示 n 个小区域的直径的最大值,区域直径表区域内任意两点距离的最大值,那么可自然地定义下面极限为曲顶柱体的体积

$$V = \lim_{d(T)\to 0} \sum_{i=1}^{n} f(x_i, y_i)\Delta\sigma_i.$$

由此可见,曲顶柱体的体积计算完全归结为与定积分形式类似的特定结构和式的极限.由于曲顶柱体的体积是一个客观存在的量,因此上面这个极限值也就不依赖于分割 T 与点 (x_i, y_i) 的选取.科学技术领域中有不少的计算问题同样要归结到计算这种形式的极限,所以我们抽掉问题的具体意义,讨论这种极限的抽象形式,从而形成二重积分的概念.

定义 10.1.1 设 D 是 xOy 平面上一个有界的、可以求面积的闭区域,函数 $z=f(x,y)$ 是定义在 D 上的有界函数.将 D 用任意分割 T 分成 n 个小区域 $\sigma_1, \sigma_2, \cdots, \sigma_n$,$\sigma_i(i=1,2,\cdots,n)$ 的面积为 $\Delta\sigma_i$,在每个 $\sigma_i(i=1,2,\cdots,n)$ 上任取一点 (x_i, y_i),并用 $d(T)$ 表示 n 个小区域直径的最大值,作和式 $\sum\limits_{i=1}^{n} f(x_i, y_i)\Delta\sigma_i$,如果当 $d(T)\to 0$ 时,上述和式的极限值 S 存在,且既不依赖于对 D 的分割,也不依赖于点 (x_i, y_i) 的选取,那么称此极限值 S 为函数 $z=f(x,y)$ 在 D 上的二重积分,记作 $\iint\limits_D f(x,y)\mathrm{d}\sigma$,即

$$\iint\limits_D f(x,y)\mathrm{d}\sigma = \lim_{d(T)\to 0} \sum_{i=1}^{n} f(x_i, y_i)\Delta\sigma_i,$$

这里,把 x, y 称为积分变量,$z=f(x,y)$ 为被积函数,D 为积分区域,$\mathrm{d}\sigma$ 为面积元素,当 $z=f(x,y)$ 在 D 上的二重积分存在时,简称 $z=f(x,y)$ 在 D 上可积.

$z=f(x,y)$ 在 D 上可积时,特别地,我们可以分别用平行于 x, y 轴的直线网分割 D,这时的面积元素 $\mathrm{d}\sigma=\mathrm{d}x\mathrm{d}y$,于是二重积分又可以写成 $\iint\limits_D f(x,y)\mathrm{d}x\mathrm{d}y$.若 $f(x,y)=1$,由定义知 $\iint\limits_D \mathrm{d}\sigma$ 就是平面区域 D 的面积.

若函数 $z=f(x,y)$ 在有界闭区域 D 上连续,则函数 $f(x,y)$ 在 D 上可积.

由于二重积分的定义与定积分相类似,因此二重积分的性质也与定积分相类似,现列举如下:

性质 10.1.1 在 D 上的有限个函数代数和的二重积分等于各个函数在 D 上

的二重积分的代数和，即

$$\iint_D \left(\sum_{i=1}^{n} f_i(x,y)\right)\mathrm{d}x\mathrm{d}y = \sum_{i=1}^{n}\iint_D f_i(x,y)\mathrm{d}x\mathrm{d}y.$$

性质 10.1.2　被积函数有常数因子时，可以提到二重积分号外面来. 即

$$\iint_D kf(x,y)\mathrm{d}x\mathrm{d}y = k\iint_D f(x,y)\mathrm{d}x\mathrm{d}y, k \text{ 为常数}.$$

性质 10.1.3　若函数 $f(x,y)$ 在区域 D_1, D_2 上都可积，则它在区域 $D_1 \cup D_2$ 上也可积. 如果 D_1 与 D_2 没有公共内点，那么

$$\iint_{D_1\cup D_2} f(x,y)\mathrm{d}x\mathrm{d}y = \iint_{D_1} f(x,y)\mathrm{d}x\mathrm{d}y + \iint_{D_2} f(x,y)\mathrm{d}x\mathrm{d}y.$$

性质 10.1.4　若 $f(x,y)$, $g(x,y)$ 在 D 上可积，且 $f(x,y) \leqslant g(x,y)$，则

$$\iint_D f(x,y)\mathrm{d}x\mathrm{d}y \leqslant \iint_D g(x,y)\mathrm{d}x\mathrm{d}y.$$

性质 10.1.5（中值定理）　若 $f(x,y)$ 在 D 上连续，则在 D 上至少存在一点 (ξ,η)，使得

$$\iint_D f(x,y)\mathrm{d}x\mathrm{d}y = f(\xi,\eta)\cdot D,$$

其中，D 代表区域 D 的面积.

10.1.2　二重积分的计算

用二重积分的定义去计算二重积分是很复杂的，但在实际运用中可根据二重积分的定义借助电脑编程来求二重积分的近似值.

例如，求 $\iint_D \frac{x^2}{1+y^2}\mathrm{d}x\mathrm{d}y$，其中 $D = \{(x,y) \mid 0 \leqslant x \leqslant 1, 0 \leqslant y \leqslant 1\}$.

思路：将区域 D 网格化成 600×600 方格网，在每个小方格中取一点（不妨取格点），计算出所有方格的格点处的函数值与小方格的面积的积的和来做该二重积分的近似值. 用 excel 中的 VBA 编程如下：

```
Sub 二重积分()
P=0
For i=0.001 To 1 Step 0.001
For j=0.001 To 1 Step 0.001
P=P+0.000001* i ^ 2 / (1+j ^ 2)
Next j
Next i
Cells(1,1).Value=p
```

```
End Sub
```

计算结果为：$\iint\limits_D \frac{x^2}{1+y^2}\mathrm{d}x\mathrm{d}y$ 约等于 0.261157. 将准确计算结果 $\frac{\pi}{12}$ 精确到千分位.

由于二重积分是定积分的推广，我们自然想到要把二重积分化成定积分来计算. 下面我们以曲顶柱体的体积计算为例，探求二重积分化为两次定积分的方法.

如图 10.2 所示，设区域 $D: a\leqslant x\leqslant b, \varphi_1(x)\leqslant y\leqslant\varphi_2(x)$. 函数 $f(x,y)$ 在 D 上连续非负，D 上的曲顶柱体的体积 $V=\iint\limits_D f(x,y)\mathrm{d}x\mathrm{d}y$. 我们用过 $(x,0,0)$ 且平行于 yOz 平面的平面截曲顶柱体，所得截面是一个曲边梯形，其面积记为 $S(x)$，即得 $S(x)=\int_{y_1}^{y_2} f(x,y)\mathrm{d}y=\int_{\varphi_1(x)}^{\varphi_2(x)} f(x,y)\mathrm{d}y$，再用过 $(x+\mathrm{d}x,0,0)$ 且平行于 yOz 平面的平面截曲顶柱体，所得截面也是一个曲边梯形，当 $\mathrm{d}x$ 趋近与零时，曲顶柱体被这两个截面截下的部分很近似地为底面积为 $S(x)$、高为 $\mathrm{d}x$ 的薄柱体，其体积为 $S(x)\mathrm{d}x$，将这些薄柱体的体积从 a 到 b 无限累加起来，即得曲顶柱体的体积的计算公式

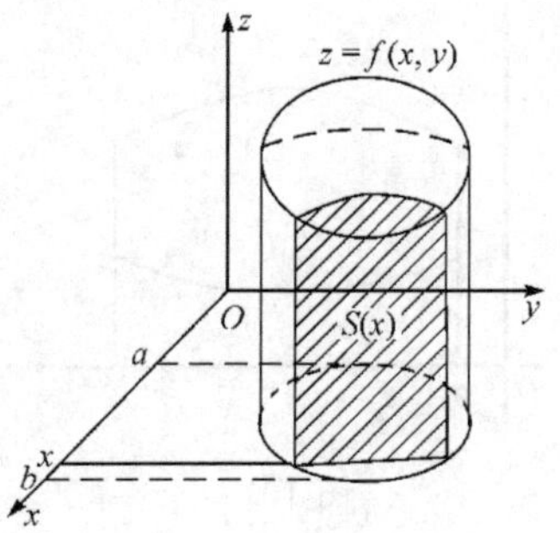

图 10.2

$$V=\int_a^b S(x)\mathrm{d}x=\int_a^b\left[\int_{\varphi_1(x)}^{\varphi_2(x)} f(x,y)\mathrm{d}y\right]\mathrm{d}x, \tag{10.1.1}$$

这就将二重积分化成了两次定积分运算.

下面我们根据区域 D 的不同情况介绍二重积分的计算方法.

1. 矩形域

若积分函数 $f(x,y)$ 在矩形域 $D: a\leqslant x\leqslant b, c\leqslant y\leqslant d$ 上可积，则

$$\iint\limits_D f(x,y)\mathrm{d}x\mathrm{d}y=\int_a^b\left[\int_c^d f(x,y)\mathrm{d}y\right]\mathrm{d}x=\int_c^d\left[\int_a^b f(x,y)\mathrm{d}x\right]\mathrm{d}y. \tag{10.1.2}$$

步骤是，先把 $f(x,y)$ 的 x 视为常量，以 y 为积分变量，求函数 $f(x,y)$ 在区间 $[c,d]$ 上的定积分，得到一个关于变量 x 的函数 $g(x)$，然后求出 $g(x)$ 在区间 $[a,b]$ 上的定积分，即为该二重积分的值. 或先把 $f(x,y)$ 的 y 视为常量，以 x 为积分变量，求函数 $f(x,y)$ 在区间上 $[a,b]$ 的定积分，得到一个关于变量 y 的函数 $g(y)$，然后求出 $g(y)$ 在区间 $[c,d]$ 上的定积分即为该二重积分的值.

例 10.1 求 $\iint\limits_D \frac{\mathrm{d}x\mathrm{d}y}{(x+y)^2}$，其中 D：$3\leqslant x\leqslant 4, 1\leqslant y\leqslant 2$.

解 $\iint\limits_D \frac{\mathrm{d}x\mathrm{d}y}{(x+y)^2}=\int_1^2\mathrm{d}y\int_3^4\frac{\mathrm{d}x}{(x+y)^2}=\int_1^2\left(\frac{1}{y+3}-\frac{1}{y+4}\right)\mathrm{d}y=\ln\frac{y+3}{y+4}\bigg|_1^2$

$$=\ln\frac{25}{24}.$$

2. x 型区域

如图 10.3 所示，若积分区域 D 是由两条连续曲线 $y=\varphi_1(x)$，$y=\varphi_2(x)$ $(a\leqslant x\leqslant b)$ 及直线 $x=a$，$x=b$ 所围成的区域叫做 x 型区域. 其中 $\varphi_1(x)\leqslant\varphi_2(x)$.

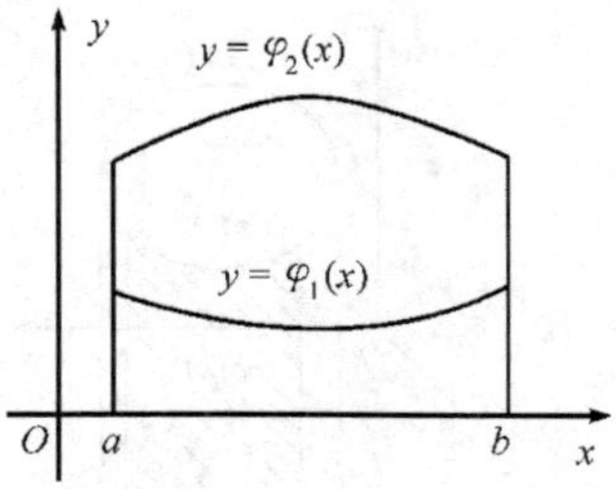

图 10.3

若 D 是 x 型区域，则

$$\iint\limits_D f(x,y)\mathrm{d}x\mathrm{d}y=\int_a^b\mathrm{d}x\int_{\varphi_1(x)}^{\varphi_2(x)}f(x,y)\mathrm{d}y. \tag{10.1.3}$$

计算步骤为先把 $f(x,y)$ 的 x 视为常量，以 y 为积分变量，求函数 $f(x,y)$ 在区间 $[\varphi_1(x),\varphi_2(x)]$ 上的定积分，得到一个关于变量 x 的函数 $g(x)$，然后求出 $g(x)$ 在区间 $[a,b]$ 上的定积分即为该二重积分的值.

例 10.2　求 $\iint\limits_D(x^2+y^2)\mathrm{d}x\mathrm{d}y$，其中 D 是由 $y=x^2$，$x=1$ 及 $y=0$ 所围成的区域.

解　先画出积分区域 D 的图形(图 10.4)，求出 $y=x^2$，$x=1$ 的交点 $(1,1)$，再判断区域类型为 x 型区域，确定出区域的上 (x^2)，下 (0)，左 (0)，右 (1)，然后确定积分次序先 y 后 x，最后计算

$$\iint\limits_D(x^2+y^2)\mathrm{d}x\mathrm{d}y=\int_0^1\mathrm{d}x\int_0^{x^2}(x^2+y^2)\mathrm{d}y$$

$$=\int_0^1\left(x^4+\frac{1}{3}x^6\right)\mathrm{d}x=\frac{26}{105}.$$

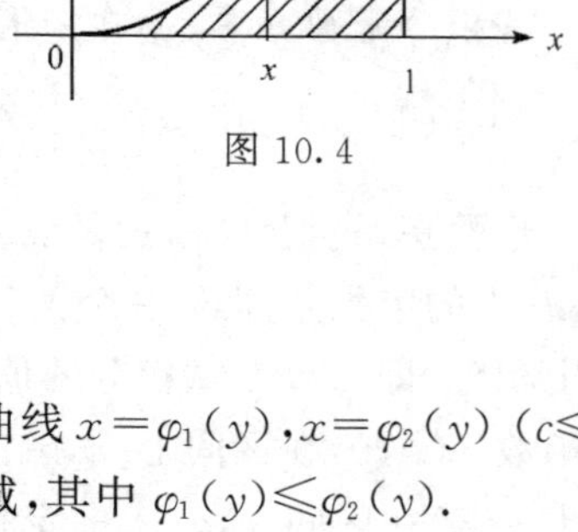

图 10.4

3. y 型区域

如图 10.5 所示，若积分区域 D 是由两条连续曲线 $x=\varphi_1(y)$，$x=\varphi_2(y)$ $(c\leqslant y\leqslant d)$ 及直线 $y=c$，$y=d$ 所围成的区域叫做 y 型区域，其中 $\varphi_1(y)\leqslant\varphi_2(y)$.

若 D 是 y 型区域，则

$$\iint\limits_D f(x,y)\mathrm{d}x\mathrm{d}y=\int_c^d\mathrm{d}y\int_{\varphi_1(y)}^{\varphi_2(y)}f(x,y)\mathrm{d}x. \tag{10.1.4}$$

计算步骤为先把 $f(x,y)$ 的 y 视为常量，以 x 为积分变量，求函数 $f(x,y)$ 在区

间$[\varphi_1(y),\varphi_2(y)]$上的定积分,得到一个关于变量 y 的函数 $g(y)$,然后求出 $g(y)$在区间$[c,d]$上的定积分即为该二重积分的值.

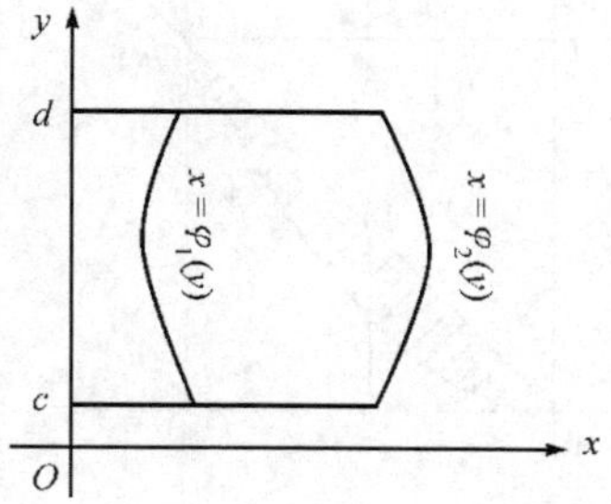

图 10.5

例 10.2 中的区域 D 也可以看成 y 型区域,确定出区域边界:右(1),左($\sqrt{y}$),上(1),下(0),则

$$\iint_D (x^2+y^2)\mathrm{d}x\mathrm{d}y=\int_0^1\mathrm{d}y\int_{\sqrt{y}}^1(x^2+y^2)\mathrm{d}x$$
$$=\int_0^1\left(\frac{1}{3}+y^2-\frac{1}{3}y^{\frac{3}{2}}-y^{\frac{5}{2}}\right)\mathrm{d}y$$
$$=\frac{26}{105}.$$

我们在计算二重积分时,必须认真考虑积分次序,否则会使计算量增加,有时甚至不能计算出结果.

例 10.3 计算$\iint_D x\,\mathrm{d}\sigma$,其中 D 是由直线 $y=1,x=2,y=2x$ 所围成的区域.

解 画出积分区域 D(图 10.6),它可表示为 D:$\frac{1}{2}\leqslant x\leqslant 2,1\leqslant y\leqslant 2x$,也可表示为 D:$1\leqslant y\leqslant 4,\frac{y}{2}\leqslant x\leqslant 2$. 因此可先对 x 再对 y 积分,也可先对 y 再对 x 积分,于是有

$$\iint_D x\,\mathrm{d}\sigma=\int_{\frac{1}{2}}^2\mathrm{d}x\int_1^{2x}x\mathrm{d}y=\int_1^4\mathrm{d}y\int_{\frac{y}{2}}^2 x\mathrm{d}x=\frac{225}{32}.$$

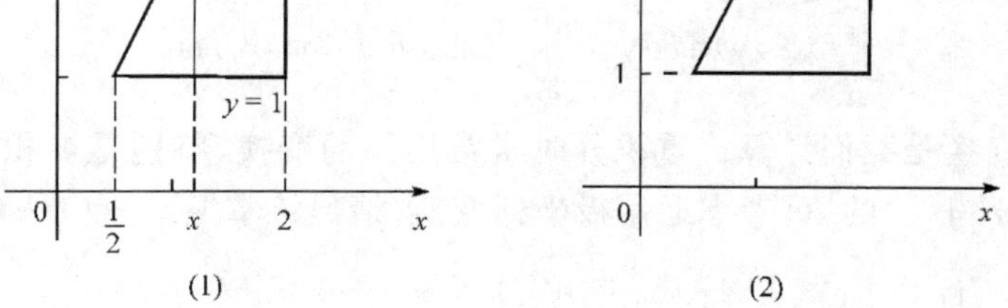

图 10.6

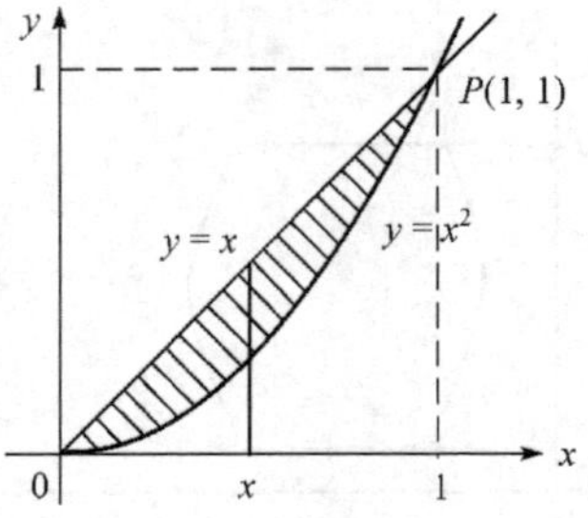

图 10.7

例 10.4　计算 $I=\iint\limits_D \frac{\sin x}{x}\mathrm{d}x\mathrm{d}y$，其中 D 是由 $y=x^2, x=y$ 所围成的区域.

解　先画出积分区域 D(图 10.7)，并求出曲线的交点 $P(1,1)$. 若先对 x 再对 y 积分，因 $\frac{\sin x}{x}$ 的原函数不是初等函数而求不出结果，所以我们选择先对 y 再对 x 积分，有

$$
\begin{aligned}
I &= \iint\limits_D \frac{\sin x}{x}\mathrm{d}x\mathrm{d}y = \int_0^1 \mathrm{d}x\int_{x^2}^{x} \frac{\sin x}{x}\mathrm{d}y \\
&= \int_0^1 \frac{\sin x}{x}(x-x^2)\mathrm{d}x \\
&= \int_0^1 (\sin x - x\sin x)\mathrm{d}x = 1-\sin 1.
\end{aligned}
$$

10.1.3　二重积分的换元法

我们知道，定积分的换元法的使用，常常可以简化定积分的运算，对二重积分也一样. 我们有以下公式：

设 $f(x,y)$ 在有界闭区域 D 上连续，变换 $x=x(u,v), y=y(u,v)$，将 uOv 平面上闭区域 D_1 变为 xOy 平面区域 D，且 $x(u,v), y(u,v)$ 在 D_1 上有连续偏导数，在 D_1 雅可比式 $J(u,v)=\frac{\partial x}{\partial u}\frac{\partial y}{\partial v}-\frac{\partial x}{\partial v}\frac{\partial y}{\partial u}\neq 0$，则

$$
\iint\limits_D f(x,y)\mathrm{d}x\mathrm{d}y = \iint\limits_{D_1} f[x(u,v), y(u,v)]\,|J|\,\mathrm{d}u\mathrm{d}v. \tag{10.1.5}
$$

特别地，极坐标变换：$x=r\cos\theta, y=r\sin\theta$，由于

$$
\frac{\partial x}{\partial u}\frac{\partial y}{\partial v}-\frac{\partial x}{\partial v}\frac{\partial y}{\partial u} = \cos\theta\cdot r\cos\theta-(-r\sin\theta)\sin\theta = r,
$$

所以

$$
\iint\limits_D f(x,y)\mathrm{d}x\mathrm{d}y = \iint\limits_{D_1} f(r\cos\theta, r\sin\theta)r\mathrm{d}r\mathrm{d}\theta. \tag{10.1.6}
$$

极坐标变换是我们计算二重积分时常常用到的变换，特别是被积函数或区域表示中含有 x^2+y^2 的，可考虑运用极坐标变换，请熟练掌握.

例 10.5　计算 $\iint\limits_D \mathrm{e}^{-x^2-y^2}\mathrm{d}x\mathrm{d}y$，其中 D 为 $x^2+y^2\leqslant a^2\,(a>0)$.

解　因 D 是圆域及被积函数中含有 x^2+y^2，故可采用极坐标变换将 xoy 平面上的圆域映射成 uv 平面上的矩形域 D_1：$0\leqslant r\leqslant a, 0\leqslant\theta\leqslant 2\pi$，则

$$\iint_D e^{-x^2-y^2}\,dxdy = \iint_{D_1} e^{-r^2}\, r dr d\theta = \int_0^{2\pi} d\theta \int_0^a e^{-r^2}\, r dr = \pi(1-e^{-a^2}).$$

例 10.6 计算 $\iint_D dxdy$，其中 D 是由抛物线 $y^2=x$，$y^2=2x$ 和直线 $y=x$，$y=2x$ 所围成(图 10.8).

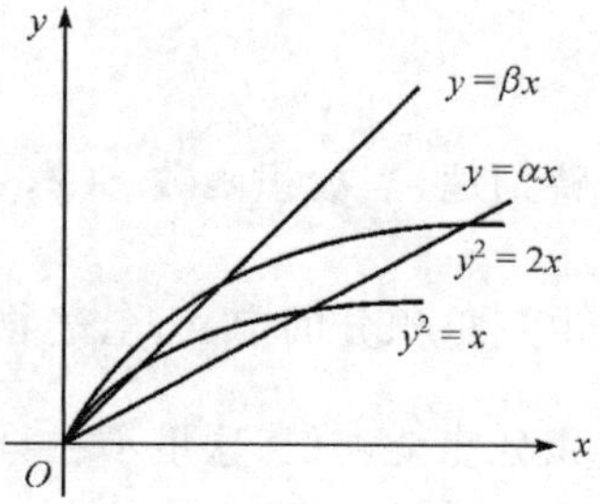

图 10.8

解 根据区域 D 的特点，我们可以用一族抛物线 $y^2=ux(1\leqslant u\leqslant 2)$ 及一族射线 $y=vx(1\leqslant v\leqslant 2)$ 来分割 D，所以我们用二元代换：$u=\dfrac{y^2}{x}$，$v=\dfrac{y}{x}$，将 xoy 平面上的区域 D 变换为 uv 平面上的矩形域 $P=\{(u,v)\mid 1\leqslant u\leqslant 2, 1\leqslant v\leqslant 2\}$. 运用换元积分公式，得

$$\begin{aligned}\iint_D dxdy &= \iint_{D_1}\left|\frac{\partial x}{\partial u}\frac{\partial y}{\partial v}-\frac{\partial x}{\partial v}\frac{\partial y}{\partial u}\right| dudv = \iint_{D_1}\left|\frac{1}{v^2}\left(-\frac{u}{v^2}\right)-\left(-\frac{2u}{v^3}\right)\cdot\frac{1}{v}\right| dudv\\ &= \iint_{D_1}\frac{u}{v^4}dudv = \int_1^2 udu\int_1^2\frac{1}{v^4}dv = \frac{7}{16}.\end{aligned}$$

10.2 三重积分

10.2.1 三重积分的定义

在实践中我们遇到的问题仅用二重积分的知识来解决是不够的. 如某个物体占据空间区域 V，它在点(x,y,z)处的密度为 $f(x,y,z)$，要求这个物体的质量 m，我们用一个三维网将 V 分割为 n 个小空间区域 $V_1,V_2,\cdots,V_n$，设 V_i 包含点(x_i,y_i,z_i)，它的体积为 dV_i，用 $f(x_i,y_i,z_i)$近似代替 ΔV 的平均密度，则 ΔV 的质量约为 $f(x_i,y_i,z_i)dv_i$，从而 $m\approx\sum\limits_{i=1}^{n}f(x_i,y_i,z_i)dV_i$，当分割越来越细时，即当所有小块的最大直径 $d(T)$趋近于零时，上述和式极限存在，就把这个极限值作为 m 的准确值. 由此我们仿二重积分的定义来定义三重积分.

定义 10.2.1 设 V 是 $Oxyz$ 空间中一个可求体积的有界区域，$f(x,y,z)$是定义在 V 上的三元函数，用任意分割 T 将 V 分成 n 个体积为 ΔV_i 的小块，并且在每一小块上任取一点(x_i,y_i,z_i)，作和 $\sum\limits_{i=1}^{n}f(x_i,y_i,z_i)\Delta v_i$，若不论如何分割区域 V 以及如何在每一小块上取点，只要当每个小块的最大直径 $d(T)$趋近于零时，上述和式有极限 I，则称数 I 为函数 $f(x,y,z)$在 V 上的三重积分，记作

$$\iiint_V f(x,y,z)\,dv.$$

若三重积分存在，我们采用平行坐标面的平面来分割区域 V，这时记体积元素 $\mathrm{d}v=\mathrm{d}x\mathrm{d}y\mathrm{d}z$，于是三重积分也可以写成

$$\iiint\limits_V f(x,y,z)\mathrm{d}x\mathrm{d}y\mathrm{d}z.$$

特别地，当被积函数 $f(x,y,z)\equiv 1$ 时，由定义可知，$\iiint\limits_V \mathrm{d}v$ 就是空间 V 的体积.

由三重积分的定义，上述物体的质量 $m=\iiint\limits_V f(x,y,z)\mathrm{d}v$. 三重积分的性质与二重积分完全类似，这里不在重述.

10.2.2 三重积分的计算

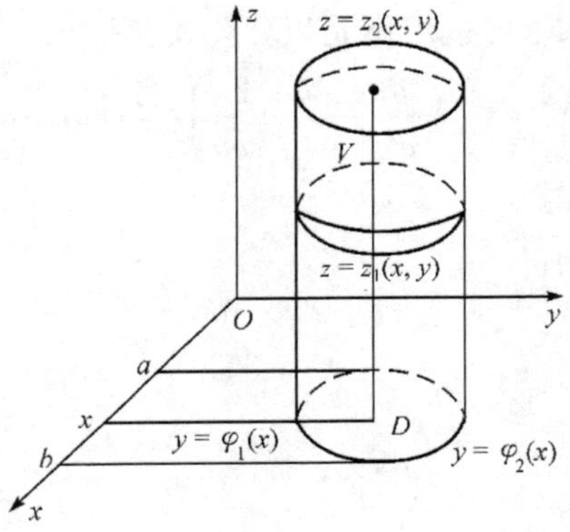

图 10.9

三重积分的计算与二重积分类似，即把它分化成一次定积分和一次二重积分运算.

三重积分化为累次积分的方法：如图 10.9 所示，若设函数 $f(x,y,z)$ 在有界闭区域 V 上连续，V 是一柱体，其上下曲面方程分别为 $z=z_2(x,y)$，$z=z_1(x,y)$，它在 xOy 平面的投影区域为 D，则

$$\iiint\limits_V f(x,y,z)\mathrm{d}x\mathrm{d}y\mathrm{d}z=\iint\limits_D \mathrm{d}x\mathrm{d}y\int_{z_1(x,y)}^{z_2(x,y)} f(x,y,z)\mathrm{d}z. \quad (10.2.1)$$

若区域 D 可以表示为：$\varphi_1(x)\leqslant y\leqslant\varphi_2(x)$，$a\leqslant x\leqslant b$，则

$$\begin{aligned}\iiint\limits_V f(x,y,z)\mathrm{d}x\mathrm{d}y\mathrm{d}z&=\iint\limits_D \mathrm{d}x\mathrm{d}y\int_{z_1(x,y)}^{z_2(x,y)} f(x,y,z)\mathrm{d}z\\&=\int_a^b\mathrm{d}x\int_{\varphi_1(x)}^{\varphi_2(x)}\mathrm{d}y\int_{z_1(x,y)}^{z_2(x,y)} f(x,y,z)\mathrm{d}z. \quad (10.2.2)\end{aligned}$$

有时为了计算方便，也可以将 V 投影到 xOz 平面或 yOz 平面上，计算方法与上述类似，不再重述.

例 10.7 计算 $\iiint\limits_V x\mathrm{d}x\mathrm{d}y\mathrm{d}z$，其中 V 为三个坐标平面及平面 $x+y+z=1$ 所围成.

解 先作出区域 V 的图形，显然，V 可以看作一个上曲面为 $z=1-x-y$，下曲面为 $z=0$ 的柱体，V 在 xOy 平面的投影区域 D 可以表示为：$0\leqslant y\leqslant 1-x$，$0\leqslant x\leqslant 1$，所以

$$\iiint\limits_V x\,\mathrm{d}x\mathrm{d}y\mathrm{d}z = \iint\limits_D \mathrm{d}x\mathrm{d}y\int_0^{1-x-y} x\mathrm{d}z = \int_0^1 \mathrm{d}x\int_0^{1-x}\mathrm{d}y\int_0^{1-x-y} x\mathrm{d}z$$
$$= \int_0^1 x\mathrm{d}x\int_0^{1-x}(1-x-y)\mathrm{d}y = \int_0^1 (x-2x^2+x^3)\mathrm{d}x = \frac{1}{24}.$$

10.2.3 三重积分的换元法

与二重积分一样,三重积分也有换元法. 设变换 $x=x(\xi,\eta,\zeta)$, $y=y(\xi,\eta,\zeta)$, $z=z(\xi,\eta,\zeta)$,将 $\xi\eta\zeta$ 空间的区域 V_1 映射为 xyz 空间的区域 V,且 x,y,z 皆有对 ξ, η, ζ 的连续偏导数,且雅可比式

$$J = \frac{\partial(x,y,z)}{\partial(\xi,\eta,\zeta)} = \begin{vmatrix} \dfrac{\partial x}{\partial \xi} & \dfrac{\partial x}{\partial \eta} & \dfrac{\partial x}{\partial \zeta} \\ \dfrac{\partial y}{\partial \xi} & \dfrac{\partial y}{\partial \eta} & \dfrac{\partial y}{\partial \zeta} \\ \dfrac{\partial z}{\partial \xi} & \dfrac{\partial z}{\partial \eta} & \dfrac{\partial z}{\partial \zeta} \end{vmatrix} \neq 0,$$

则有

$$\iiint\limits_V f(x,y,z)\mathrm{d}x\mathrm{d}y\mathrm{d}z = \iiint\limits_{V_1} f[x(\xi,\eta,\zeta),y(\xi,\eta,\zeta),z(\xi,\eta,\zeta)]\cdot|J|\cdot \mathrm{d}\xi\mathrm{d}\eta\mathrm{d}\zeta. \tag{10.2.3}$$

下面介绍两种最常用的变换:

柱面坐标:$\begin{cases} x=r\cos\theta, \\ y=r\sin\theta, \\ z=z \end{cases}$ $(0\leqslant\theta\leqslant 2\pi, 0\leqslant z<+\infty, 0\leqslant r<+\infty)$,其雅可比式

$$J = \frac{\partial(x,y,z)}{\partial(r,\theta,z)} = r, \tag{10.2.4}$$

因其变换功能与二重积分的极坐标变换类似,用于三重积分的被积函数或积分区域中含有 x^2+y^2(或 x^2+z^2, y^2+z^2)时主要考虑的变换.

球面坐标:$O\text{-}xyz$ 空间中一点 $P(x,y,z)$ 也可以用数组 (ρ,θ,φ) 来表示,其中 $\rho=|\overrightarrow{OP}|$, θ 是过 z 轴的半平面与 xOz 平面的夹角, $0\leqslant\theta\leqslant 2\pi$, φ 是向量 $\overrightarrow{OP}$ 与 z 轴正半轴的夹角, $0\leqslant\varphi\leqslant\pi$,我们把数组 (ρ,θ,φ) 叫做点 P 的球面坐标. 这样,过空间每一点 P 的直角坐标 (x,y,z) 与球面坐标 (ρ,θ,φ) 之间的关系为

$$x = \rho\sin\varphi\cos\theta, \quad y = \rho\sin\varphi\sin\theta, \quad z = \rho\cos\varphi,$$

其雅可比式为

$$J = \frac{\partial(x,y,z)}{\partial(\rho,\theta,\varphi)} = \rho^2\sin\varphi. \tag{10.2.5}$$

在三重积分中，当区域 V 是球域或球域的一部分时用球面坐标变换来计算十分简便.

例 10.8　计算三重积分 $\iiint\limits_V z\mathrm{d}x\mathrm{d}y\mathrm{d}z$，其中区域 V 是由球面 $x^2+y^2+z^2=4$ 及旋转抛物面 $x^2+y^2=3z$ 所围成.

解　在柱面坐标中，两曲面的方程可表示为：$\begin{cases} r^2+z^2=4, \\ r^2=3z, \end{cases}$ 当 r 及 θ 固定时显然 $\frac{r^2}{3}\leqslant z\leqslant\sqrt{4-r^2}$，又由于两个曲面的交线满足方程 $z^2+3z-4=0$，易得 $z=1$，此时 $r=\sqrt{3}$，所以 $0\leqslant r\leqslant\sqrt{3}$，而 $0\leqslant\theta\leqslant 2\pi$，于是有

$$\iiint\limits_V z\mathrm{d}x\mathrm{d}y\mathrm{d}z=\int_0^{2\pi}\mathrm{d}\theta\int_0^{\sqrt{3}}\mathrm{d}r\int_{\frac{r^2}{3}}^{\sqrt{4-r^2}} z\cdot r\mathrm{d}z=\int_0^{2\pi}\mathrm{d}\theta\int_0^{\sqrt{3}} r\left(2-\frac{r^2}{2}-\frac{r^4}{18}\right)\mathrm{d}r=\frac{13}{4}\pi.$$

例 10.9　计算球体 V：$x^2+y^2+z^2\leqslant r^2$ 的体积.

解　球体 V：$x^2+y^2+z^2\leqslant r^2$ 在球面坐标中可表示成 $\begin{cases} 0\leqslant\rho\leqslant r, \\ 0\leqslant\theta\leqslant 2\pi, \\ 0\leqslant\varphi\leqslant\pi \end{cases}$ 于是球的体积

$$V=\iiint\limits_V \mathrm{d}x\mathrm{d}y\mathrm{d}z=\int_0^{\pi}\mathrm{d}\varphi\int_0^{2\pi}\mathrm{d}\theta\int_0^{r}\rho^2\sin\varphi\mathrm{d}\rho=\left(\frac{r^3}{3}\right)(2\pi)\left(-\cos\varphi\Big|_0^{\pi}\right)=\frac{4}{3}\pi r^3.$$

在实际运用中，我们只需要三重积分的比较准确的计算结果，下面介绍在 excel中对例 10.7 的计算方法：

思路是：把积分区域格点化，先将每个格点处的函数值乘以单位格点正方体的体积，然后累加.

如例 10.7，用 excel 中的 VBA 编程如下：

```
Sub jifen()
p=0
For x=0.001 To 1 Step 0.001
    For y=0.001 To 1 Step 0.001
      For z=0.001 To 1 Step 0.001
      If x+y+z <=1 Then
      p=p+x *  0.000000001
      End If
      Next z
    Next y
Next x
Cells(1,1).Value=p
```

```
End Sub
```

计算结果为 0.041417,将准确结果$\frac{1}{24}$精确到千分位.

10.3 重积分的运用

重积分在生产生活中有很多实际运用,下面我们通过一些常见的几何、物理问题说明如何用重积分来解决实际问题.

10.3.1 曲面面积

设一块光滑曲面 $S: z=f(x,y)$,它在 xOy 平面上的投影为区域 D,我们用任意分割将 D 分割为 n 个小区域 σ_i,其面积为 $\Delta\sigma_i$,在每个 σ_i 上作以 σ_i 为底,其母线平行于 z 轴的小柱面.设这个小柱面截下曲面 S 的部分为 q_i,相应面积为 Δq_i,在 σ_i 上取一点 P_i,过点 P_i 作曲面 S 的切面 T_i,T_i 被以 σ_i 为底,其母线平行于 z 轴的小柱面截下的一小块的面积为 Δt_i,则 $\Delta q_i \approx \Delta t_i$,由于 $\Delta t_i |\cos\gamma_i| = \Delta\sigma_i$,其中 γ_i 为切平面 T_i 的法向量与 z 轴的夹角,所以

$$
\begin{aligned}
S &= \lim_{d(T)\to 0}\sum_{i=1}^{n}\Delta t_i = \lim_{d(T)\to 0}\sum_{i=1}^{n}\sqrt{1+f'^2_x(x_i,y_i)+f'^2_y(x_i,y_i)}\cdot\Delta\sigma_i \\
&= \iint_d \sqrt{1+f'^2_x(x,y)+f'^2_y(x,y)}\,d\sigma. \qquad (10.3.1)
\end{aligned}
$$

这就是上述光滑曲面面积的计算公式.

例 10.10 求圆柱面 $x^2+y^2=a^2$ 在第一卦限中被平面 $z=0, z=mx, x=b$ 所截下部分的曲面面积.

解 曲面在 xOz 平面上的投影区域 D 为:$0\leqslant z\leqslant mx, 0\leqslant x\leqslant b$.因为

$$
\sqrt{1+y'^2_x+y'^2_z} = \sqrt{1+\left(-\frac{x}{y}\right)^2} = a(a^2-x^2)^{-\frac{1}{2}},
$$

代入上面曲面面积公式中,有

$$
S=\iint_D a(a^2-x^2)^{-\frac{1}{2}}\,dx\,dz = \int_0^b dx\int_0^{mx} a(a^2-x^2)^{-\frac{1}{2}}\,dz = a^2m - am(a^2-b^2)^{\frac{1}{2}}.
$$

*10.3.2 曲线质量问题与第一类曲线积分

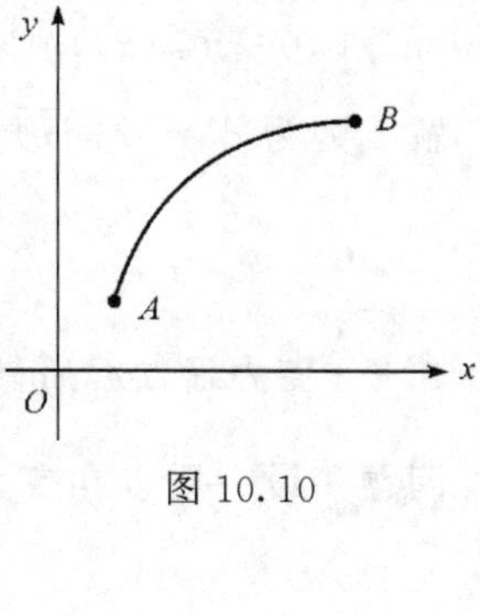

图 10.10

假设在 xOy 平面有一条金属曲线 AB(图 10.10),其线密度为 $\rho=f(P)$,其中点 P 在 AB 之上,我们来求金属曲线 AB 的质量.在曲线 AB 上取一组分点将曲线 AB 分割成 n 个小段,我们用 Δl_i

来表示第 i 段的弧长. 在该小段上取一点 P_i，以 $f(P_i)$ 来代表该小段金属曲线的平均密度，则金属曲线 AB 的质量约等于 $\sum_{i=1}^{n} f(x_i, y_i)\Delta l_i$，仿照前面定积分和重积分的思想，我们可以定义 $M = \lim_{\text{Max}\{\Delta l_i\}\to 0} \sum_{i=1}^{n} f(x_i, y_i)\Delta l_i$ 为金属曲线 AB 的质量.

由上面例子我们可以得到第一类曲线积分的概念：

定义 10.3.1　设函数 $f(x,y)$ 在平面曲线 Γ 上有定义. 将曲线 L 任意分成 n 个子弧段，记为 Δl_i，并以 $\Delta l_i (i=1,2,\cdots,n)$ 代表第 i 段的弧长；在 Δl_i 上任取一点 (ξ_i, η_i)，作和式 $\sum_{i=1}^{n} f(\xi_i, \eta_i)\cdot\Delta l_i$，若当各弧段的最大长度 λ 趋近于零时，上述和式的极限存在，则称此极限为函数 $f(x,y)$ 在曲线 L 上**对弧长的曲线积分**(或称**第一型曲线积分**)，记作

$$\int_L (x,y)\mathrm{d}l = \lim_{\lambda\to 0}\sum_{i=1}^{n} f(\xi_i, \eta_i)\cdot\Delta l^i. \tag{10.3.2}$$

因为平面曲线的参数方程可写为

$$\begin{cases} x = \varphi(t), \\ y = \psi(t), \end{cases} \quad a \leqslant t \leqslant b,$$

则 $\mathrm{d}l = \sqrt{\varphi'^2(t) + \psi'^2(t)}\,\mathrm{d}t$，所以

$$\int_L f(x,y)\mathrm{d}l = \int_a^b f[\varphi(t),\quad \psi(t)]\sqrt{\varphi'^2(t) + \psi'^2(t)}\,\mathrm{d}t. \tag{10.3.3}$$

这就是第一型曲线积分的计算公式.

特别地，当 $f(x,y)=1$ 时，积分结果为曲线 L 的弧长.

例 10.11　设曲线 AB 长为 10，密度 $\rho = \dfrac{1}{1+s}$，试求 AB 的质量 m.

解　$$m = \int_{\overset{\frown}{AB}} \rho\,\mathrm{d}s = \int_0^{10} \frac{1}{1+s}\mathrm{d}s = \ln(1+s)\Big|_0^{10} = \ln 11.$$

例 10.12　计算曲线积分 $I = \oint_L (x^2 + y^2)^n \mathrm{d}l$，其中 L 为圆周 $x = a\cos t$，$y = a\sin t (a>0, 0\leqslant t\leqslant 2\pi)$，$n$ 为常数.

解　因为 $\mathrm{d}l = \sqrt{(\mathrm{d}x)^2 + (\mathrm{d}y)^2} = a\mathrm{d}t$，所以

$$I = \int_0^{2\pi} a^{2n}\cdot a\mathrm{d}t = 2\pi a^{2n+1}.$$

*10.3.3　变力沿曲线所做的功与第二型曲线积分

问题　设一质点在变力 $F(x,y) = P(x,y)\boldsymbol{i} + Q(x,y)\boldsymbol{j}$ 的作用下，沿 xy 平面

上的曲线$L:\begin{cases}x=x(t),\\y=y(t)\end{cases}(a\leqslant t\leqslant b)$从点$A$移动到$B$，试求变力所做的功$W$.

由于变力所做的功等于沿Ox方向的分力$P(x,y)\cdot\boldsymbol{i}$所做的功加上沿$Oy$方向的分力$Q(x,y)\cdot\boldsymbol{j}$所做的功，故变力将质点从曲线上$(x,y)$处移动到$(x+\mathrm{d}x,y+\mathrm{d}y)$处所做的功为$P(x,y)\mathrm{d}x+Q(x,y)\mathrm{d}y$，然后累加得到变力沿$xy$平面上的曲线$L$从点$A$移动到$B$所做的功，记为$\int_L P(x,y)\mathrm{d}x+Q(x,y)\mathrm{d}y$. 将$\begin{cases}x=x(t),\\y=y(t)\end{cases}(a\leqslant t\leqslant b)$代入，得

$$W=\int_L P(x,y)\mathrm{d}x+Q(x,y)\mathrm{d}y$$
$$=\int_a^b P[x(t),y(t)]x'(t)\mathrm{d}t+\int_a^b Q[x(t),y(t)]y'(t)\mathrm{d}t.\qquad(10.3.4)$$

通常我们把$\int_L P(x,y)\mathrm{d}x$(或$\int_L Q(x,y)\mathrm{d}y$)叫做函数$P(x,y)$(或$Q(x,y)$)在有向曲线L上对坐标x(或对坐标y)的曲线积分，或称为第二型曲线积分.

例 10.13 计算曲线积分$\int_L (x+y)\mathrm{d}x$，其中L为抛物线$y=x^2$从原点O到点$A(2,4)$，再沿直线由点$A(2,4)$到点$B(2,0)$(图 10.11).

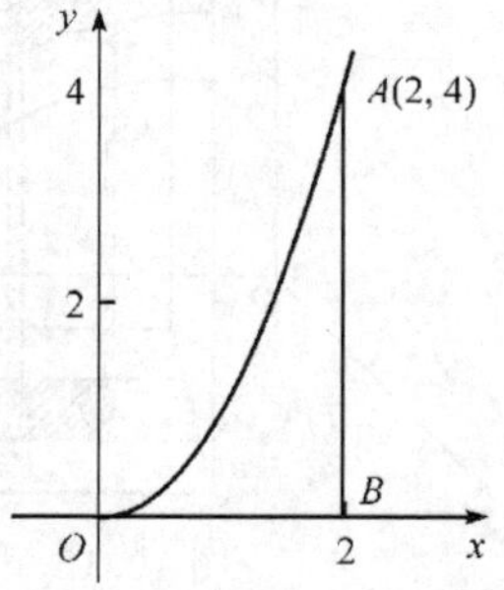

图 10.11

解 因为$\int_L=\int_{OA}+\int_{AB}$，在直线$AB$上，$\mathrm{d}x=0$，所以$\int_{AB}=0$，则

$$\int_L=\int_{OA}=\int_0^2(x+x^2)\mathrm{d}x=\frac{14}{3}.$$

牛顿-莱布尼兹公式将定积分运算化为被积函数的原函数的端点值之差. 相仿地，在平面区域D上的二重积分与沿区域D的边界曲线L上的曲线积分之间也有类似的关系. 下面介绍格林公式.

规定一个区域D的边界曲线L为正向：我们沿曲线L的某个方向行走时，区域D总在它的左边.

格林公式：若设D是以分段光滑曲线L为边界曲线的平面有界闭区域，函数$P(x,y),Q(x,y)$在D上有一阶连续的偏导数，则

$$\iint_D\left(\frac{\partial Q}{\partial x}-\frac{\partial P}{\partial y}\right)\mathrm{d}x\mathrm{d}y=\int_L P\mathrm{d}x+Q\mathrm{d}y,\qquad(10.3.5)$$

其中，L是正向的.

例 10.14　求 $\iint\limits_D (x^2+y^2)\mathrm{d}x\mathrm{d}y$，其中 D 是由 $y=x^2$，$x=1$ 及 $y=0$ 所围成的区域.

解　由格林公式

$$\iint\limits_D (x^2+y^2)\mathrm{d}x\mathrm{d}y=\iint\limits_D \left[\frac{\partial}{\partial x}\left(\frac{1}{3}x^3\right)-\frac{\partial}{\partial y}\left(-\frac{1}{3}y^3\right)\right]\mathrm{d}x\mathrm{d}y$$

$$=\oint_L\left(-\frac{1}{3}y^3\right)\mathrm{d}x+\frac{1}{3}x^3\mathrm{d}y=\int_{OC}+\int_{CA}+\int_{AO}$$

$$=\int_0^1\left(-\frac{1}{3}x^6+\frac{2}{3}x^4\right)\mathrm{d}x=\frac{2}{15}-\frac{1}{21}=\frac{9}{105}.$$

*10.3.4　曲面的质量与第一型曲面积分

问题　设定义在区域 D 上的金属曲面 $\Sigma: z=z(x,y)$ 上任一点 (x,y,z) 处的面密度为 $f(x,y,z)$，求该金属曲面的质量 M.

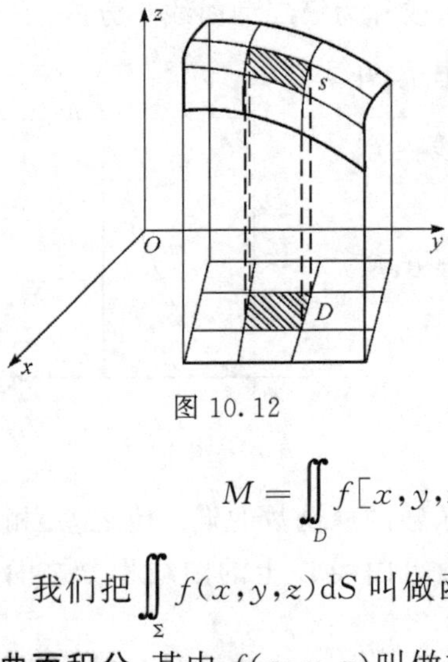

图 10.12

如图 10.12 所示，我们在金属曲面 $\Sigma: z=z(x,y)$ 上取包含点 $P(x,y,z)$ 处的一块小曲面 ΔS，其面积记为 $\mathrm{d}S$，以 $f(x,y,z)$ 来代表小曲面的平均面密度，则小曲面的质量约等于 $f(x,y,z)\mathrm{d}s$，然后让 P 点跑遍整个金属曲面，把得到的所有小曲面质量累加即得金属曲面 Σ 的质量 M，记作 $\iint\limits_\Sigma f(x,y,z)\mathrm{d}S$. 由于 $z=z(x,y)$，$\mathrm{d}S=\sqrt{1+z'^2_x+z'^2_y}\,\mathrm{d}x\mathrm{d}y$，所以

$$M=\iint\limits_D f[x,y,z(x,y)]\sqrt{1+z'^2_x+z'^2_y}\,\mathrm{d}x\mathrm{d}y. \tag{10.3.6}$$

我们把 $\iint\limits_\Sigma f(x,y,z)\mathrm{d}S$ 叫做函数在曲面 Σ 上**对面积的曲面积分**，也称为**第一型曲面积分**. 其中 $f(x,y,z)$ 叫做被积函数，Σ 叫做积分曲面，$\mathrm{d}S$ 叫做曲面的面积元素，如果曲面是封闭的，则曲面积分记为

$$\oiint\limits_\Sigma f(x,y,z)\mathrm{d}S.$$

例 10.15　计算球面 $x^2+y^2+z^2=1$ 的质量 m，其中球面上各点的密度等于这点到 Oz 轴的距离.

解　由对称性，只需要计算上半球面的质量. 设上半球面为 S，故

$$m=2\iint\limits_S \sqrt{x^2+y^2}\,\mathrm{d}S=2\iint\limits_S \sqrt{x^2+y^2}\,\sqrt{1+z'^2_x+z'^2_y}\,\mathrm{d}x\mathrm{d}y$$

$$=2\iint_S \frac{\sqrt{x^2+y^2}}{\sqrt{1-x^2-y^2}}\mathrm{d}x\mathrm{d}y.$$

运用极坐标变换，得

$$m = 2\int_0^{2\pi}\mathrm{d}\theta\int_0^1 \frac{r^2}{\sqrt{1-r^2}}\mathrm{d}r = \pi^2.$$

*10.3.5 流过曲面一侧的流量与第二型曲面积分

曲面侧的确定：如图 10.13 所示，规定 $O\text{-}xyz$ 曲面上一点 P 处的法向量与 z 轴正方向的夹角不超过 90°时，视 P 点在曲面的上侧，否则 P 点在曲面的下侧. 同理可以定义曲面的右侧(左侧)与前侧(后侧). 定义了侧的曲面称为有向曲面.

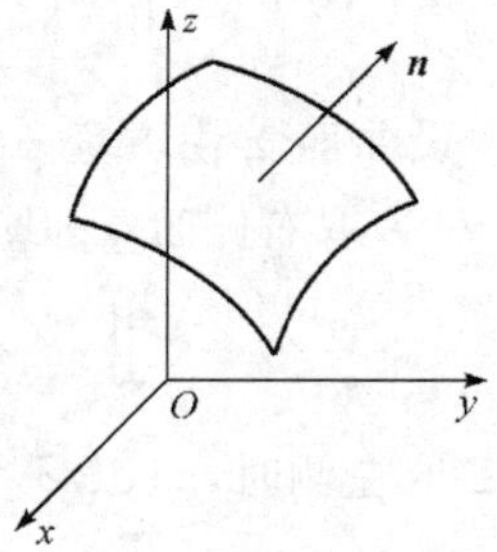

图 10.13

问题 求流速为

$$v(x,y,z) = P(x,y,z)\boldsymbol{i} + Q(x,y,z)\boldsymbol{j} + R(x,y,z)\boldsymbol{k}$$

的稳定流体，在单位时间内流过有向曲面 Σ 的流量 φ. 其中 $P(x,y,z)$，$Q(x,y,z)$，$R(x,y,z)$在 Σ 上连续.

由物理学的知识知道：流体在单位时间内流过有向曲面 Σ 上包含点 $P(x,y,z)$的一小块曲面 Σ_i 的流量 φ_i 等于流体以三个速度分量 $P(x,y,z)\boldsymbol{i}$，$Q(x,y,z)\boldsymbol{j}$，$R(x,y,z)\boldsymbol{k}$ 分别流过曲面 Σ_i 的流量之和. 设 Σ_i 沿 $\boldsymbol{i},\boldsymbol{j},\boldsymbol{k}$ 三个方向投影到 yOz，xOz，xOy 平面上的面积分别是 $\mathrm{d}y\mathrm{d}z$，$\mathrm{d}x\mathrm{d}z$，$\mathrm{d}x\mathrm{d}y$，则 $\varphi_i = P(x,y,z)\mathrm{d}y\mathrm{d}z + Q(x,y,z)\mathrm{d}x\mathrm{d}z + R(x,y,z)\mathrm{d}x\mathrm{d}y$，让 P 点跑遍曲面 Σ，把得到的所有 φ_i 累加起来，得

$$\varphi = \iint_\Sigma P(x,y,z)\mathrm{d}y\mathrm{d}z + Q(x,y,z)\mathrm{d}x\mathrm{d}z + R(x,y,z)\mathrm{d}y\mathrm{d}z. \quad (10.3.7)$$

形式如式(10.3.7)的积分我们称为**第二型曲面积分**.

第二型曲面积分的性质：

(1) 若把 Σ 分成 Σ_1 与 Σ_2，则

$$\iint_\Sigma = \iint_{\Sigma_1} + \iint_{\Sigma_2}.$$

(2) 若设 Σ 是有向曲面，Σ^- 是将 Σ 取反侧的有向曲面，则

$$\iint_\Sigma = -\iint_{\Sigma^-}.$$

设曲面 Σ 由方程 $z=z(x,y)$给出，函数 $z=z(x,y)$的定义区域为 D_{xy}. 不难知，若 Σ 取上侧时，$\mathrm{d}x\mathrm{d}y$ 不为负值，则

$$\iint_\Sigma R(x,y,z)\mathrm{d}x\mathrm{d}y = \iint_{D_{xy}} R[x,y,z(x,y)]\mathrm{d}x\mathrm{d}y, \quad (10.3.8)$$

若 Σ 取下侧时，$dxdy$ 不为正值，则

$$\iint_{\Sigma} R(x,y,z)\mathrm{d}x\mathrm{d}y = -\iint_{D_{xy}} R[x,y,z(x,y)]\mathrm{d}x\mathrm{d}y. \qquad (10.3.9)$$

设曲面 Σ 由方程 $x=x(y,z)$ 给出，函数 $x=x(y,z)$ 的定义区域为 D_{yz}，不难知，若 Σ 取前侧时，$dydz$ 不为负值，则

$$\iint_{\Sigma} P(x,y,z)\mathrm{d}z\mathrm{d}y = \iint_{D_{yz}} P[x(y,z),y,z]\mathrm{d}z\mathrm{d}y, \qquad (10.3.10)$$

若 Σ 取后侧时，$dydz$ 不为正值，则

$$\iint_{\Sigma} P(x,y,z)\mathrm{d}z\mathrm{d}y = -\iint_{D_{yz}} P[x(y,z),y,z]\mathrm{d}z\mathrm{d}y. \qquad (10.3.11)$$

设曲面 Σ 由方程 $y=y(x,z)$ 给出，函数 $y=y(x,z)$ 的定义区域为 D_{xz}，不难知，若 Σ 取右侧时，$dxdz$ 不为负值，则

$$\iint_{\Sigma} P(x,y,z)\mathrm{d}z\mathrm{d}x = \iint_{D_{xz}} P[x,y(x,z),z]\mathrm{d}z\mathrm{d}x, \qquad (10.3.12)$$

若 Σ 取左侧时，$dxdz$ 不为正值，则

$$\iint_{\Sigma} P(x,y,z)\mathrm{d}z\mathrm{d}x = -\iint_{D_{xz}} P[x,y(x,z),z]\mathrm{d}z\mathrm{d}x. \qquad (10.3.13)$$

例 10.16　计算 $\iint_{\Sigma} z\mathrm{d}x\mathrm{d}y$，其中 Σ 为平面 $x+y+z=1$ 的下侧.

解　Σ 的方程为 $z=1-x-y(x\geqslant 0,y\geqslant 0,x+y\leqslant 1)$，在 xOy 平面上的投影为 $0\leqslant y\leqslant 1-x,0\leqslant x\leqslant 1$，所以

$$\iint_{\Sigma} z\mathrm{d}x\mathrm{d}y = -\iint_{D}(1-x-y)\mathrm{d}x\mathrm{d}y = -\int_0^1 \mathrm{d}x\int_0^{1-x}(1-x-y)\mathrm{d}y$$

$$= -\int_0^1 \frac{1}{2}(x-1)^2\mathrm{d}x = -\frac{1}{6}.$$

同一元定积分的牛顿-莱布尼兹公式与联系二重积分与曲线积分的格林公式一样，联系空间闭区域上的三重积分与其边界曲面上的曲面积分有以下高斯公式：

设空间闭区域 V 是由曲面 Σ 外侧围成. 函数 $P(x,y,z),Q(x,y,z),R(x,y,z)$在 Σ 上具有一阶连续偏导数，则

$$\iiint_{V}\left(\frac{\partial P}{\partial x}+\frac{\partial Q}{\partial y}+\frac{\partial R}{\partial z}\right)\mathrm{d}x\mathrm{d}y\mathrm{d}z = \oiint_{\Sigma} P\mathrm{d}y\mathrm{d}z + Q\mathrm{d}z\mathrm{d}x + R\mathrm{d}x\mathrm{d}y. \qquad (10.3.14)$$

公式(10.3.14)称为**高斯公式**.

例 10.17　计算球面 $x^2+y^2+z^2=1$ 外侧上的曲面积分 $I=\oiint_{\Sigma} x\mathrm{d}y\mathrm{d}z+(y+3)\mathrm{d}x\mathrm{d}z+5\mathrm{d}x\mathrm{d}y$.

解　运用高斯公式

$$I=\iiint\limits_{V}(1+1+0)\mathrm{d}x\mathrm{d}y\mathrm{d}z=2V=\frac{8}{3}\pi.$$

数学实验十　用 Matlab 软件求多元函数的重积分

一、调用格式一

1. 计算二重积分

int(int('二元函数','自变量 1','下限','上限'),'自变量 2','下限','上限')

2. 计算三重积分

int(int(int('三元函数','自变量 1','下限','上限'),'自变量 2','下限','上限'),'自变量 3','下限','上限')

例 1　计算 $\iint\limits_{D}(x^2+y^2)\mathrm{d}x\mathrm{d}y$，其中 D 为矩形区域 $\{(x,y)\mid -1\leqslant x\leqslant 2,0\leqslant y\leqslant 4\}$.

解　在命令行中输入：

```
int(int('x^2+ y^2','x',- 1,2),'y',0,4)
```

输出结果如下：

```
ans=
76
```

即

$$\iint\limits_{D}(x^2+y^2)\mathrm{d}x\mathrm{d}y=\int_0^4\int_{-1}^2(x^2+y^2)\mathrm{d}x\mathrm{d}y=76.$$

例 2　计算 $\iint\limits_{D}2xy\,\mathrm{d}x\mathrm{d}y$，其中 D 为直线 $y=2,y=x,y=2x$ 所围成的区域.

解　三条直线 $y=2,y=x,y=2x$ 所围成区域可表成 $D=\{(x,y)\mid 0\leqslant y\leqslant 2,\frac{y}{2}\leqslant x\leqslant y\}$，在命令行中输入：

```
S= int(int('2* x* y','x','y/2','y'),'y',0,2)
```

运行结果是：

```
S=
3
```

例 3　计算三重积分 $\iiint\limits_{\Omega}xz\,\mathrm{d}V$，其中 Ω 是由三个坐标平面与平面直线 $x+y+$

$z=1$所围成的空间区域.

解　三重积分$\iiint\limits_{\Omega}xz\,\mathrm{d}V$可化为线积分$\int_0^1\int_0^{1-x}\int_0^{1-x-y}xz\,\mathrm{d}z\mathrm{d}y\mathrm{d}x$，在命令行中输入：

```
int(int(int('x* z','z',0,'1- x- y'),'y',0,'1- x'),'x',0,1)
```

输出结果如下：

```
ans=
1/120
```

即

$$\int_0^1\int_0^{1-x}\int_0^{1-x-y}xz\,\mathrm{d}z\mathrm{d}y\mathrm{d}x=\frac{1}{120}.$$

二、调用格式二

1. 计算二重积分

syms x y …

int(**int**(二元函数,自变量**1**,下限,上限),自变量**2**,下限,上限)

2. 计算三重积分

syms x y z …

int(**int**(**int**(三元函数,自变量**1**,下限,上限),自变量**2**,下限,上限),自变量**3**,下限,上限)

例4　计算球面$x^2+y^2+z^2=4a^2$与圆柱面$(x-a)^2+y^2=a^2$所围成的在圆柱面内的立体的体积.

解　该立体所围成的体积在极坐标系中可表示为$V=4\int_0^{\frac{\pi}{2}}\int_0^{2a\cos\theta}\sqrt{4a^2-\rho^2}\rho\mathrm{d}\rho\mathrm{d}\theta$，打开M文件编辑窗口，在其中输入下面命令集：

```
syms rho theta a  % 设置积分式中相关变量
v=4* int(int(sqrt(4* a^2-rho^2)* rho,rho,0,2* a* cos(theta)),theta,0,pi/2);
V=simple(v);  % 简化计算结果
V
```

取名为exa14保存，再在命令窗口中输入命令exa14，程序运行结果如下：

```
V=
16/9* a^3* (-4+3* pi)
```

即

$$V=4\int_0^{\frac{\pi}{2}}\int_0^{2a\cos\theta}\sqrt{4a^2-\rho^2}\,\rho\mathrm{d}\rho\mathrm{d}\theta=\frac{16}{9}a^3(3\pi-4).$$

例 5　计算$\iint\limits_D \mathrm{e}^{x^2+y^2}\mathrm{d}x\mathrm{d}y$，其中 $D=\{(x,y)\,|\,x^2+y^2\leqslant 1\}$.

解　将$\iint\limits_D \mathrm{e}^{x^2+y^2}\mathrm{d}x\mathrm{d}y$ 化为$\int_{-1}^{1}\int_{-\sqrt{1-x^2}}^{\sqrt{1-x^2}}\mathrm{e}^{x^2+y^2}\mathrm{d}y\mathrm{d}x$，在命令行中输入：

```
syms x y
int(int(exp(x^2+y^2),y,-sqrt(1-x^2),sqrt(1-x^2)),x,-1,1)
```

程序运行结果如下：

```
Warning: Explicit integral could not be found.
> In C:\MATLAB 6p5\toolbox\symbolic\@ sym\int.m at line 58
ans=
int(-i* erf(i* (1-x^2)^(1/2))* exp(x^2)* pi^(1/2),x=-1.. 1)
```

再在命令行中输入：

```
vpa(ans)
```

得结果是：

```
ans=
5.3981
```

若将直角坐标化为极坐标，则$\int_{-1}^{1}\int_{-\sqrt{1-x^2}}^{\sqrt{1-x^2}}\mathrm{e}^{x^2+y^2}\mathrm{d}y\mathrm{d}x=\int_0^{2\pi}\int_0^1\rho\mathrm{e}^{\rho^2}\mathrm{d}\rho\mathrm{d}\theta$.

再在命令行中输入：

```
syms rho theta
int(int(rho* exp(rho^2),rho,0,1),theta,0,2* pi)
```

运行结果是：

```
ans=
exp(1)* pi-pi
```

即

$$\iint\limits_D \mathrm{e}^{x^2+y^2}\mathrm{d}x\mathrm{d}y=(\mathrm{e}-1)\pi\approx 5.3981.$$

说明：(1) 当要化简积分结果时，可用 simple 函数，调用格式为：

simple(int(int('多元函数','自变量 1','下限','上限'),'自变量 2','下限','上限'))

(2) 当要用有理数表示积分结果时，可用 vpa 函数，调用格式为：

vpa(int(int('多元函数','自变量 1','下限','上限'),'自变量 2','下限','上限'))

例 6　计算 $\iiint\limits_{\Omega} z\mathrm{d}V$，其中立体 Ω 由 $z=\sqrt{x^2+y^2}$ 和 $z=\sqrt{8-x^2-y^2}$ 两曲面所围成.

解　用柱面积分法将 $\iiint\limits_{\Omega} z\mathrm{d}V$ 化为 $\int_0^{2\pi}\int_0^2\int_r^{\sqrt{8-r^2}} rz\,\mathrm{d}z\mathrm{d}r\mathrm{d}\theta$，在命令行中输入：

```
syms z r theta
int(int(int('r* z',z,r,sqrt(8- r^2)),r,0,2),theta,0,2* pi)
```

结果如下：

```
ans=
8* pi
```

即

$$\iiint\limits_{\Omega} z\,\mathrm{d}V = \int_0^{2\pi}\int_0^2\int_r^{\sqrt{8-r^2}} rz\,\mathrm{d}z\mathrm{d}r\mathrm{d}\theta = 8\pi.$$

例 7　求球心在坐标原点半径为 a 的球面与半顶角为 $\frac{\pi}{4}$ 的内接圆锥所围成的立体的体积.

解　该立体的体积可表示为 $V=\iiint\limits_{\Omega}\mathrm{d}V$，闭区域 Ω 用球面坐标可表示为

$$\left\{(r,\varphi,\theta)\mid 0\leqslant r\leqslant 2a\cos\varphi, 0\leqslant\varphi\leqslant\frac{\pi}{4}, 0\leqslant\theta\leqslant 2\pi\right\},$$

$\iiint\limits_{\Omega}\mathrm{d}V$ 化为 $\int_0^{2\pi}\int_0^{\frac{\pi}{4}}\int_0^{2a\cos\varphi} r^2\sin\varphi\,\mathrm{d}r\mathrm{d}\varphi\mathrm{d}\theta$，在命令行中输入：

```
syms a r phi theta
V=int(int(int(r^2* sin(phi),r,0,2* a* cos(phi)),phi,0,
pi/4),theta,0,2* pi)
```

输出结果如下：

```
V=
a^3* pi
```

即

$$V=\iiint\limits_{\Omega}\mathrm{d}V=\int_0^{2\pi}\int_0^{\frac{\pi}{4}}\int_0^{2a\cos\varphi} r^2\sin\varphi\,\mathrm{d}r\mathrm{d}\varphi\mathrm{d}\theta=\pi a^3.$$

三、上机实验

(1) 用 help 命令查看函数 int，simple 和 vpa 等的用法.

(2) 上机验证上面各例.

(3) 作相关小节练习中多元函数的二(或三)重积分.

附录 1　积分公式表

(一) 含有 $a+bx$ 的积分

1. $\int \frac{\mathrm{d}x}{a+bx} = \frac{1}{b}\ln|a+bx| + C.$

2. $\int (a+bx)^{\alpha}\mathrm{d}x = \frac{(a+bx)^{\alpha+1}}{b(\alpha+1)} + C \quad (\alpha \neq -1).$

3. $\int \frac{x\mathrm{d}x}{a+bx} = \frac{1}{b^2}[a+bx-a\ln|a+bx|] + C.$

4. $\int \frac{x^2\mathrm{d}x}{a+bx} = \frac{1}{b^3}\left[\frac{1}{2}(a+bx)^2 - 2a(a+bx) + a^2\ln|a+bx|\right] + C.$

5. $\int \frac{\mathrm{d}x}{x(a+bx)} = -\frac{1}{a}\ln\left|\frac{a+bx}{x}\right| + C.$

6. $\int \frac{\mathrm{d}x}{x^2(a+bx)} = -\frac{1}{ax} + \frac{b}{a^2}\ln\left|\frac{a+bx}{x}\right| + C.$

7. $\int \frac{x\mathrm{d}x}{(a+bx)^2} = \frac{1}{b^2}\left[\ln|a+bx| + \frac{a}{a+bx}\right] + C.$

8. $\int \frac{x^2\mathrm{d}x}{(a+bx)^2} = \frac{1}{b^3}\left[a+bx-2a\ln|a+bx| - \frac{a^2}{a+bx}\right] + C.$

9. $\int \frac{\mathrm{d}x}{x(a+bx)^2} = \frac{1}{a(a+bx)} - \frac{1}{a^2}\ln\left|\frac{a+bx}{x}\right| + C.$

10. $\int \frac{\mathrm{d}x}{x^2(a+bx)^2} = -\frac{a+2bx}{a^2x(a+bx)} + \frac{2b}{a^3}\ln\left|\frac{a+bx}{x}\right| + C.$

(二) 含有 $\sqrt{a+bx}$ 的积分

11. $\int \sqrt{a+bx}\,\mathrm{d}x = \frac{2}{3b}\sqrt{(a+bx)^3} + C.$

12. $\int x\sqrt{a+bx}\,\mathrm{d}x = -\frac{2(2a-3bx)\sqrt{(a+bx)^3}}{15b^2} + C.$

13. $\int x^2\sqrt{a+bx}\,\mathrm{d}x = \frac{2(8a^2-12abx+15b^2x^2)\sqrt{(a+bx)^3}}{105b^3} + C.$

14. $\int \frac{x\mathrm{d}x}{\sqrt{a+bx}} = -\frac{2(2a-bx)}{3b^2}\sqrt{a+bx} + C.$

15. $\int \frac{x^2\mathrm{d}x}{\sqrt{a+bx}} = \frac{2(8a^2-4abx+3b^2x^2)}{15b^3}\sqrt{a+bx} + C.$

16. $$\int \frac{\mathrm{d}x}{x\sqrt{a+bx}} = \begin{cases} \frac{1}{\sqrt{a}}\ln\left|\frac{\sqrt{a+bx}-\sqrt{a}}{\sqrt{a+bx}+\sqrt{a}}\right| + C & (a>0), \\ \frac{2}{\sqrt{-a}}\arctan\sqrt{\frac{a+bx}{-a}} + C & (a<0). \end{cases}$$

17. $\int \frac{\mathrm{d}x}{x^2\sqrt{a+bx}} = -\frac{\sqrt{a+bx}}{ax} - \frac{b}{2a}\int \frac{\mathrm{d}x}{x\sqrt{a+bx}}.$

18. $\int \frac{\sqrt{a+bx}}{x}\mathrm{d}x = 2\sqrt{a+bx} + a\int \frac{\mathrm{d}x}{x\sqrt{a+bx}}.$

(三) 含有 $a^2 \pm x^2$ 的积分

19. $\int \frac{\mathrm{d}x}{a^2+x^2} = \frac{1}{a}\arctan\frac{x}{a} + C.$

20. $\int \frac{\mathrm{d}x}{(x^2+a^2)^n} = \frac{x}{2(n-1)a^2(x^2+a^2)^{n-1}} + \frac{2n-3}{2(n-1)a^2}\int \frac{\mathrm{d}x}{(x^2+a^2)^{n-1}} \quad (n \neq 1).$

21. $\int \frac{\mathrm{d}x}{a^2-x^2} = \frac{1}{2a}\ln\left|\frac{a+x}{a-x}\right| + C.$

22. $\int \frac{\mathrm{d}x}{x^2-a^2} = \frac{1}{2a}\ln\left|\frac{x-a}{x+a}\right| + C.$

(四) 含有 $a \pm bx^2$ 的积分

23. $\int \frac{\mathrm{d}x}{a+bx^2} = \frac{1}{\sqrt{ab}}\arctan\sqrt{\frac{b}{a}}x + C \quad (a>0, b>0).$

24. $\int \frac{\mathrm{d}x}{a-bx^2} = \frac{1}{2\sqrt{ab}}\ln\left|\frac{\sqrt{a}+\sqrt{b}x}{\sqrt{a}-\sqrt{b}x}\right| + C \quad (a>0, b>0).$

25. $\int \frac{x\mathrm{d}x}{a+bx^2} = \frac{1}{2b}\ln|a+bx^2| + C.$

26. $\int \frac{x^2\mathrm{d}x}{a+bx^2} = \frac{x}{b} - \frac{a}{b}\int \frac{\mathrm{d}x}{a+bx^2}.$

27. $\int \frac{\mathrm{d}x}{x(a+bx^2)} = \frac{1}{2a}\ln\left|\frac{x^2}{a+bx^2}\right| + C.$

28. $\int \frac{dx}{x^2(a+bx^2)} = -\frac{1}{ax} - \frac{b}{a}\int \frac{dx}{a+bx^2}.$

29. $\int \frac{dx}{(a+bx^2)^2} = \frac{x}{2a(a+bx^2)} + \frac{1}{2a}\int \frac{dx}{a+bx^2}.$

(五) 含有 $\sqrt{x^2 \pm a^2}$ 的积分

30. $\int \sqrt{x^2 \pm a^2}\,dx = \frac{x}{2}\sqrt{x^2 \pm a^2} \pm \frac{a^2}{2}\ln|x+\sqrt{x^2 \pm a^2}| + C.$

31. $\int \sqrt{(x^2 \pm a^2)^3}\,dx = \frac{x}{8}(2x^2 \pm 5a^2)\sqrt{x^2 \pm a^2} + \frac{3a^4}{8}\ln|x+\sqrt{x^2 \pm a^2}| + C.$

32. $\int x\sqrt{x^2 \pm a^2}\,dx = \frac{\sqrt{(x^2 \pm a^2)^3}}{3} + C.$

33. $\int x^2\sqrt{x^2 \pm a^2}\,dx = \frac{x}{8}(2x^2 \pm a^2)\sqrt{x^2 \pm a^2} - \frac{a^4}{8}\ln|x+\sqrt{x^2 \pm a^2}| + C.$

34. $\int \frac{dx}{\sqrt{x^2 \pm a^2}} = \ln|x+\sqrt{x^2 \pm a^2}| + C.$

35. $\int \frac{dx}{\sqrt{(x^2 \pm a^2)^3}} = \pm\frac{x}{a^2\sqrt{x^2 \pm a^2}} + C.$

36. $\int \frac{x\,dx}{\sqrt{x^2 \pm a^2}} = \sqrt{x^2 \pm a^2} + C.$

37. $\int \frac{x^2\,dx}{\sqrt{x^2 \pm a^2}} = \frac{x}{2}\sqrt{x^2 + a^2} \mp \frac{a^2}{2}\ln|x+\sqrt{x^2 \pm a^2}| + C.$

38. $\int \frac{x^2\,dx}{\sqrt{(x^2 \pm a^2)^3}} = -\frac{x}{\sqrt{x^2 \pm a^2}} + \ln|x+\sqrt{x^2 \pm a^2}| + C.$

39. $\int \frac{dx}{x\sqrt{x^2 + a^2}} = \frac{1}{a}\ln\frac{|x|}{a+\sqrt{x^2 + a^2}} + C.$

40. $\int \frac{dx}{x\sqrt{x^2 - a^2}} = \frac{1}{a}\arccos\frac{a}{x} + C.$

41. $\int \frac{dx}{x^2\sqrt{x^2 \pm a^2}} = \mp\frac{\sqrt{x^2 \pm a^2}}{a^2 x} + C.$

42. $\int \frac{\sqrt{x^2 + a^2}\,dx}{x} = \sqrt{x^2 + a^2} - a\ln\frac{a+\sqrt{x^2 + a^2}}{|x|} + C.$

43. $\int \frac{\sqrt{x^2 - a^2}\,dx}{x} = \sqrt{x^2 - a^2} - a\arccos\frac{a}{x} + C.$

44. $\int \frac{\sqrt{x^2 \pm a^2}}{x^2}dx = -\frac{\sqrt{x^2 \pm a^2}}{x} + \ln|x + \sqrt{x^2 \pm a^2}| + C.$

(六) 含有 $\sqrt{a^2 - x^2}$ 的积分

45. $\int \frac{dx}{\sqrt{a^2 - x^2}} = \arcsin\frac{x}{a} + C.$

46. $\int \frac{dx}{\sqrt{(a^2 - x^2)^3}} = \frac{x}{a^2\sqrt{a^2 - x^2}} + C.$

47. $\int \frac{xdx}{\sqrt{a^2 - x^2}} = -\sqrt{a^2 - x^2} + C.$

48. $\int \frac{xdx}{\sqrt{(a^2 - x^2)^3}} = \frac{1}{\sqrt{a^2 - x^2}} + C.$

49. $\int \frac{x^2dx}{\sqrt{a^2 - x^2}} = -\frac{x}{2}\sqrt{a^2 - x^2} + \frac{a^2}{2}\arcsin\frac{x}{a} + C.$

50. $\int \sqrt{a^2 - x^2}dx = \frac{x}{2}\sqrt{a^2 - x^2} + \frac{a^2}{2}\arcsin\frac{x}{a} + C.$

51. $\int \sqrt{(a^2 - x^2)^3}dx = \frac{x}{8}(5a^2 - 2x^2)\sqrt{a^2 - x^2} + \frac{3a^4}{8}\arcsin\frac{x}{a} + C.$

52. $\int x\sqrt{a^2 - x^2}dx = -\frac{\sqrt{(a^2 - x^2)^3}}{3} + C.$

53. $\int x^2\sqrt{a^2 - x^2}dx = \frac{x}{8}(2x^2 - a^2)\sqrt{a^2 - x^2} + \frac{a^4}{8}\arcsin\frac{x}{a} + C.$

54. $\int \frac{x^2dx}{\sqrt{(a^2 - x^2)^3}} = \frac{x}{\sqrt{a^2 - x^2}} - \arcsin\frac{x}{a} + C.$

55. $\int \frac{dx}{x\sqrt{a^2 - x^2}} = \frac{1}{a}\ln\left|\frac{x}{a + \sqrt{a^2 - x^2}}\right| + C.$

56. $\int \frac{dx}{x^2\sqrt{a^2 - x^2}} = -\frac{\sqrt{a^2 - x^2}}{a^2x} + C.$

57. $\int \frac{\sqrt{a^2 - x^2}}{x}dx = \sqrt{a^2 - x^2} - a\ln\left|\frac{a + \sqrt{a^2 - x^2}}{x}\right| + C.$

58. $\int \frac{\sqrt{a^2 - x^2}}{x^2}dx = -\frac{\sqrt{a^2 - x^2}}{x} - \arcsin\frac{x}{a} + C.$

(七) 含有 $a+bx+cx^2$ 的积分

59. $$\int \frac{\mathrm{d}x}{a+bx+cx^2} = \begin{cases} \dfrac{2}{\sqrt{4ac-b^2}}\arctan\dfrac{2cx+b}{\sqrt{4ac-b^2}}+C & (b^2<4ac), \\ \dfrac{1}{\sqrt{b^2-4ac}}\ln\left|\dfrac{2cx+b-\sqrt{b^2-4ac}}{2cx+b+\sqrt{b^2-4ac}}\right|+C & (b^2>4ac). \end{cases}$$

(八) 含有 $\sqrt{a+bx\pm cx^2}\ (c>0)$ 的积分

60. $$\int \frac{\mathrm{d}x}{\sqrt{a+bx+cx^2}} = \frac{1}{\sqrt{c}}\ln|2cx+b+2\sqrt{c}\sqrt{a+bx+cx^2}|+C.$$

61. $$\int \sqrt{a+bx+cx^2}\,\mathrm{d}x = \frac{2cx+b}{4c}\sqrt{a+bx+cx^2}-\frac{b-4ac}{8\sqrt{c^3}}\ln|2cx+b+$$
$$2\sqrt{c}\sqrt{a+bx+cx}|+C.$$

62. $$\int \frac{x\mathrm{d}x}{\sqrt{a+bx+cx^2}} = \frac{\sqrt{a+bx+cx^2}}{c}-\frac{b}{2\sqrt{c^3}}\ln|2cx+b+2\sqrt{c}\sqrt{a+bx+cx^2}|+C.$$

63. $$\int \frac{\mathrm{d}x}{\sqrt{a+bx-cx^2}} = \frac{1}{\sqrt{c}}\arcsin\frac{2cx-b}{\sqrt{b^2+4ac}}+C.$$

64. $$\int \sqrt{a+bx-cx^2}\,\mathrm{d}x = \frac{2cx-b}{4c}\sqrt{a+bx-cx^2}+\frac{b^2+4ac}{8\sqrt{c^3}}\arcsin\frac{2cx-b}{\sqrt{b^2+4ac}}+$$
$$C.$$

65. $$\int \frac{x\mathrm{d}x}{\sqrt{a+bx-cx^2}} = -\frac{\sqrt{a+bx-cx^2}}{c}+\frac{b}{2\sqrt{c^3}}\arcsin\frac{2cx-b}{\sqrt{b^2+4ac}}+C.$$

(九) 含有 $\sqrt{\dfrac{a\pm x}{b\pm x}}$ 的积分和含有 $\sqrt{(x-a)(b-x)}$ 的积分

66. $$\int \sqrt{\frac{a+x}{b+x}}\,\mathrm{d}x = \sqrt{(a+x)(b+x)}+(a-b)\ln|\sqrt{a+x}+\sqrt{b+x}|+C.$$

67. $$\int \sqrt{\frac{a-x}{b+x}}\,\mathrm{d}x = \sqrt{(a-x)(b+x)}+(a+b)\arcsin\sqrt{\frac{x+b}{a+b}}+C.$$

68. $$\int \sqrt{\frac{a+x}{b-x}}\,\mathrm{d}x = -\sqrt{(a+x)(b-x)}-(a+b)\arcsin\sqrt{\frac{b-x}{a+b}}+C.$$

69. $$\int \frac{\mathrm{d}x}{\sqrt{(x-a)(b-x)}} = 2\arcsin\sqrt{\frac{x-a}{b-a}}+C.$$

(十) 含有三角函数的积分

70. $\int \sin x \mathrm{d}x = -\cos x + C.$

71. $\int \cos x \mathrm{d}x = \sin x + C.$

72. $\int \tan x \mathrm{d}x = -\ln|\cos x| + C.$

73. $\int \cot x \mathrm{d}x = \ln|\sin x| + C.$

74. $\int \sec x \mathrm{d}x = \ln|\sec x + \tan x| + C = \ln\left|\tan\left(\frac{\pi}{4} + \frac{x}{2}\right)\right| + C.$

75. $\int \csc x \mathrm{d}x = \ln|\csc x - \cot x| + C = \ln\left|\tan\frac{x}{2}\right| + C.$

76. $\int \sec^2 x \mathrm{d}x = \tan x + C.$

77. $\int \csc^2 x \mathrm{d}x = -\cot x + C.$

78. $\int \sec x \tan x \mathrm{d}x = \sec x + C.$

79. $\int \csc x \cot x \mathrm{d}x = -\csc x + C.$

80. $\int \sin^2 x \mathrm{d}x = \frac{x}{2} - \frac{1}{4}\sin 2x + C.$

81. $\int \cos^2 x \mathrm{d}x = \frac{x}{2} + \frac{1}{4}\sin 2x + C.$

82. $\int \sin^n x \mathrm{d}x = -\frac{\sin^{n-1} x \cos x}{n} + \frac{n-1}{n}\int \sin^{n-2} x \mathrm{d}x.$

83. $\int \cos^n x \mathrm{d}x = \frac{\cos^{n-1} x \sin x}{n} + \frac{n-1}{n}\int \cos^{n-2} x \mathrm{d}x.$

84. $\int \frac{\mathrm{d}x}{\sin^n x} = -\frac{1}{n-1}\frac{\cos x}{\sin^{n-1} x} + \frac{n-2}{n-1}\int \frac{\mathrm{d}x}{\sin^{n-2} x}.$

85. $\int \frac{\mathrm{d}x}{\cos^n x} = \frac{1}{n-1}\frac{\sin x}{\cos^{n-1} x} + \frac{n-2}{n-1}\int \frac{\mathrm{d}x}{\cos^{n-2} x}.$

86. $$\int \cos^m x \sin^n x \mathrm{d}x = \frac{\cos^{m-1} x \sin^{n+1} x}{m+n} + \frac{m-1}{m+n}\int \cos^{m-2} x \sin^n x \mathrm{d}x$$
$$= -\frac{\sin^{n-1} x \cos^{m+1} x}{m+n} + \frac{n-1}{m+n}\int \cos^m x \sin^{n-2} x \mathrm{d}x.$$

87. $\int \sin mx \cos nx \, dx = -\frac{\cos(m+n)x}{2(m+n)} - \frac{\cos(m-n)x}{2(m-n)} + C \quad (m \neq n).$

88. $\int \sin mx \sin nx \, dx = -\frac{\sin(m+n)x}{2(m+n)} + \frac{\sin(m-n)x}{2(m-n)} + C \quad (m \neq n).$

89. $\int \cos mx \cos nx \, dx = \frac{\sin(m+n)x}{2(m+n)} + \frac{\sin(m-n)x}{2(m-n)} + C \quad (m \neq n).$

90. $$\int \frac{dx}{a+b\sin x} = \begin{cases} \frac{2}{\sqrt{a^2-b^2}} \arctan \frac{a\tan\frac{x}{2}+b}{\sqrt{a^2-b^2}} + C & (a^2 > b^2), \\ \frac{1}{\sqrt{b^2-a^2}} \ln \left| \frac{a\tan\frac{x}{2}+b-\sqrt{b^2-a^2}}{a\tan\frac{x}{2}+b+\sqrt{b^2-a^2}} \right| + C & (a^2 < b^2). \end{cases}$$

91. $$\int \frac{dx}{a+b\cos x} = \begin{cases} \frac{2}{\sqrt{a^2-b^2}} \arctan\left(\sqrt{\frac{a-b}{a+b}} \tan\frac{x}{2}\right) + C & (a^2 > b^2), \\ \frac{1}{\sqrt{b^2-a^2}} \ln \left| \frac{\tan\frac{x}{2}+\sqrt{\frac{b+a}{b-a}}}{\tan\frac{x}{2}-\sqrt{\frac{b+a}{b-a}}} \right| + C & (a^2 < b^2). \end{cases}$$

92. $\int \frac{dx}{a^2\cos^2 x + b^2\sin^2 x} = \frac{1}{ab}\arctan\left(\frac{b\tan x}{a}\right) + C.$

93. $\int \frac{dx}{a^2\cos^2 x - b^2\sin^2 x} = \frac{1}{2ab}\ln\left|\frac{b\tan x + a}{b\tan x - a}\right| + C.$

94. $\int x\sin ax \, dx = \frac{1}{a^2}\sin ax - \frac{1}{a}x\cos ax + C.$

95. $\int x^n \sin ax \, dx = -\frac{x^n}{a}\cos ax + \frac{n}{a}\int x^{n-1}\cos ax \, dx.$

96. $\int x\cos ax \, dx = \frac{1}{a^2}\cos ax + \frac{1}{a}x\sin ax + C.$

97. $\int x^n \cos ax \, dx = \frac{x^n}{a}\sin ax - \frac{n}{a}\int x^{n-1}\sin ax \, dx.$

(十一) 含有反三角函数的积分

98. $\int \arcsin\frac{x}{a} \, dx = x\arcsin\frac{x}{a} + \sqrt{a^2-x^2} + C.$

99. $\int x\arcsin\frac{x}{a}dx=\left(\frac{x^2}{2}-\frac{a^2}{4}\right)\arcsin\frac{x}{a}+\frac{x}{4}\sqrt{a^2-x^2}+C.$

100. $\int x^2\arcsin\frac{x}{a}dx=\frac{x^3}{3}\arcsin\frac{x}{a}+\frac{1}{9}(x^2+2a^2)\sqrt{a^2-x^2}+C.$

101. $\int\frac{\arcsin\frac{x}{a}}{x^2}dx=-\frac{1}{x}\arcsin\frac{x}{a}-\frac{1}{a}\ln\left|\frac{a+\sqrt{a^2-x^2}}{x}\right|+C.$

102. $\int\arccos\frac{x}{a}dx=x\arccos\frac{x}{a}-\sqrt{a^2-x^2}+C.$

103. $\int x\arccos\frac{x}{a}dx=\left(\frac{x^2}{2}-\frac{a^2}{4}\right)\arccos\frac{x}{a}-\frac{x}{4}\sqrt{a^2-x^2}+C.$

104. $\int x^2\arccos\frac{x}{a}dx=\frac{x^3}{3}\arccos\frac{x}{a}-\frac{1}{9}(x^2+2a^2)\sqrt{a^2-x^2}+C.$

105. $\int\frac{\arccos\frac{x}{a}}{x^2}dx=-\frac{1}{x}\arccos\frac{x}{a}+\frac{1}{a}\ln\left|\frac{a+\sqrt{a^2-x^2}}{x}\right|+C.$

106. $\int\arctan\frac{x}{a}dx=x\arctan\frac{x}{a}-\frac{a}{2}\ln(a^2+x^2)+C.$

107. $\int x\arctan\frac{x}{a}dx=\frac{1}{2}(x^2+a^2)\arctan\frac{x}{a}-\frac{ax}{2}+C.$

108. $\int x^2\arctan\frac{x}{a}dx=\frac{x^3}{3}\arctan\frac{x}{a}-\frac{a^2x}{6}+\frac{a^3}{6}\ln(a^2+x^2)+C.$

109. $\int x^n\arctan\frac{x}{a}dx=\frac{x^{n+1}}{n+1}\arctan\frac{x}{a}-\frac{a}{n+1}\int\frac{x^{n+1}}{a^2+x^2}dx.$

110. $\int\frac{\arctan\frac{x}{a}}{x^2}dx=-\frac{1}{x}\arctan\frac{x}{a}-\frac{1}{2a}\ln\frac{a^2+x^2}{x^2}+C.$

(十二) 含有指数函数的积分

111. $\int a^x dx=\frac{a^x}{\ln a}+C.$

112. $\int e^{ax}dx=\frac{e^{ax}}{a}+C.$

113. $\int e^{ax}\sin bx\,dx=\frac{e^{ax}(a\sin bx-b\cos bx)}{a^2+b^2}+C.$

114. $\int e^{ax}\cos bx\,dx=\frac{e^{ax}(b\sin bx+a\cos bx)}{a^2+b^2}+C.$

115. $\int x\mathrm{e}^{ax}\,\mathrm{d}x = \frac{\mathrm{e}^{ax}}{a^2}(ax-1)+C.$

116. $\int x^n\mathrm{e}^{ax}\,\mathrm{d}x = \frac{x^n\mathrm{e}^{ax}}{a} - \frac{n}{a}\int x^{n-1}\mathrm{e}^{ax}\,\mathrm{d}x.$

117. $\int x^n a^{mx}\,\mathrm{d}x = \frac{xa^{mx}}{m\ln a} - \frac{n}{m\ln a}\int x^{n-1}a^{mx}\,\mathrm{d}x.$

118. $\int \mathrm{e}^{ax}\sin^n bx\,\mathrm{d}x = \frac{\mathrm{e}^{ax}\sin^{n-1}bx}{a^2+b^2n^2}(a\sin bx - nb\cos bx) + \frac{n(n-1)b^2}{a^2+b^2n^2}\int \mathrm{e}^{ax}\sin^{n-2}bx\,\mathrm{d}x.$

119. $\int \mathrm{e}^{ax}\cos^n bx\,\mathrm{d}x = \frac{\mathrm{e}^{ax}\cos^{n-1}bx}{a^2+b^2n^2}(a\cos bx + nb\sin bx) + \frac{n(n-1)b^2}{a^2+b^2n^2}\int \mathrm{e}^{ax}\cos^{n-2}bx\,\mathrm{d}x.$

(十三) 含有对数函数的积分

120. $\int \ln x\,\mathrm{d}x = x\ln x - x + C.$

121. $\int \frac{\mathrm{d}x}{x\ln x} = \ln|\ln x| + C.$

122. $\int x^n\ln x\,\mathrm{d}x = x^{n+1}\left[\frac{\ln x}{n+1} - \frac{1}{(n+1)^2}\right] + C.$

123. $\int \ln^n x\,\mathrm{d}x = x\ln^n x - n\int \ln^{n-1}x\,\mathrm{d}x.$

124. $\int x^m\ln^n x\,\mathrm{d}x = \frac{x^{m+1}}{m+1}\ln^n x - \frac{n}{m+1}\int x^m\ln^{n-1}x\,\mathrm{d}x.$

(十四) 定积分

125. $\int_{-\pi}^{\pi}\cos nx\,\mathrm{d}x = \int_{-\pi}^{\pi}\sin nx\,\mathrm{d}x = 0.$

126. $\int_{-\pi}^{\pi}\cos mx\sin nx\,\mathrm{d}x = 0.$

127. $\int_{-\pi}^{\pi}\cos mx\cos nx\,\mathrm{d}x = \begin{cases}0, & m\neq n,\\ \pi, & m=n.\end{cases}$

128. $\int_{-\pi}^{\pi}\sin mx\sin nx\,\mathrm{d}x = \begin{cases}0, & m\neq n,\\ \pi, & m=n.\end{cases}$

129. $\int_{0}^{\pi}\sin mx\sin nx\,\mathrm{d}x = \int_{0}^{\pi}\cos mx\cos nx\,\mathrm{d}x = \begin{cases}0, & m\neq n,\\ \frac{\pi}{2}, & m=n.\end{cases}$

130. $I_n = \int_0^{\frac{\pi}{2}}\sin^n x\,\mathrm{d}x = \int_0^{\frac{\pi}{2}}\cos^n x\,\mathrm{d}x.$

$$I_n = \frac{n-1}{n} I_{n-2}$$

$$= \begin{cases} I_n = \frac{n-1}{n} \cdot \frac{n-3}{n-2} \cdots \frac{4}{5} \cdot \frac{2}{3}, & n \text{ 为正奇数}, I_1 = 1, \\ I_n = \frac{n-1}{n} \cdot \frac{n-3}{n-2} \cdots \frac{3}{4} \cdot \frac{1}{2} \cdot \frac{\pi}{2}, & n \text{ 为正偶数}, I_0 = \frac{\pi}{2}. \end{cases}$$

附录 2 Matlab 简 介

Matlab(Matrix Laboratory),即矩阵实验室,是当今最优秀的科技应用软件之一.它以操作简单、开放式可扩展环境和可视化功能深得科技人员的喜爱,特别是所附带的 30 多个面向不同领域的工具箱支持,在工程技术和科学计算中已经成为计算机辅助设计与分析、算法研究及应用开发的基本工具.

Matlab 的首创者 Cleve Moler 教授在数值分析,特别是在数值线性代数的领域中很有影响,他和 John Little 等成立了一个名叫 The MathWorks 的公司,于 1984 年推出了第一个 Matlab 的商业版本. 于 1992 年推出了具有划时代意义的 Matlab 4.0 版本,并于 1993 年推出了其微机版,可以配合 Microsoft Windows 一起使用,1994 年推出的 4.2 版本扩充了 4.0 版本的功能,在图形界面设计方面更提供了新的方法. 1997 年推出的 Matlab5.0 版允许了更多的数据结构,使其成为一种更方便编程的语言. 1999 年初推出的 Matlab5.3 版在很多方面又进一步改进了 Matlab 语言的功能. 2000 年 10 月底推出了其全新的 Matlab 6.0 正式版(Release 12),在核心数值算法、界面设计、外部接口、应用桌面等诸多方面有了重大改进. 2004 年 7 月推出了最新版本 Matlab7.0 正式版(Release 14).

现在的 Matlab 已经不仅仅是一个"矩阵实验室"了,Matlab 已经成为国内外高校和研究部门中最重要的工程与科学计算软件. Matlab 的功能也越来越强大,在科学运算、自动控制与科学绘图领域,为适应新的要求还在不断提出新的解决方法.

一、Matlab 的运行环境、安装和运行

1. Matlab6.5 的运行环境

硬件:

CPU　Pentium 系列、AMD Athlon 或更高.

光驱　至少 24 倍速光驱.

内存　至少 128MB.

硬盘　至少 260MB 的硬盘空间(完全安装需用 1.5GB).

显卡　256 色以上.

软件:

Microsoft Windows 98/ Me/2000/NT/XP.

Microsoft Word 97/2000/XP,用以使用 Matlab Notebook.

Adobe Acrobat Reader,用以阅读 Matlab 的 PDF 帮助信息.

2. Matlab6.5 的安装

在操作系统是 Windows XP 的 PC 上安装 Matlab6.5 的具体步骤如下:

(1) 将 Matlab6.5 的安装光盘放入光驱,系统自动搜索到 autorun 文件并进入安装界面,单击“Next”,得到如下界面,输入个人许可证口令.

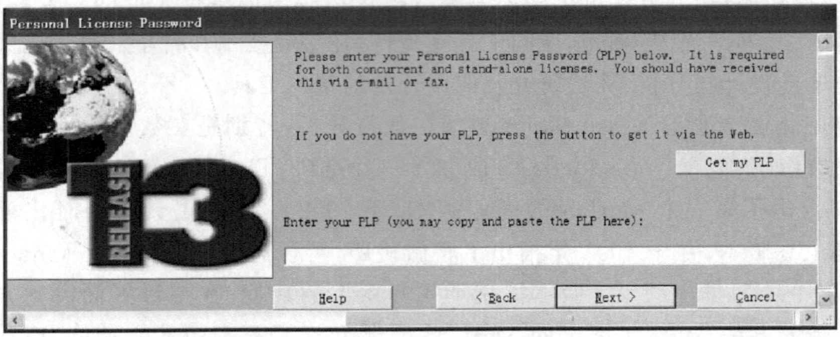

(2) 再击“Next”,再击“Yes”,输入注册信息再击“Next”,进入下面安装界面.

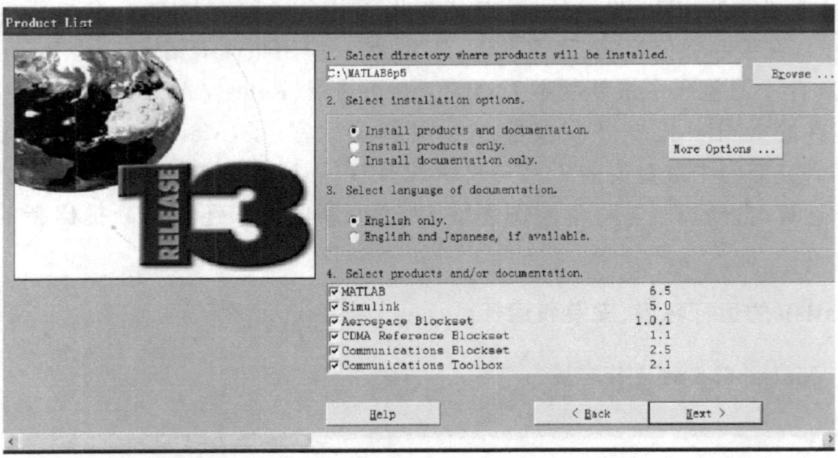

(3) 用户可有选择地安装各组件或更改安装目录,再击“Next”,直到安装完成.

3. Matlab 的运行

法一:在桌面上单击“Matlab6.5”图标;

法二:单击“开始”按钮,选“程序”,选“Matlab6.5”级联菜单,选“Matlab6.5”图标单击.

运行成功后显示如下窗口.

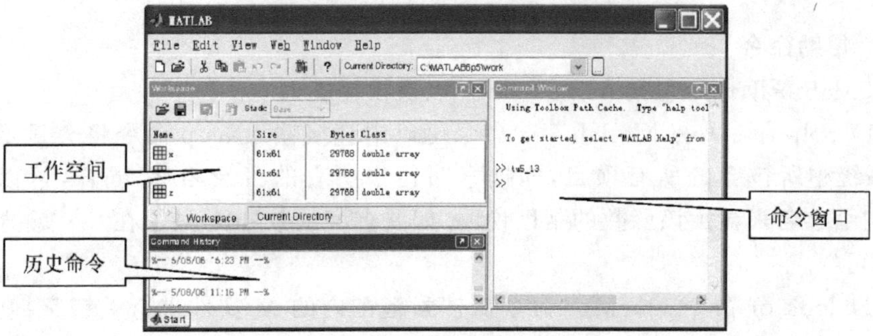

4. 程序的运行

1) 命令行方式

在命令窗口的提示符“≫”后按 Matlab 语法输入命令，按“Enter”键结束该行的输入，直到一个命令集输入完毕，得到运行结果.

2) M 文件运行方式

在 Matlab 的主窗口中单击“File”菜单，选“New”，再选“M-file”命令单击，启动如下窗口.

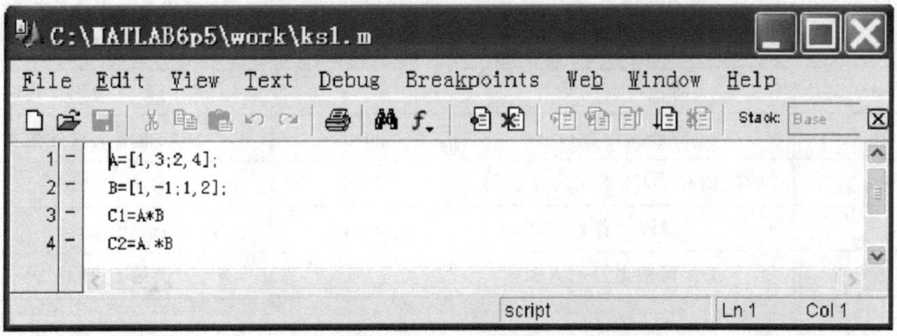

在编辑窗口中输入程序，完毕后按“保存”按钮，在弹出的窗口中，选择文件位置和输入文件名(如 ks1)，再按“保存”按钮. 运行程序时在命令窗口中的提示符“≫”后输入文件名(如 ks1)，再按“Enter”键，得出结果；若有错误，则要继续修改程序，按上述操作过程操作即可.

注意：

(1) 编辑程序时，“%”后的语句是注释语句，只对程序中的语句作说明，不运行；

(2) 命令行中以“;”结束时，表示不显示该命令的运行结果；

(3) 所有输入的命令必须是 ASCII 码，特别是标点符号一定要在英文、半角状态下输入.

5. Matlab 操作技巧

1）帮助命令

Matlab 帮助命令包括 help、lookfor 以及模糊查询.

(1) help 命令. 在 Matlab 6.5 命令窗口中直接输入 help 命令将会显示当前帮助系统中所包含的所有项目，即搜索路径中所有的目录名称. 同样，可以通过 help 加函数名来显示该函数的帮助说明. 如要查询函数 diff，只须在"≫"输入 help diff 即可.

(2) lookfor 命令. lookfor 命令对搜索范围内的 M 文件进行关键字搜索，条件比较宽松. lookfor 命令只对 M 文件的第一行进行关键字搜索. 若在 lookfor 命令加上 -all 选项，则可对 M 文件进行全文搜索.

(3) 模糊查询. Matlab 6.0 以上的版本提供了一种类似模糊查询的命令查询方法，用户只需要输入命令的前几个字母，然后按 Tab 键，系统就会列出所有以这几个字母开头的命令.

2）通用命令

命令	命令说明	命令	命令说明
cd	显示或改变工作目录	hold	图形保持开关
dir	显示目录下文件	disp	显示变量或文字内容
type	显示文件内容	path	显示搜索目录
clear	清理内存变量	save	保存内存变量到指定文件
clf	清理图形窗口	load	加载指定文件的变量
pack	收集内存碎片、扩大内存空间	diary	日志文件命令
clc	清除工作窗	quit	退出 Matlab
echo	工作窗信息显示开关	!	调用 DOS 命令

3）标点符号

标点	定义	标点	定义
:	冒号，具有多种应用功能	.	小数点，小数点及域访问符等
;	分号，区分行及取消运行显示等	…	续行符
,	逗号，区分列及函数参数分隔符等	%	百分号，注释标记
()	小括号，指定运算过程中的先后次序等	!	惊叹号，调用操作系统运算
[]	方括号，矩阵定义的标志等	=	等号，赋值标记
{}	大括号，用于构成单元数组等	' '	单引号，字符串的标示符等

4）预定义变量(常用常量)

常量名	常量值	常量名	常量值
i、j	虚数单位，定义为 $i^2=-1$	pi	圆周率
eps	浮点运算的相对精度	NaN	Not a Number，表示不定值
Realmin	最小的正浮点数	Realmax	最大的正浮点数
−inf	负无穷大	inf	正无穷大

5）常用数学函数

函数名	功能	函数名	功能
sin	正弦	acoth	反双曲余切函数
sinh	双曲正弦	exp	指数函数
asin	反正弦	log	自然对数函数
asinh	反双曲正弦	Log10	常用对数函数
cos	余弦	Log2	以 2 为底对数函数
cosh	双曲余弦	Pow2	以 2 为底的幂函数
acos	反余弦	sqrt	平方根函数
acosh	反双曲余弦	Nextpow2	求不小于变量的最小 2 指数
tan	正切函数	abs	模函数(绝对值函数)
tanh	双曲正切函数	angle	相角函数
atan	反正切函数	conj	复共轭函数
Atan2	四象限反正切函数	image	复矩阵虚部
atanh	反双曲正切函数	real	复矩阵实部
sec	正割函数	unwrap	打开象角函数
sech	双曲正割函数	isreal	实阵判断函数
asec	反正割函数	cplxpair	调整数为共轭对
asech	反双曲正割函数	fix	朝零方向舍入
csc	余割函数	floor	朝负方向舍入
csch	双曲余割函数	ceil	朝正方向舍入
acsc	反余割函数	round	四舍五入函数
acsch	反双曲余割函数	mod	(带符号)求余函数
cot	余切函数	rem	无符号求余函数
coth	双曲余切函数	sign	符号函数
acot	反余切函数		

6）数据的输出格式

在一般情况下，Matlab 内部每一个数据元素都是用双精度数来表示和存储的. 数据输出时用户可以用 format 命令设置或改变数据输出格式. format 命令的格式为：

```
format 格式符
```

其中格式符决定数据的输出格式，列表如下：

格式符	举例	格式符	举例
Short	1.4142	Long	1.41421356237310
Hex	3ff6a09e667f3bcd	Bank	1.41
+	+	Short e	1.4142e+000
Long e	1.414213562373095e+000	Short g	1.4142
Long g	1.4142135623731	Rational	1393/985

如果要输出任意位数的符号数字，则用 digits 和 vpa 命令. 例如，要输出圆周率 π 的 20 位数字，可在命令行的"≫"提示符后输入：

```
digits(20)
vpa(pi)
```

程序运行结果如下：

```
3.141592653589793238462643383279502884197
```

二、Matlab 运算

Matlab 的运算是在矩阵意义下进行的，单个数据的运算只是一种特例. 要用好这个软件，必须知道矩阵间的一些基本运算.

1. 基本算术运算

Matlab 的基本算术运算符和意义：

+	-	*	/	\	^
加	减	乘	右除	左除	乘方

1）矩阵加减运算

假定有两个矩阵 **A** 和 **B**，则可以由 **A**+**B** 和 **A**-**B** 实现矩阵的加减运算. 运算规则是：若 **A** 和 **B** 矩阵的行数和列数分别相同，则可以执行矩阵的加减运算，**A** 和 **B** 矩阵的对应元素相加减. 如果 **A** 与 **B** 的维数不相同，则 Matlab 将给出错误信息，提示用户两个矩阵的维数不匹配.

2）矩阵乘法

假定有两个矩阵 **A** 和 **B**，若 **A** 为 $m\times n$ 矩阵，**B** 为 $n\times p$ 矩阵，则 **C**=**A*** **B** 为 $m\times p$矩阵.

3）矩阵除法

在 Matlab 中，有两种矩阵除法运算：\和/，分别表示左除和右除.

(1) 如果 **A** 矩阵是非奇异方阵，则 **A\B** 和 **B/A** 运算可以实现.

A\B 等效于 **A** 的逆左乘 **B** 矩阵，也就是 inv(**A**)* **B**；而 **B/A** 等效于 **A** 矩阵的逆右乘 **B** 矩阵，也就是 **B*** inv(A).

(2) 对于含有标量的运算，两种除法运算的结果相同，如 3/4 和 4\3 有相同的值，都等于 0.75. 又如，设 a=[10.5,25]，则 a/5=5\a=[2.1000 5.0000].

(3) 对于矩阵来说，左除和右除表示两种不同的除数矩阵和被除数矩阵的关系. 对于矩阵运算，一般有 **A\B≠B/A**.

4）矩阵的乘方

一个矩阵的乘方运算可以表示成 **A**^x，要求 **A** 为方阵，x 为标量.

2. 点运算

在 Matlab 中，有一种特殊的运算，因为其运算符是在有关算术运算符前面加点，所以叫**点运算**. 点运算符有：

.*	点乘	./	点右除	.\	点左除	.^	点乘方

两矩阵进行点运算是指它们的对应元素进行相关运算，要求两矩阵的维数相同.

例 1　设 $\mathbf{A}=\begin{pmatrix}1 & 3\\ 2 & -4\end{pmatrix}$，$\mathbf{B}=\begin{pmatrix}1 & -1\\ 1 & 2\end{pmatrix}$，求 **A*** **B** 和 **A.*** **B**.

解　打开 M 文件的编辑窗口，编写程序，其内容为：

A=[1,3;2,4];

B=[1,-1;1,2];

C1=A* B　% **A** 第 i 行，**B** 第 j 列对应元素积的和就是 C1 第 i 行第 j 列的元素

C2= **A.* B**　% **A** 第 i 行第 j 列与 **B** 第 i 行第 j 列对应元素积就是 C2 第 i 行第 j 列的元素取名为 ks1(扩展名 .m 软件自动加入)保存，再在命令窗口的命令行中输入：ks1，按回车键，程序运行结果为：

C1=

　　4　　5

```
    6    6
C2=
    1    -3
    2     8
```

3. 矩阵分析

1) 对角阵

只有对角线上有非 0 元素的矩阵称为对角矩阵,对角线上的元素相等的对角矩阵称为数量矩阵,对角线上的元素都为 1 的对角矩阵称为单位矩阵.

(1) 提取矩阵的对角线元素. 设 **A** 为 $m\times n$ 矩阵,diag(**A**)函数用于提取矩阵 **A** 主对角线元素,产生一个具有 min(m,n)个元素的列向量.

diag(**A**)函数还有一种形式 diag(**A**,**k**),其功能是提取第 k 条对角线的元素.

(2) 构造对角矩阵. 设 **V** 为具有 m 个元素的向量,diag(**V**)将产生一个 $m\times m$ 对角矩阵,其主对角线元素即为向量 **V** 的元素.

diag(**V**)函数也有另一种形式 diag(**V**,k),其功能是产生一个 $n\times n(n=m+k)$ 对角阵,其第 k 条对角线的元素即为向量 **V** 的元素.

例 2　先建立 5×5 矩阵 **A**,然后将 **A** 的第一行元素乘以 1,第二行乘以 2,…,第五行乘以 5.

解　在命令窗口的"≫"后依次输入下列命令:

```
A=[17,0,1,0,15;23,5,7,14,16;4,0,13,0,22;10,12,19,21,3;
11,18,25,2,19];
D=diag(1:5);
D*A   % 用 D 左乘 A,对 A 的每行乘以一个指定常数
```

程序运行结果如下:

```
ans=
      17     0     1     0    15
      46    10    14    28    32
      12     0    39     0    66
      40    48    76    84    12
      55    90   125    10    95
```

2) 三角阵

三角阵又进一步分为上三角阵和下三角阵,所谓上三角阵,即矩阵的对角线以下的元素全为 0 的一种矩阵,而下三角阵则是对角线以上的元素全为 0 的一种矩阵.

(1) 上三角矩阵. 求矩阵 **A** 的上三角阵的 Matlab 函数是 triu(**A**). triu(**A**)函

数也有另一种形式 triu(**A**,k),其功能是求矩阵 **A** 的第 k 条对角线以上的元素.例如,提取矩阵 **A** 的第二条对角线以上的元素,形成新的矩阵 **B**.

(2) 下三角矩阵.在 Matlab 中,提取矩阵 **A** 的下三角矩阵的函数是 tril(**A**)和 tril(**A**,k),其用法与提取上三角矩阵的函数 triu(**A**)和 triu(**A**,k)完全相同.

3) 矩阵的转置与旋转

(1) 矩阵的转置.转置运算符是单撇号(')。

(2) 矩阵的旋转.利用函数 rot90(**A**,k)将矩阵 **A** 旋转 90°的 k 倍,当 k 为 1 时可省略.

4) 方阵的行列式

把一个方阵看作一个行列式,并对其按行列式的规则求值,这个值就称为矩阵所对应的行列式的值.在 Matlab 中,求方阵 **A** 所对应的行列式的值的函数是 det(**A**).

5) 矩阵的特征值与特征向量

在 Matlab 中,计算矩阵 **A** 的特征值和特征向量的函数是 eig(**A**),常用的调用格式有三种:

(1) **E**=eig(**A**):求矩阵 **A** 的全部特征值,构成向量 **E**.

(2) [**V**,**D**]=eig(**A**):求矩阵 **A** 的全部特征值,构成对角阵 **D**,并求 **A** 的特征向量构成 **V** 的列向量.

(3) [**V**,**D**]=eig(A,'nobalance'):与第二种格式类似,但第二种格式中先对 **A** 作相似变换后求矩阵 **A** 的特征值和特征向量,而格式 3 直接求矩阵 **A** 的特征值和特征向量.

例 3 用特征值法和直接解法解方程 $3x^5-7x^4+5x^2+2x-18=0$.

解 在命令窗口的"≫"后依次输入下列命令:

```
、p=[3,-7,0,5,2,-18];
A=compan(p);    % A 的伴随矩阵
x1=eig(A)       % 求 A 的特征值,得方程的解
x2=roots(p)     % 直接求多项式 p 的零点,得方程的解
```

程序运行结果如下:

```
x1 =
    2.1837
    1.0000+1.0000i
    1.0000-1.0000i
   -0.9252+0.7197i
   -0.9252-0.7197i
x2=
```

```
   2.1837
   1.0000+1.0000i
   1.0000-1.0000i
  -0.9252+0.7197i
  -0.9252-0.7197i
```

6）矩阵的秩

矩阵线性无关的行数与列数称为矩阵的秩. 在 Matlab 中，求矩阵的秩用 rank 函数.

总之，大型数学软件 Matlab 可以作一元函数图像，求一元函数的极限、导数、极值（或最值）、不定积分和定积分，行列式的值，矩阵的相关运算，解线性方程组，解微分方程（或方程组），求级数的和及函数的泰勒展式或傅里叶展式，作多元函数图像，求多元函数的极限、偏导数、极值（或最值），求重积分和求解线性规划问题等. 有兴趣的读者，可阅读相关书籍.